LUIZ FERNANDO **MARTHA**

ANÁLISE DE ESTRUTURAS
CONCEITOS E MÉTODOS BÁSICOS

3ª EDIÇÃO

- O autor deste livro e a editora empenharam seus melhores esforços para assegurar que as informações e os procedimentos apresentados no texto estejam em acordo com os padrões aceitos à época da publicação, *e todos os dados foram atualizados pelo autor até a data de fechamento do livro.* Entretanto, tendo em conta a evolução das ciências, as atualizações legislativas, as mudanças regulamentares governamentais e o constante fluxo de novas informações sobre os temas que constam do livro, recomendamos enfaticamente que os leitores consultem sempre outras fontes fidedignas, de modo a se certificarem de que as informações contidas no texto estão corretas e de que não houve alterações nas recomendações ou na legislação regulamentadora.

- Data do fechamento do livro: 28/01/2022

- O autor e a editora se empenharam para citar adequadamente e dar o devido crédito a todos os detentores de direitos autorais de qualquer material utilizado neste livro, dispondo-se a possíveis acertos posteriores, caso, inadvertida e involuntariamente, a identificação de algum deles tenha sido omitida.

- **Atendimento ao cliente: (11) 5080-0751 | faleconosco@grupogen.com.br**

- Direitos exclusivos para a língua portuguesa
  Copyright © 2022 by
  LTC | Livros Técnicos e Científicos Editora Ltda.
  Uma editora integrante do GEN | Grupo Editorial Nacional
  Travessa do Ouvidor, 11
  Rio de Janeiro – RJ – 20040-040
  www.grupogen.com.br

- Reservados todos os direitos. É proibida a duplicação ou reprodução deste volume, no todo ou em parte, em quaisquer formas ou por quaisquer meios (eletrônico, mecânico, gravação, fotocópia, distribuição pela Internet ou outros), sem permissão, por escrito, da LTC | Livros Técnicos e Científicos Editora Ltda.

- Capa: Leônidas Leite
- Imagem de capa: © miroslav_1 | iStockphoto.com
- Editoração eletrônica: SBNigri Artes e Textos Ltda.

**CIP – BRASIL. CATALOGAÇÃO NA FONTE.
SINDICATO NACIONAL DOS EDITORES DE LIVROS, RJ.**

M332a
3. ed.

Martha, Luiz Fernando, 1955-

Análise de estruturas: conceitos e métodos básicos / Luiz Fernando Martha. – 3. ed. – Rio de Janeiro: LTC, 2022.
il. ; 28 cm.

Apêndice
Inclui bibliografia e índice
ISBN 978-85-216-3783-7

1. Engenharia de estruturas. 2. Análise estrutural (Engenharia). I. Título.

22-75532   CDD: 624.1
CDU: 624

Camila Donis Hartmann – Bibliotecária – CRB-7/6472

Agradecimento

Este livro é resultado de mais de 40 anos de experiência no ensino de análise de estruturas. No histórico do livro, relatado no Prefácio, reconheço a contribuição de diversas pessoas que foram essenciais para que ele pudesse ser escrito. Além dessas, outras pessoas ajudaram diretamente nesta empreitada.

Fundamental em toda a minha vida profissional tem sido o meu amigo Marcelo Gattass. Desde os tempos de graduação em Engenharia Civil na PUC-Rio, sou influenciado por ele. O ambiente que ele criou no Tecgraf é, sem dúvida, um dos fatores que mais contribuíram para que eu pudesse escrever este livro. Reconheço ainda a colaboração dos meus colegas no Tecgraf.

Agradeço também aos meus colegas do Departamento de Engenharia Civil e Ambiental da Pontifícia Universidade Católica do Rio de Janeiro (PUC-Rio) pelos agradáveis anos de convivência e colaboração. Em particular, agradeço ao professor Raul Rosas e Silva pela sua experiência e solicitude e ao professor Ney Dumont pelos conhecimentos adquiridos e pelo incentivo.

A PUC-Rio é um ambiente de trabalho maravilhoso. Seria impossível citar todas as pessoas que têm me ajudado ao longo de 40 anos de convivência. Mas devo destacar duas pessoas que foram decisivas para a finalização da primeira edição deste livro: Pe. Francisco Ivern S.J., na época da finalização Vice-Reitor de Desenvolvimento, e Raul Nunes, na ocasião da finalização Coordenador Central de Projetos de Desenvolvimento. Agradeço muito pelo apoio que me deram.

Alguns colegas de trabalho me auxiliaram na revisão técnica da versão final da primeira edição do livro. Agradeço a André Maués Brabo Pereira, Ivan Fábio Mota de Menezes e Rodrigo Burgos.

A revisão gramatical e de estilo da primeira edição do livro foi feita por Carolina Alfaro de Carvalho, Bianca Bold e Cláudia Mello Belhassof. Sou muito grato pelo excelente trabalho, que sem dúvida tornou o texto mais claro e leve.

Agradeço também à Editora Elsevier (primeira e segunda edições) e ao Grupo GEN (terceira edição). Para a conclusão da primeira edição do livro em 2010, três pessoas da Editora Elsevier na ocasião foram fundamentais: André Gerhard Wolff, Vanessa Vilas Bôas Huguenin e Silvia Barbosa Lima. Para a terceira edição, sou muito grato à Carla Nery do GEN.

Finalmente, agradeço minha esposa Teresa Taquechel pelo amor, motivação e incentivo.

Luiz Fernando Martha

Prefácio

Este livro foi escrito com a expectativa de apresentar de forma clara, e com forte embasamento conceitual, a teoria e a aplicação da análise de estruturas formadas por barras. Para estruturas e solicitações reais, a análise estrutural é uma tarefa relativamente difícil em comparação com outras atividades do projeto estrutural, e muitos estudantes de Engenharia e Arquitetura têm dificuldade em compreender adequadamente os conceitos e métodos da análise estrutural. O objetivo principal do livro é mostrar que, uma vez compreendidos os conceitos básicos, a análise de estruturas pode ser simples e prazerosa.

Essa simplicidade é proporcionada em grande parte pelo uso de programas de computador. A análise de estruturas pode ser vista atualmente como uma simulação computacional do comportamento de estruturas. Embora o livro não se destine diretamente ao desenvolvimento de programas de computador para prever o comportamento de estruturas, é importante ter em mente que não se concebe, em pleno século XXI, executar as tarefas de análise estrutural, mesmo no caso de estruturas formadas por barras, sem o uso de computador e de computação gráfica.

Apesar disso, as soluções apresentadas no livro para os métodos de análise são obtidas através de resolução manual. Nesse sentido, o livro pode ser considerado uma introdução à análise de estruturas. O enfoque dado aqui é na compreensão do comportamento de estruturas formadas por barras e dos fundamentos dos métodos básicos da análise estrutural, incluindo exercícios resolvidos e propostos. A principal motivação para esse enfoque é o fato de que o uso de programas de computador sem o conhecimento adequado de análise estrutural pode ser muito perigoso, pois resultados errados de análise são a causa de graves acidentes com obras civis.

O principal foco da obra é a análise de estruturas hiperestáticas, incluindo uma formalização matricial. Entretanto, o livro também aborda estruturas isostáticas e alguns aspectos da mecânica dos sólidos que são necessários para a análise de estruturas hiperestáticas. Nesse sentido, o livro procura ser autocontido, na medida em que todos os desenvolvimentos teóricos dos principais assuntos tratados são apresentados neste volume.

PROGRAMAS DE COMPUTADOR COMPLEMENTARES

Desde 1990, tenho trabalhado ativamente no desenvolvimento de programas de computador com interface gráfica ativa para o ensino de Engenharia, e essa experiência foi fundamental para a confecção deste livro. Na PUC-Rio encontrei um ambiente muito propício para esse tipo de desenvolvimento, pois, em 1987, o professor Marcelo Gattass criou o Tecgraf/PUC-Rio (Instituto Tecgraf de Desenvolvimento de Software Técnico-Científico da PUC-Rio, oriundo do Grupo de Tecnologia em Computação Gráfica), no qual ingressei em 1990. Nesse ambiente criei o Ftool – *Two-dimensional Frame Analysis Tool* (www.ftool.com.br) –, que é utilizado atualmente como ferramenta educacional em praticamente todos os cursos de Engenharia Civil e Arquitetura do país, e também em algumas universidades no exterior. Tenho conhecimento de que diversos escritórios de projeto estrutural também utilizam o Ftool.

Participaram do desenvolvimento inicial do Ftool, no período de março de 1991 a dezembro de 1992, os então alunos de graduação em Engenharia Civil da PUC-Rio Eduardo Thadeu Leite Corseuil (atualmente um dos gerentes de área no Tecgraf), Vinícius Samu de Figueiredo e Adriane Cavalieri Barbosa, como bolsistas de iniciação científica. Também colaboraram no início do programa os então alunos de doutorado da PUC-Rio Waldemar Celes Filho e Ivan Fábio Mota de Menezes (hoje professores da PUC-Rio e gerentes de área no Tecgraf). Desde 1993, o Ftool tem sido atualizado por mim com a ajuda de alguns alunos. Sucessivas versões do programa foram lançadas, cada uma com pequenas melhorias. Os principais colaboradores foram André Cahn Nunes, então aluno de iniciação científica que implementou o traçado de linhas de influência em 2001, e Gisele Cristina da Cunha Holtz, então aluna de mestrado que desenvolveu envoltórias de esforços internos para cargas acidentais e móveis, disponíveis no Ftool desde 2008. Também colaboraram com o desenvolvimento do Ftool a ex-aluna de mestrado da PUC-Rio Christiana Mauricio Niskier e o ex-aluno de mestrado da Escola Politécnica da USP (Poli-USP) Luís Fernando Keafer, orientado pelo professor Túlio Nogueira Bittencourt, outro colaborador. A versão 4.0 do Ftool, de 2014, teve uma enorme influência de Pedro Nacht, ex-aluno de graduação e mestrado da PUC-Rio. Recentemente, a versão 5.0, que deve ser lançada em 2022, foi e está sendo desenvolvida em parceria com Rafael Lopez Rangel, também ex-aluno de graduação e mestrado da PUC-Rio.

Embora este livro não trate do desenvolvimento do Ftool, esse programa foi fundamental para que o livro existisse porque a experiência em sala de aula com o uso do Ftool propiciou uma nova abordagem para o ensino de análise de estruturas, que muito influenciou a forma como o assunto é apresentado no livro.

A obra também tem influência direta do Ftool porque praticamente todas as suas figuras foram confeccionadas por mim com auxílio do programa. Além da qualidade das figuras, isso proporciona uma característica muito interessante para o leitor (tanto para o professor quanto para o aluno): na internet existem arquivos de dados para o Ftool que correspondem aos exemplos da maioria das figuras. Dessa forma, os exemplos podem ser explorados e analisados pelo leitor, estendendo o escopo do livro além das dimensões da leitura.

Também acompanha esta obra outro programa: o LESM – *Linear Elements Structure Model*. Este programa para análise linear e elástica de estruturas reticuladas bi e tridimensionais está disponível na internet (www.tecgraf.puc-rio.br/lesm). O LESM foi escrito na linguagem de programação (*script language*) do ambiente MATLAB® utilizando o paradigma de programação orientada a objetos. MATLAB® é uma marca registrada de The MathWorks, Inc. (www.mathworks.com). Na verdade, o LESM foi desenvolvido para acompanhar outro livro meu, *Análise de Estruturas com Orientação a Objetos*, lançado em 2019. O LESM é um programa gráfico interativo, mas não tem a mesma facilidade de uso que o Ftool. Entretanto, duas são as principais vantagens do LESM em relação ao Ftool. Primeiro, o LESM analisa modelos bi e tridimensionais, ao passo que o Ftool trata apenas de vigas e pórticos planos. A segunda vantagem é o código fonte aberto e bem documentado. Além de a linguagem matricial de alto nível do MATLAB ser relativamente simples, um código bem documentado é a chave para facilitar a compreensão, manutenção, modificação e extensão. O código fonte do LESM é totalmente comentado com explicações detalhadas de cada classe e função (método).

Além do Ftool e do LESM, o programa e-Cross (www.tecgraf.puc-rio.br/etools/cross) é outra ferramenta educacional que complementa o livro. Trata-se de um programa gráfico para o ensino do processo de Cross (método da distribuição de momentos) desenvolvido em Java e que, portanto, pode ser executado em qualquer plataforma. Esse programa tem por objetivo demonstrar aos usuários, alunos de graduação em Engenharia Civil, como o processo de Cross funciona para o caso de vigas contínuas. A execução do programa evidencia a interpretação física do método da distribuição de momentos, mostrando como a configuração deformada da viga e o diagrama de momentos fletores variam durante a solução iterativa do método. O programa também mostra os cálculos da mesma forma que são realizados em uma solução manual, fazendo uma associação com a interpretação física. Esse programa foi desenvolvido em 2000 em conjunto com o então aluno de graduação da PUC-Rio André Cahn Nunes, em um trabalho de iniciação científica.

Também está disponível na internet (www.tecgraf.puc-rio.br/etools/misulatool) o Misulatool, programa que implementa a metodologia desenvolvida no livro para obter soluções fundamentais de barra isolada com seção transversal variável. Essa metodologia baseia-se na analogia da viga conjugada e foi desenvolvida em 2006 em conjunto com a então aluna de graduação da PUC-Rio Paula de Castro Sonnenfeld Vilela, em sua iniciação científica. A metodologia foi estendida na monografia de Francisco Paulo de Aboim para conclusão da graduação em Engenharia Civil pela PUC-Rio em julho de 2009. Esse trabalho considera uma barra com seção transversal cuja altura varia em mísula parabólica ao longo do comprimento da barra.

Finalmente, dois tutoriais, com animação, ilustram a análise de estruturas pelo método das forças e pelo método dos deslocamentos: e-MetFor e e-MetDes. Essas animações também estão disponíveis na internet (www.tecgraf.puc-rio.br/etools) e foram desenvolvidas por Christiana Niskier e Fernando Ribeiro em seus trabalhos de conclusão da graduação em Engenharia Civil pela PUC-Rio em 2000.

HISTÓRICO

A história deste livro começou na década de 1970. O professor Marcelo Gattass, então mestrando em Engenharia Civil na PUC-Rio, organizou em 1976 um grupo de estudos sobre análise de estruturas, com alguns alunos de graduação em Engenharia Civil. Naquele momento eu cursava a primeira disciplina de estruturas hiperestáticas do currículo de Engenharia Civil da PUC-Rio, que tratava principalmente do método das forças e era lecionada pelo professor José Carlos Süssekind. Esse grupo de estudos foi interessante porque, antes mesmo de eu ser exposto ao método dos deslocamentos – abordado na segunda disciplina de estruturas hiperestáticas, também ministrada pelo professor Süssekind, o grupo já buscava uma visão formal de como as condições de equilíbrio e as de compatibilidade são consideradas por esses dois métodos básicos da análise de estruturas. Certamente, esse grupo de estudos plantou uma semente na minha mente com relação a essa visão formal.

Durante o verão de 1978, eu fiz um curso de nivelamento para o ingresso no mestrado em Engenharia Civil na PUC-Rio. A disciplina de análise estrutural desse curso foi dada pelo professor Jorge de Mello e Souza. Sou muito grato a esse professor pela clareza com que os conceitos da análise de estruturas foram apresentados. A visão dual dos métodos das forças e dos deslocamentos que é apresentada neste livro tem influência direta deste curso de nivelamento. É desse curso a origem do termo sistema hipergeométrico que utilizo para me referir à estrutura cinematicamente determinada auxiliar do método dos deslocamentos.

Durante os primeiros anos como professor de análise de estruturas na PUC-Rio, em 1980 e 1981, eu auxiliei o professor Ney Dumont na orientação de um trabalho de iniciação científica que tratava da consideração de equilíbrio e compatibilidade na análise de estruturas. Tivemos acesso ao livro *Considerações sobre Equilíbrio e Compatibilidade Estrutural* (1981), do professor Pietro Candreva, da Poli-USP. Esse trabalho com o professor Ney Dumont e o livro do professor Candreva também influenciaram a presente obra. Dedico o quarto capítulo ("Considerações sobre equilíbrio e compatibilidade") ao professor Candreva, que não conheci pessoalmente. Alguns anos após o lançamento da primeira edição do livro, o professor Januário Neto da EPUSP me relatou que ele próprio mostrou ao professor Candreva a homenagem que eu fiz a este no quarto capítulo do livro.

Na época dos meus primeiros anos como professor de análise de estruturas, o professor Marcelo Gattass fazia seu doutorado na Cornell University, nos Estados Unidos, e me recomendou a leitura da edição combinada dos dois primeiros volumes do livro *Structural Engineering* (1976), de Richard White, Peter Gergely e Robert Sexmith, professores daquela universidade. Para mim, essa obra representa uma "bíblia" da análise de estruturas, e muito do que eu sei aprendi com ele. A sua abordagem conceitual de forma clara foi um modelo que procurei seguir ao escrever este livro.

Em 1981, tive a sorte de conhecer o professor Luiz Eloy Vaz, recém-chegado de seu doutorado na Universität Stuttgart, na Alemanha. Naquela época, ele ensinava análise de estruturas na UFRJ e eu na PUC-Rio, e também atuávamos como engenheiros na Promon Engenharia. Nesse período, meu aprendizado em análise estrutural foi muito intenso, pois o professor Luiz Eloy tem grande conhecimento do assunto e sabe transmiti-lo como poucos. Isso certamente contribuiu para este livro.

Durante o ano de 1983, lecionei análise matricial de estruturas no curso de Engenharia Civil da PUC-Rio. Preparei notas de aula para essa disciplina, que tiveram uma forte influência da primeira edição do livro *Matrix Structural Analysis* (1979), dos professores William McGuire e Richard Gallaguer, da Cornell University. Essas notas de aula foram aproveitadas parcialmente neste livro, e eu dedico o penúltimo capítulo ("Método da rigidez direta") aos professores McGuire e Gallaguer.

Os anos durante o meu doutorado na Cornell University, de 1984 a 1989, serviram para embasar os conhecimentos em análise de estruturas. Além do fortalecimento na área de análise matricial de estruturas e no método dos elementos finitos, em Cornell eu fui exposto ao uso disseminado de computação gráfica em projetos de Engenharia, com uma vertente muito forte no desenvolvimento de ferramentas gráficas para fins educacionais. Isso também influenciou diversos aspectos deste livro. Os meus dois orientadores de doutorado, os professores Anthony Ingraffea e John Abel, foram fundamentais para a minha formação nessa área. Não poderia deixar de mencionar a enorme influência que eu tive na área de desenvolvimento de software gráfico durante o doutorado do meu amigo Paul (Wash) Wawryznek. Wash simplesmente me ensinou tudo o que eu sei sobre programação.

Desde 1990, leciono a disciplina de análise de estruturas hiperestáticas na PUC-Rio, que, a partir de uma reforma de currículo na década de 1980, passou a abordar os dois métodos básicos da análise estrutural: o método das forças e o método dos deslocamentos. O livro adotado na disciplina naquela ocasião era o do professor Süssekind (1977), referência em todo o país até hoje, mesmo fora de edição. Durante a década de 1990, escrevi notas de aula para a disciplina baseadas em anotações de alunas e alunos que copiavam do quadro negro. Sou muito grato a esses alunos, pois essas notas de aula se tornaram a base deste livro. A partir de 2000, as notas de aula foram digitalizadas e colocadas à disposição na internet. Alguns alunos me auxiliaram nessa digitalização, e dois não podem deixar de ser mencionados. A colaboração de Christiana Mauricio Niskier, ex-aluna de graduação e minha orientada no mestrado, foi imprescindível. Ela reviu o texto, deu sugestões e ajudou na confecção de figuras. O orientado de mestrado e doutorado William Wagner Matos Lira, hoje professor na Universidade Federal de Alagoas (Ufal), também colaborou na preparação do material digitalizado.

Na década de 2000, recebi inúmeros comentários positivos a respeito do material que deixei disponível na internet. Agradeço a todos (seria impossível mencionar todos os nomes), pois isso foi um incentivo muito grande para transformar as notas de aula nesta obra.

A finalização da primeira edição se deu de dezembro de 2008 a julho de 2009. Em relação às notas de aula, alguns capítulos foram expandidos e divididos, e novos capítulos foram escritos.

A segunda edição corrigiu alguns erros de digitação da primeira edição e acrescentou exercícios propostos nas últimas seções dos Capítulos 6, 8, 10, 12 e 14. Além disso, foi inserida uma seção no Capítulo 13 com exercícios propostos que não existia na primeira edição. A partir da segunda edição, as soluções dos exercícios propostos, tanto os da primeira edição quanto os acrescentados na segunda, foram disponibilizados no *site* da antiga editora.

A presente edição do livro tem duas versões: uma impressa e outra em formato *e-book*. Para tornar a versão impressa mais acessível, alguns capítulos ficaram disponíveis apenas na versão digital (no *e-book* e como material suplementar no AVA, para quem adquire o impresso). O critério para selecionar esses capítulos foi o da minha prática de ensino na disciplina que leciono na PUC-Rio. O conteúdo dos capítulos selecionados (6, 7, 9 e 12), de maneira geral, não é abordado explicitamente em aulas da disciplina. Esses capítulos tratam de soluções fundamentais básicas para os capítulos cujos conteúdos são abordados explicitamente nas aulas da disciplina.

O sexto capítulo, que só está disponível em versão digital, trata de um método acessório para análise de vigas denominado "analogia da viga conjugada" (também conhecida como analogia de Mohr). Esse método é muito interessante e proporciona um bom entendimento sobre conceitos básicos da análise de estruturas. Entretanto, com a tendência de redução de carga horária expositiva nos currículos de Engenharia, esse assunto não é atualmente abordado em aula. Apesar disso, a analogia da viga conjugada é o método usado neste livro para obter as soluções fundamentais de barras com seção transversal variável para o método dos deslocamentos.

O sétimo capítulo e o nono capítulo também foram removidos da versão impressa. Esses dois capítulos tratam de formulações fundamentais para os métodos de análise tratados nos demais capítulos. O sétimo capítulo é auxiliar, e pode ser sugerido para leitura pelos alunos e resumido em aula. Este capítulo apresenta o princípio dos trabalhos virtuais, com suas duas vertentes: princípio das forças virtuais e princípio dos deslocamentos virtuais. O primeiro formula soluções fundamentais para o método das forças, que é apresentado no oitavo capítulo. Já o princípio dos deslocamentos virtuais é usado no nono capítulo para deduzir soluções fundamentais para o método dos deslocamentos, tratado nos Capítulos 10, 11 e 13.

O décimo segundo capítulo também está disponível digitalmente. Esse capítulo apresenta o processo de Cross, que é abordado resumidamente na minha disciplina de maneira expositiva utilizando o programa e-Cross mencionado anteriormente. Esse processo, também conhecido como método da distribuição de momentos, foi criado na década de 1930 para análise manual de vigas contínuas, que ficaram comuns naquela época pelo advento de estruturas de concreto armado. O processo de Cross foi concebido para uma resolução manual numa época em que não existia automatização de processos. A implementação computacional desse método é muito simples, mas faz muito mais sentido apresentar o método da rigidez direta (versão do método dos deslocamentos voltada para uma implementação computacional), pois este é muito mais geral que o processo de Cross. Entretanto, o apelo intuitivo e didático do processo de Cross é uma de suas principais características e é por isso que o Capítulo 12 ainda é apresentado na versão digital.

A terceira edição do livro também incorpora material suplementar digital para docentes. No GEN-IO, ambiente virtual de aprendizagem do GEN | Grupo Editorial Nacional, estão disponíveis 41 aulas do autor baseadas no conteúdo do livro.

Luiz Fernando Martha

Notação

UNIDADES GENÉRICAS

[L] → indicação genérica de unidade de comprimento, dimensão, distância ou deslocamento
[F] → indicação genérica de unidade de força
[R] → indicação genérica de unidade de rotação (adimensional)
[Θ] → indicação genérica de unidade de temperatura
[ ] → indicação de grandeza adimensional

GERAL

g → grau de hiperestaticidade
LI → linha de influência
l → comprimento de barra [L]
P → força concentrada genérica [F]
H → força concentrada horizontal (aplicada ou reação de apoio) [F]
V → força concentrada vertical (aplicada ou reação de apoio) [F]
R → reação de apoio genérica [F] ou [F·L]
F^x → reação força na direção do eixo global X [F]
  → reação força na direção do eixo global Y [F]
M^z → reação momento em torno do eixo global Z [F·L]
p → taxa de carregamento força longitudinal (axial) distribuído em barra [F/L]
q → taxa de carregamento força transversal distribuído em barra [F/L]
K^x → coeficiente de rigidez de apoio elástico translacional horizontal [F/L]
K^y → coeficiente de rigidez de apoio elástico translacional vertical [F/L]
K^θ → coeficiente de rigidez de apoio elástico rotacional ou ligação semirrígida rotacional [F·L/R]
ΔT_i → variação de temperatura na fibra inferior de uma barra [Θ]
ΔT_s → variação de temperatura na fibra superior de uma barra [Θ]
ΔT_{CG} → variação de temperatura na fibra do centro de gravidade da seção transversal de uma barra [Θ]
P_E → carga abaixo da qual uma coluna não perde estabilidade (carga de Euler) [F]
k → fator que define o comprimento efetivo de uma coluna para flambagem [ ]
$\overline{P}$ → carga virtual genérica [F] ou [F·L]
$\overline{R}$ → reação de apoio virtual genérica [F] ou [F·L]

PROPRIEDADES DE SEÇÃO TRANSVERSAL

$h \to$ altura de seção transversal [L]
$A \to$ área de seção transversal [L²]
$I \to$ momento de inércia à flexão de seção transversal [L⁴]
$y_s \to$ máxima distância do bordo superior à linha neutra que passa pelo centro de gravidade de seção transversal [L]
$y_i \to$ máxima distância do bordo inferior à linha neutra que passa pelo centro de gravidade de seção transversal [L]
$W_s \to$ módulo de resistência à flexão superior de seção transversal [L³]
$W_i \to$ módulo de resistência à flexão inferior de seção transversal [L³]
$J_p \to$ momento polar de inércia de seção transversal circular ou anelar [L⁴]
$J_t \to$ momento de inércia à torção de seção transversal [L⁴]
$\chi \to$ fator de forma de seção transversal que define a área efetiva para cisalhamento [ ]
$r \to$ raio que define a distância de um ponto no interior de uma seção transversal em relação ao centro da seção [L]

PROPRIEDADES DE MATERIAL

$E \to$ módulo de elasticidade de material [F/L²]
$G \to$ módulo de cisalhamento de material [F/L²]
$\alpha \to$ coeficiente de dilatação térmica de material [Θ⁻¹]

ESFORÇOS INTERNOS

$N \to$ esforço normal (esforço interno longitudinal ou axial) [F]
$Q \to$ esforço cortante (esforço interno transversal de cisalhamento) [F]
$M \to$ momento fletor (esforço interno de flexão) [F·L]
$T \to$ momento torçor (esforço interno de torção) [F·L]
$\overline{N} \to$ esforço normal virtual [F]
$\overline{M} \to$ momento fletor virtual [F·L]
$\overline{Q} \to$ esforço cortante virtual [F]
$\overline{T} \to$ momento torçor virtual [F·L]

DESLOCAMENTOS E ROTAÇÕES

$\Delta^x \to$ deslocamento na direção do eixo global X [L]
$\Delta^y \to$ deslocamento na direção do eixo global Y [L]
$\Delta^z \to$ deslocamento na direção do eixo global Z [L]
$\theta^x \to$ rotação em torno do eixo global X [R]
$\theta^y \to$ rotação em torno do eixo global Y [R]
$\theta^z \to$ rotação em torno do eixo global Z [R]
$u \to$ deslocamento longitudinal (axial) do centro de gravidade de seção transversal [L]
$v \to$ deslocamento transversal do centro de gravidade de seção transversal [L]
$\theta \to$ rotação de seção transversal por flexão [R]
$\varphi \to$ rotação de seção transversal por torção [R]
$\rho \to$ recalque de apoio ou raio de curvatura da elástica transversal v da barra [L]
$1/\rho \to$ curvatura da elástica transversal v da barra [L⁻¹]
$\Delta \to$ deslocamento genérico a ser calculado [L]
$\overline{\Delta} \to$ deslocamento genérico virtual [L]
$\overline{u} \to$ deslocamento longitudinal virtual [L]
$\overline{v} \to$ deslocamento transversal virtual [L]
$\overline{\theta} \to$ rotação por flexão virtual [R]
$\overline{\varphi} \to$ rotação por torção virtual [R]

TENSÕES E DEFORMAÇÕES

$\sigma_x \to$ tensão normal na seção transversal de barra (direção longitudinal) [F/L^2]
$\sigma_x^a \to$ tensão normal na seção transversal de barra devida ao efeito axial [F/L^2]
$\sigma_x^f \to$ tensão normal na seção transversal da barra devida à flexão [F/L^2]
$\sigma_s^f \to$ tensão normal por flexão no bordo superior de seção transversal [F/L^2]
$\sigma_i^f \to$ tensão normal por flexão no bordo inferior de seção transversal [F/L^2]
$\sigma_s \to$ tensão normal combinando os efeitos axial e de flexão no bordo superior de seção transversal [F/L^2]
$\sigma_i \to$ tensão normal combinando os efeitos axial e de flexão no bordo inferior de seção transversal [F/L^2]
$\tau \to$ tensão de cisalhamento [F/L^2]
$\tau_y^c \to$ componente da tensão de cisalhamento pontual na direção y [F/L^2]
$\tau_y^m \to$ tensão de cisalhamento média por efeito cortante (direção y) [F/L^2]
$\tau^t \to$ tensão de cisalhamento pontual por efeito de torção [F/L^2]
$\varepsilon_x \to$ deformação normal na direção longitudinal da barra [ ]
$\varepsilon_x^a \to$ deformação normal na direção longitudinal devida ao efeito axial [ ]
$\varepsilon_x^f \to$ deformação normal na direção longitudinal devida ao efeito de flexão [ ]
$\gamma \to$ distorção de cisalhamento [ ]
$\gamma^c \to$ distorção de cisalhamento por efeito cortante (efeito integral na seção transversal) [ ]
$\gamma^t \to$ distorção de cisalhamento por efeito de torção [ ]

DESLOCAMENTOS E ROTAÇÕES RELATIVOS DE ELEMENTO INFINITESIMAL DE BARRA

$dx \to$ comprimento de um elemento infinitesimal de barra [L]
$du \to$ deslocamento axial (longitudinal) relativo interno de um elemento infinitesimal de barra [L]
$dh \to$ deslocamento transversal relativo interno de um elemento infinitesimal de barra [L]
$d\theta \to$ rotação relativa interna por flexão de um elemento infinitesimal de barra [R]
$d\varphi \to$ rotação relativa interna por torção de um elemento infinitesimal de barra [R]
$du^T \to$ deslocamento axial (longitudinal) relativo interno devido à variação de temperatura [L]
$dh^T = 0 \to$ deslocamento transversal relativo interno devido à variação de temperatura (por hipótese, é nulo)
$d\theta^T \to$ rotação relativa interna por flexão devida à variação de temperatura [R]
$\overline{du} \to$ deslocamento axial relativo interno no sistema virtual [L]
$\overline{d\theta} \to$ rotação relativa interna por flexão no sistema virtual [R]
$\overline{d\varphi} \to$ rotação relativa interna por torção no sistema virtual [R]

CAMPOS DE FORÇAS E DESLOCAMENTOS

$(F) \to$ campo de forças externas (solicitações e reações de apoio) atuando sobre uma estrutura
$(\sigma) \to$ campo de tensões internas associadas (em equilíbrio) com (F)
$(f) \to$ campo de esforços internos (N, M, Q) associados (em equilíbrio) com (F)
$(F, \sigma) \to$ sistema de forças, com forças externas (F) e tensões internas (σ) em equilíbrio
$(F, f) \to$ sistema de forças, com forças externas (F) e esforços internos (f) em equilíbrio
$(D) \to$ campo de deslocamentos externos (elástica) de uma estrutura
$(\varepsilon) \to$ campo de deformações internas compatíveis com (D)
$(d) \to$ campo de deslocamentos relativos internos (du, dq, dh) compatíveis com (D)
$(D, \varepsilon) \to$ configuração deformada com deslocamentos externos (D) e deformações internas (ε) compatíveis
$(D, d) \to$ configuração deformada com deslocamentos externos (D) e deslocamentos relativos internos (d) compatíveis

ANALOGIA DA VIGA CONJUGADA

$q^C \to$ taxa de carregamento transversal distribuído em viga conjugada proveniente do diagrama de momentos fletores da viga real [L^{-1}]

$q^T \to$ taxa de carregamento transversal distribuído em viga conjugada proveniente do efeito de variação transversal de temperatura na viga real [L⁻¹]

$Q^C \to$ esforço cortante em viga conjugada [ ]

$M^C \to$ momento fletor em viga conjugada [L]

ENERGIA DE DEFORMAÇÃO E TRABALHO EXTERNO

$U_0 \to$ energia de deformação por unidade de volume

$U_0^a \to$ energia de deformação por unidade de volume para o efeito axial

$U_0^f \to$ energia de deformação por unidade de volume para o efeito de flexão

$U_0^c \to$ energia de deformação por unidade de volume para o efeito cortante

$U_0^t \to$ energia de deformação por unidade de volume para o efeito de torção

$U \to$ energia de deformação elástica total armazenada na estrutura

$dU^a \to$ energia de deformação para o efeito axial armazenada em um elemento infinitesimal de barra

$dU^f \to$ energia de deformação para o efeito de flexão armazenada em um elemento infinitesimal de barra

$dU^c \to$ energia de deformação para o efeito cortante armazenada em um elemento infinitesimal de barra

$dU^t \to$ energia de deformação para o efeito de torção armazenada em um elemento infinitesimal de barra

$\overline{U} \to$ energia de deformação interna virtual armazenada em uma estrutura

$W_E \to$ trabalho realizado pelas forças externas quando a estrutura se deforma

$\overline{W_E} \to$ trabalho virtual das forças externas

MÉTODO DAS FORÇAS

$X_i \to$ hiperestático [F ou F·L]

$\delta_{i0} \to$ termo de carga [L ou R]

$\delta_{ij} \to$ coeficiente de flexibilidade [L/F, L/F·L, R/F ou R/F·L]

$\{X\} \to$ vetor dos hiperestáticos [F ou F·L]

$\{\delta_0\} \to$ vetor dos termos de carga [L ou R]

$[\delta] \to$ matriz de flexibilidade [L/F, L/F·L, R/F ou R/F·L]

MÉTODO DOS DESLOCAMENTOS E MÉTODO DA RIGIDEZ DIRETA

$EA \to$ parâmetro de rigidez axial de barra [F]

$EI \to$ parâmetro de rigidez por flexão de barra [F·L²]

$GJ_t \to$ parâmetro de rigidez por torção de barra [F·L²]

$K_\Delta \to$ coeficiente de rigidez axial de barra [F/L]

$K_A \to$ coeficiente de rigidez à rotação por flexão de barra na extremidade inicial [F·L/R]

$K_B \to$ coeficiente de rigidez à rotação por flexão de barra na extremidade final [F·L/R]

$t_{AB} \to$ coeficiente de transmissão de momento da extremidade inicial para a extremidade final de uma barra [ ]

$t_{BA} \to$ coeficiente de transmissão de momento da extremidade final para a extremidade inicial de uma barra [ ]

$K_\varphi \to$ coeficiente de rigidez à rotação por torção de barra [F·L/R]

$H_A \to$ reação força axial na extremidade inicial de barra biengastada [F]

$H_B \to$ reação força axial na extremidade final de barra biengastada [F]

$H_A^0 \to$ reação força axial na extremidade inicial da barra engastada e em balanço [F]

$V_A \to$ reação força transversal na extremidade inicial de barra biengastada [F]

$V_B \to$ reação força transversal na extremidade final de barra biengastada [F]

$V_A^0 \to$ reação força transversal na extremidade inicial da barra biapoiada [F]

$V_B^0 \to$ reação força transversal na extremidade final da barra biapoiada [F]

$M_A \to$ reação momento por flexão na extremidade inicial de barra biengastada [F·L]

$M_B \to$ reação momento por flexão na extremidade final de barra biengastada [F·L]

$T_A \to$ reação momento por torção na extremidade inicial de barra biengastada [F·L]
$T_B \to$ reação momento por torção na extremidade final de barra biengastada [F·L]
$d'_i \to$ deslocabilidade local (de barra) no sistema local [L ou R]
$f'_i \to$ força generalizada local (de barra) no sistema local [F ou F·L]
$k'_{ij} \to$ coeficiente de rigidez local (de barra) no sistema local [F/L, F/R, F·L/L ou F·L/R]
$\{d'\} \to$ vetor das deslocabilidades locais (de barra) no sistema local [L ou R]
$\{f'\} \to$ vetor das forças generalizadas locais (de barra) no sistema local [F ou F·L]
$[k'] \to$ matriz de rigidez local (de barra) no sistema local [F/L, F/R, F·L/L ou F·L/R]
$\hat{f}'_i \to$ reação de engastamento perfeito local (de barra isolada) no sistema local [F ou F·L]
$\{\hat{f}'\} \to$ vetor das reações de engastamento perfeito locais (de barra isolada) no sistema local [F ou F·L]
$d_i \to$ deslocabilidade local (de barra) no sistema global [L ou R]
$f_i \to$ força generalizada local (de barra) no sistema global [F ou F·L]
$k_{ij} \to$ coeficiente de rigidez local (de barra) no sistema global [F/L, F/R, F·L/L ou F·L/R]
$\{d\} \to$ vetor das deslocabilidades locais (de barra) no sistema global [L ou R]
$\{f\} \to$ vetor das forças generalizadas locais (de barra) no sistema global [F ou F·L]
$[k] \to$ matriz de rigidez local (de barra) no sistema global [F/L, F/R, F·L/L ou F·L/R]
$\hat{f}_i \to$ reação de engastamento perfeito local (de barra isolada) no sistema global [F ou F·L]
$\{\hat{f}\} \to$ vetor das reações de engastamento perfeito locais (de barra isolada) no sistema global [F ou F·L]
$\{fe\} \to$ vetor das cargas equivalentes nodais de uma barra no sistema global [F ou F·L]
$\{fi\} \to$ vetor dos efeitos das deformações de uma barra sobre seus nós no sistema global [F ou F·L]
$D_i \to$ deslocabilidade ou grau de liberdade global (de estrutura) [L ou R]
$\beta_{i0} \to$ termo de carga [F ou F·L]
$F_i \to$ força nodal generalizada global (de estrutura) [F ou F·L]
$K_{ij} \to$ coeficiente de rigidez global (de estrutura) [F/L, F/R, F·L/L ou F·L/R]
$\{D\} \to$ vetor das deslocabilidades ou graus de liberdade globais [L ou R]
$\{D_l\} \to$ vetor dos graus de liberdade globais livres [L ou R]
$\{D_f\} \to$ vetor dos graus de liberdade globais fixos [L ou R]
$\{\beta_0\} \to$ vetor dos termos de carga [F ou F·L]
$\{F\} \to$ vetor das forças nodais generalizadas globais [F ou F·L]
$\{F_l\} \to$ vetor das cargas nodais combinadas nas direções dos graus de liberdade livres [F ou F·L]
$\{F_f\} \to$ vetor das forças nodais generalizadas nas direções dos graus de liberdade fixos [F ou F·L]
$\{P\} \to$ vetor das cargas nodais propriamente ditas no sistema global [F ou F·L]
$\{Fi\} \to$ vetor dos efeitos das deformações de todas as barras de um modelo sobre seus nós no sistema global [F ou F·L]
$[K] \to$ matriz de rigidez global [F/L, F/R, F·L/L ou F·L/R]
$p_A \to$ taxa de carregamento (força) longitudinal (axial) distribuído na extremidade inicial de uma barra [F/L]
$p_B \to$ taxa de carregamento (força) longitudinal (axial) distribuído na extremidade final de uma barra [F/L]
$q_A \to$ taxa de carregamento (força) transversal distribuído na extremidade inicial de uma barra [F/L]
$q_B \to$ taxa de carregamento (força) transversal distribuído na extremidade final de uma barra [F/L]
$N_i(x) \to$ Função de forma associada à deslocabilidade local d'_i de barra no sistema local [ ]
$di \to$ número total de deslocabilidades internas (rotações)
$de \to$ número total de deslocabilidades externas (translações)
$[R] \to$ matriz de transformação por rotação [ ]
$\{e\} \to$ vetor de espalhamento [ ]

PROCESSO DE CROSS

$K_i \to$ coeficiente de rigidez à rotação por flexão da barra i em relação a um nó [F·L/R]
$\gamma_i \to$ coeficiente de distribuição de momento da barra i em relação a um nó [ ]
$t_i \to$ coeficiente de transmissão de momento da barra i em relação a um nó [ ]

Material Suplementar

Este livro conta com os seguintes materiais suplementares:

Para todos os leitores:

- Arquivos do Programa Ftool: arquivos dos Exemplos das Figuras, dos Exercícios Resolvidos e dos Exercícios Propostos para execução no Ftool (requer PIN).
- Capítulos 6, 7, 9 e 12: disponíveis *online* (requer PIN).
- Soluções dos Exercícios Propostos: soluções para os Exercícios Propostos nos Capítulos 1 a 14 (requer PIN).

Para docentes:

- Aulas 1 a 41: *slides* de Aulas com conteúdo correspondente aos Capítulos 1 a 14 (restrito a docentes cadastrados).
- Ilustrações da obra em formato de apresentação (restrito a docentes cadastrados).

Os professores terão acesso a todos os materiais relacionados acima (para leitores e restritos a docentes). Basta estarem cadastrados no GEN.

O acesso ao material suplementar é gratuito. Basta que o leitor se cadastre em nosso *site* (www.grupogen.com.br), clicando em GEN-IO, no menu superior do lado direito. Em seguida, clique no menu retrátil ▤ e insira o código (PIN) de acesso localizado na orelha deste livro.

O acesso ao material suplementar online fica disponível até seis meses após a edição do livro ser retirada do mercado.

Caso haja alguma mudança no sistema ou dificuldade de acesso, entre em contato conosco (gendigital@grupogen.com.br).

GEN-IO (GEN | Informação Online) é o ambiente virtual de aprendizagem do GEN | Grupo Editorial Nacional

Sumário

Capítulo 1 – Introdução à análise de estruturas 1
    1.1. Breve histórico da engenharia estrutural 2
    1.2. Análise estrutural 2
        1.2.1. Modelo estrutural 3
        1.2.2. Modelo discreto 7
        1.2.3. Modelo computacional 10
    1.3. Organização dos capítulos 10

Capítulo 2 – Modelos de estruturas reticuladas 15
    2.1. Pórticos planos 15
        2.1.1. Solicitações externas 16
        2.1.2. Configuração deformada 17
        2.1.3. Apoios 17
        2.1.4. Equilíbrio global 21
        2.1.5. Esforços internos 22
        2.1.6. Ligações internas e liberações de continuidade 24
    2.2. Vigas 26
    2.3. Treliças 27
    2.4. Grelhas 28
    2.5. Pórticos espaciais 30
    2.6. Cabos e arcos 30

Capítulo 3 – Estruturas isostáticas 35
    3.1. Vigas isostáticas 35
    3.2. Quadros planos isostáticos simples 38
        3.2.1. Hiperestaticidade associada a ciclo fechado de barras 41
    3.3. Quadros planos isostáticos compostos 42
    3.4. Treliças planas isostáticas 44
    3.5. Grelhas isostáticas 46
    3.6. Convenção de sinais para esforços internos 47
    3.7. Traçado de diagramas de esforços internos 49

- 3.7.1. Diagramas de esforços internos em viga biapoiada com força concentrada......49
- 3.7.2. Diagramas de esforços internos em viga biapoiada com força uniformemente distribuída......51
- 3.7.3. Diagramas de esforços internos em viga biapoiada com balanços......53
  - 3.7.3.1. Diagrama de esforços normais......53
  - 3.7.3.2. Diagrama de esforços cortantes......53
  - 3.7.3.3. Diagrama de momentos fletores......54
  - 3.7.3.4. Obtenção dos esforços cortantes em uma barra a partir dos momentos fletores......57
  - 3.7.3.5. Obtenção do máximo de momento fletor em uma barra......57
- 3.7.4. Diagramas de esforços internos em viga biapoiada com várias cargas......58
- 3.7.5. Diagramas de esforços internos em quadro biapoiado......60
- 3.7.6. Diagrama de momentos fletores em quadro triarticulado......62
- 3.7.7. Diagramas de esforços internos em quadro composto......63
- 3.7.8. Esforços normais em treliça biapoiada......65
- 3.7.9. Diagramas de esforços internos em grelha triapoiada......67
- 3.8. Determinação do grau de hiperestaticidade......68
  - 3.8.1. Determinação de g para pórticos planos sem separação nas rótulas......69
  - 3.8.2. Determinação de g para pórticos planos com separação nas rótulas......70
  - 3.8.3. Determinação de g para treliças planas......72
  - 3.8.4. Determinação de g para grelhas......72
- 3.9. Exercícios propostos......72

Capítulo 4 – Considerações sobre equilíbrio e compatibilidade......77
- 4.1. Condições básicas da análise estrutural......77
  - 4.1.1. Condições de equilíbrio......78
  - 4.1.2. Condições de compatibilidade entre deslocamentos e deformações......79
  - 4.1.3. Leis constitutivas dos materiais......80
- 4.2. Métodos básicos da análise estrutural......81
  - 4.2.1. Método das forças......82
  - 4.2.2. Método dos deslocamentos......84
  - 4.2.3. Comparação entre o método das forças e o método dos deslocamentos......85
- 4.3. Comportamento linear e superposição de efeitos......86
- 4.4. Análise de segunda ordem......88
- 4.5. Estruturas estaticamente determinadas e indeterminadas......91

Capítulo 5 – Idealização do comportamento de barras......97
- 5.1. Relações entre deslocamentos e deformações em barras......98
  - 5.1.1. Deformações axiais......99
  - 5.1.2. Deformações normais por flexão......99
  - 5.1.3. Distorções por efeito cortante......101
  - 5.1.4. Distorções por torção......101
- 5.2. Relações diferenciais de equilíbrio em barras......102
- 5.3. Equilíbrio entre tensões e esforços internos......103
- 5.4. Deslocamentos relativos internos......105
  - 5.4.1. Deslocamento axial relativo interno provocado por esforço normal......105
  - 5.4.2. Rotação relativa interna provocada por momento fletor......105
  - 5.4.3. Deslocamento transversal relativo interno provocado por esforço cortante......107
  - 5.4.4. Rotação relativa interna provocada por momento torçor......107
  - 5.4.5. Deslocamentos relativos internos provocados por variação de temperatura......108

5.5.	Tensões normais provocadas por efeitos axial e de flexão	110
5.6.	Equação diferencial para o comportamento axial	111
5.7.	Equação de Navier para o comportamento à flexão	112
5.8.	Comparação entre vigas isostáticas e hiperestáticas	114
5.9.	A essência da análise de estruturas reticuladas	115
5.10.	Análise qualitativa de diagramas de esforços internos e configurações deformadas em vigas	118
5.11.	Consideração de barras inextensíveis	125
5.12.	Contraventamento de pórticos	130
5.13.	Flambagem de barras: perda de estabilidade pelo efeito de compressão	132

Capítulo 6 – Analogia da viga conjugada (capítulo *online* disponível integralmente no GEN-IO) e-1
- 6.1. Processo de Mohr e-1
- 6.2. Conversão de condições de apoio e-3
- 6.3. Roteiro do processo de Mohr e-4
- 6.4. Cálculo de deslocamentos em vigas isostáticas e-4
- 6.5. Análise de vigas hiperestáticas e-7
- 6.6. Determinação de reações de engastamento de barras isoladas e-13
    - 6.6.1. Parâmetros fundamentais de reações de engastamento para barra isolada com inércia variável e-15
- 6.7. Dedução de coeficientes de rigidez à flexão de barras e-19
    - 6.7.1. Parâmetros fundamentais de rigidez à flexão para barra isolada com inércia variável . e-21
- 6.8. Análise de vigas submetidas a efeitos de variação transversal de temperatura e-24
    - 6.8.1. Parâmetros fundamentais de reações de engastamento provocadas por efeitos térmicos transversais para barra isolada com inércia variável e-28
- 6.9. Exercícios propostos e-29

Capítulo 7 – Princípio dos trabalhos virtuais (capítulo *online* disponível integralmente no GEN-IO) e-33
- 7.1. Energia de deformação e princípio da conservação de energia e-33
- 7.2. Princípio dos Trabalhos Virtuais e-36
- 7.3. Princípio das Forças Virtuais e-38
    - 7.3.1. Deslocamentos provocados por carregamento externo e-41
    - 7.3.2. Deslocamentos provocados por variação de temperatura e-45
    - 7.3.3. Deslocamentos provocados por recalques de apoio e-46
    - 7.3.4. Verificação de atendimento à condição de compatibilidade e-48
- 7.4. Princípio dos deslocamentos virtuais e-49
    - 7.4.1. PDV para solicitações de carregamentos externos e recalques de apoio e-53
    - 7.4.2. PDV para solicitações de variação de temperatura e-54
- 7.5. Teoremas de reciprocidade e-55

Capítulo 8 – Método das forças 141
- 8.1. Metodologia de análise pelo método das forças 141
    - 8.1.1. Hiperestáticos e sistema principal 142
    - 8.1.2. Superposição de casos básicos para restabelecer condições de compatibilidade 143
    - 8.1.3. Determinação de esforços internos finais 146
- 8.2. Matriz de flexibilidade e vetor dos termos de carga 147
- 8.3. Determinação dos termos de carga e coeficientes de flexibilidade 148
    - 8.3.1. Determinação dos termos de carga 148
    - 8.3.2. Determinação dos coeficientes de flexibilidade 150
- 8.4. Análise de uma viga contínua 150

- 8.4.1. Sistema principal obtido por eliminação de apoios 151
- 8.4.2. Sistema principal obtido por introdução de rótulas internas 158
- 8.4.3. Considerações sobre a escolha do sistema principal 161
- 8.5. Escolha do sistema principal para um quadro fechado 162
  - 8.5.1. Sistema principal obtido por corte de uma seção transversal 162
  - 8.5.2. Sistema principal obtido por introdução de rótulas 165
- 8.6. Escolha do sistema principal para quadros compostos 166
- 8.7. Exemplos de solução de pórticos pelo método das forças 168
- 8.8. Análise de vigas e pórticos planos hiperestáticos submetidos à variação de temperatura 173
- 8.9. Análise de vigas e pórticos planos hiperestáticos submetidos a recalque de apoio 176
- 8.10. Análise de viga submetida ao efeito combinado de carregamento, variação de temperatura e recalque de apoio 179
- 8.11. Análise de treliças planas hiperestáticas 182
- 8.12. Análise de grelhas hiperestáticas 186
- 8.13. Exercícios propostos 190

Capítulo 9 – Soluções fundamentais para barra isolada (capítulo *online* disponível integralmente no GEN-IO) e-57

- 9.1. Funções de forma para configurações deformadas elementares de barras prismáticas de pórticos planos e-58
- 9.2. Coeficientes de rigidez locais e-60
  - 9.2.1. Parâmetro fundamental de rigidez axial de barra e-62
  - 9.2.2. Coeficientes de rigidez axial de barra prismática e-63
  - 9.2.3. Parâmetro de rigidez axial de barra com seção transversal variável e-64
  - 9.2.4. Coeficientes de rigidez à flexão de barra prismática sem articulação e-64
  - 9.2.5. Parâmetros fundamentais para os coeficientes de rigidez à flexão de barra e-65
  - 9.2.6. Coeficientes de rigidez à flexão de barra com articulação na extremidade inicial e-67
  - 9.2.7. Coeficientes de rigidez à flexão de barra com articulação na extremidade final e-69
  - 9.2.8. Matrizes de rigidez de barra prismática de pórtico plano e-70
  - 9.2.9. Coeficientes de rigidez à torção de barra e-71
- 9.3. Reações de engastamento de barra isolada para solicitações externas e-73
  - 9.3.1. Parâmetros fundamentais para reações de engastamento provocadas por efeitos axiais e-73
  - 9.3.2. Parâmetros fundamentais para reações de engastamento provocadas por efeitos transversais e-74
  - 9.3.3. Reações de engastamento de barra prismática para carregamentos axiais e transversais e-76
  - 9.3.4. Reações de engastamento de barra com seção transversal variável para carregamentos axiais e-80
  - 9.3.5. Reações de engastamento de barra prismática para variação de temperatura e-81
  - 9.3.6. Reações de engastamento de barra com seção transversal variável para variação uniforme de temperatura e-83

Capítulo 10 – Método dos deslocamentos 203

- 10.1. Deslocabilidades e sistema hipergeométrico 203
- 10.2. Metodologia de análise pelo método dos deslocamentos 205
- 10.3. Matriz de rigidez global e vetor dos termos de carga 210
- 10.4. Convenções de sinais do método dos deslocamentos 211
- 10.5. Exemplo de solução de uma viga contínua 213

10.6. Exemplos de solução de pórticos simples..217
    10.6.1. Pórtico com três deslocabilidades...217
    10.6.2. Pórtico com articulação interna..220
    10.6.3. Pórtico com barra inclinada..225

Capítulo 11 – Método dos deslocamentos com redução de deslocabilidades............................229
11.1. A essência do método dos deslocamentos..230
    11.1.1. Deslocabilidade como parâmetro genérico para definição de configuração deformada...230
    11.1.2. Soluções fundamentais de engastamento perfeito de barras isoladas......................230
    11.1.3. Soluções fundamentais de coeficientes de rigidez de barras isoladas......................231
    11.1.4. Configurações deformadas dos casos básicos..231
11.2. Classificação das simplificações adotadas..232
11.3. Consideração de barras inextensíveis...233
    11.3.1. Exemplo de solução de pórtico com barras inextensíveis..234
    11.3.2. Regras para determinação de deslocabilidades externas de pórticos planos com barras inextensíveis..240
11.4. Simplificação para articulações completas...244
    11.4.1. Pórtico com articulação no topo de uma coluna..244
    11.4.2. Pórtico com articulação dupla na viga e na coluna..247
    11.4.3. Regras para determinação de deslocabilidades internas..250
    11.4.4. Exemplo de solução de pórtico com duas articulações..251
    11.4.5. Exemplo de viga contínua com carregamento, variação de temperatura e recalque de apoio..252
11.5. Consideração de barras infinitamente rígidas..254
    11.5.1. Exemplo de solução de pórtico com dois pavimentos...257
    11.5.2. Exemplo de barra rígida com giro..258
    11.5.3. Sugestões para criação do SH de pórticos com barras infinitamente rígidas...........261
11.6. Exemplos de solução de pórticos planos..261
11.7. Apoios elásticos...273
11.8. Solução de grelha pelo método dos deslocamentos..276
11.9. Exercícios propostos..279

Capítulo 12 – Processo de Cross (capítulo *online* disponível integralmente no GEN-IO)................e-85
12.1. Interpretação física do método da distribuição de momentos...e-86
12.2. Distribuição de momentos fletores em um nó...e-87
12.3. Solução iterativa do sistema de equações de equilíbrio..e-89
12.4. Formalização do processo de Cross..e-91
    12.4.1. Processo de Cross para pórtico com uma deslocabilidade.....................................e-91
    12.4.2. Processo de Cross para viga com duas deslocabilidades.......................................e-93
12.5. Aplicação do processo de Cross a quadros planos...e-95
12.6. Aplicação do processo de Cross a quadros com apoio elástico rotacional........................e-97
12.7. Aplicação do processo de Cross a estruturas com deslocabilidades externas..................e-99
12.8. Exercícios propostos..e-101

Capítulo 13 – Método da rigidez direta..287
13.1. Discretização no método da rigidez direta...288
13.2. Representação dos carregamentos como cargas nodais..290
13.3. Dados de entrada típicos de um programa de computador..294

13.4. Resultados típicos de um programa de computador..296
13.5. Sistemas de coordenadas generalizadas...298
13.6. Matriz de rigidez local no sistema global..299
13.7. Montagem da matriz de rigidez global..302
13.8. Montagem das cargas nodais combinadas no vetor das forças generalizadas globais.............307
13.9. Interpretação do sistema de equações finais como imposição de equilíbrio aos nós isolados.....310
13.10. Consideração das condições de apoio..312
    13.10.1. Particionamento do sistema de equações...312
    13.10.2. Diagonalização da linha e coluna da matriz de rigidez global correspondente ao grau de liberdade restrito..313
    13.10.3. Inserção de um apoio elástico fictício com valor muito alto do coeficiente de rigidez....314
13.11. Determinação de reações de apoio..315
13.12. Determinação de esforços internos nas barras..316
13.13. Considerações finais..317
13.14. Exercícios propostos...318
    13.14.1. Sistemas de eixos globais e locais...319
    13.14.2. Convenção de sinais para aplicação de cargas..319
    13.14.3. Convenção de sinais para resultados de análise...319
    13.14.4. Convenção de sinais para traçado de diagramas de esforços internos.....................320
    13.14.5. Exercícios propostos..320

Capítulo 14 – Cargas acidentais e móveis..337
14.1. Linhas de influência..338
14.2. Linhas de influência para viga biapoiada com balanços..339
14.3. Envoltórias de esforços internos em viga biapoiada com balanços....................................341
14.4. Método cinemático para o traçado de linhas de influência..348
14.5. Exemplo de determinação de envoltórias de momento fletor baseado nos aspectos das linhas de influência...355
14.6. Metodologia para cálculo de linhas de influência pelo método cinemático.......................359
14.7. Solução fundamental para linha de influência de esforço cortante em barra prismática.............361
14.8. Solução fundamental para linha de influência de momento fletor em barra prismática...........362
14.9. Solução fundamental para linha de influência de esforço cortante em barra com seção transversal variável..363
14.10. Solução fundamental para linha de influência de momento fletor em barra com seção transversal variável..365
14.11. Exemplo de traçado de envoltórias de esforços internos para ponte rodoviária..........................366
14.12. Exercícios propostos...371

Apêndice: soluções práticas...385

Referências bibliográficas..393

Índice alfabético..397

Introdução à análise de estruturas | 1

O projeto e a construção de estruturas compõem uma área da engenharia civil na qual muitos engenheiros civis se especializam. Estes são os chamados *engenheiros estruturais*. A engenharia estrutural trata do planejamento, projeto, construção e manutenção de sistemas estruturais para transporte, moradia, trabalho e lazer.

Uma estrutura pode ser concebida como um empreendimento por si próprio, como no caso de pontes e estádios esportivos, ou pode ser utilizada como o esqueleto de outro empreendimento; por exemplo, edifícios e teatros. Uma estrutura pode ser projetada e construída em aço, concreto, madeira, blocos de rocha, materiais não convencionais (materiais que utilizam fibras vegetais, por exemplo) ou novos materiais sintéticos (plásticos, por exemplo). Ela deve resistir a ventos fortes, a solicitações que são impostas durante sua vida útil e, em várias partes do mundo, a terremotos.

O *projeto estrutural* tem como objetivo a concepção de uma estrutura que atenda a todas as necessidades para as quais ela será construída, satisfazendo condições de segurança, de utilização, econômicas, estéticas, ambientais, construtivas e legais. O resultado final do projeto estrutural é a especificação de uma estrutura de forma completa, isto é, abrangendo todos os aspectos gerais, tais como locação, e todos os detalhes necessários para a sua construção.

Portanto, o projeto estrutural parte de uma concepção geral da estrutura e termina com a documentação que possibilita a sua construção. São inúmeras e muito complexas as etapas de um projeto estrutural. Entre elas está a previsão do comportamento da estrutura de tal forma que ela possa atender satisfatoriamente às condições de segurança e de utilização para as quais foi concebida.

A *análise estrutural* é a fase do projeto estrutural em que é feita a idealização do comportamento da estrutura. Esse comportamento pode ser expresso por diversos parâmetros, como pelos campos de tensões, deformações e deslocamentos na estrutura. De maneira geral, a análise estrutural tem como objetivo a determinação de esforços internos e externos (cargas e reações de apoio), e das tensões correspondentes, bem como a determinação dos deslocamentos e as correspondentes deformações da estrutura que está sendo projetada. Essa análise deve ser realizada para os possíveis estágios de carregamentos e solicitações que devem ser previamente determinados.

O desenvolvimento das teorias que descrevem o comportamento de estruturas se deu inicialmente para *estruturas reticuladas*, isto é, estruturas formadas por barras (elementos estruturais que têm um eixo claramente definido). Trata-se dos tipos mais comuns de estruturas, tais como a estrutura de uma cobertura ou o esqueleto de um edifício metálico. Mesmo em casos de estruturas nas quais nem todos os componentes podem ser considerados como barras (como é o caso de edifícios de concreto armado), é comum analisar, de forma simplificada, o comportamento global ou parcial da estrutura utilizando-se um modelo de barras.

Este livro aborda a análise de estruturas reticuladas estaticamente indeterminadas, isto é, *estruturas hiperestáticas*. Entre elas incluem-se treliças (estruturas com todas as barras articuladas em suas extremidades), pórticos ou quadros, e grelhas (estruturas planas com cargas fora do plano). São tratados, principalmente, os métodos clássicos da análise de estruturas hiperestáticas: o *método das forças* e o *método dos deslocamentos*. São resumidos os principais conceitos de análise de estruturas estaticamente determinadas (*estruturas isostáticas*), pois servem como base para os métodos de análise de estruturas hiperestáticas. Nesse contexto, a análise considera apenas cargas estáticas e admite-se um comportamento linear para a estrutura (análise para pequenos deslocamentos e materiais elástico-lineares).

Consideram-se pré-requisitos para a leitura deste livro conhecimentos de mecânica geral (estática) e mecânica dos sólidos (resistência dos materiais). Parte-se do princípio de que o leitor entende os conceitos básicos de equilíbrio estático, esforços internos, tensões e deformações. Diversos livros-texto abordam esses assuntos. Como sugestões para leitura, recomendam-se na área de estática os livros de Hibbeler (2004-1) ou Meriam e Kraige (2004); na área de análise de estruturas isostáticas, os livros de Campanari (1985), Süssekind (1977-1) ou Soriano (2007); e na área de mecânica dos sólidos, os livros de Beer e Johnston (2006), Féodosiev (1977), Hibbeler (2004-2), Popov (1998) ou Timoshenko e Gere (1994).

1.1. BREVE HISTÓRICO DA ENGENHARIA ESTRUTURAL

Timoshenko (1878-1972), um dos pais da engenharia estrutural moderna, descreve em seu livro *História da Resistência dos Materiais* (Timoshenko, 1983) um histórico do desenvolvimento teórico sobre o comportamento de estruturas. A engenharia estrutural vai encontrar raízes, se bem que de uma forma empírica, nos grandes monumentos e pirâmides do antigo Egito e nos templos, estradas, pontes e fortificações da Grécia e da Roma antigas. O início da formalização teórica da engenharia estrutural é atribuído à publicação do livro *Duas Ciências,* de Galileu, em 1638, que deu origem a todo o desenvolvimento científico desde o século XVII até os dias de hoje. Antes disso, Leonardo da Vinci (1452-1519) já havia escrito algumas notas sobre estática e mecânica dos sólidos. Ao longo desses séculos, vários matemáticos e cientistas ilustres deram suas contribuições para formalizar a engenharia estrutural tal como se entende hoje. Até o início do século XX pode-se citar, dentre outros, Jacob Bernoulli (1654-1705), Euler (1707-1783), Lagrange (1736-1813), Coulomb (1736-1806), Navier (1785-1836), Thomas Young (1773-1829), Saint-Venant (1797-1886), Kirchhoff (1824-1887), Kelvin (1824-1907), Maxwell (1831-1879) e Mohr (1835-1918).

A formalização da engenharia estrutural por meio de teorias científicas permite que os engenheiros estabeleçam as forças e solicitações que podem atuar com segurança nas estruturas ou em seus componentes, e que definam os materiais adequados e as dimensões necessárias da estrutura e seus componentes sem que estes sofram efeitos prejudiciais ao seu bom funcionamento.

A engenharia estrutural teve um grande avanço no final do século XIX, com a Revolução Industrial. Novos materiais passaram a ser empregados nas construções, tais como concreto armado, ferro fundido e aço. Também foi nessa época que a engenharia estrutural conquistou um grande desenvolvimento no Brasil. Em seus livros *História da Engenharia no Brasil* (Telles, 1994; Telles 1984), Pedro Carlos da Silva Telles descreve, com uma impressionante quantidade de informações históricas, esse desenvolvimento. Durante o século XX, os principais avanços se deram nos processos construtivos e nos procedimentos de cálculo. A engenharia civil brasileira é detentora de vários recordes mundiais, com notória distinção na construção de pontes.

1.2. ANÁLISE ESTRUTURAL

A análise estrutural, como já foi mencionado, é a etapa do projeto estrutural na qual é realizada uma previsão do comportamento da estrutura. Nela são utilizadas todas as teorias físicas e matemáticas resultantes da formalização da engenharia estrutural como ciência.

A análise estrutural moderna trabalha com quatro níveis de abstração[1] com relação à estrutura que está sendo analisada, como indicado na Figura 1.1, sendo o primeiro o mundo físico, isto é, o nível que representa a estrutura real tal como é construída. Essa visão de caráter mais geral sobre a análise de estruturas tem por objetivo definir claramente o escopo deste livro, que essencialmente trata da transformação do modelo estrutural no modelo discreto para o caso de estruturas formadas por barras. Em outras palavras, o livro aborda, principalmente, os métodos básicos para concepção e análise de modelos discretos de estruturas reticuladas.

---

[1] Conceito baseado no *paradigma dos quatro universos* da modelagem em computação gráfica idealizado por Gomes e Velho (1998) e no conceito de análise estrutural de Felippa (2009).

Figura 1.1 Quatro níveis de abstração referentes a uma estrutura na análise estrutural.

1.2.1. Modelo estrutural

O segundo nível de abstração da análise estrutural é o modelo analítico utilizado para representar matematicamente a estrutura que está sendo analisada. Esse modelo é chamado de *modelo estrutural* ou *modelo matemático* e incorpora todas as teorias e hipóteses elaboradas para descrever o comportamento da estrutura em função das diversas solicitações. Essas hipóteses são baseadas em leis físicas, tais como o equilíbrio entre forças e tensões, as relações de compatibilidade entre deslocamentos e deformações e as leis constitutivas dos materiais que compõem a estrutura.

A criação do modelo estrutural de uma estrutura real é uma das tarefas mais importantes da análise estrutural. Tal tarefa pode ser bastante complexa, dependendo do tipo de estrutura e da sua importância. Por exemplo, o modelo estrutural de um prédio residencial de pequeno porte é concebido de uma forma corriqueira. Em geral, o modelo desse tipo de estrutura é formado por um conjunto de linhas que representam as vigas e colunas do prédio e pelas superfícies que representam as lajes de seus pavimentos. Por outro lado, a concepção do modelo estrutural de um prédio que abriga o reator de uma usina atômica é muito mais complexa e pode envolver diversos tipos de elementos estruturais, das mais variadas formas (por exemplo, superfícies para representar paredes estruturais ou uma superfície representando a casca de concreto armado que cobre o prédio).

Na concepção do modelo estrutural faz-se uma *idealização* do comportamento da estrutura real em que se adota uma série de hipóteses simplificadoras. Estas estão baseadas em teorias físicas e em resultados experimentais e estatísticos, e podem ser divididas nos seguintes tipos:

- hipóteses sobre a geometria do modelo;
- hipóteses sobre as condições de suporte (ligação com o meio externo, por exemplo, com o solo);
- hipóteses sobre o comportamento dos materiais;
- hipóteses sobre as solicitações que atuam sobre a estrutura (cargas de ocupação ou pressão de vento, por exemplo).

No caso de estruturas reticuladas, o modelo estrutural tem características que são bastante específicas. O modelo matemático desse tipo de estrutura baseia-se no fato de que os elementos estruturais têm um eixo bem definido e está fundamentado em uma teoria de vigas, que rege o comportamento de membros estruturais que trabalham à flexão, acrescida de efeitos axiais e de torção. Para esse tipo de estrutura, as barras (vigas e colunas) são representadas por linhas no modelo estrutural. A informação tridimensional das barras fica representada por propriedades globais de suas seções transversais, tais como área e momentos de inércia. Portanto, nesse caso, a definição da geometria do modelo é uma tarefa simples: os eixos das barras definem os elementos do modelo estrutural.

Apesar dessa simplicidade de ordem geométrica, existem muitas questões relacionadas com a definição do domínio geométrico de modelos de estruturas reticuladas que devem ser consideradas. Algumas dessas questões são abordadas com base em um exemplo, que é mostrado na Figura 1.2. Ilustra-se nessa figura a estrutura (real) de um edifício construído com perfis metálicos.

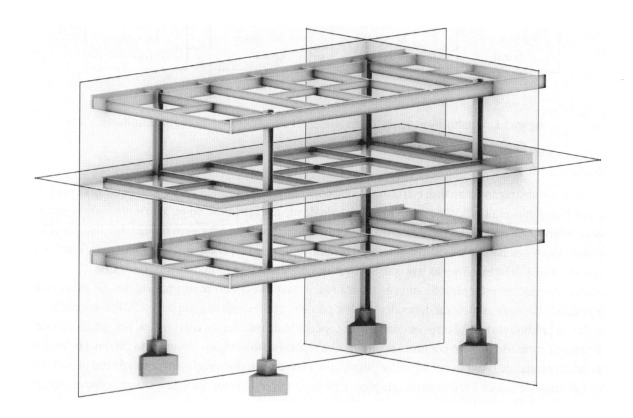

Figura 1.2 Exemplo de estrutura real: edifício construído com perfis de aço.

Existem inúmeras alternativas para a definição do domínio geométrico do modelo da estrutura da Figura 1.2, algumas ilustradas na Figura 1.3. Uma possibilidade é a *modelagem* (ato de criar o modelo) utilizando um *pórtico espacial* (Figura 1.3-a), cujo domínio geométrico compreende a estrutura como um todo. Nesse caso, todos os perfis metálicos da estrutura real são considerados em um único modelo tridimensional. A consideração de um modelo único traz vantagens porque todos os efeitos tridimensionais de carregamentos externos e de ligação entre os elementos estruturais podem ser considerados no modelo. A análise de um modelo desse tipo é relativamente sofisticada, mas atualmente existem programas de computador que possibilitam essa tarefa sem grandes dificuldades.

Entretanto, uma análise tridimensional pode não ser adequada ou necessária. Por exemplo, em uma fase inicial de pré-dimensionamento, pode-se definir as seções transversais dos perfis metálicos com base em análises mais simples do que uma análise tridimensional completa. Em outras situações, uma análise tridimensional tem um grau de sofisticação incompatível com os recursos disponíveis para o projeto, pois pode acarretar custos altos no uso de programas de computador e duração excessiva para a criação do modelo estrutural.

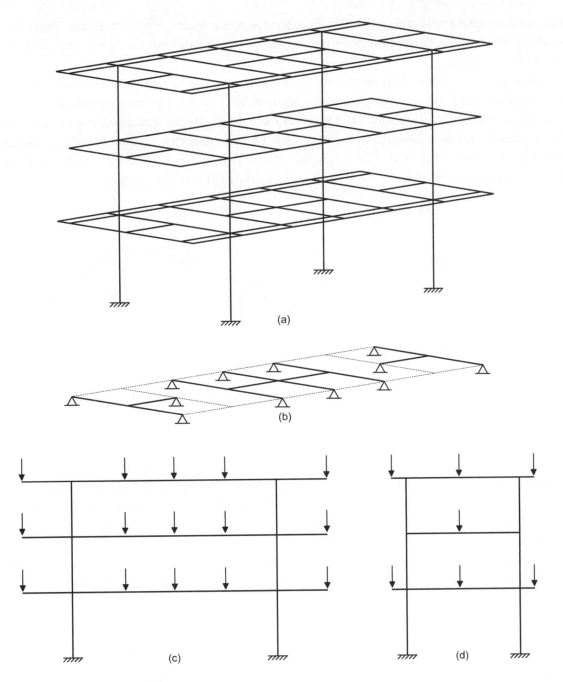

Figura 1.3 Modelos estruturais para a estrutura da Figura 1.2:
(a) pórtico espacial; (b) grelhas para um pavimento; (c) pórtico plano longitudinal; (d) pórtico plano transversal.

Por esses e por outros motivos, é bastante usual a concepção de modelos que abstraem o comportamento da estrutura real em domínios geométricos isolados e de menor dimensão. Os modelos isolados podem ser unidimensionais (no caso do isolamento de uma viga da estrutura) ou bidimensionais, conforme ilustrado nas Figuras 1.3-b, 1.3-c e 1.3-d (veja planos de corte na Figura 1.2). Os modelos planos da Figura 1.3-b representam o comportamento das vigas secundárias do pavimento intermediário do edifício com respeito a efeitos provocados por forças verticais atuantes, como o peso próprio da estrutura e as cargas de ocupação. Modelos planos com cargas transversais ao plano, como os da Figura 1.3-b, são denominados *grelhas* (Seção 2.4). Nessa concepção de modelagem, as vigas secundárias do pavimento se apoiam nas vigas principais. Por sua vez, as vigas principais são consideradas em modelos bidimensionais de *pórticos planos* (Seção 2.1), que são ilustrados nas Figuras 1.3-c e 1.3-d. Esses modelos abstraem de forma simplificada os comportamentos longitudinal e transversal da estrutura real. Nessas duas figuras, as setas indicam as forças verticais que são transmitidas pelas grelhas dos pavimentos do edifício para os modelos de pórticos planos. Dessa forma, o comportamento tridimensional da estrutura pode ser representado, de maneira aproximada, pela composição das respostas dos modelos bidimensionais.

Observa-se que a concepção da geometria de um modelo de estrutura reticulada apresenta várias alternativas. Entretanto, essa não é a questão mais complicada. A consideração das outras hipóteses simplificadoras que entram na idealização do comportamento da estrutura real pode ser bastante complexa. Considere como exemplo o modelo estrutural de um simples galpão industrial mostrado na Figura 1.4. A representação das solicitações (cargas permanentes, cargas acidentais etc.) pode envolver alto grau de simplificação ou pode ser muito próxima da realidade. O mesmo pode ser aplicado com respeito à consideração do comportamento dos materiais ou das fundações (condições de apoio).

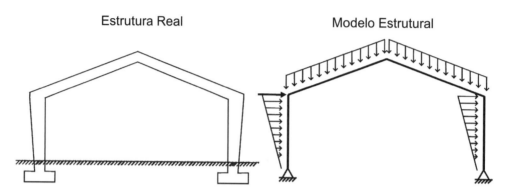

Figura 1.4 Corte transversal da estrutura (real) de um galpão e seu modelo estrutural.

No exemplo da Figura 1.4, a ligação da estrutura com o solo foi modelada por apoios que impedem os deslocamentos horizontal e vertical, mas que permitem o giro da base das colunas. Outro tipo de hipótese poderia ter sido feito para esses apoios: por que não considerá-los como engastes perfeitos (que impedem também o giro da base), como no caso dos pórticos planos das Figuras 1.3-c e 1.3-d? No modelo da Figura 1.4, as cargas verticais representam o peso próprio da estrutura, e as cargas horizontais representam o efeito do vento. De quantas maneiras se pode considerar os efeitos do vento ou de outras solicitações?

Questões como essas indicam que existem diversas possibilidades para a concepção do modelo de uma estrutura. Nesse sentido pesam diversos fatores, como a experiência do analista estrutural e a complexidade da estrutura e de suas solicitações.

Apesar da importância da concepção do modelo estrutural dentro da análise estrutural, não é o objetivo deste livro abordar esse assunto. Os modelos matemáticos adotados na idealização do comportamento de estruturas usuais já estão de certa forma consagrados, principalmente no caso de estruturas reticuladas. Esses modelos são descritos em livros de mecânica dos sólidos (resistência dos materiais) (Féodosiev, 1977; Timoshenko & Gere, 1994; Popov, 1998, Beer & Johnston, 2006) e teoria da elasticidade (Timoshenko & Goodier, 1980; Malvern, 1969; Little, 1973; Boresi & Chong, 1987; Villaça & Taborda, 1998), entre outros.

Também não serão tratadas aqui questões que se referem à representação das solicitações reais no modelo estrutural, bem como questões relativas às leis constitutivas dos materiais que compõem a estrutura. Esses assuntos, em geral, são abordados em disciplinas que tratam das etapas de dimensionamento e detalhamento do projeto estrutural, tais como estruturas de aço, estruturas de concreto armado ou estruturas de madeira.

O foco principal deste livro são as metodologias de análise de estruturas hiperestáticas compostas por barras. No corpo deste volume, o modelo estrutural completo (com materiais, solicitações e apoios definidos) é sempre fornecido como ponto de partida para a análise. Entretanto, para entender os métodos de análise estrutural, é preciso conhecer os modelos matemáticos adotados para estruturas reticuladas. Portanto, os Capítulos 2, 3, 4 e 5 deste livro resumem todas as teorias físicas e matemáticas necessárias para descrever os métodos de análise estrutural que são tratados neste volume.

1.2.2. Modelo discreto

O terceiro nível de abstração utilizado na análise estrutural é o do *modelo discreto* (Figura 1.1), que é concebido dentro das metodologias de cálculo dos métodos de análise. Portanto, a concepção do modelo discreto de estruturas reticuladas é um dos principais assuntos tratados neste livro.

De forma geral, os métodos de análise utilizam um conjunto de variáveis ou parâmetros para representar o comportamento de uma estrutura. Nesse nível de abstração, o comportamento analítico do modelo estrutural é substituído por um comportamento discreto, em que soluções analíticas contínuas são representadas pelos valores discretos dos parâmetros adotados. A passagem do modelo matemático para o modelo discreto é denominada *discretização*.

Os tipos de parâmetros adotados no modelo discreto dependem do método utilizado. No método das forças, os parâmetros são forças ou momentos, e, no método dos deslocamentos, são deslocamentos ou rotações.

Por exemplo, a Figura 1.5 mostra a discretização utilizada na solução de um pórtico plano pelo método das forças. A solicitação externa atuante, denominada *carregamento*, é constituída de uma força lateral (horizontal) e uma força vertical uniformemente distribuída na viga (barra horizontal). Na figura, as setas indicadas com um traço no meio são reações de apoio (Seção 2.1.3). Nesse método, os parâmetros adotados para *discretizar* a solução são forças ou momentos redundantes para garantir o equilíbrio estático da estrutura, isto é, forças e momentos associados a vínculos excedentes de uma estrutura hiperestática. Esses parâmetros são denominados *hiperestáticos*.

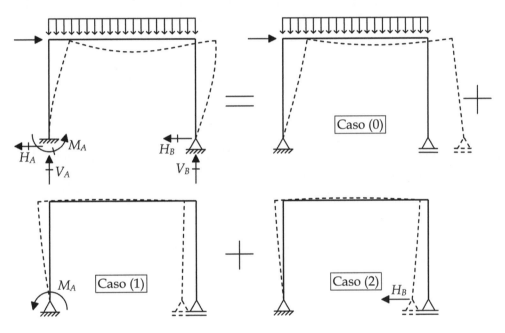

Figura 1.5 Superposição de soluções básicas no método das forças.

No exemplo da Figura 1.5, os hiperestáticos adotados são as reações de apoio M_A (reação momento no apoio da esquerda) e H_B (reação horizontal no apoio da direita). A configuração deformada do pórtico, denominada *elástica* (indicada pela linha tracejada na figura e mostrada em escala ampliada para deslocamentos), é obtida pela superposição de soluções básicas dos casos (0), (1) e (2) ilustrados na figura. A estrutura utilizada nas soluções básicas é uma estrutura *estaticamente determinada* (isostática), obtida da estrutura original pela eliminação dos vínculos excedentes associados aos hiperestáticos. Cada solução básica isola um determinado efeito ou parâmetro: o efeito da solicitação externa (carregamento) é isolado no caso (0), o efeito do hiperestático M_A é isolado no caso (1), e o efeito do hiperestático H_B é isolado no caso (2). A metodologia de análise pelo método das forças determina os valores que os hiperestáticos devem ter para recompor os vínculos eliminados (restrição à rotação no apoio da esquerda e restrição ao deslocamento horizontal no apoio da direita). Dessa forma, a solução do problema fica parametrizada (discretizada) pelos hiperestáticos M_A e H_B. Essa metodologia será apresentada em detalhes no Capítulo 8 deste livro.

Por outro lado, a solução discreta pelo método dos deslocamentos para estruturas reticuladas é representada por valores de deslocamentos e rotações nos nós (pontos de encontro das barras ou extremidades de barras), como indicado na Figura 1.6.[2] Esses parâmetros são denominados *deslocabilidades*. No exemplo dessa figura, as deslocabilidades são os deslocamentos horizontais dos nós superiores, Δ_C^x e Δ_D^x, os deslocamentos verticais desses nós, Δ_C^y e Δ_D^y, e as rotações dos nós livres ao giro, θ_B^z, θ_C^z e θ_D^z.

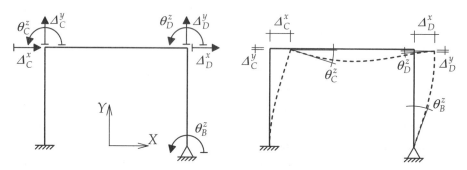

Figura 1.6 Parâmetros nodais utilizados na discretização pelo método dos deslocamentos.

Na Figura 1.6, a configuração deformada da estrutura (elástica mostrada em escala ampliada) representa a solução contínua do modelo matemático. Os valores das deslocabilidades nodais representam a solução discreta do problema. Nesse tipo de metodologia, baseada em deslocamentos, a solução contínua pode ser obtida por interpolação dos valores discretos dos deslocamentos e rotações nodais, considerando também o efeito da força distribuída na barra horizontal.

A Figura 1.7 mostra a discretização utilizada na solução desse pórtico pelo método dos deslocamentos. A solução contínua em deslocamentos da estrutura é obtida pela superposição de configurações deformadas elementares das soluções básicas dos casos (0) a (7) mostrados na figura. Cada solução básica isola os efeitos das cargas externas – caso (0) – e de cada uma das deslocabilidades – casos (1) a (7).

Na Figura 1.7, as configurações deformadas elementares de cada caso básico são denominadas *cinematicamente determinadas* porque são funções conhecidas que multiplicam, isoladamente, cada uma das deslocabilidades. Essas configurações deformadas elementares são as próprias funções que interpolam os deslocamentos e rotações nodais para obter a solução contínua.

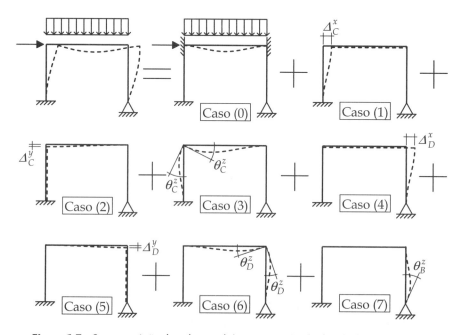

Figura 1.7 Superposição de soluções básicas no método dos deslocamentos.

---

[2] A notação adotada neste livro para indicar genericamente uma componente de deslocamento ou rotação é uma seta com um traço na base.

Em geral, para estruturas reticuladas com barras prismáticas (a seção transversal não varia ao longo do comprimento da barra), a solução obtida por interpolação é igual à solução analítica do modelo estrutural. Isso ocorre porque as funções de interpolação que definem a configuração deformada contínua são compatíveis com a idealização matemática do comportamento das barras feita pela mecânica dos sólidos. A metodologia de análise pelo método dos deslocamentos é detalhada no Capítulo 10.

No caso de estruturas contínuas (que não são compostas por barras), comumente é utilizado na análise estrutural o *método dos elementos finitos*[3] com uma formulação em deslocamentos (Zienkiewicz & Taylor, 2000). Nesse método, o modelo discreto é obtido pela subdivisão do domínio da estrutura em subdomínios, chamados de *elementos finitos*, com formas simples (em modelos planos, usualmente triângulos ou quadriláteros), como exemplificado na Figura 1.8 para o modelo bidimensional de uma estrutura contínua com um furo. Essa subdivisão é denominada *malha de elementos finitos*, e os parâmetros que representam a solução discreta são valores de deslocamentos nos nós (vértices) da malha.

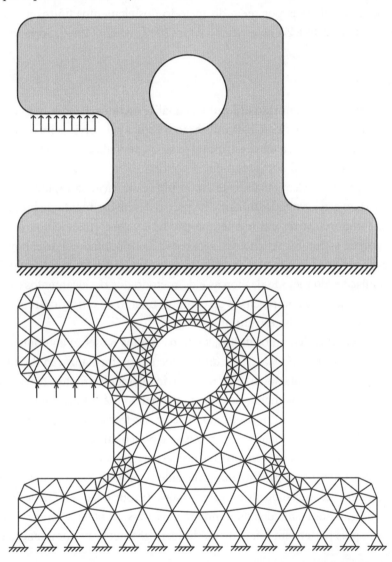

Figura 1.8 Discretização pelo método dos elementos finitos de uma estrutura contínua.

Pode-se observar por esse exemplo que a obtenção do modelo discreto para estruturas contínuas é muito mais complexa do que no caso de modelos de estruturas reticuladas (pórticos, treliças ou grelhas). Para estruturas formadas

---

[3] Muitos outros métodos também são utilizados, como o método dos elementos de contorno. As notas de aula de Felippa (2009) apresentam uma excelente introdução aos métodos de análise de estruturas contínuas.

por barras, os nós (pontos onde são definidos valores discretos) são identificados naturalmente no encontro ou nas extremidades das barras, enquanto para modelos contínuos os nós são obtidos pela discretização do domínio da estrutura em uma malha.

Uma importante diferença entre os modelos discretos de estruturas reticuladas e de estruturas contínuas é que a discretização de uma malha de elementos finitos introduz simplificações em relação à idealização matemática feita para o comportamento da estrutura. Isso ocorre porque as funções de interpolação que definem a configuração deformada de uma malha de elementos finitos não são, em geral, compatíveis com a idealização matemática do comportamento do meio contínuo feita pela teoria da elasticidade. Dessa forma, a solução do modelo discreto de elementos finitos é uma aproximação da solução analítica da teoria da elasticidade, ao passo que a solução do modelo discreto de uma estrutura com barras prismáticas é igual à solução analítica da mecânica dos sólidos.

Conforme mencionado, este livro trata apenas de modelos de estruturas reticuladas. Existem diversas referências para o tratamento de estruturas contínuas por meio do método dos elementos finitos, tais como os livros de Bathe (1982), Cook *et al.* (1989), Felippa (2009), Zienkiewicz e Taylor (2000), Assan (1999), Soriano (2003), Fish e Belytschko (2007) e Oñate (2009).

1.2.3. Modelo computacional

Desde a década de 1960, o computador tem sido utilizado na análise estrutural, embora inicialmente apenas em institutos de pesquisa e universidades. Nos anos 1970 essa utilização passou a ser corriqueira e, nos anos 1980 e 1990, com a criação de programas gráficos interativos, a análise estrutural passou a ser feita com uso de computador em praticamente todos os escritórios de cálculo estrutural e empresas de consultoria.

A análise de estruturas pode ser vista atualmente como uma simulação computacional do comportamento de estruturas. Embora este livro não esteja voltado diretamente para o desenvolvimento de programas para prever o comportamento de estruturas, é importante ter em mente que não se concebe atualmente executar as tarefas de análise estrutural, mesmo para o caso de estruturas reticuladas, sem o uso de computador e de computação gráfica.

Portanto, este livro pode ser considerado uma introdução à análise de estruturas. As soluções apresentadas para os modelos discretos das formulações do método das forças e do método dos deslocamentos são obtidas através de resolução manual. O enfoque dado aqui é na compreensão do comportamento de estruturas reticuladas hiperestáticas e dos fundamentos dos métodos básicos da análise estrutural.

Livros-texto sobre o método dos elementos finitos, como os citados na seção anterior, abordam de certa maneira a implementação computacional do *método da rigidez direta* (que é uma formalização do método dos deslocamentos direcionada a uma implementação computacional) e do método dos elementos finitos. Nesse contexto, o autor escreveu um livro (Martha, 2019) que aborda a implementação computacional do método da rigidez direta e que também apresenta uma introdução ao método dos elementos finitos. O método das forças emprega uma metodologia que é menos propícia para ser implementada computacionalmente e, por isso, é pouco utilizado em programas de computador.

Entretanto, diversos outros aspectos estão envolvidos no desenvolvimento de um programa de computador para executar uma análise estrutural. Questões como estruturas de dados e procedimentos para a criação do modelo geométrico, geração do modelo discreto, aplicação de atributos de análise (propriedades de materiais, carregamentos, condições de suporte etc.) e visualização dos resultados são fundamentais nesse contexto. Essas questões não são tratadas nos livros sobre elementos finitos, pois pertencem à área de modelagem geométrica e computação gráfica.

1.3. ORGANIZAÇÃO DOS CAPÍTULOS

Este capítulo inicial visa posicionar o leitor dentro da atividade de análise estrutural e apontar os principais tópicos abordados neste livro. Os Capítulos 1 a 5 são introdutórios e resumem conceitos básicos necessários para o entendimento do restante do livro. Os demais capítulos apresentam métodos e procedimentos para análise de estruturas reticuladas, especialmente de estruturas estaticamente indeterminadas (hiperestáticas).

O próximo capítulo faz um resumo dos tipos mais comuns de modelos de estruturas reticuladas, isto é, de estruturas formadas por barras: vigas, pórticos planos, treliças, grelhas e pórticos espaciais. Os modelos são caracterizados pelas hipóteses simplificadoras adotadas para a geometria da estrutura, para as cargas e para os deslocamentos e rotações. Os tipos mais comuns de restrições de apoio e sua simbologia são apresentados.

O Capítulo 3 apresenta uma classificação de estruturas reticuladas estaticamente determinadas (isostáticas). Modelos estaticamente determinados têm solução baseada apenas em condições de equilíbrio. O capítulo também mostra a convenção de sinais adotada para esforços internos e os procedimentos adotados para o traçado de diagramas de esforços internos de vigas, pórticos planos, treliças planas e grelhas estaticamente determinados. Para exemplificar esses procedimentos, são mostradas soluções isostáticas para esses tipos de modelos. Também são apresentados métodos para a determinação do grau de hiperestaticidade (grau de indeterminação estática) de vigas, pórticos planos, treliças e grelhas.

O Capítulo 4 trata, principalmente, das condições básicas a serem respeitadas pelo modelo estrutural: condições de equilíbrio e condições de compatibilidade entre deslocamentos e deformações. São apresentados os métodos clássicos de análise estrutural, método das forças e método dos deslocamentos, e a forma como as condições de equilíbrio, condições de compatibilidade e leis constitutivas dos materiais que compõem a estrutura são tratadas por esses métodos. O comportamento linear de estruturas, condição para aplicar a superposição de efeitos, também é discutido. Tal comportamento depende do comportamento linear dos materiais e da validade da hipótese de pequenos deslocamentos. Quando se pode adotar essa hipótese, as condições de equilíbrio são definidas para a geometria indeformada da estrutura. Esse tipo de abordagem é denominado *análise de primeira ordem*. A penúltima seção do Capítulo 4 caracteriza efeitos de segunda ordem, que resultam em um comportamento não linear de ordem geométrica para a estrutura, embora esses efeitos não sejam considerados neste livro. A última seção aborda conceitualmente as diferenças de comportamento entre estruturas isostáticas e estruturas hiperestáticas.

O Capítulo 5 resume a formalização matemática associada à idealização do comportamento de barras. A teoria de vigas de Navier para o comportamento à flexão de barras é apresentada com todas as suas hipóteses e simplificações. As principais relações diferenciais da mecânica dos sólidos, que regem o comportamento de barras para efeitos axiais, cisalhantes, de flexão e de torção, são apresentadas com vistas à sua utilização no desenvolvimento dos métodos de análise abordados nos capítulos subsequentes. Com base no modelo adotado para o comportamento de barras, é feita uma comparação entre estruturas isostáticas e estruturas hiperestáticas com respeito às condições de equilíbrio e às condições de compatibilidade. A partir das relações diferenciais apresentadas para o comportamento à flexão de barras, é feita uma análise qualitativa de aspectos de diagramas de esforços internos e configurações deformadas em vigas e pórticos simples. O Capítulo 5 também introduz a hipótese de *barras inextensíveis*. Essa hipótese é uma aproximação razoável para o comportamento de um pórtico e possibilita o entendimento do conceito de *contraventamento* (enrijecimento lateral) de pórticos com barras inclinadas, muito importante no projeto de estruturas reticuladas. A última seção do capítulo apresenta a modelagem da perda de estabilidade de barras submetidas à compressão considerando efeitos de segunda ordem (equilíbrio na configuração deformada). Isso é feito para complementar a idealização do comportamento de barras, embora efeitos de segunda ordem não sejam considerados no restante do livro.

O Capítulo 6 apresenta a analogia da viga conjugada como forma alternativa para analisar vigas hiperestáticas. Essa analogia, também conhecida como processo de Mohr, é inteiramente baseada na teoria de vigas de Navier descrita no Capítulo 5. Com base nessa analogia, a resolução do problema da compatibilidade de uma viga é substituída pela resolução do problema do equilíbrio de uma viga conjugada. Como a imposição de condições de equilíbrio é, em geral, mais intuitiva do que a imposição de condições de compatibilidade, a analogia da viga conjugada se apresenta como uma alternativa à imposição de condições de compatibilidade em vigas. Tal analogia também é utilizada para deduzir soluções fundamentais de barras isoladas, que são apresentadas formalmente no Capítulo 9. A vantagem de utilizar a analogia para isso é que ela trata de maneira conveniente uma barra cuja seção transversal varia ao longo do comprimento. Embora no caso geral não existam soluções fundamentais analíticas para barras que têm seção transversal variável, com a analogia da viga conjugada é possível obter soluções fundamentais de maneira eficiente utilizando procedimentos numéricos. Além disso, essa analogia é aplicada à análise de vigas submetidas a efeitos térmicos transversais, isto é, efeitos de variação de temperatura entre a face inferior e a face superior da viga.

O Capítulo 7 apresenta o princípio dos trabalhos virtuais para a determinação de soluções básicas que são utilizadas pelos métodos das forças e dos deslocamentos. Duas formulações podem ser derivadas desse princípio: princípio das forças virtuais e princípio dos deslocamentos virtuais. O princípio das forças virtuais é utilizado para determinar as soluções básicas do método das forças, que correspondem a soluções de deslocamentos e rotações em sistemas estaticamente determinados (isostáticos), como as soluções básicas dos casos (0), (1) e (2) mostrados na Figura 1.5. Já o princípio dos deslocamentos virtuais é utilizado para determinar as soluções básicas do método dos deslocamentos, que correspondem a soluções de forças e momentos em sistemas cinematicamente determinados (configurações deformadas conhecidas), como as soluções básicas dos casos (0) a (7) mostradas na Figura 1.7. Ao final do Capítulo 7, são apresentados os teoremas de reciprocidade: teorema de Betti e teorema de Maxwell.

O método das forças para a análise de estruturas reticuladas hiperestáticas é apresentado detalhadamente no Capítulo 8. O capítulo trata, principalmente, de aplicações do método para vigas e pórticos planos, mas também são considerados exemplos de modelos de treliça plana e grelha. Embora os programas de computador geralmente utilizem o método dos deslocamentos e, por isso, na prática o método das forças seja pouco utilizado, esse método tem o mérito de ser intuitivo. Por esse motivo, em geral, o método das forças é apresentado em livros-texto antes do método dos deslocamentos.

O Capítulo 9 apresenta soluções fundamentais de barras isoladas que compõem as soluções básicas do método dos deslocamentos. Elas podem ser consideradas soluções básicas locais, sendo utilizadas para determinar as soluções básicas globais (da estrutura como um todo) do método dos deslocamentos. Existem dois tipos de soluções fundamentais de barras isoladas. O primeiro corresponde a soluções de uma barra quando são impostos, isoladamente, deslocamentos ou rotações nas extremidades. O segundo tipo de soluções fundamentais são soluções de engastamento perfeito de barras para solicitações externas aplicadas (cargas, variações de temperatura etc.). As soluções fundamentais de barras isoladas são determinadas pelo princípio dos deslocamentos virtuais e pelo teorema de Betti (Capítulo 7). Essa metodologia, da forma como é apresentada, só considera soluções fundamentais para barras prismáticas, isto é, barras que têm seção transversal que não varia ao longo do comprimento. As únicas soluções fundamentais para barras isoladas com seção transversal variável deduzidas no Capítulo 9 estão relacionadas com efeitos axiais e de torção, e utilizam o método das forças. No caso do efeito de flexão, conforme mencionado, o Capítulo 6 deduz, com base na analogia da viga conjugada, as soluções fundamentais para barras isoladas com seção transversal variável.

O Capítulo 10 apresenta uma introdução ao método dos deslocamentos. Esse capítulo depende das definições de soluções fundamentais de barras isoladas abordadas no Capítulo 9. O objetivo é descrever os fundamentos do método dos deslocamentos aplicado a pórticos planos. No Capítulo 10, o método é apresentado com uma formulação geral. Essa formulação é particularizada nos Capítulos 11 e 12 visando a uma aplicação do método por meio de resolução manual (sem computador). O Capítulo 13 apresenta uma formulação matricial do método dos deslocamentos voltada para implementações computacionais (método da rigidez direta).

No Capítulo 11 são introduzidas restrições comumente adotadas para as deformações de barras com o objetivo de reduzir o número de parâmetros discretos (deslocabilidades) de uma solução pelo método dos deslocamentos e, assim, facilitar sua resolução manual. A apresentação do método com essas restrições pode ser considerada a forma clássica de apresentação em livros-texto, como no de Süssekind (1977-3), que estão voltados para resoluções manuais. Na verdade, o principal objetivo ao considerar essas restrições nas deformações de barras é caracterizar o comportamento de pórticos com relação aos efeitos de deformações axiais e de deformações transversais por flexão. A principal restrição adotada é a consideração de barras sem deformação axial (chamadas de barras inextensíveis), que é introduzida no Capítulo 5. Também são apresentados procedimentos práticos ("macetes") para eliminar parâmetros discretos do método dos deslocamentos sem que sejam introduzidas simplificações adicionais no comportamento da estrutura. Além disso, o Capítulo 11 mostra um exemplo de análise de uma grelha por esse método explorando uma dessas simplificações.

O Capítulo 12 descreve um processo de solução iterativa de vigas e pórticos pelo método dos deslocamentos. Esse processo é denominado método da distribuição de momentos (White et al., 1976; Hibbeler, 2009) ou processo de Cross (Süssekind, 1977-3). Apesar de esse processo ter caído em desuso nos últimos anos, ele apresenta a vantagem de propiciar um entendimento intuitivo do comportamento de vigas e quadros que trabalham fundamentalmente à flexão, além de permitir uma rápida resolução manual.

O método da rigidez direta, que é uma formalização matricial do método dos deslocamentos voltada para sua implementação computacional, é apresentado no Capítulo 13. A formulação geral do método da rigidez direta é desenvolvida para modelos de pórticos planos. Procura-se dar um enfoque conceitual sobre o método, não focando diretamente em sua implementação computacional. Apenas alguns aspectos a esse respeito são mencionados. O objetivo é mostrar o que é realizado por um programa de computador para uma análise desse tipo, sem entrar nos detalhes da implementação. Salienta-se que a formulação matricial faz com que a generalização do método para outros tipos de modelos estruturais seja relativamente simples, inclusive para modelos contínuos discretizados em elementos finitos. No final do capítulo, apresentam-se apenas alguns aspectos que caracterizam a aplicação do método para treliças planas e grelhas, e que diferem da formulação apresentada para pórticos planos.

Finalmente, o Capítulo 14 descreve o procedimento de análise de estruturas reticuladas para cargas acidentais e móveis, isto é, cargas que não têm atuação constante ou posição fixa sobre a estrutura. Os conceitos de linhas de influência e envoltórias de esforços internos são introduzidos. Linhas de influência são gráficos ou funções que estabelecem a variação de um determinado esforço em uma determinada seção transversal para uma força vertical unitária que percorre a estrutura. As envoltórias de esforços internos definem limites mínimos e máximos de variação de esforços internos ao longo da estrutura solicitada por cargas acidentais ou móveis. Esses limites são definidos para cada seção transversal com base em linhas de influência. É deduzido o método cinemático para o traçado de linhas de influência, também chamado de princípio de Müller-Breslau (White *et al.*, 1976; Süssekind, 1977-1; Soriano, 2007; Hibbeler, 2009). Esse princípio é demonstrado, no caso geral, pelo teorema de Betti (Capítulo 7) e estabelece que uma linha de influência de um determinado esforço interno em uma determinada seção transversal é a configuração deformada resultante da imposição de um deslocamento generalizado ao se romper o vínculo associado ao esforço interno na seção. As soluções de engastamento perfeito para barras isoladas do princípio de Müller-Breslau são apresentadas e deduzidas pela analogia da viga conjugada (Capítulo 6), considerando também barras com seção transversal variável. Essas soluções facilitam a determinação de linhas de influência por programas de computador que implementam o método da rigidez direta.

Modelos de estruturas reticuladas | 2

Este livro está voltado para a análise de estruturas reticuladas, isto é, estruturas formadas por barras. Este capítulo apresenta uma classificação dos tipos de modelos de estruturas reticuladas de acordo com o seu arranjo espacial e suas cargas. Para cada tipo de modelo são caracterizados os esforços internos, as direções dos seus deslocamentos e rotações, e os tipos de apoios e sua simbologia.

A apresentação dos tipos de modelos de estruturas reticuladas e suas características é feita explorando um raciocínio intuitivo, isto é, ela não segue um formalismo matemático. Entretanto, parte-se do pressuposto de que o leitor entende os conceitos de força, momento e equilíbrio estático.

A concepção dos modelos de estruturas reticuladas é complementada no Capítulo 5, que trata da idealização matemática adotada para o comportamento de barras.

2.1. PÓRTICOS PLANOS

A Figura 2.1 mostra um exemplo de *quadro* ou *pórtico plano*. Um quadro plano é um modelo estrutural plano de uma estrutura tridimensional. Tal modelo pode corresponder a uma "fatia" da estrutura ou pode representar uma simplificação do comportamento tridimensional (Seção 1.2.1).

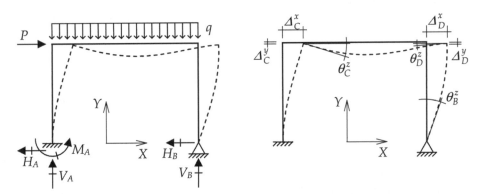

Figura 2.1 Eixos globais, cargas, reações, deslocamentos e rotações de um quadro plano.

Modelos estruturais desse tipo estão contidos em um plano (neste livro é adotado o plano formado pelos eixos X e Y, como mostra a Figura 2.1), e as solicitações externas (cargas) também estão contidas nesse plano. Isso inclui forças com componentes nas direções dos eixos X e Y e momentos em torno do eixo Z (eixo saindo do plano).

Conforme mencionado na Seção 1.2.1, no modelo de estruturas reticuladas, os elementos estruturais são representados por linhas, pois têm um eixo bem definido. Genericamente, esses elementos estruturais são chamados de *barras*. No exemplo, o pórtico tem três barras: uma *viga* (barra horizontal) e dois *pilares* ou *colunas* (barras verticais).

No caso de quadros planos, a representação matemática do comportamento dos elementos estruturais está embasada na teoria de vigas de Navier, que rege o comportamento de barras que trabalham à flexão, acrescida de efeitos axiais. Essa representação é abordada no Capítulo 5.

2.1.1. Solicitações externas

O quadro plano da Figura 2.1 tem solicitação externa composta por uma força horizontal P (na direção de X) e uma força uniformemente distribuída vertical q (na direção de Y). As forças aplicadas externamente são chamadas, de forma geral, *cargas*. Cargas externas também podem incluir momentos aplicados, que, no caso de pórticos planos, são momentos em torno do eixo perpendicular ao plano do modelo. O conjunto de cargas que atua externamente é denominado genericamente *carregamento*.

Neste livro, a unidade de distância é simbolizada por [L], a unidade de força é simbolizada por [F], a unidade de momento é simbolizada por [F·L], e a unidade de força distribuída é simbolizada por [F/L]. A unidade adotada para distância é o metro [m], para força é o quilonewton [kN], para momentos é o quilonewton multiplicado por metro [kNm] e para força distribuída é o quilonewton dividido por metro [kN/m].

Também estão indicadas na Figura 2.1 as *reações de apoio*, que são forças e momentos que representam a resposta mecânica das fundações, ou de outras estruturas conectadas, sobre o modelo estrutural. As reações de apoio são iguais e contrárias às ações das solicitações externas, transferidas através da estrutura, sobre as fundações ou estruturas conectadas. Nesse exemplo, as reações de apoio são compostas de forças horizontais e verticais, e de um momento em torno do eixo Z.

No contexto da análise estrutural, as solicitações externas de um modelo estrutural têm a seguinte classificação de acordo com a forma de atuação:

- cargas permanentes;
- cargas acidentais;
- cargas móveis.

As cargas permanentes têm posição de atuação fixa sobre a estrutura e perduram durante toda a sua vida útil. O peso próprio é o típico exemplo de uma carga permanente. Cargas acidentais têm posição fixa, mas sua atuação é intermitente, ou seja, não atuam o tempo todo. Como exemplo, pode-se citar as cargas de ocupação de um edifício ou as cargas provocadas pela pressão ou sucção de vento. Cargas móveis não têm posição e sua atuação é intermitente. O exemplo mais evidente é o de cargas de um veículo sobre uma ponte.

A análise de estruturas para cargas acidentais e móveis segue procedimentos que são bastante distintos dos procedimentos de análise para cargas permanentes. A principal razão é que, no caso de cargas permanentes, a transferência de cargas através da estrutura tem uma distribuição constante. Nesse caso, as reações de apoio têm valores fixos.

Por outro lado, no caso de cargas acidentais e móveis, a transferência de cargas através da estrutura e as reações de apoio variam em função da atuação das cargas. Os procedimentos de análise levam em conta o caráter variável dos efeitos provocados por esses tipos de carga. Outro motivo para a diferença de tratamento na análise deriva da natureza não determinística das cargas acidentais e móveis. Em geral, essas cargas são definidas através de estudos estatísticos, resultando em cargas acidentais idealizadas para o projeto de estruturas e em veículos-tipo de projeto, que representam solicitações móveis para diversas situações.

Este livro trata da análise estática de modelos de estruturas reticuladas para cargas permanentes, acidentais e móveis. Isso significa que, mesmo no caso de cargas móveis, não são considerados efeitos de impacto ou vibrações em estruturas.

A maior parte do escopo do livro enfoca a análise estrutural para cargas permanentes. No Capítulo 14 são mostrados os procedimentos para a análise de estruturas reticuladas para cargas acidentais e móveis.

Outros tipos de solicitações externas considerados são variação de temperatura e recalques (movimentos indesejados) de apoios.

2.1.2. Configuração deformada

A Figura 2.1 também indica a *configuração deformada* da estrutura com as componentes de deslocamentos e rotações dos nós (pontos de encontro ou pontos extremos das barras). A configuração deformada é representada na figura pela linha tracejada mostrada com a escala de deslocamentos exagerada. Essa linha também é chamada *curva elástica* ou, simplesmente, *elástica*.

Estruturas civis são corpos rígidos, porém deformáveis. Ficará claro ao longo deste livro que a consideração de deformações em estruturas é um dos pontos-chave para a previsão do seu comportamento por meio de modelos estruturais. Os deslocamentos de estruturas civis são, em geral, muito pequenos. Isso é da natureza desse tipo de estrutura: uma estrutura civil com grandes deflexões teria sua funcionalidade comprometida. Por esse motivo, as configurações deformadas sempre são mostradas com escala exagerada.

A simplificação adotada para modelos estruturais de quadros planos é a inexistência de deslocamentos na direção transversal ao plano (direção Z) e rotações em torno de eixos do plano da estrutura. Portanto, um quadro plano apresenta somente as seguintes componentes de deslocamentos e rotação:

$\Delta^x \rightarrow$ deslocamento na direção do eixo global X [L];
$\Delta^y \rightarrow$ deslocamento na direção do eixo global Y [L];
$\theta^z \rightarrow$ rotação em torno do eixo global Z [R].

O símbolo da unidade de deslocamento é o mesmo utilizado para a unidade de distância [L]. Neste livro, a unidade adotada para deslocamento é o metro [m], rotações são expressas em radiano [rad], que é adimensional, e utiliza-se o símbolo [R] para rotações. Para modelos de estruturas reais, valores de deslocamentos em metros e de rotações em radianos são muito pequenos.

2.1.3. Apoios

Um modelo estrutural tem condições de contorno em termos de deslocamentos e rotações que representam as ligações do modelo com o meio externo, o qual pode ser as fundações da estrutura ou outra estrutura conectada à estrutura sendo modelada. A ligação de um modelo estrutural com o meio externo é considerada através de *apoios*, que representam *condições de suporte* nos pontos de contato externo. No exemplo da Figura 2.1, o modelo estrutural possui dois apoios. O apoio da esquerda é um *engaste*, que tem como condições de suporte restrições completas, isto é, as duas componentes de deslocamento e a rotação são nulas no ponto do apoio. Por outro lado, o apoio da direita é um *apoio simples do 2º gênero*. Esse tipo de apoio impede os deslocamentos horizontal e vertical, mas não restringe a rotação.

A Tabela 2.1 resume os tipos mais comuns de apoios em modelos de pórticos planos e vigas. Para cada um deles, é mostrada a simbologia adotada neste livro (isto é, como o apoio é representado no modelo), as restrições de deslocamentos e rotação associadas ao apoio e as correspondentes reações de apoio.

Apoios simples do 1º gênero restringem o deslocamento apenas em uma direção, geralmente na direção vertical Y ou na direção horizontal X. Na Tabela 2.1, o apoio do 1º gênero inclinado é mostrado com uma inclinação genérica dada pelo sistema de eixos $X'Y'$. O apoio do 2º gênero e o engaste (também denominado apoio do 3º gênero) podem ser representados com qualquer inclinação. Isso não acarreta mudança de comportamento porque os deslocamentos nas duas direções (horizontal e vertical) são restringidos. O *engaste deslizante* sem inclinação, além de restringir o deslocamento na direção Y, impede a rotação. Quando tem inclinação, restringe o deslocamento na direção Y' e a rotação.

Para cada restrição de apoio, existe uma *reação de apoio* associada. As reações de apoio são as forças e os momentos que representam o efeito mecânico do meio externo sobre o modelo estrutural. A Figura 2.1 e a Tabela 2.1 ilustram a notação utilizada para indicar reações de apoio: *setas com um traço perpendicular no meio* indicam uma reação força ou momento.

Tabela 2.1 Tipos de apoio em quadros planos e vigas

Apoios	Símbolos	Restrições em deslocamentos e rotações	Reações de apoio
Simples do 1º gênero vertical		$\Delta^y = 0$	F^y
Simples do 1º gênero horizontal		$\Delta^x = 0$	F^x
Simples do 1º gênero inclinado		$\Delta^{y'} = 0$	$F^{y'}$
Simples do 2º gênero		$\Delta^x = 0$ $\Delta^y = 0$	F^x, F^y
Engaste (3º gênero)		$\Delta^x = 0$ $\Delta^y = 0$ $\theta^z = 0$	F^x, F^y, M^z
Engaste deslizante		$\Delta^y = 0$ $\theta^z = 0$	F^y, M^z
Engaste deslizante inclinado		$\Delta^{y'} = 0$ $\theta^z = 0$	$F^{y'}$, M^z

De acordo com a terceira lei de Newton, as reações de apoio têm a mesma intensidade das forças e momentos que resultam das ações da estrutura sobre o meio externo, mas com sentidos opostos a essas ações. As ações da estrutura sobre o meio externo são provenientes das solicitações externas que atuam na estrutura e dependem da forma como a estrutura transfere essas cargas.

As reações de apoio que estão indicadas na Tabela 2.1 têm sempre a mesma direção da correspondente restrição de apoio em deslocamento ou rotação. As reações aparecem na tabela com os sentidos positivos, isto é, na direção dos eixos de coordenadas: uma reação força horizontal é positiva quando tem o sentido da esquerda para a direita, uma reação força vertical é positiva quando tem o sentido de baixo para cima, e uma reação momento é positiva no sentido anti-horário. Convenção análoga vale para um apoio com inclinação. A notação utilizada é:

$F^x \to$ reação força na direção do eixo global X [F];
$F^y \to$ reação força na direção do eixo global Y [F];
$M^z \to$ reação momento em torno do eixo global Z [F·L].

Entretanto, nem sempre é uma aproximação razoável considerar que uma restrição ao deslocamento ou rotação é completa. Existem apoios que oferecem restrições apenas parciais. Isso ocorre quando o meio externo (por exemplo, uma fundação da estrutura) não é completamente rígido. Considere como ilustração os três tipos de fundações mostrados na Figura 2.2. A fundação da esquerda é um bloco com oito estacas, a do centro é um bloco com duas estacas e a da direita é uma fundação direta em sapata. Observa-se que as duas últimas fundações apresentam uma rotação θ, enquanto a primeira não sofre giro.

Em um modelo estrutural, uma representação razoável para o bloco de fundação com oito estacas pode ser um engaste, pois esse tipo de fundação praticamente impede todos os deslocamentos e rotações. Por outro lado, a fundação em sapata oferece pouca resistência ao giro, podendo ser representada por um apoio do 2º gênero. Mas existem casos intermediários, como o do bloco de duas estacas da Figura 2.2. A restrição ao giro imposta por essa fundação pode ser parcial. Esse bloco de estacas é capaz de resistir a um momento aplicado, mas sofre um giro associado ao momento. Na verdade, todos os apoios dessa figura impõem restrições parciais porque não existe uma fundação real com rigidez infinita nem existe uma sapata que libere completamente a rotação. Para essas duas fundações, as considerações de engaste e apoio do 2º gênero são hipóteses (razoáveis) adotadas no modelo estrutural.

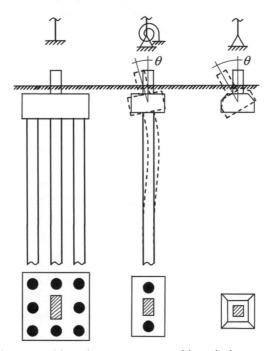

Figura 2.2 Fundações em bloco de oito estacas, em bloco de duas estacas e em sapata.

Apoios que restringem parcialmente deslocamentos ou rotações são representados no modelo estrutural como *apoios elásticos*.[1] Quando a rotação é liberada parcialmente e os deslocamentos continuam restringidos por completo, a denominação adotada é *apoio elástico rotacional*. O símbolo utilizado para esse tipo de apoio é mostrado na Figura 2.2: um apoio do 2º gênero com uma mola rotacional. A Figura 2.3 ilustra a configuração deformada (com escala exagerada) de um pórtico simétrico com apoios elásticos rotacionais. As reações de apoio provocadas pela força P (centrada, atuando na viga) também estão indicadas na figura: H é a reação força horizontal, V é a reação força vertical, e M é a reação momento.

Vê-se, na Figura 2.3, que um apoio elástico rotacional sofre uma rotação θ e apresenta uma reação momento M. Conforme ilustrado na Figura 2.4, no caso geral, existe uma relação não linear entre o momento M e a rotação θ sofrida pelo apoio. Para pequenas rotações, a relação entre o momento e a rotação pode ser aproximada por uma relação linear, indicada pela reta com coeficiente angular K^θ, o qual é chamado de *coeficiente de rigidez à rotação* do apoio. Nesse caso, o apoio é denominado *apoio elástico rotacional linear*.

---

[1] Essencialmente, o apoio é elástico acontece quando, além de apresentar um impedimento parcial ao deslocamento ou à rotação, retorna à sua situação original (deslocamentos ou rotações nulos) após o descarregamento da estrutura. De outra forma, o apoio é inelástico.

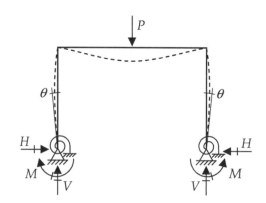

Figura 2.3 Pórtico com apoio elástico rotacional.

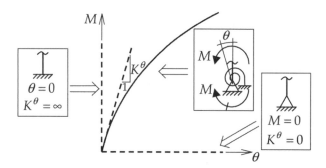

Figura 2.4 Relação momento x rotação em um apoio elástico rotacional.

Observa-se, pela Figura 2.4, que o apoio elástico rotacional é um caso intermediário entre o engaste e o apoio do 2º gênero. O engaste é um caso extremo com coeficiente de rigidez à rotação com valor infinito e rotação nula. O apoio do 2º gênero é o extremo oposto, com rigidez à rotação e reação momento nulas. Existem infinitos casos intermediários de apoios elásticos rotacionais, cada um dado por um valor de coeficiente de rigidez à rotação.

Além do apoio elástico rotacional, existe o *apoio elástico translacional*. Como a própria denominação sugere, esse apoio oferece uma restrição parcial à translação no ponto do apoio, também apresentando uma reação força na direção do deslocamento restringido. Apoios elásticos translacionais são utilizados em modelos estruturais para representar um comportamento elástico translacional de uma fundação. Também existem situações em que o modelo estrutural está conectado a outra estrutura que não se pretende dimensionar ou projetar. Nesse caso, o único interesse é a representação do comportamento elástico da outra estrutura, o que poderia ser feito por meio de apoios elásticos translacionais e rotacionais.

A Tabela 2.2 resume alguns tipos de apoios elásticos translacionais e rotacionais, que podem combinar restrições parciais e restrições completas. A tabela também indica relações constitutivas entre reações força e deslocamentos e entre reação momento e rotação, considerando um comportamento linear para os apoios elásticos.

Tabela 2.2 Alguns tipos de apoios elásticos lineares em quadros planos e vigas

Apoio	Símbolo	Relações constitutivas	Reações de apoio
Apoio elástico translacional vertical		$F^y = -K^y \Delta^y$	
Apoio elástico translacional horizontal		$F^x = -K^x \Delta^x$	

Apoios elásticos translacionais horizontal e vertical		$F^x = -K^x \Delta^x$ $F^y = -K^y \Delta^y$	
Apoio elástico rotacional		$\Delta^x = 0$ $\Delta^y = 0$ $M^z = -K^\theta \theta^z$	
Apoios elásticos translacionais e rotacional		$F^x = -K^x \Delta^x$ $F^y = -K^y \Delta^y$ $M^z = -K^\theta \theta^z$	
Engaste deslizante com apoio elástico translacional		$F^x = -K^x \Delta^x$ $\Delta^y = 0$ $\theta^z = 0$	

Neste livro, apoios elásticos são considerados na análise de estruturas pelo método dos deslocamentos (Seção 11.7), abrangendo apenas apoios elásticos com comportamento linear, ou seja, quando os deslocamentos e rotações do apoio são pequenos. Os apoios elásticos lineares seguem as seguintes relações entre reações força e deslocamentos e entre reação momento e rotação:

$$F^x = -K^x \Delta^x \tag{2.1}$$

$$F^y = -K^y \Delta^y \tag{2.2}$$

$$M^z = -K^\theta \theta^z \tag{2.3}$$

Nas Equações 2.1, 2.2 e 2.3, o sinal negativo é necessário, pois a reação de apoio é sempre contrária ao deslocamento ou rotação que o ponto do apoio sofre. Os coeficientes que aparecem nessas equações são definidos da seguinte maneira:

$K^x \rightarrow$ coeficiente de rigidez do apoio elástico translacional linear horizontal [F/L];
$K^y \rightarrow$ coeficiente de rigidez do apoio elástico translacional linear vertical [F/L];
$K^\theta \rightarrow$ coeficiente de rigidez do apoio elástico rotacional linear [F·L/R].

A unidade adotada neste livro para K^x e K^y é [kN/m], e para K^θ é [kNm/rad].

2.1.4. Equilíbrio global

Um modelo estrutural representa o isolamento de uma estrutura em relação ao meio externo. Dessa maneira, cargas externas devem estar em equilíbrio com reações de apoio. No contexto deste livro, o equilíbrio é estático, pois as estruturas consideradas estão em repouso e sem vibração (sem velocidades e acelerações), e os efeitos inerciais são desprezados. Pela segunda lei de Newton, as resultantes de forças e momentos, englobando cargas externas e reações de apoio, devem ser nulas. Essa condição de equilíbrio estático é muito explorada na análise de estruturas, como é visto ao longo deste volume.

Uma força é uma grandeza vetorial, com intensidade, direção e sentido. No caso de quadros planos, a imposição de força resultante nula fornece duas condições para o equilíbrio global da estrutura:

$\sum F_x = 0 \rightarrow$ somatório de forças na direção horizontal igual a zero (2.4)

$\sum F_y = 0 \rightarrow$ somatório de forças na direção vertical igual a zero (2.5)

Além disso, as forças atuam em uma estrutura em vários pontos. Nesse caso, a ação à distância de uma força deve ser considerada. O efeito de uma força atuando à distância é chamado de *momento*. Assim, a aplicação da segunda lei de Newton para estruturas em repouso deve ser estendida para momentos. No caso de quadros planos, isso resulta em mais uma condição para o equilíbrio global da estrutura:

$$\sum M_o = 0 \rightarrow \text{somatório de momentos em relação a um ponto } O \text{ igual a zero} \quad (2.6)$$

A imposição de somatório de momentos nulos pode ser feita em relação a qualquer ponto do plano *XY*.

2.1.5. Esforços internos

Além das ligações externas, um modelo estrutural deve ter considerações sobre suas ligações internas. A ligação interna entre partes da estrutura é representada em um modelo estrutural de duas maneiras abstratas: a primeira é por meio de tensões em pontos interiores da estrutura e a segunda é por meio de continuidade de deslocamentos dos pontos. Tensão interna é um conceito abstrato de força por unidade de área atuando em um ponto de uma seção que corta um modelo estrutural, separando-o em duas partes. Em estruturas reticuladas, as seções de corte são perpendiculares aos eixos das barras e denominadas *seções transversais*.

Esforços internos em uma estrutura reticulada representam as forças e momentos de ligação entre partes separadas por um corte em uma seção transversal da estrutura. Esforços internos também são integrais de tensões ao longo de uma seção transversal de uma barra. As relações entre tensões e esforços internos são apresentadas na Seção 5.3.

Os esforços internos de um quadro plano estão associados ao seu comportamento plano. Existem apenas três esforços internos em uma barra de um pórtico plano, definidos nas direções dos eixos locais da barra, como indicado na Figura 2.5 e detalhado a seguir:

$N \rightarrow$ esforço normal (esforço interno axial ou longitudinal) na direção do eixo local x [F];
$Q \rightarrow$ esforço cortante (esforço interno transversal) na direção do eixo local y [F];
$M \rightarrow$ momento fletor (esforço interno de flexão) em torno do eixo local z [F·L].

Em um pórtico plano, o eixo local x de uma barra é axial e passa pelo centro de gravidade (CG) das seções transversais. Os outros eixos são transversais à barra, contudo o eixo y pertence ao plano da estrutura, e o eixo z sempre sai do plano.

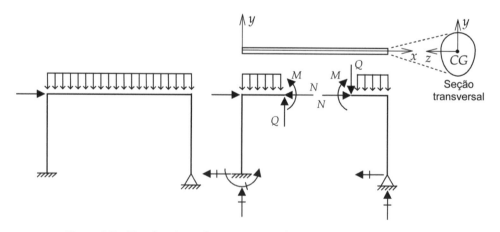

Figura 2.5 Eixos locais e esforços internos de uma barra de quadro plano.

No caso de um pórtico aberto (sem ciclo fechado de barras), o esforço normal ou axial é a resultante de forças de uma porção isolada sobre a outra porção na direção do eixo da barra na seção transversal de corte. O esforço normal representa o efeito de tração ou compressão em uma seção transversal de uma barra. O esforço cortante, por sua vez, é a resultante de forças de uma porção isolada sobre a outra porção na direção transversal ao eixo da barra na seção transversal. Esse esforço representa o efeito cisalhante em uma seção transversal de uma barra. O momento fletor é a resultante momento de todas as forças e momentos de uma porção isolada sobre a outra porção na seção transversal e representa o efeito de flexão (ou dobramento) em uma seção transversal de uma barra.

Os esforços internos de cada lado de uma seção de corte são iguais e contrários, pois são ações e reações correspondentes (terceira lei de Newton). Além disso, *esforços internos expressam condições de equilíbrio de porções isoladas de um modelo estrutural*, isto é, os valores do esforço normal N, do esforço cortante Q e do momento fletor M na seção de corte do pórtico da Figura 2.5 são tais que cada parte isolada do modelo satisfaz condições de equilíbrio estático. Isso pode ser entendido com auxílio da Figura 2.6, que mostra o isolamento das duas porções desse pórtico plano. Vê-se que os esforços internos na seção de corte equilibram uma porção isolada e correspondem às resultantes forças e resultante momento das cargas e reações da outra porção, transportadas estaticamente para a seção de corte.

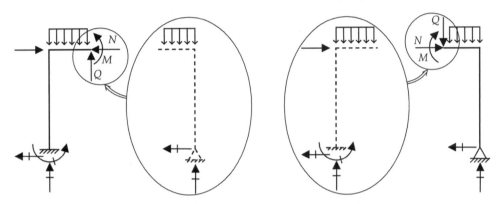

Figura 2.6 Isolamento de duas porções de um modelo de pórtico plano aberto: esforços internos equilibram cada porção e substituem o efeito estático de uma porção sobre a outra.

No caso de um pórtico fechado, isto é, com ciclo fechado de barras, tal como o mostrado na Figura 2.7, a associação de esforços internos em uma seção transversal com o equilíbrio de porções isoladas deve ser entendida de forma mais abrangente. Os esforços internos equilibram cada porção, mas não são definidos *apenas* pelo efeito estático de uma porção sobre a outra.

A Figura 2.7 mostra o isolamento do pórtico com um ciclo fechado de barras em duas porções. Observa-se que, para fazer o isolamento em duas porções, é necessário cortar mais do que uma seção transversal. Nesse caso, os esforços internos *em uma seção transversal* não correspondem ao transporte estático das cargas e reações atuando na outra porção. Entretanto, os esforços internos continuam a expressar condições de equilíbrio de porções isoladas, pois os esforços internos que atuam em um dos lados de uma seção de corte são iguais e contrários aos esforços internos que atuam na mesma seção de corte do outro lado. Além disso, os esforços internos nas duas seções cortadas compartilham do equilíbrio de cada porção isolada.

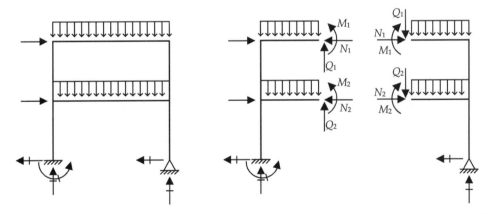

Figura 2.7 Isolamento de duas porções de um modelo de pórtico plano com um ciclo fechado de barras.

A diferença de comportamento entre pórticos abertos e fechados é que, no primeiro caso, existem apenas três esforços internos de ligação entre as porções isoladas. Por isso, uma vez determinadas as reações de apoio do pórtico da Figura 2.6, os esforços internos de ligação podem ser determinados apenas por condições de equilíbrio de cada porção. No caso do pórtico fechado da Figura 2.7, existem seis esforços internos de ligação e, para determiná-los, são necessárias outras condições além das de equilíbrio. Na verdade, essa diferença de comportamento está na própria essência da análise de estruturas: além do equilíbrio, outras condições que levam em conta a "deformabilidade" da estrutura devem ser consideradas. Esse assunto é tratado detalhadamente ao longo deste livro.

A determinação da distribuição dos esforços internos em uma estrutura é importante porque define como se dá a transferência de carga através da estrutura reticulada. A distribuição de esforços internos é usualmente mostrada por meio de *diagramas de esforços internos*, que são um dos principais resultados de uma análise estrutural de pórticos. Por isso, os métodos de análise apresentados neste livro, na maioria das vezes, objetivam a determinação de diagramas de esforços internos.

A convenção de sinais para esforços internos de pórticos planos e outros tipos de estruturas reticuladas é descrita na Seção 3.6.

2.1.6. Ligações internas e liberações de continuidade

A continuidade de deslocamentos através dos pontos de um modelo estrutural também representa abstratamente as ligações internas de uma estrutura. Em uma estrutura reticulada, a continuidade de deslocamentos tem duas abordagens: no interior das barras e nas conexões entre elas. A continuidade no interior das barras é conceitualmente formalizada na idealização do comportamento de barras, que é abordada no Capítulo 5. Esta seção faz uma conceituação das ligações físicas entre as barras de um modelo de pórtico plano.

As ligações entre as barras de um pórtico plano, como os mostrados nas Figuras 2.1, 2.3 e 2.7, são consideradas perfeitas (*ligações rígidas*), a menos que algum tipo de liberação, tal como uma articulação, seja indicado. Isso significa que duas barras que se ligam em um nó têm deslocamentos e rotação compatíveis na ligação. Ligações rígidas caracterizam o comportamento de pórticos e estão associadas à flexão de suas barras.

Em um modelo estrutural de pórtico plano, é possível que algumas ligações entre barras sejam articuladas, isto é, as barras podem girar independentemente na ligação. A Figura 2.8 mostra um exemplo de pórtico metálico onde a ligação entre a viga e a coluna da direita é articulada.

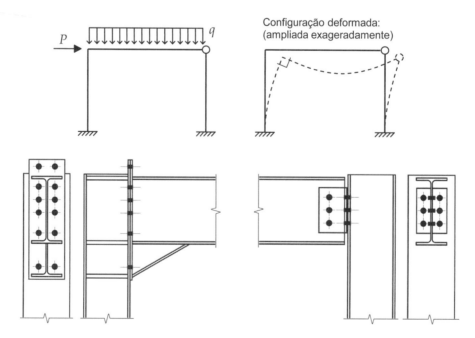

Figura 2.8 Exemplo de um quadro plano com articulação no nó superior direito.

A Figura 2.8 indica, de forma esquemática, detalhes das ligações entre a viga e as duas colunas do pórtico. Observa-se que a conexão entre a viga e o pilar da esquerda é executada com reforços para compatibilizar a rotação das duas barras na ligação (*nó rígido*). Por outro lado, a ligação da viga com o pilar da direita não utiliza reforços e é feita com dois segmentos de cantoneiras aparafusados. Essa conexão não compatibiliza as rotações da viga e coluna (*nó articulado*).

Uma ligação articulada em um modelo estrutural é chamada de *rótula* e é representada por um círculo na ligação. Uma rótula libera a continuidade de rotação no interior de uma estrutura. Observe, na configuração deformada da Figura 2.8, que o ângulo entre a viga e a coluna da esquerda (ligação rígida) permanece inalterado (90°) quando a estrutura se deforma. Por outro lado, o ângulo entre as barras na rótula se altera.

A existência de rótula em uma seção transversal de uma barra faz com que naquele ponto a barra não tenha capacidade de transmissão de momentos fletores. Dessa forma, uma rótula só transmite dois esforços internos: esforço normal e esforço cortante, ou seja, o *momento fletor é nulo em uma rótula*.

Isso é, na verdade, uma condição adicional de equilíbrio imposta por uma rótula, pois a resultante momento de qualquer um dos lados da rótula tem de ser nula. Se a resultante momento de cada um dos lados da rótula não fosse nula, cada parte giraria em torno do ponto da rótula. Uma rótula simples na ligação de duas barras (na qual não se conectam outras barras) só impõe uma condição adicional de equilíbrio. Embora o momento fletor tenha de ser nulo de cada lado da rótula, a imposição de momento fletor nulo apenas por um lado da rótula já garante que o momento fletor entrando pelo outro lado também seja nulo, posto que o equilíbrio global de momentos em qualquer ponto (inclusive o da rótula) já é considerado.

No exemplo da Figura 2.8, o modelo estrutural considera que a ligação entre a viga e o pilar da direita é perfeitamente articulada. Entretanto, isso é apenas uma aproximação do comportamento real que só faz sentido se as rotações forem muito pequenas. Na verdade, as conexões em estruturas metálicas liberam parcialmente as rotações relativas entre as barras. Essas conexões são denominadas *ligações semirrígidas*.

Uma ligação semirrígida oferece uma restrição parcial à continuidade de rotação de uma barra, assim como um apoio elástico rotacional impede parcialmente a rotação de uma barra ligada ao meio externo. Dessa forma, uma ligação semirrígida transmite momentos fletores mas apresenta uma descontinuidade de rotação entre as suas extremidades.

A Figura 2.9 mostra a representação da ligação entre a viga e a coluna da direita do modelo da Figura 2.8, alternativamente considerada como uma ligação semirrígida. Utiliza-se o símbolo de uma rótula com mola rotacional conectando as barras adjacentes. No detalhe da figura, observa-se a rotação relativa entre as extremidades da ligação semirrígida. A relação entre o momento fletor M na ligação e a rotação relativa θ é, no caso geral, uma relação não linear, similar à relação entre momento e rotação do apoio elástico rotacional mostrada na Figura 2.4. Em situações muito específicas (como uma análise de primeira ordem com pequenos deslocamentos e rotações), a relação entre o momento fletor e a rotação relativa pode ser aproximada por uma relação linear:

(2.7)

Na Equação 2.7, tem-se:
$K^\theta \to$ coeficiente de rigidez da ligação semirrígida rotacional linear [F·L/R].

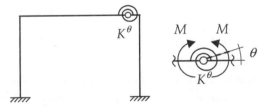

Figura 2.9 Exemplo de quadro plano com ligação semirrígida no nó superior direito.

Existem outros tipos de liberação de continuidade na configuração deformada de uma estrutura. A Tabela 2.3 mostra os tipos mais comuns, as liberações associadas e o efeito provocado pela liberação em termos de esforços internos. Entretanto, neste livro são consideradas apenas liberações completas de continuidade de rotação (isto é, rótulas) ou separação total.

Tabela 2.3 Tipos de liberação de continuidade interna em pórticos planos e vigas

Símbolo	Tipo de liberação	Efeito em termos de esforços internos
	Libera continuidade de deslocamento axial de uma barra	$N = 0$
	Libera continuidade de deslocamento transversal de uma barra	$Q = 0$
	Libera continuidade de rotação entre barras (rótula)	$M = 0$
	Libera continuidade de deslocamentos axial e transversal e de rotação (separação total)	$N = 0; Q = 0; M = 0$
	Liberação parcial da continuidade de rotação (ligação semirrígida rotacional)	$M = K^\theta \theta$

2.2. VIGAS

Uma *viga* é um elemento estrutural unifilar, isto é, tem um eixo bem definido. No presente contexto, uma viga é um modelo estrutural: um modelo matemático que abstrai o comportamento de uma viga real. Define-se viga como um modelo estrutural cujas barras estão todas em um mesmo eixo (que pode ser inclinado ou curvo).

O modelo de viga pode representar um elemento estrutural que, na estrutura real, tem ligações simples com outros elementos, como é o caso de uma viga de ponte, ou pode corresponder a um elemento estrutural que, embora esteja fortemente conectado a outros elementos, para fins de análise tem o comportamento idealizado isoladamente ao longo de um eixo. É comum analisar de forma isolada vigas de edifícios, que estão conectadas a pilares e a vigas transversais. A Figura 2.10 mostra exemplos de modelos estruturais de vigas.

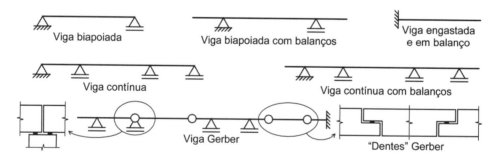

Figura 2.10 Exemplos de modelos estruturais de vigas.

Uma viga engastada e em balanço se caracteriza por ter uma extremidade livre (*balanço*). Balanços podem ocorrer em outros tipos de viga, como biapoiada, contínua e Gerber.

Uma viga está naturalmente associada a transferências de cargas verticais, mas cargas horizontais também podem atuar em vigas. Dessa forma, pode-se dizer que uma viga, enquanto modelo estrutural, é um caso particular do modelo de quadros planos. De fato, aplicam-se a vigas todas as considerações feitas para pórticos planos com respeito a cargas, apoios, reações de apoio, equilíbrio global, esforços internos, ligações internas e liberações de continuidade.

Uma viga contínua é caracterizada pela ligação completa de rotações entre as barras dos vãos nos nós dos apoios internos, da mesma forma que em nós rígidos de quadros planos. Liberações de continuidade de rotação (rótulas), em geral, estão associadas a vigas de pontes. Dos modelos mostrados na Figura 2.10, há uma viga de ponte com juntas de separação, denominada *viga Gerber*. Essas juntas funcionam como articulações ou rótulas. A figura também mostra detalhes do processo de execução dessas juntas. Quando a junta ocorre sobre um apoio (pilar), o comportamento da estrutura é o de duas vigas independentes, simplesmente apoiadas em um único apoio; quando incide no interior de um vão da ponte, são executados os chamados "dentes Gerber", que permitem o apoio simples de um trecho da viga sobre outro.

2.3. TRELIÇAS

Uma *treliça* é um modelo estrutural reticulado que tem todas as ligações entre barras articuladas, isto é, existem rótulas em todos os nós. A Figura 2.11 mostra uma treliça plana com suas cargas e reações. Na análise de uma treliça, as cargas são consideradas atuantes diretamente sobre os nós. A consequência disso, em conjunto com a hipótese de ligações articuladas, é que uma treliça apresenta apenas esforços internos axiais (esforços normais de tração ou compressão).

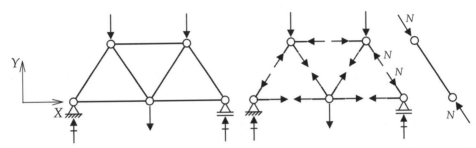

Figura 2.11   Eixos globais, cargas, reações de apoio e esforços internos normais de uma treliça plana (West, 1989).

A existência de apenas esforços axiais nas barras de uma treliça pode ser entendida pelo isolamento de uma barra, como indica a Figura 2.11. Os momentos fletores nas duas extremidades da barra são nulos (rótulas). Como no modelo estrutural não existem cargas aplicadas no interior da barra, para que os momentos fletores nas rótulas da barra isolada sejam nulos, o esforço interno na barra tem de ter necessariamente a direção axial (esforço normal N indicado na figura).

A unidade ou célula mínima para a criação de uma treliça plana é um triângulo formado de barras conectadas pelos nós. Mesmo com as ligações articuladas nos nós, o triângulo é uma forma rígida, a menos das deformações axiais das barras. Essa célula é combinada com outras para compor um reticulado de barras articuladas, formando uma *triangulação*, que também é uma forma rígida.

Intuitivamente, o comportamento rígido do triângulo pode ser entendido com auxílio da Figura 2.12, que mostra três painéis simples de treliça plana. O primeiro painel da esquerda é formado por quatro barras articuladas, resultando em um quadrilátero sem barra na diagonal. Claramente, esse painel não tem estabilidade: as quatro barras formam um mecanismo que pode se deslocar livremente para os lados. A simples adição de uma barra diagonal no painel central, formando dois triângulos, faz com o que o conjunto adquira estabilidade. O painel da direita apresenta duas barras diagonais que se transpassam, mas não estão conectadas no ponto de interseção. A segunda barra diagonal não é necessária para dar estabilidade: é uma barra que fornece redundância para a estabilidade. Na maioria dos casos, as treliças não apresentam barras transpassadas. Isso pode ser utilizado em algumas situações, como para dar simetria ao arranjo de barras de uma treliça ou redundância de segurança.

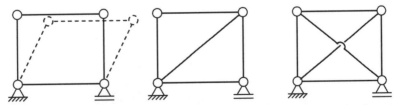

Figura 2.12   Painéis simples de treliça plana: instável, estável e redundante.

Na matemática, essa propriedade de rigidez do triângulo é formalizada na área de topologia algébrica (Munkres, 1984). Em duas dimensões, o triângulo (célula mínima) é formalmente definido como um *simplex de ordem 2* (ou *2-simplex*), e a triangulação é classificada como um *complexo simplicial de ordem 2*.

O modelo estrutural mostrado na Figura 2.11 é o de uma *treliça plana*, pois todas as barras e cargas estão no mesmo plano *XY*. *Treliças espaciais* são estruturas reticuladas espaciais (barras e cargas em qualquer direção no espaço) com ligações rotuladas. Em três dimensões, a célula mínima para a criação de uma treliça é o tetraedro, que é definido como um *simplex de ordem 3* (ou *3-simplex*).

Entretanto, a hipótese de ligações articuladas é uma simplificação para o comportamento real de uma treliça, pois muitas vezes não existem articulações nos nós. Essa simplificação se justifica, principalmente, quando os eixos das barras concorrem praticamente em um único ponto em cada ligação, como ilustrado na Figura 2.13 (Süssekind, 1977-1).

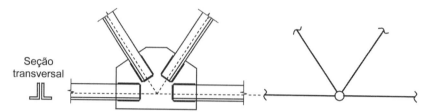

Figura 2.13 Ligação rígida de barras em treliça e modelo de nó como articulação completa.

A Figura 2.13 mostra uma ligação rígida entre barras de uma treliça. As barras têm seção transversal em cantoneira dupla e são soldadas em uma chapa. A ligação é executada de tal maneira que os eixos das barras (linhas tracejadas que passam pelos centros de gravidade das seções transversais) convergem em um ponto. Quando a ligação em um nó de treliça apresenta esse tipo de configuração, pelo menos de maneira aproximada, comprova-se de forma experimental que o comportamento da estrutura se dá fundamentalmente a esforços internos axiais. Nesse caso, o nó é representado por uma rótula completa no modelo estrutural.

Outra aproximação do modelo estrutural de treliça é a de que cargas são aplicadas diretamente sobre os nós. O simples fato de as barras terem peso próprio viola essa hipótese. Entretanto, se for respeitada a configuração de ligações com os eixos das barras convergindo em um ponto, o efeito global de transferência de cargas por meio de esforços normais prevalece, isto é, esforços cortantes e momentos fletores são pequenos na presença de esforços normais. Em geral, não se considera o comportamento local de uma barra de treliça trabalhando como uma viga biapoiada (biarticulada) submetida a seu peso próprio.

Os apoios em treliças planas são do 1º ou do 2º gênero. Um engaste em um modelo de treliça não faz sentido, posto que todas as ligações são articuladas. Portanto, as reações de apoio em treliças são reações força. O equilíbrio global de treliças planas é governado pelas mesmas Equações 2.4, 2.5 e 2.6 de quadros planos.

2.4. GRELHAS

Outro tipo de modelo estrutural reticulado é a *grelha*. Grelhas são modelos planos com cargas na direção perpendicular ao plano, incluindo momentos em torno de eixos do mesmo. Usualmente, o modelo de grelha é utilizado para representar o comportamento de um pavimento de um edifício, como indicado na Figura 1.3-b, ou do tabuleiro de uma ponte. A Figura 2.14 mostra uma grelha, no plano *XY*, com força uniformemente distribuída transversal a esse plano. As reações de apoio de uma grelha apresentam apenas uma componente de força, que é na direção vertical *Z*, e duas componentes de momento, indicadas por setas duplas.

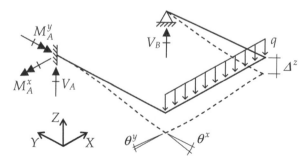

Figura 2.14 Eixos globais, cargas, reações, deslocamentos e rotações de uma grelha.

Em grelhas não há distinção quanto ao número de componentes de reação entre os apoios do 1º e do 2º gêneros. O apoio do 1º gênero está associado apenas a uma componente de reação em qualquer situação (quadros, treliças ou grelhas). Para um quadro plano ou treliça plana, o apoio do 2º gênero apresenta duas componentes de reação de apoio; para um quadro ou treliça espacial, apresenta três componentes; e, para grelhas, apresenta apenas uma componente força na direção Z.

Por hipótese, uma grelha não apresenta deslocamentos dentro do seu plano. A Figura 2.14 indica a configuração deformada da grelha (de forma exagerada), que expõe as seguintes componentes de deslocamento e rotações:

$\Delta^z \rightarrow$ deslocamento na direção do eixo global Z [L];
$\theta^x \rightarrow$ rotação em torno do eixo global X [R];
$\theta^y \rightarrow$ rotação em torno do eixo global Y [R].

Em geral, as ligações entre as barras de uma grelha são rígidas, mas é possível haver articulações. Uma ligação articulada de barras de grelha pode liberar apenas uma componente de rotação ou pode liberar as duas componentes.

Considerando que o plano da grelha contém os eixos X e Y, o seu equilíbrio global resulta em três equações globais:

$$\sum F_z = 0 \rightarrow \text{somatório de forças na direção do eixo vertical } Z \text{ igual a zero} \qquad (2.8)$$

$$\sum M_x = 0 \rightarrow \text{somatório de momentos em torno do eixo } X \text{ igual a zero} \qquad (2.9)$$

$$\sum M_y = 0 \rightarrow \text{somatório de momentos em torno do eixo } Y \text{ igual a zero} \qquad (2.10)$$

A Figura 2.15 mostra os esforços internos de uma barra de grelha, juntamente com a convenção adotada para os seus eixos locais. O eixo x é axial, o eixo y está sempre no plano da grelha, e o eixo z sempre coincide com eixo Z global. São três os esforços internos:

$Q \rightarrow$ esforço cortante (esforço interno transversal) na direção do eixo local z [F];
$M \rightarrow$ momento fletor (esforço interno de flexão) em torno do eixo local y [F·L];
$T \rightarrow$ momento torçor (esforço interno de torção) em torno do eixo local x [F·L].

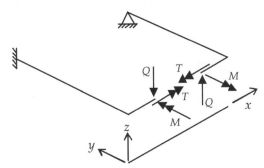

Figura 2.15 Eixos locais e esforços internos de uma barra de grelha.

É interessante fazer uma comparação entre as componentes de deslocamentos e rotações de quadros planos e grelhas, bem como entre os tipos de esforços internos. A Tabela 2.4 indica as componentes de deslocamentos e rotações que são nulas para quadros planos e grelhas. Observe que, quando uma componente é nula para um quadro plano, ela não é nula para uma grelha, e vice-versa. A tabela também mostra as diferenças entre os esforços internos de quadros planos e grelhas. Vê-se que os esforços normais são nulos para grelhas. Por outro lado, os quadros planos não apresentam momentos torçores. As barras de um quadro plano e de uma grelha apresentam esforços cortantes, mas têm direções distintas em relação aos eixos locais; o mesmo ocorre para momentos fletores.

Tabela 2.4 Comparação entre quadro plano e grelha

	Quadro Plano	Grelha
Deslocamento em X	Δ^x	$\Delta^x = 0$
Deslocamento em Y	Δ^y	$\Delta^y = 0$
Deslocamento em Z	$\Delta^z = 0$	Δ^z
Rotação em torno de X	$\theta^x = 0$	θ^x
Rotação em torno de Y	$\theta^y = 0$	θ^y
Rotação em torno de Z	θ^z	$\theta^z = 0$
Esforço normal	$N = N^x$ (x local)	$N = 0$
Esforço cortante	$Q = Q^y$ (y local)	$Q = Q^z$ (z local)
Momento fletor	$M = M^z$ (z local)	$M = M^y$ (y local)
Momento torçor	$T = 0$	$T = T^x$ (x local)

2.5. PÓRTICOS ESPACIAIS

O caso mais geral de estruturas reticuladas é o de *quadros ou pórticos espaciais*. Um exemplo é mostrado na Figura 1.3-a. Outro é ilustrado na Figura 2.16. Cada ponto de um quadro espacial pode ter três componentes de deslocamento (Δ^x, Δ^y e Δ^z) e três componentes de rotação (θ^x, θ^y e θ^z). Existem seis esforços internos em uma barra de pórtico espacial: esforço normal $N = N^x$ (x local), esforço cortante Q^y (y local), esforço cortante Q^z (z local), momento fletor M^y (y local), momento fletor M^z (z local) e momento torçor $T = T^x$ (x local).

O equilíbrio global de quadros espaciais tem de satisfazer condições de resultantes nulas para três componentes de força e para três componentes de momento no espaço tridimensional. Disso resultam seis equações globais de equilíbrio, que são a junção das equações para quadros planos com as equações para grelhas. Para equilíbrio global de forças, utilizam-se as Equações 2.4, 2.5 e 2.8; e, para equilíbrio global de momentos, as Equações 2.6, 2.9 e 2.10.

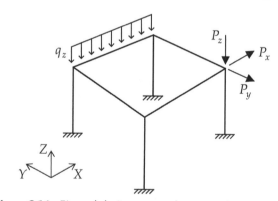

Figura 2.16 Eixos globais e cargas de um quadro espacial.

Apesar da importância e da abrangência desse tipo de modelo de estrutura reticulada (na prática todos os modelos são tridimensionais), este livro não trata explicitamente da análise de pórticos espaciais. Entretanto, os principais conceitos e procedimentos para a análise desse tipo de modelo são abordados na análise de pórticos planos e grelhas.

2.6. CABOS E ARCOS

Cabos e arcos são modelos que têm elementos estruturais com eixos bem definidos e que, por hipótese, estão submetidos à tração pura ou compressão pura, respectivamente. Esse tipo de comportamento está associado a um uso muito eficiente do material porque existe um nível de tensão constante ao longo das seções transversais de cada elemento estrutural (West, 1989). Isso é mais evidente para cabos porque, por serem flexíveis, a sua geometria se modifica para atingir o estado de tensão constante. Além disso, o nível de tensão interna em elementos submetidos à tração é limitado somente pela resistência do material. Em elementos estruturais submetidos à compressão, entretanto, a capacidade de resistência da estrutura pode estar limitada por perda de estabilidade associada a imperfeições geométricas (que são inevitáveis), fenômeno denominado *flambagem*.

Uma das formas estruturais mais simples é a de uma estrutura suspensa por cabos que trabalham fundamentalmente à tração, como uma ponte suspensa ou ponte pênsil (Figura 2.17). Nesse tipo de estrutura, os cabos principais suportam o peso próprio e as cargas móveis do tabuleiro da ponte, que são transferidos por cabos de suspensão. Os cabos principais transferem essas cargas, via esforços normais de tração (esforço normal N indicado na figura), aos pilares principais e aos pontos de fixação nas extremidades.

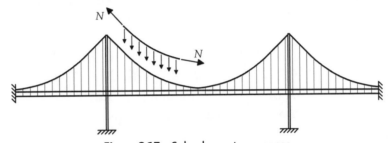

Figura 2.17 Cabo de ponte suspensa.

No modelo estrutural, em geral, considera-se que os cabos são perfeitamente flexíveis, isto é, têm momentos fletores nulos em todas as seções transversais – hipótese que pode ser comprovada experimentalmente (Süssekind, 1977-3). A consequência é que os cabos ficam submetidos apenas a esforços normais de tração.

Um cabo é um elemento estrutural cuja forma final depende do carregamento atuante. Por exemplo, no cabo da Figura 2.18, o somatório de todas as componentes verticais dos esforços normais deve equilibrar as forças aplicadas e as componentes verticais das reações de apoio. Portanto, a geometria final do cabo depende das posições das cargas e também do comprimento do cabo. Intuitivamente, pode-se imaginar que o cabo modifica a sua forma se as cargas mudarem de posição. Além disso, para atingir o equilíbrio, um cabo deve apresentar deflexões consideráveis, que só são conhecidas após uma análise estrutural.

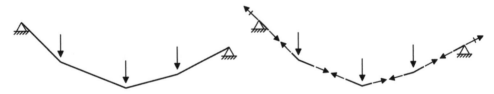

Figura 2.18 Cabo solicitado por forças concentradas verticais.

A forma atingida por um cabo que não tem resistência à flexão é chamada de *curva funicular* (White *et al.*, 1976; West, 1989). Formas clássicas conhecidas para cabos são mostradas na Figura 2.19. Um cabo submetido a uma força uniformemente distribuída ao longo do seu vão, como o cabo principal de uma ponte pênsil (cujo carregamento principal é dado pela ação do tabuleiro) ou o cabo à esquerda na Figura 2.19, tem uma parábola do 2º grau como configuração deformada final (Süssekind, 1977-3). Por outro lado, um cabo submetido a uma força uniformemente distribuída ao longo do seu comprimento (por exemplo, o peso próprio) assume uma configuração deformada denominada *catenária* (exemplo mostrado à direita na Figura 2.19). De acordo com Süssekind (1977-3), para uma flecha f (deflexão máxima) pequena em relação ao vão l ($f/l < 1/5$), o erro é mínimo ao se analisar um cabo solicitado pelo seu peso próprio assumindo que sua forma é uma parábola do 2º grau.

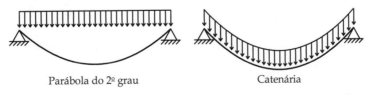

Parábola do 2º grau   Catenária

Figura 2.19 Cabos solicitados por forças uniformemente distribuídas.

O fato de a geometria final do cabo não ser conhecida *a priori* torna a análise de cabos relativamente mais sofisticada do que a de vigas, pórticos e treliças, em que se considera, para fins de imposição de equilíbrio, a geometria original (indeformada) da estrutura. Na análise de cabos, as equações de equilíbrio devem ser estabelecidas na configuração deformada da estrutura. Uma análise estrutural que formula condições de equilíbrio para a configuração indeformada da estrutura é dita *análise de primeira ordem*. Por outro lado, uma análise estrutural que, na imposição do equilíbrio, leva em conta deslocamentos sofridos pela estrutura é denominada *análise de segunda ordem*. Este livro, por tratar de conceitos básicos de análise estrutural, desconsidera efeitos de segunda ordem e, portanto, não aborda a análise de cabos. Referências para a análise de cabos são os livros de Süssekind (1977-3), Soriano (2007), Hibbeler (2009) e Leet *et al.* (2009). Entretanto, nenhum desses autores considera que a análise de cabos também depende da deformação elástica proveniente da tração, isto é, no caso geral, a geometria final do cabo depende do alongamento sofrido em função da tração à qual ele é submetido. Isso torna a análise de cabos mais complexa.

Outro tipo de elemento estrutural que trabalha fundamentalmente ao esforço normal é o arco de compressão. Nesse tipo de estrutura, a forma em arco é explorada para provocar tensões de compressão em todos os pontos das seções transversais. Isso é importante quando o material da estrutura tem uma boa resistência à compressão, mas uma baixa resistência à tração. Esse é justamente o caso do material (blocos de rocha) utilizado nos aquedutos romanos e nas catedrais góticas da Europa.

O comportamento de transferência de cargas de um arco de compressão pode ser entendido como o mesmo comportamento de um cabo, apenas invertido, como mostra a Figura 2.20 (White *et al.*, 1976).

Figura 2.20 Arcos solicitados por forças verticais.

Nos exemplos da Figura 2.20, os elementos estruturais são submetidos à compressão pura. Outro exemplo é o da ponte em arco ilustrada na Figura 2.21 (Fonseca & Moreira, 1966). Esse tipo de solução estrutural é bastante utilizado. O peso próprio do tabuleiro da ponte e as cargas dos veículos são transferidos por meio de esforços normais de compressão nos pilares secundários que se apoiam no arco. A solicitação no arco é constituída pelas forças concentradas vindas dos pilares e de seu peso próprio.

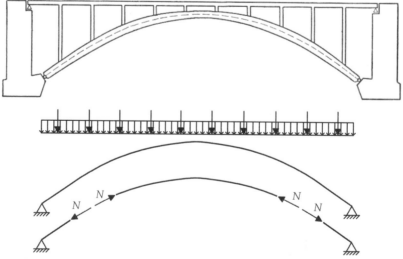

Figura 2.21 Ponte com arco de compressão (Fonseca & Moreira, 1966).

Como o arco tem uma forma rígida, a sua geometria não se modifica, ao contrário da de um cabo, para atingir um estado de esforço axial puro. Entretanto, a sua forma faz com que o efeito de compressão prepondere em relação ao efeito de flexão. Em geral, pontes desse tipo são construídas utilizando concreto armado ou aço, que podem resistir à solicitação de compressão descentrada (flexão composta) proveniente de esforços normais preponderantes e de momentos fletores.

Basicamente, existem duas diferenças principais entre as análises de cabos tracionados e arcos de compressão. A primeira é que arcos são estruturas bem mais rígidas que cabos e, consequentemente, a sua geometria original (indeformada) é utilizada na análise de arcos de compressão. A segunda diferença é a importância de considerar, na análise de arcos, a flambagem provocada pela compressão descentrada. Para considerar o fenômeno da flambagem, uma análise estrutural também deve levar em conta efeitos de segunda ordem. Esses efeitos fogem do escopo dos assuntos tratados neste livro e, por isso, arcos de compressão não são abordados aqui.

Estruturas isostáticas 3

Existe um caso especial de estruturas que pode ter suas reações de apoio e seus esforços internos determinados apenas por condições de equilíbrio. Em tais estruturas, chamadas *estruturas estaticamente determinadas* ou *estruturas isostáticas*, o número de vínculos externos e internos se iguala ao número de condições de equilíbrio. As estruturas que têm vínculos externos ou internos excedentes em relação ao número de condições de equilíbrio são chamadas *estruturas estaticamente indeterminadas* ou *estruturas hiperestáticas*. Por sua vez, um modelo estrutural que não tem número suficiente de vínculos em relação às condições de equilíbrio é denominado *hipostático* (que não possui estabilidade). Para determinar os esforços internos e reações de apoio em estruturas hiperestáticas, é necessário considerar, além das condições de equilíbrio, outras condições que, de forma simplista, levam em conta a "deformabilidade" do modelo estrutural. Essa consideração conjunta é a base dos métodos básicos de análises de estruturas hiperestáticas tratados nos próximos capítulos deste livro.

Este capítulo apresenta uma caracterização de modelos planos de estruturas reticuladas isostáticas. Inicialmente, será analisada a questão da obtenção de reações de apoio, seguida da determinação da distribuição dos esforços internos em estruturas isostáticas. O capítulo também descreve a convenção de sinais adotada para esforços internos em estruturas reticuladas e mostra procedimentos utilizados para o traçado de diagramas de esforços internos de estruturas isostáticas. O conhecimento de tais procedimentos é muito útil para o traçado de diagramas de esforços internos de estruturas hiperestáticas. A Seção 3.8 apresenta procedimentos para determinar o grau de indeterminação estática, ou seja, o grau de hiperestaticidade de uma estrutura reticulada, que contabiliza a diferença entre o número de incógnitas do problema do equilíbrio estático e o número de equações de equilíbrio disponíveis. A última seção do capítulo propõe exercícios de determinação de esforços internos em vigas, quadros planos, treliças planas e grelhas isostáticos.

Longe de pretender ser uma apresentação abrangente sobre estruturas isostáticas, o capítulo tem o objetivo de resumir os conceitos de análise de estruturas estaticamente determinadas necessários para a compreensão e o desenvolvimento dos métodos de análise de estruturas hiperestáticas abordados neste livro.

Os conceitos básicos de equilíbrio estático são considerados pré-requisito para o entendimento dos assuntos tratados neste capítulo. Os livros de Hibbeler (2004-1) e Meriam e Kraige (2004) são boas referências na área de estática; já na área de análise de estruturas isostáticas, recomendam-se os livros de Fonseca e Moreira (1966), Gorfin e Oliveira (1975), Beaufait (1977), Süssekind (1977-1), Campanari (1985), Fleming (1997), Soriano (2007) e Almeida (2009).

3.1. VIGAS ISOSTÁTICAS

Uma condição necessária para que uma viga seja isostática é que o número de componentes de reação de apoio seja igual ao número de equações de equilíbrio. A Figura 3.1 mostra exemplos de duas vigas simples que atendem a essa condição e ilustra também as forças aplicadas, que constituem carregamentos hipotéticos, e as reações de apoio correspondentes.

Figura 3.1 Exemplos de vigas isostáticas simples.

A viga biapoiada com balanços da Figura 3.1 tem um apoio do 1º gênero e outro do 2º gênero, com um total de três componentes de reação de apoio: duas componentes verticais e uma horizontal. Com base nas três equações do equilíbrio global da estrutura no plano — Equações 2.4, 2.5 e 2.6 — é possível determinar as três componentes de reações de apoio. A viga engastada e em balanço também tem três componentes de reação de apoio, que podem ser determinadas utilizando as mesmas equações.

O cálculo das componentes de reação de apoio de uma viga biapoiada com balanços é exemplificado com auxílio do modelo mostrado na Figura 3.2.

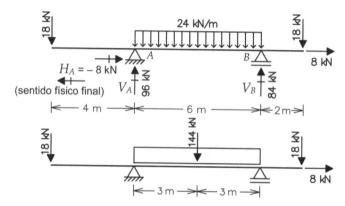

Figura 3.2 Cálculo de reações de apoio em viga biapoiada com balanços.

A imposição da Equação 2.4 do equilíbrio global na direção horizontal resulta na determinação da reação horizontal H_A de forma independente:

$$\sum F_x = 0 \Rightarrow H_A + 8 \text{ kN} = 0 \therefore H_A = -8 \text{ kN}$$

As reações verticais V_A e V_B têm a sua determinação acoplada através da utilização das Equações 2.5 e 2.6 do equilíbrio global de forças verticais e do equilíbrio global de momentos em relação a um ponto. No caso, por conveniência, o ponto escolhido como referência é o ponto do apoio A, pois a reação V_A não provoca momento em relação a esse ponto (distância nula). Primeiro se utiliza a equação de equilíbrio de momentos, e depois se aplica a equação de equilíbrio de forças verticais:

$$\sum M_A = 0 \Rightarrow V_B \cdot 6 \text{ m} + 18 \text{ kN} \cdot 4 \text{ m} - 144 \text{ kN} \cdot 3 \text{ m} - 18 \text{ kN} \cdot 8 \text{ m} = 0$$
$$\therefore V_B = +84 \text{ kN}$$
$$\sum F_y = 0 \Rightarrow V_A + V_B - 18 \text{ kN} - 144 \text{ kN} - 18 \text{ kN} = 0 \Rightarrow V_A + V_B = +180 \text{ kN}$$
$$\therefore V_A = +96 \text{ kN}$$

No cálculo das reações admite-se, inicialmente, que todas as reações de apoio têm sentidos positivos. Os sinais considerados nas equações são tais que forças horizontais são positivas no sentido da esquerda para a direita, forças verticais são positivas de baixo para cima, e momentos são positivos no sentido anti-horário. Os sinais negativos indicam que as forças ou momentos são contrários a essa convenção. Portanto, o sinal negativo obtido para a reação horizontal H_A indica que o seu sentido final é contrário ao do convencionado como positivo, como indica a Figura 3.2.

Observa-se que, para fins de cálculo de reações de apoio, a força uniformemente distribuída (24 kN/m) é substituída pela sua resultante de 144 kN = 24 kN/m · 6 m, localizada no centro do seu comprimento de abrangência.

A Seção 3.7.3 mostra os procedimentos adotados para determinar os esforços internos (esforço normal, esforço cortante e momento fletor) na viga da Figura 3.2.

Vigas isostáticas simples não contêm rótulas e, portanto, somente as três equações globais de equilíbrio no plano são utilizadas. Rótulas que aparecem em vigas Gerber (Figura 2.10) introduzem condições adicionais de equilíbrio, impondo momentos fletores nulos nos pontos correspondentes. Entretanto, a solução de uma viga Gerber não é feita de forma global, considerando todas as equações de equilíbrio, uma vez que, na verdade, uma viga desse tipo é composta por várias vigas isostáticas simples (biapoiadas, e engastadas e em balanço). A solução de uma viga Gerber isostática explora essa característica, sendo resolvida por decomposição.

Considere, como exemplo, a viga Gerber isostática mostrada na Figura 3.3, que está solicitada por uma força horizontal na extremidade esquerda (ponto A) e por uma força vertical no vão GH. As reações de apoio também estão indicadas na figura, com os seus sentidos físicos finais.

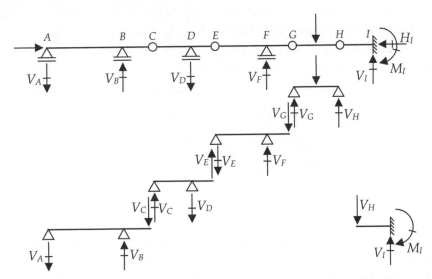

Figura 3.3 Solução de reações de apoio de uma viga Gerber isostática por decomposição.

A solução para forças horizontais na viga Gerber é independente da solução para forças verticais e momentos. Dessa forma, para que uma viga Gerber seja isostática, somente um apoio pode oferecer uma reação força horizontal. No exemplo, o engaste fornece a única reação horizontal H_I.

Por outro lado, a solução para forças verticais é convenientemente realizada pela decomposição da viga composta em vigas isostáticas simples, como mostra a Figura 3.3. Observe que, na decomposição, não há distinção entre apoio simples do 1º ou 2º gênero, pois só são levadas em conta forças verticais. O símbolo △ é utilizado para qualquer apoio simples.

Para decompor uma viga Gerber isostática, como mostra o exemplo da Figura 3.3, é preciso separar a viga composta nas rótulas e identificar a *sequência de carregamento dos trechos isostáticos simples*. Identificam-se, inicialmente, os trechos que têm estabilidade própria. Ao separar a viga composta nas rótulas, vê-se que o trecho ABC é uma viga biapoiada com um balanço e o trecho HI é uma viga engastada e em balanço. Como esses trechos já são vigas isostáticas simples, eles têm estabilidade própria e dão suporte aos demais.

A sequência de carregamento continua com o trecho CDE, contíguo à viga ABC. Verifica-se que esse trecho é suportado pela viga ABC no ponto da rótula C, o que é indicado pelo apoio simples mostrado no ponto C na viga decomposta (o apoio fica no trecho CDE sendo suportado), formando uma viga biapoiada com balanço. O apoio no ponto C é fictício e serve para indicar o ponto no qual o trecho é suportado. Veja que não há distinção simbólica entre apoio real e apoio fictício.

O mesmo raciocínio pode ser feito para identificar que o trecho EFG também é formado por uma viga biapoiada com balanço suportada pelo trecho CDE no ponto E, bem como para identificar que o trecho GH se comporta como uma viga biapoiada suportada pela viga EFG e pelo trecho HI (engastado e em balanço).

Para calcular as reações de apoio, é preciso respeitar a sequência de carregamento, iniciando pelo trecho que não dá suporte a nenhum outro trecho – no exemplo, a viga biapoiada GH. As "reações de apoio" V_G e V_H podem ser calculadas com base no equilíbrio dessa viga. Na verdade, essas forças são os esforços internos de ligação (esforços cortantes) nas rótulas G e H, que são calculados como se fossem reações de apoio do trecho sendo suportado.

O efeito do trecho GH sendo suportado pelos trechos adjacentes é considerado pelas forças V_G e V_H, que são transmitidas com sentidos opostos para os pontos dos trechos adjacentes nos quais se dão os suportes. Os sentidos das forças transmitidas são trocados porque se trata de esforços internos que atuam em lados opostos das seções transversais das rótulas, isto é, correspondem a ação e reação.

Em seguida, com a força V_G, calculam-se as reações nos apoios (real e fictício) do trecho *EFG* e, com a força V_H, determinam-se as reações de apoio do trecho *HI*. Uma vez determinada a reação V_E no apoio fictício no ponto *E* do trecho *EFG*, transmite-se essa força com sentido oposto para o trecho *CDE* e determinam-se as reações de apoio nesse trecho. Finalmente, com a força V_C transmitida, calculam-se as reações de apoio V_A e V_B.

Duas observações podem ser feitas com base na solução de uma viga Gerber isostática por decomposição em vigas isostáticas simples. A primeira é que, ao se separar uma rótula, o apoio fictício que identifica o trecho sendo suportado só pode ficar de um dos lados da rótula separada. A definição do lado da rótula em que se situa o apoio fictício depende da análise da sequência de carregamentos dos trechos isostáticos simples. A segunda observação é que é impossível ter em uma viga Gerber três rótulas alinhadas sem que o trecho tenha um apoio do 1º gênero ou do 2º gênero. A Figura 3.4 ilustra esse tipo de conformação, que gera um trecho sem estabilidade na decomposição: uma viga com um só apoio simples.

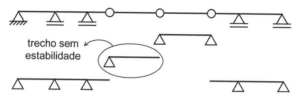

Figura 3.4 Instabilidade em uma viga Gerber: três rótulas alinhadas sem apoio no trecho.

Observe, no exemplo da Figura 3.4, que o número total de equações de equilíbrio, contabilizando as três globais e as três adicionais das rótulas, é igual ao número de componentes de reação de apoios: duas do apoio do 2º gênero e quatro dos apoios do 1º gênero. Portanto, a condição de igualdade entre o número de equações de equilíbrio e o número de componentes de reação de apoio não é suficiente para uma viga Gerber ser isostática. É preciso fazer a decomposição da viga e verificar se a sequência de carregamento resulta em trechos isostáticos simples. No exemplo, existe um trecho que é hiperestático (trecho inicial com três apoios simples) e um trecho que não tem o número de apoios suficientes para ser isostático e estável. Esse modelo estrutural é classificado como *instável*.

3.2. QUADROS PLANOS ISOSTÁTICOS SIMPLES

Assim como para vigas, a primeira condição para um pórtico plano ser isostático é que seja possível determinar todas as componentes de reação de apoio utilizando as equações globais de equilíbrio e eventuais equações de momentos fletores nulos em rótulas. A segunda condição é que o pórtico seja aberto, isto é, a estrutura não pode conter ciclos fechados (denominados *anéis*) de barras contínuas sem rótulas. Dessa forma, não pode haver um caminho ao longo da estrutura que, partindo de um dos lados da seção de corte, retorne ao outro lado sem passar por uma rótula.

A Figura 3.5 mostra três tipos de quadros isostáticos simples que atendem a essas condições. A figura indica as componentes de reações de apoios de uma forma genérica, sem mostrar eventuais carregamentos. Os quadros isostáticos simples são pórticos abertos que compõem quadros isostáticos compostos (Seção 3.3).

Figura 3.5 Exemplos de três tipos de quadros isostáticos simples.

O quadro biapoiado e o quadro engastado e em balanço são semelhantes às vigas isostáticas simples (Figura 3.1). O quadro triarticulado tem dois apoios do 2º gênero e uma rótula interna. Como os apoios do 2º gênero não restringem rotações, eles se comportam como duas articulações, que, com a rótula interna, formam o chamado *triarticulado*.

Portanto, são quatro componentes de reação de apoio (uma força horizontal e uma força vertical em cada apoio), que podem ser determinadas pelas três equações globais de equilíbrio – Equações 2.4, 2.5 e 2.6 – e pela condição adicional de que o momento fletor na rótula interna é nulo.

Entretanto, a condição de igualdade entre o número de equações de equilíbrio e o número de componentes de reação de apoio não é suficiente para um quadro plano simples ser isostático. Existem exemplos clássicos de estruturas que satisfazem essa condição e são instáveis, tais como as mostradas na Figura 3.6 (White *et al.*, 1976). O pórtico da Figura 3.6-a apresenta três componentes de reação de apoio que são verticais, não existindo nenhum vínculo que impeça o movimento horizontal do pórtico. Se uma força horizontal for aplicada, a equação global de equilíbrio na direção horizontal não fica satisfeita. A estrutura da Figura 3.6-b tem três reações concorrentes em um ponto. Portanto, não é possível equilibrar o momento de forças atuantes, como a carga *P*, em relação ao ponto de convergência das reações de apoio. Finalmente, o triarticulado da Figura 3.6-c tem os dois apoios do 2º gênero e a rótula interna alinhados. Para a solicitação indicada, as reações de apoio têm de ser forças horizontais para que o momento fletor na rótula seja nulo. Entretanto, as reações horizontais não são capazes de equilibrar a carga *P* aplicada. Note a semelhança desse exemplo e o da viga Gerber com três rótulas alinhadas em um trecho sem apoio (Figura 3.4). Essas estruturas são classificadas como *instáveis*.

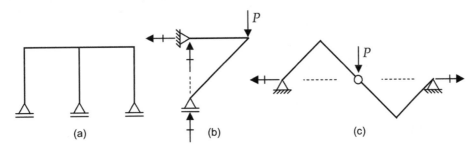

Figura 3.6 Exemplos de quadros simples instáveis pela configuração dos apoios externos.

O cálculo das componentes de reação de apoio de um quadro biapoiado é exemplificado com base no modelo mostrado na Figura 3.7.

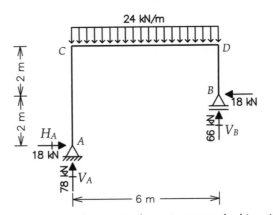

Figura 3.7 Cálculo de reações de apoio em quadro biapoiado.

A imposição do equilíbrio global na direção horizontal – Equação 2.4 – resulta na determinação da reação horizontal H_A de maneira independente:

$$\sum F_x = 0 \Rightarrow H_A - 18 \text{ kN} = 0 \therefore H_A = +18 \text{ kN}$$

A determinação das reações verticais V_A e V_B, de maneira similar ao cálculo das reações da viga biapoiada com balanços mostrada anteriormente, é feita de forma acoplada utilizando as Equações 2.5 e 2.6 do equilíbrio global de forças verticais e do equilíbrio global de momentos em relação a um ponto:

$$\sum M_A = 0 \Rightarrow V_B \cdot 6 \text{ m} + 18 \text{ kN} \cdot 2 \text{ m} - (24 \text{ kN/m} \cdot 6 \text{ m}) \cdot 3 \text{ m} = 0$$

$$\therefore V_B = +66 \text{ kN}$$

$$\sum F_y = 0 \Rightarrow V_A + V_B - 24 \text{ kN/m} \cdot 6 \text{ m} = 0 \Rightarrow V_A + V_B = +144 \text{ kN}$$

$$\therefore V_A = +78 \text{ kN}$$

Para fins de cálculo de reações de apoio, substitui-se a força uniformemente distribuída pela sua resultante, com posição no centro do vão da viga no qual atua. Por conveniência, na equação do equilíbrio global de momentos, o ponto do apoio A é escolhido como referência, pois a reação V_A não provoca momento em relação a esse ponto, o que resulta no cálculo da reação V_B. Seguindo a convenção estabelecida, forças verticais são positivas para cima e momentos são positivos no sentido anti-horário. Os sinais negativos que aparecem nas equações indicam que a correspondente força vertical tem sentido de cima para baixo e o correspondente momento tem sentido horário.

A obtenção da distribuição dos esforços normais, esforços cortantes e momentos fletores no quadro biapoiado da Figura 3.7 é mostrada na Seção 3.7.5.

A Figura 3.8 ilustra o cálculo de componentes de reação de apoio de um quadro engastado e em balanço.

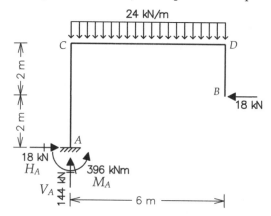

Figura 3.8 Cálculo de reações de apoio em quadro engastado e em balanço.

A imposição de cada uma das equações globais de equilíbrio para o pórtico da Figura 3.8 resulta na determinação das três componentes de reação de apoio de forma independente:

$$\sum F_x = 0 \Rightarrow H_A - 18\text{ kN} = 0 \therefore H_A = +18\text{ kN}$$
$$\sum F_y = 0 \Rightarrow V_A - 24\text{ kN/m} \cdot 6\text{ m} = 0 \therefore V_A = +144\text{ kN}$$
$$\sum M_A = 0 \Rightarrow M_A + 18\text{ kN} \cdot 2\text{ m} - (24\text{ kN/m} \cdot 6\text{ m}) \cdot 3\text{ m} = 0 \therefore M_A = +396\text{ kNm}$$

Para exemplificar o cálculo das componentes de reação de apoio de um quadro triarticulado, utiliza-se o modelo mostrado na Figura 3.9. O carregamento atuante nesse pórtico é constituído por uma força uniformemente distribuída de 24 kN/m na viga e por um par de momentos de 54 kNm aplicados adjacentes à rótula central do triarticulado.

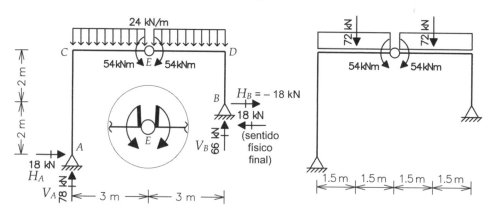

Figura 3.9 Cálculo de reações de apoio em quadro triarticulado.

Algumas observações pertinentes devem ser feitas com relação ao par de momentos aplicados adjacentes à rótula no ponto E do quadro triarticulado da Figura 3.9. A primeira é que esse tipo de solicitação, em geral, não corresponde a uma situação real de carregamento. Essa solicitação está relacionada com a imposição de um determinado valor para o momento fletor em uma seção transversal de uma barra. No caso, conforme é visto na Seção 3.7.6, o momento fletor na seção E, resultante da aplicação do par de momentos, é 54 kNm. Esse tipo de solicitação é muito comum dentro do contexto de análise pelo método das forças (Capítulo 8). A segunda observação está relacionada com a representação gráfica do par de momentos. Para todos os efeitos, ele está aplicado *imediatamente* adjacente aos dois lados da rótula, como indica o detalhe na Figura 3.9. As linhas espessas no detalhe, que por praxe quase nunca são desenhadas em um modelo estrutural, representam ligações infinitamente rígidas entre os momentos aplicados e as seções transversais adjacentes à rotula. Em outras palavras, *não existem trechos de barra entre a rótula e os momentos aplicados*, embora o desenho sem as linhas espessas dê a entender.

Para determinar as reações de apoio do triarticulado da Figura 3.9, não existe uma equação de equilíbrio que isoladamente forneça o valor de uma das componentes de reação de apoio. Inicialmente, são determinados os valores das reações H_B e V_B no apoio B utilizando a equação do equilíbrio global de momentos em relação ao ponto A e a equação de equilíbrio que impõe que o momento fletor na rótula E seja nulo:

$$\sum M_A = 0 \Rightarrow V_B \cdot 6\,m - H_B \cdot 2\,m - (24\,kN/m \cdot 6\,m) \cdot 3\,m + 54\,kNm - 54\,kNm = 0$$
$$M_E = 0 \Rightarrow V_B \cdot 3\,m + H_B \cdot 2\,m - (24\,kN/m \cdot 3\,m) \cdot 1.5\,m - 54\,kNm = 0$$

Observe que, na primeira equação, o momento provocado por H_B (considerado inicialmente positivo) em relação ao ponto A é negativo (sentido horário) e, na segunda equação, o momento provocado pela mesma força em relação ao ponto E é positivo (sentido anti-horário). Veja também que, para fins de cálculo de reações de apoio, na primeira equação, substitui-se a força uniformemente distribuída (24 kN/m) pela sua resultante de 144 kN = 24 kN/m · 6 m, com posição no centro do comprimento de atuação (3 m). Já na segunda equação, conforme ilustra a Figura 3.9, substitui-se a força distribuída pela sua resultante de 72 kN = 24 kN · 3 m, atuando a uma distância de 1.5 m da rótula. Além disso, os momentos aplicados adjacentes à rótula se cancelam na primeira equação, enquanto a segunda equação considera apenas o momento que está à direita do ponto E (no sentido horário). A solução dessas duas equações resulta nos valores das reações H_B e V_B:

$$V_B = +66\,kN$$
$$H_B = -18\,kN$$

Utilizando a equação do equilíbrio global na direção horizontal, determina-se o valor da reação horizontal H_A:

$$\sum F_x = 0 \Rightarrow H_A + H_B = 0 \Rightarrow H_A - 18\,kN = 0 \therefore H_A = +18\,kN$$

Finalmente, com base na equação do equilíbrio global na direção vertical, chega-se ao valor da reação vertical V_A:

$$\sum F_y = 0 \Rightarrow V_A + V_B - 24\,kN \cdot 6\,m = 0 \Rightarrow V_A + V_B = +144\,kN$$
$$\therefore V_A = +78\,kN$$

3.2.1. Hiperestaticidade associada a ciclo fechado de barras

Para explicar a necessidade de um pórtico simples ser aberto para ser isostático, apresenta-se um exemplo de pórtico plano com ciclo fechado (anel) de barras sem rótulas na Figura 3.10. Externamente, o pórtico é isostático (biapoiado), mas o anel faz com que ele seja hiperestático internamente. Considerando que um carregamento arbitrário solicite a estrutura, as três componentes de reação de apoio da estrutura (Figura 3.10-a) podem ser determinadas pelas três equações globais de equilíbrio.

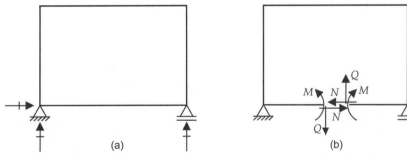

Figura 3.10 Pórtico plano externamente isostático e com hiperestaticidade interna devida a um anel.

Apesar de ser possível determinar as reações de apoio do quadro da Figura 3.10 utilizando apenas equações de equilíbrio, não se pode determinar os esforços internos nas barras da estrutura só com base em equilíbrio. Isso ocorre porque, ao se cortar a estrutura em qualquer seção transversal de uma barra, a mesma não fica dividida em duas porções.

Portanto, não se pode isolar dois trechos da estrutura de cada lado da seção, o que é necessário para determinar os valores dos três esforços internos por equilíbrio. Por outro lado, é possível dividir a estrutura em duas porções se outra seção for cortada. Entretanto, apareceriam mais três outras incógnitas, que são os esforços internos na outra seção transversal.

Podem existir quadros isostáticos que contêm ciclos fechados de barras, mas isso está associado à presença de rótulas. Um exemplo é o quadro articulado com tirante mostrado na Figura 3.11. Outras situações são as de quadros isostáticos compostos, que serão vistos na próxima seção.

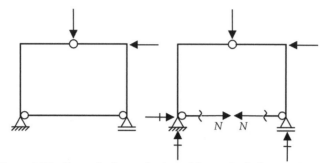

Figura 3.11 Exemplo de quadro isostático articulado com tirante.

O quadro articulado com tirante da Figura 3.11 se comporta externamente como um quadro biapoiado (um apoio do 1º gênero e outro do 2º gênero), com três reações de apoio e três equações globais de equilíbrio — Equações 2.4, 2.5 e 2.6. Entretanto, ele funciona internamente como um quadro triarticulado (rótula interna). A barra horizontal inferior é biarticulada e se comporta como uma barra de treliça que só tem esforço interno axial (esforço normal N mostrado na figura). Quando o esforço normal é de tração, a barra funciona como um tirante; quando é de compressão, funciona como uma escora. Ao se cortar essa barra em qualquer seção transversal, o quadro fica aberto, possibilitando o cálculo dos esforços internos em qualquer seção transversal, desde que se conheça o valor do esforço normal N. A condição adicional de equilíbrio impondo momento fletor nulo na rótula interna permite que se determine o valor desse esforço normal.

3.3. QUADROS PLANOS ISOSTÁTICOS COMPOSTOS

A Figura 3.12 mostra um exemplo de quadro isostático composto. O pórtico tem como suporte um engaste e um apoio do 1º gênero. Ele contém um ciclo fechado de barras e quatro rótulas internas. Observe que todas as rótulas são simples, isto é, em cada uma delas só convergem duas barras. Veja no detalhe da figura que a rótula no nó C não abrange todas as três barras que chegam ao nó.

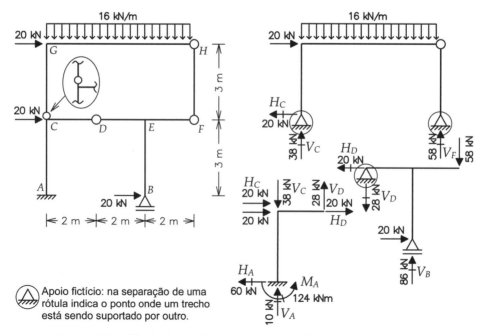

Figura 3.12 Cálculo de reações de apoio em quadro isostático composto.

A primeira questão é como identificar que um pórtico composto, como o da Figura 3.12, é realmente isostático. A Seção 3.8 aborda essa questão formalmente, contabilizando as três equações globais de equilíbrio com as quatro equações que impõem momento fletor nulo nas quatro rótulas, o que resulta em sete equações de equilíbrio. O número de incógnitas do problema do equilíbrio estático também é sete: quatro componentes de reação de apoio (engaste e apoio do 1º gênero) mais três incógnitas dos esforços internos do ciclo fechado de barras. Portanto, esse pórtico pode ser isostático.

Em seguida, vem a questão de como determinar as reações de apoio, para depois determinar os esforços internos. Em vez de formular globalmente as sete equações de equilíbrio e identificar as incógnitas, é mais fácil resolver esse problema com a decomposição do quadro composto, separando-o em trechos pelas rótulas, como mostra a Figura 3.12. Essa decomposição vai confirmar que o quadro composto é realmente isostático.

Analogamente a vigas Gerber isostáticas, que são compostas por vigas isostáticas simples, um quadro isostático composto é formado por quadros isostáticos simples. A solução de quadros isostáticos compostos também é semelhante à solução de vigas Gerber, isto é, decompõe-se o quadro composto pela separação pelas rótulas, identificando uma *sequência de carregamento dos quadros isostáticos simples*. De início, identificam-se os quadros que têm estabilidade própria e, recursivamente, verificam-se os trechos que buscam suporte nos trechos que já têm estabilidade.

Na solução do pórtico da Figura 3.12, o engaste indica que existe um pórtico simples engastado e em balanço (trecho ACD) que tem estabilidade própria e deve ser isolado. Isso impõe que outros trechos tenham de buscar suporte no pórtico ACD nos pontos das rótulas em C e D. Como o trecho BDEF tem um apoio do 1º gênero, é preciso encontrar um apoio do 2º gênero para formar um quadro biapoiado. Esse trecho é suportado pelo trecho ACD no ponto da rótula D, o que é indicado pelo apoio do 2º gênero mostrado no ponto D no quadro decomposto (o apoio fica no trecho biapoiado BDEF sendo suportado). O apoio no ponto D é fictício e serve para indicar o ponto no qual o trecho é suportado. A Figura 3.12 mostra dois outros apoios do 2º gênero fictícios que resultam da separação das rótulas em C e F. Estes formam com a rótula H o quadro triarticulado CGHF, que é suportado pelos dois trechos isolados anteriormente.

Da mesma forma como foi observado para a decomposição de uma viga Gerber, ao se separar uma rótula de um quadro composto, o apoio fictício que identifica o trecho sendo suportado só pode ficar de um dos lados da rótula separada. A definição do lado da rótula em que se situa o apoio fictício depende da análise da sequência de carregamentos dos trechos isostáticos simples.

Entretanto, no caso da viga Gerber, a decomposição não faz distinção entre apoios do 1º gênero ou do 2º gênero, pois na viga Gerber a transferência de cargas da decomposição trata apenas de forças verticais. No quadro composto, os apoios fictícios são *sempre* do 2º gênero, pois tanto forças horizontais quanto verticais são transferidas pelas rótulas (uma rótula mantém a continuidade de deslocamentos horizontal e vertical). Portanto, não faz sentido aparecer um apoio do 1º gênero na separação de uma rótula de um quadro composto.

Assim como em uma viga Gerber, em um quadro plano isostático composto, a solução para os esforços internos de ligação nas rótulas e para as reações de apoio deve ser iniciada pelo trecho que não serve de apoio para nenhum outro. No exemplo da Figura 3.12, a solução do equilíbrio do triarticulado CGHF resulta na determinação das "reações" H_C, V_C e V_F (H_F é nula). Na verdade, essas forças são esforços de ligação nas rótulas, mas são calculadas como se fossem reações de apoio do trecho isostático isolado. Estas são transferidas com sentidos opostos para os pontos nos quais o triarticulado CGHF obtém apoio. Com a força vertical V_F, pode-se resolver o equilíbrio do biapoiado BDEF, determinando os esforços de ligação H_D e V_D, e a reação de apoio V_B. Finalmente, com as forças H_C, V_C, H_D e V_D, resolve-se o quadro engastado e em balanço ACD, chegando às reações de apoio H_A, V_A e M_A.

A Seção 3.7.7 indica os procedimentos adotados para a obtenção dos esforços internos no quadro composto da Figura 3.12.

Na decomposição de um quadro isostático composto, deve-se tomar cuidado para não gerar situações de instabilidade, como as indicadas na Figura 3.6. A decomposição do quadro composto da Figura 3.12 resultou em uma sequência de carregamento de quadros isostáticos simples, todos com estabilidade. Isso demonstra que o quadro composto isostático é estável.

3.4. TRELIÇAS PLANAS ISOSTÁTICAS

Conforme definido na Seção 2.3, uma treliça é um modelo de estrutura reticulada com articulações completas em todos os nós. Para que esse conjunto de barras articuladas no plano tenha uma forma rígida (a menos das deformações axiais das barras), é necessário que as barras estejam conectadas pelas suas extremidades compondo uma triangulação, que formalmente é definida como um complexo simplicial de ordem 2.

Por outro lado, para uma treliça ser isostática, é necessário que o número de incógnitas do problema do equilíbrio estático seja igual ao número de equações de equilíbrio disponíveis. Considerando que, por definição, o modelo estrutural treliça tem cargas aplicadas somente nos nós, cada barra tem apenas um esforço interno (esforço normal), que não varia ao longo da barra. Dessa forma, *o número de incógnitas do problema do equilíbrio estático é o número de barras acrescido do número de componentes de reação de apoio*. Com respeito às equações de equilíbrio, é mais simples tratar o equilíbrio global da treliça de maneira indireta, considerando o equilíbrio de cada nó isolado, isto é, se todos os nós da treliça satisfizerem as condições de equilíbrio quando isolados, então a treliça como um todo satisfaz as condições de equilíbrio. Cada nó de treliça plana é um ponto no plano que tem de satisfazer duas condições de equilíbrio: as resultantes horizontal e vertical de forças atuantes no nó devem ser nulas. As forças que atuam em um nó isolado podem ser esforços normais vindos das barras adjacentes, forças externas aplicadas ou reações de apoio. Portanto, *o número de equações de equilíbrio de uma treliça plana é igual ao dobro do número de nós*.

Analisando os modelos da Figura 2.12 (Seção 2.3), verifica-se que o modelo da esquerda (painel sem barra diagonal) tem sete (2 + 1 + 4) incógnitas e oito (4 · 2) equações de equilíbrio. Logo, esse modelo é hipostático e instável, pois o sistema de equações de equilíbrio não tem solução: há menos incógnitas que equações. Ainda na Seção 2.3, é observado que as quatro barras articuladas formam um mecanismo que não tem estabilidade. Já o modelo do centro da Figura 2.12 tem oito (2 + 1 + 5) incógnitas e oito (4 · 2) equações de equilíbrio. Esse modelo é isostático, e as barras formam um complexo simplicial. Finalmente, o modelo da direita da Figura 2.12 é hiperestático, pois existem nove (2 + 1 + 6) incógnitas e oito (4 · 2) equações de equilíbrio. Como é observado na Seção 2.3, a barra adicional do painel é redundante no que se refere à estabilidade, isto é, essa barra pode oferecer resistência estrutural adicional, mas não é ela que torna a estrutura estável. Esse modelo não forma um complexo simplicial válido.

Munkres (1984) define complexo simplicial de ordem 2 como um conjunto de triângulos (2-simplex) em que a interseção de dois triângulos quaisquer, quando não é vazia, obrigatoriamente é um lado completo de triângulo (uma barra) ou um vértice (um nó). Além disso, a fronteira de um complexo simplicial válido é uma cadeia contínua e conexa (uma única parte) de lados de triângulos (de barras) que não se autointercepta. A Figura 3.13 mostra quatro exemplos de treliças planas cujas barras formam um complexo simplicial de ordem 2. As barras que formam a fronteira estão indicadas no desenho com espessura mais grossa. Todas as treliças são externamente isostáticas (biapoiadas), mas duas delas são hiperestáticas internamente.

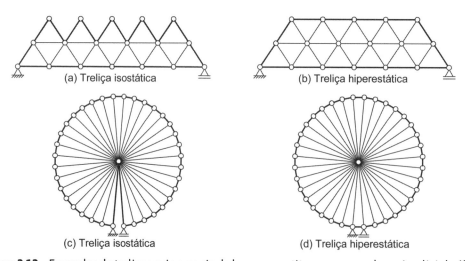

Figura 3.13 Exemplos de treliças cujo arranjo de barras constituem um complexo simplicial válido.

Para deixar clara a definição de complexo simplicial, a Figura 3.14 indica dois modelos de treliça cujo arranjo de barras não atende à definição de complexo simplicial de ordem 2. Um modelo é hipostático e o outro é hiperestático (painel com duas barras transpassadas).

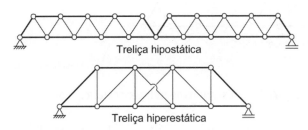

Figura 3.14 Exemplos de treliças cujo arranjo de barras não constitui um complexo simplicial válido.

As barras da fronteira da triangulação do modelo hipostático da Figura 3.14 compõem um cadeia contínua que se autointercepta. Na verdade, isso forma um modelo instável porque só existem dois apoios simples (modelo biapoiado). Na sequência, é mostrado que podem existir treliças compostas isostáticas com uma fronteira de triangulação que se autointercepta. No modelo hiperestático, as barras transpassadas, sem nó na interseção, acarretam uma violação da definição de complexo simplicial, que exige interseção de dois triângulos apenas em um lado completo ou em um vértice.

Resta a questão de identificar em que situações um complexo simplicial biapoiado é isostático. Uma análise dos modelos da Figura 3.13 pode trazer subsídios para tal. Como as treliças dessa figura são biapoiadas, as reações nos apoios simples do 1º e do 2º gêneros são suficientes para equilibrar o conjunto. Imagine a criação da triangulação, partindo de um conjunto de três barras quaisquer que formam um triângulo, adicionando um triângulo de cada vez. Se, para formar um novo triângulo, são necessárias duas novas barras conectadas a uma barra existente e um novo nó, então o problema permanece isostático porque, a cada duas novas incógnitas (os esforços normais das novas barras), são introduzidas duas novas equações (as de equilíbrio do novo nó). Por outro lado, se, para formar um novo triângulo, basta adicionar uma barra sem criar um nó, o problema se torna hiperestático, pois há o acréscimo de uma incógnita sem que apareçam novas equações. Observe que a treliça isostática da Figura 3.13-a apresenta um "serrilhado" de barras no topo, que é eliminado na treliça hiperestática da Figura 3.13-b com a inserção das barras no topo, sem a criação de nó algum. São justamente essas barras no topo que fazem com que a treliça fique hiperestática, pois elas só introduzem incógnitas sem originar novas equações. A comparação entre as treliças das Figuras 3.13-c e 3.13-d também evidencia o aparecimento de uma configuração hiperestática quando somente uma nova barra é necessária para a criação de um novo triângulo. Esse é o caso da única barra entre os apoios que caracteriza a diferença entre essas duas treliças.

Dessa análise, pode-se concluir que, *para um complexo simplicial de ordem 2 (formado por barras articuladas nos lados dos triângulos) constituir uma treliça isostática biapoiada, o número de barras adjacentes a cada nó da treliça tem de ser maior do que o número de triângulos adjacentes ao nó*. Dito de outra maneira: para uma treliça biapoiada ser isostática, a adjacência radial em torno de um nó qualquer não pode ser completamente preenchida por triângulos do complexo simplicial.

Pode-se também estabelecer uma relação entre o número de nós e barras de um complexo simplicial que se configura em uma treliça isostática simples. Considerando que são necessárias três componentes de reação de apoio para equilibrar externamente a triangulação, para que o número de incógnitas seja igual ao número de equações de equilíbrio, deve-se ter:

nº de barras da triangulação isostática = (nº de nós da triangulação) · 2 − 3

Uma *treliça simples*, nesse contexto, é aquela formada por um único complexo simplicial válido. Conforme comentado anteriormente, cada complexo simplicial forma um corpo rígido, a menos das deformações axiais das barras. É possível compor treliças isostáticas com a combinação de complexos simpliciais. Estas são denominadas *treliças compostas*. A Figura 3.15 mostra um exemplo de treliça composta que funciona globalmente como uma viga Gerber e outro de treliça que funciona como um pórtico triarticulado.

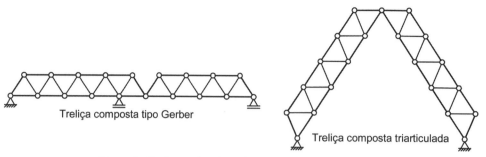

Figura 3.15 Exemplos de treliças isostáticas compostas.

Essencialmente, se analisadas como um todo, as treliças compostas da Figura 3.15 não formam um complexo simplicial válido. Entretanto, as composições de complexos simpliciais indicadas na figura resultam em estruturas isostáticas estáveis.

Um exemplo de determinação de reações de apoio e de esforços normais em uma treliça simples isostática é mostrado na Seção 3.7.8.

3.5. GRELHAS ISOSTÁTICAS

A Figura 3.16 mostra dois exemplos de grelhas isostáticas: grelha com três apoios simples (triapoiada) e grelha engastada e em balanço. Esses modelos apresentam três componentes de reação de apoio que podem ser determinadas pelas três equações globais de equilíbrio: Equações 2.8, 2.9 e 2.10. A direção da reação do apoio do 2º gênero para grelhas é a mesma da reação do apoio do 1º gênero, posto que grelhas só têm reações força na direção Z. Dessa forma, os apoios simples na grelha triapoiada são mostrados na figura com o símbolo genérico Δ.

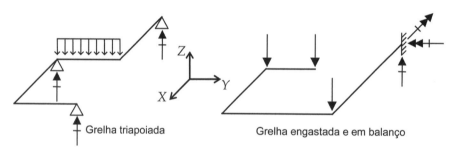

Figura 3.16 Exemplos de dois tipos de grelhas isostáticas simples.

A grelha triapoiada mostrada na Figura 3.17 é utilizada como exemplo para a determinação de reações de apoio em grelhas isostáticas.

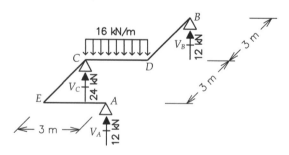

Figura 3.17 Cálculo de reações de apoio em grelha triapoiada.

É conveniente iniciar a determinação de reações de apoio selecionando o equilíbrio de momentos em torno de um eixo no plano da grelha que passa por dois apoios, pois as correspondentes reações de apoio provocam momentos nulos em relação a esse eixo. No exemplo, a primeira equação selecionada é de somatório de momentos nulos em relação ao eixo que passa pelos pontos A, D e B indicados na Figura 3.17. Essa condição de equilíbrio resulta no valor da reação vertical V_C:

$$V_C \cdot 3 \text{ m} - (16 \text{ kN/m} \cdot 3 \text{ m}) \cdot 1.5 \text{ m} = 0 \therefore V_C = +24 \text{ kN}$$

Para fins de cálculo de reações de apoio, substitui-se a força uniformemente distribuída (16 kN/m) pela sua resultante de 48 kN = 16 kN/m · 3 m, localizada no centro do seu comprimento de abrangência (1,5 m de distância ao eixo ADB).

O outro eixo para imposição de equilíbrio de momentos não pode ser paralelo ao eixo ADB. A imposição do somatório de momentos nulos em torno do eixo CD resulta em:

$$V_A \cdot 3 \text{ m} - V_B \cdot 3 \text{ m} = 0 \therefore V_A = V_B$$

Finalmente, impõe-se a condição de equilíbrio de forças na direção vertical Z:

$$V_A + V_B + V_C - 16 \text{ kN/m} \cdot 3 \text{ m} = 0 \therefore V_A = V_B = +12 \text{ kN}$$

A Seção 3.7.9 indica os procedimentos adotados para a determinação dos diagramas de momentos fletores e momentos torçores para a grelha da Figura 3.17.

3.6. CONVENÇÃO DE SINAIS PARA ESFORÇOS INTERNOS

A convenção de sinais adotada neste livro para esforços internos em pórticos planos está associada ao sistema de eixos locais das barras (Figura 2.5) e depende da definição de fibras inferiores das barras. A seguinte definição é adotada: nas barras horizontais e inclinadas, as fibras inferiores são as de baixo quando se olha para o eixo vertical do pórtico na sua orientação natural (cabeça do observador para cima); nas barras verticais, as fibras inferiores são as da direita.

A Figura 3.18 indica as fibras inferiores de um pórtico plano que contém barras com todas as inclinações possíveis. As linhas tracejadas indicam as fibras inferiores adotadas para cada uma das barras. Consistentes com a definição de fibras inferiores, os sistemas de eixos locais das barras também estão mostrados na figura. O eixo local y da barra é transversal ao eixo da barra e tem o sentido que vai da fibra inferior para a fibra superior. O sentido do eixo axial x é tal que o produto vetorial de x por y resulta em um vetor z que sai do plano do quadro.

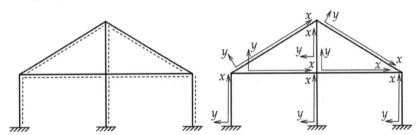

Figura 3.18 Fibras inferiores das barras de um pórtico genérico bidimensional (faces inferiores das barras indicadas com linhas tracejadas) e correspondentes eixos locais das barras.

Em uma estrutura aberta (sem ciclo fechado de barras), como um dos quadros isostáticos simples da Figura 3.5, os esforços internos representam as resultantes de todas as forças e momentos que atuam de um lado de uma seção de corte. As resultantes de um lado atuam sobre a porção de estrutura isolada do outro lado. Observa-se que esforços internos correspondentes de cada lado de uma seção de corte são iguais e contrários (ação e reação). Portanto, é importante que a convenção de sinais leve isso em conta e indique o mesmo sinal para esforços internos associados que estão nos dois lados da seção de corte. Dessa forma, o sinal independe da porção consultada para sua obtenção. Essa característica da convenção de sinais para esforços internos é salientada na sequência.

Esforços normais (ou axiais) representam a força resultante na direção axial (eixo x) de todas as forças de um lado da seção de corte. Esforços normais podem ser de tração, quando a força axial tem a direção para fora da porção isolada da estrutura (Figura 3.19), ou de compressão, quando a direção dessa força é para dentro da porção isolada. Segundo a convenção de sinais adotada, os esforços normais de tração são positivos, e os de compressão, negativos. A Figura 3.19 mostra as direções dos esforços normais positivos (tração, isto é, saindo da seção transversal).

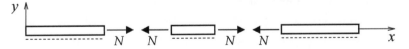

Figura 3.19 Convenção para esforços normais positivos.

O esforço cortante tem a direção do eixo local y da barra e é positivo (Figura 3.20) quando, considerando as forças à esquerda de uma seção transversal (olhando no sentido das fibras inferiores para as superiores), a resultante na direção local y tem sentido para cima. Considerando as forças à direita da seção transversal, o esforço cortante é positivo quando a resultante tem sentido contrário ao eixo local y.

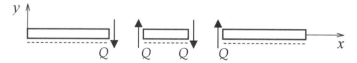

Figura 3.20 Convenção para esforços cortantes positivos.

Para momentos fletores, a convenção de sinais adotada é tal que esse esforço interno é positivo (Figura 3.21) quando, considerando as forças e momentos à esquerda de uma seção transversal (olhando no sentido das fibras inferiores para as superiores), a resultante momento tem sentido horário. Considerando as forças à direita da seção transversal, o momento fletor é positivo quando a resultante momento tem sentido anti-horário.

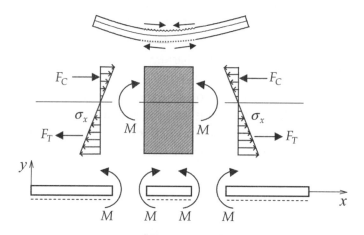

Figura 3.21 Convenção para momentos fletores positivos e resultantes de tensão normais de tração F_T e de compressão F_C na seção transversal.

Pode-se adotar uma maneira alternativa para identificar o sinal do momento fletor: *um momento fletor positivo está associado a uma flexão da barra com uma concavidade da elástica voltada para cima, quando se olha no sentido da fibra inferior para a superior; quando a concavidade está voltada para baixo, o momento fletor é negativo.* Essa relação entre momento fletor e curvatura da elástica é formalmente apresentada no Capítulo 5 (Equação 5.22) e é muito útil para a identificação do sinal do momento fletor.

Entretanto, no caso geral, não é simples identificar o sentido da concavidade. Felizmente existe uma maneira indireta de fazer isso: identificar a fibra inferior ou superior da seção transversal da barra que fica tracionada na flexão. A concavidade voltada para cima está associada a um estiramento ou tração das fibras inferiores da barra e a um encurtamento ou compressão das fibras superiores. Isso é representado no topo da Figura 3.21 para o caso de momento fletor positivo: a linha corrugada representa o encurtamento das fibras superiores, e a linha tracejada representa o estiramento das fibras inferiores. As deformações das fibras inferiores e superiores são consistentes com a distribuição de tensões internas associadas à flexão de uma barra. Conforme descrito na Seção 5.3, o momento fletor está associado a uma distribuição de tensões normais σ_x na seção transversal. No comportamento linear-elástico, a distribuição de tensões normais é linear, como mostra a Figura 3.21. Nessa distribuição de tensões, F_T é a força resultante das tensões normais de tração (saindo da seção) e F_C é a força resultante das tensões de compressão (entrando na seção). As forças F_T e F_C formam um conjugado que tem a mesma intensidade e sentido do momento fletor M atuante na seção transversal, independentemente do lado pelo qual se observa a seção cortada. Percebe-se que *a convenção de sinais adotada é tal que o momento fletor é positivo quando a resultante de tração F_T fica do lado da fibra inferior da barra e é negativo quando a resultante de tração fica do lado da fibra superior.*

No caso de treliças planas ou espaciais, adota-se a mesma convenção de sinais para esforços internos normais mostrada na Figura 3.19.

Para grelhas, as fibras inferiores de todas as barras ficam no sentido negativo do eixo global Z (Figura 2.14). Os eixos locais de uma barra de grelha são mostrados na Figura 2.15. Nesse caso, a convenção de sinais para esforços cortantes e momentos fletores é análoga à que é mostrada nas Figuras 3.20 e 3.21, respectivamente, para pórticos planos. A única diferença é que, no caso de grelhas, o eixo transversal local indicado nas figuras seria o eixo z (sempre no sentido do eixo global Z) em vez do eixo y.

Como não existem esforços normais em grelhas, resta definir a convenção de sinais para momentos torçores. A Figura 3.22 indica os sentidos positivos de um momento torçor em uma barra de grelha. O momento torçor é positivo quando, considerando as forças e momentos que ficam na porção oposta à porção isolada, a resultante momento em torno do eixo da barra (indicado pela seta dupla na Figura 3.22) sai da seção transversal no lado da porção isolada. O sentido da seta dupla segue a regra da mão direita, em que o eixo de rotação corresponde ao polegar e o sentido do momento segue a orientação dos dedos.

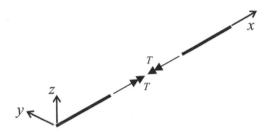

Figura 3.2 Convenção para momentos torçores positivos.

3.7. TRAÇADO DE DIAGRAMAS DE ESFORÇOS INTERNOS

Esta seção descreve a convenção e os procedimentos adotados para o traçado de diagramas de esforços internos em estruturas reticuladas isostáticas. Nove exemplos isostáticos são apresentados: uma viga biapoiada com força concentrada (Seção 3.7.1), uma viga biapoiada com força uniformemente distribuída (Seção 3.7.2), uma viga biapoiada com balanços (Seção 3.7.3), uma viga biapoiada com várias cargas (Seção 3.7.4), um quadro biapoiado (Seção 3.7.5), um quadro triarticulado (Seção 3.7.6), um quadro composto (Seção 3.7.7), uma treliça biapoiada (Seção 3.7.8) e uma grelha triapoiada (Seção 3.7.9).

3.7.1. Diagramas de esforços internos em viga biapoiada com força concentrada

A Figura 3.23 mostra uma viga biapoiada, com vão l, submetida a uma força vertical aplicada com sentido para baixo em uma posição genérica indicada pela distância a ao primeiro apoio e pela distância b ao segundo apoio. Uma seção transversal genérica é caracterizada pela distância x em relação ao primeiro apoio. Na determinação dos esforços internos, duas seções transversais típicas são tratadas: uma à esquerda da carga aplicada ($x < a$, na Figura 3.23-a) e outra à direita da carga ($x > a$, na Figura 3.23-b).

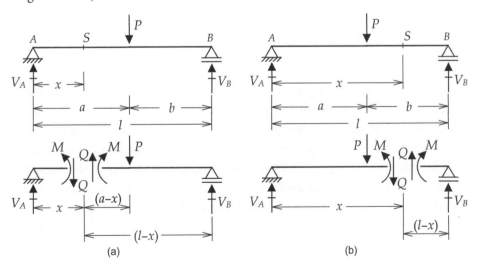

Figura 3.23 Cálculo de esforços internos em viga biapoiada solicitada por força concentrada.

As reações de apoio são determinadas pelo equilíbrio global ($\sum F_y = 0$ e $\sum M_A = 0$) da viga:

$$V_A = P\frac{b}{l}$$

$$V_B = P\frac{a}{l}$$

O esforço cortante e o momento fletor na seção transversal genérica S são determinados pelo equilíbrio de cada porção isolada da viga quando se dá um corte em S. Inicialmente, os esforços internos são considerados com sentidos positivos, de acordo com a convenção adotada. Assim, se a solução do equilíbrio resultar em sinal negativo para esforço interno, o sentido final desse esforço é contrário ao sentido positivo.

Na situação em que $x < a$ (Figura 3.23-a), o equilíbrio ($\sum F_y = 0$ e $\sum M_S = 0$) da porção à esquerda da seção S fornece:

$$\sum F_y = 0 \Rightarrow Q = +V_A = +P\frac{b}{l}$$

$$\sum M_S = 0 \Rightarrow M = +V_A \cdot x = +P\frac{b \cdot x}{l}$$

Observe que o mesmo resultado tem de ser obtido se Q e M forem calculados por meio do equilíbrio da porção à direita de S:

$$\sum F_y = 0 \Rightarrow Q = +P - V_B = +P - P\frac{a}{l} = +P\cdot\left(1-\frac{a}{l}\right) = +P\frac{b}{l}$$

$$\sum M_S = 0 \Rightarrow M = -P\cdot(a-x) + V_B\cdot(l-x) = -P\cdot(a-x) + P\frac{a}{l}\cdot(l-x) =$$

$$+P\cdot\left(x - a + a - \frac{a\cdot x}{l}\right) = +P\cdot\left(1 - \frac{a}{l}\right)\cdot x = +P\frac{b\cdot x}{l}$$

Apesar de ser mais complicado, o cálculo foi feito pelo equilíbrio da porção da direita para demonstrar que, uma vez calculadas as reações de apoio de forma correta, tanto faz equilibrar a porção da esquerda ou da direita para se determinar os esforços internos na seção transversal. Quando se equilibra a porção da direita, transportam-se as forças que estão à esquerda para a seção, e costuma-se dizer que o cálculo dos esforços internos é feito *entrando pelo lado esquerdo da seção*. De forma análoga, quando se equilibra a porção da esquerda, o cálculo é feito *entrando pelo lado direito da seção*. Em geral, procura-se calcular os valores dos esforços internos pelo lado que requer menos cálculo.

Para a situação em que $x > a$ (Figura 3.23-b), é mais simples considerar as forças que estão à direita (ou entrar pelo lado direito) da seção S:

$$\sum F_y = 0 \Rightarrow Q = -V_B = -P\frac{a}{l}$$

$$\sum M_S = 0 \Rightarrow M = +V_B\cdot(l-x) = +P\frac{a\cdot(l-x)}{l}$$

O diagrama de esforços cortantes é um gráfico que descreve a variação do esforço cortante ao longo das seções transversais da estrutura. No caso da viga biapoiada com força concentrada, o diagrama é mostrado na Figura 3.24. O traçado é determinado para as duas situações consideradas, $x < a$ e $x > a$, resultando em uma descontinuidade no ponto de aplicação da carga. Segundo a convenção adotada para o desenho do diagrama, os valores positivos de esforços cortantes são desenhados do lado das fibras superiores da barra, e os valores negativos, do outro lado. Observe, na figura, que a descontinuidade do diagrama corresponde ao valor da força concentrada P aplicada (no sentido da força).

A hachura dos diagramas de esforços internos é perpendicular ao eixo da viga. Nem sempre a hachura é desenhada e, nesse caso, apenas as ordenadas do diagrama nas extremidades das barras são indicadas.

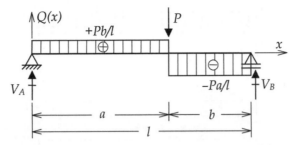

Figura 3.24 Diagrama de esforços cortantes em viga biapoiada solicitada por força concentrada.

De maneira análoga, o diagrama de momentos fletores é um gráfico que descreve a variação do momento fletor ao longo das seções transversais da estrutura. A Figura 3.25 indica o diagrama para a viga biapoiada com força concentrada. Conforme a convenção adotada para o desenho do diagrama, os valores positivos de momentos fletores são desenhados do lado das fibras inferiores da barra, e os negativos, do outro lado.

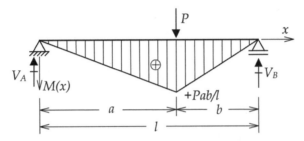

Figura 3.25 Diagrama de momentos fletores em viga biapoiada solicitada por força concentrada.

Observe que o diagrama é contínuo, isto é, os resultados obtidos das situações para $x < a$ e $x > a$ coincidem na seção transversal do ponto de aplicação da força concentrada P. Observe também que o diagrama tem um "bico" (mudança brusca de inclinação) no ponto de aplicação de P, e o valor máximo de momento fletor ocorre nesse ponto: $M_{máx} = +Pab/l$.

Entretanto, de maneira geral, o diagrama de momentos fletores não é indicado com sinal. Isso não acarreta inconsistência porque *a convenção adotada resulta em que o diagrama de momentos fletores é traçado sempre do lado da fibra tracionada da barra*, isto é, para um momento fletor positivo, as fibras tracionadas são as inferiores e, para um momento fletor negativo, são as superiores. Em algumas situações, como no traçado de envoltórias de valores mínimos e máximos de momentos fletores, indica-se o sinal dos momentos fletores no diagrama.

Pode parecer estranho desenhar valores positivos do diagrama de momentos fletores para baixo. Essa praxe, adotada no Brasil e em alguns países, talvez se justifique pelo fato de o momento fletor estar associado à convexidade (ou à curvatura) da curva elástica da barra (Seção 5.10). Nos trechos de barra nos quais a convexidade da curva elástica é para baixo (concavidade para cima), isto é, fibras inferiores (de baixo) tracionadas, o momento fletor é positivo e, portanto, desenhado para baixo. Em outros países, a convenção é desenhar as ordenadas positivas do diagrama de momentos fletores do lado das fibras superiores, como nos outros diagramas.

3.7.2. Diagramas de esforços internos em viga biapoiada com força uniformemente distribuída

A Figura 3.26 mostra o modelo estrutural de uma viga biapoiada com força vertical uniformemente distribuída atuando ao longo de toda a sua extensão. As reações de apoio da viga biapoiada são determinadas pelo equilíbrio global:

$$\sum F_y = 0 \text{ e } \sum M_A = 0 \Rightarrow V_A = V_B = \frac{q \cdot l}{2}$$

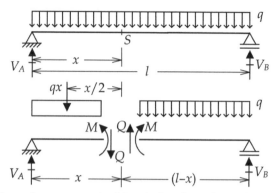

Figura 3.26 Cálculo de esforços internos em viga biapoiada solicitada por força uniformemente distribuída.

Determinam-se o esforço cortante e o momento fletor em uma seção transversal genérica S através do equilíbrio das porções isoladas da viga por um corte em S, como indicado na Figura 3.26. A imposição de $\sum F_y = 0$ e $\sum M_S = 0$ na porção à esquerda da seção S fornece:

$$\sum F_y = 0 \Rightarrow V_A - q \cdot x - Q = 0 \Rightarrow Q = +V_A - q \cdot x \therefore Q = +\frac{q \cdot l}{2} - q \cdot x$$

$$\sum M_S = 0 \Rightarrow -V_A \cdot x + q \cdot x \frac{x}{2} + M = 0 \Rightarrow M = +V_A \cdot x - \frac{q \cdot x^2}{2} \therefore M = +\frac{q \cdot l}{2} x - \frac{q}{2} x^2$$

A expressão do esforço cortante resulta no diagrama mostrado na Figura 3.27.

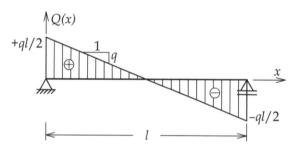

Figura 3.27 Diagrama de esforços cortantes em viga biapoiada solicitada por força uniformemente distribuída.

Observe que o diagrama de esforços cortantes é um gráfico que varia linearmente e que o coeficiente angular da reta é igual a $-q$. Em outras palavras, a taxa de redução de esforço cortante ao longo da barra é igual ao valor da carga distribuída q. Formalmente, existe uma relação diferencial entre o esforço cortante Q e o valor da carga transversal distribuída na viga: $dQ/dx = q$. Essa relação é deduzida no Capítulo 5 e mostrada na Equação 5.12. Como q é constante e para baixo, o diagrama de esforços cortantes tem uma variação linear, e a cada unidade de distância, há uma redução de q no valor do esforço cortante, como indicado na Figura 3.27.

A expressão para o momento fletor em uma seção transversal genérica da viga biapoiada para uma força uniformemente distribuída resulta no diagrama mostrado na Figura 3.28. Observe que o diagrama de momentos fletores é uma parábola do segundo grau e que o valor máximo do diagrama ocorre na seção central e é igual a $+ql^2/8$.

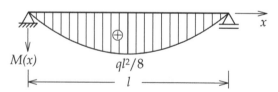

Figura 3.28 Diagrama de momentos fletores em viga biapoiada solicitada por força uniformemente distribuída.

3.7.3. Diagramas de esforços internos em viga biapoiada com balanços

Para exemplificar o traçado de diagramas de esforços internos em vigas biapoiadas com balanços, utiliza-se o modelo estrutural mostrado na Figura 3.2.

3.7.3.1. Diagrama de esforços normais

A Figura 3.29 mostra o diagrama de esforços normais da viga, que dependem somente de forças horizontais. A figura ilustra um corte da viga em uma seção transversal do vão principal, isolando-a em duas porções. Apenas a atuação de forças horizontais é indicada em cada porção. Para que cada porção isolada fique em equilíbrio, é necessário que o esforço normal N na seção de corte tenha o sentido indicado na figura. Pela convenção de sinais adotada, o esforço normal é positivo, pois está saindo da seção (tração).

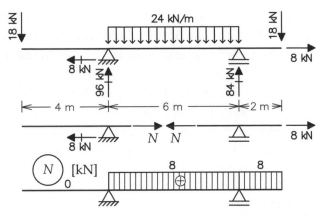

Figura 3.29 Exemplo de diagrama de esforços normais em viga biapoiada com balanços.

No diagrama de esforços normais, valores positivos são desenhados do lado das fibras superiores, e negativos, do lado das fibras inferiores. Nesse exemplo, os valores são nulos ou positivos. No trecho em balanço da esquerda, como não existe força horizontal à esquerda de qualquer seção transversal, o diagrama de esforços normais é nulo. Para qualquer outra seção da viga, o esforço normal é constante, pois a força resultante na direção axial à esquerda ou à direita da seção é sempre a mesma (8 kN) e saindo da seção transversal.

3.7.3.2. Diagrama de esforços cortantes

A Figura 3.30 mostra o traçado do diagrama de esforços cortantes da viga biapoiada com balanços. A figura também indica cortes em seções transversais típicas da viga, com o esforço cortante desenhado em cada seção de corte. As seções típicas se localizam no balanço da esquerda, no vão principal e no balanço da direita.

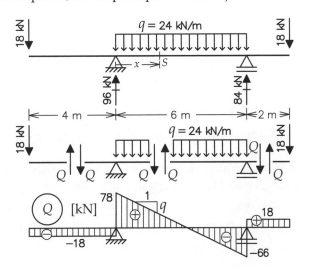

Figura 3.30 Exemplo de diagrama de esforços cortantes em viga biapoiada com balanços.

Uma maneira conveniente para traçar o diagrama de esforços cortantes é percorrer as seções transversais da viga (por exemplo, da esquerda para a direita) determinando a resultante de forças na direção vertical do ponto de partida até a seção corrente. Ao percorrer a viga, pode-se pensar que ocorrem "eventos" em termos de forças verticais que definem as seções transversais típicas.

O primeiro "evento" é a carga vertical de 18 kN aplicada para baixo na extremidade do balanço da esquerda. Qualquer seção no balanço da esquerda tem à sua esquerda uma carga vertical para baixo e, pela convenção de sinais, resulta em um valor negativo de –18 kN, constante, para o esforço cortante em todo o balanço. O segundo "evento" é o aparecimento da reação vertical para cima de 96 kN no primeiro apoio. A seção transversal que fica imediatamente à direita do apoio tem à sua esquerda uma resultante de força vertical igual à soma dos dois eventos, –18 kN e 96 kN. Assim, o valor do esforço cortante nessa seção é +78 kN.

Uma seção transversal típica do vão principal situa-se a uma distância x do primeiro apoio, como indicado na Figura 3.30. Na seção típica, a resultante de forças verticais à sua esquerda é reduzida de $q \cdot x$ em relação à primeira seção do vão. No final do vão principal, o valor do esforço cortante é reduzido em relação ao valor no início do vão de 144 kN = 24 kN/m · 6 m. Dessa forma, o diagrama varia linearmente nesse vão, e o valor do esforço cortante é –66 kN = +78 kN – 144 kN no final do vão.

O próximo "evento" é a reação vertical para cima de 84 kN no segundo apoio. Portanto, todas as seções transversais no balanço da direita têm esforço cortante constante igual a +18 kN = –66 kN + 84 kN. Alternativamente, nesse balanço é mais simples determinar o esforço cortante considerando a resultante de força vertical à direita da seção típica. Como a força aplicada na extremidade direita do balanço é de 18 kN para baixo, pela convenção de sinais, o resultado é o mesmo valor de esforço cortante positivo: +18 kN.

3.7.3.3. Diagrama de momentos fletores

A Figura 3.31 mostra o diagrama de momentos fletores da viga biapoiada com balanços. Conforme a convenção adotada para o traçado do diagrama de momentos fletores, as ordenadas positivas do diagrama são desenhadas do lado das fibras inferiores, e as ordenadas negativas do lado das fibras superiores.

O diagrama de momentos fletores da Figura 3.31 também indica o valor máximo local de momento fletor na barra central. A localização da seção transversal na qual ocorre o valor máximo é obtida com auxílio do diagrama de esforços cortantes na barra, conforme mostrado na sequência.

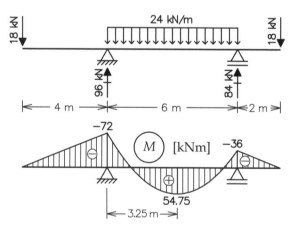

Figura 3.31 Exemplo de diagrama de momentos fletores em viga biapoiada com balanços.

O traçado do diagrama de momentos fletores pode ser feito por superposição de efeitos em cada barra, como ilustrado na Figura 3.32. Considere a barra central (vão principal) entre apoios. O diagrama final M dessa barra é obtido pela superposição do diagrama reto M_I, que é o traçado unindo os valores dos momentos fletores nas extremidades da barra, com o diagrama parabólico M_{II}, correspondente ao carregamento que atua no interior da barra considerada biapoiada.

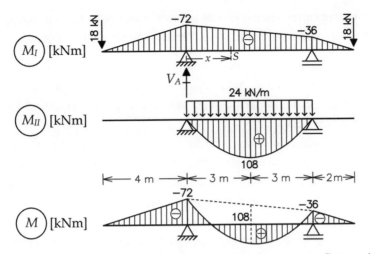

Figura 3.32 Superposição de efeitos para compor o diagrama de momentos fletores da Figura 3.31.

O diagrama M_I é composto por linhas retas, pois corresponde a uma situação em que a barra está descarregada. Isso ocorre porque o momento fletor varia linearmente ao longo de uma barra sem carregamento. Por exemplo, conforme ilustrado na Figura 3.32, o momento fletor M_I em uma seção transversal S na barra central que dista x do primeiro apoio é $M_I(x) = -18$ kN $\cdot (4$ m $+ x) + V_A \cdot x$. Portanto, M_I varia de forma linear com x (linha reta). Formalmente, a variação linear de momento fletor ao longo de um trecho de barra sem carregamento pode ser deduzida com base na relação diferencial entre o momento fletor e o carregamento transversal distribuído: $d^2M/dx^2 = q(x)$. Essa relação é deduzida no Capítulo 5 e mostrada na Equação 5.14. Nesse caso, o carregamento transversal distribuído é nulo, e a condição de $d^2M/dx^2 = 0$ resulta em uma variação linear para $M_I(x)$ em cada trecho.

A superposição de efeitos mostrada na Figura 3.32 resulta no procedimento adotado para o traçado de diagramas de momentos fletores e indicado na Figura 3.33 para o exemplo da viga biapoiada com balanços. Esse procedimento é comumente descrito como *pendurar o diagrama de viga biapoiada para o carregamento que atua no interior do trecho de barra*.

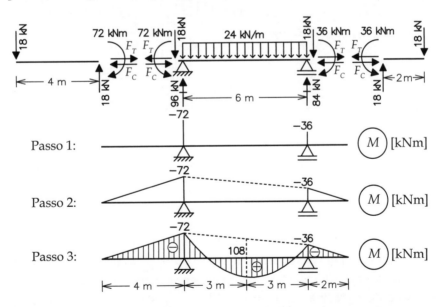

Figura 3.33 Passos para traçado do diagrama de momentos fletores da Figura 3.31.

O traçado do diagrama de momentos fletores em cada trecho de barra é feito da seguinte maneira:

Passo 1. Determinam-se os momentos fletores nas extremidades do trecho de barra, desenhando as ordenadas do diagrama, com valor, do lado da fibra tracionada da barra.

Passo 2. Se o trecho de barra não tiver cargas transversais no seu interior, o diagrama final é obtido simplesmente unindo os valores extremos por uma linha reta.

Passo 3. Se o trecho de barra tiver carregamento no seu interior, o diagrama de viga biapoiada para o carregamento é "pendurado" (superposto transversalmente) a partir da linha reta que une os valores extremos do trecho.

No procedimento ilustrado na Figura 3.33, o diagrama é traçado por trechos que coincidem com as próprias barras do vão principal e dos balanços. Esse procedimento pode ser aplicado para uma divisão arbitrária de trechos de barra. Em geral, uma barra é dividida em trechos associados a eventos de mudança de carregamento. A Seção 3.7.4 ilustra isso para uma viga biapoiada com várias cargas.

A fibra tracionada é identificada quando se substitui o momento fletor atuante em uma seção transversal por um conjugado formado por uma força resultante de tensões normais de tração (F_T) e uma força resultante de tensões normais de compressão (F_C) (Figura 3.21). O conjugado tem sempre o mesmo sentido (horário ou anti-horário) do momento fletor atuante na seção. O lado da fibra tracionada é o lado da força F_T que "sai da seção", como observado na Figura 3.33.

Note na Figura 3.33 (passo 3) que os valores superpostos do diagrama de viga biapoiada para a barra central são medidos perpendicularmente ao eixo da barra a partir da linha reta que faz o fechamento dos valores extremos do trecho. Os valores do diagrama final são medidos do eixo da barra até a curva resultante da superposição.

Ainda no passo 3 do procedimento adotado para o traçado do diagrama de momentos fletores, é necessário conhecer o diagrama de viga biapoiada para o carregamento atuante em cada trecho de barra. A Figura 3.34 mostra diagramas de momentos fletores de viga biapoiada para cargas usuais.

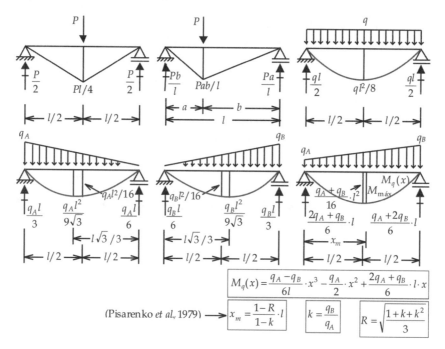

Figura 3.34 Diagramas de momentos fletores para vigas biapoiadas.

No caso de estruturas isostáticas, para calcular os momentos nas extremidades dos trechos de barra é necessário, em geral, determinar as reações de apoio na estrutura. Considerando que as reações de apoio foram calculadas corretamente, pode-se considerar as forças e momentos vindos por qualquer lado de uma seção transversal. O valor do momento fletor e a indicação de qual fibra (inferior ou superior da barra) está sendo tracionada independe do lado em que se entra em relação à seção transversal. Portanto, adota-se o lado em que o cálculo for mais simples.

Embora o exemplo utilizado tenha sido isostático, deve-se ressaltar que os mesmos procedimentos para o traçado do diagrama de momentos fletores, em um trecho de barra, também se aplicam para estruturas hiperestáticas. Dessa forma, uma vez que tenham sido determinados os valores dos momentos fletores nas extremidades do trecho (o que é bem mais complicado para estruturas hiperestáticas) e que se conheça o carregamento atuante no seu interior, pode-se traçar o diagrama de momentos fletores no trecho.

3.7.3.4. Obtenção dos esforços cortantes em uma barra a partir dos momentos fletores

Outro aspecto interessante é a obtenção do diagrama de esforços cortantes em uma barra a partir do diagrama de momentos fletores. O objetivo aqui é apresentar uma maneira alternativa para determinar o diagrama de esforços cortantes em uma barra, evitando o procedimento mostrado anteriormente, que percorre as seções transversais da estrutura e acumula a resultante de forças transversais até a seção corrente. Em algumas situações, como para pórticos com barras inclinadas, o procedimento anterior (de "eventos") pode ser muito trabalhoso. O procedimento alternativo, baseado no diagrama de momentos fletores, é feito isolando cada barra (ou cada trecho de barra) da estrutura, como mostrado na Figura 3.35 para a barra central da viga da Figura 3.31.

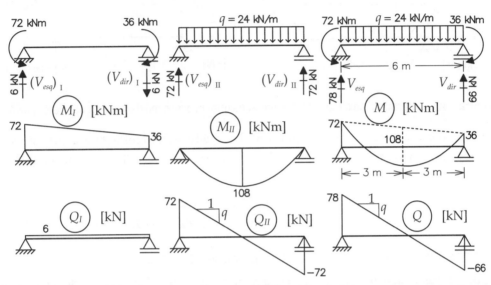

Figura 3.35 Traçado do diagrama de esforços cortantes a partir do diagrama de momentos fletores.

A barra é considerada uma viga biapoiada com cargas momento aplicada nas extremidades para representar as resultantes momentos do resto da estrutura (dos balanços) sobre a barra. Os valores dos esforços cortantes nas extremidades da barra são determinados calculando as reações de apoio da viga biapoiada por superposição de casos. O caso I corresponde às cargas momento nas extremidades da barra, e o caso II corresponde ao carregamento atuante no interior da barra. Considerando que a taxa de redução de esforço cortante ao longo da barra é igual ao valor da carga transversal distribuída ($dQ/dx = q$), o diagrama de esforços cortantes do caso I é constante, e o diagrama do caso II é uma reta que tem a mesma inclinação do diagrama final (Q).

O cálculo das reações de apoio (esforços cortantes) nas extremidades, V_{esq} (esquerda) e V_{dir} (direita), do exemplo da Figura 3.35 explora a superposição dos casos I e II:

$$V_{esq} = \left(V_{esq}\right)_I + \left(V_{esq}\right)_{II} = +(72-36) \div 6 + (24 \cdot 6) \div 2 = +6 + 72 = 78 \text{ kN}$$

$$V_{dir} = \left(V_{dir}\right)_I + \left(V_{dir}\right)_{II} = -(72-36) \div 6 + (24 \cdot 6) \div 2 = -6 + 72 = 66 \text{ kN}$$

Essa maneira alternativa de traçar o diagrama de esforços cortantes em uma barra mostra a importância do diagrama de momentos fletores. Em geral, o primeiro diagrama a ser determinado na análise de um modelo estrutural reticulado (viga, pórtico ou grelha) é o diagrama de momentos fletores. Dele pode-se deduzir os esforços cortantes em cada barra, que, por sua vez, no caso de pórticos, auxiliam na determinação dos esforços normais em barras adjacentes.

3.7.3.5. Obtenção do máximo de momento fletor em uma barra

Uma vez determinado o diagrama de esforços cortantes na barra, é possível localizar a seção transversal na qual ocorre o máximo local de momento fletor na barra. Para tanto, utiliza-se a relação diferencial entre momento fletor e esforço cortante: o esforço cortante é a derivada do momento fletor ($dM/dx = Q$). Essa relação é deduzida no Capítulo 5 e mostrada na Equação 5.13. Portanto, para encontrar o valor máximo local do momento fletor na barra, basta encontrar a seção na qual o esforço cortante se anula, conforme mostrado na Figura 3.36.

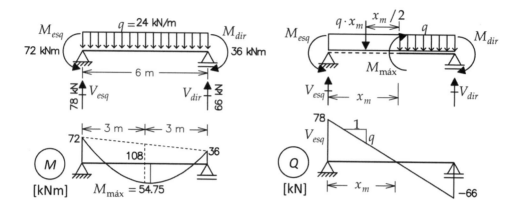

Figura 3.36 Determinação da seção transversal na qual ocorre o máximo momento fletor no vão.

Considere que x_m define a distância da seção transversal na qual o esforço cortante se anula em relação ao início da barra. Como o carregamento para esse exemplo é uma força uniformemente distribuída, o diagrama de esforços cortantes varia de maneira linear. Portanto, tem-se:

$$x_m = V_{esq}/q = 78/24 = 3.25 \text{ m}$$
$$\Rightarrow M_{máx} = -M_{esq} + V_{esq} \cdot x_m - q \cdot x_m^2/2 = +54.75 \text{ kNm}$$

3.7.4. Diagramas de esforços internos em viga biapoiada com várias cargas

O procedimento de três passos adotado para traçar o diagrama de momentos fletores descrito na seção anterior é exemplificado para uma viga biapoiada com várias cargas, mostrada na Figura 3.37 (Fonseca & Moreira, 1966). O principal objetivo é mostrar que o procedimento não se aplica apenas a cada barra isoladamente, mas também a trechos de barra isolados.

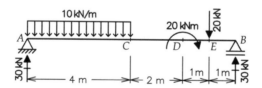

Figura 3.37 Viga biapoiada com várias cargas (Fonseca & Moreira, 1966).

A viga biapoiada da Figura 3.37 é solicitada por uma força uniformemente distribuída de 10 kN/m atuante na primeira metade do vão. No meio da segunda metade, existe uma carga momento de 20 kNm aplicada no sentido horário. Finalmente, no meio do último quarto de vão, aplica-se uma força de 20 kN. As reações verticais nos apoios A e B são iguais a 30 kN.

A determinação do diagrama de momentos fletores da viga da Figura 3.37 é indicada na Figura 3.38. Os trechos AC, CD e DB são considerados para a aplicação do procedimento de três passos. O trecho DB não foi subdivido em dois (DE e ED), mas poderia ter sido feito. Assim, a força concentrada de 20 kN no ponto E é considerada um carregamento de interior de trecho.

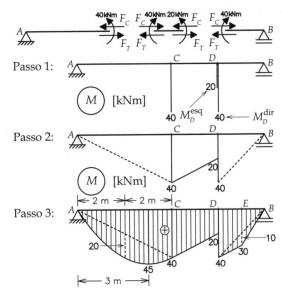

Figura 3.38 Diagrama de momentos fletores da viga biapoiada da Figura 3.37.

Considerando que os momentos fletores nas extremidades A e B são nulos, no passo 1 da Figura 3.38, determinam-se as ordenadas dos momentos fletores nas seções C e D. Na seção C, o momento fletor é de 40 kNm e traciona as fibras inferiores, entrando pelo lado direito ou esquerdo da seção. Isso pode ser identificado substituindo o momento fletor por um conjugado de forças F_T e F_C normais à seção transversal, que representam, respectivamente, as resultantes de tensões de tração e compressão associadas ao momento fletor (Figura 3.21). Independentemente da porção à esquerda ou à direita que se considere, o conjugado tem sempre o mesmo sentido do momento fletor. As fibras tracionadas são identificadas pela resultante de tensões de tração F_T, que, nesse caso, encontra-se na face inferior da viga.

Na seção D, devido à carga momento aplicada, existe uma descontinuidade no diagrama de momentos fletores. Dessa forma, duas seções transversais são consideradas em D: uma imediatamente à esquerda (D^{esq}) e outra imediatamente à direita (D^{dir}). A carga momento aplicada é considerada à direita da seção D^{esq} e também à esquerda de D^{dir}. Entrando pelo lado direito de D^{esq}, tem-se:

$$M_D^{esq} = -20 \text{ kNm} - 20 \text{ kN} \cdot 1 \text{ m} + 30 \text{ kN} \cdot 2 \text{ m} = +20 \text{ kNm}$$

E, entrando pelo lado esquerdo de D^{dir}, tem-se:

$$M_D^{dir} = +30 \text{ kN} \cdot 6 \text{ m} - (10 \text{ kN/m} \cdot 4 \text{ m}) \cdot (2 \text{ m} + 2 \text{ m}) + 20 \text{ kNm} = +40 \text{ kNm}$$

No passo 2 da Figura 3.38, o diagrama reto do trecho CD descarregado é traçado. Em cada um dos outros dois trechos, a linha reta que faz o fechamento das ordenadas do diagrama nas extremidades é desenhada tracejada.

Finalmente, no passo 3 da Figura 3.38, os diagramas de viga biapoiada para o carregamento de cada trecho são superpostos ou "pendurados" a partir das linhas retas que fazem o fechamento das ordenadas do diagrama nas extremidades. No trecho AC, pendura-se o diagrama parabólico com ordenada $ql^2/8 = 20$ kNm no meio do trecho com $l = 4$ m. No trecho DB, pendura-se o diagrama triangular com ordenada $Pl/4 = 10$ kNm no meio do trecho com $l = 2$ m.

Na Figura 3.38, observa-se que o diagrama de momentos fletores tem um valor máximo no trecho parabólico AC. Utilizando a metodologia descrita na Seção 3.7.3.5, a posição da seção transversal na qual ocorre o máximo e o seu valor podem ser determinados com auxílio do diagrama de esforços cortantes, mostrado na Figura 3.39.

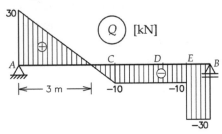

Figura 3.39 Diagrama de esforços cortantes da viga biapoiada da Figura 3.37.

O diagrama da Figura 3.39 é facilmente obtido pelas reações e forças aplicadas utilizando o procedimento indicado na Seção 3.7.3.2, que percorre as seções transversais da estrutura e acumula a resultante de forças transversais até a seção corrente. Na seção A, a reação de apoio da esquerda provoca um esforço cortante positivo de 30 kN. No trecho AC, com comprimento de 4 m, ocorre um decaimento linear do esforço cortante em função da força distribuída de 10 kN/m, resultando um esforço cortante de –10 kN na seção C. No trecho CE, não existe nenhum evento em termos de forças transversais e, portanto, o esforço cortante permanece constante, com o valor de –10 kN. Veja que a carga momento aplicada em D não afeta o diagrama nesse trecho. Na seção E, ocorre uma descontinuidade no diagrama de 20 kN, no sentido da força concentrada aplicada. No trecho EB, o esforço cortante permanece constante, com o valor de –30 kN, até ocorrer o evento da reação vertical no apoio da direita, que faz o diagrama retornar a zero, o que é compatível com o equilíbrio de forças na direção vertical.

A Figura 3.39 mostra que o esforço cortante da viga da Figura 3.37 é nulo em uma seção transversal que está localizada a x_m = 30 kN/(10 kN/m) = 3 m do apoio A, no trecho AC. O valor do momento fletor máximo nessa seção é:

$$M_{máx} = +30 \text{ kN} \cdot 3 \text{ m} - (10 \text{ kN/m} \cdot 3 \text{ m}) \cdot 1.5 \text{ m} = +45 \text{ kNm}$$

3.7.5. Diagramas de esforços internos em quadro biapoiado

O pórtico plano adotado como exemplo para traçado de diagramas de esforços internos é o quadro biapoiado da Figura 3.7. A Figura 3.40 indica o diagrama de esforços normais do exemplo. Conforme a convenção estabelecida, no diagrama de esforços normais, valores positivos são desenhados do lado das fibras superiores, e negativos, do lado das fibras inferiores. A definição de fibras inferiores das barras de um pórtico plano é feita na Figura 3.18. A hachura do diagrama (e de qualquer outro), conforme mencionado, é sempre perpendicular ao eixo de cada barra, pois indica um valor do diagrama.

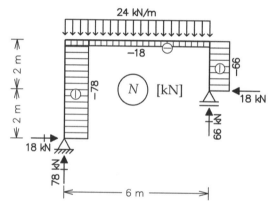

Figura 3.40 Diagrama de esforços normais em quadro biapoiado.

Os esforços normais indicados na Figura 3.40 são obtidos da seguinte maneira. Na coluna da esquerda, em qualquer seção transversal, considera-se a reação vertical no apoio da esquerda que vem "por baixo" da seção. Como essa força, que é normal à seção, tem o sentido entrando na seção, o esforço normal é negativo (compressão) de –78 kN. Analogamente, o esforço normal na coluna da direita é de compressão com valor –66 kN, considerando a reação vertical no apoio da direita. Em qualquer uma das colunas, se poderia alternativamente considerar as forças que vêm "por cima" de qualquer seção. Apesar de ser mais trabalhoso, o valor e o sinal do esforço normal são os mesmos. Por exemplo, entrando "por cima" de qualquer seção transversal na coluna da esquerda, o valor do seu esforço normal é –78 kN = –24 kN/m · 6 m + 66 kN. O esforço normal na viga do pórtico é –18 kN (compressão), entrando pela esquerda com a reação horizontal no apoio da esquerda ou pela direita com a força horizontal aplicada no apoio da direita.

O diagrama de esforços cortantes do exemplo é mostrado na Figura 3.41. Da mesma forma que para o diagrama de esforços normais, valores positivos são desenhados do lado das fibras superiores, e negativos, do lado das fibras inferiores.

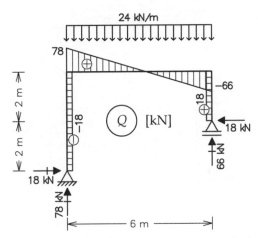

Figura 3.41 Diagrama de esforços cortantes em quadro biapoiado.

Esforços cortantes são positivos quando, considerando as forças à esquerda de uma seção transversal (olhando no sentido da fibra inferior para a fibra superior), a resultante das forças na direção transversal à barra for para cima. Nas colunas, as fibras inferiores são as que ficam na face direita das barras, e os esforços cortantes são determinados pelas forças horizontais nos apoios. Portanto, na coluna da esquerda, o esforço cortante é negativo (–18 kN), pois a força horizontal à esquerda de qualquer seção tem a direção para baixo. Por outro lado, na coluna da direita, o esforço cortante é positivo (+18 kN), pois a força horizontal à esquerda é para cima.

Na viga do pórtico, o esforço cortante tem uma variação linear, pois o carregamento é uma força transversal distribuída de forma constante. O esforço cortante no início (na esquerda) da viga é +78 kN, pois deve-se à reação vertical no apoio da esquerda. O esforço cortante na extremidade direita é –66 kN, obtido entrando pela direita da viga com a reação vertical para cima no apoio da direita ou reduzindo o valor do esforço cortante no início da viga de 144 kN, que corresponde à resultante da força distribuída.

O procedimento descrito para o traçado do diagrama de momentos fletores de vigas também é aplicado para pórticos. O primeiro passo do processo para o pórtico adotado como exemplo é indicado na Figura 3.42. O diagrama de momentos fletores final é mostrado na Figura 3.43.

Depois de calculadas as reações de apoio, determinam-se os valores dos momentos fletores nos nós do pórtico (passo 1). O momento fletor no topo da coluna da esquerda é igual a 72 kNm, resultante do produto da reação horizontal (18 kN) no apoio da esquerda pela distância ao topo (4 m). De forma análoga, agora com a força de 18 kN aplicada no apoio da direita, o momento fletor no topo da coluna da direita é 36 kNm = 18 kN · 2 m. Os sentidos dos momentos fletores estão indicados na Figura 3.42.

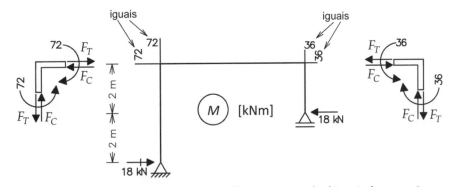

Figura 3.42 Diagrama de momentos fletores em quadro biapoiado: passo 1.

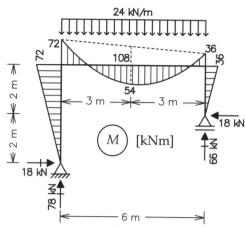

Figura 3.43 Diagrama de momentos fletores em quadro biapoiado: passos 2 e 3.

Nesse exemplo, os momentos fletores tracionam as fibras de fora, o que é indicado na Figura 3.42 pela componente F_T de tração do conjugado formado por resultantes de tensões normais de tração e de compressão associadas ao momento fletor que atua em cada seção transversal. Por isso, os diagramas nos nós são desenhados no lado externo do quadro (é a convenção utilizada). *Não é necessário indicar o sinal dos momentos fletores: o desenho da ordenada do lado da fibra tracionada é suficiente para caracterizar o momento fletor em cada seção transversal.*

Observa-se também, na Figura 3.42, que os valores dos momentos fletores em cada nó são iguais para as barras adjacentes. Esse é sempre o caso quando há duas barras chegando em um nó, e não existe uma carga momento concentrada atuante no nó. Nesse caso, seria inconsistente o momento fletor inverter o lado da fibra tracionada ao passar de uma barra para a outra no nó.

No passo 2 do traçado (Figura 3.43), para as barras verticais, que não têm carga no interior, o diagrama final é reto. No passo 3 (também na Figura 3.43), para a barra horizontal, o diagrama é obtido "pendurando", a partir da linha reta que une as ordenadas do diagrama nas extremidades das barras, a parábola do segundo grau que corresponde ao diagrama de viga biapoiada do carregamento uniformemente distribuído que atua na barra.

Observa-se, nas Figuras 3.41 e 3.43, que os diagramas de esforços cortantes e de momentos fletores na barra horizontal são iguais aos diagramas correspondentes para a barra central da viga biapoiada com balanços das Figuras 3.30 e 3.33. Não poderia ser de outra maneira, pois a barra horizontal do pórtico e a barra central da viga têm os mesmos momentos fletores nas suas extremidades e a mesma força atuante distribuída de maneira uniforme.

3.7.6. Diagrama de momentos fletores em quadro triarticulado

Esta seção determina o diagrama de momentos fletores do quadro triarticulado da Figura 3.9. A Figura 3.44 reproduz o carregamento e as reações de apoio desse exemplo e mostra o diagrama de momentos fletores. Esse diagrama é igual ao do quadro biapoiado da seção anterior (Figura 3.43), uma vez que o pórtico tem a mesma geometria, e as forças externas (reações de apoio e a força uniformemente distribuída) são as mesmas do exemplo anterior. A única diferença está no par de momentos aplicado adjacente à rótula E. Os valores dessas cargas momento foram escolhidos justamente para que houvesse esta coincidência: os momentos aplicados têm o valor e o sentido do momento fletor na seção transversal do meio da viga do quadro biapoiado, como indica a Figura 3.43 e é justificado na sequência.

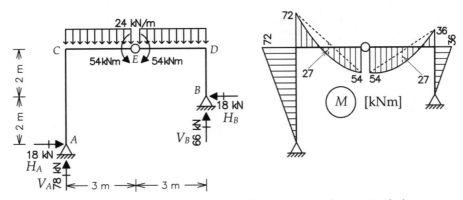

Figura 3.44 Diagrama de momentos fletores em quadro triarticulado.

Para determinar o momento fletor nas duas seções transversais adjacentes à rótula E da Figura 3.44, deve-se observar que, conforme comentado na Seção 3.2 (Figura 3.9), não existe trecho de barra entre a rótula e o momento aplicado de cada lado. Portanto, a determinação do momento fletor na seção transversal imediatamente à esquerda da rótula, entrando pela esquerda, não considera o momento aplicado na esquerda da rótula. De maneira análoga, o cálculo do momento fletor na seção imediatamente à direita, entrando pela direita, não leva em conta o momento aplicado na direita da rótula. Como o momento fletor na rótula é nulo, entrando por qualquer um dos dois lados, obrigatoriamente as descontinuidades do diagrama adjacentes à rótula têm o valor dos momentos aplicados. Isso pode ser verificado com um simples cálculo. Conclui-se que *um par de momentos aplicado adjacente a uma rótula simples (na qual convergem duas barras) sempre resulta em momentos fletores nas seções transversais adjacentes com valor das cargas momento aplicadas, tracionando as fibras do mesmo lado apontado pelas setas do par de momentos.*

Deve ser salientado que a aplicação de um par de momentos adjacente a uma rótula é muito comum no contexto de uma análise pelo método das forças (Capítulo 8). Esse tipo de solicitação em geral não corresponde a uma situação real: é um artifício adotado dentro de um procedimento de análise para forçar um valor de momento fletor em uma determinada seção transversal.

Uma vez determinados os momentos fletores nas seções transversais adjacentes à rótula E, o diagrama nos dois trechos da viga da Figura 3.44 é obtido "pendurando", a partir da linha reta que faz o fechamento das ordenadas do diagrama nas extremidades de cada trecho, os diagramas parabólicos de viga biapoiada para a força distribuída (com valor de 27 kNm no meio de cada trecho).

3.7.7. Diagramas de esforços internos em quadro composto

Para exemplificar o traçado de diagramas de esforços internos para quadros planos compostos, adota-se o modelo estudado na Seção 3.3 (Figura 3.12). A Figura 3.45 reproduz a decomposição desse quadro isostático composto em uma sequência de carregamento de quadros isostáticos simples e mostra os diagramas de esforços normais, esforços cortantes e momentos fletores. Uma vez que já são conhecidos os esforços de ligação entre os quadros simples isolados, os diagramas de esforços internos são traçados em cada quadro simples de forma independente. O desenho dos diagramas é feito no quadro composto.

O esforço normal na barra GH é nulo, pois não existe força horizontal (na direção axial da barra) à direita de qualquer seção transversal dessa barra. Alternativamente, entrando pela esquerda, a reação de apoio H_C é cancelada pela força aplicada de 20 kN. Os esforços normais nas barras CG e FH são de compressão porque, considerando as forças que vêm por baixo de qualquer seção transversal nessas barras, têm-se na direção axial as reações verticais V_C e V_F, respectivamente, com sentido entrando na seção. Na barra DE, o esforço normal é positivo devido à reação horizontal H_D à esquerda de qualquer seção. Na barra EF, o esforço normal é nulo, pois não existe força horizontal entrando pela direita. O esforço normal na barra CD é de tração (positivo), pois existe uma força aplicada (H_D) à direita saindo da seção. Finalmente, os esforços normais de compressão nas barras AC e BE são provocados, respectivamente, pelas reações verticais V_A e V_B.

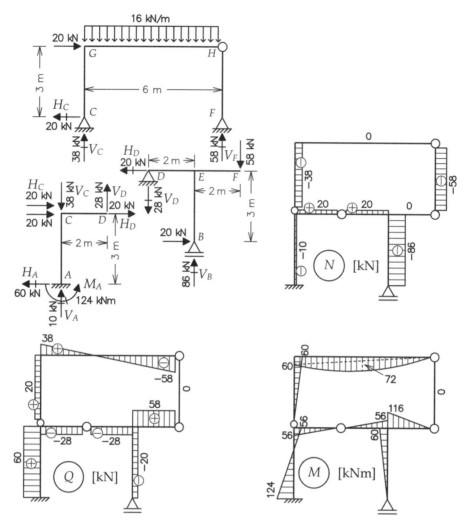

Figura 3.45 Diagramas de esforços internos em quadro isostático composto.

O diagrama de esforços cortantes na barra GH tem uma variação linear devido à força transversal uniformemente distribuída aplicada. O valor positivo do esforço cortante na extremidade esquerda da barra é provocado pela reação vertical V_C, e o valor negativo na extremidade direita é provocado pela reação vertical V_F. Na barra CG, o esforço cortante é positivo, pois existe uma força horizontal (H_C) vinda pela esquerda (por baixo) de quem olha no sentido da fibra inferior (face direita) para a superior (face esquerda) da barra. Na barra HF, o esforço cortante é nulo, pois a reação horizontal H_F é nula. O esforço cortante negativo na barra CD é determinado pela força V_D para cima à direita. A barra DE tem o mesmo valor de esforço cortante, pois este é provocado pela reação V_D para baixo à esquerda. A força V_F para baixo entrando pela direita da barra EF define um esforço cortante positivo. Na barra AC, o esforço cortante positivo é determinado pela reação horizontal H_A. Finalmente, a força horizontal aplicada no ponto B define um esforço cortante negativo na barra BE.

O traçado do diagrama de momentos fletores nos quadros isolados simples da Figura 3.45 segue o procedimento em três passos descrito na Seção 3.7.3. No primeiro passo, são traçadas as ordenadas do diagrama nas extremidades das barras, desenhadas do lado da fibra tracionada. Na determinação das ordenadas do diagrama em cada seção transversal, o cálculo é feito entrando pelo lado da seção que é menos trabalhoso. Em um nó no qual convergem duas barras, o momento fletor é calculado na seção adjacente em uma barra e replicado para a seção adjacente na outra barra. Por exemplo, no nó G, o momento fletor (60 kNm) traciona as fibras interiores, tanto na barra CG quanto na barra GH, e é determinado pela reação horizontal H_C entrando por baixo. Na rótula H, o momento fletor é nulo. O momento fletor também é nulo nas rótulas D e F se for observado como um quadro composto. Se forem observados nos quadros simples isolados, esses pontos são apoios simples do 2º gênero ou são extremidades livres de balanço sem carga momento aplicada, o que também resulta em momento fletor nulo. No nó C, a rótula não é completa. A articulação está na barra CG e, portanto, o momento fletor é nulo no ponto C dessa barra. O momento fletor nas outras duas barras que convergem no ponto C é determinado analisando o pórtico simples engastado e em balanço ACD. A maneira mais simples para determinar o momento fletor no ponto C é entrando pela direita com a força vertical V_D para cima, o que resulta em um momento fletor de 56 kNm em C tracionando as fibras interiores. Três barras sem articulação convergem para o nó E. É mais simples determinar o momento fletor nesse ponto em cada barra entrando pelas extremidades opostas. Na barra DE, o momento fletor de 56 kNm tracionando as fibras superiores é provocado pela reação de apoio V_D para baixo. Na barra EF, o momento fletor de 116 kNm também traciona as fibras superiores, pois é provocado pela força vertical V_F para baixo. Na barra BE, o momento fletor de 60 kNm é provocado pela força horizontal de 20 kN aplicada no apoio B e traciona as fibras da esquerda. No ponto do engaste A, o momento fletor é determinado pela reação momento M_A, tracionando as fibras da esquerda. Finalmente, o momento fletor é nulo em B (apoio simples do 1º gênero sem carga momento aplicada).

No segundo passo do procedimento do traçado do diagrama de momentos fletores, em todas as barras que não têm carga aplicada em seu interior, o diagrama é traçado como uma linha reta que une as ordenadas nas extremidades da barra determinadas no passo anterior. Nenhuma das barras, com exceção da GH, tem carga no interior. No caso da barra FH, o diagrama é nulo, pois os valores nas extremidades da barra são nulos. Na barra GH, o diagrama é traçado no terceiro passo, superpondo a parábola do segundo grau (do diagrama de viga biapoiada para o carregamento no trecho) à linha reta (mostrada pontilhada na Figura 3.45) que faz o fechamento das ordenadas do diagrama nas extremidades da barra.

3.7.8. Esforços normais em treliça biapoiada

A treliça da Figura 3.46 é adotada como exemplo de determinação de reações de apoio e de esforços normais em uma treliça isostática plana.

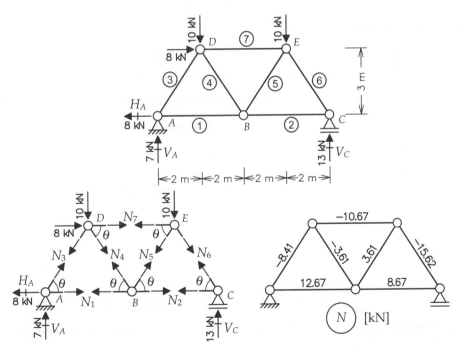

Figura 3.46 Esforços normais em treliça biapoiada calculados por equilíbrio nodal.

As reações de apoio da treliça são calculadas como em quadros planos. No caso, a treliça é biapoiada, e a primeira equação global de equilíbrio utilizada é a de somatório nulo de forças na direção horizontal para determinar o valor da reação horizontal H_A:

$$\sum F_x = 0 \Rightarrow H_A - 8 \text{ kN} = 0 \therefore H_A = -8 \text{ kN}$$

A segunda equação global de equilíbrio a ser aplicada é a de somatório nulo de momentos em relação ao ponto A, resultando no valor da reação vertical V_C:

$$\sum M_A = 0 \Rightarrow V_C \cdot 8\text{ m} - 8\text{ kN} \cdot 3\text{ m} - 10\text{ kN} \cdot 2\text{ m} - 10\text{ kN} \cdot 6\text{ m} = 0 \therefore V_C = +13\text{ kN}$$

Finalmente, chega-se ao valor da reação vertical V_A pelo equilíbrio de forças na direção vertical:

$$\sum F_y = 0 \Rightarrow V_A + V_C - 10\text{ kN} - 10\text{ kN} = 0 \therefore V_A = +7\text{ kN}$$

A Figura 3.46 também mostra o isolamento de todos os nós e o diagrama de esforços normais na treliça. O isolamento é feito para impor o equilíbrio de cada nó da treliça de forma independente. Conforme comentado na Seção 3.4, o equilíbrio global da treliça é garantido se todos os nós estão em equilíbrio isoladamente. Esse não é o único método para cálculo de esforços normais nas barras de uma treliça plana. Na sequência, será mencionado o método das seções. Admite-se inicialmente que todos os esforços normais nas barras são de tração. No equilíbrio de cada nó isolado, um esforço normal de tração aparece saindo do nó (ação e reação com o esforço normal de tração que atua na barra correspondente). Se o cálculo do equilíbrio nodal resultar em sinal negativo para um esforço normal, significa que esse esforço é de compressão.

Uma vez calculadas as reações de apoio, o equilíbrio nodal pode ser iniciado por qualquer nó que tenha no máximo dois esforços normais adjacentes desconhecidos. Escolhendo o nó A para iniciar, tem-se:

$$\sum F_y = 0 \Rightarrow N_3 \cdot \text{sen}\theta + V_A = 0 \Rightarrow N_3 \cdot 3/\sqrt{13} + 7\text{ kN} = 0 \therefore N_3 = -8{,}41\text{ kN}$$
$$\sum F_x = 0 \Rightarrow N_1 + N_3 \cdot \cos\theta + H_A = 0 \Rightarrow N_1 + (-8{,}41\text{ kN}) \cdot 2/\sqrt{13} - 8\text{ kN} = 0$$
$$\therefore N_1 = +12{,}67\text{ kN}$$

O próximo nó a ser equilibrado é o C:

$$\sum F_y = 0 \Rightarrow N_6 \cdot \text{sen}\theta + V_C = 0 \Rightarrow N_6 \cdot 3/\sqrt{13} + 13\text{ kN} = 0 \therefore N_6 = -15{,}62\text{ kN}$$
$$\sum F_x = 0 \Rightarrow -N_2 - N_6 \cdot \cos\theta = 0 \Rightarrow -N_2 - (-15{,}62\text{ kN}) \cdot 2/\sqrt{13} = 0$$
$$\therefore N_2 = +8{,}67\text{ kN}$$

Em seguida equilibra-se o nó D:

$$\sum F_y = 0 \Rightarrow -N_3 \cdot \text{sen}\theta - N_4 \cdot \text{sen}\theta - 10\text{ kN} = 0 \therefore N_4 = -3{,}61\text{ kN}$$
$$\sum F_x = 0 \Rightarrow -N_3 \cdot \cos\theta + N_4 \cdot \cos\theta + N_7 = 0 \therefore N_7 = -10{,}67\text{ kN}$$

Só resta determinar o esforço normal N_5. Para tal, pode-se utilizar o equilíbrio de forças verticais no nó B:

$$\sum F_y = 0 \Rightarrow +N_4 \cdot \text{sen}\theta + N_5 \cdot \text{sen}\theta = 0 \therefore N_5 = +3{,}61\text{ kN}$$

Observa-se que *não* foram utilizadas três equações de equilíbrio: equilíbrio de forças horizontais do nó B, equilíbrio de forças horizontais do nó E e equilíbrio de forças verticais do nó E. Essas equações não foram necessárias, pois utilizam-se as três equações globais de equilíbrio para determinar as reações de apoio. Entretanto, as equações que não foram usadas podem servir para a verificação dos cálculos. No nó B, tem-se:

$$\sum F_x = 0 \Rightarrow -N_1 + N_2 - N_4 \cdot \cos\theta + N_5 \cdot \cos\theta = 0$$

E no nó E, tem-se:

$$\sum F_x = 0 \Rightarrow -N_5 \cdot \cos\theta + N_6 \cdot \cos\theta - N_7 = 0$$
$$\sum F_y = 0 \Rightarrow -N_5 \cdot \text{sen}\theta - N_6 \cdot \text{sen}\theta - 10\text{ kN} = 0$$

Utilizando os valores dos esforços normais calculados anteriormente, verifica-se que essas três equações de equilíbrio são satisfeitas.

A Figura 3.47 ilustra um procedimento alternativo para determinar esforços normais em barras de treliças planas. Esse procedimento é denominado *método das seções*. Uma vez conhecidas as reações de apoio de uma treliça plana, se for possível isolar porções da treliça passando uma curva que corte exatamente três barras, o equilíbrio de uma porção isolada possibilita a determinação dos esforços normais nessas barras. No exemplo da figura, a treliça é cortada em três barras, e os esforços normais destas podem ser determinados pelo equilíbrio de qualquer uma das porções isoladas.

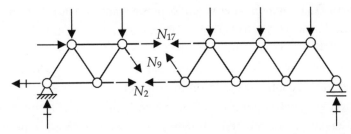

Figura 3.47 Cálculo de esforços normais em treliça plana por isolamento de porções.

3.7.9. Diagramas de esforços internos em grelha triapoiada

Adota-se o modelo mostrado na Figura 3.17 (Seção 3.5) como exemplo para determinar diagramas de esforços internos em grelhas isostáticas. A Figura 3.48 reproduz as reações de apoio calculadas para esse modelo e mostra os diagramas de momentos fletores e torçores.

O traçado do diagrama de momentos fletores da Figura 3.48-d segue os mesmos passos do procedimento adotado para vigas e quadros planos. No primeiro passo, as ordenadas do diagrama são traçadas nas extremidades das barras do lado da fibra tracionada. No caso de grelhas, o momento fletor é em torno do eixo local y da barra (Figura 2.14), e a flexão se dá em um plano vertical. Portanto, as fibras tracionadas ficam na face superior ou na face inferior da barra. Observe que o diagrama de momentos fletores em cada barra é desenhado em relevo, saindo do plano da grelha. Também deve ser atentado que, mesmo com apenas duas barras chegando em um nó, os momentos fletores nas seções transversais adjacentes ao nó não se replicam. O que ocorre é que, como as barras são perpendiculares entre si, o momento fletor de uma barra se transforma em momento torçor na barra adjacente e vice-versa.

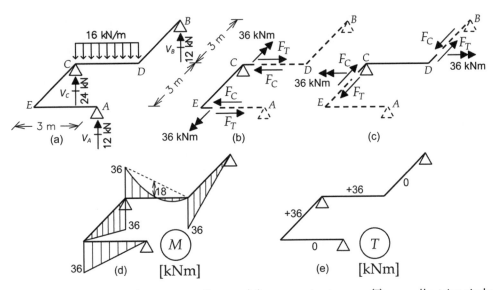

Figura 3.48 Diagramas de momentos fletores (M) e momentos torçores (T) em grelha triapoiada.

O momento fletor na extremidade E da barra EA é provocado pela reação de apoio V_A, resultando em 36 kNm e tracionando as fibras inferiores. O isolamento da barra EC na Figura 3.48-b auxilia no entendimento disso. Observe que o momento fletor de 36 kNm atuante na seção E da barra EA é perpendicular à barra (na direção do eixo local y), com a seta dupla do momento (regra da mão direita) para a frente. O conjugado de resultantes de tensões de tração F_T e de compressão F_C tem o mesmo sentido do momento fletor atuante na seção transversal. Verifica-se que F_T está no lado de baixo, indicando que as fibras tracionadas são as inferiores.

Na extremidade *E* da barra *EC*, o momento fletor é nulo, pois a reação vertical V_A tem distância nula em relação ao eixo local *y* passando pela seção *E*. Na outra extremidade *C* dessa barra, o momento fletor continua sendo determinado entrando pela frente. A Figura 3.48-c mostra o momento fletor de 36 kNm na seção *C* provocado pela reação de apoio V_A, indicado pela seta dupla perpendicular à barra *EC* (para a esquerda). O conjugado correspondente, formado por F_T e F_C, indica que a tração na seção *C* encontra-se nas fibras inferiores.

Na barra *CD*, é mais conveniente entrar por trás. A Figura 3.48-b mostra a seta dupla voltada para trás do momento fletor de 36 kNm na seção *C* da barra. Esse momento traciona as fibras superiores e é provocado pela reação de apoio V_B e pela resultante da força uniformemente distribuída de 16 kN/m com atuação no centro da barra: 36 kNm = –12 kN · 3 m + (16 kN/m · 3 m) · 1.5 m. Na seção *D* da barra *CD*, o momento fletor é nulo, pois a reação V_B tem distância nula ao eixo local *y* passando em *D*.

Na seção *D* da barra *DB*, o momento fletor é provocado pela reação V_B e traciona as fibras inferiores (Figura 3.48-c).

O traçado final do diagrama de momentos fletores da Figura 3.48-d é feito, para as barras descarregadas, unindo por linhas retas em cada barra as ordenadas obtidas nas extremidades. Para a única barra carregada, a partir da linha reta que une os valores extremos, é "pendurada" a parábola do segundo grau que corresponde ao diagrama de viga biapoiada para o carregamento distribuído no trecho.

Os momentos torçores da grelha, indicados na Figura 3.48-e, são constantes em cada barra. A Figura 3.48-b indica o momento torçor na direção do eixo da barra *EC* com valor de 36 kNm com a seta dupla saindo da barra, resultando no sinal positivo. Na barra *CD*, o momento torçor também está saindo da barra (Figura 3.48-c) e, por isso, seu valor é positivo.

É interessante observar duas características do diagrama de momentos fletores mostrado na Figura 3.48-d que se repetem nesse tipo de diagrama em grelhas. Note que as barras *EA*, *EC* e *CD* formam um "C" e que o momento fletor da barra *EA* é transmitido para a barra *CD* através da torção da barra *EC*. Por outro lado, as barras *EC*, *CD* e *DB* formam um "S", e o momento fletor na barra *EC* é transmitido para a barra *DB* via torção na barra *CD*. A primeira característica a ser observada é que, na configuração em "C", ocorre uma inversão de lado de fibras tracionadas na transmissão do momento fletor, passando de tração nas fibras inferiores na barra *EA* para tração nas fibras superiores na barra *CD*. A outra característica é que, na configuração em "S", o lado da fibra tracionada não se inverte: os momentos fletores nas barras *EC* e *DB* tracionam as fibras inferiores.

3.8. DETERMINAÇÃO DO GRAU DE HIPERESTATICIDADE

Existem várias formas de determinar o grau de hiperestaticidade de uma estrutura. Esta seção apresenta dois procedimentos para o cálculo desse grau para pórticos planos e comenta a determinação para treliças planas e grelhas.

O grau de hiperestaticidade (*g*) pode ser definido da seguinte maneira:

$$g = [\text{nº de incógnitas do problema estático}] - [\text{nº de equações de equilíbrio}]$$

As incógnitas do problema do equilíbrio estático dependem dos vínculos de apoio da estrutura e da existência de ciclos fechados de barras ou *anéis*. Cada componente de reação de apoio é uma incógnita, isto é, aumenta em uma unidade o grau de hiperestaticidade.

Com base no grau de hiperestaticidade, os modelos estruturais podem ser classificados como a seguir:

$g < 0 \rightarrow$ condição suficiente para o modelo ser hipostático e instável;
$g = 0 \rightarrow$ condição necessária para o modelo ser isostático e estável;
$g > 0 \rightarrow$ condição necessária para o modelo ser hiperestático e estável.

O grau de hiperestaticidade de modelos isostáticos e hiperestáticos não é suficiente para caracterizar a estabilidade da estrutura, pois apenas contabiliza o número de incógnitas do problema do equilíbrio estático e o número de equações de equilíbrio. Situações que provocam instabilidade, como as indicadas na Figura 3.6, devem ser analisadas.

3.8.1. Determinação de g para pórticos planos sem separação nas rótulas

O primeiro procedimento para a determinação do grau de hiperestaticidade de quadros planos visualiza o pórtico de uma forma global, ou seja, não separa o pórtico pelas rótulas.

Pode-se resumir o número de incógnitas do problema do equilíbrio estático de quadros planos como:

n° de incógnitas do problema estático = (n° de componentes de reação de apoio) + (n° de anéis) · 3

Observa-se que um anel introduz três incógnitas para o problema do equilíbrio estático, isto é, cada anel de um quadro plano aumenta em três unidades o grau de hiperestaticidade. Isso pode ser entendido com base na discussão da Seção 3.2.1 (Figura 3.10).

Com respeito ao número de equações de equilíbrio, deve-se considerar as três equações que garantem o equilíbrio global da estrutura – Equações 2.4, 2.5 e 2.6 – e as equações provenientes de liberações de continuidade interna na estrutura. Neste livro, estão sendo consideradas apenas liberações de continuidade de rotação, que são provocadas por rótulas (articulações internas) na estrutura. Dessa forma, tem-se:

n° de equações de equilíbrio = (3 equações do equilíbrio global) + (n° de equações vindas de articulações internas)

Considerando que a equação do equilíbrio global de momentos em qualquer ponto da estrutura já está contabilizada nas equações globais, cada rótula simples (na qual convergem apenas duas barras, como na Figura 3.49-a) introduz apenas uma condição de equilíbrio, que impõe a nulidade do momento fletor na seção transversal da rótula.

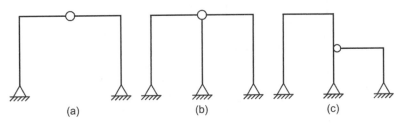

Figura 3.49 Pórticos planos com articulações internas: a) rótula simples (duas barras convergindo na articulação); b) rótula com três barras convergindo; c) nó com três barras convergindo, mas apenas uma barra articulada.

Para o caso de articulações com três barras convergindo, como no quadro da Figura 3.49-b, são duas as equações adicionais de equilíbrio a serem consideradas: o momento fletor deve ser imposto nulo entrando por duas das barras adjacentes, todavia, não é necessário impor momento fletor nulo entrando pela terceira barra, pois o equilíbrio global de momentos já garante essa condição. Tal conclusão pode ser generalizada da seguinte maneira:

- O número adicional (em relação às equações do equilíbrio global) de equações de equilíbrio (momento fletor nulo) introduzido por uma articulação completa na qual convergem n barras é igual a $n - 1$.

Nesse contexto, uma *articulação completa* é aquela em que *todas* as seções transversais de barras adjacentes são articuladas. A Figura 3.49-c mostra um pórtico com um nó no qual convergem três barras, contudo, somente uma delas é articulada. Nesse caso, a rótula introduz apenas uma equação adicional de equilíbrio.

Resumindo, o grau de hiperestaticidade de um pórtico plano pode ser definido como:

$g = [(n° \text{ de componentes de reação de apoio}) + (n° \text{ de anéis}) \cdot 3] - [3 + (n° \text{ de equações vindas de articulações internas})]$

Os graus de hiperestaticidade das estruturas mostradas na Figura 3.49 podem ser determinados com base no método apresentado. Todos os apoios dos modelos estruturais da figura são simples do 2° gênero e apresentam, cada um, duas componentes de reações de apoio, uma força na direção horizontal e outra na direção vertical. O pórtico da Figura 3.49-a é isostático, pois $g = [(2+2) + (0) \cdot 3] - [3 + (1)] = 0$. O quadro hiperestático da Figura 3.49-b tem $g = [(2+2+2) + (0) \cdot 3] - [3 + (2)] = 1$. E a estrutura da Figura 3.49-c tem $g = [(2+2+2) + (0) \cdot 3] - [3 + (1)] = 2$.

A Figura 3.50 ilustra alguns exemplos de cálculo do grau de hiperestaticidade de pórticos planos pelo procedimento descrito nesta seção. Estão indicados, para cada pórtico, os números de incógnitas provenientes de componentes de reação de apoio e de anéis.

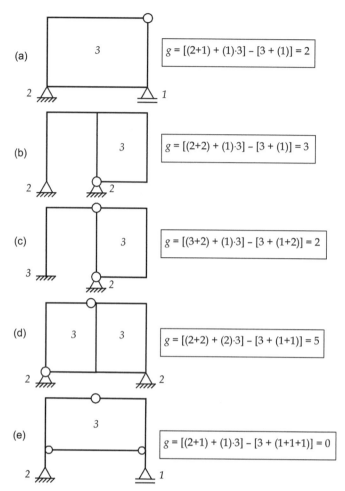

Figura 3.50 Exemplos de determinação do grau de hiperestaticidade de quadros planos sem separação nas rótulas.

Observe, no exemplo da Figura 3.50-e, que a barra horizontal inferior poderia ter sido considerada um tirante ou escora, pois trabalha somente por esforço axial (se não tiver carregamento). A determinação de g, considerando o quadro com tirante, teria quatro incógnitas (três reações e o esforço normal no tirante) e quatro equações (três do equilíbrio global e uma da rótula superior), o que resulta $g = 0$. O exemplo demonstra que o método apresentado nesta seção para determinar o grau de hiperestaticidade de pórticos planos é geral.

3.8.2. Determinação de g para pórticos planos com separação nas rótulas

Uma alternativa para a determinação do grau de hiperestaticidade de quadros planos é separar trechos contínuos pelas rótulas. Nesse caso, três equações de equilíbrio por trecho contínuo isolado devem ser impostas. Dessa forma, tem-se:

nº de equações de equilíbrio = (nº de trechos contínuos isolados) · (3 equações do equilíbrio de cada trecho contínuo)

Com respeito ao número de incógnitas do problema do equilíbrio estático, deve-se considerar, além das componentes de reação de apoio, os esforços internos de ligação nas rótulas separadas e eventuais anéis que restem mesmo após a separação:

nº de incógnitas do problema estático = (nº de componentes de reação de apoio) +
(nº de esforços de ligação nas rótulas) + (nº de anéis) · 3

Em cada rótula simples, na qual convergem apenas duas barras, existem dois esforços internos de ligação: um horizontal e outro vertical. O caso de mais de duas barras convergindo em uma rótula, como o do pórtico da Figura 3.49-b, é analisado com auxílio da Figura 3.51.

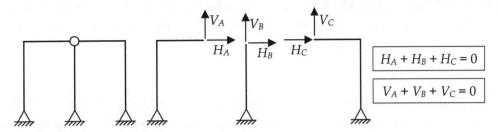

Figura 3.51 Esforços de ligação na articulação interna do pórtico plano da Figura 3.49-b.

Três trechos contínuos resultam da separação da rótula do pórtico da Figura 3.49-b. Nas extremidades adjacentes à rotula de cada trecho isolado, existem dois esforços internos de ligação, um horizontal e outro vertical, totalizando seis esforços de ligação (indicados com sentidos positivos). Entretanto, esses esforços estão associados por duas relações de equilíbrio, como indicado na Figura 3.51: as resultantes dos esforços na direção horizontal e na direção vertical devem ser nulas. Essas condições de equilíbrio existem porque os esforços de ligação na rótula são esforços internos que se relacionam como ação e reação. Dessa forma, tanto um esforço de ligação horizontal quanto um esforço de ligação vertical são dependentes dos demais. Essa conclusão pode ser generalizada da seguinte maneira:

- O número de incógnitas provenientes de esforços internos de ligação introduzido por uma articulação completa na qual convergem n barras é igual a $2 \cdot (n - 1)$.

A Figura 3.52 mostra a determinação do grau de hiperestaticidade dos mesmos pórticos vistos na Figura 3.50 pelo procedimento que separa trechos contínuos pelas rótulas.

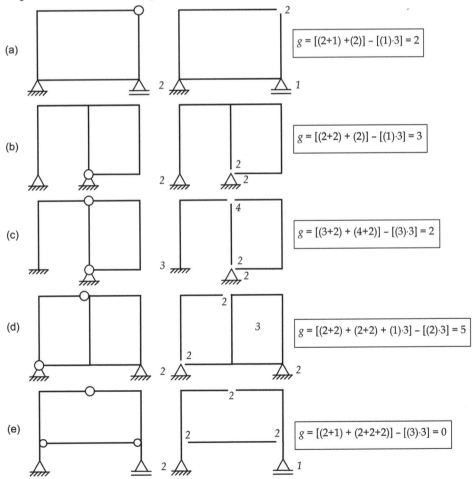

Figura 3.52 Exemplos de determinação do grau de hiperestaticidade de quadros planos com separação nas rótulas.

Para cada pórtico da Figura 3.52, estão indicados os números de incógnitas provenientes de componentes de reações de apoio, de esforços de ligação nas rótulas e de anéis. Obviamente, os mesmos resultados são encontrados. Observe que em apenas um dos exemplos, o da Figura 3.52-d, restou um anel após a separação pelas rótulas.

3.8.3. Determinação de g para treliças planas

Para treliças planas, a maneira mais simples de determinar o grau de hiperestaticidade é considerando que o equilíbrio global é alcançado pelo equilíbrio dos nós individualmente. Dessa maneira, como são impostas duas equações de equilíbrio por nó, o número total de equações de equilíbrio é igual ao dobro do número de nós. As incógnitas do problema do equilíbrio estático de treliças são os esforços normais nas barras (um por barra) e as componentes de reação de apoio. Resumindo, o grau de hiperestaticidade de treliças planas é determinado da seguinte maneira:

$$g = [(n^o\ de\ componentes\ de\ reação\ de\ apoio) + (n^o\ de\ barras)] - [(n^o\ de\ nós) \cdot 2]$$

3.8.4. Determinação de g para grelhas

A determinação do grau de hiperestaticidade para grelhas é análoga ao primeiro procedimento adotado para pórticos planos (Seção 3.8.1). Grelhas também têm três equações globais de equilíbrio, que são as Equações 2.8, 2.9 e 2.10.

Como uma barra de grelha tem três esforços internos (esforço cortante, momento fletor e momento torçor — Seção 2.4), um circuito fechado de barras (anel) aumenta, como nos quadros planos, em três unidades o grau de hiperestaticidade. Por outro lado, a presença de articulações (rótulas) em grelhas pode acrescentar mais do que uma equação de equilíbrio por rótula. Isso ocorre porque, como um ponto de uma grelha tem duas componentes de rotação, uma ligação articulada de grelha pode liberar apenas uma ou as duas componentes de rotação. A Figura 3.53 mostra a determinação do grau de hiperestaticidade para uma grelha sem circuito fechado de barras e sem articulações. No exemplo, as únicas incógnitas do problema do equilíbrio estático são as quatro componentes de reação de apoio. Como só estão disponíveis as três equações globais de equilíbrio, o grau de hiperestaticidade é $g = 1$.

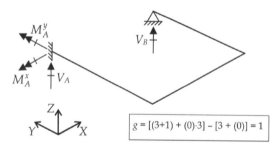

Figura 3.53 Exemplo de determinação do grau de hiperestaticidade de grelha.

3.9. EXERCÍCIOS PROPOSTOS[1]

Para cada modelo de estrutura isostática mostrado nas Figuras 3.54 a 3.74, pede-se a determinação das reações de apoio e dos diagramas de esforços internos correspondentes. Para vigas, pedem-se os diagramas de esforços cortantes e de momentos fletores. Para quadros planos, além desses, pede-se o diagrama de esforços normais. Para treliças planas, pede-se o diagrama de esforços normais. E, para grelhas, pedem-se os diagramas de momentos fletores e momentos torçores.

---

[1] Todos os exemplos de vigas e quadros planos propostos foram retirados do livro de Adhemar Fonseca e Domício Falcão Moreira (1966), que está fora de edição.

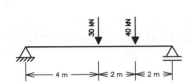

Figura 3.54 Exercício proposto 1.

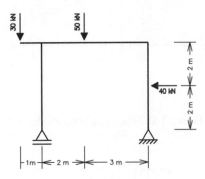

Figura 3.55 Exercício proposto 2.

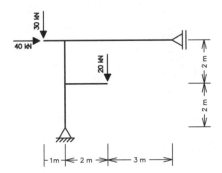

Figura 3.56 Exercício proposto 3.

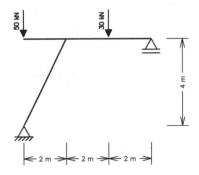

Figura 3.57 Exercício proposto 4.

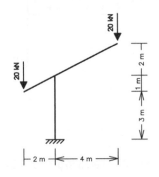

Figura 3.58 Exercício proposto 5.

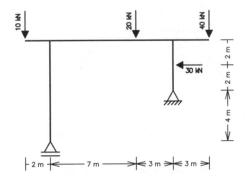

Figura 3.59 Exercício proposto 6.

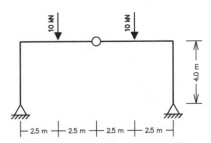

Figura 3.60 Exercício proposto 7.

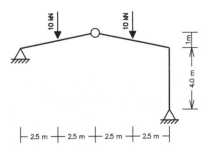

Figura 3.61 Exercício proposto 8.

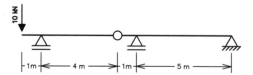

Figura 3.62 Exercício proposto 9.　　**Figura 3.63** Exercício proposto 10.

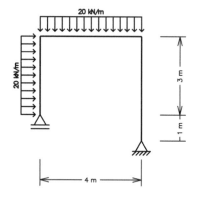
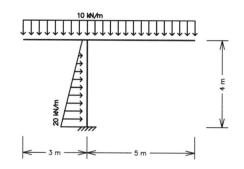

Figura 3.64 Exercício proposto 11.　　**Figura 3.65** Exercício proposto 12.

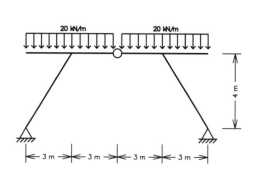
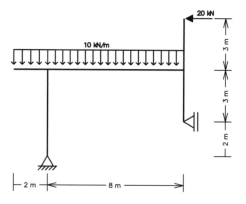

Figura 3.66 Exercício proposto 13.　　**Figura 3.67** Exercício proposto 14.

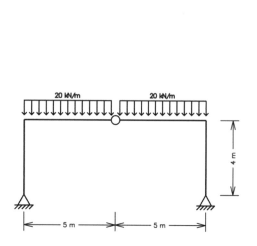

Figura 3.68 Exercício proposto 15.　　**Figura 3.69** Exercício proposto 16.

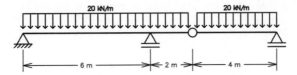

Figura 3.70 Exercício proposto 17.

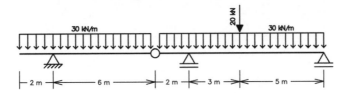

Figura 3.71 Exercício proposto 18.

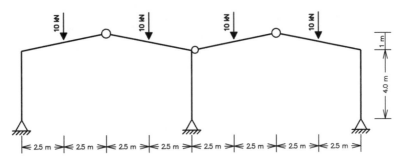

Figura 3.72 Exercício proposto 19.

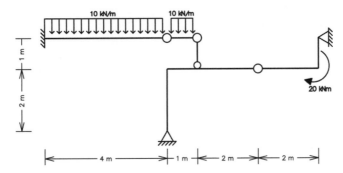

Figura 3.73 Exercício proposto 20.

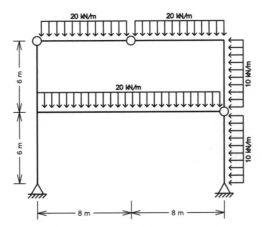

Figura 3.74 Exercício proposto 21.

4 Considerações sobre equilíbrio e compatibilidade[1]

Este capítulo resume alguns conceitos básicos de análise estrutural para estruturas compostas por barras. Esses conceitos foram selecionados de forma a permitir a compreensão dos demais capítulos do livro, e essa seleção foi baseada em consultas a trabalhos de diversos autores que certamente descrevem esses conceitos em maior profundidade. Os principais livros de referência para este capítulo foram os de White, Gergely e Sexsmith (1976), Rubinstein (1970), Candreva (1981), Timoshenko e Gere (1994), Tauchert (1974) e West (1989). Este capítulo também se baseia em notas de aula do professor Jorge de Mello e Souza em um curso de nivelamento para ingresso no mestrado em Engenharia Civil da PUC-Rio em 1978.

Os conceitos de tensões, deformações e relações constitutivas de materiais, que relacionam tensões com deformações, são considerados como pré-requisitos para os assuntos tratados neste capítulo e são encontrados em qualquer livro-texto de mecânica dos sólidos (resistência dos materiais), como o de Beer e Johnston (2006) ou o de Hibbeler (2004-2).

A essência da análise de modelos estruturais está no atendimento a condições de equilíbrio, a condições de continuidade geométrica interna e externa (respeitando restrições de apoio) e a condições impostas pela idealização do comportamento de materiais. Essas são as *condições básicas da análise estrutural*, as "ferramentas" matemáticas utilizadas na análise de uma estrutura.

O principal objetivo deste capítulo é ilustrar como as condições básicas podem ser combinadas na análise de modelos de estruturas reticuladas. Existem maneiras clássicas para se combinarem as condições básicas, resultando nos métodos básicos da análise de estruturas: método das forças e método dos deslocamentos. Outro objetivo do capítulo é caracterizar o comportamento de estruturas isostáticas e estruturas hiperestáticas através de considerações sobre equilíbrio e compatibilidade.

4.1. CONDIÇÕES BÁSICAS DA ANÁLISE ESTRUTURAL

No contexto da análise estrutural, o cálculo corresponde à determinação dos esforços internos, na estrutura, das reações de apoios, dos deslocamentos e rotações, e das tensões e deformações. As metodologias de cálculo são procedimentos matemáticos que resultam das hipóteses adotadas na concepção do modelo estrutural.

Dessa forma, uma vez concebido o modelo de análise para uma estrutura, as metodologias de cálculo podem ser expressas por um conjunto de equações matemáticas que garantem a satisfação das hipóteses adotadas. Dito de outra maneira, uma vez feitas considerações sobre a geometria da estrutura, as cargas e solicitações, as condições de suporte ou ligação com outros sistemas e as leis constitutivas dos materiais, a análise estrutural passa a ser um procedimento matemático de cálculo que só se altera se as hipóteses e simplificações adotadas forem revistas ou reformuladas.

---

[1] O título deste capítulo é inspirado no título do livro de Candreva (1981). Na verdade, é uma homenagem ao excelente material desse autor.

As condições matemáticas que o modelo estrutural tem de satisfazer para representar adequadamente o comportamento da estrutura real podem ser divididas nos seguintes grupos:

- condições de equilíbrio;
- condições de compatibilidade entre deslocamentos e deformações;
- condições sobre o comportamento dos materiais que compõem a estrutura (leis constitutivas dos materiais).

A imposição dessas condições é a base dos métodos da análise estrutural, isto é, as formas como são impostas definem as metodologias dos chamados *métodos básicos da análise de estruturas*, foco principal deste livro.

Esta seção exemplifica as condições básicas que o modelo estrutural tem de atender por meio de um exemplo simples de três barras articuladas (Timoshenko & Gere, 1994), mostrado na Figura 4.1. Existe uma força externa P aplicada ao nó da estrutura que conecta as três barras que são feitas de um material com módulo de elasticidade E e têm seções transversais com área A.

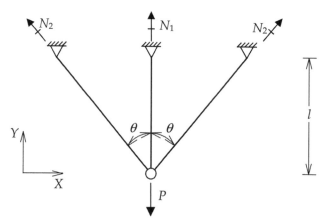

Figura 4.1 Estrutura com três barras articuladas.

4.1.1. Condições de equilíbrio

No contexto deste livro, no qual não são considerados problemas de vibrações ou de dinâmica de estruturas, *condições de equilíbrio* são aquelas que garantem o equilíbrio estático de qualquer porção isolada da estrutura ou desta como um todo. No exemplo da Figura 4.1, o equilíbrio tem de ser garantido globalmente, isto é, para a estrutura como um todo, em cada barra isolada e em cada nó isolado.

As Equações 2.4, 2.5 e 2.6 — Seção 2.1.4 — impõem o equilíbrio global de um modelo estrutural plano. Entretanto, neste exemplo simples o equilíbrio global pode ser reduzido a uma única equação, que leva em conta a simetria da estrutura. Considerando que só existem esforços internos axiais nas barras (forças normais), as reações de apoio nos nós superiores convergem em um ponto: o nó inferior. Observe que a reação de apoio indicada na figura, em cada barra inclinada, é a resultante de suas componentes horizontal e vertical. Na verdade, as reações de apoio são os próprios esforços normais nas barras, como indicado na Figura 4.1. Além disso, a simetria da estrutura impõe que os esforços normais nas barras inclinadas sejam iguais (na verdade, uma imposição de equilíbrio de forças na direção horizontal X). Dessa forma, o equilíbrio do nó inferior na direção vertical Y garante o equilíbrio global da estrutura:

$$\sum F_Y = 0 \rightarrow N_1 + 2 \cdot N_2 \cdot \cos\theta = P \tag{4.1}$$

Nessa equação, tem-se:
$N_1 \rightarrow$ esforço normal na barra vertical [F];
$N_2 \rightarrow$ esforço normal nas barras inclinadas [F].

Na Equação 4.1, a condição de equilíbrio na direção vertical do nó inferior da estrutura foi escrita considerando a geometria original (indeformada) da estrutura. Isso só é válido quando os deslocamentos que a estrutura sofre são muito pequenos em relação às dimensões da estrutura. Essa hipótese, denominada *hipótese de pequenos deslocamentos* (White et al., 1976; West & Geschwindner, 2002), é adotada neste livro. A análise de estruturas com essa consideração denomina-se *análise de primeira ordem*. Nem sempre é possível adotar a hipótese de pequenos deslocamentos. Por exemplo, no projeto moderno de estruturas metálicas, exige-se que se faça uma análise de segunda ordem (deslocamentos não desprezíveis na imposição das condições de equilíbrio), pelo menos de maneira aproximada.

Apesar disso, neste livro só são considerados análises com pequenos deslocamentos, e as condições de equilíbrio sempre serão escritas para a configuração (geometria) indeformada da estrutura. Esse ponto é justificado na Seção 4.4, na qual a hipótese de pequenos deslocamentos é abordada em maior profundidade.

Observa-se pela Equação 4.1 que não é possível determinar os valores dos esforços normais N_1 e N_2, isto é, existem duas incógnitas em termos de esforços e apenas uma equação de equilíbrio (considerando que a condição de equilíbrio na direção horizontal já é utilizada pela simetria do problema). As estruturas cujos esforços não podem ser determinados apenas pelas equações de equilíbrio são chamadas de estruturas hiperestáticas, como a estrutura do exemplo da Figura 4.1. Como visto no Capítulo 3, existe um caso especial de estruturas cujos esforços internos e externos (reações de apoio) podem ser determinados apenas pelas condições de equilíbrio – são as chamadas estruturas isostáticas.

Em geral, as equações de equilíbrio fornecem condições necessárias mas não suficientes para a determinação dos esforços no modelo estrutural. Para determinar os esforços em estruturas hiperestáticas, é necessário fazer uso das outras condições básicas, que são tratadas nas seções a seguir.

4.1.2. Condições de compatibilidade entre deslocamentos e deformações

As *condições de compatibilidade entre deslocamentos e deformações* são condições geométricas que devem ser satisfeitas para garantir que a estrutura, ao se deformar, permaneça contínua (sem vazios ou sobreposição de pontos) e compatível com seus vínculos externos.

Deve-se ressaltar que as condições de compatibilidade não têm relação alguma com as propriedades de resistência dos materiais da estrutura (consideradas nas leis constitutivas dos materiais, tratadas na Seção 4.1.3). As condições de compatibilidade são expressas por relações geométricas impostas para garantir a continuidade do modelo estrutural. Essas relações consideram as hipóteses geométricas adotadas na concepção do modelo.

As condições de compatibilidade podem ser divididas em dois grupos:
- *condições de compatibilidade externa*: referem-se aos vínculos externos da estrutura e garantem que os deslocamentos e deformações sejam compatíveis com as hipóteses adotadas com respeito aos suportes ou ligações com outras estruturas;
- *condições de compatibilidade interna*: garantem que a estrutura, ao se deformar, permaneça contínua no interior dos elementos estruturais (barras) e nas fronteiras entre os elementos estruturais, isto é, que as barras permaneçam ligadas pelos nós que as conectam (incluindo ligação por rotação no caso de não haver articulação entre barras).

No exemplo da Figura 4.1, as condições de compatibilidade externa são garantidas automaticamente quando só se admite uma configuração deformada para a estrutura que tenha deslocamentos nulos nos nós superiores, como mostra a Figura 4.2. A configuração deformada está indicada, com deslocamentos ampliados de forma exagerada, pelas linhas tracejadas mostradas nessa figura.

As condições de compatibilidade interna devem garantir que as três barras permaneçam ligadas pelo nó inferior na configuração deformada. Mantendo-se a hipótese de pequenos deslocamentos, pode-se considerar que o ângulo entre as barras após a deformação da estrutura não se altera, como indicado no detalhe da Figura 4.2.

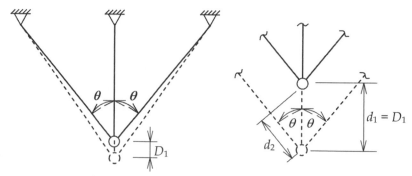

Figura 4.2 Configuração deformada da estrutura com três barras articuladas.

Com base na Figura 4.2 e considerando a simetria da estrutura, pode-se estabelecer relações de compatibilidade entre os alongamentos das barras da estrutura e o deslocamento vertical do nó inferior:

$$d_1 = D_1$$
$$d_2 = D_1 \cdot \cos\theta$$

Em que:

$D_1 \to$ deslocamento vertical do nó inferior [L];
$d_1 \to$ alongamento da barra vertical [L];
$d_2 \to$ alongamento das barras inclinadas [L].

Isso resulta na seguinte equação de compatibilidade entre os alongamentos das barras:

$$d_2 = d_1 \cdot \cos \qquad (4.2)$$

A introdução da equação de compatibilidade acrescentou duas novas incógnitas ao problema, d_1 e d_2, sem relacioná-las às incógnitas anteriores, N_1 e N_2. Entretanto, essas quatro incógnitas ficam relacionadas pela consideração do comportamento do material que compõe a estrutura sem que isso introduza novas incógnitas.

4.1.3. Leis constitutivas dos materiais

O modelo matemático do comportamento dos materiais, em nível macroscópico, é expresso por um conjunto de relações matemáticas entre tensões e deformações, chamadas de *leis constitutivas*. Tais relações contêm parâmetros que definem o comportamento dos materiais. A teoria da elasticidade (Timoshenko & Goodier, 1980) estabelece que as relações da lei constitutiva são equações lineares com parâmetros constantes. Nesse caso, diz-se que o material trabalha em *regime elástico-linear*. O comportamento é considerado *elástico* quando, ao se descarregar a estrutura, o material não apresenta deformação residual alguma, isto é, ele retorna ao estado natural sem deformação. O comportamento é considerado *linear* quando existe proporcionalidade entre tensões e deformações. Entretanto, nem sempre é possível adotar um comportamento tão simplificado para os materiais. Por exemplo, procedimentos modernos de projeto de estruturas metálicas ou de concreto armado baseiam-se no estado de limite último, quando o material não apresenta mais comportamento elástico-linear.

Apesar disso, no contexto deste livro, só são considerados materiais idealizados com comportamento elástico-linear e sem limite de resistência. Isso é justificado pelos seguintes motivos:

- De maneira geral, as estruturas civis trabalham em regime elástico-linear. Por isso, a maioria das estruturas é analisada adotando-se essa aproximação.
- Mesmo para projetos com base em regime último, a determinação da distribuição de esforços internos, em geral, é feita a partir de uma análise linear, isto é, faz-se o dimensionamento local no estado último de resistência, com o uso de coeficientes de majoração de carga e de minoração de resistência, mas com esforços calculados por meio de uma análise global linear. Essa é uma aproximação razoável na maioria dos casos, mas o correto seria fazer uma análise global considerando o material em regime não linear (que é relativamente complexa quando comparada com uma análise linear).

- Na prática, uma análise não linear é executada por computadores de forma incremental, e em cada passo do processo incremental é feita uma análise linear. Como este livro é introdutório à análise de estruturas, justifica-se a consideração de um comportamento linear.
- O foco principal deste livro são os métodos básicos da análise estrutural. A consideração em si de leis constitutivas não lineares é um tema bastante amplo que foge ao escopo deste livro.

Portanto, no exemplo da Figura 4.1, o material considerado apresenta comportamento elástico-linear. As barras dessa estrutura estão submetidas apenas a esforços axiais de tração. As tensões σ_x e as deformações ε_x que aparecem nesse caso são normais às seções transversais das barras (na direção do eixo local x, na direção axial da barra). A lei constitutiva que relaciona tensões normais e deformações normais é a conhecida lei de Hooke (Beer & Johnston, 2006; Féodosiev, 1977) e é dada por:

$$\sigma_x = E\varepsilon_x \qquad (4.3)$$

em que:

$E \to$ módulo de elasticidade (propriedade do material) [F/L^2];

$\sigma_x \to$ tensão normal na seção transversal da barra (direção longitudinal) [F/L^2];

$\varepsilon_x \to$ deformação normal na direção longitudinal da barra [ ].

No contexto de uma análise com pequenos deslocamentos, a tensão normal associada a um esforço axial é dada pela razão entre o valor do esforço e a área da seção transversal, e a deformação normal é a razão entre o alongamento da barra e seu comprimento original. Assim, para a barra vertical da Figura 4.1, tem-se:

$$\frac{N_1}{A} = E\frac{d_1}{l} \qquad (4.4)$$

e, para as barras inclinadas, tem-se:

$$\frac{N_2}{A} = E\frac{d_2}{l/\cos\theta} \qquad (4.5)$$

Observa-se que as Equações 4.4 e 4.5 introduzem novas relações entre as incógnitas do problema sem que apareçam novas variáveis. Dessa maneira, as Equações 4.1, 4.2, 4.4 e 4.5 formam um sistema de quatro equações a quatro incógnitas, N_1, N_2, d_1 e d_2, resultando na solução única do problema.

Vê-se que só foi possível resolver a estrutura hiperestática desse exemplo utilizando todos os três tipos de condições: equilíbrio, compatibilidade e leis constitutivas. A próxima seção discute esse ponto com mais detalhes.

Há casos em que o material também é solicitado ao efeito de cisalhamento. Para materiais trabalhando em regime elástico-linear, a lei constitutiva que relaciona tensões cisalhantes com distorções de cisalhamento é dada por:

$$\tau = G\gamma \qquad (4.6)$$

em que:

$G \to$ módulo de cisalhamento (propriedade do material) [F/L^2];

$\tau \to$ tensão de cisalhamento [F/L^2];

$\gamma \to$ distorção de cisalhamento [ ].

4.2. MÉTODOS BÁSICOS DA ANÁLISE ESTRUTURAL

O exemplo simples mostrado na seção anterior ilustra bem a problemática da análise de uma estrutura hiperestática. Para resolver (calcular esforços, deslocamentos etc.) uma estrutura hiperestática, é sempre necessário considerar os três grupos de condições básicas da análise estrutural: condições de equilíbrio, condições de compatibilidade entre deslocamentos e deformações, e condições impostas pelas leis constitutivas dos materiais (White *et al.*, 1976).

No exemplo, existem infinitos valores de N_1 e N_2 que satisfazem a Equação 4.1 de equilíbrio. Também existem infinitos valores de d_1 e d_2 que satisfazem a Equação 4.2 de compatibilidade. Entretanto, existe uma única solução para essas entidades: aquela que satisfaz simultaneamente equilíbrio, compatibilidade e leis constitutivas.

Observa-se que, para esse exemplo, a solução da estrutura hiperestática requer a resolução de um sistema de quatro equações a quatro incógnitas. Para estruturas usuais (bem maiores), a formulação do problema dessa maneira acarreta uma complexidade de tal ordem que a solução pode ficar comprometida. Assim, é necessário definir metodologias para a solução de estruturas hiperestáticas. Isso resulta nos dois métodos básicos da análise estrutural, apresentados resumidamente a seguir.

4.2.1. Método das forças

O primeiro método básico da análise de estruturas é o chamado *método das forças*. Nesse método, as incógnitas principais do problema são forças e momentos, que podem ser reações de apoio ou esforços internos. Todas as outras incógnitas são expressas em termos das incógnitas principais escolhidas e substituídas em equações de compatibilidade, que são então resolvidas.

O método das forças tem como ideia básica determinar, dentro do conjunto de soluções em forças que satisfazem as condições de equilíbrio, qual solução faz com que as condições de compatibilidade também sejam satisfeitas.

Na formalização do método das forças existe uma sequência de introdução das condições básicas do problema: primeiro são utilizadas as condições de equilíbrio, em seguida são consideradas as leis constitutivas dos materiais e, finalmente, são utilizadas as condições de compatibilidade. O exemplo da Figura 4.1 é usado para ilustrar essa sequência.

Considere que o esforço normal N_1 na barra central foi adotado como a incógnita principal. O número de incógnitas principais é igual ao número de incógnitas excedentes nas equações de equilíbrio. A escolha de N_1 como incógnita principal foi arbitrária. Os mesmos resultados finais seriam obtidos se o esforço normal N_2 tivesse sido escolhido como incógnita principal. Pela Equação 4.1 de equilíbrio pode-se escrever N_2 em função de N_1:

$$N_2 = \frac{P - N_1}{2 \cdot \cos\theta} \tag{4.7}$$

Pelas Equações 4.4 e 4.5 pode-se expressar d_1 e d_2 em função de N_1 e N_2, respectivamente. Utilizando a Equação 4.7 e substituindo na Equação 4.2, tem-se a equação de compatibilidade expressa em termos da incógnita N_1:

$$\left(\frac{l}{EA} + \frac{l}{2 \cdot EA \cdot (\cos\theta)^3} \right) \cdot N_1 = \frac{P \cdot l}{2 \cdot EA \cdot (\cos\theta)^3} \tag{4.8}$$

Finalmente, a solução dessa equação resulta no valor de N_1 e, substituindo esse resultado na Equação 4.7, tem-se N_2:

$$N_1 = \frac{P}{1 + 2 \cdot (\cos\theta)^3}$$

$$N_2 = \frac{P \cdot (\cos\theta)^2}{1 + 2 \cdot (\cos\theta)^3}$$

Salienta-se que os valores de N_1 e N_2 independem da área da seção transversal das barras e do módulo de elasticidade porque, no exemplo, esses parâmetros são iguais para as três barras, tendo sido cancelados na solução da Equação 4.8.

Na verdade, a solução mostrada não corresponde à metodologia utilizada na prática para analisar uma estrutura hiperestática pelo método das forças. A metodologia adotada na prática gera uma parametrização (discretização) do problema em termos de variáveis independentes, como sugerido na Seção 1.2.2. No caso do método das forças, essas variáveis são as forças (e momentos) associadas aos vínculos excedentes à determinação estática da estrutura. Essas forças e momentos são chamados de *hiperestáticos*.

Para o exemplo das três barras, só existe um hiperestático. Uma possível solução parametrizada pelo método das forças é obtida pela superposição de soluções básicas dos casos (0) e (1) mostrados na Figura 4.3. O hiperestático escolhido nessa solução é a reação de apoio vertical $X_1 = N_1$, e o vínculo associado é a restrição ao deslocamento vertical do apoio central.

Na solução indicada na Figura 4.3, a estrutura utilizada nas soluções básicas é uma estrutura estaticamente determinada (isostática) obtida da estrutura original pela eliminação do vínculo excedente associado ao hiperestático. Essa estrutura isostática auxiliar é chamada de *sistema principal* (SP). Cada solução básica isola um determinado efeito ou parâmetro no SP: o efeito da solicitação externa (carregamento) é isolado no caso (0) e o efeito do hiperestático X_1 é isolado no caso (1).

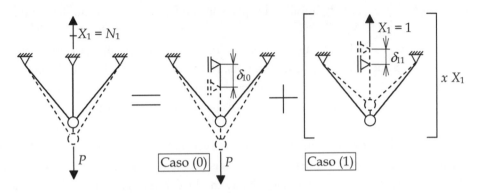

Figura 4.3 Superposição de soluções básicas do método das forças.

As soluções básicas mostradas na Figura 4.3 violam uma condição de compatibilidade da estrutura original, pois o vínculo eliminado libera o deslocamento vertical do apoio central. Por outro lado, as soluções básicas do método das forças satisfazem as equações de equilíbrio da estrutura original.

A metodologia de cálculo do método das forças determina o valor que o hiperestático deve ter para recompor o vínculo eliminado no SP. Tal condição pode ser expressa matematicamente por uma equação de compatibilidade que superpõe os deslocamentos no vínculo eliminado de cada caso básico:

$$\delta_{10} + \delta_{11} \cdot X_1 = 0 \tag{4.9}$$

Nessa equação:

$\delta_{10} \rightarrow$ *termo de carga*: deslocamento vertical no ponto do vínculo eliminado no caso (0);

$\delta_{11} \rightarrow$ *coeficiente de flexibilidade*: deslocamento vertical no ponto do vínculo eliminado provocado por um valor unitário do hiperestático aplicado isoladamente.

As unidades de um termo de carga no contexto do método das forças podem ser [L], no caso de deslocamento, ou [R], no caso de rotação. As unidades de um coeficiente de flexibilidade podem ser [L/F] ou [R/F], quando o hiperestático é uma força, ou [L/F·L] ou [R/F·L], quando o hiperestático é um momento.

A Equação 4.9 determina o valor do hiperestático X_1 que faz com que o deslocamento do ponto do vínculo eliminado seja nulo. Dessa forma, o valor correto do esforço normal $N_1 = X_1$ é determinado, pois a compatibilidade da estrutura original, violada na criação da estrutura auxiliar (SP), é recomposta.

Considerando que deslocamentos verticais são positivos no sentido da força unitária arbitrada para X_1 (para cima), os valores do termo de carga e do coeficiente de flexibilidade para esse problema são:

$$\delta_{10} = \frac{-P \cdot l}{2 \cdot EA \cdot (\cos\theta)^3} \quad e \quad \delta_{11} = \frac{l}{EA} + \frac{l}{2 \cdot EA \cdot (\cos\theta)^3}$$

Substituindo esses valores na Equação 4.9, pode-se observar que essa equação é exatamente igual à Equação 4.8 de compatibilidade encontrada anteriormente.

No Capítulo 8, o método das forças é formalizado em detalhes. Essa metodologia de superposição de soluções básicas baseia-se na validade do princípio da superposição de efeitos (Seção 4.3) e serve para resolver qualquer estrutura hiperestática reticulada com comportamento linear.

O método das forças é assim denominado porque os hiperestáticos são forças (ou momentos). Também é chamado de *método da compatibilidade* (West & Geschwindner, 2002) porque as equações finais, como a Equação 4.9, são equações de compatibilidade escritas em termos dos hiperestáticos.

4.2.2. Método dos deslocamentos

O segundo método básico da análise de estruturas é o chamado *método dos deslocamentos*. Nele, as incógnitas principais do problema são deslocamentos e rotações. Todas as outras incógnitas são expressas em termos das incógnitas principais escolhidas e substituídas em equações de equilíbrio, que depois são resolvidas.

O método dos deslocamentos tem como ideia básica determinar, dentro do conjunto de soluções em deslocamentos que satisfazem as condições de compatibilidade, qual solução faz com que as condições de equilíbrio também sejam satisfeitas.

Observa-se que o método dos deslocamentos aborda a solução de estruturas de maneira inversa ao que é feito no método das forças. Por isso esses métodos são considerados *duais*. Na formalização do método dos deslocamentos, a sequência de introdução das condições básicas também é inversa: primeiro são utilizadas as condições de compatibilidade, em seguida são consideradas as leis constitutivas dos materiais e, finalmente, são utilizadas as condições de equilíbrio. O exemplo da Figura 4.1 também é utilizado para mostrar isso.

A incógnita principal escolhida é o alongamento d_1 da barra vertical, que corresponde ao deslocamento vertical D_1 do nó inferior da estrutura (Figura 4.2). O número de incógnitas no método dos deslocamentos é igual ao número de incógnitas excedentes nas equações de compatibilidade. No exemplo, existe uma equação de compatibilidade – Equação 4.2 – com duas incógnitas: d_1 e d_2. A escolha de d_1 como principal é arbitrária.

Utilizando a equação de compatibilidade e as Equações 4.4 e 4.5 da lei constitutiva, pode-se expressar a Equação 4.1 de equilíbrio em função da incógnita principal:

$$\left(\frac{EA}{l} + \frac{2 \cdot EA \cdot (\cos\theta)^3}{l}\right) \cdot d_1 = P \tag{4.10}$$

A solução dessa equação fornece o valor de d_1 e, substituindo esse resultado na Equação 4.2, tem-se d_2:

$$d_1 = \frac{P}{1 + 2 \cdot (\cos\theta)^3} \cdot \frac{l}{EA}$$

$$d_2 = \frac{P \cdot \cos\theta}{1 + 2 \cdot (\cos\theta)^3} \cdot \frac{l}{EA}$$

Para encontrar os valores de N_1 e N_2 mostrados anteriormente, basta utilizar as Equações 4.4 e 4.5.

Assim como no método das forças, a solução pelo método dos deslocamentos apresentada inicialmente nesta seção tem caráter apenas didático. Na prática, é necessário formalizar o método para resolver qualquer tipo de estrutura reticulada. A metodologia adotada na prática faz uma parametrização (discretização) do problema em termos de variáveis independentes, como indicado na Seção 1.2.2. No caso do método dos deslocamentos, essas variáveis são os parâmetros que definem completamente a configuração deformada da estrutura, chamados de *deslocabilidades*.

Para o exemplo das três barras, devido à simetria da estrutura, está sendo considerado que o nó inferior não se desloca lateralmente. Portanto, só existe uma deslocabilidade: o deslocamento vertical D_1 do nó inferior. A solução parametrizada pelo método dos deslocamentos é obtida por meio da superposição de soluções básicas dos casos (0) e (1) mostrados na Figura 4.4.

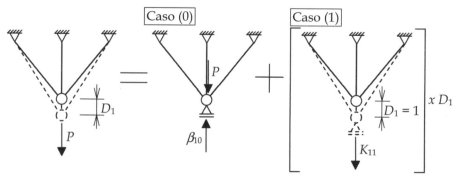

Figura 4.4 Superposição de soluções básicas do método dos deslocamentos.

Na solução indicada na Figura 4.4, a estrutura utilizada nas soluções básicas é uma *estrutura cinematicamente determinada* (com configuração deformada conhecida) obtida da estrutura original pela adição do vínculo necessário para impedir a deslocabilidade D_1. Essa estrutura cinematicamente determinada auxiliar é chamada de *sistema hipergeométrico* (SH). Cada solução básica isola um determinado efeito ou parâmetro no SH: o efeito da solicitação externa (carregamento) é isolado no caso (0), e o efeito da deslocabilidade D_1 é isolado no caso (1).

As soluções básicas mostradas na Figura 4.4 satisfazem as condições de compatibilidade do sistema hipergeométrico, mas violam o equilíbrio da estrutura original, que não contém o vínculo adicional que impede a deslocabilidade D_1. Dito de outra maneira, o apoio fictício adicionado no SH está associado a uma reação de apoio espúria que fere o equilíbrio da estrutura original. Deve-se observar que as soluções básicas do método dos deslocamentos jamais violam as condições de compatibilidade da estrutura original, isto é, existe continuidade interna (ligação entre as barras) e compatibilidade com os vínculos externos.

A metodologia de cálculo do método dos deslocamentos determina o valor que a deslocabilidade D_1 deve assumir para recompor o equilíbrio da estrutura original sem o apoio fictício do SH. Essa condição pode ser expressa matematicamente por uma equação de equilíbrio que superpõe as reações no apoio fictício do SH de cada caso básico:

$$\beta_{10} + K_{11} \cdot D_1 = 0 \qquad (4.11)$$

Nessa equação, tem-se:

$\beta_{10} \rightarrow$ *termo de carga*: força (reação) vertical no apoio fictício do caso (0);

$K_{11} \rightarrow$ *coeficiente de rigidez*: força vertical no apoio fictício do SH necessária para impor uma configuração deformada tal que a deslocabilidade D_1 assuma um valor unitário.

As unidades de um termo de carga no contexto do método dos deslocamentos podem ser: [F], para o caso de força, ou [F·L], para o caso de momento. As unidades de um coeficiente de rigidez podem ser: [F/L] ou [F·L/L], quando a deslocabilidade é um deslocamento, ou [F/R] ou [F·L/R], quando a deslocabilidade é uma rotação.

A Equação 4.11 determina o valor da deslocabilidade D_1 que faz com que a reação final (na superposição) no apoio fictício do SH seja nula. Dessa forma, o valor correto de D_1 é determinado, pois o equilíbrio da estrutura original, violado na criação da estrutura auxiliar (SH), é restabelecido.

Considerando que forças verticais são positivas no sentido do deslocamento unitário arbitrado para D_1 (para baixo), tem-se que os valores do termo de carga e do coeficiente de rigidez para esse problema são:

$$\beta_{10} = -P \quad \text{e} \quad K_{11} = \frac{EA}{l} + \frac{2 \cdot EA \cdot (\cos\theta)^3}{l}$$

Substituindo esses valores na Equação 4.11, pode-se observar que essa equação é exatamente igual à Equação 4.10 de equilíbrio encontrada anteriormente.

No Capítulo 10, a metodologia do método dos deslocamentos é formalizada em detalhes. Assim como para o método das forças, essa metodologia se baseia na validade do princípio da superposição de efeitos (Seção 4.3) e serve para resolver qualquer estrutura reticulada com comportamento linear.

O método dos deslocamentos é assim denominado porque as incógnitas (deslocabilidades) são deslocamentos (ou rotações). Também é chamado de *método do equilíbrio* (West & Geschwindner, 2002) porque as equações finais, como a Equação 4.11, são equações de equilíbrio cujas variáveis principais são as deslocabilidades.

4.2.3. Comparação entre o método das forças e o método dos deslocamentos

Nas duas seções anteriores, os dois métodos básicos da análise de estruturas reticuladas foram apresentados tendo por base um exemplo simples com três barras articuladas. Conforme comentado, esses métodos serão apresentados em detalhes em capítulos subsequentes deste livro. Entretanto, as principais ideias dos dois métodos já estão delineadas, e é importante salientar os pontos principais. Na Tabela 4.1, é feita uma comparação entre os dois métodos, mostrando um resumo da metodologia de cada um. Salienta-se a dualidade entre os dois métodos.

Tabela 4.1 Comparação entre os métodos das forças e dos deslocamentos

Método das forças	Método dos deslocamentos
Ideia básica: Determinar, dentro do conjunto de soluções em forças que satisfazem as condições de equilíbrio, qual das soluções faz com que as condições de compatibilidade também sejam satisfeitas.	*Ideia básica:* Determinar, dentro do conjunto de soluções em deslocamentos que satisfazem as condições de compatibilidade, qual das soluções faz com que as condições de equilíbrio também sejam satisfeitas.
Metodologia: Superpor uma série de soluções estaticamente determinadas (isostáticas) que satisfazem as condições de equilíbrio da estrutura para obter uma solução final que também satisfaz as condições de compatibilidade.	*Metodologia:* Superpor uma série de soluções cinematicamente determinadas (configurações deformadas conhecidas) que satisfazem as condições de compatibilidade da estrutura para obter uma solução final que também satisfaz as condições de equilíbrio.
Incógnitas: Hiperestáticos: forças e momentos associados a vínculos excedentes à determinação estática da estrutura.	*Incógnitas:* Deslocabilidades: componentes de deslocamentos e rotações nodais que definem a configuração deformada da estrutura.
Número de incógnitas: É o número de incógnitas excedentes das equações de equilíbrio, denominado *grau de hiperestaticidade*.	*Número de incógnitas:* É o número de incógnitas excedentes das equações de compatibilidade, denominado *grau de hipergeometria*.
Estrutura auxiliar utilizada nas soluções básicas: Sistema principal (SP): estrutura estaticamente determinada (isostática) obtida da estrutura original pela eliminação dos vínculos excedentes associados aos hiperestáticos. Essa estrutura auxiliar viola condições de compatibilidade da estrutura original.	*Estrutura auxiliar utilizada nas soluções básicas:* Sistema hipergeométrico (SH): estrutura cinematicamente determinada (estrutura com configuração deformada conhecida) obtida da estrutura original pela adição dos vínculos necessários para impedir as deslocabilidades. Essa estrutura auxiliar viola condições de equilíbrio da estrutura original.
Equações finais: São equações de compatibilidade expressas em termos dos hiperestáticos. Essas equações recompõem as condições de compatibilidade violadas nas soluções básicas.	*Equações finais:* São equações de equilíbrio expressas em termos das deslocabilidades. Essas equações recompõem as condições de equilíbrio violadas nas soluções básicas.
Termos de carga das equações finais: Deslocamentos e rotações nos pontos dos vínculos liberados no SP provocados pela solicitação externa (carregamento).	*Termos de carga das equações finais:* Forças e momentos (reações) nos vínculos adicionados no SH provocados pela solicitação externa (carregamento).
Coeficientes das equações finais: Coeficientes de flexibilidade: deslocamentos e rotações nos pontos dos vínculos liberados no SP provocados por hiperestáticos com valores unitários atuando isoladamente.	*Coeficientes das equações finais:* Coeficientes de rigidez: forças e momentos nos vínculos adicionados no SH para impor configurações deformadas com deslocabilidades isoladas com valores unitários.

4.3. COMPORTAMENTO LINEAR E SUPERPOSIÇÃO DE EFEITOS

Como visto nas seções anteriores, na formalização dos métodos básicos da análise estrutural, adota-se o *princípio da superposição de efeitos* (White et al., 1976; Felton & Nelson, 1996; West & Geschwindner, 2002). Esse princípio prescreve que a superposição dos campos de deslocamentos provocados por vários sistemas de forças atuando isoladamente é igual ao campo de deslocamentos provocado pelos mesmos sistemas de forças que atuam concomitantemente. A Figura 4.5 exemplifica esse princípio mostrando que a combinação linear de duas forças resulta nos mesmos deslocamentos da combinação linear dos deslocamentos provocados pelas forças que atuam isoladamente.

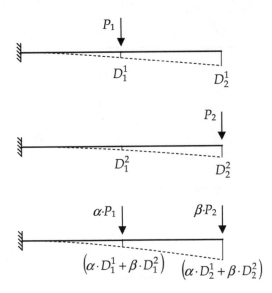

Figura 4.5 Combinação linear de duas forças e os correspondentes deslocamentos.

Para que se possa utilizar esse princípio, é necessário que a estrutura tenha um comportamento linear, que se baseia em duas condições. A primeira é que o material trabalhe no regime elástico-linear. A segunda condição é que seja válida a hipótese de pequenos deslocamentos.

Conforme abordado na Seção 4.1.1, os deslocamentos podem ser considerados pequenos quando as equações de equilíbrio escritas para a geometria indeformada da estrutura fornecem resultados praticamente iguais aos obtidos pelas mesmas equações de equilíbrio escritas para a geometria deformada da estrutura (White et al., 1976).

Para uma grande faixa de situações, estruturas civis têm deslocamentos pequenos em comparação aos tamanhos característicos de seus membros (comprimento da barra ou altura da seção transversal, por exemplo). Um contraexemplo, para o qual não é possível adotar a hipótese de pequenos deslocamentos, é mostrado na Figura 4.6 (White et al., 1976). Essa estrutura tem duas barras e três rótulas alinhadas, e o estado de equilíbrio estável só pode ser alcançado para a estrutura na configuração deformada. Cabos (Seção 2.6), que são estruturas muito flexíveis, são outro tipo de estrutura cujo equilíbrio é alcançado na geometria final, considerando seus deslocamentos sobrepostos à geometria inicial indeformada. Esse tipo de estrutura não é tratado neste livro.

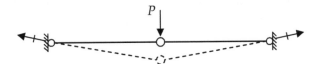

Figura 4.6 Exemplo de uma estrutura para a qual não se pode adotar pequenos deslocamentos.

Existem exemplos clássicos de modelos estruturais que só podem atingir o equilíbrio na configuração deformada. Dois deles são mostrados na Figura 3.6 (White et al., 1976). A estrutura da Figura 3.6-b apresenta três reações concorrentes em um ponto. Portanto, na configuração indeformada, não é possível equilibrar o momento de forças atuantes, como a carga P, em relação ao ponto de convergência das reações de apoio. Nesse caso, talvez o equilíbrio pudesse ser alcançado na configuração deformada da estrutura, quando as reações deixariam de concorrer em um ponto. Mesmo assim, essa estrutura sempre apresentaria um estado de instabilidade iminente. O pórtico da Figura 3.6-c tem três rótulas alinhadas, como o exemplo da Figura 4.6, e o equilíbrio poderia acontecer na configuração deformada. Estruturas que só atingem o equilíbrio na configuração deformada são classificadas neste livro como *instáveis*.

A dependência do comportamento linear com a hipótese de pequenos deslocamentos pode ser entendida a partir do exemplo da Figura 4.7. Nessa estrutura, o deslocamento vertical da extremidade inferior do balanço, δa, depende das características geométricas das barras, assim como dos valores das forças V e H e das propriedades do material da estrutura.

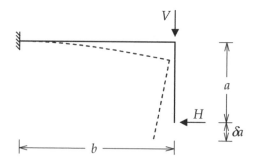

Figura 4.7 Configuração deformada de um pórtico em forma de "L".

Considerando que o material da estrutura da Figura 4.7 trabalha em um regime elástico-linear, que a estrutura tem seções transversais predefinidas e que as forças estão sempre atuando nos mesmos pontos, o comportamento da estrutura, no que diz respeito a seus deslocamentos, depende apenas das características geométricas da estrutura (a e b) e dos valores das cargas (V e H), que podem variar. Duas situações podem ser consideradas:

- Deslocamento δa com um valor que não pode ser desprezado em relação às dimensões a e b, de maneira que as condições de equilíbrio devem ser escritas para a geometria deformada. Nesse caso, $\delta a = \delta a(V, H, a + \delta a, b)$, ou seja, a determinação de δa depende do conhecimento de seu próprio valor. Isso caracteriza o que se define como *não linearidade geométrica* (White *et al.*, 1976).

- Deslocamento δa com um valor muito menor do que as dimensões a e b, de maneira que as condições de equilíbrio podem ser escritas para a geometria original indeformada. Nesse caso pode-se dizer que $\delta a = \delta a(V, H, a, b)$, ou seja, não existe dependência de δa em relação a si próprio. Como todas as outras propriedades são lineares, o comportamento da estrutura é linear, isto é, δa varia linearmente em função dos valores das cargas.

No caso em que os deslocamentos não são pequenos, a determinação de δa em geral não tem solução analítica simples. Nesse caso, o valor de δa pode ser determinado por meio de algum processo iterativo. Por exemplo, partindo de um valor inicial que poderia ser nulo, determina-se o valor seguinte considerando um comportamento linear. Com os valores de deslocamentos calculados no passo anterior, atualiza-se a geometria da estrutura e determina-se o valor seguinte de δa. Esse processo se repete até que o valor determinado em um passo não difira significativamente do valor do passo anterior. Esse processo pode não convergir: nesse caso, a estrutura é instável.

Uma análise estrutural que considera pequenos deslocamentos é denominada *análise de primeira ordem*. Uma análise que leva em conta os deslocamentos da estrutura para formular as condições de equilíbrio na configuração deformada é denominada *análise de segunda ordem*. A hipótese de pequenos deslocamentos é básica, juntamente com o comportamento linear dos materiais, para a utilização do princípio da superposição de efeitos (White *et al.*, 1976). Como dito anteriormente, esse princípio é aplicado nos métodos básicos da análise de estruturas, que são métodos lineares.

4.4. ANÁLISE DE SEGUNDA ORDEM

Para ilustrar uma análise de segunda ordem e o efeito da não linearidade geométrica, um exemplo isostático simples com duas barras articuladas (White *et al.*, 1976) é mostrado na Figura 4.8. A configuração deformada da estrutura está indicada pelas linhas tracejadas da figura. Na configuração indeformada, o ângulo entre as barras e o eixo vertical é θ e, na configuração deformada, o ângulo é α. Nesse exemplo, os deslocamentos não são considerados pequenos, e a condição de equilíbrio que relaciona a força aplicada P com o esforço normal N nas barras é escrita na configuração final (deformada) da estrutura:

$$P = 2 \cdot N \cdot \cos\alpha = 2 \cdot N \cdot \frac{l + D}{\sqrt{(l \cdot \tan\theta)^2 + (l + D)^2}} \tag{4.12}$$

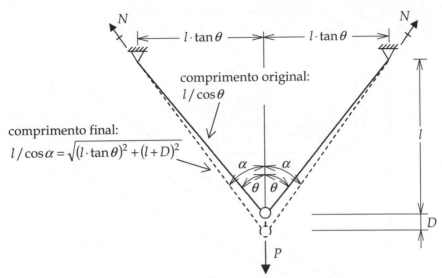

Figura 4.8 Estrutura isostática com grandes deslocamentos.

Com base na Figura 4.8, pode-se relacionar o alongamento d das barras com o deslocamento vertical D do nó central. O alongamento das barras é a diferença entre o comprimento final (deformado) das barras e o comprimento original (indeformado), resultando na seguinte relação de compatibilidade:

$$d = \sqrt{(l \cdot \tan\theta)^2 + (l+D)^2} - l/\cos\theta \tag{4.13}$$

Para obter a resposta do problema em termos de deslocamentos, é necessário considerar a relação tensão-deformação do material. Considerando a deformação nas barras como a razão entre o alongamento e o comprimento original da barra, a relação tensão-deformação resulta em uma expressão que relaciona o esforço normal das barras com seu alongamento:

$$N = \frac{EA}{(l/\cos\theta)} \cdot d \tag{4.14}$$

Substituindo o alongamento d dado pela Equação 4.13 na Equação 4.14, e depois substituindo o esforço normal N na Equação 4.12, tem-se como resultado uma expressão que relaciona a força aplicada P com o deslocamento vertical D:

$$P = 2 \cdot \frac{EA \cdot \cos\theta}{l} \cdot \left(\sqrt{(l \cdot \tan\theta)^2 + (l+D)^2} - l/\cos\theta \right) \cdot \frac{l+D}{\sqrt{(l \cdot \tan\theta)^2 + (l+D)^2}}$$

Simplificando essa expressão, tem-se:

$$P = 2 \cdot EA \cdot (l+D) \cdot \left(\frac{\cos\theta}{l} - \frac{1}{\sqrt{(l \cdot \tan\theta)^2 + (l+D)^2}} \right) \tag{4.15}$$

A relação entre a força P e o deslocamento D da Equação 4.15 é mostrada na Figura 4.9 para alguns valores do ângulo θ da configuração indeformada da estrutura. Os valores da força aplicada foram normalizados pela razão P/EA, e os valores dos deslocamentos foram normalizados pela razão D/l.

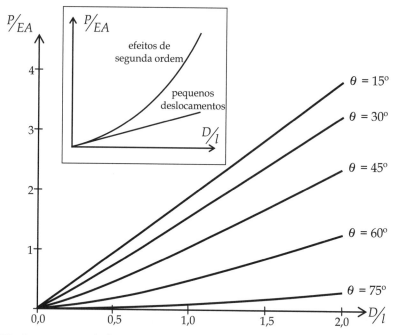

Figura 4.9 Curvas carga-deslocamento para estrutura isostática com grandes deslocamentos.

Com base na Figura 4.9, pode-se observar a natureza não linear da resposta da estrutura para grandes deslocamentos, mesmo para um material com comportamento elástico-linear. A curva carga-deslocamento para o caso da estrutura achatada (ângulo θ grande) é a que apresenta maior grau de não linearidade, enquanto a curva para o caso da estrutura alongada (ângulo θ pequeno) é praticamente linear. Nota-se, também, que a estrutura mais alongada é a mais rígida (valor de carga mais alto para um dado valor de deslocamento).

É interessante comparar a resposta não linear dada pela Equação 4.15 com a resposta linear da estrutura da Figura 4.8 para pequenos deslocamentos. A resposta linear é obtida igualando os ângulos θ e α e considerando d = D·cosθ, como na Equação 4.2. Isso resulta na seguinte relação carga-deslocamento:

$$P_{linear} = \frac{2 \cdot EA \cdot (\cos\theta)^3}{l} \cdot D \tag{4.16}$$

Pode-se comparar a Equação 4.16 com a derivada da resposta não linear avaliada para D = 0:

$$\left.\frac{dP}{dD}\right|_{D=0} = \frac{2 \cdot EA \cdot (\cos\theta)^3}{l} \tag{4.17}$$

Vê-se que o coeficiente angular da resposta linear é igual à derivada da curva carga-deslocamento não linear para D = 0, como indica o detalhe da Figura 4.9. Isso mostra que a resposta linear é uma aproximação da resposta não linear para pequenos deslocamentos.

Esse estudo do comportamento não linear de uma estrutura indica que a solução para grandes deslocamentos pode ser relativamente complexa, mesmo no caso de uma estrutura bastante simples como a da Figura 4.8. De certa maneira, o comportamento de todas as estruturas é não linear para o caso de uma análise exata que envolveria a consideração dos deslocamentos da estrutura nas equações de equilíbrio (equilíbrio imposto na configuração deformada). Felizmente, para uma gama considerável de estruturas civis, os deslocamentos são tão pequenos (para cargas usuais) que podem ser desconsiderados quando se formulam as condições de equilíbrio.

Entretanto, em muitas situações no projeto de estruturas, a análise estrutural tem de levar em conta efeitos de segunda ordem. Isso é mais importante em estruturas relativamente flexíveis, como pórticos de estruturas metálicas. Para o caso de barras submetidas à compressão, o efeito de segunda ordem de flexão provocada por esforço normal pode induzir uma perda de estabilidade, fenômeno denominado *flambagem* de barras a compressão. Embora a flambagem de barras não seja considerada neste livro, as principais características desse fenômeno são resumidas na Seção 5.13.

Além do fenômeno local de flambagem de barras, pode ocorrer perda de estabilidade de uma estrutura provocada por efeitos globais. Um exemplo é o chamado efeito P-Δ, sendo P o esforço axial de compressão em uma coluna de um pórtico e Δ o deslocamento lateral do pórtico, como exemplificado na Figura 4.10.

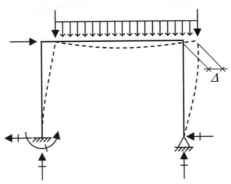

Figura 4.10 Efeito de segunda ordem P-Δ: flexão provocada por deslocamento lateral.

No exemplo da Figura 4.10, o deslocamento lateral é provocado por uma carga horizontal, pela assimetria da estrutura (engaste na esquerda e apoio simples na direita) e por imperfeições geométricas de construção. Admitindo que o deslocamento lateral não pode ser considerado pequeno, as equações de equilíbrio devem ser formuladas considerando a configuração deformada da estrutura. Observa-se que as cargas verticais posicionadas na geometria deformada provocam flexão nos pilares do pórtico que não aparece se os deslocamentos forem considerados pequenos. A flexão dos pilares aumenta mais ainda o deslocamento lateral do pórtico. Se as seções transversais dos pilares do pórtico forem dimensionadas adequadamente, o pórtico atinge uma situação de equilíbrio. Caso contrário, o deslocamento lateral induz uma perda de estabilidade que, nesse caso, é denominada *flambagem global*.

Neste livro, só serão consideradas estruturas para as quais pode-se adotar a hipótese de pequenos deslocamentos (equações de equilíbrio sempre escritas para a forma indeformada da estrutura), isto é, consideram-se apenas efeitos de primeira ordem. Isso só se justifica por ser este um contexto básico da análise de estruturas. Conforme mencionado, na prática, uma análise não linear, como a que leva em conta efeitos de segunda ordem, é executada computacionalmente de forma incremental, e em cada passo do processo incremental é feita uma análise linear, isto é, em cada passo de um processo iterativo de uma análise não linear, são adotados métodos lineares de análise. Além disso, existem procedimentos simplificados para considerar efeitos de segunda ordem, como o efeito P-Δ. Um desses procedimentos executa uma análise de primeira ordem considerando forças horizontais fictícias para levar em conta o efeito adicional de flexão provocada pelo deslocamento lateral da estrutura. A ABNT NBR 8800 (2008), de projeto de estruturas de aço e de estruturas mistas de aço e concreto de edifícios, admite, no caso de estruturas com pequena e média deslocabilidade, que os efeitos de segunda ordem sejam levados em conta, em uma análise de primeira ordem, por meio da aplicação de forças fictícias horizontais, denominadas *forças nocionais*.

Pelos motivos mencionados, e como este livro é básico para análise de estruturas, justifica-se a consideração apenas de efeitos de primeira ordem.

4.5. ESTRUTURAS ESTATICAMENTE DETERMINADAS E INDETERMINADAS

Conforme abordado no Capítulo 3, existe um caso especial de estruturas cujos esforços internos e externos (reações de apoio) podem ser determinados apenas por condições de equilíbrio. Essas estruturas são definidas como *estruturas estaticamente determinadas* ou *estruturas isostáticas*. As estruturas cujos esforços internos e externos não podem ser determinados apenas pelas condições de equilíbrio são definidas como *estruturas estaticamente indeterminadas* ou *estruturas hiperestáticas*. Esta seção faz uma comparação entre o comportamento das estruturas isostáticas e hiperestáticas, mostrando suas vantagens e desvantagens, e justificando as razões pelas quais as últimas aparecerem mais frequentemente.

Essa comparação é feita utilizando um pórtico plano (White *et al.*, 1976; West, 1989), mostrado na Figura 4.11, que aparece em duas versões. Na primeira (Figura 4.11-a), as condições de suporte são tais que se pode determinar as reações de apoio utilizando somente condições de equilíbrio. Como o pórtico é um quadro aberto (não existe um ciclo fechado de barras), pode-se determinar os esforços internos em qualquer seção transversal a partir apenas dessas condições; portanto, a estrutura é isostática. A segunda versão do pórtico (Figura 4.11-b) apresenta um vínculo externo excedente em relação à estabilidade estática, isto é, existem quatro componentes de reação de apoio para três equações de equilíbrio global da estrutura — Equações 2.4, 2.5 e 2.6.

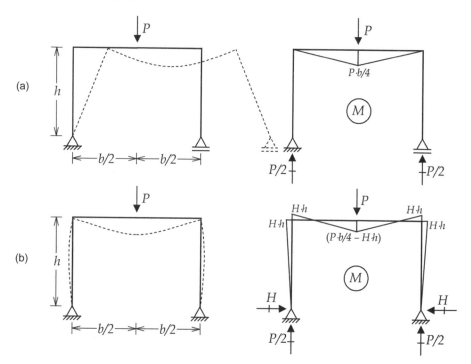

Figura 4.11 Quadros isostático (a) e hiperestático (b), configurações deformadas, reações de apoio e diagramas de momentos fletores.

A Figura 4.11 mostra as reações de apoio nos dois pórticos. Devido à simetria dos quadros, as reações verticais têm valores iguais à metade da carga vertical aplicada (*P*). O pórtico isostático tem reação horizontal do apoio da esquerda nula, pois é o único apoio que restringe o deslocamento horizontal do quadro, e não existem forças horizontais aplicadas. Já o pórtico hiperestático tem os valores das reações horizontais iguais, sendo as reações com sentidos inversos para garantir o equilíbrio na direção horizontal. O valor dessas reações (*H*) é indefinido quando se consideram somente as condições de equilíbrio.

Intuitivamente, é fácil verificar que os sentidos das reações horizontais da estrutura hiperestática são "para dentro" do pórtico. Na Figura 4.11-a, a configuração deformada da estrutura isostática, mostrada de forma exagerada (linha tracejada), indica uma tendência de as barras verticais de se afastarem relativamente. Na estrutura hiperestática, a barra vertical da direita tem seu movimento horizontal restrito na base. Como a tendência é de "abrir" o pórtico, a reação associada a essa restrição vai "fechar" o pórtico, isto é, com sentido "para dentro".

Esse exemplo ilustra bem uma característica da estrutura hiperestática: existem infinitas soluções que satisfazem as condições de equilíbrio (nesse caso, existem infinitos valores possíveis para a reação horizontal *H*). Como visto na Seção 4.2, para determinar o valor de *H*, também são necessárias as condições de compatibilidade e as leis constitutivas dos materiais. Isso torna a resolução da estrutura hiperestática mais complexa.

Apesar dessa desvantagem da estrutura hiperestática, a maioria das estruturas é estaticamente indeterminada. Isso se deve aos seguintes motivos (White *et al.*, 1976):

- Algumas formas estruturais são intrinsecamente hiperestáticas, como o esqueleto de um edifício (conjunto de lajes, vigas e pilares), a casca de uma cobertura ou uma treliça espacial.
- Os esforços internos em uma estrutura hiperestática têm, em geral, uma distribuição mais otimizada ao longo da estrutura. Isso pode levar a menores valores para os esforços máximos. No caso das estruturas da Figura 4.11, o máximo valor de momento fletor ocorre para o meio da barra horizontal (viga) da estrutura isostática, embora essa estrutura não apresente momentos fletores nas barras verticais (colunas). A viga da estrutura hiperestática apresenta máximo momento menor do que na viga da estrutura isostática, mas as colunas são requisitadas à flexão.
- Na estrutura hiperestática, há um controle maior dos esforços internos por parte do analista estrutural. Isso pode ser entendido com auxílio da Figura 4.12. O quadro hiperestático dessa figura apresenta três situações para a rigidez relativa entre a viga e as colunas. As configurações deformadas (elásticas) de cada uma das situações são mostradas com uma escala de deslocamentos exagerada. Na Figura 4.12-a, as colunas são muito mais rígidas do que a viga, fazendo com que as rotações das extremidades da viga sejam muito pequenas, se aproximando do caso de uma viga com extremidades engastadas. Na Figura 4.12-c, por outro lado, a viga é muito mais rígida do que as colunas, a ponto de elas não oferecerem impedimento às rotações das extremidades da viga, que se aproxima do comportamento de uma viga simplesmente apoiada. A Figura 4.12-b apresenta um caso intermediário. Isso também pode ser observado nas elásticas de cada uma das situações. Os círculos pretos nas elásticas das vigas indicam os chamados *pontos de inflexão*, onde existe uma mudança na concavidade da curva elástica. Nas seções transversais correspondentes a esses pontos, o momento fletor é nulo. Observa-se que, à medida que se aumenta a rigidez da viga em relação à das colunas, os pontos de inflexão se movem para as extremidades da viga, tendendo a uma situação de viga biapoiada. Pode-se concluir que os diagramas de momentos fletores da viga podem ser alterados, de um comportamento quase biengastado para quase biapoiado, com a variação da rigidez relativa entre os elementos estruturais. Observa-se, também, que as reações de apoio horizontais do pórtico têm valores distintos para cada uma das situações. Isso só é possível no caso de estruturas hiperestáticas. O analista estrutural pode explorar essa característica da estrutura hiperestática minimizando ao máximo, dentro do possível, os esforços internos na estrutura. Isso não pode ser feito em uma estrutura isostática. No quadro da Figura 4.11-a, as reações de apoio e o diagrama de momentos fletores independem dos parâmetros de rigidez relativos entre viga e colunas. Na estrutura isostática, as reações só dependem da geometria da estrutura e do valor da carga. O diagrama de momentos fletores só depende dos valores das cargas e reações de apoio, e da geometria da estrutura. Nas Seções 5.10 e 5.11, essa característica da estrutura hiperestática é abordada com um pouco mais de profundidade.
- Em uma estrutura hiperestática, os vínculos excedentes podem induzir uma segurança adicional. Se parte de uma estrutura hiperestática, por algum motivo, perder sua capacidade resistiva, a estrutura como um todo ainda pode ter estabilidade. Isso ocorre porque a estrutura hiperestática pode ter capacidade de redistribuição de esforços, o que não ocorre em estruturas isostáticas. Dois exemplos dessa capacidade são mostrados na Figura 4.13. Se a diagonal comprimida D_1 da treliça hiperestática da Figura 4.13-a perder a estabilidade por flambagem, a outra diagonal D_2, que trabalha à tração, ainda tem condições de dar estabilidade à estrutura. O aparecimento de uma rótula plástica na extremidade direita da viga da Figura 4.13-b, onde aparece o diagrama de momentos fletores com momento de plastificação M_p, não acarretaria a destruição da estrutura, pois ela se comportaria como uma viga simplesmente apoiada, ainda estável.

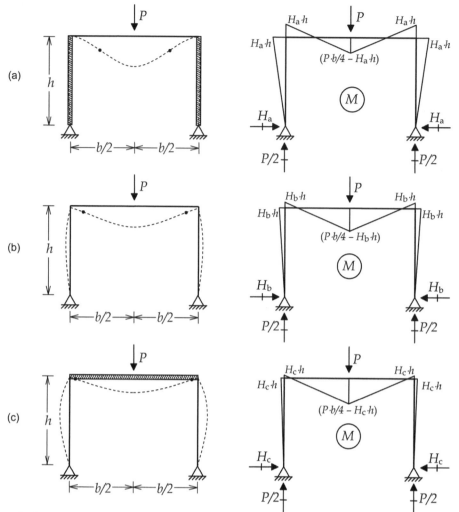

Figura 4.12 Variação do diagrama de momentos fletores em um quadro hiperestático em função da rigidez relativa entre viga e colunas.

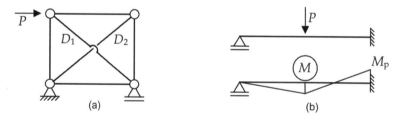

Figura 4.13 Estruturas hiperestáticas que podem apresentar uma segurança adicional.

Pode-se concluir que as estruturas isostáticas deveriam ser evitadas por não oferecerem capacidade de redistribuição de esforços. Até certo ponto, isso é verdade, mas existem algumas vantagens da estrutura isostática, que são decorrentes da própria característica da estrutura isostática de ter seus esforços internos definidos única e exclusivamente pelas cargas aplicadas e pela geometria da estrutura, não existindo dependência quanto às propriedades dos materiais e de rigidez das barras.

Do ponto de vista físico, uma estrutura isostática tem o número exato de vínculos (externos e internos) para ser estável. Retirando-se um desses vínculos, a estrutura se torna instável e é definida como *hipostática*. Adicionando-se um vínculo qualquer a mais, este não seria o necessário para dar estabilidade à estrutura, e ela se torna hiperestática.

Pode-se observar que pequenas variações na geometria da estrutura isostática (mantendo-se válida a hipótese de pequenos deslocamentos), por não alterarem as equações de equilíbrio, não geram esforços adicionais.

Dessa forma, se os vínculos externos de uma estrutura isostática sofrerem pequenos deslocamentos (recalques de apoio), só gerarão movimentos de corpo rígido das barras, não causando deformações internas e, por conseguinte, não havendo esforços internos. Para estruturas hiperestáticas, entretanto, um movimento de apoio pode induzir deformações nas barras da estrutura, provocando esforços. A Figura 4.14 exemplifica essa diferença de comportamento para uma viga biapoiada e outra apoiada e engastada.

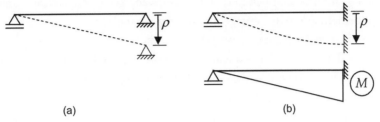

Figura 4.14 Recalque de apoio em viga isostática e em viga hiperestática.

As vigas da Figura 4.14 sofrem um recalque vertical ρ no apoio da direita, que pode ser considerado pequeno em relação ao comprimento da viga (o recalque está desenhado exageradamente fora de escala). Vê-se, na Figura 4.14-a, que a viga isostática não se deforma (permanece reta), apresentando apenas um movimento de corpo rígido sem o aparecimento de esforços internos. Já a viga hiperestática da Figura 4.14-b apresenta deformações que induzem momentos fletores na estrutura.

Recalques de apoio são solicitações que precisam ser consideradas em estruturas hiperestáticas, podendo acarretar esforços internos que devem ser considerados no dimensionamento da estrutura. O fato de não aparecerem esforços internos em estruturas isostáticas provocados por movimentos de apoio pode ser considerado uma vantagem desse tipo de estrutura.

De forma análoga, deformações provenientes de variações de temperatura provocam deslocamentos sem que apareçam esforços internos em estruturas isostáticas. Intuitivamente, isso pode ser entendido se for observado que a estrutura isostática tem o número estrito de vínculos para impedir seus movimentos, não impedindo, por exemplo, uma pequena variação de comprimento de uma barra associada a um aquecimento. Assim como os recalques de apoio, as variações de temperatura em membros de uma estrutura hiperestática podem induzir esforços que devem ser considerados. Exemplos de análise de estruturas hiperestáticas submetidas a variações de temperatura serão mostrados no restante deste livro.

Outra vantagem da estrutura isostática é que ela se acomoda a pequenas modificações impostas em sua montagem ou construção, sem que apareçam esforços. Considere como exemplo as treliças simples mostradas na Figura 4.15. A treliça da Figura 4.15-a é isostática, e a da Figura 4.15-d é hiperestática. A diferença entre elas é que a treliça hiperestática tem uma barra diagonal a mais. O comprimento especificado em projeto para as barras diagonais é l_A. Entretanto, no exemplo, a barra diagonal, que é comum às duas treliças, é fabricada com um comprimento l_B um pouco maior do que l_A (no desenho da figura, a diferença de comprimentos é mostrada de forma exagerada).

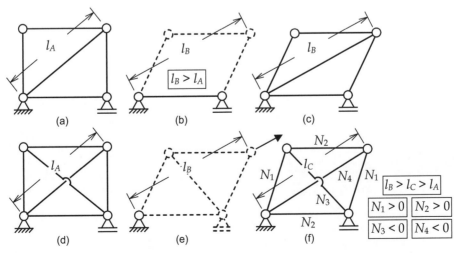

Figura 4.15 Efeito de barra com comprimento fora de especificação em treliças isostática e hiperestática.

No caso da treliça isostática, as outras barras da estrutura se acomodam à nova geometria (que, para fins de equilíbrio, pode ser considerada praticamente igual à geometria de projeto porque as imperfeições são pequenas) sem oferecer resistência. Isso pode ser entendido intuitivamente se for considerado que a treliça isostática sem a barra fora de especificação constitui um *mecanismo* instável do ponto de vista estático (Figura 4.15-b). A geometria do restante da treliça pode ser alterada sem resistência, pois o mecanismo se comporta como uma *cadeia cinemática*. Portanto, as outras barras se ajustam ao comprimento modificado da barra fabricada com imperfeição como corpos rígidos (Figura 4.15-c), isto é, sem que se deformem e sem que apareçam esforços normais.

Por outro lado, a treliça hiperestática não se acomoda à modificação imposta na montagem da estrutura sem oferecer resistência. Mesmo sem a diagonal fora de especificação, é necessário deformar as outras barras para se impor a nova geometria (Figura 4.15-e). Depois de montada a barra fora de especificação, a treliça hiperestática se ajusta à nova configuração. O comprimento final l_C da barra diagonal fora de especificação é menor do que o comprimento de fabricação l_B, mas é maior do que o comprimento de projeto l_A (Figura 4.15-f). Disso resulta que as barras externas do painel ficam tracionadas e as barras diagonais ficam comprimidas. Portanto, a modificação imposta na montagem da treliça hiperestática acarreta o aparecimento de deformações e esforços internos nas barras.

Idealização do comportamento de barras | 5

Como discutido no Capítulo 1, a análise de estruturas está fundamentada na concepção de um modelo matemático, aqui chamado de modelo estrutural, que adota hipóteses simplificadoras sobre o comportamento da estrutura real. O Capítulo 2 aborda a concepção de modelos de estruturas reticuladas, isto é, de estruturas que têm elementos estruturais com uma dimensão bem maior do que as outras duas. Os Capítulos 3 e 4 tratam de conceitos básicos para a análise de estruturas reticuladas.

Para complementar a formulação de modelos de estruturas reticuladas, este capítulo, até a Seção 5.7, resume os principais conceitos matemáticos envolvidos na idealização do comportamento de barras. Tal idealização baseia-se em hipóteses simplificadoras adotadas para o comportamento axial, para o comportamento à flexão (condensado na teoria de vigas de Navier) e para o comportamento à torção de barras. Esses conceitos são básicos para a análise de estruturas reticuladas e podem ser encontrados em vários livros-texto de mecânica dos sólidos (resistência dos materiais) ou de análise estrutural. O resumo aqui apresentado baseia-se nos trabalhos dos seguintes autores: Féodosiev (1977), Beer e Johnston (2006), Timoshenko & Gere (1994), White *et al.* (1976) e West (1989).

A teoria de vigas de Navier adota a hipótese conhecida como hipótese de Euler-Bernoulli em que se desprezam deformações por cisalhamento (efeito cortante) na flexão de uma barra. Por esse motivo, essa teoria também é conhecida como teoria de flexão de Euler-Bernoulli. Como alternativa, a teoria de Timoshenko para flexão de barras considera deformações por efeito cortante de uma maneira aproximada, em que se despreza o empenamento da seção transversal. Isto é, na teoria de Timoshenko a seção transversal permanece plana quando a barra sofre uma flexão, mas não permanece normal ao eixo deformado da barra como na teoria de Euler-Bernoulli. O livro de análise matricial de estruturas do autor (Martha, 2019) apresenta uma formulação do comportamento à flexão de barras pela teoria de Timoshenko em que todas as expressões são similares às da teoria de Navier, a menos de alguns fatores multiplicadores que dependem da rigidez relativa entre os efeitos cortante e de flexão. O comportamento à flexão de barras desprezando deformações por efeito cortante é usual e é uma boa aproximação para barras realistas que têm comprimento muito maior do que a altura da seção transversal.

Com base no modelo matemático da teoria de vigas de Navier, a Seção 5.8 compara o comportamento de vigas isostáticas e hiperestáticas. A Seção 5.9 generaliza conceitualmente essa comparação para qualquer tipo de estrutura reticulada. Essa seção resume o comportamento de estruturas isostáticas e hiperestáticas com respeito às condições de equilíbrio e de compatibilidade. A Seção 5.10 faz uma análise qualitativa de aspectos de diagramas de esforços internos e de configurações deformadas em vigas com base nas relações diferenciais apresentadas para o comportamento à flexão de barras. A Seção 5.11 estende essa análise para pórticos simples, apresentando a consideração de barras sem deformação axial (*barras inextensíveis*). A consideração de barras inextensíveis é uma aproximação razoável para o comportamento de um pórtico e possibilita o entendimento do conceito de *contraventamento* de pórticos com barras inclinadas, apresentado na Seção 5.12. Esse conceito é muito importante no projeto de estruturas reticuladas. Finalmente, a Seção 5.13 aborda de maneira muito sucinta efeitos de segunda ordem associados a barras submetidas à compressão. Esses efeitos não são tratados neste livro, e só são apresentados para complementar a idealização do comportamento de barras.

5.1. RELAÇÕES ENTRE DESLOCAMENTOS E DEFORMAÇÕES EM BARRAS

Como visto na Seção 4.1.2, o modelo estrutural tem como premissa uma condição de continuidade dos campos de deslocamentos e deformações no interior das barras. Além disso, esses dois campos têm de ser compatíveis entre si, isto é, os deslocamentos e deformações de uma barra devem estar associados. Nos métodos de análise, a condição de continuidade no interior de uma barra é forçada automaticamente quando só se admitem deformações contínuas para a barra. Esta seção resume as hipóteses básicas do modelo estrutural que garantem continuidade e compatibilidade entre deformações e deslocamentos no interior de uma barra.

O modelo estrutural adotado baseia-se na teoria de vigas de Navier para barras submetidas à flexão acrescida da consideração de efeitos axiais provocados por esforços normais à seção transversal da barra. O modelo também considera o efeito de torção para grelhas (estruturas planas com cargas fora do plano) e estruturas espaciais. As deformações provocadas pelos esforços cortantes (cisalhamento) em barras são caracterizadas sucintamente e, em geral, não são consideradas na presença das outras deformações. Essa hipótese é comumente adotada para flexão de barras longas (cujo comprimento é muito maior do que a altura da seção transversal), que é o caso mais geral.

Outra hipótese simplificadora adotada aqui é o desacoplamento dos efeitos axiais, transversais (flexão e cisalhamento) e de torção. Isso significa que esses efeitos podem ser considerados em separado e superpostos, resultando nas mesmas respostas de quando os efeitos atuam em conjunto. Essa hipótese é consistente com a hipótese de pequenos deslocamentos mencionada na Seção 4.3, que também está sendo adotada.

Para definir as relações entre deslocamentos e deformações em uma barra, é adotado um sistema de coordenadas locais para a barra, indicado na Figura 5.1.

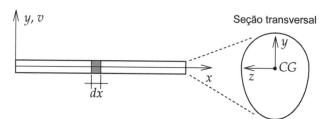

Figura 5.1 Sistema de eixos locais de uma barra.

Na Figura 5.1, o eixo axial da barra, x, passa pelo centro de gravidade das seções transversais e os outros eixos são transversais à barra. Em modelos de quadros planos, o eixo y pertence ao plano da estrutura e o eixo z sai do plano (Figura 3.18). Com base nesse sistema de coordenadas, são definidos os deslocamentos e rotações dos pontos do eixo de uma barra de pórtico plano:

→ deslocamento axial ou longitudinal (na direção de x) [L];
$v(x)$ → deslocamento transversal (na direção de y) [L];
$\theta(x)$ → rotação da seção transversal por flexão (em torno do eixo z) [R].

No caso de grelhas, o deslocamento transversal $v(x)$ tem a direção do eixo local z e a rotação $\theta(x)$ se dá em torno do eixo y (Figura 2.15). Para grelhas, também aparece:

$\varphi(x)$ → rotação por torção (em torno do eixo x) [R].

Os deslocamentos axiais $u(x)$ e transversais $v(x)$ de uma barra definem uma curva chamada *elástica*. Em pórticos planos e vigas, o sentido positivo do deslocamento transversal $v(x)$ é o do eixo local y e o sentido positivo da rotação por flexão $\theta(x)$ é o anti-horário. Isso é exemplificado para uma viga engastada e em balanço mostrada na Figura 5.2, na qual a elástica está indicada pela linha tracejada desenhada em uma escala exageradamente ampliada.

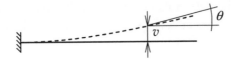

Figura 5.2 Elástica de uma viga engastada e em balanço com deslocamento transversal e rotação indicados com seus sentidos positivos.

Considerando que os deslocamentos são pequenos, pode-se aproximar a rotação da seção transversal pela tangente da elástica. Dessa forma, pode-se associar o deslocamento transversal à rotação da seção transversal em uma equação que também é considerada uma relação de compatibilidade:

$$\theta = \frac{dv}{dx} \tag{5.1}$$

5.1.1. Deformações axiais

Uma barra submetida a solicitações axiais centradas (cuja resultante passa pelo centro de gravidade da seção transversal) apresenta uma deformação axial tal que todos os pontos de uma seção transversal têm os mesmos deslocamentos na direção axial. Uma consequência disso é que as seções transversais de uma barra submetida a uma deformação axial permanecem planas, como indica a Figura 5.3. Tal condição garante a continuidade de deslocamentos no interior da barra.

A deformação axial é obtida com base no deslocamento axial relativo, du, entre duas seções transversais que distam dx entre si (Figura 5.3). A deformação é igual à razão entre a variação de comprimento do elemento infinitesimal e seu comprimento inicial:

$$\varepsilon_x^a = \frac{du}{dx} \tag{5.2}$$

Nessa equação:
$dx \to$ comprimento original de um elemento infinitesimal de barra [L];
$du \to$ deslocamento axial (longitudinal) relativo interno de um elemento infinitesimal de barra [L];
$\varepsilon_x^a \to$ deformação normal na direção longitudinal devida ao efeito axial [ ].

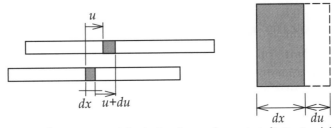

Figura 5.3 Deslocamento axial relativo de um elemento infinitesimal de barra.

5.1.2. Deformações normais por flexão

A teoria de vigas de Navier (1785-1836) está fundamentada em duas hipóteses básicas. A primeira delas é a *hipótese de manutenção das seções transversais planas* quando a viga se deforma, proposta originalmente por Jacob Bernoulli (1654-1705). A segunda hipótese despreza deformações provocadas por efeitos de cisalhamento. De acordo com tais hipóteses, as seções transversais de uma viga que se deforma à flexão permanecem planas e normais ao eixo deformado da viga. Observe que essa condição também garante uma continuidade de deslocamentos em todos os pontos interiores de uma barra que sofre flexão, pois cada seção transversal permanece encaixada com suas adjacentes.

A manutenção das seções transversais planas e normais ao eixo deformado da barra introduz uma condição de compatibilidade que relaciona deformações normais por flexão com a rotação da seção transversal. Considere a rotação relativa por flexão, $d\theta$, de um elemento infinitesimal de barra indicada na Figura 5.4.

Cada fibra do elemento infinitesimal é definida por uma coordenada y. Quando se consideram pequenos deslocamentos, a variação de comprimento de uma fibra genérica é $\delta = d\theta \cdot y$. A deformação normal por flexão é dada pela razão entre δ e o comprimento inicial da fibra, dx:

$$\varepsilon_x^f = -\frac{d\theta}{dx} \cdot y \tag{5.3}$$

Nessa equação:

$d\theta \rightarrow$ rotação relativa interna por flexão de um elemento infinitesimal de barra [R];
$\varepsilon_x^f \rightarrow$ deformação normal na direção axial ou longitudinal devida ao efeito de flexão [ ].

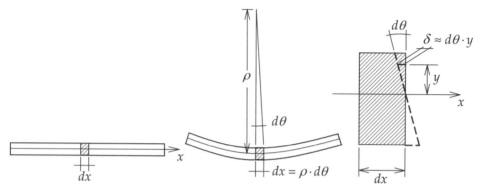

Figura 5.4 Rotação relativa por flexão de um elemento infinitesimal de barra.

Na Equação 5.3, o sinal negativo aparece porque uma fibra superior (y positivo) sofre deformação por encurtamento (negativa) quando $d\theta$ é positiva (anti-horária). O sinal negativo da equação considera uma deformação positiva (alongamento) para uma fibra inferior (y negativo), com $d\theta$ positiva.

Observe na Figura 5.4 a relação $dx = \rho \cdot d\theta$ entre o raio de curvatura ρ do eixo da barra e o comprimento do elemento infinitesimal de barra. Disso resulta:

$$\frac{d\theta}{dx} = \frac{1}{\rho} \tag{5.4}$$

em que:

$1/\rho \rightarrow$ curvatura da elástica transversal $v(x)$ da barra [L^{-1}];
$\rho \rightarrow$ raio de curvatura da elástica transversal $v(x)$ da barra [L].

A deformação normal por flexão de um fibra, dada pela Equação 5.3, também pode ser escrita em função da curvatura da barra:

$$\varepsilon_x^f = -\frac{y}{\rho} \tag{5.5}$$

Em outras palavras, a deformação normal por flexão em uma fibra genérica é proporcional à distância da fibra ao eixo x e à curvatura $1/\rho$ da barra.

A partir da Equação 5.3, considerando a relação entre o deslocamento transversal $v(x)$ e a rotação da seção transversal $\theta(x)$ dada pela Equação 5.1, pode-se escrever:

$$\varepsilon_x^f = -\frac{d^2v}{dx^2} \cdot y \tag{5.6}$$

A Equação 5.6 é uma relação de compatibilidade entre o deslocamento transversal de uma barra e suas deformações normais por flexão.

Combinando a Equação 5.1 com a Equação 5.4, observa-se que existe uma relação entre a curvatura e a derivada à segunda da elástica transversal $v(x)$ em relação a x:

$$\frac{1}{\rho} = \frac{d^2v}{dx^2} \tag{5.7}$$

Essa equação é aproximada e é válida somente na condição de pequenos deslocamentos. A expressão completa da curvatura de uma curva para grandes flechas $v(x)$ é (Féodosiev, 1977):

$$\frac{1}{\rho} = \frac{d^2v/dx^2}{\left[1+\left(\frac{dv}{dx}\right)^2\right]^{3/2}} \tag{5.8}$$

Observa-se que, para pequenas inclinações dv/dx da curva, a curvatura da Equação 5.8 se aproxima à fornecida pela Equação 5.7 para pequenos deslocamentos.

5.1.3. Distorções por efeito cortante

O efeito cortante em uma barra provoca o empenamento da seção transversal, como indicado na Figura 5.5, e a distribuição de distorções de cisalhamento não é uniforme ao longo da seção.

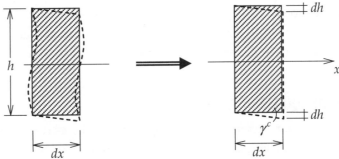

Figura 5.5 Deslocamento transversal relativo por efeito cortante em um elemento infinitesimal de barra.

Esse efeito é considerado aproximadamente ao se adotar uma distorção de cisalhamento média na seção transversal (Timoshenko & Gere, 1994; Féodosiev, 1977). A distorção de cisalhamento por efeito cortante é representada de forma integral através do deslocamento transversal relativo (Figura 5.5):

$$\gamma^c = \frac{dh}{dx} \tag{5.9}$$

em que:
$\gamma^c \rightarrow$ distorção de cisalhamento por efeito cortante (efeito integral na seção transversal) [ ];
$dh \rightarrow$ deslocamento transversal relativo interno de um elemento infinitesimal de barra [L].

Entretanto, conforme dito anteriormente, no caso de barras usuais (com comprimento muito maior do que a altura h da seção transversal), as deformações provocadas por efeitos cortantes são desprezadas porque as deflexões associadas a deformações por cisalhamento são pequenas na presença das deflexões provocadas por efeitos de flexão.

5.1.4. Distorções por torção

Uma barra submetida a uma solicitação de torção apresenta distorções de cisalhamento (Féodosiev, 1977). No caso de seções transversais com simetria radial (círculos ou anéis circulares), como indicado na Figura 5.6, as distorções são proporcionais ao raio r do ponto na seção, não ocorrendo o empenamento da seção (Timoshenko & Gere, 1994), isto é, nesses casos, é válida a hipótese de manutenção das seções transversais planas.

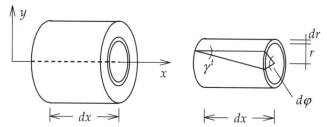

Figura 5.6 Distorção por torção em um elemento infinitesimal de barra com seção circular.

A relação entre a rotação relativa por torção $d\varphi$ em um elemento infinitesimal de barra e a correspondente distorção de cisalhamento pode ser obtida ao se observar, na Figura 5.6, que $\gamma^t \cdot dx = r \cdot d\varphi$. Dessa forma, tem-se:

$$\gamma^t = \frac{d\varphi}{dx} \cdot r \qquad (5.10)$$

Nessa equação:
$\gamma^t \to$ distorção de cisalhamento por efeito de torção (seção com simetria radial) [ ];
$d\varphi \to$ rotação relativa por torção de um elemento infinitesimal de barra [R];
$r \to$ raio que define a posição de um ponto no interior da seção circular [L].

No caso de uma seção transversal que não apresenta simetria radial, ocorre um empenamento quando a barra é solicitada à torção. Nesse caso, a distorção não depende somente do giro relativo entre seções mas também de efeitos locais. Para considerar a distorção por torção de forma integral no nível da seção transversal, é feita uma aproximação, considerando-se ainda a manutenção das seções transversais planas (Féodosiev, 1977). Isso será abordado na Seção 5.4.4.

5.2. RELAÇÕES DIFERENCIAIS DE EQUILÍBRIO EM BARRAS

O modelo matemático adotado para a representação do comportamento de estruturas reticuladas considera que as condições de equilíbrio devem ser satisfeitas para a estrutura como um todo, para cada barra ou nó isolado, ou para qualquer porção isolada da estrutura. Isso inclui o equilíbrio de um elemento infinitesimal de barra. Nesta seção, serão indicadas relações diferenciais que resultam do equilíbrio considerado em nível infinitesimal para uma barra de pórtico plano. Conforme mencionado anteriormente, esse modelo matemático baseia-se na teoria de vigas de Navier para barras submetidas à flexão, acrescida da consideração de efeitos axiais.

Para deduzir as relações de equilíbrio para um elemento infinitesimal de barra, adotam-se direções positivas de cargas distribuídas e esforços internos. A convenção de sinais para esforços internos adotada neste livro está descrita na Seção 3.6. A Figura 5.7 isola um elemento infinitesimal de barra e indica os sentidos positivos para forças distribuídas e esforços internos.

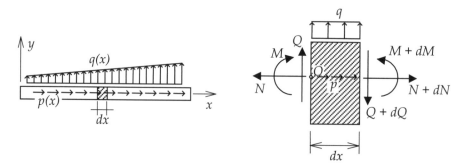

Figura 5.7 Equilíbrio de um elemento infinitesimal de barra e direções positivas adotadas para cargas distribuídas e esforços internos.

Na Figura 5.7, as seguintes entidades são apresentadas:

$p(x) \to$ taxa de carregamento força longitudinal distribuído na barra [F/L];
$q(x) \to$ taxa de carregamento força transversal distribuído na barra [F/L];
$N(x) \to$ esforço normal (esforço interno axial ou longitudinal) [F];
$Q(x) \to$ esforço cortante (esforço interno transversal de cisalhamento) [F];
$M(x) \to$ momento fletor (esforço interno de flexão) [F·L].

O equilíbrio de forças no elemento infinitesimal nas direções horizontal e vertical, considerando as direções positivas indicadas na Figura 5.7, resulta em:

$$\sum F_x = 0 \to dN + p(x) \cdot dx = 0 \to \frac{dN}{dx} = -p(x) \tag{5.11}$$

$$\sum F_y = 0 \to -dQ + q(x) \cdot dx = 0 \to \frac{dQ}{dx} = q(x) \tag{5.12}$$

O equilíbrio de momentos em relação ao ponto O do elemento infinitesimal (Figura 5.7), desprezando os termos de mais alta ordem, proporciona a seguinte relação:

$$\sum M_O = 0 \to dM - (Q + dQ) \cdot dx + q(x) \cdot \frac{dx^2}{2} = 0 \to \frac{dM}{dx} = Q(x) \tag{5.13}$$

As Equações 5.12 e 5.13 podem ser combinadas, resultando em uma relação de equilíbrio entre o momento fletor em uma seção transversal e a taxa de carregamento transversal distribuído:

$$\frac{d^2M}{dx^2} = q(x) \tag{5.14}$$

5.3. EQUILÍBRIO ENTRE TENSÕES E ESFORÇOS INTERNOS

A formulação geral do modelo matemático para o comportamento de barras também considera relações de equilíbrio, no nível da seção transversal da barra, que associam tensões com esforços internos.

As Seções 5.1.1 e 5.1.2 mostram que os efeitos axiais e de flexão provocam deformações normais na direção longitudinal da barra. Como consequência, aparecem tensões normais longitudinais devidas a esses dois efeitos, como indica a Figura 5.8.

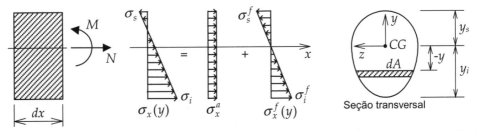

Figura 5.8 Decomposição das tensões normais longitudinais em parcelas devidas aos efeitos axial e de flexão.

As tensões indicadas na Figura 5.8 são:
$\sigma_x^a \to$ tensão normal na seção transversal da barra devida ao efeito axial [F/L²];
$\sigma_x^f \to$ tensão normal na seção transversal da barra devida à flexão [F/L²].

Tais tensões devem estar em equilíbrio com o esforço normal e o momento fletor na seção transversal, isto é, as resultantes das tensões normais longitudinais, integradas ao longo da seção transversal, devem ser iguais ao esforço normal e ao momento fletor na seção transversal.

Na Figura 5.8, é considerado um caso de flexão composta reta. A flexão é composta quando é combinada com o efeito axial. A flexão é reta quando ocorre em torno de um dos eixos principais da seção transversal (no caso, o eixo z), tendo como consequência que cada fibra identificada por uma ordenada y apresenta um valor constante de tensão normal. Também é indicado na Figura 5.8 que as tensões normais longitudinais variam linearmente ao longo da altura da seção transversal. Essa distribuição linear se deve a dois fatores. Primeiro, conforme apresentado nas Seções 5.1.1 e 5.1.2, pela hipótese da manutenção das seções transversais planas, as deformações normais longitudinais variam linearmente ao longo da altura da seção. O segundo fator é a consideração de um comportamento linear para o material.

Pela Figura 5.8, vê-se que, para o efeito axial, as tensões são constantes ao longo da seção transversal e, para o efeito de flexão pura, as tensões normais são nulas na fibra do centro de gravidade (CG) da seção. Dessa forma, as relações de equilíbrio entre as tensões normais longitudinais e o esforço normal e o momento fletor são:

$$\int_A \sigma_x^f dA = 0 \;\Rightarrow\; N = \int_A \sigma_x^a dA \;\rightarrow\; N = \sigma_x^a \cdot A \tag{5.15}$$

$$\int_A y \cdot \sigma_x^a dA = 0 \;\Rightarrow\; M = \int_A (-y) \cdot \sigma_x^f dA \tag{5.16}$$

Na Equação 5.15 tem-se:
$A \rightarrow$ área da seção transversal $[L^2]$.

O sinal negativo que aparece na Equação 5.16 deve-se à convenção de sinais adotada: uma tensão normal positiva (tração) em uma fibra inferior (y negativo) provoca um momento fletor positivo (como indicado na Figura 5.8).

Analogamente, as tensões cisalhantes devidas ao efeito cortante devem estar em equilíbrio com o esforço cortante. As tensões cisalhantes nesse caso estão na direção do eixo transversal y. Como mencionado na Seção 5.1.3, o efeito cortante é, em geral, desprezado na determinação de deformações. Quando levado em conta, isso é feito de forma aproximada, considerando uma tensão cisalhante média ao longo da seção e uma *área efetiva para cisalhamento* (Timoshenko & Gere, 1994; Féodosiev, 1977):

$$Q = \int_A \tau_y^c dA \rightarrow Q = \tau_y^m \cdot \frac{A}{\chi} \tag{5.17}$$

em que:
$\tau_y^c \rightarrow$ componente da tensão de cisalhamento pontual na direção y $[F/L^2]$;
$\tau_y^m \rightarrow$ tensão de cisalhamento média por efeito cortante (direção y) $[F/L^2]$;
$\chi \rightarrow$ fator de forma que define a área efetiva para cisalhamento [ ].

O fator de forma χ considera a distribuição não uniforme de tensões de cisalhamento na seção transversal associadas ao esforço cortante. Esse fator tem valor 1.2 para seções retangulares, 10/9 para uma seção circular e aproximadamente 1 para uma grande variedade de perfis com forma "I" (White et al., 1976).

Finalmente, deve ser considerado o equilíbrio entre o momento torçor na seção transversal da barra e as correspondentes tensões de cisalhamento. A Figura 5.9 apresenta a convenção de sinais para o momento torçor: a seta dupla indica um momento em torno do eixo x, que é positivo quando "sai" da seção transversal.

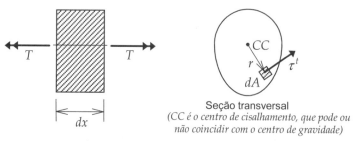

Figura 5.9 Momento torçor em um elemento infinitesimal de barra e correspondente tensão de cisalhamento.

O efeito de torção, como visto na Seção 5.1.4, provoca distorções de cisalhamento, com correspondentes tensões cisalhantes. No caso de seções transversais com simetria radial (círculos e anéis), as tensões cisalhantes por efeito de torção são tangenciais (perpendiculares ao raio). No caso geral, entretanto, a distribuição de tensões cisalhantes por torção depende da forma da seção transversal. O equilíbrio entre essas tensões e o momento torçor na seção transversal estabelecem que o produto vetorial do vetor raio r pelo vetor tensão cisalhante τ^t em um ponto da seção (Figura 5.9), integrado ao longo da seção, deve ser igual ao momento torçor:

$$T = \int_A \left| \vec{r} \times \vec{\tau^t} \right| dA \tag{5.18}$$

em que:
$T \rightarrow$ momento torçor (esforço interno de torção) [F·L];
$r \rightarrow$ raio de um ponto (distância ao centro de cisalhamento da seção transversal) [L];
$\tau^t \rightarrow$ tensão de cisalhamento pontual por efeito de torção [F/L^2].

5.4. DESLOCAMENTOS RELATIVOS INTERNOS

A seção anterior mostrou que os esforços internos (esforço normal, esforço cortante, momento fletor e momento torçor) em uma seção transversal representam resultantes de tensões internas integradas ao longo da seção. O modelo matemático adotado para o comportamento de barras permite que as deformações tenham representações integrais no nível de seção transversal. Essas representações têm significado físico e são chamadas de *deslocamentos relativos internos*.

Na verdade, os deslocamentos relativos internos já foram introduzidos na Seção 5.1 e são resumidos a seguir:
$du \rightarrow$ deslocamento axial (longitudinal) relativo interno de um elemento infinitesimal de barra (Figura 5.3) [L];
$d\theta \rightarrow$ rotação relativa interna por flexão de um elemento infinitesimal de barra (Figura 5.4) [R];
$dh \rightarrow$ deslocamento transversal relativo interno de um elemento infinitesimal de barra (Figura 5.5) [L];
$d\varphi \rightarrow$ rotação relativa interna por torção de um elemento infinitesimal de barra (Figura 5.6) [R].

Com base nas relações entre deformações e deslocamentos em barras (Seção 5.1), nas relações das leis constitutivas do material (Seção 4.1.3) e nas relações de equilíbrio em tensões na seção transversal e esforços internos (Seção 5.3), é possível estabelecer relações entre os deslocamentos relativos internos e os esforços internos.

5.4.1. Deslocamento axial relativo interno provocado por esforço normal

Para o efeito axial, usando as Equações 5.15, 4.3 e 5.2, tem-se que o deslocamento relativo interno provocado por um esforço normal atuando em um elemento infinitesimal de barra (Figura 5.10) é igual a:

$$N = \sigma_x^a \cdot A = E \cdot \varepsilon_x^a \cdot A \rightarrow N = EA \frac{du}{dx} \rightarrow du = \frac{N}{EA} dx \tag{5.19}$$

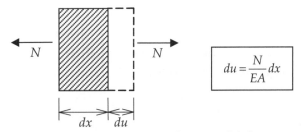

Figura 5.10 Deslocamento axial relativo de um elemento infinitesimal de barra provocado por esforço normal.

5.4.2. Rotação relativa interna provocada por momento fletor

Para o efeito de flexão, usando as Equações 5.16, 4.3 e 5.3, tem-se uma relação entre o momento fletor e a rotação relativa de um elemento infinitesimal de barra (Figura 5.11):

$$M = \int_A (-y) \cdot \sigma_x^f dA = \int_A (-y) \cdot E \cdot \varepsilon_x^f dA = \int_A (-y) \cdot E \cdot \left(-\frac{d\theta}{dx} y\right) dA \to M = EI \frac{d\theta}{dx} \tag{5.20}$$

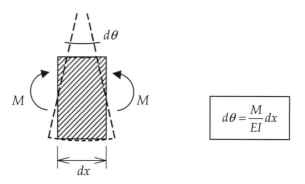

Figura 5.11 Rotação relativa interna por flexão de um elemento infinitesimal de barra provocada por momento fletor.

Na Equação 5.20, aparece um parâmetro geométrico de seção transversal para o comportamento à flexão de barras: $I = \int_A y^2 dA \to$ momento de inércia à flexão da seção transversal em relação ao eixo z [L^4].

O momento de inércia à flexão da seção transversal é uma propriedade geométrica que depende de sua orientação com respeito ao plano onde ocorre a flexão da barra. A orientação da seção transversal é importante para a resistência à flexão de uma barra. Por exemplo, a Figura 5.12 mostra uma viga biapoiada com seção transversal retangular de duas orientações: uma em pé e outra deitada. A barra com a seção em pé vai apresentar deformações por flexão menores (menor curvatura) do que com a seção deitada.

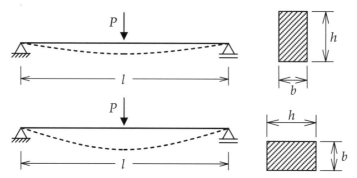

Figura 5.12 Comparação entre configurações deformadas de viga biapoiada com seção retangular em pé e deitada.

A resistência à flexão é maior quanto maior o momento de inércia da seção transversal. O momento de inércia quantifica um "afastamento" de pontos da seção em relação ao eixo neutro (eixo que passa pelo centro de gravidade da seção). Por isso, uma seção em forma de "I" (em pé) é eficiente para a resistência à flexão.

Existem inúmeros manuais e livros que apresentam fórmulas e tabelas de valores de momentos de inércia (e de outras propriedades geométricas) para diversos tipos de seções transversais.

A partir da Equação 5.20, a rotação relativa interna por flexão é dada por:

$$d\theta = \frac{M}{EI} dx \tag{5.21}$$

Uma importante relação entre a curvatura da viga e o momento fletor é obtida a partir das Equações 5.4 e 5.21:

$$\frac{1}{\rho} = \frac{M}{EI} \tag{5.22}$$

A relação entre o momento fletor e a curvatura de uma barra dada pela Equação 5.22 é abordada na convenção de sinais adotada (Seção 3.6). Essa relação é explorada na Seção 5.10 para relacionar o aspecto da curva elástica com o diagrama de momentos fletores.

5.4.3. Deslocamento transversal relativo interno provocado por esforço cortante

O deslocamento transversal relativo interno provocado por um esforço cortante (Figura 5.13) é considerado de forma aproximada de acordo com as Equações 5.17, 4.6 e 5.9:

$$Q = \tau_y^m \cdot \frac{A}{\chi} = G \cdot \gamma^c \cdot \frac{A}{\chi} = G \cdot \frac{dh}{dx} \cdot \frac{A}{\chi} \rightarrow Q = G \frac{A}{\chi} \cdot \frac{dh}{dx} \rightarrow dh = \chi \frac{Q}{GA} dx \qquad (5.23)$$

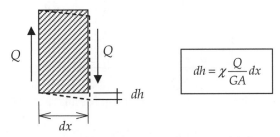

Figura 5.13 Deslocamento transversal relativo de um elemento infinitesimal de barra provocado por esforço cortante.

5.4.4. Rotação relativa interna provocada por momento torçor

Para o efeito de torção, no caso de seções transversais circulares ou anelares, a rotação relativa interna provocada por um momento torçor pode ser obtida com base nas Equações 5.18, 4.6 e 5.10:

$$T = \int_A \tau^t \cdot r dA = \int_A G\gamma^t \cdot r dA = \int_A G \frac{d\varphi}{dx} r \cdot r dA \rightarrow T = GJ_p \frac{d\varphi}{dx} \rightarrow d\varphi = \frac{T}{GJ_p} dx \qquad (5.24)$$

em que:

$J_p = \int_A r^2 dA \rightarrow$ momento polar de inércia da seção transversal circular ou anelar [L⁴].

Para seções transversais sem simetria radial (caso geral), ocorre um empenamento da seção quando solicitada à torção. Como dito na Seção 5.1.4, é feita uma aproximação de forma a considerar o efeito de torção de forma integral para a seção transversal. Isso resulta em uma propriedade da seção transversal equivalente ao momento polar de inércia, chamada de *momento de inércia à torção*, que depende da forma da seção. A rotação relativa interna provocada por um momento torçor em um elemento infinitesimal de barra (Figura 5.14), considerando essa propriedade da seção transversal, é:

$$d\varphi = \frac{T}{GJ_t} dx \qquad (5.25)$$

em que:

$J_t \rightarrow$ momento de inércia à torção da seção transversal [L⁴].

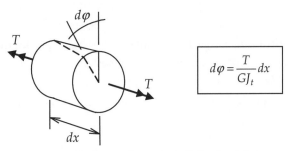

Figura 5.14 Rotação relativa interna por torção de um elemento infinitesimal de barra provocada por momento torçor.

Livros-texto da área definem expressões ou tabelas para o momento de inércia à torção em função do tipo de seção transversal. Pode-se citar, por exemplo, o livro de Süssekind (1977-2) e o de Féodosiev (1977). Uma característica importante dessa propriedade geométrica de seções transversais é que os valores para perfis de paredes abertas são muito baixos quando comparados com perfis de paredes fechadas (tubos). Isso pode ser entendido com base na distribuição de tensões de cisalhamento provocadas por torção nesses dois tipos de seção transversal. A Figura 5.15 mostra duas seções transversais com mesmas dimensões, sendo a seção da esquerda um perfil aberto e a da direita um perfil fechado.

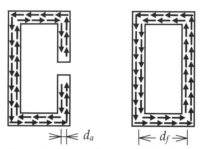

Figura 5.15 Comparação entre distribuição de tensões de cisalhamento devidas à torção de barras com perfil aberto e fechado.

Como indicado na Figura 5.9, o momento torçor que atua em uma seção transversal está associado a tensões de cisalhamento. A distribuição de tensões de cisalhamento ao longo da seção é caracterizada por um "fluxo de tensões de cisalhamento" que depende da forma da seção (McGuire, 1968). Observa-se, na Figura 5.15, que o fluxo de tensões de cisalhamento no perfil aberto é interrompido pela abertura na seção, enquanto, na seção fechada, o fluxo circula pelo anel do perfil, mantendo o mesmo sentido tangencial. Para um dado valor do momento torçor atuante, as intensidades das tensões cisalhantes geradas dependem do "braço de alavanca" entre tensões de cisalhamento em pontos da seção: quanto maior o braço de alavanca, menor a intensidade das tensões. No caso do perfil aberto, o braço de alavanca d_a é da ordem de grandeza da espessura do perfil. Já no perfil fechado, o braço de alavanca d_f é da ordem de grandeza das dimensões globais da seção transversal. Portanto, as tensões de cisalhamento geradas no perfil aberto são muito maiores do que as geradas no perfil fechado. O mesmo ocorre para as distorções provocadas por torção. Por isso, a capacidade de resistência à torção dos perfis fechados é muito maior do que a dos perfis abertos.

Féodosiev (1977) faz uma interessante comparação, com base na chamada analogia da membrana atribuída a Prandtl, entre o comportamento de barras com seções transversais abertas e fechadas submetidas a torção.

5.4.5. Deslocamentos relativos internos provocados por variação de temperatura

Variações de temperatura provocam deformações em estruturas que estão associadas à dilatação ou ao encolhimento de seu material. A variação de temperatura pode ser uniforme ou apresentar gradientes térmicos. No caso de estruturas reticuladas, as diversas barras podem ter variações distintas de temperatura. É possível, também, que uma barra tenha variação de temperatura entre a face inferior e a superior. Esta seção define o modelo idealizado usualmente para representar as deformações provocadas por variações de temperatura em barras.

Tal modelo considera o efeito isolado de variações de temperatura em barras, sem considerar deformações provocadas pelos esforços internos causados pelos efeitos térmicos. Portanto, pode-se dizer que o modelo descrito corresponde às deformações livres que uma estrutura isostática sofre pelo efeito térmico, uma vez que variações de temperatura não provocam esforços internos em uma estrutura isostática. Conforme comentado no capítulo anterior (Seção 4.5), por ter o número exato de vínculos para ser estável, uma estrutura isostática não oferece resistência para acomodar um alongamento ou encurtamento associado a uma variação de temperatura. Isso significa que a variação de temperatura provoca deformações sem que apareçam esforços em uma estrutura isostática. Por outro lado, variações de temperatura em estruturas hiperestáticas provocam deformações e esforços internos.

No caso de barras, as deformações provocadas pelo efeito térmico são caracterizadas pelos deslocamentos relativos internos devidos à variação de temperatura:

$du^T \to$ deslocamento axial relativo interno devido à variação de temperatura [L];
$d\theta^T \to$ rotação relativa interna por flexão devida à variação de temperatura [R].

Por hipótese, considera-se que o deslocamento transversal relativo interno devido à variação de temperatura é nulo ($dh^T = 0$).

Considere inicialmente um exemplo simples de uma viga biapoiada que sofre um aquecimento uniforme de temperatura $T[\Theta]$, como indicado na Figura 5.16. O material apresenta um coeficiente de dilatação térmica $\alpha [\Theta^{-1}]$.

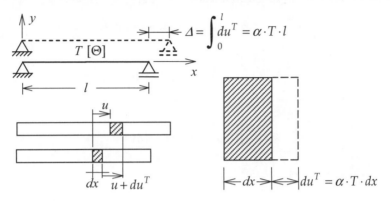

Figura 5.16 Viga biapoiada com variação uniforme de temperatura.

Nesse caso, a variação de comprimento de um elemento infinitesimal de barra (de comprimento inicial dx) é:

$$du^T = \alpha \cdot T \cdot dx$$

Agora, considere o caso de uma viga que sofre um aquecimento $+T[\Theta]$ nas fibras inferiores e um resfriamento $-T[\Theta]$ nas fibras superiores, como indicado na Figura 5.17.

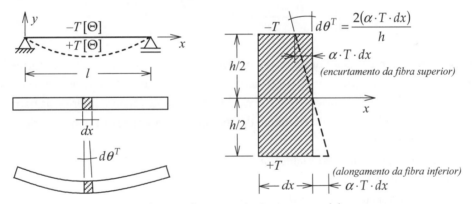

Figura 5.17 Viga biapoiada com variação transversal de temperatura.

A viga tem uma seção transversal tal que o centro de gravidade (por onde passa o eixo longitudinal x) se situa no meio da altura h da seção. Para pequenos deslocamentos, um ângulo em radianos pode ser aproximado à sua tangente. Portanto, com base na Figura 5.17, a rotação relativa interna por flexão devida a essa variação transversal de temperatura é:

$$d\theta^T = \frac{\alpha \cdot 2T}{h} dx$$

No caso geral, indicado na Figura 5.18, as fibras superiores e inferiores da barra sofrem variações diferentes de temperatura e o centro de gravidade se situa em uma posição qualquer ao longo da altura da seção transversal, definida por sua distância $\overline{y}$ em relação à base da seção. Para a definição dos deslocamentos relativos internos devidos a uma variação genérica de temperatura, são adotadas as seguintes hipóteses, além de $dh^T = 0$:

- A temperatura varia linearmente ao longo da altura da seção transversal (da fibra inferior para a superior). A variação de temperatura da fibra inferior é ΔT_i e a da fibra superior é ΔT_s. A consequência dessa hipótese é que a seção transversal da barra permanece plana com a deformação provocada pela variação de temperatura (considerando um material homogêneo).
- O deslocamento axial relativo interno devido à variação de temperatura (du^T) corresponde ao alongamento ou encurtamento da fibra que passa pelo centro de gravidade da seção transversal. A variação de temperatura nessa fibra (ΔT_{CG}) é obtida por interpolação linear de ΔT_i e ΔT_s.

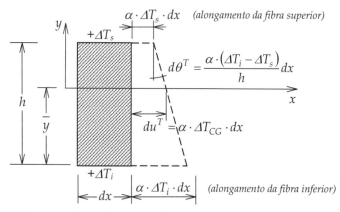

Figura 5.18 Deformação de um elemento infinitesimal de barra por variação de temperatura.

Com base na Figura 5.18, os deslocamentos relativos internos para uma variação genérica de temperatura são:

$$du^T = \alpha \cdot \Delta T_{CG} \cdot dx \tag{5.26}$$

$$d\theta^T = \frac{\alpha \cdot (\Delta T_i - \Delta T_s)}{h} dx \tag{5.27}$$

O sinal da rotação relativa interna da Equação 5.27 depende dos valores de ΔT_i e ΔT_s. Conforme indicado na Figura 5.18, quando ΔT_i é maior que ΔT_s (no sentido algébrico), $d\theta^T$ tem sentido anti-horário e é convencionada positiva. Visto de outra maneira, o sinal de $d\theta^T$ é positivo quando existe alongamento da fibra inferior da barra em relação à fibra superior. O sinal é negativo quando existe encurtamento da fibra inferior em relação à fibra superior. Os parâmetros que aparecem nas Equações 5.26 e 5.27 são:

$\alpha \rightarrow$ coeficiente de dilatação térmica do material [Θ^{-1}];

$h \rightarrow$ altura da seção transversal da barra [L];

$\Delta T_i \rightarrow$ variação de temperatura na fibra inferior da barra [Θ];

$\Delta T_s \rightarrow$ variação de temperatura na fibra superior da barra [Θ];

$\Delta T_{CG} \rightarrow$ variação de temperatura na fibra do centro de gravidade da seção transversal da barra [Θ].

5.5. TENSÕES NORMAIS PROVOCADAS POR EFEITOS AXIAL E DE FLEXÃO

As Seções 5.1.1, 5.1.2 e 5.3 mostram que, na idealização do comportamento de barras, o efeito axial e o efeito de flexão provocam deformações e tensões normais à seção transversal. Portanto, os efeitos axial e de flexão se sobrepõem para a distribuição de tensões normais ao longo da seção transversal, como indicado na Figura 5.8.

O efeito axial provoca uma distribuição uniforme de tensões normais. Da Equação 5.15, tem-se:

$$\sigma_x^a = \frac{N}{A} \tag{5.28}$$

A distribuição de tensões normais provocada por flexão é linear e é obtida utilizando a relação entre tensões normais e deformações normais, dada pela Equação 4.3, e a relação entre a deformação normal por flexão e a curvatura, dada pela Equação 5.5:

$$\sigma_x^f(y) = -E\frac{y}{\rho} \tag{5.29}$$

Utilizando a Equação 5.22, chega-se à expressão para a distribuição de tensões normais provocada por um momento fletor M em uma seção transversal:

$$\sigma_x^f(y) = -\frac{M \cdot y}{I} \tag{5.30}$$

Com base na Equação 5.30, pode-se determinar a tensão no bordo inferior e a tensão no bordo superior de uma seção transversal submetida a um momento fletor:

$$\sigma_s^f = -\frac{M \cdot y_s}{I} = -\frac{M}{W_s} \tag{5.31}$$

$$\sigma_i^f = +\frac{M \cdot y_i}{I} = +\frac{M}{W_i} \tag{5.32}$$

Nas Equações 5.31 e 5.32, o sinal do momento fletor M é positivo quando traciona as fibras inferiores (convenção usual adotada) e os seguintes parâmetros são definidos (Figura 5.8):

$\sigma_s^f \rightarrow$ tensão normal por flexão no bordo superior da seção transversal [F/L²];
$\sigma_i^f \rightarrow$ tensão normal por flexão no bordo inferior da seção transversal [F/L²];
$y_s \rightarrow$ máxima distância do bordo superior à linha neutra que passa pelo centro de gravidade da seção transversal [L];
$y_i \rightarrow$ máxima distância do bordo inferior à linha neutra que passa pelo centro de gravidade da seção transversal [L];
$W_s = I/y_s \rightarrow$ módulo de resistência à flexão superior da seção transversal [L³];
$W_i = I/y_i \rightarrow$ módulo de resistência à flexão inferior da seção transversal [L³].

A distribuição da tensão normal na seção transversal resultante do efeito axial combinado com efeito de flexão é obtida a partir das Equações 5.28 e 5.30:

$$\sigma_x(y) = \frac{N}{A} - \frac{M \cdot y}{I} \tag{5.33}$$

Finalmente, têm-se as tensões normais do efeito combinado nos bordos da seção transversal:

$$\sigma_s = \frac{N}{A} - \frac{M}{W_s} \tag{5.34}$$

$$\sigma_i = \frac{N}{A} + \frac{M}{W_i} \tag{5.35}$$

em que (Figura 5.8):

$\sigma_s \rightarrow$ tensão normal combinando os efeitos axial e de flexão no bordo superior da seção transversal [F/L²];
$\sigma_i \rightarrow$ tensão normal combinando os efeitos axial e de flexão no bordo inferior da seção transversal [F/L²].

5.6. EQUAÇÃO DIFERENCIAL PARA O COMPORTAMENTO AXIAL

O comportamento axial de uma barra pode ser consolidado em uma equação diferencial que leva em conta, para um elemento infinitesimal de barra, as relações de equilíbrio, compatibilidade e lei constitutiva do material. A Equação 5.11 expressa o equilíbrio do elemento infinitesimal de barra, relacionando o gradiente do esforço interno axial $N(x)$ com a taxa de força axial distribuída aplicada $p(x)$. A Equação 5.2 estabelece uma relação de compatibilidade entre a deformação normal axial $\varepsilon_x^a(x)$ e o deslocamento axial $u(x)$. E a Equação 4.3, da lei constitutiva do material, relaciona tensão normal $\sigma_x^a(x)$ com deformação normal $\varepsilon_x^a(x)$, ambas na direção axial.

As relações de compatibilidade e lei constitutiva estão combinadas na Equação 5.19 — $N(x) = EA(x) \cdot du/dx$ –, em que E é o módulo de elasticidade do material e $A(x)$ é a área da seção transversal, que pode variar ao longo do comprimento da barra. Essa equação também considera a relação de equilíbrio $N(x) = \sigma_x^a(x) \cdot A(x)$ entre tensão normal e o esforço interno axial (Equação 5.15).

A substituição da Equação 5.19 na Equação 5.11 resulta na equação diferencial do comportamento axial:

$$\frac{d}{dx}\left[EA(x)\frac{du}{dx}\right] = -p(x) \tag{5.36}$$

Para uma barra prismática (com área de seção transversal que não varia ao longo de seu comprimento), tem-se:

$$\frac{d^2u}{dx^2} = -\frac{p(x)}{EA} \tag{5.37}$$

Com base na Equação 5.37, observa-se que uma barra com seção transversal constante e sem carregamento axial tem um deslocamento axial que varia linearmente.

5.7. EQUAÇÃO DE NAVIER PARA O COMPORTAMENTO À FLEXÃO

O comportamento de vigas à flexão foi formalizado no início do século XIX por Navier. As relações diferenciais de equilíbrio e compatibilidade mostradas neste capítulo para o comportamento à flexão de vigas fazem parte dessa formalização, a chamada *teoria de vigas de Navier*. A Figura 5.19 faz um resumo de todas as expressões associadas a essa teoria, mostrando o relacionamento entre elas.

Essa teoria, que despreza deformações devidas ao efeito cortante, estabelece uma equação diferencial que relaciona os deslocamentos transversais $v(x)$ de uma viga com a taxa de carregamento distribuído transversalmente $q(x)$. Para se chegar a essa equação diferencial, primeiro é obtida uma relação entre o momento fletor na seção transversal e a segunda derivada do deslocamento transversal em relação a x. Isso é deduzido utilizando as Equações 5.7 e 5.22, considerando o caso geral de momento de inércia I variável ao longo da barra:

$$\frac{d^2v}{dx^2} = \frac{M(x)}{EI(x)} \tag{5.38}$$

A Equação 5.38 relaciona o momento fletor em uma seção transversal da viga com a curvatura da viga, que pode ser aproximada por d^2v/dx^2 no caso de pequenos deslocamentos.

Combinando a Equação 5.38 com a Equação 5.14, chega-se a:

$$\frac{d^2}{dx^2}\left[EI(x)\frac{d^2v}{dx^2}\right] = q(x) \tag{5.39}$$

No caso em que a barra é prismática (momento de inércia I da seção transversal constante ao longo da barra), tem-se:

$$\frac{d^4v}{dx^4} = \frac{q(x)}{EI} \tag{5.40}$$

TEORIA DE VIGAS DE NAVIER

Hipóteses básicas:
(a) Deslocamentos são pequenos em relação às dimensões da seção transversal.
(b) Desprezam-se deformações por cisalhamento (barras longas, isto é, comprimento é bem maior do que a altura da seção).
(c) Seções transversais permanecem planas e normais ao eixo da barra quando esta se de forma (hipótese de Bernoulli).
(d) Material tem comportamento elástico-linear (lei de Hooke).

Parâmetros envolvidos:
$E \to$ módulo de elasticidade do material
$A \to$ área da seção transversal
$dA \to$ área infinitesimal de uma fibra da seção transversal
$I = \int y^2 dA \to$ momento de inércia da seção transversal em relação ao eixo z
$q \to$ taxa de carregamento distribuído transversal ao eixo da barra (positiva na direção de y)
$Q \to$ esforço cortante (positivo quando entrando pela esquerda for na direção de y, ou quando entrando pela direita for contrário a y)
$M \to$ momento fletor (positivo quando traciona as fibras inferiores da seção transversal)
$v \to$ deslocamento transversal (positivo na direção de y)
$\theta \to$ rotação da seção transversal por flexão (positiva no sentido anti-horário)
$d\theta \to$ rotação relativa interna por flexão de um elemento infinitesimal de barra
$\delta \to$ variação de comprimento de uma fibra genérica dada por y
$\varepsilon_x^f \to$ deformação normal na direção longitudinal de uma fibra devida ao efeito de flexão
$\sigma_x^f \to$ tensão normal na direção longitudinal da barra devida ao efeito de flexão

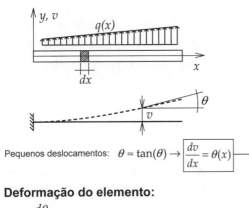

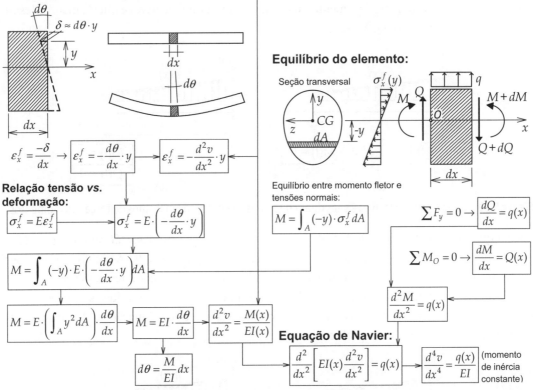

Figura 5.19 Resumo da teoria de vigas de Navier.

A Equação 5.39, ou sua outra versão (Equação 5.40) para inércia constante, é chamada de *equação de Navier*. Essa equação engloba, no nível de um elemento infinitesimal de barra, todas as condições que o modelo estrutural tem de atender. As Equações 5.1 e 5.3 consideram condições de compatibilidade; a Equação 4.3 considera a lei constitutiva do material; a Equação 5.14 considera condições de equilíbrio entre carregamento transversal distribuído, esforço cortante e momento fletor; e a Equação 5.16 considera o equilíbrio entre tensões normais e momento fletor.

Pode-se, ainda, considerar a relação que existe entre o deslocamento transversal e o esforço cortante em uma barra, obtida pelas Equações 5.13 e 5.38, considerando I constante:

$$\frac{d^3v}{dx^3} = \frac{Q(x)}{EI} \qquad (5.41)$$

5.8. COMPARAÇÃO ENTRE VIGAS ISOSTÁTICAS E HIPERESTÁTICAS

Na Seção 4.5, é feita uma comparação entre o comportamento de estruturas isostáticas e hiperestáticas. Nesta seção, tal estudo é aprofundado para vigas isostáticas e vigas hiperestáticas com base na equação de Navier. Essa comparação baseia-se em notas de aula do professor Jorge de Mello e Souza em um curso de nivelamento para ingresso no mestrado em engenharia civil da PUC-Rio em 1978.

Considere, por exemplo, as vigas isostáticas mostradas na Figura 5.20. A análise do equilíbrio de um elemento infinitesimal de barra resultou na Equação 5.14, que relaciona o momento fletor $M(x)$ em uma seção transversal da barra com a taxa de carregamento transversal distribuído $q(x)$. Essa equação integrada duas vezes em relação a x ao longo da viga fornece:

$$M(x) = \iint q(x) dx^2 + b_1 x + b_0 \qquad (5.42)$$

As constantes de integração b_0 e b_1 ficam definidas pelas condições de contorno em termos de forças ou momentos nas extremidades das vigas. A viga biapoiada da Figura 5.20-a apresenta duas condições de contorno em momentos (momentos fletores nulos nas extremidades): $M(0) = 0$ e $M(l) = 0$. E a viga engastada e livre da Figura 5.20-b apresenta uma condição de contorno em momento (momento fletor nulo na extremidade livre) e outra em força (esforço cortante nulo na extremidade livre): $M(l) = 0$ e $Q(l) = 0$.

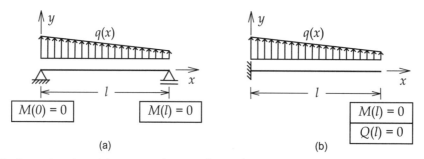

Figura 5.20 Duas vigas isostáticas e suas duas condições de contorno em termos de forças ou momentos.

Como, pela Equação 5.13, $dM/dx = Q(x)$, pode-se concluir que as duas vigas isostáticas da Figura 5.20 têm condições de contorno suficientes para a determinação das constantes de integração b_0 e b_1. Assim, os momentos fletores e os esforços cortantes ficam definidos nas vigas isostáticas utilizando somente condições de equilíbrio.

No caso de vigas hiperestáticas, como as indicadas na Figura 5.21, não existem duas condições de equilíbrio em forças ou momentos disponíveis para a determinação das constantes b_0 e b_1 da Equação 5.42. Portanto, utilizando somente equilíbrio, não é possível resolver o problema.

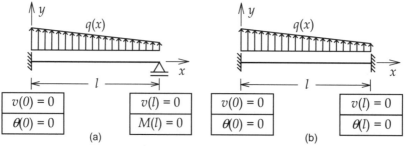

Figura 5.21 Duas vigas hiperestáticas e suas quatro condições de contorno em termos de deslocamentos transversais ou de suas derivadas.

Entretanto, as condições de compatibilidade e leis constitutivas devem ser consideradas para resolver as vigas hiperestáticas. Essas outras condições estão incluídas na equação de Navier (Equação 5.40). Considerando que tais vigas têm módulo de elasticidade E e momento de inércia I da seção transversal constantes, a equação de Navier integrada quatro vezes em relação a x ao longo da viga fornece:

$$v(x) = \iiiint \frac{q(x)}{EI} dx^4 + c_3 x^3 + c_2 x^2 + c_1 x + c_0 \tag{5.43}$$

Considerando as Equações 5.1 e 5.38, observa-se que existem para as vigas da Figura 5.21 quatro condições de contorno em termos de deslocamentos transversais $v(x)$ ou de uma de suas derivadas $dv/dx = \theta(x)$ e $d^2v/dx^2 = M(x)/EI$; portanto, é possível determinar as quatro constantes de integração da Equação 5.43. Uma vez integrada essa equação e com o conhecimento das constantes de integração, os esforços internos (momentos fletores e esforços cortantes) podem ser encontrados pelas Equações 5.38 e 5.41.

Na verdade, os métodos básicos da análise estrutural não resolvem vigas hiperestáticas dessa maneira relativamente complexa. A indicação da solução dessa forma é feita apenas para demonstrar que, para resolver uma estrutura hiperestática, é sempre necessário considerar, além do equilíbrio, as condições de compatibilidade entre deslocamentos e deformações e a lei constitutiva do material.

5.9. A ESSÊNCIA DA ANÁLISE DE ESTRUTURAS RETICULADAS

A seção anterior fez uma comparação entre vigas isostáticas e hiperestáticas simples (apenas um vão) com respeito às condições que o modelo estrutural tem de atender. Esse estudo pode ser generalizado para quadros planos, o que é feito nesta seção. Para tanto, algumas definições, baseadas no livro de White *et al.* (1976), serão feitas a seguir.

Considere uma estrutura reticulada (isostática ou hiperestática) submetida a um conjunto de cargas (F):
$(F) \rightarrow$ campo de forças externas (solicitações e reações de apoio) atuando sobre uma estrutura.

Essas forças externas geram um conjunto de forças internas (f):
$(f) \rightarrow$ campo de esforços internos (N, M, Q) associados (em equilíbrio) com (F).

As forças externas e os esforços internos formam um sistema denominado:
$(F, f) \rightarrow$ sistema de forças, com forças externas (F) e esforços internos (f) em equilíbrio.

O sistema de forças (F, f) caracteriza o comportamento de uma estrutura quanto às condições de equilíbrio. Como visto nas Seções 4.1 e 4.5, no caso de uma estrutura hiperestática, para um dado campo de forças externas (F), existem infinitas distribuições de esforços internos que satisfazem as condições de equilíbrio. No caso de uma estrutura isostática, só existe uma possível distribuição de esforços internos que satisfaz o equilíbrio.

Isso pode ser exemplificado para as estruturas mostradas na Figura 5.22 com base no que é exposto na Seção 4.5. O campo de forças externas (F) nessas estruturas é formado pela carga P aplicada e pelas correspondentes reações de apoio. Os esforços internos são os correspondentes diagramas de esforço normal, esforço cortante e momento fletor. Na figura, só são mostrados diagramas de momentos fletores.

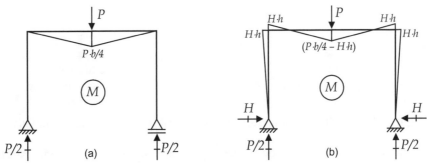

Figura 5.22 Quadros isostático (a) e hiperestático (b), reações de apoio e diagramas de momentos fletores.

O quadro isostático da Figura 5.22-a só tem um possível diagrama de momentos fletores que satisfaz as condições de equilíbrio. Entretanto, considerando apenas condições de equilíbrio, o quadro hiperestático da Figura 5.22-b tem infinitos possíveis valores para as reações de apoio horizontais H, isto é, existem infinitos diagramas de momentos fletores válidos satisfazendo o equilíbrio.

Pode-se resumir isso da seguinte maneira:
- Uma estrutura estaticamente indeterminada apresenta infinitos sistemas de forças (F, f) que satisfazem as condições de equilíbrio. Uma estrutura estaticamente determinada só tem um possível sistema de forças (F, f).

O fato de uma estrutura isostática só ter um único sistema de forças (F, f) que satisfaz as condições de equilíbrio traz como consequência que os esforços internos e as reações de apoio nesse tipo de estrutura independem das propriedades constitutivas dos materiais e das características geométricas das seções transversais. Em outras palavras, a distribuição de esforços em estruturas isostáticas independe da rigidez relativa de seus elementos estruturais. Por outro lado, a distribuição de esforços em uma estrutura hiperestática depende das dimensões relativas entre seções transversais de suas barras e da rigidez relativa entre os materiais que compõem os membros da estrutura.

Para caracterizar uma estrutura quanto às condições de compatibilidade, as seguintes entidades são definidas:
$(D) \rightarrow$ campo de deslocamentos externos (elástica) de uma estrutura;
$(d) \rightarrow$ campo de deslocamentos relativos internos $(du, d\theta, dh)$ compatíveis com (D).

Os deslocamentos relativos internos (d) caracterizam as deformações internas de uma estrutura para um elemento infinitesimal de barra, como indica a Seção 5.4. Os deslocamentos relativos internos podem ser interpretados como *deformações internas generalizadas*, definidas no nível de seção transversal.

Os deslocamentos externos e os deslocamentos relativos internos formam um sistema denominado:
$(D, d) \rightarrow$ configuração deformada com deslocamentos externos (D) e deslocamentos relativos internos (d) compatíveis.

Por definição, para uma dada estrutura, não existe nenhuma relação de causa-efeito entre um sistema de forças (F, f) e uma configuração deformada (D, d), isto é, forças e deslocamentos não estão associados. As únicas restrições são: (F, f) tem de satisfazer o equilíbrio e (D, d) tem de satisfazer a compatibilidade.

As estruturas, em geral, têm infinitas configurações deformadas (D, d) válidas, isto é, que satisfazem as condições de compatibilidade. Quando isso ocorre, a configuração deformada é dita *cinematicamente indeterminada*.

Por exemplo, a Figura 5.23 apresenta configurações deformadas de um quadro isostático e de um quadro hiperestático. Nos dois casos, qualquer configuração deformada que satisfaça as condições de compatibilidade com respeito aos vínculos externos e as condições de continuidade interna é válida. Não é difícil identificar que existem infinitas configurações deformadas válidas.

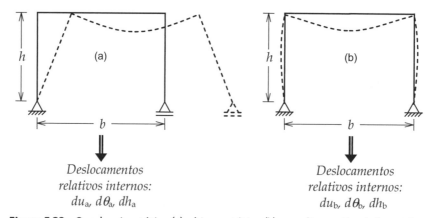

Figura 5.23 Quadros isostático (a) e hiperestático (b) e configurações deformadas.

Não se deve confundir uma configuração deformada cinematicamente determinada com uma estrutura estaticamente determinada. As configurações deformadas de estruturas isostáticas, como a da Figura 5.23-a, são cinematicamente indeterminadas.

Existem casos particulares de estruturas que só têm uma configuração deformada (*D, d*) possível. Nesse caso, a configuração deformada é dita *cinematicamente determinada*. Um exemplo desse tipo de configuração deformada é o sistema hipergeométrico (estrutura auxiliar utilizada na metodologia do método dos deslocamentos) apresentado na Seção 4.2.2. Geralmente, uma configuração deformada cinematicamente determinada não corresponde a uma estrutura real, mas a uma abstração sobre o comportamento de uma estrutura durante o processo de análise, como no caso de um sistema hipergeométrico (isso será visto em detalhes no Capítulo 10, sobre o método dos deslocamentos).

Com base nas definições anteriores, pode-se fazer a seguinte afirmação com respeito a uma estrutura hiperestática:

- Uma estrutura hiperestática tem infinitos sistemas de forças (*F, f*) que satisfazem o equilíbrio e infinitas configurações deformadas (*D, d*) que satisfazem a compatibilidade. No entanto, só existe uma solução para o problema: aquela que satisfaz simultaneamente o equilíbrio e a compatibilidade.

No caso de uma estrutura isostática, como só existe um possível sistema de forças (*F, f*) que satisfaz o equilíbrio, este também está associado a uma solução que satisfaz a compatibilidade. Pode-se fazer a seguinte afirmação sobre uma estrutura isostática:

- Uma estrutura isostática só tem um sistema de forças (*F, f*) que satisfaz o equilíbrio, e a correspondente configuração deformada (*D, d*) satisfaz automaticamente a compatibilidade.

Intuitivamente, isso pode ser entendido se for considerado que uma estrutura isostática tem o número exato de vínculos para ser estável. Como visto na Seção 4.5, essa característica faz com que a estrutura isostática se acomode a modificações de posição de vínculos externos ou a mudanças de vínculos internos sem exercer nenhuma resistência. Assim sendo, a estrutura isostática sempre satisfaz automaticamente as condições de compatibilidade.

Pode-se observar que a análise de estruturas hiperestáticas é mais complexa, pois as seções transversais não são conhecidas na fase inicial do projeto. Dessa forma, a análise e o dimensionamento de estruturas hiperestáticas muitas vezes são realizados em ciclos. No primeiro ciclo são adotadas dimensões iniciais para as seções baseadas em algum tipo de heurística ou em experiência. Em cada ciclo subsequente, parte-se de dimensões para seções do ciclo anterior, faz-se uma análise para obter a distribuição de esforços e executa-se o dimensionamento. O processo converge quando um ciclo não modifica dimensões de seções do ciclo anterior.

Por outro lado, a estrutura hiperestática proporciona um controle, dentro de certos limites, sobre a distribuição dos esforços internos, conforme discutido na Seção 4.5. De maneira geral, membros estruturais mais rígidos (tanto no que se refere a seções transversais com dimensões maiores quanto a materiais mais rígidos) tendem a atrair mais esforços internos. Isso depende de muitos fatores, e uma argumentação um pouco mais profunda sobre tal característica de estruturas hiperestáticas será feita na próxima seção.

Os dois métodos básicos da análise estrutural, foco principal deste livro, diferem quanto à estratégia adotada para chegar à solução da estrutura, que deve satisfazer simultaneamente a condições de equilíbrio e de compatibilidade:

- O método das forças, também chamado de método da compatibilidade, tem como estratégia procurar, dentre todos os sistemas de forças (*F, f*) que satisfazem o equilíbrio, aquele que também faz com que a compatibilidade seja satisfeita.
- O método dos deslocamentos, também chamado de método do equilíbrio, tem como estratégia procurar, dentre todas as configurações deformadas (*D, d*) que satisfazem a compatibilidade, aquela que também faz com que o equilíbrio seja satisfeito.

Pode-se observar que não faz sentido procurar a solução de uma estrutura estaticamente determinada (isostática) pelo método das forças, pois só existe um sistema de forças (*F, f*) válido para esse tipo de estrutura. De maneira análoga, não faz sentido procurar a solução de uma estrutura cinematicamente determinada pelo método dos deslocamentos, pois só existe uma configuração deformada (*D, d*) válida para esse tipo de estrutura (que praticamente não existe como estrutura real).

É interessante observar que o método dos deslocamentos resolve uma estrutura isostática da mesma maneira que resolve uma estrutura hiperestática porque, em geral, todas as estruturas são cinematicamente indeterminadas (infinitas configurações deformadas válidas).

5.10. ANÁLISE QUALITATIVA DE DIAGRAMAS DE ESFORÇOS INTERNOS E CONFIGURAÇÕES DEFORMADAS EM VIGAS

O projeto e a análise de estruturas formam uma atividade que, muitas vezes, pode ser trabalhosa, mesmo no caso de estruturas isostáticas para as quais apenas considerações sobre equilíbrio estático são necessárias para determinar a distribuição de esforços na estrutura. No caso de estruturas hiperestáticas, o desafio é maior ainda porque a distribuição de esforços depende de dimensões das seções transversais dos membros estruturais, que não são conhecidas *a priori*, conforme comentado anteriormente.

Tanto no caso de análise de estruturas isostáticas quanto no de estruturas hiperestáticas, o processo pode ser facilitado se o analista estrutural tiver uma noção dos aspectos dos diagramas de esforços internos que resultam da análise. Em algumas situações, uma análise aproximada pode ser executada com base nos aspectos dos diagramas. Por exemplo, a partir do aspecto do diagrama de momentos fletores de uma estrutura hiperestática, pode-se identificar seções transversais nas quais o momento fletor é nulo e transformar a estrutura em uma estrutura isostática através da introdução de rótulas em algumas dessas seções. Dessa forma, se poderia analisar com uma aproximação razoável a estrutura hiperestática utilizando somente condições de equilíbrio. O livro de White, Gergely e Sexsmith (1976) contém um capítulo dedicado a esse tipo de análise.

Esta seção, bastante motivada por esses autores, apresenta características dos diagramas de esforços internos e da configuração deformada de vigas. Essas características podem auxiliar o traçado aproximado dos diagramas. As características apresentadas baseiam-se principalmente nas relações diferenciais da idealização do comportamento de barras à flexão resumidas neste capítulo.

Tal apresentação inicia-se com os aspectos dos diagramas de esforços cortantes e momentos fletores de uma viga biapoiada com duas forças concentradas, indicados na Figura 5.24. São ressaltados o relacionamento entre esses diagramas e a relação deles com o carregamento.

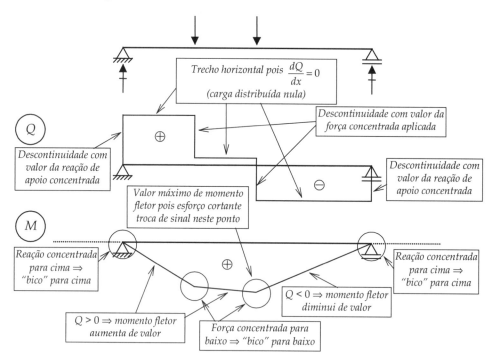

Figura 5.24 Características dos diagramas de esforços cortante e de momentos fletores para uma viga biapoiada com duas forças concentradas.

Observa-se, na Figura 5.24, que o diagrama de esforços cortantes apresenta patamares horizontais e que o diagrama de momentos fletores é formado por uma linha poligonal (trechos lineares). Isso se deve aos trechos descarregados entre reações de apoio e cargas aplicadas. Em cada trecho, com base nas Equações 5.12 e 5.13, tem-se que o esforço cortante é constante ($dQ/dx = 0$) e o momento fletor varia linearmente ($dM/dx = Q$).

Também com base nas mesmas relações diferenciais, nos pontos onde atua uma força transversal concentrada (tanto reação de apoio quanto carga aplicada), o diagrama de esforços cortantes da Figura 5.24 apresenta descontinuidades, e o diagrama de momento fletores apresenta "bicos", isto é, pontos onde há uma mudança de inclinação. Observe que as descontinuidades do diagrama de esforços cortantes, quando percorrido da esquerda para a direita, assumem o valor e o sentido da força atuante: nos apoios onde atuam reações para cima, o salto do diagrama é para cima; e, nos pontos que têm forças aplicadas para baixo, o salto é para baixo. Além disso, observe que os "bicos" do diagrama de momentos fletores seguem os sentidos das forças concentradas: reação força para cima nos apoios implica "bico" para cima (imaginando um diagrama com prolongamento nulo fora do domínio da viga, indicado pela linha pontilhada), e força aplicada para baixo resulta em "bico" para baixo. Observa-se que a inclinação do diagrama de momentos fletores está relacionada com o sinal do esforço cortante no trecho: quando o esforço cortante é positivo, o momento fletor aumenta de intensidade da esquerda para a direita; quando o esforço cortante é negativo, o momento fletor diminui de intensidade. Finalmente, verifica-se que o valor máximo de momento fletor ocorre na seção transversal onde ocorre a mudança de sinal do diagrama de esforços cortantes.

As Equações 5.12 e 5.13 também fornecem subsídios para o entendimento dos aspectos dos diagramas de esforços cortantes e de momentos fletores de uma viga biapoiada com balanços submetida a uma força uniformemente distribuída para baixo, como ilustrado na Figura 5.25.

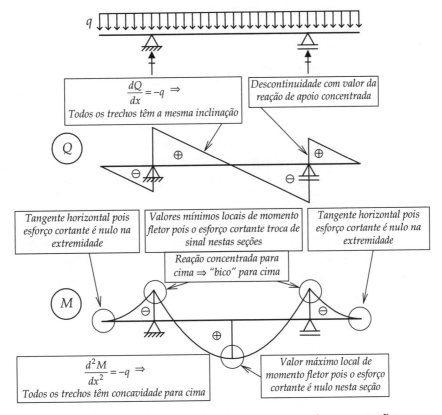

Figura 5.25 Características dos diagramas de esforços cortante e de momentos fletores para uma viga biapoiada com balanços submetida a uma força uniformemente distribuída.

O diagrama de esforços cortantes mostrado na Figura 5.25 apresenta um aspecto de "serrilhado" cujos trechos têm todos a mesma inclinação, que decresce da esquerda para a direita, pois $dQ/dx = -q$ (carga para baixo). As descontinuidades desse diagrama nos apoios apresentam o valor das reações de apoio e têm o sentido para cima porque as reações têm essa direção. Associado a isso, o diagrama de momentos fletores tem "bicos" para cima nos pontos dos apoio. No vão entre apoios, o diagrama de momentos fletores apresenta um máximo local na seção transversal onde o esforço cortante é nulo, pois $dM/dx = Q$. Os valores de momento fletor nas seções transversais dos apoios correspondem a valores de mínimos, pois o esforço cortante nessas seções troca de sinal negativo para positivo (percorrendo da esquerda para a direita). Também por causa da relação $dM/dx = Q$, o diagrama de momentos fletores apresenta tangentes horizontais na extremidade livre dos balanços porque, nessas seções transversais, o esforço cortante é nulo. Finalmente, observa-se que todos os trechos do diagrama de momentos fletores apresentam concavidade para cima. Como o diagrama de momentos fletores é desenhado de forma invertida (valores positivos para baixo), a concavidade para cima está associada a $d^2M/dx^2 < 0$. De fato, considerando que a carga uniformemente distribuída é voltada para baixo, e portanto negativa, pela Equação 5.14 tem-se $d^2M/dx^2 = -q$.

Os aspectos dos diagramas de esforços cortantes e momentos fletores dos exemplos anteriores de vigas biapoiadas foram analisados levando em conta apenas relações diferenciais de equilíbrio – Equações 5.12, 5.13 e 5.14. Uma importante relação diferencial, que envolve equilíbrio e compatibilidade em nível infinitesimal, traz também subsídios para identificar o aspecto do diagrama de momentos fletores. É a relação entre a segunda derivada da elástica e o momento fletor, dada pela Equação 5.38, ou entre a curvatura da elástica e o momento fletor, dada pela Equação 5.22:

$$\frac{d^2v}{dx^2} = \frac{1}{\rho} = \frac{M}{EI}$$

Nessa relação, ρ é o raio de curvatura, $v(x)$ é o deslocamento transversal (elástica), $M(x)$ é o momento fletor, e EI é o parâmetro de rigidez à flexão da viga (produto do módulo de elasticidade do material pelo momento de inércia à flexão da seção transversal). A associação entre curvatura (ou concavidade) da elástica e o momento fletor é importante porque é possível identificar intuitivamente o aspecto da elástica para alguns modelos estruturais, como vigas contínuas e pórticos simples. Isso ajuda no traçado do aspecto do diagrama de momentos fletores. Por exemplo, quando a concavidade da elástica é para cima ($d^2v/dx^2 > 0$), o momento fletor é positivo. Isso é consistente com o que se observa na Seção 3.6, que associa um momento fletor positivo à tração nas fibras inferiores da barra e à compressão nas fibras superiores (concavidade para cima ou convexidade para baixo) – Figura 3.21. Quando a concavidade é para baixo ($d^2v/dx^2 < 0$), ocorre o inverso: fibras superiores tracionadas e momento fletor negativo.

Outra observação importante é que, nas seções transversais da barra onde ocorre mudança de concavidade (raio de curvatura ρ tende a infinito), a concavidade tem valor nulo e o momento fletor também é nulo. Os pontos de uma barra onde isso ocorre são chamados de *pontos de inflexão*.

Na identificação intuitiva do aspecto da elástica, a equação de Navier (Equação 5.40), para barras com inércia constante, também pode fornecer algum subsídio. Para o caso de trechos de barras sem carregamento transversal, tem-se que $d^2M/dx^2 = 0$ e $d^4v/dx^4 = 0$, isto é, para trechos descarregados, o momento fletor varia linearmente (observado anteriormente) e o deslocamento transversal varia cubicamente (polinômio do terceiro grau que satisfaz $d^4v/dx^4 = 0$). Portanto, *em um trecho descarregado de barra, não pode ocorrer mais do que um ponto de inflexão* (isso é uma propriedade de um polinômio do terceiro grau).

Para esclarecer esse fato, considere, como exemplo, a viga biapoiada mostrada na Figura 5.26, sem carregamento transversal e com momentos aplicados nas extremidades (White *et al.*, 1976).

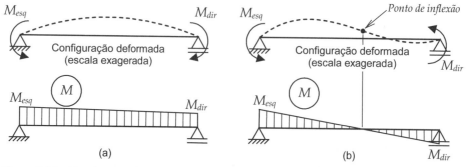

Figura 5.26 Viga biapoiada com momentos aplicados nas extremidades (White *et al.*, 1976): (a) única concavidade; (b) mudança de concavidade.

Na viga da Figura 5.26-a, os momentos aplicados têm sentidos opostos e provocam uma flexão na viga com uma única concavidade, tracionando as fibras na face superior. Por outro lado, os momentos aplicados na viga da Figura 5.26-b têm o mesmo sentido, o que provoca uma flexão com mudança de concavidade, tracionando as fibras superiores na extremidade esquerda e as fibras inferiores na extremidade direita. Em ambas as situações, o momento fletor varia linearmente ao longo da viga, contudo no primeiro caso ele não troca de sinal e no segundo caso troca de sinal. Observa-se que, no ponto de inflexão, na seção transversal onde ocorre a mudança de concavidade da viga da Figura 5.26-b, o momento fletor é nulo.

Os exemplos mostrados na Figura 5.26 são hipotéticos e servem apenas para entender o comportamento da elástica e do diagrama de momentos fletores em um vão descarregado. Em geral, os vãos de uma viga contínua ou as vigas de um pórtico são solicitados por forças verticais para baixo associadas ao peso próprio ou a cargas acidentais e de ocupação. É interessante, portanto, saber o aspecto da elástica e do diagrama de momentos fletores para tais situações. A Figura 5.27 ilustra dois exemplos de um vão (uma viga biapoiada) com momentos fletores nas extremidades tracionando as fibras superiores. Essa situação é muito comum em vigas contínuas e em pórticos.

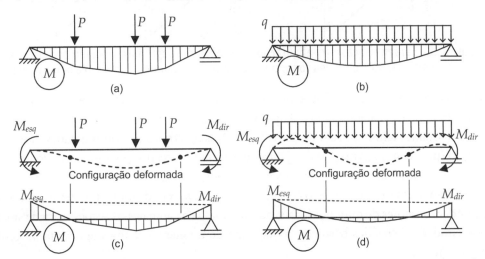

Figura 5.27 Viga biapoiada com momentos aplicados nas extremidades e cargas verticais para baixo.

Nas Figuras 5.27-a e 5.27-b são mostradas duas vigas biapoiadas com cargas verticais para baixo e sem momentos aplicados nas extremidades. Na primeira, três forças concentradas são aplicadas e, na segunda, uma força uniformemente distribuída abrangendo todo o vão é aplicada. Pelo fato de todas as cargas aplicadas terem sentido para baixo, os correspondentes diagramas de momentos fletores mostrados são positivos, isto é, tracionam as fibras inferiores em todas as seções transversais.

Nas Figuras 5.27-c e 5.27-d, as mesmas cargas verticais são superpostas às cargas momento aplicadas nas extremidades da viga da Figura 5.26-a. As configurações deformadas resultantes das superposições de cargas estão indicadas com uma escala de deslocamentos exagerada, e os diagramas de momentos fletores resultantes também são mostrados. Os diagramas são obtidos pela superposição do diagrama trapezoidal da Figura 5.26-a com os diagramas das Figuras 5.27-a e 5.27-b, isto é, os diagramas finais são obtidos "pendurando" o diagrama de viga biapoiada a partir da linha reta que faz o fechamento das ordenadas do diagrama nas extremidades (Seção 3.7.3.3). Observa-se que, nos dois exemplos, embora a curva elástica possa ter diferentes aspectos, existem dois pontos de inflexão (círculos pretos indicados nas figuras), que correspondem aos dois únicos possíveis pontos de interseção do diagrama "pendurado" com o eixo da viga. Pode haver uma situação na qual exista somente um ponto de inflexão, que seria quando o diagrama de viga biapoiada "pendurado" toca o eixo da viga em apenas um ponto. Em outra situação, não haveria ponto de inflexão algum, para o caso de o diagrama "pendurado" não interceptar o eixo da viga.

Pode-se concluir que, *em um vão com momentos fletores nas extremidades que tracionam fibras superiores e com cargas verticais para baixo no interior, não pode ocorrer mais do que dois pontos de inflexão*. Essa é uma situação bastante comum. Um exemplo é mostrado na Figura 5.28.

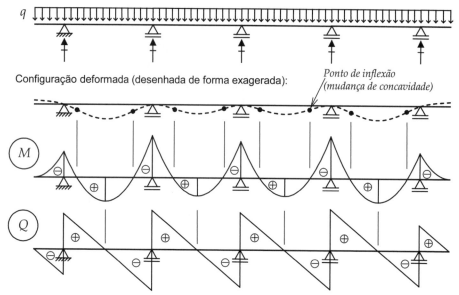

Figura 5.28 Características da configuração deformada, do diagrama de momentos fletores e do diagrama de esforços cortantes para uma viga contínua com balanços submetida a uma força uniformemente distribuída.

As mesmas observações feitas para os aspectos dos diagramas de esforços cortantes e de momentos fletores do exemplo da Figura 5.25 podem ser feitas para os diagramas da viga contínua da Figura 5.28. Como foi observado, o diagrama de esforços cortantes tem o aspecto de "serrilhado". Nos apoios, as descontinuidades desse diagrama têm o mesmo valor e sentido (para cima) das reações de apoio. Consistentemente, nos pontos dos apoios, o diagrama de momentos fletores apresenta "bicos" para cima. Nos vãos entre apoios, o diagrama de momentos fletores apresenta máximos locais nas seções transversais onde o esforço cortante é nulo. Os valores de momento fletor nas seções transversais dos apoios correspondem a valores de mínimos locais, pois o esforço cortante nessas seções troca de sinal negativo para positivo. E, nas extremidades livres dos balanços, o diagrama de momentos fletores apresenta tangentes horizontais porque o esforço cortante é nulo.

Essas observações são complementadas pelas características associadas da curva elástica da viga. Observa-se que, em cada um dos vãos internos, existem dois pontos de inflexão que correspondem às seções transversais onde os momentos fletores são nulos. Nesses pontos ocorre uma mudança de concavidade da elástica, e, nos trechos centrais dos vãos, a concavidade é para cima; e, nos trechos próximos aos apoios, a concavidade é para baixo. Isso é consistente com o fato de os momentos fletores serem positivos (tracionam as fibras inferiores) nos trechos centrais dos vãos e negativos (tracionam as fibras superiores) nos trechos próximos aos apoios.

Verifica-se, a partir das observações anteriores, que a identificação do aspecto da curva elástica de uma viga é muito importante para a identificação do aspecto do seu diagrama de momentos fletores. Em algumas situações, o traçado da elástica é bastante intuitivo. A Figura 5.29 ilustra isso com base em dois exemplos de vigas com apenas uma carga concentrada aplicada.

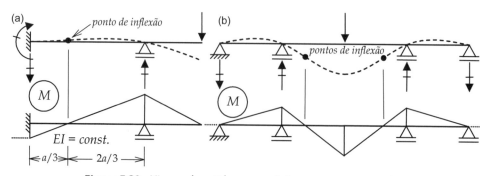

Figura 5.29 Vigas submetidas a uma única carga concentrada: aspectos das elásticas e dos diagramas de momentos fletores.

A viga da Figura 5.29-a tem um vão, entre o engaste e o apoio simples do 1º gênero, e um trecho em balanço. Uma força concentrada é aplicada para baixo na extremidade livre do balanço. O traçado intuitivo da curva elástica começa pelo balanço. A força para baixo provoca uma deflexão do balanço com a concavidade para baixo. A continuidade de rotação da elástica na seção transversal do apoio simples impõe que, nessa seção, a elástica tenha uma rotação no sentido horário. No outro lado do vão, o engaste impõe que a rotação da elástica seja nula. Observa-se que, obrigatoriamente, a curva elástica tem uma mudança de concavidade (ponto de inflexão) no vão entre apoios, pois a curva parte de uma tangente horizontal no engaste e chega na extremidade oposta do vão com uma rotação no sentido horário. Como esse vão é descarregado, não pode haver outro ponto de inflexão, e o diagrama de momentos fletores varia linearmente. A concavidade para cima da elástica próximo ao engaste indica que os momentos fletores tracionam as fibras inferiores nessa região, ao passo que a concavidade para baixo na segunda parte do vão e no balanço mostra que os momentos fletores tracionam as fibras superiores. Na seção transversal do apoio simples, o diagrama de momentos fletores tem de ser contínuo, mas apresenta uma mudança brusca de direção, isto é, um "bico" para cima. Todos os "bicos" desse diagrama são consistentes com os sentidos das forças verticais atuantes. Se for considerado que, fora do domínio da viga, o diagrama se prolonga com valores constantes (linhas pontilhadas na Figura 5.29-a), existem três "bicos". No engaste, a reação vertical e o "bico" são para baixo; no apoio simples, a reação vertical e o "bico" são para cima; e, na extremidade livre do balanço, a força vertical aplicada e o "bico" são para baixo. Observa-se também que o sentido horário da reação momento no engaste é consistente com um momento fletor que traciona as fibras inferiores nessa extremidade da viga.

Um fato interessante deve ser salientado com relação à viga da Figura 5.29-a. Em um vão descarregado, com rigidez à flexão *EI* constante, engastado em uma extremidade e com uma rotação da elástica na outra extremidade, o ponto de inflexão fica localizado a 1/3 do vão em relação ao engaste. Isso será demonstrado na Seção 6.5.

A viga contínua com apoios simples mostrada na Figura 5.29-b tem três vãos e uma força vertical aplicada no vão central. A identificação da elástica é simples se for imaginado que, em uma situação inicial, os apoios das extremidades da viga não existem. Nesse caso, a aplicação da força concentrada no vão central provocaria uma curva elástica que, por compatibilidade de rotação nos apoios do vão, teria balanços livres com deflexão para cima. Reintegrando os apoios das extremidades, a curva elástica seria forçada para baixo. Dessa forma, a elástica ganha concavidades para baixo nos vãos extremos. Também é intuitivo imaginar que as reações verticais nos apoios das extremidades são para baixo, pois forçam a elástica para baixo nos vãos extremos. O resultado é uma curva elástica com concavidades para baixo, na esquerda e na direita, e concavidade para cima, no centro. Os pontos de inflexão, onde mudam as concavidades, obrigatoriamente estão localizados no vão central. Isso pode ser concluído de algumas maneiras. Observe que o diagrama de momentos fletores nos vãos extremos é linear, pois eles estão descarregados. Nos apoios extremos, os momentos fletores são nulos, o que consome os únicos possíveis pontos de inflexão nesses vãos. As reações verticais para baixo provocam tração nas fibras superiores (consistente com as concavidades para baixo). Dessa forma, nas seções transversais dos apoios simples interiores que limitam o vão central, os momentos fletores tracionam as fibras superiores. A carga vertical aplicada para baixo no vão central faz com que dois pontos de inflexão apareçam no vão.

O diagrama de momentos fletores da viga da Figura 5.29-b é consistente com o aspecto da elástica e com as reações de apoio. Observa-se que o diagrama é uma linha poligonal cujos vértices estão associados a "eventos" de forças verticais. Cada "bico" da linha poligonal tem o mesmo sentido da correspondente força vertical. E os momentos fletores são nulos nos pontos onde ocorre mudança de concavidade da curva elástica. Isso é válido também para as extremidades da viga, que podem ser consideradas pontos de inflexão.

Outras situações em que o traçado intuitivo da elástica auxilia na identificação do aspecto do diagrama de momentos fletores são indicadas na Figura 5.30. Os exemplos dessa figura são vigas contínuas submetidas a um recalque de um dos apoios. As elásticas são traçadas com escala exagerada de deslocamentos. Os sentidos das reações verticais são consistentes com o recalque imposto e com as restrições impostas pelos outros apoios. Os diagramas de momentos fletores resultantes são formados por trechos lineares por vão. Os pontos de inflexão das elásticas correspondem com às seções transversais nas quais o momento fletor é nulo. E os "bicos" dos diagramas têm o mesmo sentido das reações verticais.

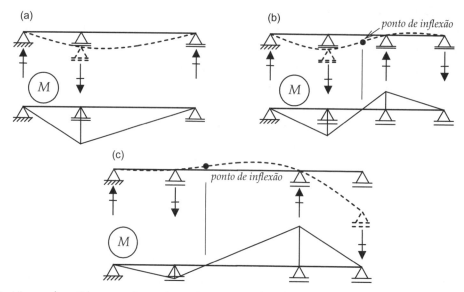

Figura 5.30 Vigas submetidas a recalques de apoio: aspectos das elásticas e dos diagramas de momentos fletores.

Os exemplos de vigas apresentados anteriormente nesta seção tratam apenas dos aspectos qualitativos da curva elástica e do diagrama de momentos fletores. A não ser em um único caso (Figura 5.29-a), não se tem informação precisa sobre a localização de pontos de inflexão. Embora a localização exata de pontos de inflexão não seja o objetivo desta seção, é possível ter mais subsídios para isso através de uma análise em que se varia a rigidez relativa à flexão dos vãos de uma viga contínua. Considere as vigas contínuas com dois vãos mostradas na Figura 5.31 (Figuras 5.31-b, 5.31-c e 5.31-d). O apoio da esquerda é um engaste e o apoio da direita é simples. A barra do primeiro vão apresenta um parâmetro de rigidez à flexão de referência ($EI = EI_r$) e está carregada com uma força vertical uniformemente distribuída. A barra do segundo vão está descarregada e tem três possibilidades para sua rigidez à flexão. Na Figura 5.31-b, a barra do segundo vão tem uma rigidez grande ($EI = EI_g > EI_r$); na Figura 5.31-c, a barra tem o valor de referência da rigidez ($EI = EI_r$); e, na Figura 5.31-d, a barra tem uma rigidez pequena ($EI = EI_p < EI_r$). Nas figuras, a barra do segundo vão é desenhada com diferentes espessuras para representar a rigidez relativa das três possibilidades.

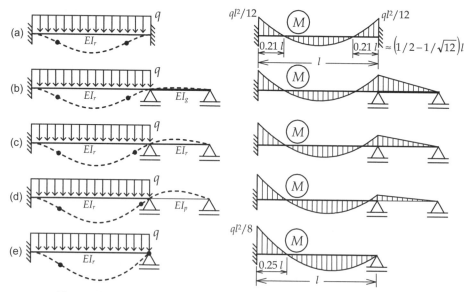

Figura 5.31 Vigas com variação da rigidez relativa à flexão entre vãos.

As Figuras 5.31-a e 5.31-e representam situações extremas para o comportamento da barra do primeiro vão. No primeiro caso, o nó da direita do vão é considerado engastado, representando uma rigidez infinita para a barra do segundo vão. No último caso, o nó da direita é considerado articulado (apoio simples), representando uma rigidez nula para a barra do segundo vão. Nas duas situações extremas, os valores exatos (para rigidez à flexão constante ao longo da barra) dos momentos fletores nas extremidades da barra estão indicados, assim como as posições das seções transversais nas quais os momentos fletores são nulos, que correspondem a pontos de inflexão.

É interessante observar como varia o diagrama de momentos fletores da barra do primeiro vão em função da variação de rigidez da barra do segundo vão. Vê-se que o momento fletor na seção transversal à direita aumenta com a rigidez da barra do segundo vão. Conforme comentado na seção anterior, *elementos estruturais mais rígidos tendem a atrair mais esforços internos* (White et al., 1976).

Observa-se também na sequência de situações mostradas (da Figura 5.31-a à Figura 5.31-e) que *pontos de inflexão se movem na direção de locais com rigidez reduzida e os deslocamentos se dão dentro de uma faixa bem limitada de valores* (White et al., 1976).

Conforme salientado na Seção 4.5, conclui-se que é possível, dentro de certos limites, controlar a distribuição de esforços em uma estrutura hiperestática variando a rigidez relativa de seus elementos estruturais. Por exemplo, com a variação da rigidez à flexão da barra do segundo vão, o momento fletor na seção transversal à esquerda do primeiro vão pode ser modificado. Entretanto, esse momento fletor sempre traciona as fibras superiores e está limitado entre dois valores ($ql^2/12$ e $ql^2/8$), que correspondem às situações extremas das Figuras 5.31-a e 5.31-e. Isso não é possível em uma estrutura isostática porque só existe uma possibilidade de distribuição de esforços internos: a única distribuição que satisfaz as condições de equilíbrio.

5.11. CONSIDERAÇÃO DE BARRAS INEXTENSÍVEIS

Uma simplificação comumente adotada na resolução manual de estruturas é a de que as barras não se deformam axialmente. Essa simplificação é chamada de *hipótese de barras inextensíveis* e está fundamentada no fato de que as barras usuais de um pórtico têm deformações axiais muito menores do que as deformações devidas ao efeito transversal de flexão. Um exemplo disso será mostrado na Seção 7.3.1.

Deve-se observar, quando se adota a hipótese de barras inextensíveis, que os resultados de uma análise estrutural podem diferir um pouco dos resultados sem a simplificação. Portanto, deve-se tomar cuidado com a adoção dessa hipótese, que só se justifica para a resolução manual de pórticos planos pequenos.

A consideração de barras sem deformação axial está sempre associada à hipótese de pequenos deslocamentos. A junção dessas duas hipóteses resulta em uma simplificação para o comportamento de barras que é explicada com o auxílio do exemplo da Figura 5.32.

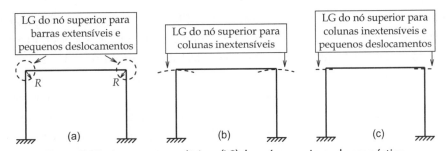

Figura 5.32 Lugares geométricos (LG) dos nós superiores de um pórtico.

As barras do pórtico da Figura 5.32-a são extensíveis, isto é, podem ter deformações axiais. Dessa maneira, os dois discos de raio R são os *lugares geométricos* (LGs) que definem as possíveis posições que os nós superiores do pórtico podem ocupar, sendo R pequeno o suficiente para que se possa adotar a hipótese de pequenos deslocamentos. A Figura 5.32-b mostra a restrição nos LGs dos nós superiores caso as colunas do pórtico sejam consideradas sem deformação axial. Com essa hipótese, a distância entre um nó superior e o nó correspondente na base não pode se alterar. Como os nós da base são fixos, os nós superiores têm seus movimentos restringidos a um arco de círculo centrado no nó correspondente da base, como indica a Figura 5.32-b. Como os deslocamentos são considerados pequenos, pode-se aproximar o arco de círculo por uma tangente ao círculo, como indicado na Figura 5.32-c. Dessa forma, o LG de um nó superior é uma reta horizontal transversal ao eixo da coluna correspondente.

Pode-se generalizar a consequência da combinação da hipótese de barras inextensíveis com a hipótese de pequenos deslocamentos da seguinte maneira:

- *Hipótese de barras inextensíveis* (com pequenos deslocamentos): os dois nós extremos de uma barra só podem se deslocar relativamente na direção transversal ao eixo da barra.

Com base nessa hipótese, analisa-se a configuração deformada do pórtico da Figura 5.33. A solicitação é uma força horizontal *P* aplicada no topo. Nesse exemplo, as colunas e a viga do pórtico são consideradas inextensíveis.

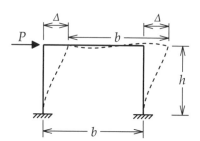

Figura 5.33 Configuração deformada (ampliada exageradamente) de um pórtico com barras inextensíveis para uma carga horizontal no topo.

Observe, na Figura 5.33, que os nós superiores na configuração deformada têm a mesma cota vertical h (em relação à base) da configuração indeformada, embora as colunas apresentem deslocamentos transversais por flexão. Aparentemente, as colunas deveriam ter se alongado para isso ser possível. De maneira análoga, os dois nós superiores continuam tendo a mesma distância b entre si na configuração deformada (os nós superiores têm o mesmo deslocamento horizontal Δ), embora a viga tenha se deformado transversalmente.

Essas aparentes inconsistências só fazem sentido se os deslocamentos realmente forem pequenos. Na verdade, o que se considera com a hipótese de barras inextensíveis (com pequenos deslocamentos) é que *a distância, na direção do eixo indeformado, entre os dois nós extremos de uma barra não se altera quando esta se deforma transversalmente por flexão*.

A adoção dessa hipótese simplificadora para o comportamento de uma barra pode facilitar bastante a identificação do aspecto da configuração deformada de pórticos simples. Isso pode trazer subsídios para determinar o aspecto de diagramas de momentos fletores nesse tipo de modelo estrutural, a exemplo do que foi mostrado para vigas na seção anterior.

Para ilustrar isso, considere os dois pórticos mostrados na Figura 5.34. O pórtico simples da Figura 5.34-a é o mesmo que foi analisado na Seção 4.5. Essa análise mostra intuitivamente que as reações horizontais nos apoios têm direções "para dentro" do pórtico, visto que a tendência seria de as colunas "se abrirem". Dessa forma, a concavidade da elástica nas colunas é voltada para dentro, e os momentos fletores nas colunas variam linearmente (com valores nulos na base), tracionando as fibras externas do pórtico. Como em cada um dos nós superiores o momento fletor se replica do topo da coluna para a extremidade da viga, os momentos fletores nas extremidades da viga tracionam as fibras superiores. Essa é a situação típica em que existem dois pontos de inflexão na viga, de maneira que nas extremidades da viga a concavidade da elástica é voltada para baixo (imperceptível na Figura 5.34) e, no centro da viga, a concavidade é voltada para cima. Observa-se, também, que as ligações rígidas nos nós superiores compatibilizam as rotações entre viga e colunas (o ângulo entre as barras permanece 90° na configuração deformada, e o nó esquerdo sofre um giro (absoluto) no sentido horário e o nó direito sofre um giro no sentido anti-horário. Além disso, a simetria do modelo e a posição centrada da carga concentrada, aliados à hipótese de barras inextensíveis, fazem com que os dois nós superiores permaneçam na mesma posição quando a estrutura se deforma. Todas essas observações resultam nos aspectos da elástica e do diagrama de momentos fletores indicados na Figura 5.34-a.

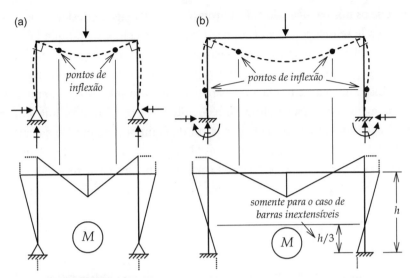

Figura 5.34 Pórticos simples com carga concentrada vertical.

O aspecto da configuração deformada do pórtico da Figura 5.34-b é bastante semelhante ao do pórtico da Figura 5.34-a. A diferença está na restrição imposta às rotações na base das colunas pelos engastes. Por causa dessa restrição, existe uma mudança de concavidade na elástica das colunas, acarretando um ponto de inflexão. O diagrama linear de momentos fletores nas colunas é compatível com essa elástica: momento fletor nulo no ponto de inflexão, na parte superior da coluna as fibras de fora são tracionadas e na parte inferior as fibras de dentro são tracionadas.

É interessante observar também, na Figura 5.34, que os diagramas de momentos fletores apresentam "bicos", tanto na viga quanto nas colunas, nas direções das forças concentradas. Considere que o diagrama em cada barra se prolonga para fora da barra com valores constantes (linhas pontilhadas). Observe que o diagrama na base das colunas tem um "bico para dentro" associado à reação horizontal "para dentro". O "bico para fora" nas extremidades superiores das colunas está associado à reação horizontal do outro lado do pórtico. Na viga existem três "bicos": os das extremidades estão associados às reações verticais e o do centro da viga está associado à força vertical aplicada.

Também é interessante analisar a influência da rigidez relativa entre as barras de um pórtico no diagrama de momentos fletores. Isso foi tratado na Seção 4.5 para o pórtico da Figura 5.34-a. Nessa análise, três situações são consideradas: viga flexível em relação às colunas (Figura 4.12-a), viga e colunas com mesma ordem de grandeza para rigidez à flexão (Figura 4.12-b), e viga rígida em relação às colunas (Figura 4.12-c). Observe que, conforme comentado anteriormente, elementos estruturais mais rígidos tendem a atrair mais esforços internos. Por isso, os momentos fletores nas extremidades da viga aumentam à medida que a rigidez das colunas aumenta em relação à rigidez da viga.

Outra observação, também já comentada, é que pontos de inflexão se movem, dentro de certos limites, na direção de locais com rigidez reduzida. Em uma situação extrema, em que as colunas seriam infinitamente rígidas, a viga teria um comportamento biengastado e os pontos de inflexão ficariam mais próximos do centro do vão (como na Figura 5.31-a). À medida que a rigidez das colunas diminui, os pontos de inflexão se movem para as extremidades. No limite em que a rigidez à flexão das colunas seria nula, a viga teria um comportamento de viga biapoiada, com pontos de inflexão nas extremidades.

Uma análise semelhante é feita para o pórtico simples biengastado submetido a uma força lateral P da Figura 5.33. A Figura 5.35 mostra a influência da rigidez relativa entre a viga e as colunas do pórtico. Em todas as situações, as colunas têm uma rigidez à flexão de referência ($EI = EI_r$). Na Figura 5.35-a, a viga é infinitamente rígida e, na Figura 5.35-e, a viga tem articulações nas extremidades e, por isso, tem rigidez à flexão nula. Nas situações intermediárias, a rigidez à flexão da viga varia da seguinte maneira: na Figura 5.35-b, a rigidez é grande ($EI = EI_g > EI_r$); na Figura 5.35-c, a rigidez é intermediária e igual ao valor de referência ($EI = EI_r$); e, na Figura 5.35-d, a rigidez é pequena ($EI = EI_p < EI_r$).

Considerando que as colunas do pórtico da Figura 5.35-a são inextensíveis, os nós superiores nas extremidades da viga só podem se deslocar na direção horizontal. Isso impede a rotação da viga como um corpo rígido. Portanto, o único movimento que a viga infinitamente rígida pode ter é o deslocamento horizontal mostrado na figura. Vê-se, na configuração deformada, que os nós da viga não sofrem rotações, pois a viga se desloca horizontalmente mantendo-se reta (é uma barra que não pode se deformar). Portanto, a elástica das colunas é tal que não existe rotação nas seções transversais do topo e da base. Dessa maneira, a elástica tem na base uma concavidade voltada para a direita e, no topo, uma concavidade para a esquerda, e o ponto de inflexão fica localizado exatamente no meio da altura do pórtico, como indicado na Figura 5.35-a. Essa informação é suficiente para determinar o valor do momento fletor na base das colunas. Como o momento fletor no meio da coluna é nulo (ponto de inflexão) e o esforço cortante em cada coluna é $P/2$ (devido à simetria), determina-se o momento fletor na base a partir do equilíbrio da porção da coluna isolada abaixo de seu ponto médio, o que resulta no valor de $Ph/4$ tracionando as fibras da esquerda. O valor do momento fletor no topo da coluna também é $Ph/4$, mas tracionando as fibras da direita, porque o diagrama de momentos fletores varia linearmente ao longo da coluna e o ponto de inflexão está localizado no meio. Na viga infinitamente rígida, os momentos fletores nas extremidades são iguais aos dos topos das colunas, sempre tracionando fibras do mesmo lado: de dentro na esquerda e de fora na direita. O diagrama de momentos fletores resultante é mostrado na Figura 5.35-a.

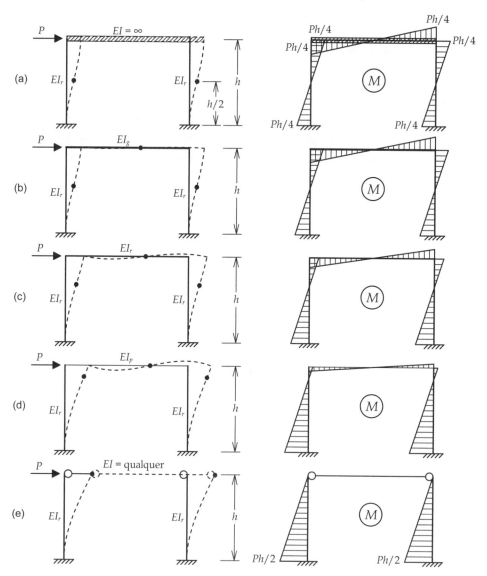

Figura 5.35 Pórticos simples com carga horizontal: influência da variação de rigidez à flexão da viga.

Na outra situação extrema da Figura 5.35-e, em que a viga não tem rigidez à flexão, o ponto de inflexão da coluna coincide com o ponto da articulação no topo, onde o momento fletor é nulo. Os momentos fletores na viga são nulos e o diagrama de momentos fletores na coluna varia linearmente com um valor $Ph/2$ na base, resultante do produto da metade da força P que atua no topo de cada coluna pela altura h do pórtico.

Observa-se, nas situações intermediárias das Figuras 5.35-b, 5.35-c e 5.35-d, que o ponto de inflexão na coluna se move para cima à medida que a rigidez da viga diminui. Isso foi observado anteriormente: o ponto de inflexão sempre se move na direção de locais com rigidez reduzida.

Os diagramas de momentos fletores das Figuras 5.35-b, 5.35-c e 5.35-d são semelhantes e consistentes com a posição modificada do ponto de inflexão na coluna. Na viga, pela simetria, o ponto de inflexão está sempre localizado na posição média. Também se observa que os momentos fletores na viga diminuem à medida que sua rigidez à flexão é reduzida. Isso é mais um exemplo de que elementos estruturais mais rígidos tendem a atrair mais esforços internos.

Para finalizar esta seção, o pórtico com dois pavimentos da Figura 5.36 é analisado. O pórtico é solicitado por forças distribuídas verticais (Figura 5.36-a) e por forças horizontais laterais (Figura 5.36-b). A Figura 5.36-c mostra o efeito da superposição das duas solicitações. O pilar central do pórtico não está posicionado no meio da largura do pórtico para não criar uma situação de simetria.

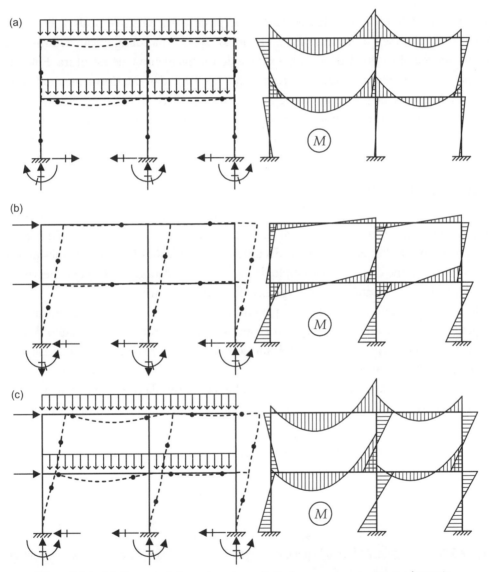

Figura 5.36 Pórtico com dois pavimentos solicitado por cargas verticais e laterais.

Para a solicitação de cargas verticais da Figura 5.36-a, pode-se pensar no comportamento do pórtico como a superposição de quatro pórticos simples com duas colunas e uma viga, como o da Figura 5.34-b, considerando uma força uniformemente distribuída na viga. As barras da coluna central têm diagramas de momentos fletores que podem ser vistos como a superposição dos diagramas de dois pórticos simples adjacentes. Como não existe simetria, os momentos fletores nas barras do pilar central não são nulos e têm uma variação linear, que está associada a uma elástica com um ponto de inflexão em cada barra. Os momentos fletores nos topos dessas barras tracionam as fibras da direita pois os momentos fletores nas vigas da esquerda são maiores que nas vigas da direita. Nas colunas laterais, o momento fletor também varia linearmente, com um ponto de inflexão em cada barra. Nas vigas, os momentos fletores têm uma variação parabólica por causa da força transversal uniformemente distribuída. Existem dois pontos de inflexão na elástica das vigas, que são consistentes com as posições das duas seções transversais em cada barra em que o momento fletor é nulo. Observe também que, devido à falta de simetria do pórtico, existe uma pequena deflexão lateral de cada pavimento.

Na Figura 5.36-b, o diagrama de momentos fletores do pórtico também pode ser visto como uma superposição de diagramas de quatro pórticos simples com forças concentradas laterais, como o pórtico da Figura 5.35-b. Assim, em cada barra, o diagrama de momentos fletores varia linearmente e existe apenas um ponto de inflexão, pois todas as barras estão descarregadas (só existem forças laterais atuando nos nós superiores esquerdos). Os diagramas de momentos fletores nas barras da coluna central têm valores maiores do que nas colunas laterais por causa da superposição de efeitos dos pórticos simples adjacentes. Isso indica que a reação de apoio horizontal e a reação momento na coluna central são maiores do que as reações de apoio nas colunas laterais.

Finalmente, na Figura 5.36-c, é mostrado o efeito da superposição das cargas verticais da Figura 5.36-a e das cargas laterais da Figura 5.36-b. Talvez seja difícil identificar *a priori* os aspectos da configuração deformada e do diagrama de momentos fletores para essa situação, dada a complexidade do carregamento e da estrutura. Entretanto, as principais características a respeito dessas respostas estruturais, que foram salientadas anteriormente, podem ser observadas na Figura 5.36-c. Verifica-se que os diagramas de momentos fletores nas vigas são parabólicos, com valores nulos em duas seções transversais de cada vão, que correspondem a pontos de inflexão da elástica. Os diagramas de momentos fletores nas barras dos pilares são lineares com um ponto de inflexão. Nesses pontos de inflexão existem inversões dos sentidos das concavidades da elástica, e os momentos fletores sempre tracionam fibras no lado convexo da curvatura da elástica.

5.12. CONTRAVENTAMENTO DE PÓRTICOS

Os pórticos analisados na seção anterior apresentam deflexões laterais, com exceção dos pórticos simétricos com cargas verticais posicionadas simetricamente. No caso geral, excluindo situações com simetria geométrica e de carregamento, pórticos que têm apenas barras horizontais e verticais apresentam deflexões horizontais, mesmo quando solicitados apenas por cargas verticais, como é o caso do exemplo da Figura 5.36-a. A razão disso é que, nessas situações, a rigidez lateral do pórtico depende fundamentalmente da rigidez à flexão de suas barras.

É importante enriquecer lateralmente um pórtico para minimizar deflexões laterais que podem comprometer o funcionamento adequado de uma estrutura ou para evitar efeitos de segunda ordem, como o efeito P-Δ mostrado na Seção 4.4. O enriquecimento lateral de um pórtico pode ser obtido com o uso de barras inclinadas, que são denominadas barras de *contraventamento* ou de *travejamento*.

Para entender esse conceito associado a barras inclinadas, faz-se uso da hipótese de barras inextensíveis definida na seção anterior. Considere o pórtico com duas barras inextensíveis mostrado na Figura 5.37.

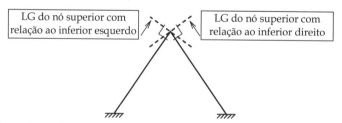

Figura 5.37 Triangulação formada por um nó ligado a dois nós fixos por duas barras inextensíveis.

De acordo com a hipótese de barras inextensíveis, o nó superior da estrutura da Figura 5.37 só pode se deslocar relativamente ao nó inferior esquerdo perpendicularmente à barra da esquerda, o que define um lugar geométrico (LG) para o nó superior. Outro LG é definido com relação ao nó inferior direito: o nó superior só pode se deslocar transversalmente à barra da direita. Como o movimento do nó superior tem de satisfazer simultaneamente seus dois LGs, o deslocamento do nó é nulo, isto é, a única posição possível do nó na configuração deformada da estrutura é sua posição original. Portanto, o nó superior não tem nenhuma componente de translação. Com base nesse raciocínio, pode-se dizer que *um nó que estiver ligado a dois nós fixos à translação por duas barras inextensíveis não alinhadas (formando um triângulo) também fica fixo à translação*. Dito de outra maneira, para impedir deflexões laterais de um pórtico plano com barras inextensíveis, é necessário inserir barras inclinadas que enrijecem lateralmente (contraventam) o pórtico. Isso pode ser entendido analisando os três pórticos com barras inextensíveis da Figura 5.38.

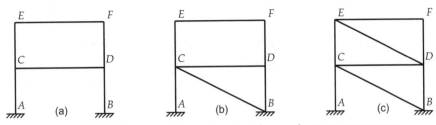

Figura 5.38 Pórtico com dois pavimentos e barras de contraventamento.

Na Figura 5.38 existem três situações: pórtico com dois pavimentos sem barras diagonais (Figura 5.38-a), pórtico com primeiro pavimento com uma diagonal e segundo pavimento sem diagonal (Figura 5.38-b), e pórtico com os dois pavimentos com diagonal (Figura 5.38-c). Na primeira situação, o pórtico não está contraventado e pode apresentar deflexões laterais. No pórtico do meio, o nó C não pode se deslocar, pois está ligado aos nós A e B por duas barras inextensíveis e não alinhadas. Por triangulação, o nó D também não tem deslocamento porque está ligado aos nós C e B, que são fixos à translação. Entretanto, os nós E e F do segundo pavimento podem apresentar deslocamento horizontal. Esse deslocamento pode ser eliminado ao se inserir uma barra diagonal no segundo pavimento, como na Figura 5.38-c.

Este último caso é o de uma estrutura contraventada, que não apresenta deslocamentos laterais. Uma estrutura desse tipo é dita *indeslocável* (Süssekind, 1977-3). O conceito de contraventamento de pórticos, isto é, *de inserção de barras diagonais em painéis da estrutura*, é muito importante no projeto estrutural, principalmente no caso de estruturas metálicas que têm as peças estruturais mais esbeltas do que em estruturas de concreto armado, por exemplo. É necessário *contraventar* uma estrutura para impedir o aparecimento de grandes deslocamentos horizontais. Um pórtico sem barras inclinadas de contraventamento pode apresentar, apenas por causa das deformações por flexão das barras, deslocamentos horizontais muito grandes, incompatíveis com o bom funcionamento de uma estrutura civil.

É importante entender que sempre vão aparecer deslocamentos laterais em um pórtico, mesmo com barras de contraventamento, pois estas também se deformam axialmente. Entretanto, como as deflexões provocadas por deformação axial de barras usuais são muito menores do que as deflexões provocadas por flexão das barras, os deslocamentos laterais de um pórtico são bem menores com barras de contraventamento do que sem elas.

Deve ser salientado que o conceito de contraventamento está associado à hipótese de barras inextensíveis em conjunto com a hipótese de pequenos deslocamentos. Dessa forma, as barras inextensíveis de um pórtico indeslocável apresentam deformações por flexão, sem que seus nós se desloquem. Isso gera uma aparente inconsistência da hipótese de barras inextensíveis, conforme mencionado na seção anterior, exemplificada utilizando o pórtico simples com duas barras da Figura 5.37. Considere que, no nó superior desse pórtico, existe uma carga momento aplicada, como indicado na Figura 5.39.

Observa-se, na configuração deformada do pórtico da Figura 5.39, que está desenhada com uma escala para deslocamentos exagerada, que as barras apresentam deflexões transversais a seus eixos, mesmo não havendo deslocamentos dos nós. Aparentemente, a barra teria de se alongar para atingir tal configuração deformada. Esse não é o caso e a configuração deformada só faz sentido porque a hipótese de pequenos deslocamentos está sendo adotada.

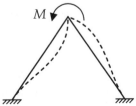

Figura 5.39 Deformação por flexão das barras de um pórtico simples indeslocável.

Outro exemplo de pórtico contraventado é mostrado na Figura 5.40. É interessante observar que, para tornar essa estrutura indeslocável, só é necessário introduzir uma barra inclinada por pavimento (em apenas um compartimento ou baia por pavimento). Isto é, como as vigas do pavimento são inextensíveis, basta que um nó do pavimento tenha seu movimento horizontal impedido para que todos os outros nós do pavimento também tenham seus deslocamentos horizontais impedidos. Na estrutura da Figura 5.40, o nó do primeiro pavimento que recebe a barra inclinada que chega da base está fixo por causa do triângulo formado com a barra vertical abaixo. Também por triangulação, todos os outros nós do pavimento ficam fixos. Para o pavimento superior, o mesmo raciocínio se aplica. Partindo do fato de que os nós do primeiro pavimento estão fixos, observa-se que a única diagonal do segundo pavimento é suficiente para contraventar esse pavimento.

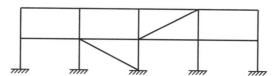

Figura 5.40 Pórtico com dois pavimentos e contraventado em uma baia por pavimento.

É evidente que, no projeto de contraventamento de um pórtico, deve-se considerar a capacidade de resistência das barras inclinadas de travejamento. Isso deve ser levado em conta para determinar o número de barras diagonais por pavimento.

Por exemplo, no contraventamento de pórticos, é comum colocar duas diagonais com inclinações opostas em algumas baias por pavimento porque, dependendo do sentido das cargas laterais, uma diagonal vai trabalhar à compressão e a outra à tração. Esse procedimento é adotado para evitar que o contraventamento deixe de surtir efeito no caso de a diagonal que trabalha a compressão perder a estabilidade quando submetida a valores altos de esforços axiais (ver próxima seção). A Figura 5.41 mostra o exemplo de um pórtico com dois pavimentos contraventado com dois tirantes nas baias extremas de cada pavimento. Um tirante contraventa o pavimento para deslocamentos laterais da esquerda para a direita e o outro tirante para deslocamentos laterais no sentido oposto.

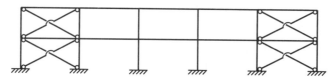

Figura 5.41 Pórtico com dois pavimentos contraventado por quatro tirantes por pavimento.

5.13. FLAMBAGEM DE BARRAS: PERDA DE ESTABILIDADE PELO EFEITO DE COMPRESSÃO

Conforme mencionado em seções e capítulos anteriores, este livro considera apenas efeitos de primeira ordem, em que o equilíbrio dos modelos estruturais é sempre imposto para a geometria original e indeformada da estrutura. Entretanto, no comportamento real de estruturas, efeitos de segunda ordem podem ser importantes para o dimensionamento dos elementos estruturais. Esse é o caso de pilares e colunas que trabalham fundamentalmente com esforços de compressão. Para complementar a idealização do comportamento de barras, esta seção descreve a perda de estabilidade de barras submetidas à compressão. Esse fenômeno é conhecido como *flambagem de barras*.

Uma barra idealmente reta submetida a uma compressão centrada apresenta tensões normais com distribuição uniforme. Nessa situação ideal, o esforço normal, que é a resultante de tensões normais, atua no centro de gravidade da seção transversal, não aparecendo flexão na barra. Mas, na situação real, existem sempre imperfeições geométricas, e o esforço normal nunca atua perfeitamente centrado. A excentricidade do esforço normal em relação ao centro de gravidade da seção transversal provoca momentos fletores na barra. No caso de tração, a flexão provocada pelo esforço axial descentrado tende a retificar a barra e, portanto, é um efeito estabilizante. Por outro lado, o esforço axial descentrado de compressão provoca flexão na barra, o que aumenta mais ainda a excentricidade, isto é, esse efeito se autoalimenta, podendo, inclusive, provocar a perda da capacidade de resistência da barra comprimida.

Para modelar matematicamente esse fenômeno, é necessário considerar as condições de equilíbrio na configuração deformada da barra, ou seja, é preciso considerar efeitos de segunda ordem. O matemático L. Euler, em meados do século XVIII (Féodosiev, 1977), descobriu que a estabilidade de colunas submetidas a esforços axiais de compressão depende da relação entre uma propriedade da seção transversal da coluna e de seu comprimento: a carga máxima P_E que uma coluna pode sustentar sem flexionar varia inversamente com o quadrado de seu comprimento l e proporcionalmente com o momento de inércia I da seção transversal:

$$P_E = \frac{\pi^2 EI}{l^2} \tag{5.44}$$

Na Equação 5.44, tem-se:

$P_E \rightarrow$ carga abaixo da qual a coluna não perde estabilidade (carga de Euler) [F];
$E \rightarrow$ módulo de elasticidade do material [F/L²];
$I \rightarrow$ momento de inércia da seção transversal correspondente ao plano onde se dá a flexão (menor momento de inércia da seção transversal) [L⁴];
$l \rightarrow$ comprimento da coluna [L].

O gráfico da Figura 5.42 mostra a variação do valor da força P de compressão na coluna em função da deflexão transversal máxima δ do centro da coluna. A expressão de carga de Euler, mostrada na Equação 5.44, foi deduzida para uma situação ideal. Nessa situação (linha sólida no gráfico da Figura 5.42), a coluna permanece reta (sem deflexão transversal) até que a carga atinja o valor da carga de Euler. Para valores mais altos da carga de compressão, o equilíbrio da barra pode ser alcançado tanto na configuração reta da barra quanto na configuração deformada. Quando existem duas configurações possíveis para o equilíbrio, diz-se que houve uma *bifurcação da posição de equilíbrio* (McGuire, 1968). Ocorre que, no mundo físico real, existem imperfeições de ordem construtiva, como excentricidade na aplicação da carga, imperfeições geométricas das seções transversais etc. Devido a essas imperfeições, em condições reais, não existe bifurcação da posição de equilíbrio, e a flexão da coluna por flambagem pode ocorrer para cargas mais baixas do que a carga de Euler (linha tracejada no gráfico da Figura 5.42).

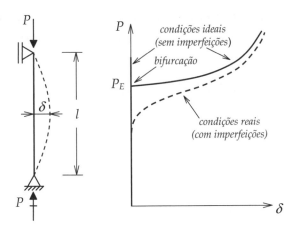

Figura 5.42 Coluna de Euler: flexão provocada por efeitos de compressão e perda de estabilidade.

Deve-se ressaltar que a teoria de flambagem de Euler considera como hipótese básica que o material trabalha em um regime elástico, ainda longe do regime de ruptura, isto é, admite-se que a perda de capacidade de resistir a cargas da coluna se dá por flambagem de forma global. A perda de estabilidade também pode ocorrer por algum fenômeno localizado, como a ruína do material em algum ponto, o descolamento da solda entre a mesa e a alma de um perfil metálico ou mesmo por uma flambagem localizada (caracterizada, por exemplo, pela ondulação da mesa comprimida do perfil metálico).

Também podem ocorrer restrições físicas na estrutura real que dificultam a flambagem, como atrito nas articulações ou atrito lateral da coluna com o restante da estrutura. Nesses casos, a carga crítica para flambagem pode ser mais alta do que a carga de Euler.

A modelagem matemática da flambagem ideal de Euler aplica a condição de equilíbrio na configuração deformada, mas ainda considera que as deflexões e inclinações da elástica da barra são pequenas. Considere a viga biapoiada mostrada na Figura 5.43, submetida a uma força de compressão P. A figura também mostra um elemento infinitesimal de viga isolado na configuração deformada, isto é, considerando efeitos de segunda ordem (Bazant & Cedolin, 1991). O esforço cortante e o momento fletor, atuando em cada lado do elemento infinitesimal, estão indicados com seus sentidos positivos. O esforço normal P é considerado com o sentido de compressão.

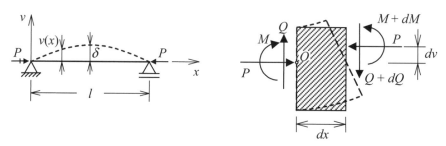

Figura 5.43 Efeito de segunda ordem para uma viga biapoiada submetida à compressão.

O equilíbrio de momentos em relação ao ponto O do elemento infinitesimal, desprezando os termos de mais alta ordem, fornece a seguinte relação:

$$\sum M_O = 0 \rightarrow dM - (Q + dQ) \cdot dx + P \cdot dv = 0 \rightarrow \frac{dM}{dx} - Q + P\frac{dv}{dx} = 0 \tag{5.45}$$

Derivando a Equação 5.45 em relação a x, e considerando, pela Equação 5.12, que $dQ/dx = 0$ porque não existe carregamento transversal, chega-se a:

$$\frac{d^2M}{dx^2} + P\frac{d^2v}{dx^2} = 0 \tag{5.46}$$

Pela Equação 5.38, sabe-se que $M = EI \cdot d^2v/dx^2$. Substituindo essa expressão na Equação 5.46, considerando rigidez à flexão EI constante, tem-se a relação diferencial do problema da viga submetida à compressão, levando em conta efeitos de segunda ordem:

$$\frac{d^4v}{dx^4} + \frac{P}{EI}\frac{d^2v}{dx^2} = 0 \tag{5.47}$$

Essa equação considera pequenas inclinações da elástica $v(x)$ porque, na Equação 5.38, a curvatura da barra está sendo aproximada à derivada à segunda da elástica. Para grandes deslocamentos, deveria ser utilizada a relação entre a curvatura e a elástica dada pela Equação 5.8. Além disso, também se considera que, apesar da flexão da barra, a distância entre apoios não se altera, o que é consistente com a hipótese de barras inextensíveis adotada.

A Equação 5.47 caracteriza um problema de autovalor e autofunção (Boyce e DiPrima, 2005), que tem uma solução trivial $v(x) = 0$ e soluções características da forma:

$$v(x) = d_1 \cdot \operatorname{sen}\sqrt{\frac{P}{EI}}x + d_2 \cdot \cos\sqrt{\frac{P}{EI}}x + d_3 \cdot x + d_4 \tag{5.48}$$

A derivação dessa equação duas vezes em relação a x resulta em:

$$\frac{d^2v(x)}{dx^2} = -d_1 \cdot \frac{P}{EI} \cdot \operatorname{sen}\sqrt{\frac{P}{EI}}x - d_2 \cdot \frac{P}{EI} \cdot \cos\sqrt{\frac{P}{EI}}x \tag{5.49}$$

Para a viga biapoiada, tem-se como condição de contorno $v = 0$ para $x = 0$. Portanto, na Equação 5.48, $d_2 + d_4 = 0$. A condição de contorno de $M = 0$ para $x = 0$ impõe que $dv^2/dx^2 = 0$ para $x = 0$. A consideração dessa condição na Equação 5.49 resulta em $d_2 = 0$. Como $d_2 + d_4 = 0$, conclui-se que $d_4 = 0$. A imposição de $dv^2/dx^2 = 0$ para $x = l$ na Equação 5.49 acarreta:

$$\text{sen}\sqrt{\frac{P \cdot l}{EI}} = 0$$

Disso resulta que $P = n^2\pi^2 EI/l^2$, sendo n um inteiro qualquer. A substituição dessa expressão, em conjunto com $d_2 = 0$, $d_4 = 0$ e $v(l) = 0$, na Equação 5.48 resulta em $d_3 = 0$. Portanto, as soluções características correspondentes para a elástica são:

$$v(x) = d_1 \cdot \text{sen}\left(\pi \frac{n \cdot x}{l}\right)$$

Vê-se que a Equação 5.47 tem infinitas soluções: uma trivial e as soluções características com infinitos valores para o inteiro n. As soluções características para valores de $n > 1$ correspondem a soluções harmônicas com muitas oscilações que somente fazem sentido do ponto de vista teórico. A única solução de caráter prático corresponde a $n = 1$, que resulta em uma elástica igual a uma meia onda senoidal com amplitude $d_1 = \delta$, como indicado na Figura 5.43:

$$v(x) = \delta \cdot \text{sen}\left(\pi \frac{x}{l}\right) \tag{5.50}$$

Nessa equação, a amplitude máxima δ tem valor indeterminado. Isso é típico de problemas de autovalor e autofunção: a Equação 5.50 é uma autofunção associada a um autovalor que é dado pela Equação 5.44. Nesse caso, o autovalor e a autofunção correspondem a $n = 1$. Uma autofunção define apenas um modo de variação, que não tem amplitude definida. No contexto do problema da instabilidade (flambagem) da barra, o autovalor é denominado *carga crítica* (de Euler) e a autofunção é um *modo de deformação na flambagem*. A carga crítica é o valor limite para a força de compressão, a partir do qual pode ocorrer perda de estabilidade. Na verdade, vai ocorrer instabilidade para cargas mais baixas que a carga crítica, pois a configuração reta é impossível de existir em virtude de imperfeições geométricas (gráfico na Figura 5.42).

Deve-se ressaltar que a Equação 5.50 perde sua validade à medida que as deflexões se tornam significativas, pois a Equação 5.47 considera curvaturas de maneira aproximada, conforme mencionado. Por essa equação, o gráfico P-δ na Figura 5.42 (para condições ideais) continuaria como uma reta horizontal após a bifurcação. A forma desse gráfico, com valores de P aumentando com a deflexão máxima δ, corresponde a uma modelagem matemática com grandes deflexões para colunas muito flexíveis (McGuire, 1968).

O problema clássico da flambagem de Euler considera uma barra simplesmente apoiada, isto é, biarticulada. Outros tipos de restrições de apoio modificam o modo de deformação e a carga crítica de flambagem. Isso é indicado na Figura 5.44 para colunas com quatro tipos de condições de extremidade.

Os modos de deformação na flambagem das colunas da Figura 5.44 apresentam pontos de inflexão (pontos de mudança de sentido da concavidade) compatíveis com as restrições de apoio. Os pontos de inflexão correspondem às seções transversais em que o momento fletor é nulo. No caso da coluna biarticulada, os pontos de inflexão ficam situados nas extremidades da barra, e o comprimento efetivo para flambagem é todo o comprimento da coluna. Nas outras situações, os pontos de inflexão estão indicados na figura, e o comprimento efetivo para flambagem em cada caso é a distância entre os pontos de inflexão.

A carga crítica de cada situação da Figura 5.44 depende do comprimento efetivo para flambagem e é dada pela expressão:

$$P_E = \frac{\pi^2 EI}{(kl)^2} \tag{5.51}$$

A Equação 5.51 generaliza a fórmula de Euler e depende do seguinte parâmetro adicional (Figura 5.44):
$k \rightarrow$ fator que define o comprimento efetivo da coluna para flambagem [ ].

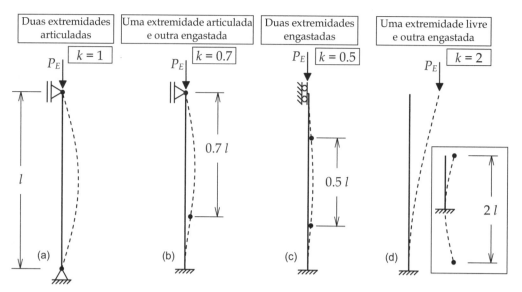

Figura 5.44 Efeito de restrições de apoio na flambagem de colunas.

A Equação 5.51 pode ser utilizada em condições mais gerais, como para colunas com apoios elásticos ou inseridas dentro de pórticos, desde que se conheça o comprimento efetivo para flambagem dado pelo fator k, isto é, desde que se conheçam as posições dos pontos de inflexão no modo de deformação na flambagem.

Conforme mencionado, esta seção apenas introduziu o problema da perda de estabilidade de barras submetidas à compressão, que só pode ser modelado se forem considerados efeitos de segunda ordem. Esses efeitos não serão tratados no restante deste livro pelas justificativas dadas ao final da Seção 4.4. Essa apresentação é feita aqui porque esse fenômeno é importante demais para ser desconsiderado.

Analogia da viga conjugada | 6

Este capítulo (páginas e-1 a e-32) encontra-se integralmente *online*, disponível no *site* **www.grupogen.com.br.** Consulte a página de Materiais Suplementares após o Prefácio para detalhes sobre acesso e *download*.

Princípio dos trabalhos virtuais | 7

Este capítulo (páginas e-33 a e-56) encontra-se integralmente *online*, disponível no *site* **www.grupogen.com.br.** Consulte a página de Materiais Suplementares após o Prefácio para detalhes sobre acesso e *download*.

Método das forças 8

Na solução de uma estrutura hiperestática, conforme introduzido na Seção 4.2, é necessário considerar os três grupos de condições básicas da análise estrutural: condições de equilíbrio, condições de compatibilidade (continuidade interna e compatibilidade com os vínculos externos) e condições impostas pelas leis constitutivas dos materiais que compõem a estrutura.

Este capítulo apresenta um dos métodos clássicos para análise de estruturas hiperestáticas, o *método das forças*. Este conteúdo se baseia em conhecimentos transmitidos em livros de vários autores, principalmente os de Süssekind (1977-2) e White, Gergely e Sexsmith (1976). Formalmente (Seção 4.2.1), o método das forças resolve o problema considerando os grupos de condições a serem atendidas pelo modelo estrutural na seguinte ordem:

1º: Condições de equilíbrio.

2º: Condições referentes ao comportamento dos materiais (leis constitutivas).

3º: Condições de compatibilidade.

Na prática, entretanto, a metodologia utilizada pelo método das forças para analisar uma estrutura hiperestática é:

- Somar uma série de soluções básicas que satisfazem as condições de equilíbrio mas não satisfazem as condições de compatibilidade da estrutura original, para, na superposição, restabelecer as condições de compatibilidade.

Cada solução básica (denominada *caso básico*) não satisfaz isoladamente todas as condições de compatibilidade da estrutura original, as quais ficam restabelecidas quando se superpõem todos os casos básicos.

A estrutura utilizada para a superposição de soluções básicas é, em geral, uma estrutura isostática auxiliar obtida a partir da estrutura original pela eliminação de vínculos. Essa estrutura isostática é chamada *sistema principal* (SP). As forças ou os momentos associados aos vínculos liberados, denominados *hiperestáticos*, são as incógnitas do problema. Essa metodologia de solução de uma estrutura hiperestática pelo método das forças será explicada detalhadamente na próxima seção.

Neste capítulo somente são consideradas estruturas com barras prismáticas, isto é, barras com seção transversal que não varia ao longo do seu comprimento. Entretanto, as expressões gerais dos termos e coeficientes do método das forças consideram parâmetros da seção transversal que podem variar ao longo do comprimento da barra.

8.1. METODOLOGIA DE ANÁLISE PELO MÉTODO DAS FORÇAS

O objetivo desta seção é apresentar a metodologia de análise de uma estrutura hiperestática pelo método das forças. Para facilitar o entendimento do método, esta apresentação será feita com base em um exemplo, ilustrado na Figura 8.1.

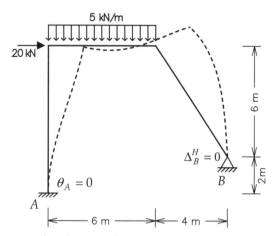

Figura 8.1 Estrutura utilizada para a descrição da metodologia do método das forças.

A configuração deformada do pórtico da Figura 8.1 é mostrada de forma exagerada (o fator de amplificação dos deslocamentos da deformada é igual a 1000). Todas as barras da estrutura têm os mesmos valores para área ($A = 5\times10^{-3}$ m²) e momento de inércia ($I = 5\times10^{-4}$ m⁴) da seção transversal, e para o módulo de elasticidade ($E = 2\times10^{8}$ kN/m²) do material.

8.1.1. Hiperestáticos e sistema principal

Para analisar a estrutura com respeito às condições de equilíbrio, são mostradas na Figura 8.2 as cinco componentes de reações de apoio da estrutura.

São três as equações do equilíbrio global da estrutura no plano (Seção 2.1.4):
$\sum F_x = 0 \rightarrow$ somatório de forças na direção horizontal igual a zero;
$\sum F_y = 0 \rightarrow$ somatório de forças na direção vertical igual a zero;
$\sum M_o = 0 \rightarrow$ somatório de momentos em relação a um ponto qualquer igual a zero.

Como a estrutura é hiperestática, não é possível determinar os valores das reações de apoio da estrutura utilizando apenas as três equações de equilíbrio disponíveis. O número de incógnitas excedentes ao número de equações de equilíbrio é definido como:

$g \rightarrow$ *grau de hiperestaticidade*

No exemplo, de acordo com o exposto na Seção 3.8, $g = 2$.

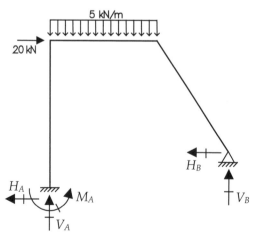

Figura 8.2 Componentes de reações de apoio da estrutura da Figura 8.1.

Conforme mencionado, a solução do problema hiperestático pelo método das forças é feita pela superposição de soluções básicas isostáticas. Para isso cria-se uma estrutura isostática auxiliar, chamada *sistema principal* (SP), que é obtida da estrutura original hiperestática pela eliminação de vínculos. O SP adotado no exemplo da Figura 8.1 é a estrutura isostática mostrada na Figura 8.3.

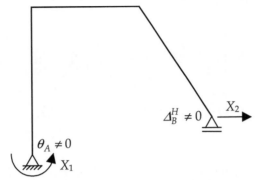

Figura 8.3 Sistema principal adotado para a solução da estrutura da Figura 8.1.

Observa-se, na Figura 8.3, que foram eliminados dois vínculos externos da estrutura original: a imposição de rotação θ_A nula do apoio da esquerda e a imposição de deslocamento horizontal Δ_B^H nulo do apoio da direita. O número de vínculos que devem ser eliminados para transformar a estrutura hiperestática original em uma estrutura isostática é igual ao grau de hiperestaticidade, g. A escolha do SP é arbitrária: qualquer estrutura isostática escolhida é válida, desde que seja estável estaticamente. As Seções 8.4.3, 8.5 e 8.6 a seguir abordam a questão da escolha do sistema principal em mais detalhe.

Os esforços associados aos vínculos eliminados são as reações de apoio MA e HB, que estão indicadas na Figura 8.2. Esses esforços são chamados de *hiperestáticos* e são as incógnitas da solução pelo método das forças. Utiliza-se a nomenclatura Xi para indicar os hiperestáticos, sendo i o seu índice, que varia de 1 a g. No exemplo, tem-se:
$X_1 = MA \rightarrow$ reação momento associada ao vínculo de apoio $\theta_A = 0$;
$X_2 = HB \rightarrow$ reação horizontal associada ao vínculo de apoio $\Delta_B^H = 0$.

Os hiperestáticos do exemplo são mostrados na Figura 8.3 com sentidos convencionados como positivos: momento externo positivo no sentido anti-horário e força externa horizontal positiva com sentido da esquerda para a direita.

8.1.2. Superposição de casos básicos para restabelecer condições de compatibilidade

A solução do problema pelo método das forças recai em encontrar os valores que X_1 e X_2 devem ter para, juntamente com o carregamento aplicado, recompor os vínculos de apoio eliminados. Isto é, procuram-se os valores dos hiperestáticos que fazem com que as condições de compatibilidade violadas na criação do SP, $\theta_A = 0$ e $\Delta_B^H = 0$, sejam restabelecidas.

A determinação de X_1 e X_2 é feita pela superposição de casos básicos, utilizando o SP como estrutura para as soluções básicas. O número de casos básicos é sempre igual ao grau de hiperestaticidade mais um (g + 1). No exemplo, isso resulta nos casos (0), (1) e (2), que são descritos a seguir.

Caso (0) – Solicitação externa (carregamento) isolada no SP

O caso básico (0), ilustrado na Figura 8.4, isola o efeito da solicitação externa (carregamento aplicado) no SP. A figura mostra a configuração deformada (com fator de amplificação igual a 20) do SP no caso (0). A rotação δ_{10} e o deslocamento horizontal δ_{20}, nas direções dos vínculos eliminados para a criação do SP, são denominados *termos de carga*. Um termo de carga é definido formalmente como:

$\delta_{i0} \rightarrow$ *termo de carga*: deslocamento ou rotação na direção do vínculo eliminado associado ao hiperestático Xi quando a solicitação externa atua isoladamente no SP (com hiperestáticos com valores nulos).

Neste exemplo, os dois termos de carga podem ser calculados utilizando o princípio das forças virtuais (PFV), como mostrado na Seção 7.3.1. Esse cálculo não é detalhado aqui por uma questão de simplicidade, visto que o objetivo é apresentar a metodologia do método das forças. Ao longo deste capítulo são dados diversos exemplos de aplicação do PFV para o cálculo de termos de carga e outros coeficientes. Os valores dos termos de carga do exemplo estão indicados na Figura 8.4.

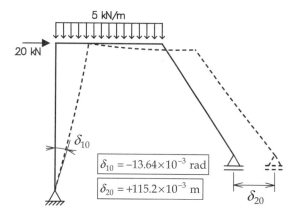

Figura 8.4 Solicitação externa isolada no SP da estrutura da Figura 8.1.

O sinal negativo da rotação δ_{10} indica que a rotação tem o sentido contrário ao considerado inicialmente para o hiperestático X_1 no caso (1) a seguir. Analogamente, o sinal positivo de δ_{20} indica que esse deslocamento tem o mesmo sentido considerado inicialmente para o hiperestático X_2 no caso (2) a seguir.

Caso (1) – Hiperestático X_1 isolado no SP

A Figura 8.5 mostra a configuração deformada (com fator de amplificação igual a 2000) do SP no caso (1). O hiperestático X_1 é colocado em evidência, já que ele é uma incógnita do problema. Considera-se um valor unitário para X_1, sendo o efeito de $X_1 = 1$ multiplicado pelo valor final que X_1 deverá ter. A rotação δ_{11} e o deslocamento horizontal δ_{21} provocados por $X_1 = 1$, nas direções dos vínculos eliminados para a criação do SP, são chamados *coeficientes de flexibilidade*. Formalmente, um coeficiente de flexibilidade é definido como:

$\delta_{ij} \rightarrow$ *coeficiente de flexibilidade*: deslocamento ou rotação na direção do vínculo eliminado associado ao hiperestático Xi provocado por um valor unitário do hiperestático Xj atuando isoladamente no SP.

Os valores dos coeficientes de flexibilidade do caso (1), indicados na Figura 8.5, são calculados pelo PFV. Por definição, as unidades dos coeficientes de flexibilidade correspondem às unidades de deslocamento ou rotação divididas pela unidade do hiperestático em questão.

As mesmas observações feitas quanto aos sinais dos termos de carga valem para os coeficientes de flexibilidade. O sinal da rotação δ_{11} é positivo porque tem o mesmo sentido do que é arbitrado para $X_1 = 1$, e o sinal do deslocamento horizontal δ_{21} é negativo porque tem o sentido contrário ao que é arbitrado para $X_2 = 1$ no caso (2) a seguir. Observe que o sinal dos coeficientes δ_{ii} (que têm $i = j$), sendo i o índice do hiperestático, é sempre positivo, pois esses coeficientes são deslocamentos ou rotações nos próprios pontos de aplicação de forças ou momentos unitários.

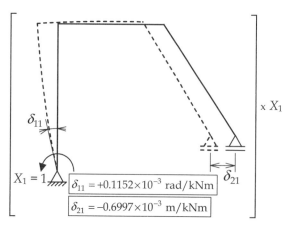

Figura 8.5 Hiperestático X_1 isolado no SP da estrutura da Figura 8.1.

Caso (2) – Hiperestático X2 isolado no SP

A Figura 8.6 mostra a configuração deformada (com fator de amplificação igual a 400) do SP no caso (2). De maneira análoga ao caso (1), o hiperestático X_2 é colocado em evidência, considerando-se um valor unitário multiplicado pelo seu valor final. A rotação δ_{12} e o deslocamento horizontal δ_{22} provocados por $X_2 = 1$, nas direções dos vínculos eliminados para a criação do SP, também são *coeficientes de flexibilidade*. As unidades desses coeficientes, por definição, são unidades de deslocamento ou rotação divididas pela unidade do hiperestático X_2.

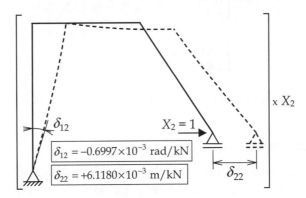

Figura 8.6 Hiperestático X_2 isolado no SP da estrutura da Figura 8.1.

Os valores dos coeficientes de flexibilidade do caso (2) estão indicados na Figura 8.6. Observe que os valores de δ_{12} e δ_{21} são iguais. Isso não é coincidência. Os coeficientes δ_{ij} e δ_{ji}, sendo i e j índices de hiperestáticos, sempre serão iguais. Isso é demonstrado pelo teorema de Maxwell, apresentado na Seção 7.5—versão para forças generalizadas unitárias impostas (Equação 7.41).

Restabelecimento das condições de compatibilidade

A partir dos resultados obtidos nos casos apresentados, pode-se utilizar superposição de efeitos para restabelecer as condições de compatibilidade violadas na criação do SP. Isso é feito a seguir.

- Superposição das rotações do nó inferior esquerdo (nó A):
$$\delta_{10} + \delta_{11}X_1 + \delta_{12}X_2 = 0$$

- Superposição dos deslocamentos horizontais no nó inferior direito (nó B):
$$\delta_{20} + \delta_{21}X_1 + \delta_{22}X_2 = 0$$

- Sistema de equações de compatibilidade:
$$\begin{cases} \delta_{10} + \delta_{11}X_1 + \delta_{12}X_2 = 0 \\ \delta_{20} + \delta_{21}X_1 + \delta_{22}X_2 = 0 \end{cases} \rightarrow \begin{cases} -13.64 \times 10^{-3} + 0.1152 \times 10^{-3} \cdot X_1 - 0.6997 \times 10^{-3} \cdot X_2 = 0 \\ +115.2 \times 10^{-3} - 0.6997 \times 10^{-3} \cdot X_1 + 6.1180 \times 10^{-3} \cdot X_2 = 0 \end{cases}$$

A solução desse sistema de equações de compatibilidade resulta nos seguintes valores das reações de apoio X_1 e X_2:
$$X_1 = +13.39 \text{ kNm}$$
$$X_2 = -17.29 \text{ kN}$$

O sinal de X_1 é positivo porque tem o mesmo sentido (anti-horário) do que foi arbitrado para $X_1 = 1$ no caso (1), e o sinal de X_2 é negativo porque tem o sentido contrário (da direita para a esquerda) ao que foi arbitrado para $X_2 = 1$ no caso (2), como indica a Figura 8.7.

Os valores encontrados para X_1 e X_2 fazem com que $\theta_A = 0$ e $\Delta_B^H = 0$. Dessa forma, obteve-se a solução correta da estrutura porque, além de satisfazer as condições de equilíbrio – que sempre são satisfeitas nos casos (0), (1) e (2) –, o modelo estrutural também satisfaz as condições de compatibilidade.

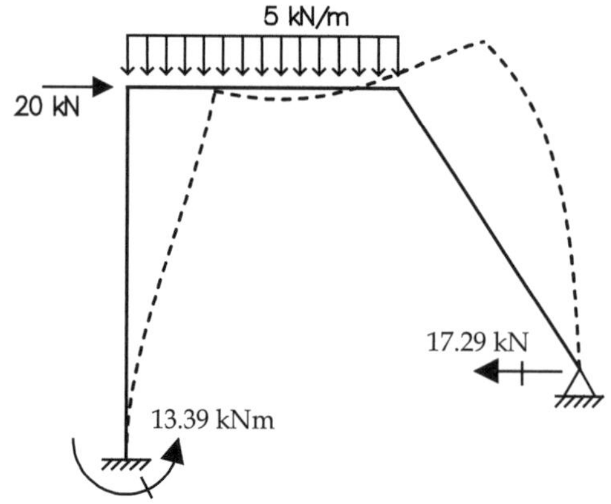

Figura 8.7 Valores e sentidos dos hiperestáticos na solução da estrutura da Figura 8.1.

8.1.3. Determinação de esforços internos finais

A solução da estrutura não termina com a obtenção dos valores dos hiperestáticos X_1 e X_2. Ainda é necessário obter os diagramas de esforços internos e os deslocamentos da estrutura. Existem duas alternativas para isso:

- calcula-se uma estrutura isostática (o sistema principal) com o carregamento aplicado simultaneamente aos hiperestáticos – com os valores corretos encontrados – como se fossem forças e momentos pertencentes ao carregamento;
- utiliza-se a própria superposição de casos básicos para a obtenção dos esforços internos (ou deslocamentos) finais.

Embora a primeira opção possa parecer mais simples, a segunda é a utilizada na maioria das soluções. O motivo para isso é que o cálculo dos valores dos termos de carga e dos coeficientes de flexibilidade pelo PFV (Seção 7.3) requer o conhecimento dos diagramas de esforços internos dos casos básicos (0), (1) e (2). Portanto, como esses diagramas já estão disponíveis, os esforços internos finais da estrutura hiperestática original são obtidos pela superposição dos esforços internos dos casos básicos. Por exemplo, os momentos fletores finais (M) podem ser obtidos pela superposição dos diagramas de momentos fletores (M_i) dos casos básicos:

$$M = M_0 + M_1 \cdot X_1 + M_2 \cdot X_2$$

o diagrama M_0 corresponde ao caso (0), e os diagramas M_1 e M_2 são provocados por valores unitários dos hiperestáticos nos casos (1) e (2), respectivamente.

Esse resultado pode ser generalizado para todos os esforços internos – esforços normais finais (N), esforços cortantes finais (Q) e momentos fletores finais (M) – de uma estrutura com grau de hiperestaticidade g:

$$N = N_0 + \sum_{j=1}^{j=g} N_j \cdot X_j \tag{8.1}$$

$$Q = Q_0 + \sum_{j=1}^{j=g} Q_j \cdot X_j \tag{8.2}$$

$$M = M_0 + \sum_{j=1}^{j=g} M_j \cdot X_j \tag{8.3}$$

Em que:

$N_0 \rightarrow$ diagrama de esforços normais no caso (0), isto é, quando a solicitação externa atua isoladamente no SP;

$N_j \rightarrow$ diagrama de esforços normais no caso (j) provocado por $X_j = 1$, isto é, quando o hiperestático X_j atua isoladamente no SP com valor unitário;

$Q_0 \rightarrow$ diagrama de esforços cortantes no caso (0), isto é, quando a solicitação externa atua isoladamente no SP;

$Q_j \to$ diagrama de esforços cortantes no caso (j) provocado por $X_j = 1$, isto é, quando o hiperestático X_j atua isoladamente no SP com valor unitário;

$M_0 \to$ diagrama de momentos fletores no caso (0), isto é, quando a solicitação externa atua isoladamente no SP;

$M_j \to$ diagrama de momentos fletores no caso (j) provocado por $X_j = 1$, isto é, quando o hiperestático X_j atua isoladamente no SP com valor unitário.

As seções a seguir mostram como calcular os coeficientes que aparecem na formulação do método das forças. Isso é feito pelo PFV com base nos diagramas de esforços internos dos casos básicos.

8.2. MATRIZ DE FLEXIBILIDADE E VETOR DOS TERMOS DE CARGA

O sistema de equações de compatibilidade da solução pelo método das forças do exemplo mostrado na seção anterior pode ser reescrito de forma matricial:

$$\begin{cases} \delta_{10} + \delta_{11}X_1 + \delta_{12}X_2 = 0 \\ \delta_{20} + \delta_{21}X_1 + \delta_{22}X_2 = 0 \end{cases} \Rightarrow \begin{Bmatrix} \delta_{10} \\ \delta_{20} \end{Bmatrix} + \begin{bmatrix} \delta_{11} & \delta_{12} \\ \delta_{21} & \delta_{22} \end{bmatrix} \begin{Bmatrix} X_1 \\ X_2 \end{Bmatrix} = \begin{Bmatrix} 0 \\ 0 \end{Bmatrix}$$

No caso geral de uma estrutura com grau de hiperestaticidade g, pode-se escrever:

$$\{\delta_0\} + [\delta]\{X\} = \{0\} \tag{8.4}$$

Sendo:

$\{\delta_0\} \to$ vetor dos termos de carga;

$[\delta] \to$ matriz de flexibilidade;

$\{X\} \to$ vetor dos hiperestáticos.

O número de relações de compatibilidade na Equação matricial 8.4 é igual ao grau de hiperestaticidade da estrutura, e cada relação de compatibilidade restabelece o vínculo associado ao hiperestático genérico X_i. O termo de carga δ_{i0} é o deslocamento ou a rotação que aparece no vínculo eliminado associado ao hiperestático X_i no caso (0). O coeficiente δ_{ij} da matriz de flexibilidade é o deslocamento ou a rotação que aparece no vínculo eliminado associado ao hiperestático X_i provocado por $X_j = 1$ no caso (j).

Observa-se que o vetor dos termos de carga depende do SP escolhido e da solicitação externa. Já a matriz de flexibilidade só depende do SP escolhido. Portanto, se outro carregamento (ou qualquer outra solicitação) atuar, mantendo-se o mesmo SP, somente os termos de carga têm de ser calculados novamente.

O método das forças é assim chamado porque as incógnitas são forças (ou momentos). Ele também é denominado método da compatibilidade (West & Geschwindner, 2009) porque as equações finais expressam condições de compatibilidade, sendo ainda chamado de método da flexibilidade por envolver coeficientes de flexibilidade em sua solução.

Duas observações adicionais podem ser feitas com respeito à matriz de flexibilidade. A primeira é que, pelo teorema de Maxwell, mostrado na Seção 7.5 – versão para forças generalizadas unitárias impostas, Equação 7.41 –, a matriz é simétrica. Ou seja:

$$\delta_{ji} = \delta_{ij} \tag{8.5}$$

A segunda observação é que os coeficientes de flexibilidade que correspondem a um dado caso básico – casos (1) e (2) da seção anterior – têm o mesmo índice j. Pode-se escrever, então:

- A *j-ésima* coluna da matriz de flexibilidade $[\delta]$ da estrutura corresponde ao conjunto de deslocamentos generalizados (deslocamentos ou rotações) nas direções dos vínculos eliminados do SP provocados por $X_j = 1$ (hiperestático X_j com valor unitário atuando isoladamente no SP).

8.3. DETERMINAÇÃO DOS TERMOS DE CARGA E COEFICIENTES DE FLEXIBILIDADE

A análise de uma estrutura hiperestática pelo método das forças depende da determinação dos termos de carga e coeficientes de flexibilidade que aparecem no sistema final de equações de compatibilidade (Equação 8.4). Esses termos e coeficientes correspondem a deslocamentos ou rotações nas direções dos vínculos eliminados do sistema principal adotado. Portanto, para se aplicar o método das forças é preciso utilizar alguma metodologia para determinar deslocamentos e rotações em pontos de uma estrutura isostática (o SP). O princípio das forças virtuais (PFV), conforme descrito na Seção 7.3, se apresenta como um método genérico para a determinação de deslocamentos e rotações em estruturas.

8.3.1. Determinação dos termos de carga

O PFV trabalha com um sistema real de deformação, do qual se quer calcular um deslocamento ou rotação em algum ponto, e um sistema de forças virtuais, com uma carga virtual generalizada (força ou momento) aplicada no ponto e na direção do deslocamento ou rotação que se quer calcular. No contexto do método das forças, para a determinação dos termos de carga, o sistema real de deformação é o caso (0), que isola a solicitação externa no SP, com valores nulos para os hiperestáticos. O sistema de forças virtuais varia de acordo com o termo de carga que se deseja determinar. Por exemplo, para determinar o termo de carga δ_{10} (rotação da seção transversal no apoio da esquerda —Figura 8.4) do pórtico adotado como exemplo na Seção 8.1, deve-se utilizar como carga virtual um momento unitário aplicado no ponto do apoio da esquerda. Observa-se que esse sistema de forças virtuais corresponde ao caso (1) com $X_1 = 1$, isto é, dentro dos "[ ]" do caso (1) (Figura 8.5). De maneira análoga, o sistema de forças virtuais para a determinação do termo de carga δ_{20} (deslocamento horizontal do apoio da direita – Figura 8.4) corresponde ao caso (2) com $X_2 = 1$ (Figura 8.6).

Essas observações podem ser generalizadas da seguinte maneira:

- Para determinar o termo de carga pelo PFV, o sistema de forças virtuais utilizado corresponde ao caso (*i*) com $X_i = 1$ (hiperestático X_i com valor unitário atuando isoladamente no SP).

Utilizando a Equação 7.13, que expressa o cálculo de um deslocamento ou rotação em um ponto de um pórtico plano pelo PFV, a expressão geral para o termo de carga δ_{i0} é

$$\delta_{i0} = \int_{estrutura} N_i \cdot du_0 \;+\; \int_{estrutura} M_i \cdot d\theta_0 \;+\; \int_{estrutura} Q_i \cdot dh_0 \tag{8.6}$$

Na Equação 8.6, N_i, M_i e Q_i são os diagramas de esforços normais, momentos fletores e esforços cortantes provocados por $X_i = 1$ no caso (*i*), e du_0, $d\theta_0$ e dh_0 são os deslocamentos relativos internos para os efeitos axial, de flexão e de cisalhamento que caracterizam as deformações internas do sistema real – caso (0).

Os deslocamentos relativos internos dependem do tipo de solicitação interna. No caso de carregamento aplicado (forças e momentos atuantes), as expressões para du_0, $d\theta_0$ e dh_0 são dadas pelas Equações 5.19, 5.21 e 5.23. A expressão do PFV para esse caso é fornecida na Equação 7.15 (reproduzida no Apêndice). Dessa forma, o termo de carga δ_{i0} para uma solicitação externa de carregamento aplicado em um pórtico plano é expresso por:

$$\delta_{i0} = \int_{estrutura} \frac{N_i \cdot N_0}{EA} dx \;+\; \int_{estrutura} \frac{M_i \cdot M_0}{EI} dx \;+\; \int_{estrutura} \chi \frac{Q_i \cdot Q_0}{GA} dx \tag{8.7}$$

Na Equação 8.7, E é o módulo de elasticidade do material, G é o módulo de cisalhamento do material, A é a área da seção transversal, I é o momento de inércia da seção transversal e χ é o fator de forma da seção transversal que define a área efetiva para cisalhamento. A última integral da Equação 8.7, da energia de deformação por cisalhamento, é geralmente desprezada na presença das outras integrais para o caso, muito usual, de barras não curtas – com comprimento de vão bem maior do que a altura da seção transversal. Ao longo deste capítulo, a utilização da Equação 8.7 será mostrada em diversos exemplos.

No modelo de treliças, só existem esforços internos normais e constantes em cada barra. Para treliças com barras prismáticas (seção transversal constante), a expressão para o termo de carga provocado por carregamento aplicado pode ser reduzida em:

$$\delta_{i0} = \int_{estrutura} \frac{N_i \cdot N_0}{EA} dx = \sum_{barras}\left[\int_{barra} \frac{N_i \cdot N_0}{EA} dx\right] = \sum_{barras}\left[\frac{N_i \cdot N_0 \cdot l}{EA}\right]_{barra} \quad (8.8)$$

em que *l* é o comprimento de uma barra. A Seção 8.11 mostra um exemplo de cálculo de termo de carga para uma treliça plana solicitada por forças aplicadas.

Em grelhas, não existe o termo da energia de deformação axial e há um termo para a energia de deformação por torção. A expressão para o termo de carga para grelhas, desprezando a energia de deformação por cisalhamento, é:

$$\delta_{i0} = \int_{estrutura} \frac{M_i \cdot M_0}{EI} dx + \int_{estrutura} \frac{T_i \cdot T_0}{GJ_t} dx \quad (8.9)$$

Na Equação 8.9, T_0 é o diagrama de momentos torçores no caso (0), T_i é o diagrama de momentos torçores para o caso (*i*) com $X_i = 1$, e J_t é o momento de inércia à torção da seção transversal. A Seção 8.12 apresenta exemplos de cálculos de termos de carga para grelhas.

Para uma solicitação externa de variação de temperatura, a hipótese adotada (Seção 5.4.5) é que o deslocamento transversal relativo interno é nulo, isto é, $dh_0 = 0$. As expressões para du_0 e $d\theta_0$ são obtidas pelas Equações 5.26 e 5.27, o que resulta na Equação 7.21 (reproduzida no Apêndice) para o cálculo de um deslocamento pelo PFV. Com base nessa equação, o termo de carga $\delta i0$ para uma variação de temperatura que atua em um pórtico plano é expresso por:

$$\delta_{i0} = \int_{estrutura} N_i \cdot \alpha \cdot \Delta T_{CG} \cdot dx + \int_{estrutura} \frac{M_i \cdot \alpha \cdot (\Delta T_i - \Delta T_s)}{h} dx \quad (8.10)$$

Na Equação 8.10, α é o coeficiente de dilatação térmica do material, h é a altura da seção transversal, ΔT_{CG} é a variação de temperatura na fibra do centro de gravidade da seção transversal, ΔT_i é a variação de temperatura na fibra inferior da seção transversal e ΔT_s é a variação de temperatura na fibra superior da seção transversal. A aplicação da Equação 8.10 é ilustrada em exemplos nas Seções 8.8 e 8.10.

Para treliças, que têm somente deformações axiais, apenas a variação uniforme de temperatura é considerada. Nesse caso, o termo de carga é dado por:

$$\delta_{i0} = \int_{estrutura} N_i \cdot \alpha \cdot \Delta T_{CG} \cdot dx = \sum_{barras}\left[\int_{barra} N_i \cdot \alpha \cdot \Delta T_{CG} \cdot dx\right] = \sum_{barras}[N_i \cdot \alpha \cdot \Delta T_{CG} \cdot l]_{barra} \quad (8.11)$$

A Equação 8.11 considera barras prismáticas. Na Seção 8.11 é apresentado um exemplo de cálculo de termo de carga para uma treliça com variação de temperatura.

Quando a solicitação externa é dada por recalques de apoio, a expressão do PFV para estruturas isostáticas (que é o caso do SP) é fornecida pela Equação 7.25 (reproduzida no Apêndice). Nesse caso, os deslocamentos relativos internos são nulos e, portanto, a energia de deformação virtual interna é nula. Com base nessa equação, o termo de carga provocado por recalques genéricos de apoio é expresso por:

$$\delta_{i0} = -\sum_{recalques}[R_i \cdot \rho_0] \quad (8.12)$$

Na Equação 8.12, ρ_0 é um recalque de apoio genérico e R_i é a reação de apoio correspondente ao recalque no caso (*i*). Em geral, essa equação não é utilizada diretamente pois a determinação do termo de carga é feita partindo da expressão geral do PFV, $\overline{W_E} = \overline{U}$, considerando $\overline{U} = 0$. Nas Seções 8.9 e 8.10 são mostrados exemplos de análise de estruturas hiperestáticas para recalques de apoio.

8.3.2. Determinação dos coeficientes de flexibilidade

O PFV também é utilizado para determinar os coeficientes de flexibilidade da solução pelo método das forças. Nesse caso, o sistema real de deformação e o sistema de forças virtuais correspondem a hiperestáticos isolados com valores unitários. Por exemplo, para determinar o coeficiente de flexibilidade δ_{21} (deslocamento horizontal do apoio da direita – Figura 8.5) do pórtico na Seção 8.1, o sistema real de deformação é o caso (1) com $X_1 = 1$ e o sistema de forças virtuais é o caso (2) com $X_2 = 1$ (Figura 8.6). Isso pode ser generalizado da seguinte maneira:

- Para determinar o coeficiente de flexibilidade δ_{ij} pelo PFV, o sistema real de deformação corresponde ao caso (j) com $X_j = 1$ (hiperestático X_j com valor unitário atuando isoladamente no SP), e o sistema de forças virtuais corresponde ao caso (i) com $X_i = 1$ (hiperestático X_i com valor unitário atuando isoladamente no SP).

Utilizando a Equação 7.13 geral do PFV, desprezando a energia de deformação por cisalhamento, tem-se a expressão do coeficiente de flexibilidade para quadros planos:

$$\delta_{ij} = \int_{estrutura} N_i \cdot du_j + \int_{estrutura} M_i \cdot d\theta_j \tag{8.13}$$

Nesse caso, a deformação real corresponde a um carregamento aplicado (hiperestático com valor unitário), e os deslocamentos relativos internos du_j e $d\theta_j$ são dados pelas Equações 5.19 e 5.21. Disso resulta:

$$\delta_{ij} = \int_{estrutura} \frac{N_i \cdot N_j}{EA} dx + \int_{estrutura} \frac{M_i \cdot M_j}{EI} dx \tag{8.14}$$

No caso de treliças, a energia de deformação por flexão é nula e os esforços normais são constantes nas barras. O coeficiente de flexibilidade para treliças com barras prismáticas é dado por:

$$\delta_{ij} = \int_{estrutura} \frac{N_i \cdot N_j}{EA} dx = \sum_{barras} \left[\int_{barra} \frac{N_i \cdot N_j}{EA} dx \right] = \sum_{barras} \left[\frac{N_i \cdot N_j \cdot l}{EA} \right]_{barra} \tag{8.15}$$

Finalmente, a expressão para o coeficiente de flexibilidade para uma grelha é:

$$\delta_{ij} = \int_{estrutura} \frac{M_i \cdot M_j}{EI} dx + \int_{estrutura} \frac{T_i \cdot T_j}{GJ_t} dx \tag{8.16}$$

As seções a seguir apresentam exemplos de cálculos de coeficientes de flexibilidade.

8.4. ANÁLISE DE UMA VIGA CONTÍNUA

No exemplo da Seção 8.1, para se chegar ao sistema principal são eliminados vínculos de apoio. Esse recurso pode ser o mais intuitivo, mas não é o único. Em alguns casos, por uma questão de conveniência da solução, pode-se eliminar vínculos internos da estrutura hiperestática para a determinação do SP. Em outros casos, a única alternativa é a eliminação de vínculos internos.

Esta seção analisa uma estrutura com duas alternativas para se obter o SP: uma eliminando vínculos externos de apoio e outra eliminando a continuidade interna da curva elástica (configuração deformada). No exemplo adotado fica claro que a segunda alternativa é a mais conveniente, pois resulta em cálculos bem mais simples para a determinação dos termos de carga e coeficientes de flexibilidade. Isso acontece na maioria dos casos quando são introduzidas rótulas na estrutura para eliminar a continuidade interna de rotação.

Considere a viga contínua ilustrada na Figura 8.8, com três vãos e uma força uniformemente distribuída abrangendo o vão da esquerda. A rigidez à flexão da viga, EI, é fornecida. Pede-se o diagrama de momentos fletores da estrutura. Para o cálculo de deslocamentos ou rotações é utilizado o PFV, cujo desenvolvimento teórico é mostrado na Seção 7.3.

Nesse cálculo, não são considerados efeitos axiais (mesmo porque não existem esforços axiais na viga contínua) ou efeitos de cisalhamento na energia de deformação.

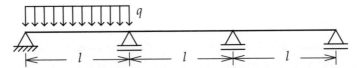

Figura 8.8 Viga contínua com três vãos e carregamento uniformemente distribuído no primeiro vão.

A estrutura da Figura 8.8 tem grau de hiperestaticidade $g = 2$. Para a resolução pelo método das forças, duas opções para o sistema principal (SP) são consideradas. O objetivo é caracterizar as diferenças que existem na escolha do SP. Na primeira opção são eliminados vínculos externos (vínculos de apoio) e na segunda são eliminados vínculos internos (continuidade de rotação).

8.4.1. Sistema principal obtido por eliminação de apoios

Nessa opção são eliminados os apoios centrais da viga para se chegar ao SP. Os hiperestáticos X_1 e X_2 são as reações de apoio associadas a esses vínculos, como indicado na Figura 8.9.

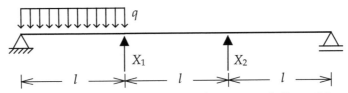

Figura 8.9 Primeira opção para SP da estrutura da Figura 8.8.

A solução pelo método das forças recai em determinar os valores que as reações de apoio X_1 e X_2 devem ter para que, juntamente com o carregamento atuante, os deslocamentos verticais dos pontos dos apoios eliminados sejam nulos. Dessa forma ficam restabelecidas as condições de compatibilidade externas eliminadas com a criação do SP.

A metodologia utilizada para impor as condições de compatibilidade consiste em fazer uma superposição de casos básicos utilizando o SP como estrutura auxiliar. Como a estrutura original é duas vezes hiperestática, existem três casos básicos, como mostrado a seguir.

Caso (0) – Solicitação externa (carregamento) isolada no SP

Nesse caso somente a solicitação externa atua no SP e os valores dos hiperestáticos são nulos ($X_1 = 0$ e $X_2 = 0$). A Figura 8.10 mostra a configuração deformada do caso (0), indicando os termos de carga δ_{10} e δ_{20} e o diagrama de momentos fletores M_0 para esse caso.

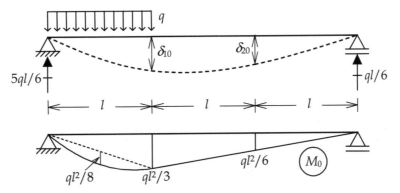

Figura 8.10 Solicitação externa isolada no SP da Figura 8.9.

Os termos de carga no caso (0) têm a seguinte interpretação física:

$\delta_{10} \rightarrow$ deslocamento vertical no ponto do apoio eliminado associado a X_1 provocado pelo carregamento externo no caso (0);

$\delta_{20} \rightarrow$ deslocamento vertical no ponto do apoio eliminado associado a X_2 provocado pelo carregamento externo no caso (0).

Caso (1) – Hiperestático X_1 isolado no SP

Nesse caso, somente o hiperestático X_1 atua no SP, sem a solicitação externa e com $X_2 = 0$. Como o valor do hiperestático X_1 não é conhecido, coloca-se X_1 em evidência no caso (1), considerando-se seu efeito unitário multiplicado externamente pela incógnita X_1, como indicado na Figura 8.11. A configuração deformada e o diagrama de momentos fletores do caso (1) são mostrados na figura, na qual os coeficientes de flexibilidade δ_{11} e δ_{21} estão indicados. Por definição, o diagrama de momentos fletores M_1 é para $X_1 = 1$.

Os coeficientes de flexibilidade no caso (1) são interpretados fisicamente como:

$\delta_{11} \rightarrow$ deslocamento vertical no ponto do apoio eliminado associado a X_1 provocado por $X_1 = 1$ no caso (1);

$\delta_{21} \rightarrow$ deslocamento vertical no ponto do apoio eliminado associado a X_2 provocado por $X_1 = 1$ no caso (1).

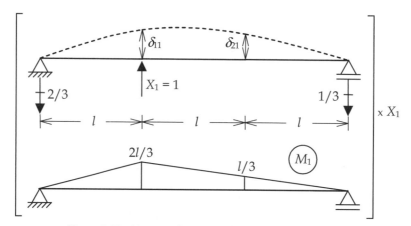

Figura 8.11 Hiperestático X_1 isolado no SP da Figura 8.9.

Caso (2) – Hiperestático X_2 isolado no SP

Nesse caso, somente o hiperestático X_2 atua no SP, sem a solicitação externa e com $X_1 = 0$. Analogamente ao caso (1), coloca-se X_2 em evidência no caso (2). A configuração deformada e o diagrama de momentos fletores M_2 (para $X_2 = 1$) do caso (2) são mostrados na Figura 8.12, na qual os coeficientes de flexibilidade δ_{12} e δ_{22} estão indicados.

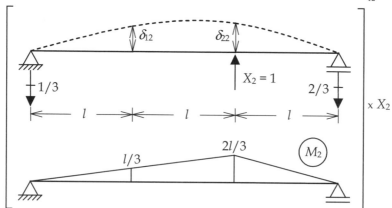

Figura 8.12 Hiperestático X_2 isolado no SP da Figura 8.9.

Os coeficientes de flexibilidade no caso (2) têm a seguinte interpretação física:

$\delta_{12} \rightarrow$ deslocamento vertical no ponto do apoio eliminado associado a X_1 provocado por $X_2 = 1$ no caso (2);

$\delta_{22} \rightarrow$ deslocamento vertical no ponto do apoio eliminado associado a X_2 provocado por $X_2 = 1$ no caso (2).

Restabelecimento das condições de compatibilidade

Com base na superposição dos três casos básicos, são restabelecidas as condições de compatibilidade violadas na criação do SP. O objetivo é restabelecer as condições impostas pelos apoios eliminados, isto é, determina-se que, na superposição, os deslocamentos verticais finais dos pontos dos apoios sejam nulos:

$$\begin{Bmatrix} \delta_{10} \\ \delta_{20} \end{Bmatrix} + \begin{bmatrix} \delta_{11} & \delta_{12} \\ \delta_{21} & \delta_{22} \end{bmatrix} \begin{Bmatrix} X_1 \\ X_2 \end{Bmatrix} = \begin{Bmatrix} 0 \\ 0 \end{Bmatrix}$$

O cálculo dos coeficientes que aparecem nesse sistema de equações é feito com auxílio do PFV. Conforme visto na Seção 7.3, o PFV trabalha com um sistema real de deformação, no qual se quer calcular um deslocamento em algum ponto, e um sistema de forças virtuais, com uma força aplicada no ponto e na direção do deslocamento que se quer calcular.

No presente exemplo da viga contínua com três vãos, para o SP adotado, os deslocamentos a serem calculados são os deslocamentos verticais nos pontos dos apoios eliminados para a criação do SP. Portanto, as cargas virtuais adotadas são forças unitárias aplicadas nesses pontos (Tabela 7.2). Conforme observado na Seção 8.3, esses sistemas correspondem justamente aos casos (1) e (2) para os hiperestáticos X_1 e X_2 com valores unitários. Dessa forma, os sistemas reais de deformação são os casos (0), (1) e (2), e os sistemas de forças virtuais são os casos (1) e (2) com $X_1 = 1$ e $X_2 = 1$, respectivamente.

Cálculo de δ_{10}

No cálculo do termo de carga δ_{10} pelo PFV, o sistema real de deformação é o caso (0) e o sistema de forças virtuais é o caso (1) com $X_1 = 1$. Portanto, a expressão para esse coeficiente, desprezando deformações por cisalhamento (Seção 8.3.1), é:

$$\delta_{10} = \frac{1}{EI} \cdot \int_0^{3l} M_1 M_0 dx$$

O cálculo dessa integral é dividido para dois trechos da viga:

$$\int_0^{3l} M_1 M_0 dx = \int_0^{l} M_1 M_0 dx + \int_l^{3l} M_1 M_0 dx$$

Essas integrais são calculadas com base na Tabela 7.1 para a combinação de diagramas de momentos fletores. Para tanto, os diagramas em cada trecho da viga são decompostos em parcelas retangulares (que não existem nesse caso), triangulares e parabólicas simples, como indica a Figura 8.13.

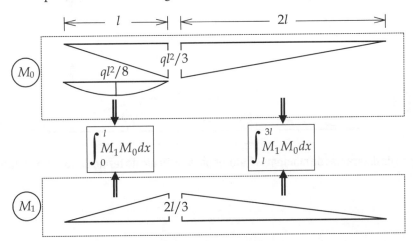

Figura 8.13 Combinação de diagramas de momentos fletores para o cálculo do termo de carga δ_{10} relativo ao SP da Figura 8.9.

A seguir são dadas as expressões das combinações das parcelas dos diagramas. Em cada trecho, cada parcela do caso (1) é combinada com as outras parcelas do caso (0). Observa-se que os momentos fletores no caso (0) tracionam as fibras inferiores e, no caso (1), tracionam as fibras superiores. Portanto, os sinais das integrais são negativos. Isso resulta em:

$$\int_0^l M_1 M_0 dx = -\frac{1}{3} \cdot \frac{2l}{3} \cdot \frac{ql^2}{3} \cdot l - \frac{1}{3} \cdot \frac{2l}{3} \cdot \frac{ql^2}{8} \cdot l$$

$$\int_l^{3l} M_1 M_0 dx = -\frac{1}{3} \cdot \frac{2l}{3} \cdot \frac{ql^2}{3} \cdot 2l$$

$$\int_0^{3l} M_1 M_0 dx = -\frac{ql^4}{4}$$

O valor final para δ_{10} é mostrado em função do comprimento l (de um vão da viga contínua), da taxa de carregamento distribuído q e da rigidez à flexão EI da viga:

$$\delta_{10} = \frac{1}{EI} \cdot \int_0^{3l} M_1 M_0 dx = -\frac{ql^4}{4EI}$$

Cálculo de δ_{20}

Esse cálculo é análogo ao cálculo do termo de carga δ_{10}. Para calcular δ_{20} pelo PFV, o sistema real de deformação é o caso (0) e o sistema de forças virtuais é o caso (2) com $X_2 = 1$, resultando em:

$$\delta_{20} = \frac{1}{EI} \cdot \int_0^{3l} M_2 M_0 dx$$

Essa integral é calculada com base na combinação dos diagramas de momentos fletores em três trechos da viga, como mostrado na Figura 8.14.

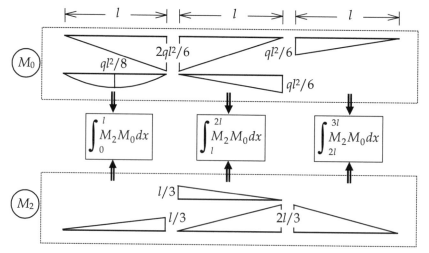

Figura 8.14 Combinação de diagramas de momentos fletores para o cálculo do termo de carga δ_{20} relativo ao SP da Figura 8.9.

As expressões para as integrais relativas a cada trecho e o resultado final para δ_{20} são mostrados a seguir. Assim como para δ_{10}, os sinais são negativos porque os momentos fletores dos casos (0) e (2) tracionam fibras opostas:

$$\int_0^l M_2 M_0 dx = -\frac{1}{3} \cdot \frac{l}{3} \cdot \frac{ql^2}{3} \cdot l - \frac{1}{3} \cdot \frac{l}{3} \cdot \frac{ql^2}{8} \cdot l$$

$$\int_l^{2l} M_2 M_0 dx = -\frac{1}{3} \cdot \frac{l}{3} \cdot \frac{ql^2}{3} \cdot l - \frac{1}{6} \cdot \frac{l}{3} \cdot \frac{ql^2}{6} \cdot l - \frac{1}{6} \cdot \frac{2l}{3} \cdot \frac{ql^2}{3} \cdot l - \frac{1}{3} \cdot \frac{2l}{3} \cdot \frac{ql^2}{6} \cdot l$$

$$\int_{2l}^{3l} M_2 M_0 dx = -\frac{1}{3} \cdot \frac{2l}{3} \cdot \frac{ql^2}{6} \cdot l$$

$$\int_0^{3l} M_2 M_0 dx = -\frac{5ql^4}{24}$$

Isso resulta em:

$$\delta_{20} = \frac{1}{EI} \cdot \int_0^{3l} M_2 M_0 dx = -\frac{5ql^4}{24EI}$$

Cálculo de δ_{11}

Para calcular o coeficiente de flexibilidade δ_{11} pelo PFV, o sistema real de deformação e o sistema de forças virtuais coincidem: trata-se do caso (1) com $X_1 = 1$. Dessa forma (Seção 8.3.2):

$$\delta_{11} = \frac{1}{EI} \cdot \int_0^{3l} M_1 M_1 dx$$

Essa expressão demonstra que o sinal de δ_{11} é positivo, conforme mencionado na Seção 8.1.2 (δ_{ii} é sempre positivo, em que i é o índice do hiperestático). A combinação dos diagramas de momentos fletores está ilustrada na Figura 8.15, e as expressões para as integrais dos dois trechos utilizados para o cálculo desse coeficiente são mostradas a seguir:

$$\int_0^l M_1 M_1 dx = +\frac{1}{3} \cdot \frac{2l}{3} \cdot \frac{2l}{3} \cdot l$$

$$\int_l^{3l} M_1 M_1 dx = +\frac{1}{3} \cdot \frac{2l}{3} \cdot \frac{2l}{3} \cdot 2l$$

$$\int_0^{3l} M_1 M_1 dx = +\frac{4l^3}{9}$$

O valor resultante para δ_{11} é:

$$\delta_{11} = \frac{1}{EI} \cdot \int_0^{3l} M_1 M_1 dx = +\frac{4l^3}{9EI}$$

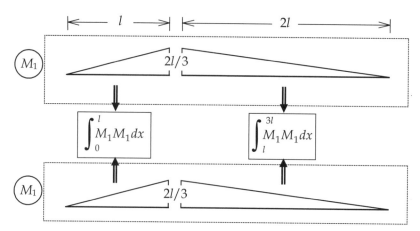

Figura 8.15 Combinação de diagramas de momentos fletores para o cálculo do coeficiente de flexibilidade δ_{11} relativo ao SP da Figura 8.9.

Cálculo de δ_{21} e δ_{12}

No cálculo do coeficiente de flexibilidade δ_{21} pelo PFV, o sistema real de deformação é o caso (1) com $X_1 = 1$, e o sistema de forças virtuais é o caso (2) com $X_2 = 1$. Para o cálculo do coeficiente de flexibilidade δ_{12}, os papéis dos casos (1) e (2) se invertem: o sistema de deformação real é o caso (2) com $X_2 = 1$ e o sistema de forças virtuais é o caso (1) com $X_1 = 1$. Isso resulta em:

$$\delta_{21} = \frac{1}{EI} \cdot \int_0^{3l} M_2 M_1 dx$$

$$\delta_{12} = \frac{1}{EI} \cdot \int_0^{3l} M_1 M_2 dx$$

Essas expressões demonstram que δ_{12} e δ_{21} são iguais, conforme mencionado na Seção 8.1.2 ($\delta_{ij} = \delta_{ji}$, sendo i e j índices de hiperestáticos). A Figura 8.16 mostra a combinação dos diagramas de momentos fletores. No cálculo das integrais de δ_{12} e δ_{21}, a viga é dividida em três trechos. As expressões para as integrais em cada trecho e o cálculo final desses coeficientes são dados a seguir. Observa-se que esses coeficientes são positivos porque os momentos fletores dos casos (1) e (2) tracionam fibras do mesmo lado (neste exemplo são as fibras superiores):

$$\int_0^l M_2 M_1 dx = \int_0^l M_1 M_2 dx = +\frac{1}{3} \cdot \frac{l}{3} \cdot \frac{2l}{3} \cdot l$$

$$\int_l^{2l} M_2 M_1 dx = \int_l^{2l} M_1 M_2 dx = +\frac{1}{6} \cdot \frac{l}{3} \cdot \frac{l}{3} \cdot l + \frac{1}{3} \cdot \frac{l}{3} \cdot \frac{2l}{3} \cdot l + \frac{1}{3} \cdot \frac{2l}{3} \cdot \frac{l}{3} \cdot l + \frac{1}{6} \cdot \frac{2l}{3} \cdot \frac{2l}{3} \cdot l$$

$$\int_{2l}^{3l} M_2 M_1 dx = \int_{2l}^{3l} M_1 M_2 dx = +\frac{1}{3} \cdot \frac{2l}{3} \cdot \frac{l}{3} \cdot l$$

$$\int_0^{3l} M_2 M_1 dx = \int_0^{3l} M_1 M_2 dx = +\frac{7l^3}{18}$$

$$\delta_{21} = \delta_{12} = \frac{1}{EI} \cdot \int_0^{3l} M_2 M_1 dx = \frac{1}{EI} \cdot \int_0^{3l} M_1 M_2 dx = +\frac{7l^3}{18EI}$$

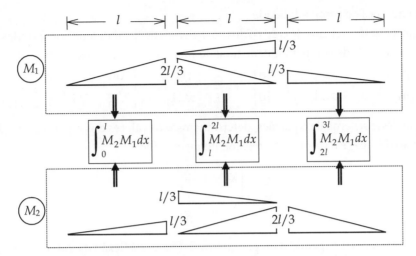

Figura 8.16 Combinação de diagramas de momentos fletores para o cálculo dos coeficientes de flexibilidade δ_{12} e δ_{21} relativo ao SP da Figura 8.9.

Cálculo de δ_{22}

Assim como para δ_{11}, no cálculo do coeficiente de flexibilidade δ_{22} pelo PFV, o sistema real de deformação e o sistema de forças virtuais se identificam. Para δ_{22}, os dois sistemas são o caso (2) com $X_2 = 1$. Isto resulta em:

$$\delta_{22} = \frac{1}{EI} \cdot \int_0^{3l} M_2 M_2 \, dx$$

Como mencionado, observa-se que o sinal de δ_{22} é positivo. O cálculo desse coeficiente é feito por meio das integrais em dois trechos, mostradas a seguir, que resultam da combinação dos diagramas de momentos fletores ilustrada na Figura 8.17:

$$\int_0^{2l} M_2 M_2 \, dx = +\frac{1}{3} \cdot \frac{2l}{3} \cdot \frac{2l}{3} \cdot 2l$$

$$\int_{2l}^{3l} M_2 M_2 \, dx = +\frac{1}{3} \cdot \frac{2l}{3} \cdot \frac{2l}{3} \cdot l$$

$$\int_0^{3l} M_2 M_2 \, dx = +\frac{4l^3}{9}$$

$$\delta_{22} = \frac{1}{EI} \cdot \int_0^{3l} M_2 M_2 \, dx = +\frac{4l^3}{9EI}$$

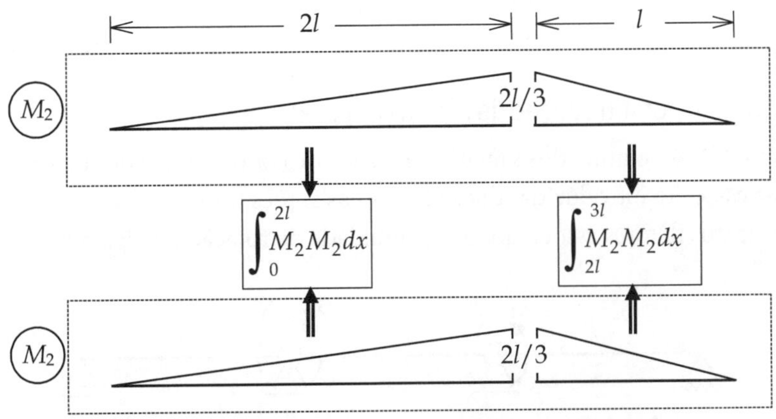

Figura 8.17 Combinação de diagramas de momentos fletores para o cálculo do coeficiente de flexibilidade δ_{22} relativo ao SP da Figura 8.9.

Solução do sistema de equações de compatibilidade

Com base nas expressões dos termos de carga e dos coeficientes de flexibilidade encontrados anteriormente, pode-se montar o sistema de equações de compatibilidade final do método das forças para o presente exemplo:

$$\begin{Bmatrix}\delta_{10}\\\delta_{20}\end{Bmatrix}+\begin{bmatrix}\delta_{11}&\delta_{12}\\\delta_{21}&\delta_{22}\end{bmatrix}\begin{Bmatrix}X_1\\X_2\end{Bmatrix}=\begin{Bmatrix}0\\0\end{Bmatrix}\rightarrow-\frac{ql^4}{EI}\begin{Bmatrix}1/4\\5/24\end{Bmatrix}+\frac{l^3}{EI}\begin{bmatrix}4/9&7/18\\7/18&4/9\end{bmatrix}\begin{Bmatrix}X_1\\X_2\end{Bmatrix}=\begin{Bmatrix}0\\0\end{Bmatrix}$$

A partir da solução desse sistema de equações, determinam-se os valores dos hiperestáticos X_1 e X_2 em função de l (comprimento de um vão da viga) e q (taxa de carregamento distribuído):

$$\begin{cases}X_1=+\dfrac{13ql}{20}\\X_2=-\dfrac{ql}{10}\end{cases}$$

Observa-se que esses valores independem do parâmetro EI (rigidez à flexão da viga), que foi eliminado na solução do sistema de equações de compatibilidade.

Diagrama de momentos fletores finais

Para finalizar a solução da viga contínua com três vãos, resta determinar o diagrama de momentos fletores finais. A Figura 8.18 mostra as reações de apoio e os momentos fletores finais para essa estrutura.

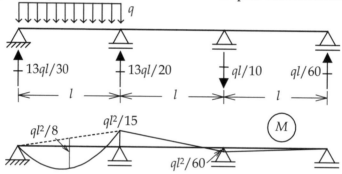

Figura 8.18 Reações de apoio e diagrama de momentos fletores finais da estrutura da Figura 8.8.

Conforme mencionado anteriormente neste capítulo (Seção 8.1.3), os diagramas de esforços internos finais podem ser determinados de duas maneiras:

- calcula-se o sistema principal com o carregamento aplicado simultaneamente aos hiperestáticos X_1 e X_2 com os valores corretos encontrados;
- utiliza-se a própria superposição de casos básicos para a obtenção dos diagramas finais; no caso do diagrama de momentos fletores: $M = M_0 + M_1 \cdot X_1 + M_2 \cdot X_2$.

A segunda opção é, em geral, utilizada porque os diagramas de momentos fletores dos casos básicos já estão disponíveis, uma vez que são necessários para o cálculo dos termos de carga e dos coeficientes de flexibilidade.

8.4.2. Sistema principal obtido por introdução de rótulas internas

Nesta opção para se obter o SP, são eliminados vínculos internos de continuidade de rotação da elástica (configuração deformada) da viga. Nesse caso, são introduzidas duas rótulas nas seções transversais dos dois apoios internos. Os hiperestáticos X_1 e X_2 são momentos fletores associados à continuidade de rotação da viga nessas seções transversais, como ilustrado na Figura 8.19.

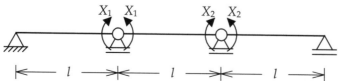

Figura 8.19 Segunda opção para SP da estrutura da Figura 8.8.

Os pares de momentos aplicados adjacentes às rótulas introduzidas na criação do SP da Figura 8.19 fazem com que os momentos fletores finais nas seções transversais, onde foi eliminada a continuidade de rotação, necessariamente sejam iguais a X_1 e X_2, conforme observado na Seção 3.7.6. Salienta-se que, embora a ilustração dos pares de momentos deixe transparecer, *não existem trechos de barra entre as rótulas e os momentos aplicados* (veja considerações feitas na Seção 3.2 referentes ao exemplo da Figura 3.9).

Seguindo a metodologia do método das forças, a solução do problema recai em determinar os valores que os momentos fletores X_1 e X_2 devem ter para que, juntamente com o carregamento atuante, fique restabelecida a continuidade de rotação da elástica da viga. Os mesmos passos mostrados para a solução considerando a opção anterior do SP (Seção 8.4.1) são efetuados nesta opção, como mostrado a seguir.

Caso (0) – Solicitação externa (carregamento) isolada no SP

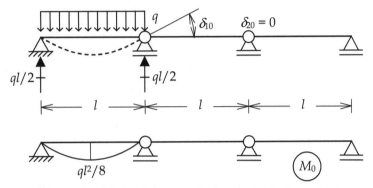

Figura 8.20 Solicitação externa isolada no SP da Figura 8.19.

$\delta_{10} \rightarrow$ rotação relativa entre as seções transversais adjacentes à rótula associada a X_1 provocada pelo carregamento externo no caso (0);

$\delta_{20} \rightarrow$ rotação relativa entre as seções transversais adjacentes à rótula associada a X_2 provocada pelo carregamento externo no caso (0).

Caso (1) – Hiperestático X_1 isolado no SP

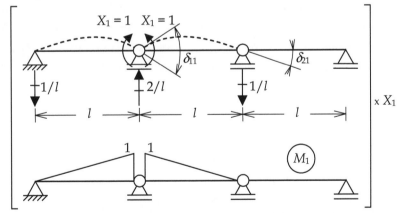

Figura 8.21 Hiperestático X_1 isolado no SP da Figura 8.19.

$\delta_{11} \rightarrow$ rotação relativa entre as seções transversais adjacentes à rótula associada a X_1 provocada por $X_1 = 1$ no caso (1);

$\delta_{21} \rightarrow$ rotação relativa entre as seções transversais adjacentes à rótula associada a X_2 provocada por $X_1 = 1$ no caso (1).

Caso (2) – Hiperestático X_2 isolado no SP

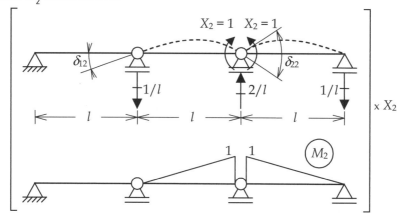

Figura 8.22 Hiperestático X_2 isolado no SP da Figura 8.19.

$\delta_{12} \rightarrow$ rotação relativa entre as seções transversais adjacentes à rótula associada a X_1 provocada por $X_2 = 1$ no caso (2);

$\delta_{22} \rightarrow$ rotação relativa entre as seções transversais adjacentes à rótula associada a X_2 provocada por $X_2 = 1$ no caso (2).

Restabelecimento das condições de compatibilidade

Para esta opção do sistema principal, é preciso restabelecer as condições de continuidade de rotação nas seções transversais onde são introduzidas as rótulas. Isso é feito com base na superposição dos três casos básicos. As equações de compatibilidade impõem que, na superposição, as rotações relativas entre as seções transversais adjacentes a cada rótula sejam nulas, resultando em:

$$\begin{Bmatrix} \delta_{10} \\ \delta_{20} \end{Bmatrix} + \begin{bmatrix} \delta_{11} & \delta_{12} \\ \delta_{21} & \delta_{22} \end{bmatrix} \begin{Bmatrix} X_1 \\ X_2 \end{Bmatrix} = \begin{Bmatrix} 0 \\ 0 \end{Bmatrix}$$

O cálculo dos coeficientes desse sistema de equações também é feito com auxílio do PFV, tal como descrito na Seção 8.3. Para o sistema principal adotado, são calculadas as rotações relativas entre as seções adjacentes a cada rótula introduzida na criação do SP. Portanto, as cargas virtuais adotadas são pares de momentos unitários aplicados adjacentes às rótulas (Tabela 7.2). Assim como para a primeira opção do SP (Seção 8.4.1), observa-se que os sistemas de forças virtuais correspondem aos casos (1) e (2) para os hiperestáticos X_1 e X_2 com valores unitários. Assim, os sistemas reais de deformação são os casos (0), (1) e (2), e os sistemas de forças virtuais são os casos (1) e (2) com $X_1 = 1$ e $X_2 = 1$.

Uma grande vantagem dessa segunda opção do SP é a facilidade no cálculo dos termos de carga e dos coeficientes de flexibilidade. Esse cálculo é mostrado a seguir com base na combinação dos diagramas de momentos fletores dos casos básicos apresentados anteriormente:

$$\delta_{10} = \frac{1}{EI} \cdot \left[-\frac{1}{3} \cdot 1 \cdot \frac{ql^2}{8} \cdot l \right] = -\frac{ql^3}{24EI}$$

$$\delta_{20} = 0$$

$$\delta_{11} = \frac{1}{EI} \cdot \left[+\frac{1}{3} \cdot 1 \cdot 1 \cdot l + \frac{1}{3} \cdot 1 \cdot 1 \cdot l \right] = +\frac{2l}{3EI} \qquad \delta_{21} = \delta_{12} = \frac{1}{EI} \cdot \left[+\frac{1}{6} \cdot 1 \cdot 1 \cdot l \right] = +\frac{l}{6EI}$$

$$\delta_{22} = \frac{1}{EI} \cdot \left[+\frac{1}{3} \cdot 1 \cdot 1 \cdot l + \frac{1}{3} \cdot 1 \cdot 1 \cdot l \right] = +\frac{2l}{3EI}$$

O sistema de equações de compatibilidade resultante e a sua solução estão indicados a seguir:

$$\begin{Bmatrix} \delta_{10} \\ \delta_{20} \end{Bmatrix} + \begin{bmatrix} \delta_{11} & \delta_{12} \\ \delta_{21} & \delta_{22} \end{bmatrix} \begin{Bmatrix} X_1 \\ X_2 \end{Bmatrix} = \begin{Bmatrix} 0 \\ 0 \end{Bmatrix} \rightarrow -\frac{ql^3}{EI} \begin{Bmatrix} 1/24 \\ 0 \end{Bmatrix} + \frac{l}{EI} \begin{bmatrix} 2/3 & 1/6 \\ 1/6 & 2/3 \end{bmatrix} \begin{Bmatrix} X_1 \\ X_2 \end{Bmatrix} = \begin{Bmatrix} 0 \\ 0 \end{Bmatrix}$$

$$\begin{cases} X_1 = +\dfrac{ql^2}{15} \\ X_2 = -\dfrac{ql^2}{60} \end{cases}$$

Observa-se que os valores de X_1 e X_2 correspondem exatamente aos valores dos momentos fletores nas seções transversais dos apoios internos da viga contínua, conforme indicado na Figura 8.18. Portanto, essa opção do SP acarreta, como não poderia deixar de ser, a mesma solução da estrutura hiperestática.

Outra vantagem dessa segunda opção do SP é a facilidade no traçado do diagrama dos momentos fletores finais. Nas seções transversais onde foram introduzidas rótulas, o valor do momento fletor final é o próprio valor do hiperestático correspondente a cada rótula. O traçado do diagrama final (Figura 8.18) ao longo das barras é obtido por meio de uma superposição simples dos diagramas dos casos básicos. No primeiro vão trata-se de uma superposição de um triângulo com uma parábola, no segundo, de uma superposição de dois triângulos, e no terceiro apenas um triângulo.

8.4.3. Considerações sobre a escolha do sistema principal

A partir das análises feitas nas seções anteriores para o exemplo da viga contínua, podem ser traçadas algumas considerações. A primeira é que existem diversas opções para o sistema principal. A Figura 8.23 ilustra algumas opções válidas, com os hiperestáticos correspondentes, e uma opção inválida (instável). Todas as opções são obtidas pela eliminação de dois vínculos de compatibilidade, pois o grau de hiperestaticidade do exemplo é $g = 2$.

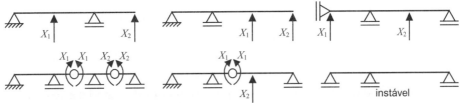

Figura 8.23 Opções de SP para a viga contínua com três vãos da Figura 8.8.

Os sistemas principais mostrados na Figura 8.23 são obtidos pela eliminação de vínculos externos de restrições de apoio e de vínculos internos de continuidade de rotação da curva elástica (introdução de rótulas). Uma opção combina os dois tipos de liberação de vínculo. Na única opção inválida, é eliminado o vínculo externo que impede o movimento da viga na direção horizontal, o que faz com que o SP fique instável (observe que o SP resultante é hiperestático com relação ao comportamento transversal).

O fato de existirem diversas possibilidades para o sistema principal faz com que seja difícil formalizar, além da metodologia já descrita, um procedimento-padrão para análise de estruturas pelo método das forças. Nos exemplos abordados na sequência deste capítulo ficará claro que a criação do SP requer um conhecimento razoável de análise de estruturas isostáticas, porém esse conhecimento não é facilmente traduzido em procedimentos-padrão para a escolha do SP. Por exemplo, em alguns casos (Seção 8.6), o SP escolhido pode ser um quadro isostático composto com solução relativamente trabalhosa porque sua decomposição resulta em uma sequência cíclica de carregamento de quadros isostáticos simples. A identificação *a priori* desses casos requer uma análise da decomposição do quadro composto (Seção 3.3), a qual é difícil de ser padronizada.

A falta de um procedimento-padrão dificulta a elaboração de um algoritmo genérico para a criação do SP. Além disso, não é simples a identificação automática de uma instabilidade gerada pela eliminação de vínculos da estrutura. Esses motivos explicam, em parte, por que o método das forças não é o mais utilizado em uma implementação computacional para análise de estruturas reticuladas. Em geral, os programas de computador implementam a metodologia do método dos deslocamentos. O principal motivo para isso é justamente a simplicidade da criação da estrutura auxiliar (sistema hipergeométrico) utilizada na superposição de casos básicos adotada nesse método. Conforme será visto no Capítulo 10, no caso geral só existe uma opção para a escolha do sistema hipergeométrico, e o procedimento para a sua criação é muito simples.

Outra consideração importante se refere à interpretação física do hiperestático, do termo de carga e dos coeficientes de flexibilidade associados a um vínculo de compatibilidade eliminado na criação do SP:

- Quando se elimina um vínculo de *compatibilidade externa* na criação do SP, o hiperestático correspondente é uma reação de apoio, isto é, uma *força externa* ou um *momento externo*. O termo de carga e os coeficientes de flexibilidade correspondentes são *deslocamentos absolutos* (para o caso de hiperestático força) ou *rotações absolutas* (para o caso de hiperestático momento) na direção do vínculo eliminado.

- Quando se elimina um vínculo de *continuidade interna* na criação do SP, o hiperestático correspondente é um *esforço interno*. No caso da eliminação de um vínculo interno de continuidade de rotação da curva elástica (introdução de uma rótula), o hiperestático é um momento fletor (esforço interno). No caso de um corte completo em uma seção transversal, os hiperestáticos são os esforços internos na seção. O termo de carga e os coeficientes de flexibilidade correspondentes são *deslocamentos relativos* ou *rotações relativas* na direção do vínculo eliminado na seção transversal.

Nos exemplos abordados neste capítulo, as únicas liberações de continuidade interna consideradas são o corte completo de uma seção transversal (que elimina a continuidade de deslocamento axial, de deslocamento transversal e de rotação) e a introdução de rótula. A Tabela 2.3 mostra duas possibilidades adicionais de liberação de vínculos internos: liberação de continuidade de deslocamento axial e de continuidade de deslocamento transversal em uma barra. Os tipos de liberação de vínculos externos e internos que são adotados neste capítulo são mostrados na Tabela 7.2.

8.5. ESCOLHA DO SISTEMA PRINCIPAL PARA UM QUADRO FECHADO

A Seção 8.4 apresentou a análise de uma viga contínua com duas opções para o SP: uma com eliminação de vínculos externos e outra com eliminação de continuidade interna. Esta seção estende esse estudo para um quadro externamente isostático, conforme ilustrado na Figura 8.24, de tal maneira que, para a criação do SP, é necessário eliminar vínculos internos de continuidade. De acordo com a Seção 3.8 (veja também considerações feitas na Seção 3.2.1), o grau de hiperestaticidade do quadro é $g = 3$. Todas as barras têm os mesmos parâmetros de material e de seção transversal.

Neste estudo, são discutidos apenas os sistemas principais adotados e as interpretações físicas dos termos de carga e coeficientes de flexibilidade. A solução final da estrutura não é dada, visto que isso será feito para diversos exemplos no restante deste capítulo.

Duas opções são adotadas para o SP da solução do pórtico da Figura 8.24 pelo método das forças. Na primeira, o anel (circuito fechado de barras) é cortado, secionando-o em uma seção transversal. Na segunda, são introduzidas rótulas internas.

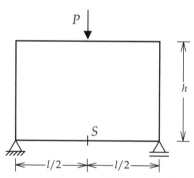

Figura 8.24 Pórtico plano externamente isostático e com hiperestaticidade interna em decorrência de a um anel.

8.5.1. Sistema principal obtido por corte de uma seção transversal

A primeira opção para a criação do SP da estrutura da Figura 8.24 é feita secionando-se o anel na seção S indicada na figura. O SP resultante é mostrado na Figura 8.25.

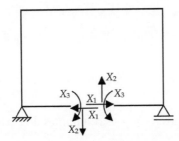

Figura 8.25 Primeira opção para SP do quadro da Figura 8.24.

Os hiperestáticos correspondentes a essa opção do SP também estão indicados na Figura 8.25. Eles são os esforços internos (de ligação) na seção S. Os casos básicos da solução da estrutura pelo método das forças com esse SP são apresentados a seguir.

Caso (0) – Solicitação externa (carregamento) isolada no SP

A Figura 8.26 mostra o efeito da solicitação externa para o SP adotado.

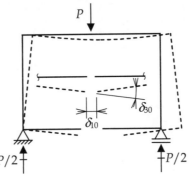

Figura 8.26 Solicitação externa isolada no SP da Figura 8.25.

Veem-se na Figura 8.26 as interpretações físicas dos termos de carga para esse caso, em que:

$\delta_{10} \rightarrow$ deslocamento axial relativo entre as seções resultantes do corte na seção S, provocado pela solicitação externa no caso (0);

$\delta_{20} \rightarrow$ deslocamento transversal relativo entre as seções resultantes do corte na seção S, provocado pela solicitação externa no caso (0) (no caso, δ_{20} é nulo);

$\delta_{30} \rightarrow$ rotação relativa entre as seções resultantes do corte na seção S, provocada pela solicitação externa no caso (0).

Caso (1) – Hiperestático X_1 isolado no SP

O caso (1) da solução com o SP adotado é ilustrado na Figura 8.27, e as interpretações físicas dos coeficientes de flexibilidade correspondentes são:

$\delta_{11} \rightarrow$ deslocamento axial relativo entre as seções resultantes do corte na seção S, provocado por $X_1 = 1$ no caso (1);

$\delta_{21} \rightarrow$ deslocamento transversal relativo entre as seções resultantes do corte naseção S, provocado por $X_1 = 1$ no caso (1) (no exemplo, δ_{21} é nulo);

$\delta_{31} \rightarrow$ rotação relativa entre as seções resultantes do corte na seção S, provocada por $X_1 = 1$ no caso (1).

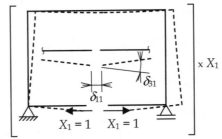

Figura 8.27 Hiperestático X_1 isolado no SP da Figura 8.25.

Caso (2) – Hiperestático X_2 isolado no SP

A Figura 8.28 mostra o caso (2) da solução para o SP adotado. Os coeficientes de flexibilidade podem ser interpretados como:

$\delta_{12} \rightarrow$ deslocamento axial relativo entre as seções resultantes do corte na seção S, provocado por $X_2 = 1$ no caso (2) (no exemplo, δ_{12} é nulo);

$\delta_{22} \rightarrow$ deslocamento transversal relativo entre as seções resultantes do corte na seção S, provocado por $X_2 = 1$ no caso (2);

$\delta_{32} \rightarrow$ rotação relativa entre as seções resultantes do corte na seção S, provocada por $X_2 = 1$ no caso (2) (no exemplo, δ_{32} é nulo).

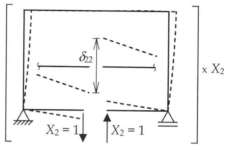

Figura 8.28 Hiperestático X_2 isolado no SP da Figura 8.25.

Caso (3) – Hiperestático X_3 isolado no SP

Finalmente, o caso (3) desta opção do SP é indicado na Figura 8.29, cujos coeficientes de flexibilidades têm a seguinte interpretação física:

$\delta_{13} \rightarrow$ deslocamento axial relativo entre as seções resultantes do corte na seção S, provocado por $X_3 = 1$ no caso (3);

$\delta_{23} \rightarrow$ deslocamento transversal relativo entre as seções resultantes do corte na seção S, provocado por $X_3 = 1$ no caso (3) (no exemplo, δ_{23} é nulo);

$\delta_{33} \rightarrow$ rotação relativa entre as seções resultantes do corte na seção S, provocada por $X_3 = 1$ no caso (3).

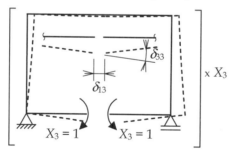

Figura 8.29 Hiperestático X_3 isolado no SP da Figura 8.25.

Restabelecimento das condições de compatibilidade

De acordo com a metodologia do método das forças, a superposição dos casos básicos (0), (1), (2) e (3) é utilizada para recompor as condições de compatibilidade que foram violadas na criação do SP. Para tanto, somam-se os valores das descontinuidades de deslocamento axial, de deslocamento transversal e de rotação na seção de corte S, e impõe-se que essas somas tenham valores nulos. Isso resulta em um sistema com três equações de compatibilidade:

$$\begin{cases} \delta_{10} + \delta_{11}X_1 + \delta_{12}X_2 + \delta_{13}X_3 = 0 \\ \delta_{20} + \delta_{21}X_1 + \delta_{22}X_2 + \delta_{23}X_3 = 0 \\ \delta_{30} + \delta_{31}X_1 + \delta_{32}X_2 + \delta_{33}X_3 = 0 \end{cases}$$

Dessa forma, é possível encontrar os valores de X_1, X_2 e X_3 que fazem com que os deslocamentos axial e transversal relativos e a rotação relativa na seção de corte S sejam nulos. Com isso, as três condições de continuidade violadas são restabelecidas.

8.5.2. Sistema principal obtido por introdução de rótulas

A Figura 8.30 mostra a segunda opção para o SP da estrutura da Figura 8.24. Esse SP é obtido introduzindo-se três rótulas no anel da estrutura. Os momentos fletores nas seções transversais onde as rótulas são introduzidas são os hiperestáticos dessa solução.

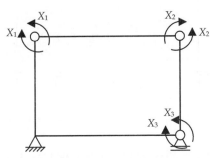

Figura 8.30 Segunda opção para SP do quadro da Figura 8.24.

Deve-se observar que as rótulas poderiam ser colocadas em quaisquer outros três pontos, desde que não ficassem alinhadas em uma mesma barra, o que caracterizaria uma instabilidade (veja as Figuras 3.6 e 4.6). A Figura 8.31-a ilustra outro SP válido obtido pela introdução de três rótulas na estrutura da Figura 8.24. A Figura 8.31-b indica um SP não válido pois as três rótulas estão alinhadas na barra superior do pórtico.

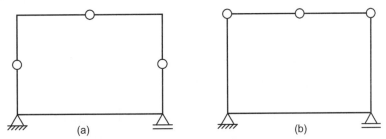

Figura 8.31 Outras alternativas para SP do quadro da Figura 8.24 com introdução de rótulas: (a) opção válida; (b) opção inválida.

Outra observação importante com respeito à solução utilizando um SP obtido pela introdução de rótulas é que, em geral, na solução dos casos básicos, é necessária a decomposição do quadro isostático composto em quadros isostáticos simples. No caso geral, uma decomposição pode resultar em quadros biapoiados, triarticulados ou engastados com balanços (Seção 3.3). Para o SP adotado (Figura 8.30), uma possível decomposição seria em um quadro biapoiado e outro triarticulado, como mostrado para os casos (0) e (1) a seguir. Para os casos (2) e (3), a mesma decomposição se aplicaria.

As interpretações físicas dos termos de carga e coeficientes de flexibilidade para esta opção do SP podem ser feitas genericamente da seguinte maneira:

$\delta_{i0} \rightarrow$ rotação relativa entre as seções adjacentes à rótula associada ao hiperestático X_i, provocada pela solicitação externa no caso (0);

$\delta_{ij} \rightarrow$ rotação relativa entre as seções adjacentes à rótula associada ao hiperestático X_i, provocada por $X_j = 1$ no caso (j).

Caso (0) – Solicitação externa (carregamento) isolada no SP

A Figura 8.32 indica a solução do caso (0) da presente opção para o SP. Observa-se que, para resolver esse problema isostático, é conveniente decompor o quadro composto da Figura 8.30 em um quadro triarticulado suportado por um quadro biapoiado com uma barra vertical em balanço à esquerda. O quadro composto é separado em duas porções pelas rótulas associadas aos hiperestáticos X_1 e X_3. Os apoios do quadro triarticulado são fictícios, mas servem para indicar que existem duas forças de ligação (apoios do 2º gênero) e a ordem de carregamento dos quadros simples: nas seções transversais de ligação das rótulas separadas, a porção que contém o apoio fictício é a porção suportada.

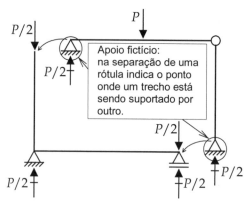

Figura 8.32 Solicitação externa isolada no SP da Figura 8.30.

Conforme descrito na Seção 3.3, para resolver o problema, deve-se determinar as "reações" de apoio no quadro triarticulado e aplicar essas reações como se fossem cargas atuando no quadro biapoiado. Na verdade, cada par reação-carga em um apoio fictício da decomposição representa um esforço interno de ligação em uma rótula. No caso (0) do exemplo só existem esforços de ligação verticais, como mostra a Figura 8.32.

Caso (1) – Hiperestático X_1 isolado no SP

A solução do caso (1) desta opção do SP é semelhante à solução do caso (0). A decomposição do quadro composto no caso (1) é mostrada na Figura 8.33.

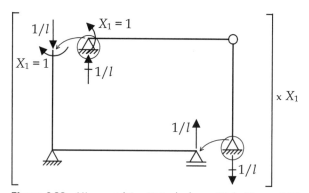

Figura 8.33 Hiperestático X_1 isolado no SP da Figura 8.30.

Esta seção indica a solução de um quadro fechado hiperestático (externamente isostático) adotando duas opções para o SP. Em princípio pode parecer mais complicado criar o SP introduzindo rótulas internas (segunda opção) do que cortando em uma seção transversal (primeira opção). Entretanto, como foi visto na Seção 8.4.2, a segunda opção apresenta pelo menos duas vantagens. A primeira é que, em geral, a introdução de rótulas resulta em um cálculo mais simples dos termos de carga e dos coeficientes de flexibilidade. A segunda vantagem é que o traçado do diagrama de momentos fletores final, que é obtido pela superposição dos diagramas dos casos básicos, é mais simples. Nos pontos em que são introduzidas rótulas, o valor do diagrama de momentos fletores final é o próprio valor do hiperestático que corresponde àquela rótula.

8.6. ESCOLHA DO SISTEMA PRINCIPAL PARA QUADROS COMPOSTOS

Esta seção apresenta exemplos de criação de sistema principal para dois pórticos planos hiperestáticos. Um objetivo desta apresentação é ilustrar algumas possibilidades de escolha de SP em função da eliminação de diferentes vínculos de compatibilidade. Outro objetivo é salientar o cuidado que deve ser tomado para evitar um SP com instabilidade ou com uma solução muito trabalhosa.

Considere o quadro hiperestático da Figura 8.34. De acordo com os procedimentos descritos na Seção 3.8, o grau de hiperestaticidade desse pórtico é $g = 2$. A figura apresenta quatro opções para o sistema principal dessa solução.

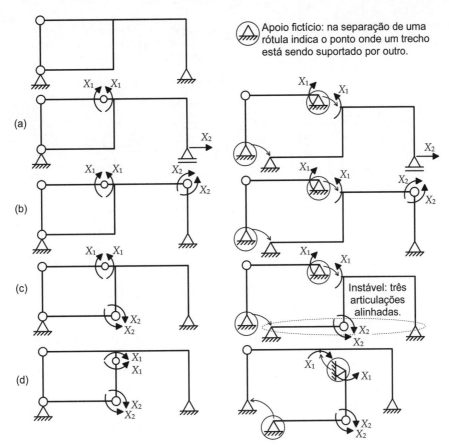

Figura 8.34 Opções de SP para um quadro hiperestático.

Na primeira opção para SP (Figura 8.34-a), uma rótula é inserida e uma restrição de apoio é eliminada. Para resolver esse SP, o quadro isostático composto resultante é decomposto em uma sequência de carregamento com um quadro triarticulado sendo suportado por um quadro biapoiado. Os círculos indicam os apoios fictícios nos pontos de suporte do pórtico, e as setas indicam a ordem da sequência de carregamento. A segunda opção (Figura 8.34-b) tem uma sequência de carregamento semelhante. Em vez de liberar a restrição do apoio da direita, uma rótula é inserida no nó superior à direita. O resultado é um quadro composto que é decomposto em dois quadros triarticulados, um suportado pelo outro. A terceira opção (Figura 8.34-c) posiciona a segunda rótula no nó central inferior do triarticulado que dá suporte ao outro. Entretanto, isso gera uma instabilidade porque as três articulações do quadro ficam alinhadas (Seção 3.2). Finalmente, a quarta opção para o SP (Figura 8.34-d) apresenta uma sequência de carregamento na decomposição bastante diferente das anteriores. Nessa opção, duas rótulas são inseridas nas extremidades da barra central vertical. Isso resulta em um triarticulado interno "pendurado" em outro triarticulado externo. No apoio à esquerda da última opção de SP, é interessante notar que invertem-se os papéis de apoio real e apoio fictício na separação da rótula.

Observa-se, a partir do exemplo da Figura 8.34, que uma das maiores dificuldades de utilização do método das forças está na escolha adequada do sistema principal. Dois cuidados devem ser tomados ao se eliminar vínculos de compatibilidade na criação de um SP. O primeiro é evitar um SP instável. A instabilidade pode ser decorrência da falta de impedimento de um movimento de corpo rígido, como no SP instável mostrado na Figura 8.23, que não apresenta algum apoio que restrinja o movimento horizontal. A instabilidade também pode ser interna, como as três rótulas alinhadas do triarticulado da Figura 8.34-c.

O segundo cuidado a ser tomado na escolha do SP consiste em evitar a criação de um quadro isostático composto cuja decomposição seja uma sequência cíclica de carregamento de quadros isostáticos simples. Isso é explicado com auxílio do exemplo da Figura 8.35, que também tem um grau de hiperestaticidade $g = 2$.

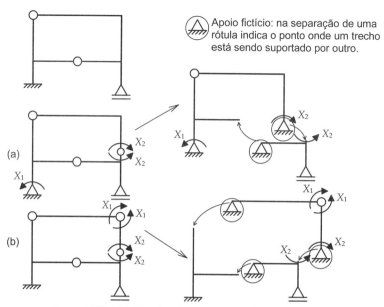

Figura 8.35 Opções de SP para um quadro hiperestático: a) sequência cíclica de carregamento; b) sequência acíclica de carregamento.

A primeira opção de SP desse exemplo (Figura 8.35-a) libera a restrição de rotação no engaste do pórtico e insere uma rótula na barra na lateral direita do ciclo fechado de barras. O único quadro isostático simples que contém um apoio do 1º gênero é o quadro biapoiado. Portanto, separa-se a rótula central para criar um apoio (fictício) do 2º gênero para formar o quadro biapoiado. O restante do pórtico forma um quadro triarticulado com uma barra em balanço. Entretanto, essa não é uma boa opção para o SP. Observa-se que o quadro biapoiado busca suporte na extremidade em balanço do quadro triarticulado, que busca suporte, à direita, no quadro biapoiado. Isso é o que caracteriza uma *sequência cíclica de carregamento de quadros isostáticos simples*. Nesse tipo de sequência não existe um pórtico isostático que seja somente suportado. A cadeia de carregamento começa por um pórtico que se apoia no outro, que por sua vez busca suporte no primeiro pórtico. Essencialmente, não existe problema algum com essa decomposição. Apenas vale observar que a sua solução é mais trabalhosa porque, para determinar os esforços internos de ligação nas rótulas separadas na decomposição, deve-se considerar concomitantemente as três equações de equilíbrio do quadro biapoiado e as quatro equações de equilíbrio do triarticulado.

Quando uma sequência cíclica de carregamento é identificada na criação de um SP, deve-se buscar outra opção. Uma é a apresentada na Figura 8.35-b, na qual nenhuma restrição de apoio é liberada e duas rótulas são inseridas. Isso resulta em um quadro isostático composto que é decomposto em uma *sequência acíclica de carregamento*. Nessa sequência, um quadro triarticulado é suportado por um quadro engastado com balanços e por um quadro biapoiado. Este também é suportado pelo quadro engastado com balanços.

Os dois exemplos considerados nesta seção mostram que é necessário um conhecimento razoável sobre análise de estruturas isostáticas para utilizar o método das forças. Não existe um procedimento-padrão além da metodologia apresentada de superposição de casos básicos aplicados ao sistema principal. O que se tem a mais são os cuidados salientados nesta seção para evitar problemas com o SP adotado.

Dessa forma, o entendimento mais aprofundado sobre a aplicação do método das forças para análise de estruturas hiperestáticas requer a prática de exercícios. O restante deste capítulo apresenta soluções de pórticos planos, treliças planas e grelhas pelo método das forças. A última seção propõe exercícios adicionais.

8.7. EXEMPLOS DE SOLUÇÃO DE PÓRTICOS PELO MÉTODO DAS FORÇAS

Esta seção apresenta quatro exemplos de solução de pórticos planos pelo método das forças (Figuras 8.36, 8.37, 8.38 e 8.39). As soluções se baseiam inteiramente na metodologia apresentada nas seções anteriores. No cálculo dos termos de carga e coeficientes de flexibilidade, é desprezada a contribuição da energia de deformação para o efeito axial e para o efeito de cisalhamento. Nota-se que todos os pórticos têm pelo menos um anel (ciclo fechado de barras) e que pelo menos uma rótula é introduzida no anel para criar o SP. Isso resulta na separação de triarticulados na decomposição dos anéis dos quadros compostos dos SPs.

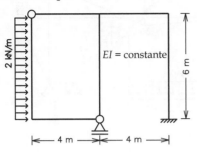

Sistema Principal (SP) e Hiperestáticos ($g = 2$)

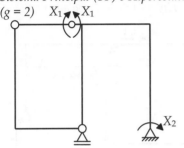

Caso (1) – Hiperestático X_1 isolado no SP

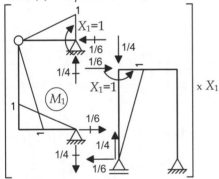

Caso (0) – Solicitação externa isolada no SP

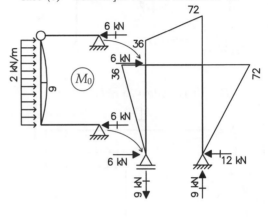

Caso (2) – Hiperestático X_2 isolado no SP

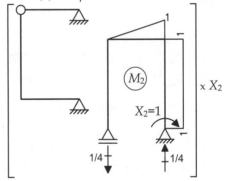

Equações de Compatibilidade

$$\begin{Bmatrix} \delta_{10} \\ \delta_{20} \end{Bmatrix} + \begin{bmatrix} \delta_{11} & \delta_{12} \\ \delta_{21} & \delta_{22} \end{bmatrix} \begin{Bmatrix} X_1 \\ X_2 \end{Bmatrix} = \begin{Bmatrix} 0 \\ 0 \end{Bmatrix} \Rightarrow \begin{cases} X_1 = +8{,}1 \text{ kNm} \\ X_2 = -45{,}8 \text{ kNm} \end{cases}$$

$$\delta_{10} = \frac{1}{EI} \cdot \left[\frac{1}{3} \cdot 1 \cdot 9 \cdot 6 - \frac{1}{3} \cdot 1 \cdot 36 \cdot 6 \right] = -\frac{54}{EI}$$

$$\delta_{20} = \frac{1}{EI} \cdot \left[\frac{1}{3} \cdot 1 \cdot 72 \cdot 4 + \frac{1}{6} \cdot 1 \cdot 36 \cdot 4 + \frac{1}{2} \cdot 1 \cdot 72 \cdot 6 \right] = +\frac{336}{EI}$$

$$\delta_{11} = \frac{1}{EI} \cdot \left[2 \cdot \frac{1}{3} \cdot 1 \cdot 1 \cdot 4 + 2 \cdot \frac{1}{3} \cdot 1 \cdot 1 \cdot 6 \right] = +\frac{20}{3EI}$$

$$\delta_{21} = \delta_{12} = 0$$

$$\delta_{22} = \frac{1}{EI} \cdot \left[\frac{1}{3} \cdot 1 \cdot 1 \cdot 4 + 1 \cdot 1 \cdot 6 \right] = +\frac{22}{3EI}$$

Diagrama de Momentos Fletores
$M = M_0 + M_1 \cdot X_1 + M_2 \cdot X_2$

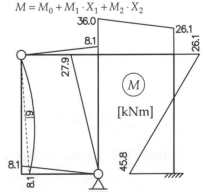

Figura 8.36 Exemplo de solução de quadro plano hiperestático pelo método das forças.

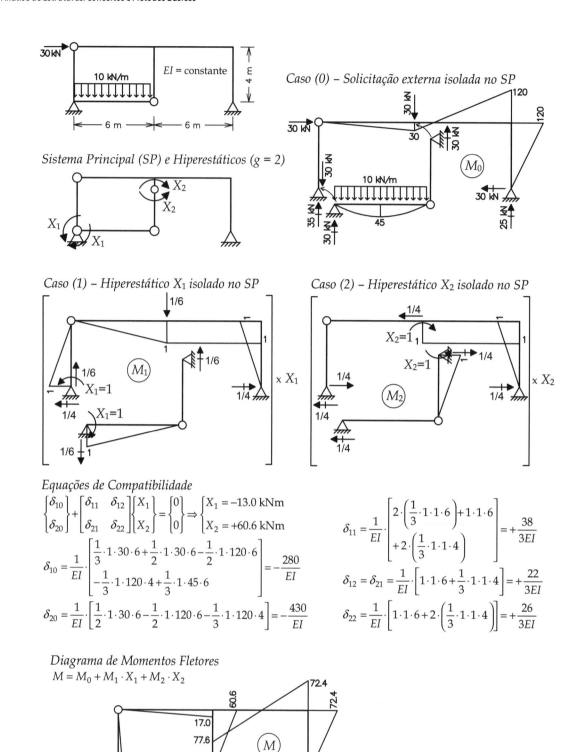

Figura 8.37 Exemplo de solução de quadro plano hiperestático pelo método das forças.

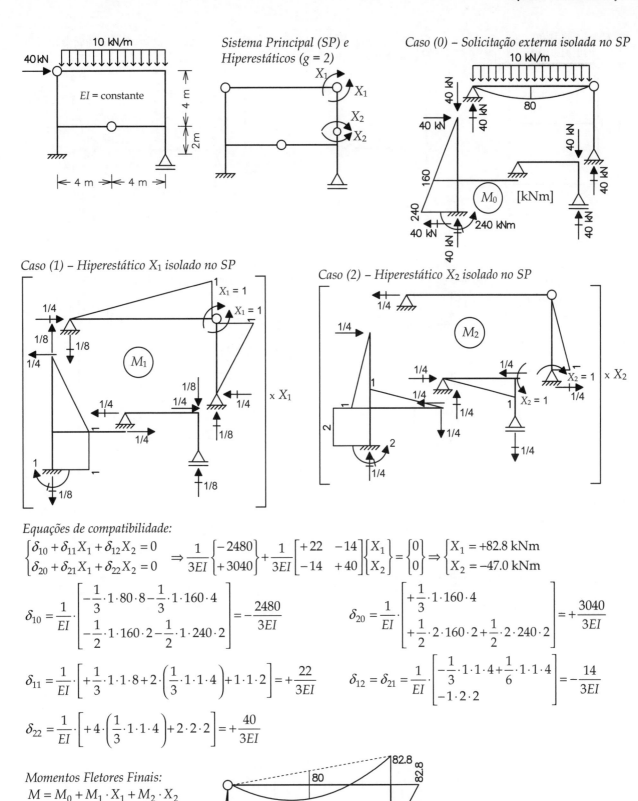

Figura 8.38 Exemplo de solução de quadro plano hiperestático pelo método das forças.

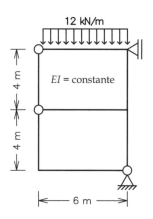
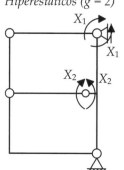
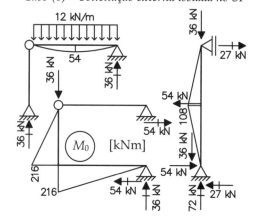

Caso (1) – Hiperestático X_1 isolado no SP

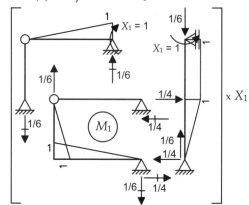

Caso (2) – Hiperestático X_2 isolado no SP

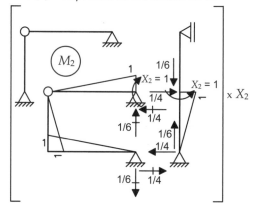

Equações de compatibilidade:

$$\begin{cases} \delta_{10} + \delta_{11}X_1 + \delta_{12}X_2 = 0 \\ \delta_{20} + \delta_{21}X_1 + \delta_{22}X_2 = 0 \end{cases} \Rightarrow \frac{1}{EI}\begin{Bmatrix} -1188 \\ -864 \end{Bmatrix} + \frac{1}{3EI}\begin{bmatrix} +32 & +14 \\ +14 & +20 \end{bmatrix}\begin{Bmatrix} X_1 \\ X_2 \end{Bmatrix} = \begin{Bmatrix} 0 \\ 0 \end{Bmatrix} \Rightarrow \begin{cases} X_1 = +78.8 \text{ kNm} \\ X_2 = +74.2 \text{ kNm} \end{cases}$$

$$\delta_{10} = \frac{1}{EI} \cdot \begin{bmatrix} -\frac{1}{3}\cdot 1\cdot 54\cdot 6 - \frac{1}{2}\cdot 1\cdot 108\cdot 4 - \frac{1}{3}\cdot 1\cdot 216\cdot 4 \\ -\frac{1}{3}\cdot 1\cdot 108\cdot 4 - \frac{1}{3}\cdot 1\cdot 216\cdot 6 \end{bmatrix} = -\frac{1188}{EI} \qquad \delta_{12} = \delta_{21} = \frac{1}{EI}\cdot\begin{bmatrix} +2\cdot\left(\frac{1}{3}\cdot 1\cdot 1\cdot 4\right) \\ +\frac{1}{3}\cdot 1\cdot 1\cdot 6 \end{bmatrix} = +\frac{14}{3EI}$$

$$\delta_{20} = \frac{1}{EI}\cdot\left[-\frac{1}{3}\cdot 1\cdot 216\cdot 4 - \frac{1}{3}\cdot 1\cdot 108\cdot 4 + \frac{1}{3}\cdot 1\cdot 216\cdot 6\right] = -\frac{864}{EI}$$

$$\delta_{11} = \frac{1}{EI}\cdot\left[+2\cdot\left(\frac{1}{3}\cdot 1\cdot 1\cdot 6\right) + 1\cdot 1\cdot 4 + 2\cdot\left(\frac{1}{3}\cdot 1\cdot 1\cdot 4\right)\right] = +\frac{32}{3EI} \qquad \delta_{22} = \frac{1}{EI}\cdot\left[+2\cdot\left(\frac{1}{3}\cdot 1\cdot 1\cdot 6\right) + 2\cdot\left(\frac{1}{3}\cdot 1\cdot 1\cdot 4\right)\right] = +\frac{20}{3EI}$$

Momentos Fletores Finais:
$M = M_0 + M_1 \cdot X_1 + M_2 \cdot X_2$

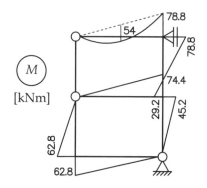

Figura 8.39 Exemplo de solução de quadro plano hiperestático pelo método das forças.

8.8. ANÁLISE DE VIGAS E PÓRTICOS PLANOS HIPERESTÁTICOS SUBMETIDOS À VARIAÇÃO DE TEMPERATURA

Variações de temperatura provocam deformações e esforços internos em estruturas hiperestáticas, e as solicitações térmicas podem ser de grande importância para o dimensionamento desse tipo de estrutura. Essa é uma das características que diferenciam o comportamento de estruturas hiperestáticas e estruturas isostáticas, pois variações de temperatura só provocam deformações e deslocamentos em estruturas isostáticas, sem o aparecimento de esforços internos. Essa diferença de comportamento foi discutida de forma intuitiva na Seção 4.5 e analisada pela analogia da viga conjugada na Seção 6.8. A explicação para isso é que uma estrutura isostática não oferece resistência às deformações térmicas de uma barra, posto que o restante da estrutura isostática sem aquela barra se configura em um mecanismo que se ajusta livremente à nova geometria da barra com deformações térmicas.

Esta seção apresenta a aplicação do método das forças para analisar vigas e pórticos planos submetidos a variações térmicas. Para entender os princípios básicos desse tipo de análise, será estudado inicialmente um exemplo muito simples de uma viga biapoiada com dois apoios que restringem o movimento horizontal, como ilustrado na Figura 8.40. A figura também mostra o sistema principal e o hiperestático adotados.

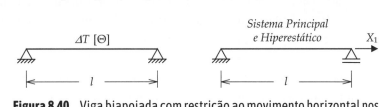

Figura 8.40 Viga biapoiada com restrição ao movimento horizontal nos dois apoios, solicitada por uma variação uniforme de temperatura.

A viga da Figura 8.40 é solicitada por uma variação uniforme de temperatura e tem os seguintes parâmetros:

$E \to$ módulo de elasticidade do material [F/L²];
$\alpha \to$ coeficiente de dilatação térmica do material [Θ^{-1}];
$l \to$ comprimento da viga [L];
$A \to$ área da seção transversal (constante) [L²];
$\Delta T \to$ variação uniforme de temperatura [Θ].

O caso (0) do método das forças para esse exemplo é mostrado na Figura 8.41. O termo de carga δ_{10} é o deslocamento horizontal no ponto do apoio eliminado associado a X_1, provocado pela variação uniforme de temperatura no caso (0).

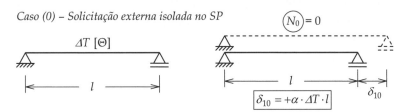

Figura 8.41 Solicitação externa (variação uniforme de temperatura) isolada no SP da Figura 8.40.

Na Seção 7.3.2 é descrita uma metodologia, baseada no princípio das forças virtuais (PFV), para determinar deslocamentos em estruturas isostáticas provocados por variações de temperatura. Entretanto, no caso do presente exemplo não é necessário aplicar o PFV, pois sabe-se que o alongamento de uma barra de comprimento l submetida a uma variação uniforme de temperatura é $\alpha \cdot \Delta T \cdot l$. Esta é a expressão para o termo de carga δ_{10}, como indica a Figura 8.41. Nota-se que o caso (0) isostático não apresenta esforço normal ($N_0 = 0$).

O caso (1) da solução do exemplo é mostrado na Figura 8.42. A expressão para o coeficiente de flexibilidade δ_{11} também está indicada na figura.

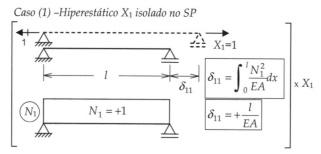

Figura 8.42 Hiperestático X_1 isolado no SP da Figura 8.40.

A solução pelo método das forças fica completa com os seguintes passos:
Equações de compatibilidade: $\delta_{10} + \delta_{11} \cdot X_1 = 0 \Rightarrow X_1 = -\alpha \cdot \Delta T \cdot EA$.
Esforço normal final: $N = N_0 + N_1 \cdot X_1$ (com $N0 = 0$) $\Rightarrow N = -\alpha \cdot \Delta T \cdot EA$.

Observa-se que a deformação final na viga é nula em todos os pontos. Apesar de não apresentar deformação e deslocamentos, a viga hiperestática fica solicitada por um esforço normal de compressão provocado pelo efeito térmico. Nessa solução são desprezados efeitos de segunda ordem, de tal forma que o esforço normal na viga não provoca flambagem (Seção 5.13).

O exemplo anterior, embora simples, serve para entender a diferença de comportamento entre uma viga isostática e uma viga hiperestática para uma solicitação térmica. Os exemplos mostrados nas Figuras 8.43 e 8.44 generalizam a análise pelo método das forças para variações não uniformes de temperatura.

Os dois pórticos das Figuras 8.43 e 8.44 têm grau de hiperestaticidade $g = 1$. O módulo de elasticidade E e o coeficiente de dilatação térmica do material α estão indicados nas figuras. As barras de cada um dos pórticos têm a mesma seção transversal retangular, com os parâmetros da base b, da altura h e da posição do centro de gravidade $\bar{y}$ também indicados. O pórtico com barra inclinada da Figura 8.43 apresenta uma variação de temperatura na face inferior das barras de $\Delta T_i = +12$ °C ($\Delta T_s = 0$ °C), resultando em uma variação de temperatura na fibra do centro de gravidade da seção transversal $\Delta T_{CG} = +6$ °C. O pórtico da Figura 8.44 tem uma variação de temperatura nas faces internas das barras de $\Delta T_i = +20$ °C e a temperatura externa não varia, resultando em $\Delta T_{CG} = +10$ °C.

O sistema principal adotado para o primeiro pórtico libera a restrição ao movimento horizontal do apoio da direita, ao passo que no segundo pórtico a rotação do engaste da esquerda é liberada. As Figuras 8.43 e 8.44 também indicam os termos de carga e os coeficientes de flexibilidade nos seus respectivos casos básicos. Os cálculos desses parâmetros são mostrados nas figuras. Nos dois exemplos, o PFV é utilizado para determinar o termo de carga. Todas as definições necessárias e expressões utilizadas para o cálculo dos termos de carga podem ser obtidas nas Seções 7.3.2 e 8.3.1. Nessa determinação, o PFV trabalha com dois sistemas:

Sistema real: estrutura da qual se quer calcular o deslocamento ou a rotação no ponto e na direção do vínculo eliminado na criação do SP. Corresponde ao caso (0), isto é, SP com a solicitação térmica. Como o SP é isostático, o efeito térmico só provoca deformações, sem o aparecimento de esforços internos. As deformações internas provocadas pela variação de temperatura são caracterizadas pelo deslocamento axial relativo interno du_0^T (Equação 5.26) e pela rotação relativa interna $d\theta_0^T$ (Equação 5.27) no elemento infinitesimal de barra.

Sistema virtual: estrutura com cargas unitárias virtuais na direção do deslocamento ou rotação que se quer calcular. Corresponde ao caso (1) com $X_1 = (1)$. Para manter a consistência com o sinal de $d\theta_0^T$, o diagrama de momentos fletores M_1 para $X_1 = 1$ é mostrado com sinais.

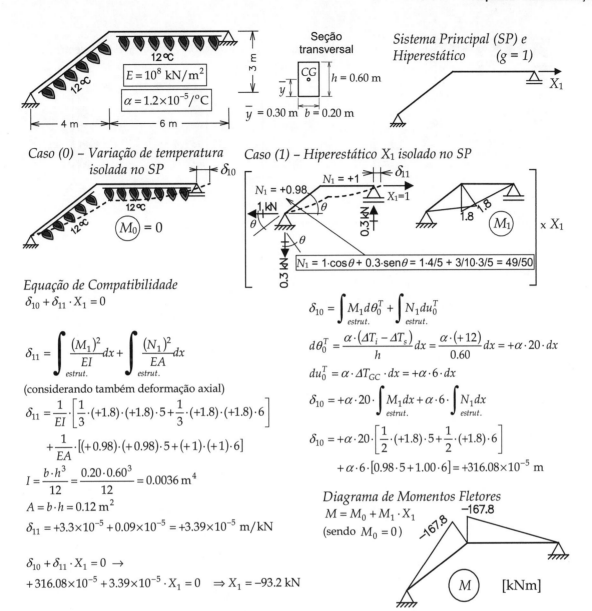

Figura 8.43 Pórtico com barra inclinada solicitado por uma variação de temperatura na face inferior.

Observa-se que o efeito térmico na estrutura hiperestática provoca momentos fletores, sem que existam carregamentos (forças ou momentos) aplicados.

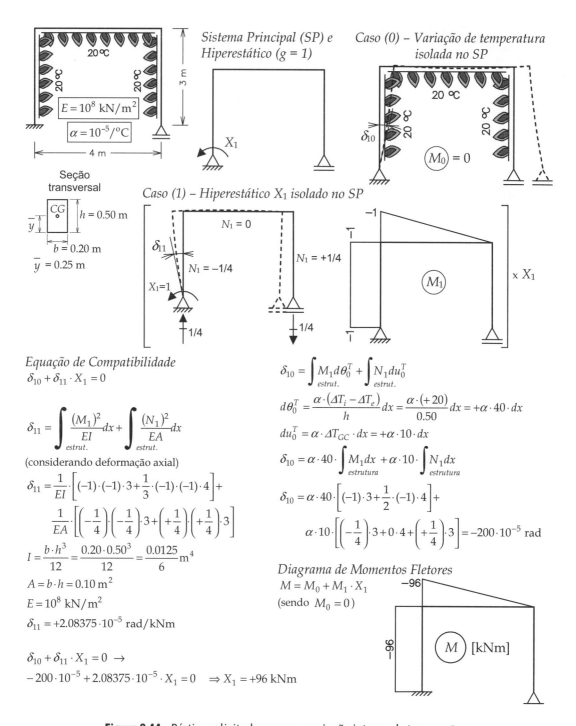

Figura 8.44 Pórtico solicitado por uma variação interna de temperatura.

8.9. ANÁLISE DE VIGAS E PÓRTICOS PLANOS HIPERESTÁTICOS SUBMETIDOS A RECALQUE DE APOIO

A diferença de comportamento entre estruturas isostáticas e hiperestáticas com relação a solicitações de recalques de apoio (movimentos indesejados de apoio) é semelhante à diferença no caso de variações de temperatura. O exemplo da Figura 8.45 ilustra essa diferença de forma intuitiva, determinando o termo de carga sem necessidade de utilização do PFV.

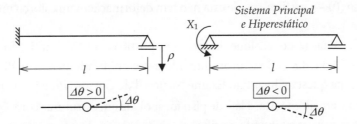

Figura 8.45 Viga engastada e simplesmente apoiada solicitada por um recalque de apoio.

A viga engastada e simplesmente apoiada da Figura 8.45 sofre um recalque vertical ρ para baixo do apoio simples da direita. O sistema principal adotado e o hiperestático também estão indicados na figura. Para determinar o termo de carga, é necessário estabelecer uma convenção de sinais para a descontinuidade de rotação $\Delta\theta$ da elástica. Essa convenção está indicada na Figura 8.45.

O caso (0) da solução dessa viga pelo método das forças é mostrado na Figura 8.46. O termo de carga δ_{10} é a rotação da seção transversal do apoio da esquerda do SP. O cálculo desse parâmetro é simples, pois aproxima o ângulo de rotação à sua tangente (considera-se a hipótese de pequenos deslocamentos). De acordo com a convenção para a descontinuidade de rotação, o sinal de δ_{10} é negativo. A expressão do δ_{10} está indicada na figura.

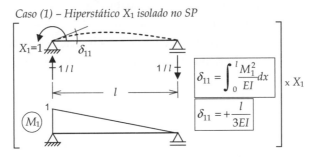

Figura 8.46 Solicitação externa (recalque de apoio) isolada no SP da Figura 8.45.

A Figura 8.47 mostra o caso (1) da solução da viga com recalque de apoio. A interpretação física e a expressão do coeficiente de flexibilidade δ_{11} aparecem na figura.

Figura 8.47 Hiperestático X_1 isolado no SP da Figura 8.45.

Finalmente, chega-se ao diagrama de momentos fletores (Figura 8.48) na viga com recalque, conforme indicado a seguir:

Equações de compatibilidade: $\delta_{10} + \delta_{11} \cdot X_1 = 0 \Rightarrow X_1 = +\dfrac{3EI}{l^2}\rho$

Momentos fletores finais: $M = M_0 + M_1 \cdot X_1$ (com $M_0 = 0$)

Figura 8.48 Diagrama de momentos fletores finais da viga com recalque da Figura 8.45.

Conclui-se, conforme mencionado anteriormente, que a viga hiperestática solicitada apenas por um recalque de apoio apresenta deformações e esforços internos. Comparando-a com uma viga isostática correspondente – por exemplo, a viga do SP no caso (0) —, verifica-se que esta não tem deformação nem esforço interno, apresentando apenas uma rotação de corpo rígido.

No caso geral de uma solicitação de recalque de apoio em pórticos, o PFV é utilizado para determinar os valores dos termos de carga (Seções 7.3.3 e 8.3.1). Esse procedimento é exemplificado para a análise de um pórtico mostrado na Figura 8.49, baseado em uma questão do antigo Exame Nacional de Cursos (*Provão*) de Engenharia Civil de 2002:

"Em uma construção a meia encosta, a laje de piso foi apoiada em estruturas compostas de perfis metálicos. Ao se inspecionar a obra para recebimento, verificou-se a existência de um recalque vertical de 1 cm no engaste A de uma das estruturas metálicas, cujo modelo estrutural é apresentado na Figura 8.49 (na esquerda). A fim de avaliar os esforços adicionais nessa estrutura, ocasionados pelo recalque, utiliza-se o método das forças e, para tanto, adota-se o sistema principal (no qual foi colocada uma rótula no nó B) e o hiperestático X_1 (carga momento em ambos os lados da rótula inserida em B), mostrados na figura (na direita). O módulo de elasticidade do material (aço) é $E = 2.0 \times 10^8$ kN/m². A seção transversal do perfil metálico tem momento de inércia $I = 5.1 \times 10^{-5}$ m⁴. Com base no exposto, pede-se o diagrama de momentos fletores causado apenas pelo recalque em A. Despreze deformações axiais das barras."

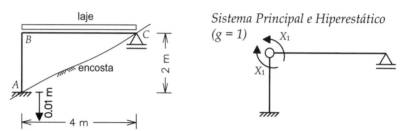

Figura 8.49 Pórtico solicitado por um recalque de apoio.

O caso (0) da solução do pórtico da Figura 8.49 é mostrado na Figura 8.50. Observe que o termo de carga δ_{10} é a rotação relativa entre as seções adjacentes à rótula do SP provocada pelo recalque de apoio no caso (0). Essa rotação relativa pode ser avaliada, conforme indica a figura, aproximando o ângulo de rotação à sua tangente. De acordo com a convenção adotada para uma descontinuidade de rotação $\Delta\theta$ mostrada na figura, o termo de carga δ_{10} é positivo. Na sequência, o PFV é utilizado para confirmar o valor encontrado para δ_{10}.

Nota-se que os momentos fletores são nulos no caso (0) isostático, isto é, $M_0 = 0$. Isso é consistente com o fato de as barras do pórtico permanecerem retas (sem deformação) quando atua o recalque no caso (0): a barra vertical sofre um movimento vertical de corpo rígido e a barra horizontal sofre uma rotação de corpo rígido.

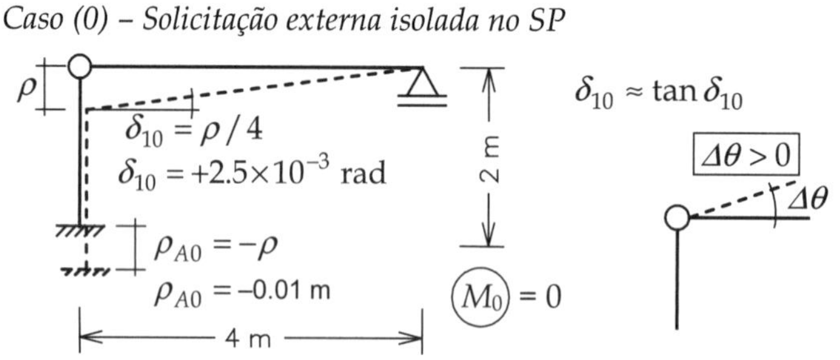

Figura 8.50 Solicitação externa (recalque de apoio) isolada no SP da Figura 8.49.

O caso (1) dessa solução é mostrado na Figura 8.51. O coeficiente de flexibilidade δ_{11} é a rotação relativa entre as seções adjacentes à rótula do SP provocada por $X_1 = 1$ no caso (1):

$$\delta_{11} = \int \frac{M_1^2}{EI} dx = \frac{1}{EI} \cdot \left[1 \cdot 1 \cdot 2 + \frac{1}{3} \cdot 1 \cdot 1 \cdot 4 \right] = +\frac{10}{3EI}$$

Caso (1) – Hiperestático X₁ isolado no SP

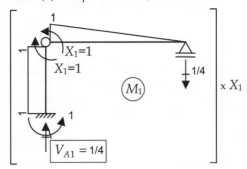

Figura 8.51 Hiperestático X_1 isolado no SP da Figura 8.49.

O cálculo do δ_{10} é feito pelo princípio das forças virtuais (PFV) considerando-se:

Sistema real: estrutura da qual se quer calcular a rotação relativa. Corresponde ao caso (0).

Sistema virtual: estrutura com momentos unitários virtuais na direção da rotação relativa que se quer calcular. Corresponde ao caso (1) com $X_1 = 1$.

O PFV estabelece que $\overline{W_E} = \overline{U}$, em que:

$\overline{W_E} \to$ Trabalho das forças e dos momentos externos do sistema virtual com os correspondentes deslocamentos e rotações externos do sistema real. Nesse caso, o trabalho externo virtual é igual à soma do produto de $X_1 = 1$ por δ_{10} com o produto da reação vertical V_{A1} no apoio esquerdo do caso (1) pelo recalque de apoio ρ_{A0}:

$$\overline{W_E} = 1 \cdot \delta_{10} + V_{A1} \cdot \rho_{A0} \Rightarrow \overline{W_E} = 1 \cdot \delta_{10} + (+1/4) \cdot (-0.01)$$

$\overline{U} \to$ Energia de deformação interna virtual. O recalque de apoio não provoca deformações internas (apenas movimentos de corpo rígido das barras). Portanto:

$$\overline{U} = 0$$

Igualando o trabalho externo virtual à energia de deformação interna virtual, chega-se ao mesmo valor obtido anteriormente para δ_{10}:

$$\overline{W_E} = \overline{U} \to \quad \delta_{10} + (+1/4) \cdot (-0.01) = 0 \quad \Rightarrow \quad \delta_{10} = 0.01/4 = +2.5 \times 10^{-3} \text{ rad}$$

A determinação do valor do hiperestático X_1 é feita recompondo-se a continuidade de rotação no nó B do pórtico:

$$\delta_{10} + \delta_{11} \cdot X_1 = 0 \to 2.5 \times 10^{-3} + \frac{10}{3 \cdot 2 \times 10^8 \cdot 5.1 \times 10^{-5}} X_1 \Rightarrow X_1 = -7.65 \text{ kNm}$$

O diagrama final de momentos fletores é obtido pela superposição dos diagramas dos casos básicos: $M = M_0 + M_1 \cdot X_1$ (com $M_0 = 0$). O resultado é ilustrado na Figura 8.52.

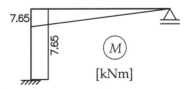

Figura 8.52 Diagrama de momentos fletores finais do pórtico com recalque da Figura 8.49.

8.10. ANÁLISE DE VIGA SUBMETIDA AO EFEITO COMBINADO DE CARREGAMENTO, VARIAÇÃO DE TEMPERATURA E RECALQUE DE APOIO

Esta seção apresenta a análise de uma estrutura solicitada concomitantemente por um carregamento, uma variação de temperatura e um recalque de apoio. O exemplo adotado é a viga contínua com dois vãos mostrada na Figura 8.53. Essa viga foi analisada, para as mesmas solicitações, pela analogia da viga conjugada (Figura 6.24). A viga tem um material com módulo de elasticidade $E = 10^8$ kN/m² e coeficiente de dilatação térmica $\alpha = 10^{-5}/°C$. Os dois vãos da viga têm uma seção transversal com área $A = 0.01$ m², momento de inércia $I = 0.001$ m⁴, altura $h = 0.60$ m e centro de gravidade situado no meio da altura. O objetivo dessa análise é determinar o diagrama de momentos fletores na viga provocado pelas seguintes solicitações:

- Forças concentradas $P = 40$ kN aplicadas no centro dos vãos da viga.
- Aquecimento das fibras superiores da viga de $\Delta T s = +50$ °C ao longo de toda a sua extensão (as fibras inferiores não sofrem variação de temperatura, isto é, $\Delta T i = 0$ °C).
- Recalque vertical (para baixo) de 3 cm (0.03 m) do apoio direito.

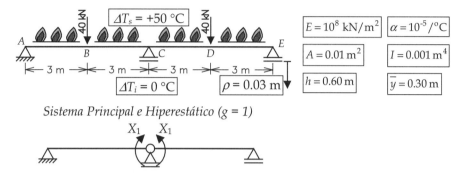

Figura 8.53 Viga contínua com solicitações de forças aplicadas, variação de temperatura e recalque de apoio.

O sistema principal adotado para a análise da viga também é mostrado na Figura 8.53. Nesse SP foi introduzida uma rótula na seção transversal do apoio central da viga, liberando a continuidade de rotação da elástica nesse ponto. O caso (0) da presente análise está ilustrado na Figura 8.54. O diagrama de momentos fletores desse caso é provocado apenas pelas duas forças concentradas aplicadas, pois a variação de temperatura e o recalque de apoio não provocam esforços internos no SP isostático.

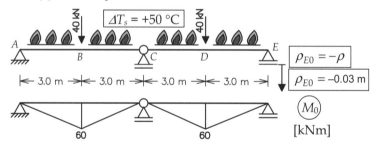

Figura 8.54 Solicitações externas isoladas no SP da viga contínua da Figura 8.53.

O caso (1) correspondente é indicado na Figura 8.55. O diagrama de momentos fletores M_1 para $X_1 = 1$ é mostrado com sinal, visando manter a consistência com os sinais das rotações relativas internas provocadas pela variação de temperatura. O esforço normal N_1 do caso (1) é nulo.

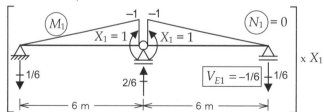

Figura 8.55 Hiperestático X_1 isolado no SP da viga contínua da Figura 8.53.

A determinação do valor do hiperestático X_1 é feita recompondo-se a continuidade de rotação na seção transversal do apoio central da viga. Disso resulta a seguinte equação de compatibilidade:

$$\delta_{10} + \delta_{11} \cdot X_1 = 0$$

O coeficiente de flexibilidade δ_{11} é a rotação relativa entre as seções adjacentes à rótula do SP, provocada por $X_1 = 1$ no caso (1), considerando $N_1 = 0$:

$$\delta_{11} = \int \frac{M_1^2}{EI} dx = \frac{1}{EI} \cdot \left[\frac{1}{3} \cdot (-1) \cdot (-1) \cdot 6 + \frac{1}{3} \cdot (-1) \cdot (-1) \cdot 6 \right] = +\frac{4}{EI}$$

$$\delta_{11} = +4 \times 10^{-5} \text{ rad/kNm}$$

O termo de carga δ_{10} é a rotação relativa entre as seções adjacentes à rótula do SP, provocada pelas forças aplicadas, pela variação de temperatura e pelo recalque de apoio, que atuam concomitantemente no caso (0):

$$\delta_{10} = \delta_{10}^P + \delta_{10}^T + \delta_{10}^\rho$$

O cálculo de cada um dos termos que compõem o termo de carga é feito utilizando o PFV, conforme mostrado a seguir.

Cálculo da contribuição do carregamento δ_{10}^P, considerando $N_0 = 0$ e $N_1 = 0$:

$$\delta_{10}^P = \int \frac{M_1 M_0}{EI} dx = \frac{1}{EI} \cdot \left[2 \cdot \left(\frac{1}{3} \cdot (-0.5) \cdot 60 \cdot 3 + \frac{1}{3} \cdot (-0.5) \cdot 60 \cdot 3 + \frac{1}{6} \cdot (-1) \cdot 60 \cdot 3 \right) \right] = -\frac{180}{EI}$$

$$\delta_{10}^P = -1.8 \times 10^{-3} \text{ rad}$$

Cálculo da contribuição da variação de temperatura δ_{10}^T, considerando $N_1 = 0$:

$$\delta_{10}^T = \int M_1 d\theta_0^T$$

em que:

$$d\theta_0^T = \frac{\alpha \cdot (\Delta T_i - \Delta T_s)}{h} dx = \frac{\alpha \cdot (0 - 50)}{0.60} dx = -\alpha \cdot \frac{250}{3} \cdot dx$$

Isso resulta em:

$$\delta_{10}^T = -\alpha \cdot \frac{250}{3} \cdot \int_0^{12} M_1 dx = -\alpha \cdot \frac{250}{3} \cdot \left[2 \cdot \left(\frac{1}{2} \cdot (-1) \cdot 6 \right) \right] = +5.0 \times 10^{-3} \text{ rad}$$

Para o cálculo da contribuição do recalque de apoio δ_{10}^ρ pelo PFV, considera-se que o trabalho externo virtual é igual à soma do produto de $X_1 = 1$ por δ_{10}^ρ com o produto da reação vertical V_{E1} no apoio direito do caso (1) pelo recalque de apoio ρ_{E0}:

$$\overline{W_E} = 1 \cdot \delta_{10}^\rho + V_{E1} \cdot \rho_{E0}$$

Nesse caso, a energia de deformação interna virtual é nula ($\overline{U} = 0$), pois o recalque de apoio não provoca deformações no caso (0) isostático. Dessa forma,

$$1 \cdot \delta_{10}^\rho + V_{E1} \cdot \rho_{E0} = 0 \implies \delta_{10}^\rho = -V_{E1} \cdot \rho_{E0} = -(-1/6) \cdot (-0.03)$$

$$\delta_{10}^\rho = -5.0 \times 10^{-3} \text{ rad}$$

O valor final do termo de carga é:

$$\delta_{10} = \delta_{10}^P + \delta_{10}^T + \delta_{10}^\rho = -1.8 \times 10^{-3} - 5.0 \times 10^{-3} + 5.0 \times 10^{-3} = -1.8 \times 10^{-3} \text{ rad}$$

Observe que, por coincidência de valores, o efeito da variação de temperatura e o efeito do recalque de apoio se cancelam. Resolvendo a equação de compatibilidade, chega-se ao valor do hiperestático:

$$X_1 = -\delta_{10}/\delta_{11} = -(-1.8 \times 10^{-3})/4 \times 10^{-5} = +45 \text{ kNm}$$

Finalmente, por meio da superposição $M = M_0 + M_1 \cdot X_1$, chega-se ao diagrama de momentos fletores finais mostrado na Figura 8.56.

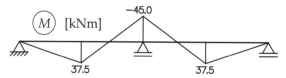

Figura 8.56 Diagrama de momentos fletores finais da viga contínua da Figura 8.53.

Portanto, chega-se ao mesmo resultado da análise dessa viga pela analogia da viga conjugada, conforme indica a Figura 6.24.

8.11. ANÁLISE DE TRELIÇAS PLANAS HIPERESTÁTICAS

A primeira questão a se abordar para a análise de uma treliça plana hiperestática é a criação do sistema principal. Para tanto, é necessário determinar o grau de hiperestaticidade da treliça e identificar os vínculos excedentes, que podem ser externos ou internos. A Seção 3.8.3 resume o procedimento adotado para determinar o grau de hiperestaticidade g de uma treliça plana. Essencialmente, o número de incógnitas do problema do equilíbrio estático de uma treliça plana é igual ao número de barras mais o número de componentes de reações de apoio. O grau de hiperestaticidade é a diferença entre o número de incógnitas e o número de equações de equilíbrio, que é igual ao dobro do número de nós.

Para identificar vínculos excedentes, é preciso caracterizar treliças planas com respeito a uma possível hiperestaticidade externa ou interna, como foi é feito na Seção 3.4. Com base nessa caracterização, a Figura 8.57 apresenta três exemplos de criação de SP para treliças planas hiperestáticas.

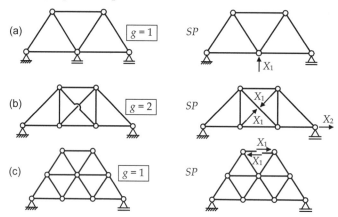

Figura 8.57 Opções de SP para treliças planas hiperestáticas.

A treliça da Figura 8.57-a é um complexo simplicial válido, isto é, as barras da treliça formam uma triangulação simples (veja a definição de complexo simplicial na Seção 3.4). Além disso, nenhum nó da triangulação tem uma adjacência radial completamente preenchida por triângulos do complexo simplicial, o que caracteriza uma triangulação sem hiperestaticidade interna. Portanto, como existe um apoio do 1º gênero excedente em relação à situação biapoiada, o grau de hiperestaticidade dessa treliça é $g = 1$. O SP adotado elimina um dos apoios do 1º gênero, e o hiperestático correspondente é a reação nesse apoio.

Um exemplo de treliça que não constitui um complexo simplicial válido é mostrado na Figura 8.57-b. Isso ocorre porque o painel central da treliça apresenta duas barras diagonais que se transpassam sem que estejam conectadas no ponto de interseção, o que caracteriza uma redundância para a estabilidade estática (hiperestaticidade interna). Além disso, existem dois apoios do 2º gênero, ou seja, existe um vínculo externo excedente em relação ao necessário para dar estabilidade. Portanto, o grau de hiperestaticidade é $g = 2$. Para criar o SP, é necessário eliminar um vínculo interno excedente e um vínculo externo excedente. O SP adotado corta uma das barras diagonais do painel central e transforma o apoio da direita em apoio do 1º gênero. Os hiperestáticos associados são o esforço normal na barra diagonal cortada e a reação horizontal do apoio da direita.

A treliça da Figura 8.57-c apresenta uma triangulação de barras cujo nó central tem uma adjacência radial completamente preenchida por triângulos do complexo simplicial. O número de barras adjacentes a esse nó é maior do que o número de triângulos adjacentes ao nó. De acordo com o que foi discutido na Seção 3.4, isso caracteriza uma hiperestaticidade interna e, assim, a treliça é externamente isostática. Portanto, o SP escolhido corta uma barra de tal maneira que o entorno do nó central não fique completamente preenchido por triângulos. O hiperestático é o esforço normal na barra cortada.

Após a criação do sistema principal, a análise de uma treliça plana hiperestática pelo método das forças segue o procedimento-padrão descrito anteriormente neste capítulo. Esta seção apresenta dois exemplos de análises de treliças planas hiperestáticas. O primeiro corresponde à treliça da Figura 8.57-a. O modelo estrutural completo, com dimensões e carregamento, é mostrado na Figura 8.58. Todas as barras têm o mesmo material, com módulo de elasticidade E, e a mesma seção transversal, com área A.

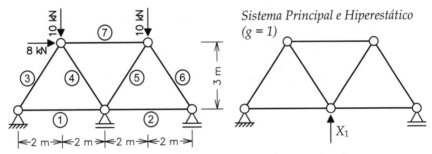

Figura 8.58 Treliça hiperestática com forças aplicadas.

Observa-se que a eliminação do apoio central transforma a treliça hiperestática na treliça isostática da Figura 3.46. Portanto, a solução do caso (0) corresponde à solução da treliça da Figura 3.46. Os esforços normais calculados para essa treliça na Seção 3.7.8 estão reproduzidos na Figura 8.59. O termo de carga, que não está indicado na figura, tem a seguinte interpretação física:

δ_{10} → deslocamento vertical no ponto do apoio eliminado do SP, provocado pelo carregamento externo no caso (0).

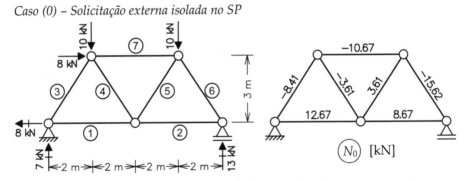

Figura 8.59 Solicitação externa isolada no SP da treliça da Figura 8.58.

O caso (1) da solução da treliça está indicado na Figura 8.60. Os esforços normais N_1 para $X_1 = 1$ também são mostrados na figura. O cálculo desses esforços normais, que não é descrito, é feito por equilíbrio dos nós isolados, de maneira análoga ao que é mostrado na Seção 3.7.8. A interpretação física do coeficiente de flexibilidade (não indicado na Figura 8.60) é:

δ_{11} → deslocamento vertical no ponto do apoio eliminado do SP, provocado por $X_1 = 1$ no caso (1).

Caso (1) – Hiperestático X_1 isolado no SP

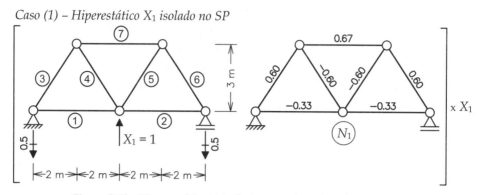

Figura 8.60 Hiperestático X_1 isolado no SP da treliça da Figura 8.58.

O termo de carga e o coeficiente de flexibilidade são calculados utilizando o PFV e, de acordo com as Esquações 8.8 e 8.15, são expressos por:

$$\delta_{10} = \int \frac{N_1 \cdot N_0}{EA} dx = \frac{1}{EA} \sum_{i=1}^{7} \left[N_1^i \cdot N_0^i \cdot l^i \right]$$

$$\delta_{11} = \int \frac{(N_1)^2}{EA} dx = \frac{1}{EA} \sum_{i=1}^{7} \left[\left(N_1^i\right)^2 \cdot l^i \right]$$

Nas expressões para δ_{10} e δ_{11}, EA é o parâmetro de rigidez axial das barras, N_0^i é o esforço normal na barra i no caso (0), N_1^i é o esforço normal na barra i no caso (1) para $X_1 = 1$, e l^i é o comprimento da barra i. A tabela na Figura 8.61 resume todos os valores para l^i, N_0^i e N_1^i.

Barra	l [m]	N_0 [kN]	N_1 [ ]	N [kN]
①	4.00	+12.67	−0.33	+8.1
②	4.00	+8.67	−0.33	+4.1
③	3.61	−8.41	+0.60	−0.1
④	3.61	−3.61	−0.60	−11.9
⑤	3.61	+3.61	−0.60	−4.7
⑥	3.61	−15.62	+0.60	−7.3
⑦	4.00	−10.67	+0.67	−1.4

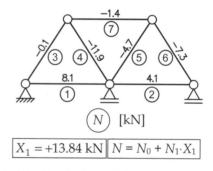

$X_1 = +13.84$ kN $N = N_0 + N_1 \cdot X_1$

Figura 8.61 Esforços normais finais da treliça da Figura 8.58.

A Figura 8.61 também apresenta os esforços normais finais, obtidos pela superposição dos esforços normais dos caso básicos $N = N_0 + N_1.X_1$. O hiperestático X_1 é determinado resolvendo-se a equação de compatibilidade $\delta_{10} + \delta_{11} \cdot X_1 = 0$. Ou seja, $X_1 = -\delta_{10}/\delta_{11}$, isto é, $X_1 = +13.84$ kN. Observe que o parâmetro de rigidez axial EA (igual para todas as barras) é cancelado na solução dessa equação. A precisão de duas casas decimais para os valores intermediários é utilizada para garantir um resultado adequado com uma casa decimal para os esforços normais finais.

O segundo exemplo de aplicação do método das forças para a análise de uma treliça hiperestática é apresentado na Figura 8.62. A barra vertical (barra ⑤) da treliça sofre uma variação uniforme de temperatura ΔT em relação às outras barras. Todas as barras têm rigidez axial EA e coeficiente de dilatação térmica α. O objetivo do exemplo é determinar os esforços normais nas barras da treliça em função de EA, ΔT, α e a (parâmetro de dimensão geométrica). O sistema principal, também indicado na figura, libera a restrição ao deslocamento horizontal no apoio da direita.

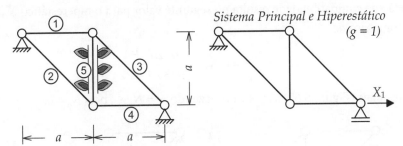

Figura 8.62 Treliça hiperestática com variação $+\Delta T$ de temperatura na barra vertical.

O caso (0) desse problema é mostrado na Figura 8.63. Observe que a treliça isostática (SP) só apresenta deformação na barra vertical, que se alonga em decorrência da variação de temperatura. As outras barras não se deformam, apenas se movimentam como corpos rígidos. Os esforços normais são nulos ($N_0 = 0$) em todas as barras. A interpretação física do termo de carga δ_{10} está indicada na figura: é o deslocamento horizontal do apoio da direita provocado pela variação de temperatura que atua no SP no caso (0).

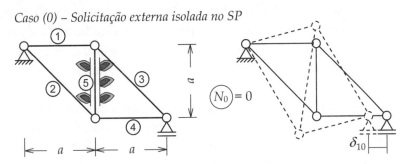

Figura 8.63 Solicitação externa (variação de temperatura) isolada no SP da treliça da Figura 8.62.

O caso (1) da presente solução está ilustrado na Figura 8.64. As reações de apoio e os esforços normais N_1, para $X_1 = 1$, estão indicados na figura.

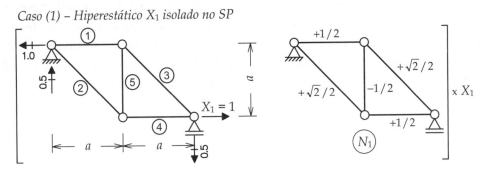

Figura 8.64 Hiperestático X_1 isolado no SP da treliça da Figura 8.62.

A expressão para o termo de carga δ_{10} é determinada pelo PFV, de acordo com o exposto nas Seções 7.3.2 e 8.3.1, considerando o deslocamento axial relativo interno $du_0^T = \alpha \cdot \Delta T \cdot dx$ de um elemento infinitesimal da barra vertical provocado pela variação de temperatura. Nas outras barras, $du_0^T = 0$. De acordo com a Equação 8.11, isso resulta em:

$$\delta_{10} = \int_{treliça} N_1 \cdot du_0^T = \int_{barra\,5} N_1 \cdot du_0^T = \alpha \cdot \Delta T \cdot [N_1 \cdot l]_{barra\,5} \Rightarrow \delta_{10} = -\frac{\alpha \cdot \Delta T \cdot a}{2}$$

O sinal negativo indica que o sentido de δ_{10} é da direita para a esquerda, conforme aparece na Figura 8.63. O coeficiente de flexibilidade δ_{11} é o deslocamento horizontal do apoio da direita para $X1 = 1$, de acordo com a Equação 8.15:

$$\delta_{11} = \int \frac{(N_1)^2}{EA} dx = \frac{1}{EA} \sum_{i=1}^{5} \left[\left(N_1^i\right)^2 \cdot l^i \right] \Rightarrow \delta_{11} = 3 \cdot \left[\frac{a}{4EA}\right] + 2 \cdot \left[\frac{a\sqrt{2}}{2EA}\right] = \left(\frac{3}{4} + \sqrt{2}\right) \cdot \frac{a}{EA}$$

A solução da equação de compatibilidade resulta no seguinte valor para o hiperestático X_1, que independe do parâmetro de dimensão geométrica a:

$$X_1 = -\frac{\delta_{10}}{\delta_{11}} \Rightarrow X_1 = \frac{\alpha \cdot \Delta T \cdot EA}{2 \cdot (3/4 + \sqrt{2})}$$

Os esforços normais finais (Figura 8.65) são obtidos fazendo $N = N_1 \cdot X_1$, pois $N_0 = 0$.

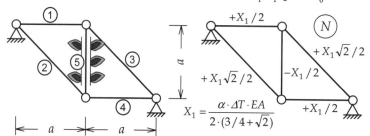

Figura 8.65 Esforços normais finais na treliça hiperestática com variação +T de temperatura na barra vertical.

Este último exemplo evidencia, mais uma vez, a diferença de comportamento entre estruturas isostáticas e estruturas hiperestáticas com respeito a efeitos de variação de temperatura. A treliça isostática da Figura 8.63 se acomodou sem resistência ao alongamento da barra vertical. Por outro lado, a resposta final da treliça hiperestática, mostrada na Figura 8.65, indica que aparecem esforços normais em todas as barras, provocados pela variação de temperatura da barra vertical.

A propriedade de treliças isostáticas se ajustarem a pequenas variações de comprimento das barras é uma vantagem em relação a treliças hiperestáticas, conforme comentado na Seção 4.5 (observe a Figura 4.15). Não é incomum a fabricação de barras de treliça com comprimento fora da especificação de projeto. Na montagem, a treliça isostática se ajusta livremente a comprimentos de barra ligeiramente diferentes dos de projeto. A treliça hiperestática, por outro lado, apresenta esforços normais residuais decorrentes da montagem (forçada) para se ajustar a comprimentos de barra fora de especificação.

Tomando como base o exemplo anterior, observa-se que é bem simples a consideração de modificações impostas na montagem de uma treliça hiperestática em decorrência de um comprimento de barra fora de especificação. Considere que, em vez de uma variação uniforme de temperatura, a barra vertical da treliça da Figura 8.62 tivesse sido fabricada com um comprimento $a + \delta a$. A única alteração na solução da treliça pelo método das forças seria no cálculo do termo de carga δ_{10}. Pode-se imaginar que o deslocamento relativo interno du_0 de cada elemento infinitesimal da barra vertical é obtido distribuindo uniformemente o incremento de comprimento fora de especificação δa ao longo da barra:

$$du_0 = \frac{\delta a}{a} dx$$

O termo de carga resultante é:

$$\delta_{10} = \int_{\text{treliça}} N_1 \cdot du_0 = \int_{\text{barra 5}} N_1 \cdot du_0 = \frac{\delta a}{a} \cdot [N_1 \cdot l]_{\text{barra 5}} = \delta a \cdot [N_1]_{\text{barra 5}} \Rightarrow \delta_{10} = -\frac{\delta a}{2}$$

O restante da solução da treliça é semelhante à solução anterior.

8.12. ANÁLISE DE GRELHAS HIPERESTÁTICAS

Conforme definido na Seção 2.4, uma grelha é uma estrutura plana com carregamento transversal ao plano. A aplicação do método das forças para a análise de grelhas segue a mesma metodologia descrita neste capítulo para vigas, pórticos planos e treliças planas. Essencialmente, a análise de um tipo de modelo estrutural pelo método das forças é composta por duas características:
- A escolha do sistema principal, isto é, a seleção dos tipos de vínculos externos ou internos que podem ser liberados para transformar a estrutura original hiperestática em uma isostática.

- A determinação dos termos de carga e coeficientes de flexibilidade, que é feita pelo cálculo de deslocamentos e rotações, absolutos ou relativos, nas direções dos vínculos eliminados do sistema principal. O procedimento usualmente adotado para esse cálculo é o princípio das forças virtuais.

A Figura 8.66 apresenta dois exemplos de criação de SP para grelhas.

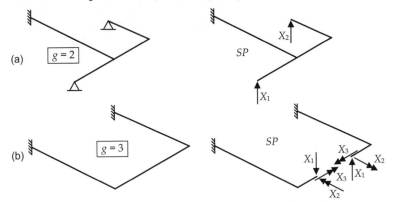

Figura 8.66 Opções de SP para grelhas hiperestáticas.

A Seção 3.8.4 resume os procedimentos para a determinação do grau de hiperestaticidade g de uma grelha. Na criação do SP pode-se eliminar vínculos externos de restrições de apoio ou vínculos internos de continuidade. No exemplo da grelha da Figura 8.66-a, que tem grau de hiperestaticidade $g = 2$, o SP é obtido pela eliminação das duas restrições ao deslocamento vertical dos dois apoios simples. Os hiperestáticos correspondentes são as reações nesses apoios.

Para a eliminação de vínculos internos, é preciso considerar os modos de deformação de uma barra de treliça. A condição de estrutura plana com carga fora do plano faz com que uma barra de grelha tenha uma deformação por flexão em um plano vertical (perpendicular ao plano da grelha) e uma deformação por torção. A continuidade da curva elástica (configuração deformada) de uma barra de grelha está associada à continuidade de deslocamento transversal (fora do plano), à continuidade de rotação por flexão (em torno de um eixo perpendicular à barra no plano da grelha) e à continuidade de rotação por torção (em torno do eixo da barra). Na escolha de um SP, a liberação de vínculos internos em uma seção transversal de uma barra de grelha pode ser completa (corte total da seção transversal) ou pode ser feita seletivamente para cada vínculo de continuidade. No exemplo da Figura 8.66-b, uma seção transversal da barra central é cortada, o que libera os três vínculos de continuidade interna. Os hiperestáticos correspondentes são os três esforços internos na seção transversal cortada: esforço cortante X_1, momento fletor X_2 e momento torçor X_3.

A liberação seletiva de continuidade interna em uma seção transversal de barra de grelha é menos utilizada. Na introdução de uma rótula é preciso identificar se as duas continuidades de rotação por flexão e por torção são liberadas ou se apenas uma delas. Seria possível também eliminar apenas a continuidade de deslocamento transversal, como indica a Tabela 2.3.

Além de todas essas considerações para a escolha de um SP, é preciso evitar que se gere instabilidade com a eliminação de vínculos. A Figura 8.67 mostra uma grelha com quatro apoios simples e uma opção inválida para o SP, com três apoios simples situados ao longo de um eixo reto. Essa configuração é instável porque qualquer força que atue fora desse eixo provoca um momento em torno do eixo que não pode ser equilibrado.

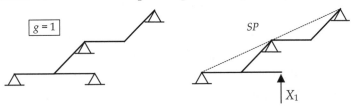

Figura 8.67 Opção invalidada para SP de grelha hiperestática: três apoios simples alinhados.

Dois exemplos ilustram a análise de grelhas hiperestáticas. O primeiro, apresentado na Figura 8.68 com a solução completa, é a grelha com quatro apoios simples da Figura 8.67 adotando-se um SP válido, isto é, evitando três apoios simples em um único eixo. O segundo exemplo é uma grelha, mostrada na Figura 8.69, com um engaste e dois apoios simples, resultando em um grau de hiperestaticidade $g = 2$.

Nos dois exemplos, é indicada uma relação entra a rigidez à flexão EI e a rigidez à torção GJ_t, que é a mesma para todas a barras, sendo E o módulo de elasticidade do material, G o módulo de cisalhamento do material, I o momento de inércia à flexão da seção transversal e J_t o momento de inércia à torção da seção transversal. Em ambas as soluções, despreza-se a contribuição da energia de deformação pelo efeito de cisalhamento.

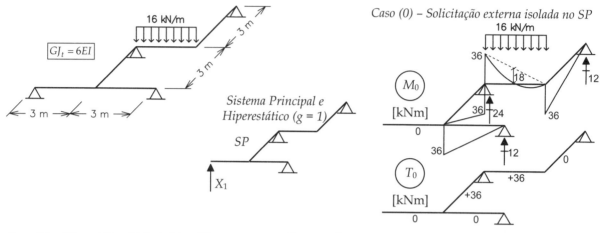

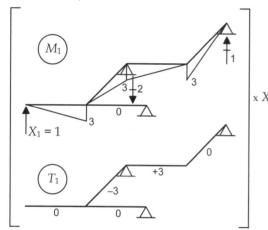

Equação de compatibilidade:
$$\delta_{10} + \delta_{11}X_1 = 0$$

$$\delta_{10} = \left[+\frac{1}{3}\cdot 3\cdot 36\cdot 3 - \frac{1}{3}\cdot 3\cdot 36\cdot 3 + \frac{1}{3}\cdot 3\cdot 18\cdot 3 + \frac{1}{3}\cdot 3\cdot 36\cdot 3\right]\cdot\frac{1}{EI}$$

$$+ \left[(-3)\cdot(+36)\cdot 3 + (+3)\cdot(+36)\cdot 3\right]\cdot\frac{1}{GJ_t} = +\frac{162}{EI} + \frac{0}{GJ_t} = +\frac{162}{EI}$$

$$\delta_{11} = \left[4\cdot\left(+\frac{1}{3}\cdot 3\cdot 3\cdot 3\right)\right]\cdot\frac{1}{EI} + \left[(-3)\cdot(-3)\cdot 3 + (+3)\cdot(+3)\cdot 3\right]\cdot\frac{1}{GJ_t}$$

$$\delta_{11} = +\frac{36}{EI} + \frac{54}{GJ_t} = +\frac{36}{EI} + \frac{54}{6EI} = +\frac{45}{EI}$$

$$\Rightarrow \frac{162}{EI} + \frac{45}{EI}\cdot X_1 = 0 \qquad \therefore X_1 = -3.6 \text{ kN}$$

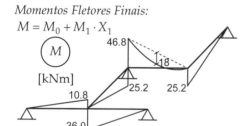

Momentos Fletores Finais:
$M = M_0 + M_1 \cdot X_1$

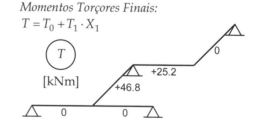

Momentos Torçores Finais:
$T = T_0 + T_1 \cdot X_1$

Figura 8.68 Análise de grelha com quatro apoios simples.

O sistema principal da solução da Figura 8.68, sem a barra em balanço, corresponde ao exemplo de grelha triapoiada isostática analisado na Seção 3.7.9 (Figura 3.48). Portanto, os procedimentos adotados para o traçado dos diagramas de momentos fletores ($M0$) e torçores ($T0$) do caso (0) são descritos na Seção 3.7.9. O traçado dos outros diagramas de momentos fletores e torçores segue a metodologia descrita no Capítulo 3. O mesmo se aplica para os diagramas do exemplo da Figura 8.69.

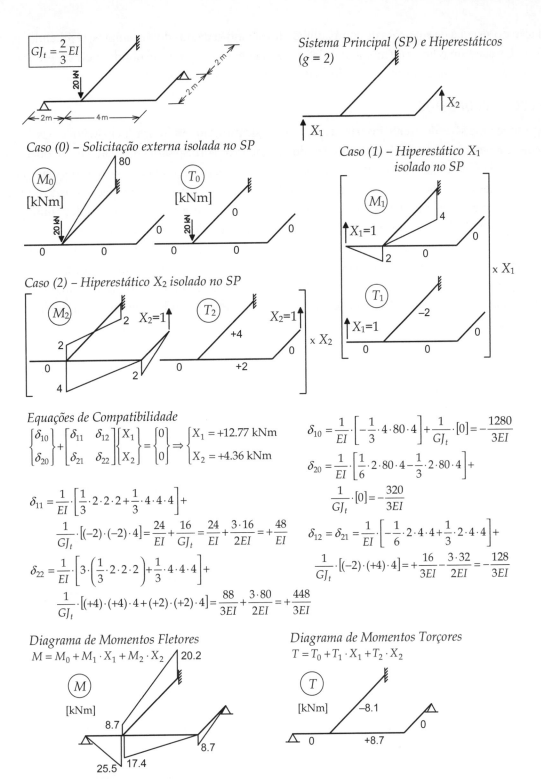

Figura 8.69 Análise de grelha com um engaste e dois apoios simples.

Nos dois exemplos, o sistema principal é obtido por meio da liberação de apoios que impedem o movimento vertical. Portanto, os hiperestáticos correspondentes são as reações verticais nesses apoios. No caso básico (0), os termos de carga δ_{10} e δ_{20} são deslocamentos verticais nos pontos dos apoios liberados provocados pelo carregamento externo. Nos casos básicos (1) e (2), os coeficientes de flexibilidade δ_{11}, δ_{12}, δ_{21} e δ_{22} são deslocamentos verticais nos pontos dos apoio liberados provocados por hiperestáticos com valores unitários.

Na solução das duas grelhas, os termos de carga são determinados de acordo com a Equação 8.9, e os coeficientes de flexibilidade são dados pela Equação 8.16. As expressões das combinações dos diagramas de momentos fletores e dos diagramas de momentos torçores são indicadas nas Figuras 8.68 e 8.69.

8.13. EXERCÍCIOS PROPOSTOS

Esta seção propõe uma série de exercícios para a solução de estruturas hiperestáticas pelo método das forças. Para cada modelo, pede-se a determinação dos diagramas de esforços internos correspondentes. Para vigas e quadros planos, pede-se o diagrama de momentos fletores. Para treliças planas, pede-se o diagrama de esforços normais. E, para grelhas, pede-se os diagramas de momentos fletores e momentos torçores. Nos exercícios com vigas e quadros planos, a menos que se indique de outra maneira, a energia de deformação axial não deve ser considerada na determinação dos termos de carga e coeficientes de flexibilidade. Em nenhum exercício a energia de deformação pelo efeito de cisalhamento deve ser considerada. Além disso, em cada um dos exercícios todas as barras têm o mesmo material e a mesma seção transversal. Os valores dos parâmetros do material e da seção transversal são indicados quando necessário. Como notação, h é a altura da seção transversal, $\bar{y}$ é a distância do centro de gravidade à fibra inferior da seção transversal, e b é a largura de uma seção transversal retangular. No caso de grelhas, a relação entre a rigidez à flexão EI e a rigidez à torção GJ_t das barras é fornecida.

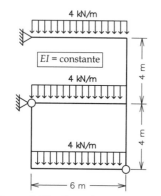

Figura 8.70 Exercício proposto 1.

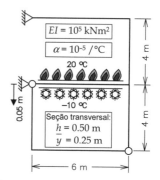

Figura 8.71 Exercício proposto 2.

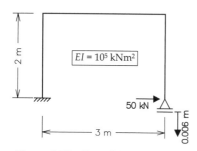

Figura 8.72 Exercício proposto 3.

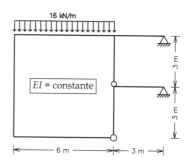

Figura 8.73 Exercício proposto 4.

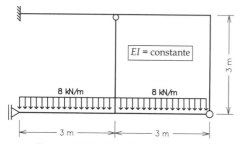

Figura 8.74 Exercício proposto 5.

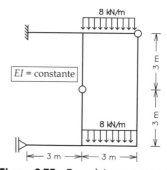

Figura 8.75 Exercício proposto 6.

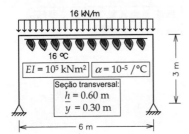

Figura 8.76 Exercício proposto 7.

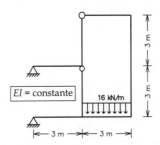

Figura 8.77 Exercício proposto 8.

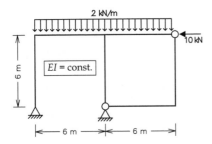

Figura 8.78 Exercício proposto 9.

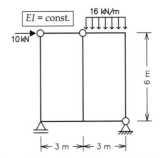

Figura 8.79 Exercício proposto 10.

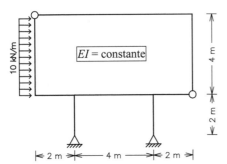

Figura 8.80 Exercício proposto 11.

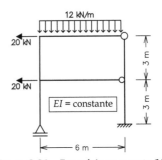

Figura 8.81 Exercício proposto 12.

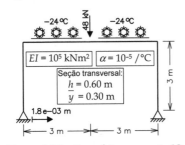

Figura 8.82 Exercício proposto 13.

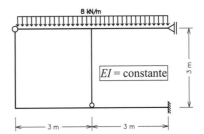

Figura 8.83 Exercício proposto 14.

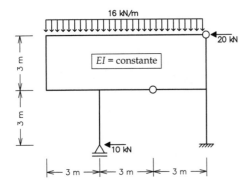

Figura 8.84 Exercício proposto 15.

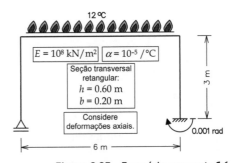

Figura 8.85 Exercício proposto 16.

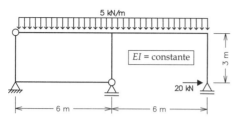

Figura 8.86 Exercício proposto 17.

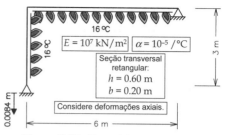

Figura 8.87 Exercício proposto 18.

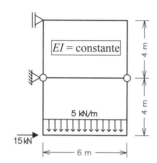

Figura 8.88 Exercício proposto 19.

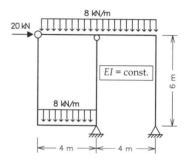

Figura 8.89 Exercício proposto 20.

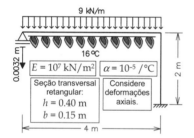

Figura 8.90 Exercício proposto 21.

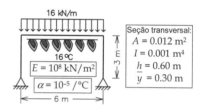

Figura 8.91 Exercício proposto 22.

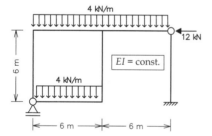

Figura 8.92 Exercício proposto 23.

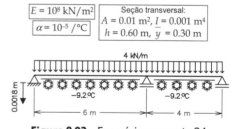

Figura 8.93 Exercício proposto 24.

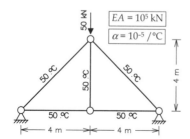

Figura 8.94 Exercício proposto 25.

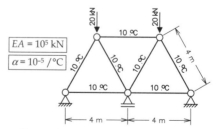

Figura 8.95 Exercício proposto 26.

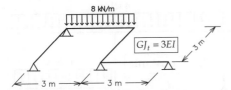

Figura 8.96 Exercício proposto 27.

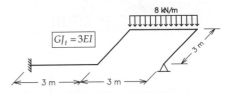

Figura 8.97 Exercício proposto 28.

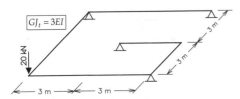

Figura 8.98 Exercício proposto 29.

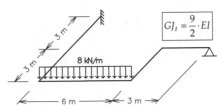

Figura 8.99 Exercício proposto 30.

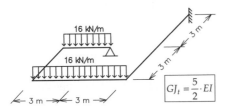

Figura 8.100 Exercício proposto 31.

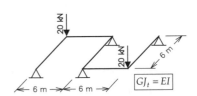

Figura 8.101 Exercício proposto 32.

A barra ⑤ da treliça mostrada na Figura 8.102 foi fabricada com comprimento fora de especificação igual a 2.05 a e depois colocada na treliça. Todas as barras da treliça têm rigidez axial EA. Determine o diagrama final de esforços normais em função de EA e a. Calcule o comprimento final da barra ⑤ (depois de montada na treliça).

Introduzindo obrigatoriamente rótulas, indique um possível sistema principal para cada um dos pórticos ilustrados nas Figuras 8.103, 8.104 e 8.105. Os hiperestáticos também devem ser indicados. Mostre a decomposição do sistema principal obtido em quadros isostáticos simples (biapoiados, triarticulados e engastados com balanço).

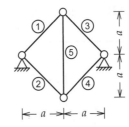

Figura 8.102 Exercício proposto 33.

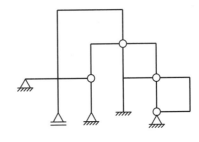

Figura 8.103 Exercício proposto 34.

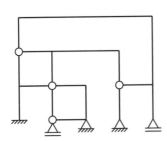

Figura 8.104 Exercício proposto 35.

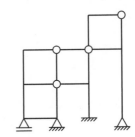

Figura 8.105 Exercício proposto 36.

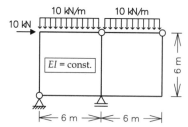

Figura 8.106 Exercício proposto 37.

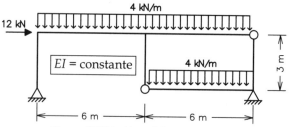

Figura 8.107 Exercício proposto 38.

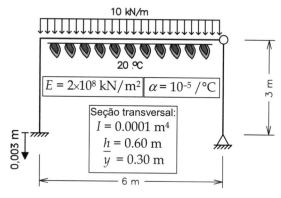

Considere que as barras do pórtico podem se deformar axialmente somente para a solicitação de variação de temperatura, isto é, para os efeitos do carregamento aplicado, do recalque de apoio e do(s) hiperestático(s) despreze a energia de deformação axial.

Figura 8.108 Exercício proposto 39.

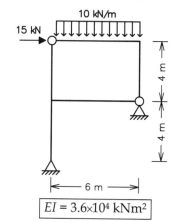

Figura 8.109 Exercício proposto 40.

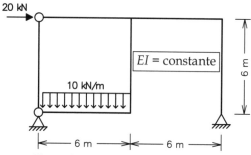

Figura 8.110 Exercício proposto 41.

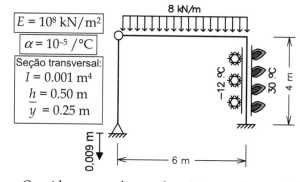

Considere que as barras do pórtico podem se deformar axialmente somente para a solicitação de variação de temperatura, isto é, para os efeitos do carregamento aplicado, do recalque de apoio e do(s) hiperestático(s) despreze a energia de deformação axial.

Figura 8.111 Exercício proposto 42.

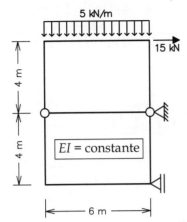
Figura 8.112 Exercício proposto 43.

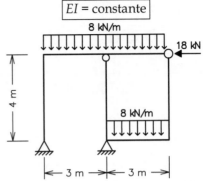
Figura 8.113 Exercício proposto 44.

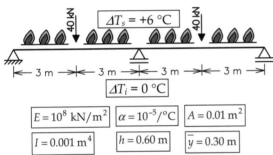
Figura 8.114 Exercício proposto 45.

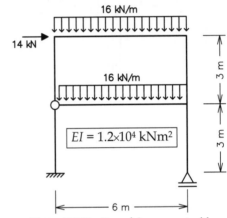
Figura 8.115 Exercício proposto 46.

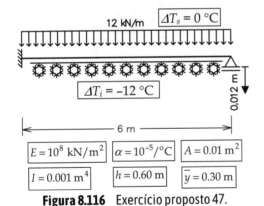
Figura 8.116 Exercício proposto 47.

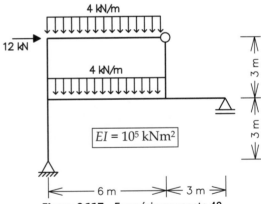
Figura 8.117 Exercício proposto 48.

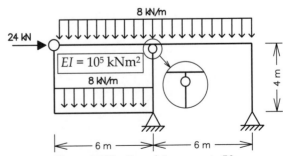
Figura 8.118 Exercício proposto 49.

Figura 8.119 Exercício proposto 50.

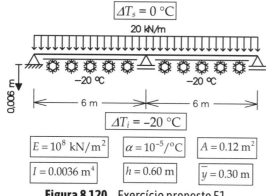

Figura 8.120 Exercício proposto 51.

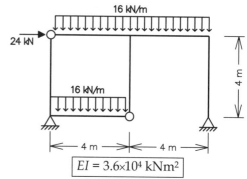

Figura 8.121 Exercício proposto 52.

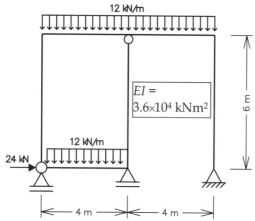

Figura 8.122 Exercício proposto 53.

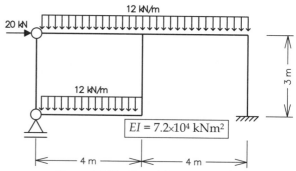

Figura 8.123 Exercício proposto 54.

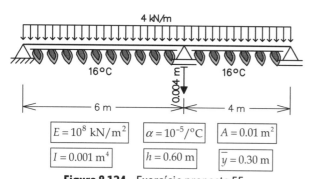

Figura 8.124 Exercício proposto 55.

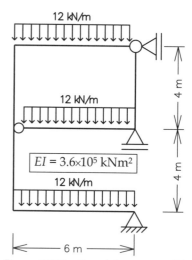

Figura 8.125 Exercício proposto 56.

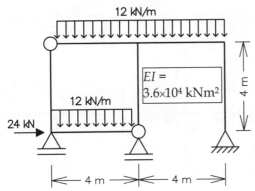
Figura 8.126 Exercício proposto 57.

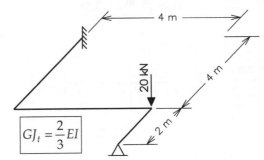
Figura 8.127 Exercício proposto 58.

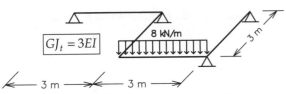
Figura 8.128 Exercício proposto 59.

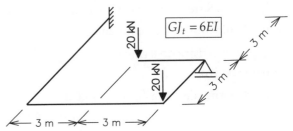
Figura 8.129 Exercício proposto 60.

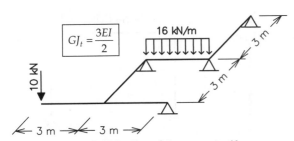
Figura 8.130 Exercício proposto 61.

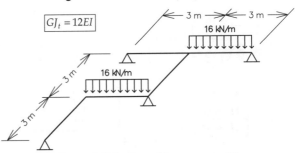
Figura 8.131 Exercício proposto 62.

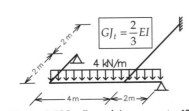
Figura 8.132 Exercício proposto 63.

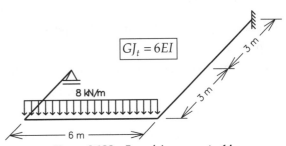
Figura 8.133 Exercício proposto 64.

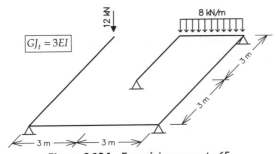
Figura 8.134 Exercício proposto 65.

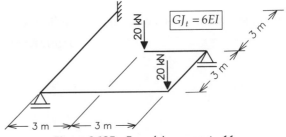
Figura 8.135 Exercício proposto 66.

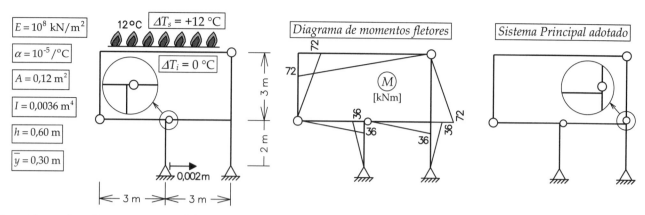

Considerando o Sistema Principal (grau de hiperestaticidade $g = 1$) indicado na figura, pede-se:

(a) Valor do hiperestático X_1 com unidade (adote uma convenção de sinal e explique).

(b) Interpretação física do termo de carga d_{10}, indicando causa, localização, se é deslocamento ou rotação, e se é absoluto ou relativo.

(c) Valor do termo de carga δ_{10} com unidade.

Figura 8.136 Exercício proposto 67.

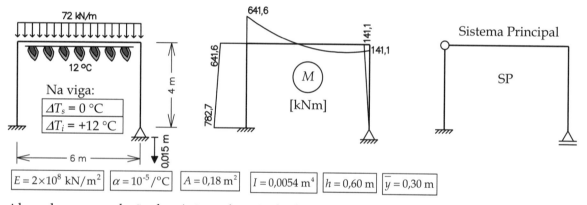

Considerando que na solução do pórtico pelo Método das Forças foi adotado o Sistema Principal (SP) indicado na figura, pede-se:

(a) Mostre uma figura do SP com os hiperestáticos indicados, arbitrando um sentido para eles.

(b) Baseado no diagrama final de momentos fletores, determine os valores dos hiperestáticos, com unidades. Os sinais devem ser consistentes com os sentidos dos hiperestáticos arbitrados no item (a).

(c) Forneça a interpretação física dos termos de carga δ_{i0}, indicando causa, localização, se é deslocamento ou rotação, e se é absoluto ou relativo.

(d) Determine o diagrama de momentos fletores do caso (0) da solução provocado pelas três solicitações concomitantes.

(e) Calcule o valor do termo de carga δ_{10}, indicando a unidade, considerando deformações axiais e de flexão.

Figura 8.137 Exercício proposto 68.

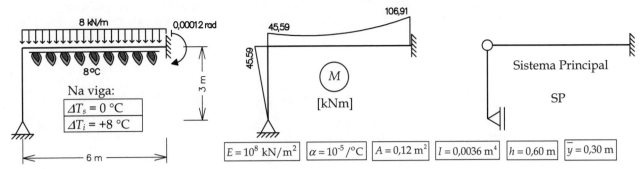

Considerando que na solução do pórtico pelo Método das Forças foi adotado o Sistema Principal (SP) indicado na figura, pede-se:

(a) Mostre uma figura do SP com os hiperestáticos indicados, arbitrando um sentido para eles. Baseado no diagrama final de momentos fletores fornecido, determine os valores dos hiperestáticos, com unidades. Os sinais devem ser consistentes com os sentidos arbitrados para os hiperestáticos.

(b) Forneça a interpretação física dos termos de carga δ_{i0}, indicando causa, localização, se é deslocamento ou rotação, e se é absoluto ou relativo.

(c) Determine o diagrama de momentos fletores do caso (0) da solução provocado pelas três solicitações concomitantes.

(d) Calcule o valor do termo de carga δ_{10}, indicando a unidade, considerando deformações axiais e deformações por flexão.

Figura 8.138 Exercício proposto 69.

Soluções fundamentais para barra isolada 9

Este capítulo (páginas e-57 a e-84) encontra-se integralmente *online*, disponível no *site* **www.grupogen.com.br.** Consulte a página de Materiais Suplementares após o Prefácio para detalhes sobre acesso e *download*.

Método dos deslocamentos | 10

Conforme foi introduzido na Seção 4.2, o método dos deslocamentos pode ser considerado o método dual do método das forças. Os dois métodos consideram, na análise de uma estrutura, os três grupos de condições básicas da análise estrutural: condições de equilíbrio, condições de compatibilidade entre deslocamentos e deformações, e condições impostas pelas leis constitutivas dos materiais. Entretanto, o método dos deslocamentos resolve o problema considerando os grupos de condições a serem atendidas pelo modelo estrutural na ordem inversa do que é feito pelo método das forças:

- 1º: condições de compatibilidade;
- 2º: leis constitutivas dos materiais;
- 3º: condições de equilíbrio.

A dualidade entre os dois métodos fica clara quando se observa a metodologia utilizada pelo método dos deslocamentos para analisar uma estrutura. A metodologia de análise do método consiste em:

- Somar uma série de soluções básicas (chamadas de casos básicos) que satisfazem as condições de compatibilidade, mas não satisfazem as condições de equilíbrio da estrutura original, para, na superposição, restabelecer as condições de equilíbrio.

Esse procedimento é o inverso do que foi feito na solução pelo método das forças, mostrada no Capítulo 8.

Cada caso básico satisfaz isoladamente as condições de compatibilidade (continuidade interna e compatibilidade com respeito aos vínculos externos da estrutura). Entretanto, os casos básicos não satisfazem as condições de equilíbrio da estrutura original, pois são necessários forças e momentos adicionais para manter o equilíbrio. As condições de equilíbrio da estrutura ficam restabelecidas quando se superpõem todas as soluções básicas.

10.1. DESLOCABILIDADES E SISTEMA HIPERGEOMÉTRICO

A solução pelo método dos deslocamentos pode ser vista como uma superposição de soluções cinematicamente determinadas, isto é, de configurações deformadas conhecidas, conforme ilustra a Figura 10.1. Essa figura mostra a configuração deformada de um pórtico plano formada pela superposição de configurações deformadas elementares, cada uma associada a um determinado efeito que é isolado.

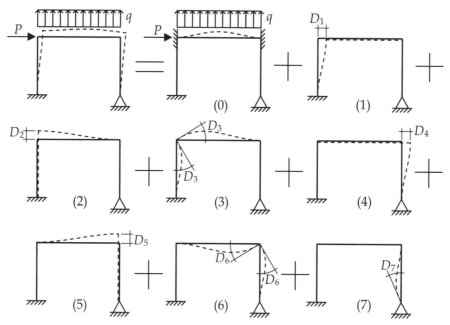

Figura 10.1 Configuração deformada de um pórtico plano formada pela superposição de configurações deformadas elementares.

Na Figura 10.1, a configuração deformada elementar do caso (0) isola o efeito da solicitação externa (carregamento), e essa configuração deformada é tal que os nós (extremidades das barras) da estrutura apresentam deslocamentos e rotações nulos. A configuração deformada, nesse caso, corresponde à situação de engastamento perfeito da viga (barra horizontal) para a solicitação externa aplicada (força uniformemente distribuída). As demais configurações deformadas mostradas nessa figura, dos casos (1) a (7), correspondem a imposições de deslocamentos e rotações nodais isolados, isto é, cada caso apresenta uma configuração deformada elementar em que somente uma componente de deslocamento ou rotação nodal tem um valor não nulo.

A superposição de configurações deformadas mostrada na Figura 10.1 indica que a configuração deformada final de uma estrutura reticulada pode ser parametrizada pelas componentes de deslocamentos e rotações dos nós da estrutura. Isso é possível porque pode-se determinar a configuração deformada de uma barra a partir dos deslocamentos e rotações dos nós extremos da barra e do seu carregamento. De fato, as Equações 9.3 e 9.4 (reproduzidas no Apêndice) determinam a elástica (deslocamentos axiais e transversais) de uma barra prismática em função dos deslocamentos e rotações nas extremidades das barras. A elástica final da barra é obtida superpondo o efeito da solicitação externa isolado no caso (0).

Com base nisso, a seguinte definição é feita:

- *Deslocabilidades* são as componentes de deslocamentos e rotações nodais que estão livres, isto é, que devem ser conhecidas para determinar a configuração deformada de uma estrutura.

Dessa forma, as deslocabilidades são os parâmetros que definem (completamente) a configuração deformada de uma estrutura. As deslocabilidades são as incógnitas do método dos deslocamentos.

A seguinte notação será utilizada:

$D_i \rightarrow$ *deslocabilidade de uma estrutura*: componente de deslocamento ou rotação livre (não restrita por apoio) em um nó da estrutura, na direção de um dos eixos globais.

A deslocabilidade D_i também é chamada de *deslocabilidade global* para diferenciá-la da deslocabilidade local de uma barra isolada (Seção 9.1).

No exemplo mostrado na Figura 10.1, D_1 e D_4 são deslocamentos horizontais dos nós superiores; D_2 e D_5 são deslocamentos verticais dos nós superiores; D_3 e D_6 são rotações dos nós superiores; e D_7 é a rotação do nó inferior direito. As demais componentes de deslocamentos e rotação não são deslocabilidades livres porque são restritas por apoios.

Uma estrutura que tem todas as deslocabilidades definidas (com valores conhecidos) é denominada *estrutura cinematicamente determinada*. No exemplo da Figura 10.1, as configurações deformadas elementares dos casos (1) a (7) são consideradas cinematicamente determinadas, com exceção dos valores das deslocabilidades D_i, que não são conhecidos *a priori*.

O modelo estrutural utilizado nos casos básicos é o de uma estrutura cinematicamente determinada obtida a partir da estrutura original pela adição de vínculos na forma de *apoios fictícios*. Esse modelo é chamado de *sistema hipergeométrico* (SH).

O SH correspondente à estrutura da Figura 10.1 é mostrado na Figura 10.2. Os apoios fictícios adicionados à estrutura para impedir (prender) as deslocabilidades são numerados de acordo com a numeração das deslocabilidades, isto é, o apoio *1* impede a deslocabilidade D_1, o apoio *2* impede a deslocabilidade D_2, e assim por diante.

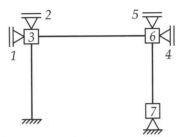

Figura 10.2 Sistema hipergeométrico do pórtico plano da Figura 10.1.

Pode parecer estranho criar uma estrutura (o SH) na qual todos os nós são engastados completamente. Na verdade, o SH é utilizado para isolar as diversas componentes cinemáticas da estrutura, isto é, isolar os efeitos de cada uma de suas deslocabilidades. Como mostrado na Figura 10.1, em cada um dos casos básicos da solução pelo método dos deslocamentos, no máximo uma deslocabilidade assume um valor não nulo. Com base no SH, essa deslocabilidade é imposta como um "recalque" do correspondente apoio fictício inserido na criação do SH, enquanto os outros apoios fictícios fixam as demais deslocabilidades.

Neste ponto, é interessante resgatar um paralelo feito na Seção 4.2.3 entre o método das forças e o método dos deslocamentos. Conforme discutido no Capítulo 8, as incógnitas do método das forças são os hiperestáticos, que são forças e momentos associados a vínculos excedentes à determinação estática da estrutura. Por outro lado, as incógnitas do método dos deslocamentos são as deslocabilidades, que são componentes de deslocamentos e rotações nodais que definem a configuração deformada da estrutura. Com respeito à estrutura utilizada nas soluções básicas, no método das forças, essa estrutura é o sistema principal, que é uma estrutura estaticamente determinada (isostática) obtida da estrutura original por meio da eliminação dos vínculos excedentes associados aos hiperestáticos. Em contraposição, no método dos deslocamentos, a estrutura utilizada nas soluções básicas é o sistema hipergeométrico, que é uma estrutura cinematicamente determinada obtida da estrutura original por meio da adição dos vínculos necessários para impedir as deslocabilidades. Essa comparação evidencia a dualidade entre os dois métodos.

Uma observação importante é que, enquanto existem vários possíveis sistemas principais (método das forças) para uma estrutura, existe somente um sistema hipergeométrico (método dos deslocamentos). Isso ocorre porque, para se chegar ao sistema principal isostático do método das forças, existem várias possibilidades para eliminar vínculos da estrutura e, para se chegar ao sistema hipergeométrico, só existe uma possibilidade: impedindo todas as deslocabilidades.

10.2. METODOLOGIA DE ANÁLISE PELO MÉTODO DOS DESLOCAMENTOS

O objetivo desta seção é apresentar a metodologia de análise estrutural do método dos deslocamentos, o que é feito com base em um exemplo: o pórtico simples mostrado na Figura 10.3. Os cálculos dos coeficientes que aparecem na solução não serão indicados nesta seção, mas serão explicados em seções subsequentes (a Seção 10.6.3 mostra os cálculos dos coeficientes para a estrutura da Figura 10.3).

Todas as barras da estrutura do exemplo têm as mesmas propriedades elásticas e de seção transversal. O material adotado tem módulo de elasticidade $E = 1.2 \times 10^7$ kN/m². A seção transversal das barras tem área $A = 1.2 \times 10^{-2}$ m² e momento de inércia $I = 1.2 \times 10^{-3}$ m⁴. A solicitação externa é uma força uniformemente distribuída $q = 5$ kN/m aplicada na barra horizontal.

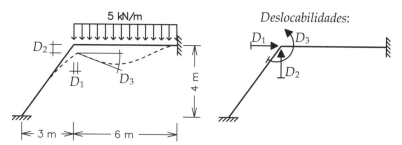

Figura 10.3 Estrutura utilizada para a descrição da metodologia do método dos deslocamentos e suas deslocabilidades.

A Figura 10.3 também indica a configuração deformada da estrutura (com uma amplificação de 450 vezes) e as deslocabilidades D_1, D_2 e D_3, correspondendo, respectivamente, aos deslocamentos horizontal e vertical e à rotação do nó interno. A figura também serve para apresentar a notação para deslocamentos e rotações: uma seta com um traço perpendicular na base. Essa notação permite indicar as deslocabilidades sem desenhar a configuração deformada da estrutura, que em geral é complicada ou desconhecida.

Como foi dito, a configuração deformada da estrutura fica parametrizada pelas deslocabilidades. Observe que existem infinitos valores para D_1, D_2 e D_3 satisfazendo as condições de compatibilidade, isto é, existem infinitas configurações deformadas que satisfazem as condições de compatibilidade com respeito aos vínculos externos (apoios), que satisfazem as condições de continuidade do campo de deslocamentos no interior das barras e que satisfazem a continuidade de ligação entre as barras (que permanecem ligadas e com o mesmo ângulo entre si no nó interno). Entretanto, somente uma dessas configurações deformadas está associada ao equilíbrio da estrutura. O método dos deslocamentos tem como estratégia procurar, dentre todas as configurações deformadas que satisfazem a compatibilidade, aquela que também faz com que o equilíbrio seja satisfeito.

O equilíbrio da estrutura é imposto na forma de equilíbrio dos nós isolados, considerando também que as barras isoladas estão em equilíbrio. Portanto, a solução desse problema pelo método dos deslocamentos recai em encontrar os valores que D_1, D_2 e D_3 devem ter para que o nó interno fique em equilíbrio, visto que os nós dos apoios têm seu equilíbrio automaticamente satisfeito pelas reações de apoio.

Dentro da metodologia do método dos deslocamentos aplicada ao exemplo da Figura 10.3, soluções básicas (casos básicos) isolam o efeito da solicitação externa (carregamento) e os efeitos de cada uma das deslocabilidades. Cada efeito isolado afeta o equilíbrio do nó interno. Na superposição dos casos básicos é imposto o equilíbrio do nó interno.

O sistema hipergeométrico (SH) para a estrutura do exemplo é mostrado na Figura 10.4. Os casos básicos utilizam esse SH como estrutura auxiliar, por meio da qual os efeitos isolados são impostos.

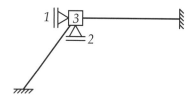

Figura 10.4 Sistema hipergeométrico da estrutura da Figura 10.3.

No exemplo em estudo, existem quatro casos básicos – casos (0), (1), (2) e (3) – conforme descrito a seguir.

Caso (0) — Solicitação externa (carregamento) isolada no SH

O caso (0), mostrado na Figura 10.5, isola o efeito da solicitação externa, isto é, do carregamento aplicado. Dessa forma, a carga externa é a aplicada no SH com $D_1 = 0$, $D_2 = 0$ e $D_3 = 0$. Nesse caso, as forças e os momentos que aparecem nos apoios fictícios do SH são chamados de *termos de carga* β_{i0}. Um termo de carga é definido formalmente como:

$\beta_{i0} \rightarrow$ reação no apoio fictício associado à deslocabilidade D_i para equilibrar o SH quando atua a solicitação externa isoladamente, isto é, com deslocabilidades de valores nulos.

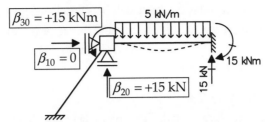

Figura 10.5 Solicitação externa isolada no SH da estrutura da Figura 10.3.

Nesse exemplo, são três os termos de carga, conforme indicado na Figura 10.5, sendo β_{10} a reação horizontal, β_{20} a reação vertical e β_{30} a reação momento nos três apoios fictícios do nó interno. Essas reações correspondem à situação de engastamento perfeito do SH, e seus valores são calculados de maneira a equilibrar o nó interno levando em conta o carregamento uniformemente distribuído que atua na barra horizontal. As reações de engastamento de barras isoladas são conhecidas *a priori* e, por isso, são consideradas *soluções fundamentais* para uma análise pelo método dos deslocamentos. Essas soluções fundamentais são determinadas seguindo a metodologia descrita na Seção 9.3 e tabeladas.

Os esforços internos no caso (0) também são esforços em barras cujos nós extremos são engastados. Dessa forma, somente as barras que têm carga no seu interior apresentam esforços internos e deformações. Isso pode ser entendido pelo fato de os apoios fictícios adicionados no SH isolarem as barras com respeito a deformações.

Caso (1) — Deslocabilidade D_1 isolada no SH

O caso (1), mostrado na Figura 10.6, isola o efeito da deslocabilidade D_1, mantendo nulos os valores das deslocabilidades D_2 e D_3. Conforme indicado nessa figura, a deslocabilidade D_1 é colocada em evidência. Considera-se um valor unitário para D_1, sendo o efeito de $D_1 = 1$ multiplicado pelo valor final que D_1 deverá ter.

Para impor a configuração deformada onde $D_1 = 1$ e as demais deslocabilidades são mantidas nulas, é necessário aplicar um conjunto de forças e momentos nodais que mantém o SH em equilíbrio nessa configuração, como indicado na Figura 10.6.

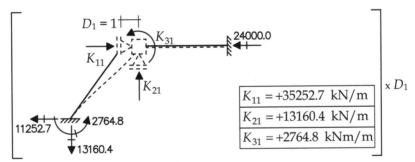

Figura 10.6 Deslocabilidade D_1 isolada no SH da estrutura da Figura 10.3.

As forças e momentos que aparecem nos apoios fictícios do SH para equilibrá-lo quando é imposta uma configuração onde $D_1 = 1$ são chamados de *coeficientes de rigidez globais* K_{ij}. Formalmente, o coeficiente de rigidez global é definido como:

$K_{ij} \rightarrow$ *coeficiente de rigidez global*: força ou momento que deve atuar na direção de D_i para manter a estrutura (na verdade, o SH) em equilíbrio quando é imposta uma configuração deformada onde $D_j = 1$ e as demais deslocabilidades são nulas.

No caso (1), os coeficientes de rigidez globais são a força horizontal K_{11}, a força vertical K_{21} e o momento K_{31}. Por definição, as unidades dos coeficientes de rigidez correspondem às unidades de força ou momento divididas pela unidade da deslocabilidade em questão. Nesse exemplo, no caso (1) a unidade de D_1 é a de deslocamento em metros.

Conforme será visto ainda neste capítulo, os coeficientes de rigidez globais são obtidos em função de coeficientes de rigidez das barras isoladas. Estes, também denominados *coeficientes de rigidez locais*, são determinados de acordo com o exposto na Seção 9.2 e são *soluções fundamentais* para uma análise pelo método dos deslocamentos, além de serem tabelados para barras prismáticas (Figuras 9.10, 9.13 e 9.15). Uma das vantagens desse método em relação ao método das forças é que o cálculo dos coeficientes de rigidez globais baseia-se em valores tabelados para os coeficientes de rigidez locais, o que exige um esforço menor na solução manual da estrutura, quando comparado com o cálculo dos coeficientes de flexibilidade do método das forças mostrado no Capítulo 8. Tal vantagem também facilita a implementação computacional do método dos deslocamentos.

Caso (2) — Deslocabilidade D_2 isolada no SH

De maneira análoga, no caso (2), a deslocabilidade D_2 é colocada em evidência, considerando o efeito devido a um valor unitário de D_2 multiplicado por seu valor final, como indicado na Figura 10.7. Esse caso isola o efeito da deslocabilidade D_2, mantendo nulos os valores das deslocabilidades D_1 e D_3.

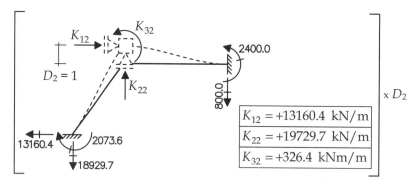

Figura 10.7 Deslocabilidade D_2 isolada no SH da estrutura da Figura 10.3.

A força horizontal K_{12}, a força vertical K_{22} e o momento K_{32}, que aparecem nos apoios fictícios do SH para mantê-lo em equilíbrio quando é imposta uma configuração deformada no qual $D_2 = 1$, são os coeficientes de rigidez globais que aparecem no caso (2). As unidades desses coeficientes, por definição, são unidades de força ou momento divididas pela unidade da deslocabilidade D_2 (metro), como mostrado na Figura 10.7.

Caso (3) — Deslocabilidade D_3 isolada no SH

Do mesmo modo, no caso (3) a deslocabilidade D_3 é colocada em evidência, como mostra a Figura 10.8. Esse caso isola o efeito da deslocabilidade D_3, mantendo nulos os valores das deslocabilidades D_1 e D_2. A figura também mostra os coeficientes de rigidez globais desse caso. Observe que as unidades desses coeficientes são unidades de força ou momento divididas por radiano, pois a deslocabilidade D_3 é uma rotação.

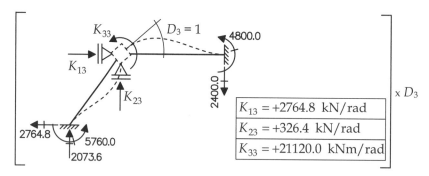

Figura 10.8 Deslocabilidade D_3 isolada no SH da estrutura da Figura 10.3.

Restabelecimento das condições de equilíbrio

O equilíbrio da estrutura original é restabelecido quando se anulam os efeitos dos apoios fictícios do SH. A partir dos resultados obtidos nos casos mostrados anteriormente, pode-se utilizar a superposição dos casos para restabelecer as condições de equilíbrio do nó interior. As resultantes de forças e momentos externos nesse nó devem ser nulas, como feito a seguir.

- Somatório das forças externas horizontais que atuam no nó interior:

$$\beta_{10} + K_{11}D_1 + K_{12}D_2 + K_{13}D_3 = 0$$

- Somatório das forças externas verticais que atuam no nó interior:

$$\beta_{20} + K_{21}D_1 + K_{22}D_2 + K_{23}D_3 = 0$$

- Somatório dos momentos externos que atuam no nó interior:

$$\beta_{30} + K_{31}D_1 + K_{32}D_2 + K_{33}D_3 = 0$$

Pode-se generalizar esses resultados, escrevendo uma equação de equilíbrio na direção da deslocabilidade D_i para uma estrutura com n deslocabilidades:

$$\beta_{i0} + \sum_{j=1}^{j=n} K_{ij} \cdot D_j = 0 \qquad (10.1)$$

A solução do sistema formado pelas três equações de equilíbrio do exemplo desta seção, com os valores mostrados anteriormente para os termos de carga β_{i0} e para os coeficientes de rigidez globais K_{ij}, resulta nos seguintes valores para as deslocabilidades:

$$D_1 = +0.4504 \times 10^{-3} \text{ m}$$
$$D_2 = -1.0480 \times 10^{-3} \text{ m}$$
$$D_3 = -0.7530 \times 10^{-3} \text{ rad}$$

Esses valores fazem com que as resultantes de forças e momentos externos que atuam no nó interno da estrutura sejam nulas. Dessa forma, atingiu-se a solução correta da estrutura porque, além de satisfazer as condições de compatibilidade – que sempre foram satisfeitas nos casos (0), (1), (2) e (3) –, ela também satisfaz as condições de equilíbrio, haja vista que não existem forças e momentos externos (fictícios) aplicados ao nó. A Seção 13.9 demonstra que a imposição de resultantes nulas para as forças e os momentos externos dos apoios fictícios do SH é equivalente à imposição do equilíbrio do nó interno isolado, levando em conta efeitos externos (forças e momentos aplicados) e efeitos internos (forças e momentos vindos das barras). O equilíbrio dos outros dois nós sempre é satisfeito pelas reações de apoio, cujos valores finais podem ser obtidos pela superposição dos valores das reações obtidos em cada caso.

Os sinais das deslocabilidades são determinados pelos sentidos em que foram impostos os deslocamentos unitários e a rotação unitária nos casos básicos. Assim, o sinal positivo de D_1 indica que esse deslocamento tem o mesmo sentido (da esquerda para a direita) do deslocamento horizontal imposto no caso (1). O sinal negativo de D_2 indica que esse deslocamento vertical é para baixo, pois é contrário ao deslocamento unitário imposto no caso (2). E o sinal negativo de D_3 mostra que essa rotação é no sentido horário, pois é contrária à rotação unitária imposta no caso (3).

Determinação dos esforços internos

Uma vez determinados os valores das deslocabilidades, os diagramas finais de esforços da estrutura do exemplo em estudo também podem ser obtidos pela superposição dos diagramas de cada um dos casos básicos, conforme mostrado na sequência deste capítulo. Por exemplo, os momentos fletores finais (M) podem ser obtidos pela superposição dos diagramas de momentos fletores (M_i) dos casos básicos:

$$M = M_0 + M_1 \cdot D_1 + M_2 \cdot D_2 + M_3 \cdot D_3$$

em que o diagrama M_0 corresponde ao caso (0) e os diagramas M_1, M_2 e M_3 são provocados por valores unitários das deslocabilidades nos casos (1), (2) e (3), respectivamente.

Esse resultado pode ser generalizado para todos os esforços internos – esforços normais finais (N), esforços cortantes finais (Q) e momentos fletores finais (M) – de uma estrutura com n deslocabilidades:

$$N = N_0 + \sum_{j=1}^{j=n} N_j \cdot D_j \qquad (10.2)$$

$$Q = Q_0 + \sum_{j=1}^{j=n} Q_j \cdot D_j \qquad (10.3)$$

$$M = M_0 + \sum_{j=1}^{j=n} M_j \cdot D_j \qquad (10.4)$$

Em que:

$N_0 \rightarrow$ diagrama de esforços normais da estrutura (na verdade, do SH) no caso (0), isto é, quando é imposta a solicitação externa com todas as deslocabilidades mantidas nulas;

$N_j \rightarrow$ diagrama de esforços normais da estrutura (na verdade, do SH) no caso (j), isto é, quando é imposta uma configuração deformada no qual $D_j = 1$ e as demais deslocabilidades são nulas;

$Q_0 \rightarrow$ diagrama de esforços cortantes da estrutura (na verdade, do SH) no caso (0), isto é, quando é imposta a solicitação externa com todas as deslocabilidades mantidas nulas;

$Q_j \rightarrow$ diagrama de esforços cortantes da estrutura (na verdade, do SH) no caso (j), isto é, quando é imposta uma configuração deformada no qual $D_j = 1$ e as demais deslocabilidades são nulas;

$M_0 \rightarrow$ diagrama de momentos fletores da estrutura (na verdade, do SH) no caso (0), isto é, quando é imposta a solicitação externa com todas as deslocabilidades mantidas nulas;

$M_j \rightarrow$ diagrama de momentos fletores da estrutura (na verdade, do SH) no caso (j), isto é, quando é imposta uma configuração deformada no qual $D_j = 1$ e as demais deslocabilidades são nulas.

10.3. MATRIZ DE RIGIDEZ GLOBAL E VETOR DOS TERMOS DE CARGA

Pode-se reescrever o sistema de equações de equilíbrio do exemplo da seção anterior de forma matricial:

$$\begin{cases} \beta_{10} + K_{11}D_1 + K_{12}D_2 + K_{13}D_3 = 0 \\ \beta_{20} + K_{21}D_1 + K_{22}D_2 + K_{23}D_3 = 0 \\ \beta_{30} + K_{31}D_1 + K_{32}D_2 + K_{33}D_3 = 0 \end{cases} \Rightarrow \begin{Bmatrix} \beta_{10} \\ \beta_{20} \\ \beta_{30} \end{Bmatrix} + \begin{bmatrix} K_{11} & K_{12} & K_{13} \\ K_{21} & K_{22} & K_{23} \\ K_{31} & K_{32} & K_{33} \end{bmatrix} \begin{Bmatrix} D_1 \\ D_2 \\ D_3 \end{Bmatrix} = \begin{Bmatrix} 0 \\ 0 \\ 0 \end{Bmatrix}$$

No caso geral de uma estrutura com n deslocabilidades, pode-se escrever:

$$\{\beta_0\} + [K]\{D\} = \{0\} \tag{10.5}$$

em que:

$\{\beta_0\} \rightarrow$ vetor dos termos de carga;

$[K] \rightarrow$ matriz de rigidez global;

$\{D\} \rightarrow$ vetor das deslocabilidades.

O número de equações de equilíbrio na Equação matricial 10.5 é igual ao número de deslocabilidades, sendo cada equação dada pela Equação 10.1, que corresponde a uma deslocabilidade genérica D_i.

Observa-se que a matriz de rigidez global independe da solicitação externa (carregamento), que só é considerada no vetor dos termos de carga. A matriz $[K]$ é uma característica da estrutura apenas, já que só existe um possível sistema hipergeométrico para cada estrutura.

A exemplo do que foi feito na Seção 9.2 para uma barra isolada, duas observações podem ser feitas com respeito à matriz de rigidez global. A primeira é que, pelo teorema de Maxwell – versão para deslocamento unitário imposto, Equação 7.42 –, a matriz é simétrica, ou seja:

$$K_{ji} = K_{ij} \tag{10.6}$$

A segunda observação é que os coeficientes de rigidez que correspondem a uma dada configuração deformada elementar — casos (1), (2) e (3) da seção anterior — têm o mesmo índice j. Pode-se dizer, então:

- A j-ésima coluna da matriz de rigidez $[K]$ global da estrutura corresponde ao conjunto de forças generalizadas (forças e momentos) que atuam nas direções das deslocabilidades para equilibrá-la quando é imposta uma configuração deformada tal que $D_j = 1$ (deslocabilidade D_j com valor unitário e as demais deslocabilidades com valor nulo).

O método dos deslocamentos é assim chamado porque as incógnitas são deslocamentos (ou rotações). Também é chamado de método do equilíbrio (West & Geschwindner, 2009) porque as equações finais expressam condições de equilíbrio. E, ainda, é chamado de método da rigidez porque envolve coeficientes de rigidez em sua solução.

É interessante rever uma comparação que foi feita na Seção 4.2.3 entre o método das forças e o método dos deslocamentos no que diz respeito aos sistemas de equações resultantes dos dois métodos e aos coeficientes dessas equações.

Conforme discutido no Capítulo 8, as condições expressas pelo sistema de equações finais do método das forças são condições de compatibilidade. Essas condições são impostas nas direções dos vínculos eliminados para se chegar ao sistema principal (SP). Por outro lado, as equações finais do método dos deslocamentos expressam condições de equilíbrio, que são impostas nas direções das deslocabilidades, ou seja, nas direções dos vínculos introduzidos para se chegar ao sistema hipergeométrico (SH).

No método das forças, os hiperestáticos mantêm o equilíbrio e recompõem a compatibilidade, ao passo que, no método dos deslocamentos, as deslocabilidades mantêm a compatibilidade e recompõem o equilíbrio.

Os termos de carga no método das forças são deslocamentos ou rotações provocados pela solicitação externa atuando no SP, com hiperestáticos nulos. Já no método dos deslocamentos, os termos de carga são forças ou momentos necessários para equilibrar o SH, com deslocabilidades nulas, submetido à solicitação externa, isto é, no método dos deslocamentos, os termos de carga são reações de engastamento perfeito.

Finalmente, os coeficientes da matriz de flexibilidade do método das forças são deslocamentos ou rotações provocados por hiperestáticos com valores unitários atuando no SP. Os coeficientes da matriz de rigidez global do método dos deslocamentos são forças ou momentos necessários para equilibrar o SH submetido a deslocabilidades com valores unitários.

10.4. CONVENÇÕES DE SINAIS DO MÉTODO DOS DESLOCAMENTOS

As equações finais do método dos deslocamentos expressam o equilíbrio dos nós da estrutura nas direções das deslocabilidades. Por isso, é conveniente apresentar uma convenção de sinais para forças e momentos que facilite a definição de condições de equilíbrio. Isso acarreta uma nova convenção de sinais para esforços internos que atuam nas extremidades de uma barra de um quadro plano. A Tabela 10.1 resume a convenção de sinais adotada no método para quadros planos.

Tabela 10.1 Convenção de sinais adotada para quadros planos no método dos deslocamentos

	+	−
Deslocamentos horizontais	→	←
Deslocamentos verticais	↑	↓
Rotações	↺	↻
Forças horizontais	→	←
Forças verticais	↑	↓
Momentos	↺	↻
Esforços axiais em extremidades de barra	→—←	←—→
Esforços cortantes em extremidades de barra	↑—↓	↓—↑
Momentos fletores em extremidades de barra	↺—↻	↻—↺

Observa-se, na Tabela 10.1, que os deslocamentos e forças horizontais são positivos quando têm o sentido da esquerda para a direita e negativos quando têm o sentido contrário. Os deslocamentos e forças verticais são positivos quando têm o sentido de baixo para cima e negativos quando voltados para baixo. As rotações e os momentos são positivos quando têm sentido anti-horário e negativos quando têm sentido horário. A convenção de sinais para esforços internos atuando nas extremidades das barras é a mesma, porém se refere a direções no sistema de eixos locais da barra (direção axial e direção transversal ao eixo da barra). Deve-se salientar que essa convenção se refere a efeitos sobre as extremidades de uma barra isolada. Os efeitos das barras sobre os nós isolados são contrários (ação e reação), mas a convenção de sinais está associada aos efeitos sobre as barras.

A convenção de sinais para momentos fletores é explorada para descrever os diagramas de momentos fletores nos passos intermediários do método. Em vez de desenhar os diagramas de momentos fletores dos casos básicos do método dos deslocamentos, os momentos fletores serão indicados nas extremidades das barras segundo a convenção de sinais apresentada na Tabela 10.1. Deve-se observar que, conforme explicado na Seção 3.7.3.3, o traçado do diagrama de momentos fletores em uma barra da qual se conhecem os momentos fletores nas extremidades e o carregamento no interior da barra é um procedimento simples: "pendura-se", a partir da linha reta que une os momentos nas extremidades da barra, o diagrama de momentos fletores devido ao carregamento em uma viga biapoiada de mesmo comprimento.

Uma das utilidades da convenção de sinais adotada é condensar informações sobre os esforços internos que atuam em uma barra. Por exemplo, considere a viga biengastada mostrada na Figura 10.9.

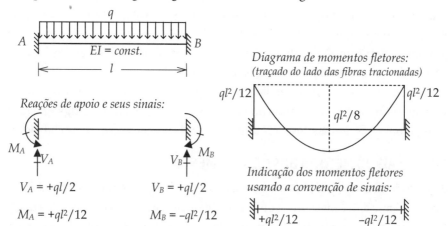

Figura 10.9 Indicação de momentos fletores em uma viga biengastada utilizando a convenção de sinais do método dos deslocamentos.

A Figura 10.9 indica valores de reações de apoio com seus sentidos físicos e com os sinais da convenção adotada. O diagrama de momentos fletores para essa viga biengastada é mostrado em sua forma usual, isto é, desenhado do lado da fibra da seção transversal que é tracionada. Também é mostrado como se indicam os momentos fletores nas extremidades usando a convenção de sinais do método. Observa-se que os momentos fletores nas extremidades da barra têm o mesmo sinal das reações momento.

Conforme já mencionado, soluções fundamentais de barras biengastadas isoladas e carregadas são necessárias para a utilização do método dos deslocamentos. Isso ocorre porque o caso (0) da superposição de casos básicos do método corresponde a uma situação de engastamento perfeito (Seção 10.2). As reações de apoio de barras prismáticas biengastadas e, por conseguinte, os esforços internos em suas extremidades são tabelados para diversos tipos de solicitações externas, como indicado na Seção 9.3.

Outro exemplo de utilização da convenção de sinais adotada é mostrado na Figura 10.10. A figura mostra soluções fundamentais para rotações impostas às seções transversais extremas de uma barra isolada. Conforme visto na Seção 9.2, essas soluções resultam em coeficientes de rigidez de barra (ou locais), que são necessários dentro da metodologia do método dos deslocamentos.

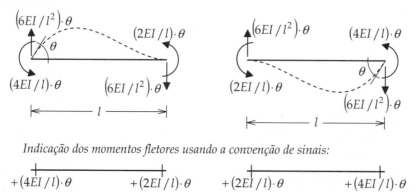

Figura 10.10 Indicação de momentos fletores resultantes da imposição de rotações nas extremidades de uma barra isolada utilizando a convenção de sinais do método dos deslocamentos.

Na próxima seção, será apresentado o exemplo de uma viga contínua que tem por objetivo utilizar a convenção de sinais na solução pelo método dos deslocamentos. Alguns conceitos importantes do método serão salientados nessa solução.

10.5. EXEMPLO DE SOLUÇÃO DE UMA VIGA CONTÍNUA

Considere a viga contínua mostrada na Figura 10.11. O valor da rigidez à flexão da viga é $EI = 1.2 \times 10^4$ kNm². O valor da força uniformemente distribuída atuante é $q = 12$ kN/m.

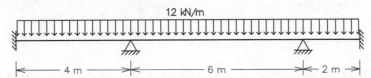

Figura 10.11 Viga contínua para exemplo de solução pelo método dos deslocamentos.

As únicas deslocabilidades da estrutura da Figura 10.11 são as rotações D_1 e D_2 dos nós dos apoios internos. Isso é indicado na Figura 10.12 com o correspondente sistema hipergeométrico (SH).

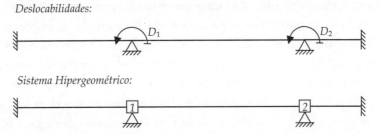

Figura 10.12 Deslocabilidades e sistema hipergeométrico da estrutura da Figura 10.11.

Uma vez identificadas as deslocabilidades e o SH, a metodologia do método dos deslocamentos segue com a superposição de casos básicos, cada um isolando determinado efeito no SH, como definido na Seção 10.2. Isso será mostrado a seguir.

Caso (0) — Solicitação externa (carregamento) isolada no SH

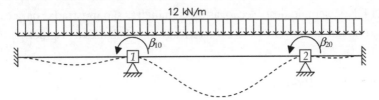

Figura 10.13 Configuração deformada (exagerada) do caso (0) da estrutura da Figura 10.11.

Nesse caso, é imposta uma configuração deformada, indicada na Figura 10.13 de forma ampliada, na qual as rotações dos nós dos apoios internos são mantidas nulas enquanto atua o carregamento. Para que o SH fique em equilíbrio com essa condição imposta, aparecem reações momento nas chapas fictícias do SH. Essas reações nos apoios fictícios do SH são chamadas de termos de carga, conforme visto anteriormente. Os termos de carga β_{10} e β_{20} são apresentados genericamente na Figura 10.13 com seus sentidos positivos. A interpretação física desses termos pode ser entendida com auxílio do diagrama de momentos fletores para o caso (0), mostrado na Figura 10.14.

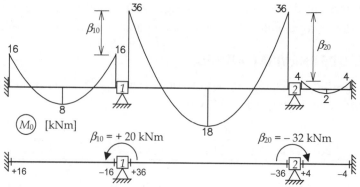

Figura 10.14 Diagrama de momentos fletores do caso 0 da estrutura da Figura 10.11.

Os momentos fletores para o caso (0) são determinados a partir da solução conhecida para uma viga biengastada com carregamento uniformemente distribuído, conforme mostrado anteriormente. Os momentos de engastamento perfeito nas extremidades de uma barra têm valores em módulo igual a $ql^2/12$, sendo l o comprimento da barra. Os momentos fletores são mostrados na Figura 10.14 de duas maneiras. Na primeira, o diagrama é traçado na convenção usual, isto é, do lado da fibra da seção transversal que é tracionada. Na segunda, os valores dos momentos fletores são indicados nas extremidades das barras de acordo com a convenção de sinais adotada no método dos deslocamentos. Observam-se, no diagrama traçado, as descontinuidades do diagrama de momentos fletores, indicando condições de equilíbrio da estrutura original (sem as chapas fictícias) que são violadas. Entretanto, o equilíbrio do SH é satisfeito com a introdução dos termos de carga β_{10} e β_{20}. A interpretação física desses termos fica clara na Figura 10.14.

Nota-se, também, a simplicidade para a obtenção dos valores dos termos de carga. Como o sentido das reações momentos é compatível com o sentido dos momentos fletores que atuam nas extremidades das barras, para obter os valores dos termos de carga basta somar os valores, com sinal, dos momentos fletores nas seções transversais adjacentes ao nó do termo de carga. Dessa forma:

$$\beta_{10} = -q4^2/12 + q6^2/12 = -16 + 36 = +20 \text{ kNm}$$
$$\beta_{20} = -q6^2/12 + q2^2/12 = -36 + 4 = -32 \text{ kNm}$$

Como dito anteriormente, em vez de desenhar os diagramas de momentos fletores dos casos básicos do método dos deslocamentos, os momentos fletores são indicados nas extremidades das barras de acordo com a segunda maneira apresentada na Figura 10.14. No exemplo desta seção, as duas maneiras são mostradas para caracterizar bem o sentido físico dos termos de carga. Isso também é feito para caracterizar os coeficientes de rigidez globais nos dois outros casos básicos desse exemplo.

Caso (1) — Deslocabilidade D_1 isolada no SH

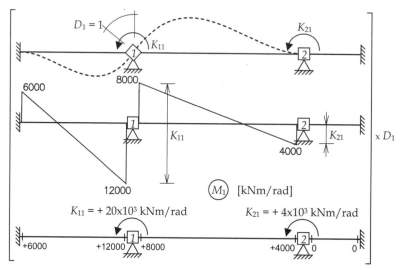

Figura 10.15 Configuração deformada e diagrama de momentos fletores do caso 1 da estrutura da Figura 10.11.

No caso (1), é imposta uma configuração deformada na qual a rotação D_1 é unitária, colocando seu valor a ser determinado em evidência, como mostrado na Figura 10.15. A figura também mostra o diagrama de momentos fletores M_1, que corresponde ao valor unitário de D_1. Os valores dos momentos fletores são obtidos dos coeficientes de rigidez de barra ($4EI/l$ e $2EI/l$) provocados por rotações impostas em suas extremidades, como indicado na Figura 10.10 (com $\theta = 1$). Os momentos fletores são mostrados na forma de um diagrama (traçado do lado da fibra tracionada) e com valores nas extremidades das barras.

Deve-se observar que a barra da direita na Figura 10.15 não sofre deformações no caso (1) e, portanto, tem momentos fletores nulos. Também estão indicadas na figura as interpretações físicas dos coeficientes de rigidez globais K_{11} e K_{21}: correspondem às descontinuidades no diagrama de momentos fletores. Em outras palavras, esses coeficientes são os momentos necessários para manter em equilíbrio o SH quando é imposta uma configuração deformada na qual $D_1 = 1$, isoladamente. É evidente que outros momentos e forças são necessários para manter o SH em equilíbrio nessa configuração deformada, mas eles são reações nos apoios reais da estrutura. Os coeficientes de rigidez globais (nesse exemplo) são os momentos que aparecem nos apoios fictícios do SH.

Os valores de K_{11} e K_{21} são obtidos pelas somas dos momentos fletores (com sinal) nas seções transversais adjacentes ao nó correspondente:

$$K_{11} = + 4EI/4 + 4EI/6 = + 12000 + 8000 = + 20000 \text{ kNm/rad}$$
$$K_{21} = + 2EI/6 = + 4000 \text{ kNm/rad}$$

A soma dos coeficientes de rigidez (locais) de barra ($4EI/4$ e $4EI/6$) para a obtenção do coeficiente de rigidez global K_{11} pode ser entendida de outra maneira: *o "esforço" (K_{11}) necessário para girar a estrutura de $D_1 = 1$ é a soma dos "esforços" (os coeficientes de rigidez das barras) necessários para girar cada barra em separado*. Essa soma de contribuições de coeficientes de rigidez de barra para compor um coeficiente de rigidez global da estrutura é uma das características mais importantes do método dos deslocamentos. Essa característica proporciona a concepção de algoritmos simples para a implementação computacional do método.

Caso (2) — Deslocabilidade D_2 isolada no SH

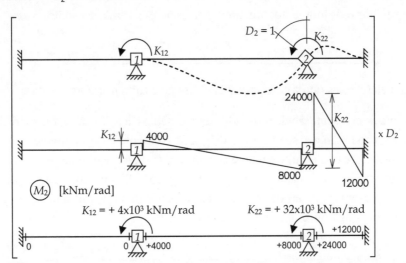

Figura 10.16 Configuração deformada e diagrama de momentos fletores do caso 2 da estrutura da Figura 10.11.

O caso (2) mostrado na Figura 10.16 é inteiramente análogo ao caso (1). Os valores dos coeficientes de rigidez globais obtidos nesse caso são:

$$K_{12} = + 2EI/6 = + 4000 \text{ kNm/rad}$$
$$K_{22} = + 4EI/6 + 4EI/2 = + 8000 + 24000 = + 32000 \text{ kNm/rad}$$

Equações de equilíbrio

Para resolver a estrutura pelo método dos deslocamentos, como visto na Seção 10.2, são impostas condições de equilíbrio que determinam que os momentos externos totais introduzidos pelas chapas fictícias do SH sejam nulos.

Utilizando a superposição dos casos básicos, essas condições de equilíbrio resultam no seguinte sistema de equações de equilíbrio, cuja solução para os valores das deslocabilidades está indicada:

$$\begin{cases} \beta_{10} + K_{11}D_1 + K_{12}D_2 = 0 \\ \beta_{20} + K_{21}D_1 + K_{22}D_2 = 0 \end{cases} \Rightarrow \begin{Bmatrix} +20 \\ -32 \end{Bmatrix} + 10^3 \begin{bmatrix} +20 & +4 \\ +4 & +32 \end{bmatrix} \begin{Bmatrix} D_1 \\ D_2 \end{Bmatrix} = \begin{Bmatrix} 0 \\ 0 \end{Bmatrix} \Rightarrow \begin{cases} D_1 = -1{,}23 \times 10^{-3} \text{ rad} \\ D_2 = +1{,}15 \times 10^{-3} \text{ rad} \end{cases}$$

O valor negativo de D_1 indica que a rotação da seção transversal do apoio interno da esquerda se dá no sentido horário, e o valor positivo de D_2 indica que a rotação na seção transversal do outro nó interno apresenta sentido anti-horário. Esses sentidos de rotação são compatíveis com a configuração deformada da estrutura, para esse carregamento, que é mostrada (ampliada exageradamente) na Figura 10.17.

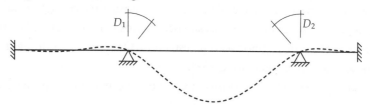

Figura 10.17 Configuração deformada da estrutura da Figura 10.11.

Determinação do diagrama de momentos fletores finais

Após a determinação dos valores das deslocabilidades, resta a determinação dos efeitos finais na estrutura. Isso é feito utilizando a superposição de casos básicos, e os efeitos dos casos (1) e (2) são ponderados com os valores encontrados para D_1 e D_2. Por exemplo, os momentos fletores finais são obtidos por:

$$M = M_0 + M_1 \cdot D_1 + M_2 \cdot D_2 \Rightarrow M = M_0 - 1{,}23 \times 10^{-3} \cdot M_1 + 1{,}15 \times 10^{-3} \cdot M_2$$

Essa superposição é feita individualmente para todas as seções transversais extremas das barras, honrando o sinal da convenção do método que aparece nos diagramas dos casos básicos. O resultado é mostrado na Figura 10.18. Pode-se observar que a soma dos momentos fletores finais, com sinais, das duas seções transversais adjacentes a cada nó interno é nula, indicando que o equilíbrio de momentos atuantes sobre o nó está sendo satisfeito.

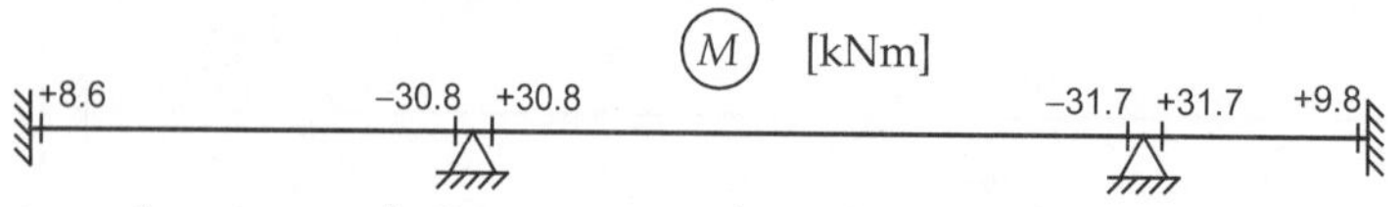

Figura 10.18 Momentos fletores da estrutura da Figura 10.11 utilizando a convenção de sinais do método dos deslocamentos.

Entretanto, essa forma de apresentação de resultados de momentos fletores não é adequada. É preciso traçar o diagrama de momentos fletores ao longo da estrutura, e o diagrama é desenhado usualmente do lado da fibra tracionada das seções transversais. Portanto, é preciso interpretar a convenção de sinais de momentos fletores verificando o sentido dos momentos nas duas extremidades de cada barra. Isso é mostrado na Figura 10.19, que indica os sentidos dos momentos fletores que atuam nas extremidades das barras e sobre os nós da viga contínua. Essa figura também mostra o traçado do diagrama de momentos fletores finais da estrutura.

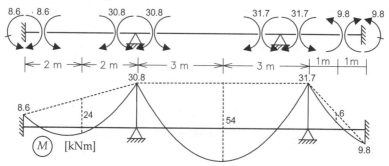

Figura 10.19 Momentos fletores da estrutura da Figura 10.11 desenhados do lado da fibra das seções transversais.

Observe que os efeitos de momentos atuantes sobre os nós são sempre contrários aos efeitos sobre as barras (ação e reação). Conforme já mencionado, os sinais dos momentos fletores na convenção do método dos deslocamentos se referem aos efeitos que atuam sobre as extremidades das barras. Note, também, que as reações momento têm sempre o mesmo sentido dos momentos fletores que atuam nas barras.

A partir da solução do exemplo desta seção, pode-se fazer alguns comentários. Em todas as etapas do método dos deslocamentos, os esforços nas barras e as reações de apoio são sempre determinados com base em configurações deformadas conhecidas. É sempre assim: *conhece-se a configuração deformada e daí se tiram os esforços e reações*. Este é certamente um raciocínio característico do método, bem diferente da forma como se resolvem estruturas isostáticas por equilíbrio ou estruturas hiperestáticas pelo método das forças. Apesar de essa metodologia não ser intuitiva para quem começa a aprender o método dos deslocamentos, a solução de cada caso básico é bem simples, pois as deformações impostas são sempre configurações muito simples: ou são a solução de engastamento perfeito do caso (0) ou é imposta apenas uma deslocabilidade isolada nos outros casos. Os esforços e reações em cada caso básico são obtidos de soluções tabeladas. Essa metodologia simples também permite algoritmos de fácil implementação computacional.

10.6. EXEMPLOS DE SOLUÇÃO DE PÓRTICOS SIMPLES

Na seção anterior, foi observado que os coeficientes de rigidez globais, que compõem o sistema de equações de equilíbrio do método dos deslocamentos, são formados pela contribuição de coeficientes de rigidez de barras individualmente. No exemplo da seção anterior, como só havia deslocabilidades do tipo rotação, só se levaram em conta coeficientes de rigidez à rotação. Nesta seção, a utilização dos coeficientes de rigidez de barra será generalizada com a consideração adicional de coeficientes de rigidez axial e transversal.

Como visto na Seção 9.2, o objetivo dos coeficientes de rigidez de barra é tabelar soluções fundamentais para os esforços que devem atuar em uma barra isolada devidos a deslocamentos ou rotações impostos isoladamente em uma extremidade da barra. Esses coeficientes também são chamados de *coeficientes de rigidez locais*.

Três exemplos serão apresentados nesta seção com o objetivo de mostrar a metodologia do método dos deslocamentos, principalmente no que se refere ao cálculo dos coeficientes de rigidez globais em função dos coeficientes de rigidez locais das barras. Nos dois primeiros exemplos, as barras são horizontais ou verticais. Isso faz com que os coeficientes de rigidez locais, nas direções locais, sejam horizontais ou verticais, podendo ser somados diretamente para compor os coeficientes de rigidez globais. O terceiro exemplo mostra que é necessário projetar os coeficientes de rigidez locais de uma barra inclinada para fazer essa composição.

10.6.1. Pórtico com três deslocabilidades

Considere o pórtico mostrado na Figura 10.20 (Süssekind, 1977-3), com uma força horizontal e uma força vertical aplicadas no nó interno. As duas barras têm o mesmo material com módulo de elasticidade E e a mesma seção transversal, cuja relação entre a área A e o momento de inércia I é dada por $A/I = 2$ m^{-2}. O objetivo do exemplo é a determinação do diagrama de momentos fletores. Na Figura 10.21 estão indicadas as deslocabilidades da estrutura e o correspondente sistema hipergeométrico (SH).

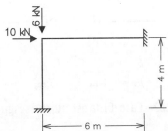

Figura 10.20 Exemplo de solução de pórtico com três deslocabilidades (Süssekind, 1977-3).

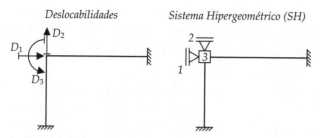

Figura 10.21 Deslocabilidades e sistema hipergeométrico da estrutura da Figura 10.20.

A solução pelo método dos deslocamentos apresentada neste capítulo utiliza uma superposição de casos básicos que usam como estrutura auxiliar o SH. Isso será mostrado a seguir para o presente exemplo.

Os termos de carga β_{10}, β_{20} e β_{30} do caso (0) são indicados na Figura 10.22 com seus sentidos positivos. O sentido real é dado pelo sinal do termo. Se for negativo, isso indica que o sentido é contrário ao desenhado. Nesse caso, como as cargas são aplicadas diretamente sobre o nó onde foram colocados os apoios fictícios do SH, os termos de carga são obtidos diretamente pelo equilíbrio do nó, resultando nos valores indicados. Como não existem cargas aplicadas no interior das barras, estas não apresentam deformações. Como não existem deformações nas barras, não existem esforços internos. Por isso, os momentos fletores M_0 no caso (0) são nulos, conforme indicado na Figura 10.22.

O caso (1) está indicado na Figura 10.23. Observa-se, nessa figura, como os coeficientes de rigidez locais das barras contribuem para os coeficientes de rigidez globais da estrutura. Por exemplo, a força K_{11}, que deve atuar na direção global de D_1 para dar uma configuração deformada na qual $D_1 = 1$, é obtida pela soma do coeficiente de rigidez axial $EA/6$ da barra horizontal com o coeficiente de rigidez transversal $12EI/4^3$ da barra vertical. Vê-se, também, que em nenhuma das duas barras aparecem forças verticais no nó deslocado para dar a configuração deformada imposta. Assim, não há contribuição para o coeficiente de rigidez global K_{21}, o que resulta em um valor nulo. De forma análoga, o coeficiente de rigidez global K_{31} recebe uma contribuição nula da barra horizontal, pois esta sofre apenas uma deformação axial e uma contribuição do momento $6EI/4^2$ vindo da barra vertical.

Na Figura 10.23, também estão indicados os valores dos momentos fletores M_1 (para $D_1 = 1$) nas extremidades das barras seguindo a convenção de sinais apresentada na Seção 10.4. Nesse caso, somente a barra vertical apresenta momentos fletores.

Nos casos seguintes, os coeficientes de rigidez globais são calculados de maneira análoga, sendo todos indicados nas Figuras 10.24 e 10.25. Também estão indicados nas figuras os momentos fletores M_2 e M_3 (para D_2 e D_3 com valores unitários) nas extremidades das barras, seguindo a convenção de sinais do método.

Caso (0) — Solicitação externa (carregamento) isolada no SH

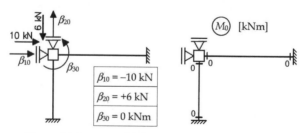

Figura 10.22 Caso (0) da estrutura da Figura 10.20.

Caso (1) — Deslocabilidade D_1 isolada no SH

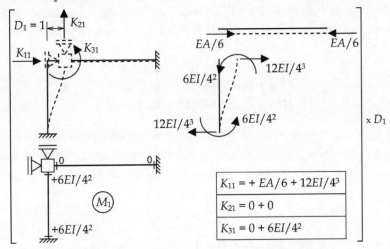

Figura 10.23 Caso (1) da estrutura da Figura 10.20.

Caso (2) — Deslocabilidade D_2 isolada no SH

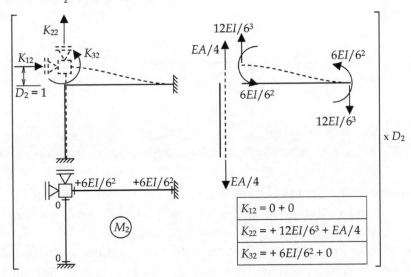

Figura 10.24 Caso (2) da estrutura da Figura 10.20.

Caso (3) — Deslocabilidade D_3 isolada no SH

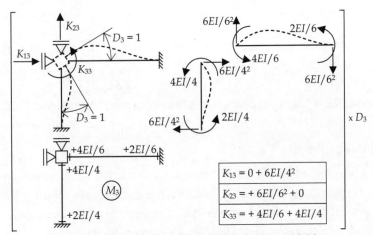

Figura 10.25 Caso (3) da estrutura da Figura 10.20.

Equações de equilíbrio

Conforme visto anteriormente (Seções 10.2 e 10.5), a solução pelo método dos deslocamentos recai em equações de equilíbrio que impõem reações finais nulas nos apoios fictícios do SH. Para o exemplo desta seção, essas equações são:

$$\begin{cases} \beta_{10} + K_{11}D_1 + K_{12}D_2 + K_{13}D_3 = 0 \\ \beta_{20} + K_{21}D_1 + K_{22}D_2 + K_{23}D_3 = 0 \\ \beta_{30} + K_{31}D_1 + K_{32}D_2 + K_{33}D_3 = 0 \end{cases}$$

Utilizando a relação fornecida entre o valor da área e do momento inércia da seção transversal das barras ($A/I = 2$ m^{-2}), pode-se colocar os coeficientes de rigidez globais em função do parâmetro de rigidez à flexão EI. Isso resulta no seguinte sistema de equações, cuja solução também é indicada em função de EI:

$$\begin{Bmatrix} -10 \\ 6 \\ 0 \end{Bmatrix} + EI \begin{bmatrix} 25/48 & 0 & 3/8 \\ 0 & 5/9 & 1/6 \\ 3/8 & 1/6 & 5/3 \end{bmatrix} \begin{Bmatrix} D_1 \\ D_2 \\ D_3 \end{Bmatrix} = \begin{Bmatrix} 0 \\ 0 \\ 0 \end{Bmatrix} \Rightarrow \begin{cases} D_1 = +22.085/EI \\ D_2 = -9.595/EI \\ D_3 = -4.010/EI \end{cases}$$

A configuração deformada final da estrutura é mostrada na Figura 10.26. Observa-se que os sinais dos deslocamentos e da rotação são consistentes: D_1 é positivo (da esquerda para a direita), D_2 é negativo (de cima para baixo) e D_3 é negativo (sentido horário).

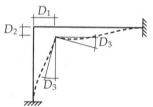

Figura 10.26 Configuração deformada (com ampliação exagerada) da estrutura da Figura 10.20.

Determinação do diagrama de momentos fletores finais

Os momentos fletores finais na estrutura são obtidos pela superposição de efeitos dos casos básicos, e M_0 é nulo:

$$M = M_0 + M_1 \cdot D_1 + M_2 \cdot D_2 + M_3 \cdot D_3$$

Isso resulta nos valores, com sinais, dos momentos fletores nas extremidades das barras indicados à esquerda na Figura 10.27. Esses sinais são interpretados segundo a convenção do método, resultando nos sentidos indicados no meio da figura. Finalmente, o diagrama de momentos fletores é desenhado do lado da fibra tracionada, conforme indicado à direita na Figura 10.27.

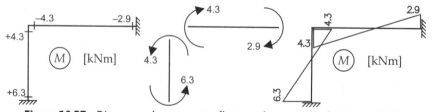

Figura 10.27 Diagrama de momentos fletores da estrutura da Figura 10.20.

10.6.2. Pórtico com articulação interna

Esta seção mostra a solução pelo método dos deslocamentos de um pórtico simples com seis deslocabilidades e uma articulação (rótula) interna, como mostrado na Figura 10.28. As três barras têm a mesma seção transversal, com área A e momento de inércia I, e material com módulo de elasticidade E. A relação entre A e I é dada por $A/I = 2$ m^{-2}. A Figura 10.29 mostra as deslocabilidades e o correspondente sistema hipergeométrico.

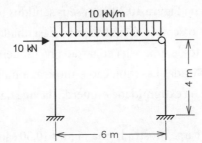

Figura 10.28 Exemplo de solução de pórtico com articulação interna.

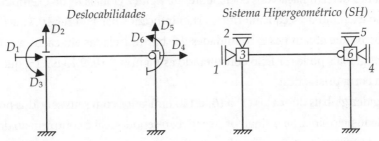

Figura 10.29 Deslocabilidades e sistema hipergeométrico da estrutura da Figura 10.28.

Assim como no exemplo da seção anterior, o objetivo principal do presente exemplo é mostrar a determinação dos coeficientes de rigidez globais em função dos coeficientes de rigidez locais das barras. Essa determinação é simples, pois as barras da estrutura são perpendiculares entre si. Quando existem barras inclinadas, é preciso converter coeficientes de rigidez locais das direções locais para as direções globais. Isso ocorre porque os coeficientes de rigidez globais são formados por somas de contribuições dos coeficientes de rigidez locais das diversas barras. Para poderem ser somados, os coeficientes locais devem ter as mesmas direções (horizontais ou verticais). A próxima seção apresentará um exemplo com barra inclinada, na qual será mostrado como se faz essa conversão.

Observe, nas Figuras 10.28 e 10.29, que a articulação do nó superior direito é considerada na extremidade direita da barra horizontal (viga). A outra possibilidade para considerar a rótula seria na extremidade superior da barra vertical (coluna) da direita. Ainda haveria outra possibilidade: considerar as duas barras articuladas no nó. Isso geraria, como será mostrado no próximo capítulo, uma indeterminação do sistema de equações finais de equilíbrio quanto ao valor da rotação D_6. Na verdade, isso resulta em um "macete" de cálculo em que essa rotação não é considerada deslocabilidade. Essa discussão será deixada para o próximo capítulo.

A superposição de casos básicos utilizando como estrutura auxiliar o SH é mostrada a seguir. Em cada caso básico, são mostradas as configurações deformadas impostas e indicados os correspondentes momentos fletores nas extremidades das barras seguindo a convenção de sinais apresentada na Seção 10.4.

Caso (0) — Solicitação externa (carregamento) isolada no SH

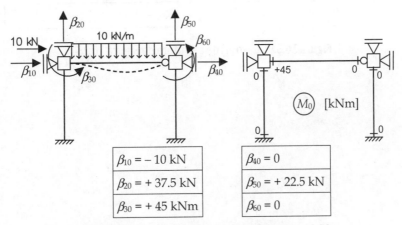

Figura 10.30 Caso (0) da estrutura da Figura 10.28.

Os termos de carga β_{i0} são indicados na Figura 10.30 com seus sentidos positivos. O sentido real é dado pelo sinal do termo. Se for negativo, isso indica que o sentido é contrário ao desenhado. Para o caso (0), é necessária a solução prévia das reações de engastamento perfeito de uma viga engastada na esquerda e articulada na direita para uma força transversal uniformemente distribuída aplicada. Essa solução é mostrada na Seção 9.3.3 (Figura 9.27 reproduzida no Apêndice). O momento fletor que aparece na extremidade esquerda da viga da estrutura é igual a $+10.6^2/8 = +45$ kNm, como indicado na Figura 10.30.

Os valores, com sinal, dos termos de carga mostrados na Figura 10.30 são obtidos com base nas cargas aplicadas e na solução de engastamento perfeito para a viga com uma rótula na extremidade direita (Figura 9.27).

Os procedimentos para a determinação dos coeficientes de rigidez globais K_{ij} do exemplo desta seção são análogos aos que foram feitos para o exemplo da seção anterior e estão indicados nas Figuras 10.31 a 10.36. Entretanto, essas figuras não indicam os esforços que atuam nas extremidades das barras isoladas em cada caso básico. O raciocínio para a obtenção dos coeficientes globais pode ser feito consultando as Figuras 9.10, 9.13 e 9.15, que mostram os coeficientes de rigidez locais para uma barra prismática.

Os coeficientes de rigidez globais dos casos (1) a (6) estão indicados com seus sentidos positivos nas Figuras 10.31 a 10.36. O sentido real é dado pelo sinal. Se o sinal for negativo, o sentido real é contrário ao desenhado. Os valores dos coeficientes dos casos (1) a (6) também estão indicados nas figuras correspondentes em função dos parâmetros de rigidez axial EA e de rigidez à flexão EI.

É interessante observar a influência da articulação da barra horizontal na determinação dos coeficientes de rigidez da estrutura. Por exemplo, em virtude dessa articulação, nos casos básicos (2), (3) e (5) (Figuras 10.32, 10.33 e 10.35), os coeficientes K_{62}, K_{63} e K_{65} são nulos, apesar de a barra horizontal estar sendo mobilizada à flexão. Note, também, que a barra horizontal não é mobilizada à flexão no caso (6) (Figura 10.36).

Caso (1) — Deslocabilidade D_1 isolada no SH

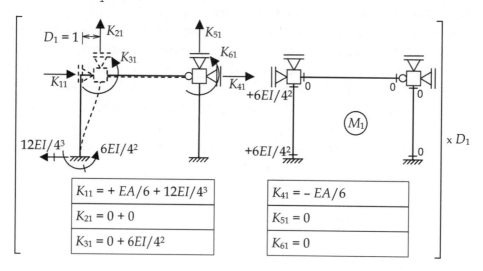

Figura 10.31 Caso (1) da estrutura da Figura 10.28.

Caso (2) — Deslocabilidade D_2 isolada no SH

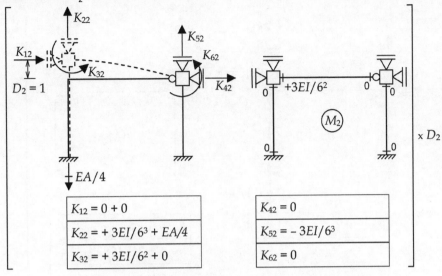

Figura 10.32 Caso (2) da estrutura da Figura 10.28.

Caso (3) — Deslocabilidade D_3 isolada no SH

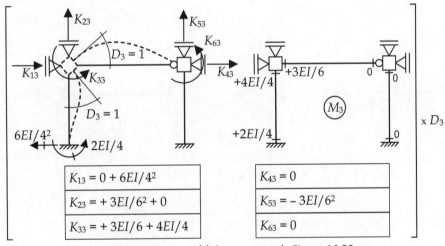

Figura 10.33 Caso (3) da estrutura da Figura 10.28.

Caso (4) — Deslocabilidade D_4 isolada no SH

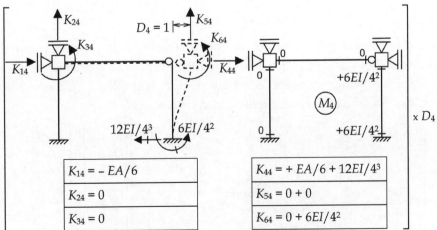

Figura 10.34 Caso (4) da estrutura da Figura 10.28.

Caso (5) — Deslocabilidade D_5 isolada no SH

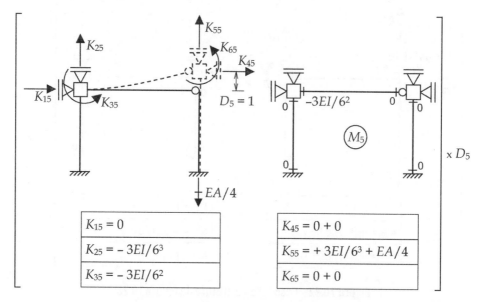

Figura 10.35   Caso (5) da estrutura da Figura 10.28.

Caso (6) — Deslocabilidade D_6 isolada no SH

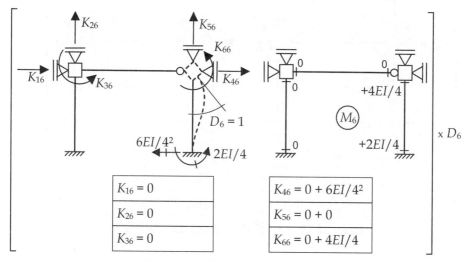

Figura 10.36   Caso (6) da estrutura da Figura 10.28.

Equações de equilíbrio

O sistema de equações de equilíbrio do método dos deslocamentos, Equação 10.5, para o exemplo desta seção contém seis condições de equilíbrio, uma para cada deslocabilidade. Utilizando a relação fornecida, $A/I = 2$ m^{-2}, pode-se colocar os coeficientes de rigidez globais em função do parâmetro de rigidez à flexão EI. Isso resulta no sistema de equações mostrado em seguida, cuja solução também é indicada em função de EI:

$$\begin{Bmatrix} -10.0 \\ +37.5 \\ +45.0 \\ 0 \\ +22.5 \\ 0 \end{Bmatrix} + EI \begin{bmatrix} +25/48 & 0 & +3/8 & -1/3 & 0 & 0 \\ 0 & +37/72 & +1/12 & 0 & -1/72 & 0 \\ +3/8 & +1/12 & +3/2 & 0 & -1/12 & 0 \\ -1/3 & 0 & 0 & +25/48 & 0 & +3/8 \\ 0 & -1/72 & -1/12 & 0 & +37/72 & 0 \\ 0 & 0 & 0 & +3/8 & 0 & 1 \end{bmatrix} \begin{Bmatrix} D_1 \\ D_2 \\ D_3 \\ D_4 \\ D_5 \\ D_6 \end{Bmatrix} = \begin{Bmatrix} 0 \\ 0 \\ 0 \\ 0 \\ 0 \\ 0 \end{Bmatrix} \Rightarrow \begin{Bmatrix} D_1 = +156.55/EI \\ D_2 = -63.35/EI \\ D_3 = -68.75/EI \\ D_4 = +137.25/EI \\ D_5 = -56.65/EI \\ D_6 = -51.45/EI \end{Bmatrix}$$

Determinação do diagrama de momentos fletores finais

A configuração deformada final da estrutura e o diagrama de momentos fletores, obtido pela superposição dos diagramas dos casos básicos dada pela Equação 10.4, estão indicados na Figura 10.37.

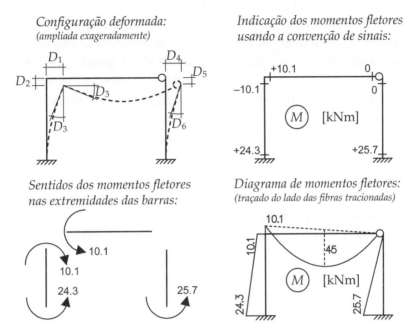

Figura 10.37 Configuração deformada e diagrama de momentos fletores da estrutura da Figura 10.28.

Observa-se, pela solução do exemplo desta seção, que o método dos deslocamentos tem uma metodologia com procedimentos simples e padronizados. Entretanto, nesse exemplo e no anterior, só foram consideradas barras horizontais e verticais. A próxima seção mostra a solução de uma estrutura com barra inclinada.

10.6.3. Pórtico com barra inclinada

Nos exemplos apresentados nas Seções 10.5, 10.6.1 e 10.6.2, as barras são horizontais ou verticais. Isso faz com que os coeficientes de rigidez locais, nas direções locais, sejam horizontais ou verticais, podendo ser somados diretamente para determinar os coeficientes de rigidez globais da estrutura. Esta seção mostra os procedimentos necessários para considerar uma barra inclinada.

O mesmo exemplo mostrado na Seção 10.2 (Figura 10.3) é revisitado nesta seção para mostrar os cálculos dos coeficientes de rigidez globais quando uma das barras é inclinada. O caso básico (0) desse exemplo, mostrado na Figura 10.5, não sofre a influência da barra inclinada, visto que somente a barra horizontal tem carregamento.

O cálculo dos coeficientes de rigidez globais dos casos básicos (1), (2) e (3) é explicado nas Figuras 10.38, 10.39 e 10.40. Esse cálculo continua sendo feito somando-se os valores dos coeficientes de rigidez locais das barras que são mobilizadas na configuração deformada imposta em cada caso. Entretanto, para uma barra inclinada, a imposição de uma deslocabilidade na direção horizontal ou vertical acarreta deformações axiais e transversais combinadas. Por outro lado, esforços axiais e transversais na barra inclinada devem ser projetados para as direções horizontal e vertical para compor um coeficiente de rigidez global.

O caso básico (1) da solução da estrutura da Figura 10.3 está detalhado na Figura 10.38. Observa-se, nessa figura, que o deslocamento horizontal $D_1 = 1$ imposto, quando projetado nas direções dos eixos locais da barra inclinada, tem uma componente axial igual a $\cos\theta$ e uma componente transversal igual a $\sin\theta$, sendo θ o ângulo que a barra inclinada faz com o eixo horizontal da estrutura. Dessa forma, a barra inclinada é mobilizada tanto axial quanto transversalmente.

Com base nas componentes axial e transversal do deslocamento imposto, é possível determinar as forças e os momentos que devem atuar nas extremidades da barra inclinada para que ela alcance o equilíbrio na configuração deformada imposta. Os valores das forças e dos momentos são obtidos em função dos coeficientes de rigidez locais da barra e estão indicados na Figura 10.38 nas direções de seus eixos locais (com seus sentidos físicos reais).

Para determinar os coeficientes K_{11} e K_{21}, é necessário projetar as forças axial e transversal que atuam no topo da barra inclinada nas direções horizontal e vertical desses coeficientes. O coeficiente de rigidez K_{11} é obtido pela soma das projeções horizontais das forças axial e transversal com a força axial que atua na barra horizontal. O coeficiente de rigidez K_{21} é obtido pela soma das projeções verticais das forças axial e transversal no topo da barra inclinada, sendo que não há uma contribuição da barra horizontal para esse coeficiente. Finalmente, o coeficiente de rigidez K_{31} é determinado pelo momento que atua na extremidade superior da barra inclinada, pois não existe momento na extremidade da barra horizontal. Os valores desses coeficientes são mostrados na Figura 10.38 em função dos parâmetros de rigidez axial EA e de rigidez à flexão EI. Os valores numéricos dos coeficientes, indicados na Figura 10.6, são calculados considerando o módulo de elasticidade do material $E = 1.2\times10^7$ kN/m², a área $A = 1.2\times10^{-2}$ m² e o momento de inércia $I = 1.2\times10^{-3}$ m⁴ da seção transversal das barras.

A Figura 10.39 mostra o caso básico (2) da solução dessa estrutura. As projeções nas direções dos eixos locais da barra inclinada do deslocamento vertical $D_2 = 1$ resultam em uma componente axial igual a $\text{sen}\,\theta$ e em uma componente transversal igual a $\cos\theta$.

Utilizando os coeficientes de rigidez locais da barra inclinada, determinam-se as forças e os momentos que atuam em suas extremidades para essa configuração deformada imposta.

O coeficiente de rigidez global K_{12} é obtido pela soma das projeções horizontais das forças axial e transversal no topo da barra inclinada, contudo a barra horizontal não contribui para esse coeficiente (não foi mobilizada axialmente). O coeficiente de rigidez global K_{22} é calculado pela soma das projeções verticais das forças axial e transversal da barra inclinada com a força transversal da barra horizontal. O coeficiente de rigidez global K_{32} é obtido pela soma (com sinal) dos momentos que atuam nas duas barras nas extremidades que se tocam. Os valores finais desses três coeficientes estão indicados na Figura 10.7.

O caso básico (3) do exemplo da barra inclinada é mais simples, pois a rotação $D_3 = 1$ imposta provoca apenas configurações deformadas elementares (não compostas) nas duas barras. Para obter os coeficientes de rigidez globais desse caso, basta projetar a contribuição da barra inclinada nas direções dos eixos globais e somá-la com a contribuição da barra horizontal. Isso é mostrado na Figura 10.40. Os valores finais desses coeficientes são indicados na Figura 10.8.

O sistema de equações de equilíbrio do método dos deslocamentos para o exemplo da barra inclinada já foi mostrado na Seção 10.2, assim como sua solução. Com base nos valores obtidos para as deslocabilidades D_1, D_2 e D_3, é possível determinar o diagrama de momentos fletores finais da estrutura, o que é feito pela superposição dos diagramas dos casos básicos indicada na Figura 10.41.

Caso (1) — Deslocabilidade D_1 isolada no SH

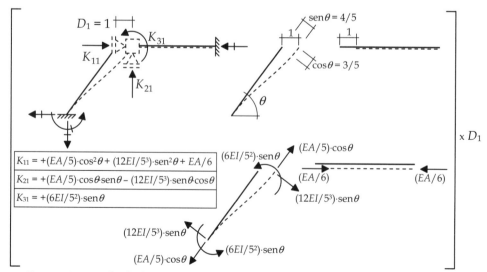

Figura 10.38 Cálculo dos coeficientes de rigidez do caso (1) da estrutura da Figura 10.3.

Caso (2) — Deslocabilidade D_2 isolada no SH

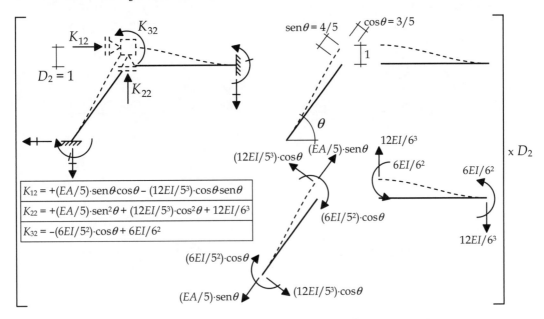

Figura 10.39 Cálculo dos coeficientes de rigidez do caso (2) da estrutura da Figura 10.3.

Caso (3) — Deslocabilidade D_3 isolada no SH

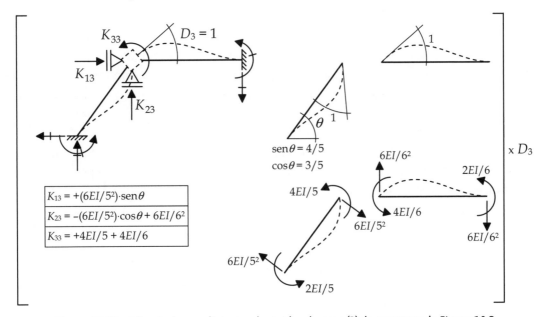

Figura 10.40 Cálculo dos coeficientes de rigidez do caso (3) da estrutura da Figura 10.3.

Determinação do diagrama de momentos fletores finais

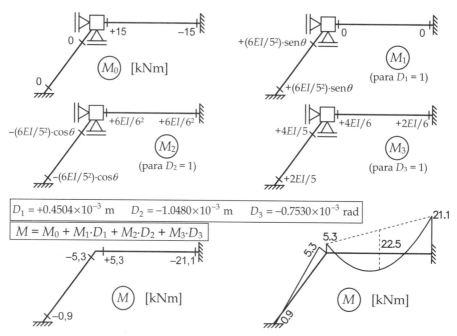

Figura 10.41 Diagrama de momentos fletores finais da estrutura da Figura 10.3.

Observa-se, pelo exemplo desta seção, que a solução de uma estrutura com barra inclinada é mais complexa do que a solução de uma estrutura só com barras horizontais e verticais. No caso de barras inclinadas, os coeficientes de rigidez locais, nas direções locais, não podem ser somados diretamente para compor os coeficientes de rigidez globais. O procedimento adotado para determinar a contribuição dos coeficientes de rigidez locais de uma barra inclinada é dividido em duas etapas. Primeiro, uma deslocabilidade global do tipo deslocamento que é imposta é decomposta em uma componente axial e outra transversal em relação à barra inclinada. Segundo, os coeficientes de rigidez locais gerados independentemente para as componentes axial e transversal da deslocabilidade são projetados nas direções da deslocabilidade global da estrutura (horizontal ou vertical).

Esse procedimento pode ser implementado de forma genérica em um programa de computador para a análise de estruturas pelo método dos deslocamentos. Isso será mostrado no Capítulo 13 como um dos procedimentos do método da rigidez direta, uma versão generalizada do método dos deslocamentos.

Os exemplos mostrados neste capítulo salientam a característica mais marcante do método dos deslocamentos: *a soma de contribuições de coeficientes de rigidez (locais) de barras para compor um coeficiente de rigidez global da estrutura*. Essa característica permite a concepção de algoritmos simples para a análise de estruturas. Isso é explorado na implementação de programas de computador, que em geral utilizam esse método. O Capítulo 13 mostra o processo que é utilizado para a montagem da matriz de rigidez global em função das matrizes de rigidez locais das barras que compõem a estrutura.

Entretanto, a resolução manual de uma estrutura pelo método é dificultada pelo número excessivo de equações de equilíbrio geradas (uma para cada deslocabilidade). A presença de barras inclinadas também torna a análise manual de estruturas muito trabalhosa. Pode-se concluir que a solução manual de uma estrutura pelo método dos deslocamentos para uma estrutura genérica (com muitas barras, sendo algumas inclinadas) é muito difícil de ser realizada. No caso de treliças, por terem sempre muitas barras inclinadas, isso é mais evidente. Por isso, este capítulo não apresenta a aplicação do método para treliças planas. Isso é deixado para o Capítulo 13, que formaliza o método da rigidez direta para quadros planos, treliças planas e grelhas.

Realmente, nos dias de hoje, não se concebe mais analisar uma estrutura sem o auxílio de um programa de computador. Entretanto, algumas vezes é necessário analisar manualmente uma estrutura. Isso é feito, em geral, para se adquirir sensibilidade sobre o comportamento da estrutura ou para entender a metodologia de análise do método dos deslocamentos. Com esses objetivos, o próximo capítulo considerará uma série de simplificações que são adotadas para viabilizar a resolução manual de uma estrutura por esse método. O próximo capítulo também mostrará a aplicação do método para grelhas.

Método dos deslocamentos com redução de deslocabilidades | 11

O método dos deslocamentos, conforme apresentado no capítulo anterior, tem uma metodologia de cálculo bem mais simples do que a metodologia do método das forças, apresentada no Capítulo 8. Alguns aspectos podem ser salientados para caracterizar esse fato. Por exemplo, no método dos deslocamentos só existe uma opção para a escolha do sistema hipergeométrico (estrutura cinematicamente determinada utilizada nos casos básicos), enquanto no método das forças existem várias opções para a escolha do sistema principal (estrutura estaticamente determinada utilizada nos casos básicos). Também pode ser observado que o cálculo dos valores dos coeficientes de rigidez do sistema de equações finais de equilíbrio do método dos deslocamentos é muito mais simples (soma direta de coeficientes de rigidez de barras) do que o cálculo dos coeficientes de flexibilidade do método das forças (integrais de energia de deformação). Esses dois fatores justificam o fato de a maioria dos programas de computador para análise de estruturas adotar o método dos deslocamentos em suas implementações.

Entretanto, a aplicação desse método (na forma apresentada no capítulo anterior) para a resolução manual de uma estrutura é muito trabalhosa. Isso se deve ao número excessivo de incógnitas (deslocabilidades) que resulta da solução, mesmo para estruturas simples, e à complexidade na consideração de barras inclinadas.

Na verdade, a forma apresentada no capítulo anterior para o método dos deslocamentos é dirigida para uma solução por computador. A formalização do método para uma implementação computacional será vista no Capítulo 13, no qual será apresentado o método da rigidez direta.

Este capítulo faz uma apresentação do método dos deslocamentos voltada para a resolução manual sem auxílio de computador, procurando diminuir ao máximo o número de deslocabilidades. Essa é a forma pela qual o método era apresentado em livros tradicionais de análise de estruturas reticuladas, como o de Süssekind (1977-3).

Para tanto, são introduzidas simplificações no comportamento das barras com respeito às suas deformações, isto é, são adotadas restrições nas deformações das barras, por exemplo, a hipótese de que as barras não se deformam axialmente. Essa hipótese também é comumente adotada na resolução manual pelo método das forças quando se despreza a parcela de energia de deformação axial no cálculo dos coeficientes de flexibilidade e termos de carga.

Além disso, este capítulo apresenta alguns macetes de cálculo, como eliminação de trechos em balanço, que também reduzem o número de incógnitas na solução pelo método dos deslocamentos, sem introduzir nenhuma simplificação quanto ao comportamento das estruturas.

Resumindo, este capítulo apresenta o método dos deslocamentos com algumas simplificações que têm os seguintes objetivos:

- reduzir o número de deslocabilidades da estrutura, visando principalmente uma resolução manual;
- caracterizar o comportamento de pórticos (quadros) com respeito aos efeitos de deformações axiais e de deformações por flexão das barras.

Embora a motivação inicial seja reduzir o número de deslocabilidades de uma estrutura, o segundo objetivo é o mais importante na presente abordagem. Conforme apresentado na Seção 5.11, os elementos estruturais de um pórtico, construído com materiais e dimensões usuais, têm deflexões provocadas por deformações axiais muito menores do que as deflexões transversais devidas a deformações por flexão. Portanto, a consideração de barras sem deformação axial (chamadas de *barras inextensíveis*) é uma aproximação razoável para o comportamento de um quadro. A hipótese de barras inextensíveis possibilita o entendimento do conceito de *contraventamento* ou *travejamento* de pórticos (Seção 5.12), que é muito importante no projeto de estruturas. A consideração desse conceito na análise de pórticos planos pelo método dos deslocamentos é um dos principais objetivos deste capítulo.

Outro tipo de simplificação adotada é a consideração de algumas barras infinitamente rígidas. Nesse caso, além de desprezar deformações axiais, o modelo não considera deformações por flexão dessas barras, isto é, as barras se mantêm retas na configuração deformada da estrutura, apresentando apenas movimentos de corpo rígido. Essa hipótese é adotada em situações particulares, como em uma análise simplificada de edifícios em que as vigas dos pavimentos são modeladas como barras rígidas e os pilares permanecem com deformações por flexão.

11.1. A ESSÊNCIA DO MÉTODO DOS DESLOCAMENTOS

Para o entendimento completo da aplicação do método dos deslocamentos com restrições nas deformações das barras, é interessante resgatar os principais conceitos do método que foram apresentados nos dois capítulos anteriores.

Começa-se por salientar a importância da definição do comportamento cinemático de uma barra. A base da discretização do problema analítico-estrutural pelo método dos deslocamentos está na existência de soluções fundamentais para barras isoladas. Isso é o que permite representar o comportamento cinemático contínuo de uma estrutura por parâmetros discretos (as deslocabilidades). As soluções fundamentais de barras isoladas baseiam-se no fato de que *o comportamento cinemático de uma barra define seu comportamento mecânico*. Dito de outra maneira, *conhecendo a configuração deformada de uma barra e a solicitação externa que atua em seu interior, é sempre possível determinar os esforços internos na barra e as forças e momentos que devem atuar em suas extremidades para mantê-la em equilíbrio isoladamente*. Observa-se que o ponto de partida para a solução dos casos básicos do método dos deslocamentos está no conhecimento da configuração deformada de cada barra e do carregamento em seu interior.

As seções a seguir aprofundam esses conceitos. Começa-se pela generalização da definição de deslocabilidade.

11.1.1. Deslocabilidade como parâmetro genérico para definição de configuração deformada

Deslocabilidades são os parâmetros que definem a configuração deformada de um modelo estrutural, isto é, a elástica de um modelo é definida completamente pelas deslocabilidades, considerando todas as hipóteses adotadas para o comportamento cinemático do modelo. No caso de estruturas reticuladas sem restrições nas deformações de suas barras, as deslocabilidades são as componentes de deslocamentos e rotações dos nós do modelo. Nós são pontos notáveis de um modelo, como no encontro de barras ou na extremidade de uma barra que não está conectada a outras barras. Pode-se também inserir um novo nó simplesmente subdividindo uma barra. Em algumas situações, isso é feito por conveniência, embora a criação do nó não modifique os resultados do modelo. Por exemplo, criar um nó no interior de uma barra pode ser útil para aplicar uma força concentrada que atua no interior da barra ou para aplicar uma força distribuída que abrange parcialmente o vão da barra. Isso não é obrigatório, mas pode ser conveniente em uma implementação computacional ou para obter um traçado mais simples dos diagramas de esforços internos.

Quando se consideram, no modelo estrutural, restrições nas deformações das barras, conforme será visto ao longo deste capítulo, deixa de existir uma relação unívoca entre uma deslocabilidade e uma componente de deslocamento ou rotação nodal. Por exemplo, a hipótese de barras inextensíveis associa os deslocamentos axiais dos nós extremos de uma barra de tal maneira que esses deslocamentos ficam representados por um único parâmetro. Dessa forma, *é importante interpretar uma deslocabilidade como um parâmetro que define a configuração deformada de um modelo*.

11.1.2. Soluções fundamentais de engastamento perfeito de barras isoladas

Conforme abordado no Capítulo 9, parte das soluções fundamentais do método dos deslocamentos está nas reações de engastamento perfeito de barras isoladas. Essas soluções também consideram uma eventual articulação em uma extremidade da barra ou nas duas. Quando se analisa uma estrutura reticulada pelo método, considera-se o seguinte:

- devem estar disponíveis de alguma maneira (em geral, tabeladas) as reações de engastamento e a elástica de uma barra biengastada isolada, com ou sem articulações, provocadas por qualquer tipo de solicitação externa.

As solicitações externas consideradas no escopo deste livro são carregamentos (forças e momentos aplicados), variação de temperatura e recalques de apoio.

11.1.3. Soluções fundamentais de coeficientes de rigidez de barras isoladas

Outras soluções fundamentais do método dos deslocamentos (Capítulo 9) são os coeficientes de rigidez locais, isto é, de barras isoladas. Esses coeficientes correspondem ao conjunto de forças e momentos que devem atuar nas extremidades de uma barra, com ou sem articulação, para impor uma configuração deformada elementar em que apenas uma deslocabilidade local da barra é não nula. Em geral, os coeficientes de rigidez locais estão disponíveis na forma de tabelas. Em algumas situações, a configuração deformada imposta a uma barra é resultado da superposição de duas ou mais deslocabilidades locais. Pode-se generalizar o conceito de solução fundamental para coeficientes de rigidez locais da seguinte maneira:

- conhecendo-se a configuração deformada de uma barra isolada, isto é, conhecendo-se os valores de suas deslocabilidades locais, é sempre possível determinar as forças e momentos que, atuando em suas extremidades, equilibram a barra na configuração deformada imposta.

Evidentemente, não faz sentido definir coeficiente de rigidez quando se impõe uma deslocabilidade associada a um impedimento adotado para a deformação da barra. Por exemplo, não existe coeficiente de rigidez axial para uma barra inextensível. Dito de outra maneira, o esforço axial em uma barra inextensível não pode ser definido com base na deformação axial, pois a barra nunca tem deformação axial. Entretanto, o esforço normal em uma barra inextensível não é nulo. O que ocorre é que a barra não se deforma pela ação de um esforço normal atuante. Em diversos exemplos ao longo deste capítulo, será salientado que o esforço normal em uma barra inextensível não é conhecido *a priori*, com base em uma configuração deformada imposta para a estrutura. Os esforços normais em barras inextensíveis são sempre obtidos como consequência do equilíbrio de barras adjacentes.

Analogamente, os momentos fletores em uma barra infinitamente rígida não são nulos, mas não podem ser deduzidos com base na configuração deformada da barra, pois ela não se deforma. Como acontece com os esforços normais para barras inextensíveis, os momentos fletores e esforços cortantes em uma barra infinitamente rígida são determinados em função dos esforços atuantes nas barras adjacentes para que haja equilíbrio do conjunto.

11.1.4. Configurações deformadas dos casos básicos

A estratégia de análise de uma estrutura pelo método dos deslocamentos é somar uma série de configurações deformadas básicas (casos básicos) compatíveis para, na superposição, impor o equilíbrio. Uma configuração deformada é dita compatível quando satisfaz as condições de compatibilidade com os vínculos externos e as condições de continuidade interna. Cada caso básico isola um determinado efeito:

Caso (0) — configuração deformada correspondente a uma situação de engastamento perfeito (deslocabilidades nulas) para a solicitação externa aplicada.

Caso (j) — configuração deformada correspondente a apenas uma deslocabilidade D_j isolada.

A configuração deformada elementar de cada caso básico é imposta por meio de forças e momentos fictícios que atuam nas direções das deslocabilidades. O equilíbrio final da estrutura é garantido impondo-se, na superposição dos casos básicos, valores nulos para essas forças e momentos fictícios.

No caso (0), as forças e momentos fictícios são os *termos de carga* β_{i0}, que equilibram a estrutura na configuração deformada de engastamento perfeito. Na verdade, no caso (0), apenas as barras deformáveis com solicitações externas atuantes em seu interior apresentam deformação.

Nos casos (j), as forças e momentos fictícios são os *coeficientes de rigidez globais* K_{ij}, que equilibram a estrutura em uma configuração deformada tal que a deslocabilidade $D_j = 1$ e as demais são nulas.

O ponto de partida para a determinação dos termos de carga no caso (0) é a situação de engastamento perfeito em que todas as deslocabilidades são mantidas fixas. A solução de engastamento global é obtida pela composição das soluções fundamentais de engastamento de barras isoladas, que sempre estão disponíveis, isto é, os termos de carga são determinados a partir de soluções de engastamento perfeito de barras isoladas para qualquer tipo de solicitação externa.

Para a determinação dos coeficientes de rigidez globais dos casos (j), o ponto de partida é uma configuração deformada elementar conhecida de cada caso básico. O conceito adotado para se determinarem os coeficientes de rigidez globais de um caso básico é:

- dada uma configuração deformada de um modelo estrutural do qual se conhecem todas as deslocabilidades, é sempre possível determinar as forças e momentos que, atuando nas direções das deslocabilidades, equilibram o modelo na configuração deformada imposta.

Os coeficientes de rigidez globais de cada caso básico (j) são determinados a partir de coeficientes de rigidez locais associados à configuração deformada a que cada barra é submetida na imposição da configuração deformada do caso básico. Em geral, a configuração deformada de uma barra em um caso básico é elementar, na medida em que apenas uma das deslocabilidades locais é mobilizada naquele caso. Em algumas situações, a configuração deformada global do caso pode induzir a uma combinação de configurações deformadas elementares em uma barra. Quando isso ocorre, utiliza-se uma superposição de efeitos para compor o efeito combinado das configurações deformadas elementares da barra.

11.2. CLASSIFICAÇÃO DAS SIMPLIFICAÇÕES ADOTADAS

Pode-se classificar as simplificações adotadas para diminuir o número de deslocabilidades na solução de uma estrutura reticulada em quatro tipos:

- "eliminação" de trechos em balanço;
- consideração de barras inextensíveis;
- eliminação de deslocabilidades do tipo rotação de nós quando todas as barras adjacentes são articuladas no nó;
- consideração de barras infinitamente rígidas.

A primeira simplificação é, na verdade, um macete de cálculo, visto que trechos em balanço de pórticos podem ter seus esforços internos determinados isostaticamente (basta calcular os esforços a partir das extremidades livres do balanço).

A Figura 11.1 mostra um exemplo dessa simplificação. A estrutura é dividida em duas partes: o trecho em balanço e o restante. O balanço é calculado como uma estrutura isostática engastada no ponto de contato com o restante do pórtico. O pórtico, sem o balanço, é calculado para uma força e um momento obtidos pelo transporte da força que atua no balanço para o ponto de contato.

A consequência da solução do pórtico da Figura 11.1 com a "eliminação" do trecho em balanço é evidente. Considerando que cada nó sem restrição de apoio tem três deslocabilidades, a estrutura completa com balanço tem 21 deslocabilidades. A mesma estrutura sem o balanço tem apenas seis deslocabilidades.

É obvio que o cálculo de deslocamentos nos pontos do balanço depende da resposta do restante da estrutura. Entretanto, esse cálculo pode ser feito por superposição de efeitos, somando-se aos deslocamentos do balanço, considerado engastado, o movimento de corpo rígido associado aos deslocamentos e à rotação do ponto de contato do restante do pórtico com o balanço.

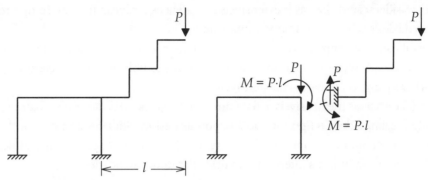

Figura 11.1 Separação do trecho em balanço de um pórtico plano.

11.3. CONSIDERAÇÃO DE BARRAS INEXTENSÍVEIS

Uma simplificação comumente adotada na resolução manual de estruturas pelo método dos deslocamentos é a de que as barras não se deformam axialmente. Essa simplificação é chamada de *hipótese de barras inextensíveis* e foi apresentada na Seção 5.11. A consideração de barras sem deformação axial está sempre associada à hipótese de pequenos deslocamentos. A combinação dessas duas simplificações tem como consequência uma redução drástica no número de deslocabilidades do tipo translação, não afetando o número de deslocabilidades do tipo rotação.

Pode-se resumir a consequência da combinação da hipótese de barras inextensíveis com a hipótese de pequenos deslocamentos da seguinte maneira: *os dois nós extremos de uma barra só podem se deslocar relativamente na direção transversal ao eixo da barra*. Dito de outra forma, o que se considera na hipótese de barras inextensíveis (com pequenos deslocamentos) é que *a distância, na direção do eixo indeformado, entre os dois nós extremos de uma barra não se altera quando esta se deforma transversalmente por flexão*.

Deve-se observar que a solução de uma estrutura com base na hipótese de barras inextensíveis difere um pouco da solução sem a simplificação. Portanto, deve-se tomar cuidado com a adoção dessa hipótese, que só se justifica para a resolução manual de pórticos planos pequenos.

Além disso, a configuração deformada de uma barra inextensível apresenta uma aparente inconsistência. Isso foi analisado nas Seções 5.11 e 5.12. Observando, por exemplo, as Figuras 5.33 e 5.39, verifica-se que, para uma barra apresentar deflexões transversais mantendo a distância entre os nós extremos invariável, seria necessário que a barra se alongasse. Essa consideração só faz sentido se os deslocamentos forem realmente pequenos.

Para entender por que a consideração de barras inextensíveis resulta na redução do número de deslocabilidades do tipo translação, a estrutura da Figura 5.33 é analisada. A Figura 11.2-a indica as deslocabilidades dessa estrutura para o caso de barras extensíveis, e a Figura 11.2-b indica as deslocabilidades para o caso de barras inextensíveis. No segundo caso, os dois nós superiores estão conectados aos correspondentes nós da base por duas barras inextensíveis e verticais. Portanto, os dois nós superiores só podem se deslocar na direção perpendicular aos eixos das barras verticais, isto é, os nós se deslocam na direção horizontal. Conclui-se que $D_2 = 0$ e $D_5 = 0$, isto é, duas deslocabilidades do tipo translação são eliminadas. Além disso, como a distância entre os dois nós superiores não se altera, esses nós têm deslocamentos horizontais que são iguais, portanto $D_4 = D_1$. Isso elimina mais uma deslocabilidade do tipo translação, pois o mesmo parâmetro de deslocabilidade horizontal está associado aos dois nós superiores. Portanto, o número de deslocabilidades é reduzido de seis para três.

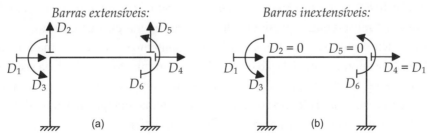

Figura 11.2 Redução do número de deslocabilidades para o pórtico da Figura 5.33.

Como foi dito, a consideração de barras inextensíveis não afeta as deslocabilidades do tipo rotação. Essa hipótese apenas reduz o número de deslocabilidades do tipo translação.

Entretanto, essa vantagem é acompanhada de uma desvantagem, que é a complexidade na identificação das deslocabilidades do tipo translação. A Seção 11.3.2 resume as regras que são utilizadas para determinar deslocabilidades do tipo translação em pórticos planos com barras inextensíveis.

Com a simplificação de barras inextensíveis, é feita uma renumeração das deslocabilidades resultantes. É costume numerar primeiro as deslocabilidades do tipo rotação e depois as deslocabilidades do tipo translação. Para a estrutura da Figura 11.2-b, isso resulta na numeração mostrada na Figura 11.3. A Figura 11.3-a indica as deslocabilidades com a notação adotada, e a Figura 11.3-b indica a interpretação física das deslocabilidades.

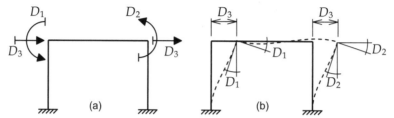

Figura 11.3 Renumeração das deslocabilidades para o pórtico da Figura 11.2.

No restante deste livro, será adotada a seguinte terminologia (Süssekind, 1977-3):

- *deslocabilidades internas*: são as deslocabilidades do tipo rotação;
- *deslocabilidades externas*: são as deslocabilidades do tipo translação;
- *di*: número total de deslocabilidades internas;
- *de*: número total de deslocabilidades externas.

Na estrutura da Figura 11.3, D_1 e D_2 são deslocabilidades internas, e D_3 é uma deslocabilidade externa. Portanto, $di = 2$ e $de = 1$.

11.3.1. Exemplo de solução de pórtico com barras inextensíveis

Para exemplificar a solução de um pórtico plano com barras inextensíveis pelo método dos deslocamentos, o exemplo adotado na Seção 10.6.2 será analisado novamente. O objetivo é fazer uma comparação com a solução com barras extensíveis do capítulo anterior. A Figura 11.4 mostra o modelo estrutural desse exemplo.

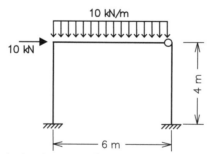

Figura 11.4 Exemplo de pórtico com barras inextensíveis e articulação na viga.

Assim como na Seção 10.6.2, a articulação do nó superior direito é considerada na extremidade direita da barra horizontal (viga). A Seção 11.4 mostra outras possibilidades para considerar essa articulação.

As três barras inextensíveis têm a mesma seção transversal, com momento de inércia I e material com módulo de elasticidade E. Na Seção 10.6.2, foi adotada uma relação entre a área e o momento de inércia da seção transversal dada por $A/I = 2 \text{ m}^{-2}$. A hipótese de barras inextensíveis é análoga a considerar um valor infinito para essa relação.

A Figura 11.5 mostra as deslocabilidades e o correspondente sistema hipergeométrico (SH) da estrutura da Figura 11.4. Observa-se, nessa figura, que o SH apresenta apenas três apoios fictícios.

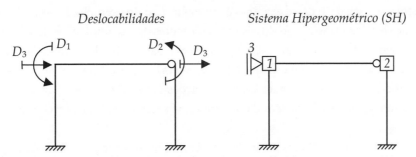

Figura 11.5 Deslocabilidades e sistema hipergeométrico da estrutura da Figura 11.4.

Com respeito às deslocabilidades internas, as chapas 1 e 2 do SH fixam as rotações D_1 e D_2 dos nós superiores. Observa-se que a chapa 2 impede a rotação da seção transversal do topo da coluna, pois a articulação interna está sendo considerada (modelada) na extremidade direita da viga. Vê-se que a consideração de barras inextensíveis não altera a adição de apoios para o impedimento de deslocabilidades internas: na criação do SH, adiciona-se uma chapa fictícia para cada rotação livre.

Por outro lado, a adição de apoios no SH para impedir deslocabilidades externas requer uma análise adicional. Como os nós superiores não têm deslocamentos verticais (colunas inextensíveis), não é necessário adicionar apoios fictícios para impedir esses deslocamentos. Além disso, apenas um apoio (o apoio 3) é necessário para fixar o deslocamento horizontal D_3 dos dois nós superiores. Como a viga é inextensível, o apoio 3 adicionado no nó superior esquerdo também impede o deslocamento horizontal do nó superior direito. Na verdade, o apoio 3 pode ser colocado indistintamente em qualquer um dos dois nós superiores. Nas duas situações, o movimento horizontal dos nós superiores fica impedido.

Esse exemplo mostra que a criação do SH (e a identificação das deslocabilidades) de um pórtico com barras inextensíveis não é tão direta como no caso de barras extensíveis. Com barras extensíveis, cada nó superior do pórtico tem três deslocabilidades (dois deslocamentos e uma rotação). Portanto, a criação do SH é simples: basta adicionar três apoios fictícios por nó (Figura 10.29). Já no caso de barras inextensíveis, a criação do SH do exemplo é feita em duas fases. Na primeira, são inseridas duas chapas para impedir as deslocabilidades internas. Na segunda, é feita uma análise para identificar que é necessário inserir apenas um apoio fictício no SH para fixar a deslocabilidade externa.

Essa análise adicional é o preço que se paga para diminuir o número de deslocabilidades quando se adota a hipótese de barras inextensíveis. Isso pode ser relativamente complexo no caso geral, principalmente quando existirem barras inclinadas. A Seção 11.3.2 estabelece regras gerais para a adição de apoios fictícios no SH para impedir deslocabilidades externas de pórticos planos com barras inextensíveis.

Uma vez obtido o SH da estrutura da Figura 11.4, a metodologia de cálculo do método dos deslocamentos segue o procedimento-padrão de superposição de casos básicos. Como a estrutura tem três deslocabilidades, existem quatro casos básicos: o caso (0) isola o efeito da solicitação externa no SH, e os demais casos isolam, individualmente, os efeitos das deslocabilidades. Isso é mostrado a seguir.

Caso (0) – Solicitação externa (carregamento) isolada no SH

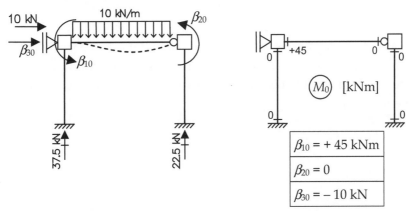

Figura 11.6 Caso (0) da estrutura da Figura 11.4.

A Figura 11.6 mostra que o caso (0) desse exemplo é semelhante ao do exemplo da Seção 10.6.2 com barras extensíveis. A principal diferença está na transmissão dos esforços cortantes das extremidades da viga para esforços normais nas colunas. Como não foram adicionados apoios fictícios no SH para impedir os deslocamentos verticais dos nós superiores, a viga vai buscar apoio na base da estrutura, isto é, os cortantes que devem atuar nas extremidades da viga (com os dois nós extremos engastados) são fornecidos pelas reações verticais dos apoios originais da base da estrutura. Vê-se que as colunas, por serem inextensíveis, têm de transmitir, via esforço axial, as reações da base para os cortantes nas extremidades da viga.

Essa análise leva a concluir que as colunas inextensíveis têm esforços normais indefinidos *a priori*, isto é, os esforços normais nas colunas são consequência dos esforços cortantes na viga. De fato, como a barra não tem deformação axial, seu esforço axial pode assumir qualquer valor.

Visto de outra forma, as colunas inextensíveis são requisitadas a transmitir (via esforço normal) os esforços cortantes das extremidades da viga em substituição aos apoios fictícios que não foram necessários para criar o SH.

Observa-se, também, que a determinação das reações nos apoios do SH (tanto reais quanto fictícios) é feita com base na configuração deformada que é imposta. No caso (0) mostrado na Figura 11.6, as reações verticais da base foram determinadas pelos valores dos esforços cortantes que devem atuar nas extremidades da viga para que ela tenha uma configuração deformada com todos os nós fixos e a solicitação externa atuante.

Essa é uma característica do método dos deslocamentos. É sempre assim: *conhece-se a configuração deformada e, então, determinam-se os esforços e reações de apoio.*

Caso (1) – Deslocabilidade D_1 isolada no SH

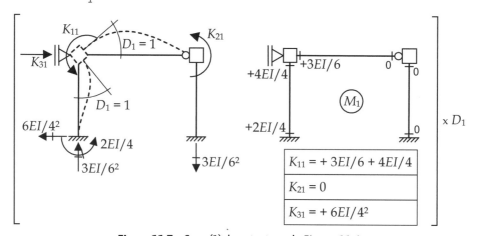

Figura 11.7 Caso (1) da estrutura da Figura 11.4.

O caso (1) desse exemplo é mostrado na Figura 11.7. Os coeficientes de rigidez globais correspondentes a esse caso também estão indicados na figura. Como no caso (0), as reações verticais dos apoios da base são determinadas pelos esforços cortantes que devem atuar nas extremidades da viga, que são transmitidos via esforços normais pelas colunas.

Essa transmissão pode ser entendida com base na Figura 11.8, que mostra as barras do caso (1) isoladas, indicando os esforços atuantes nas extremidades. Observa-se que o coeficiente K_{11} é obtido pela soma dos momentos que devem atuar nas extremidades da viga e da coluna que sofrem a rotação $D_1 = 1$ que é imposta. O coeficiente K_{21} é nulo, pois a viga é articulada na direita, não aparecendo um momento na chapa 2. O coeficiente K_{31} corresponde ao esforço cortante no topo da coluna da esquerda. E, finalmente, observa-se que os esforços cortantes nas extremidades da viga correspondem aos esforços normais nas colunas.

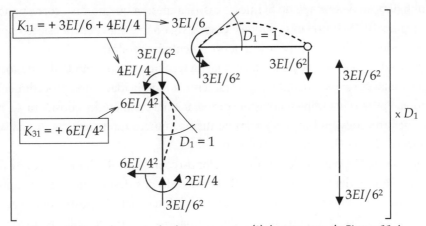

Figura 11.8 Isolamento das barras no caso (1) da estrutura da Figura 11.4.

É interessante comparar esse caso com o correspondente para barras extensíveis, indicado na Figura 10.33. Para barras extensíveis, como existem apoios fictícios no SH que impedem os deslocamentos verticais dos nós superiores, os cortantes nas extremidades da viga não são transmitidos para as colunas e "morrem" logo nos apoios adjacentes.

Caso (2) – Deslocabilidade D_2 isolada no SH

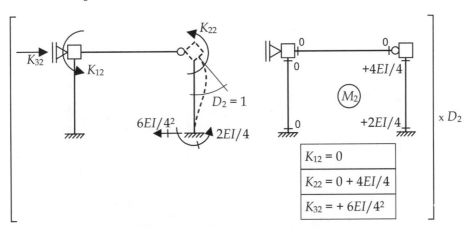

Figura 11.9 Caso (2) da estrutura da Figura 11.4.

A Figura 11.9 indica o caso (2) desse exemplo, com os correspondentes coeficientes de rigidez globais. A característica mais importante a ser observada nesse caso é que o coeficiente de rigidez K_{32} corresponde ao esforço cortante no topo da coluna da direita, isto é, o apoio 3, que fica na esquerda do pórtico, está recebendo o esforço cortante da coluna do outro lado. Esse esforço cortante está sendo transmitido via esforço normal pela viga, como é mostrado na Figura 11.10.

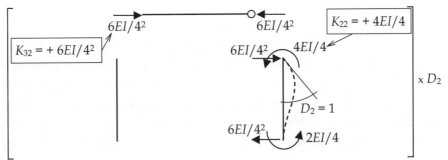

Figura 11.10 Isolamento das barras no caso (2) da estrutura da Figura 11.4.

Observe que a configuração deformada do SH nesse caso é a mesma que no caso correspondente para barras extensíveis mostrado na Figura 10.36. Entretanto, naquele caso, a viga não é solicitada a esforço normal, pois existe um apoio adjacente ao nó superior direito que impede seu deslocamento horizontal.

Esse tipo de análise evidencia a complexidade adicional da resolução pelo método dos deslocamentos para barras inextensíveis. A grande vantagem desse método era justamente a simplicidade nos procedimentos, que podiam ser facilmente automatizados. Por isso, na implementação computacional do método, considera-se, em geral, barras sem nenhuma restrição nas deformações, embora isso acarrete maior número de incógnitas. A análise com a hipótese de barras inextensíveis, como dito, só se justifica na resolução manual.

Existe uma maneira alternativa para se determinar o valor do coeficiente de rigidez K_{32} que é baseada no equilíbrio global do SH. O ponto de partida dentro da metodologia do método dos deslocamentos é sempre a configuração deformada imposta. Com base na configuração deformada do caso (2), na qual é imposta uma rotação $D_2 = 1$, os esforços cortantes e momentos fletores de todas as barras ficam determinados. Por conseguinte, as reações de apoio na base da estrutura também ficam determinadas. Nesse caso, como mostra a Figura 11.9, a reação horizontal na coluna da esquerda é nula e a reação horizontal na coluna da direita é igual a $6EI/4^2$, da direita para a esquerda. Finalmente, o coeficiente de rigidez K_{32} é determinado impondo que o somatório de todas as forças horizontais atuantes no SH seja nulo.

Essa maneira alternativa nem sempre é possível de ser aplicada. Nesse caso é possível, pois existe apenas uma incógnita com relação ao equilíbrio na direção horizontal. Essa alternativa por equilíbrio global do SH será salientada em outros exemplos no restante do capítulo.

Caso (3) – Deslocabilidade D_3 isolada no SH

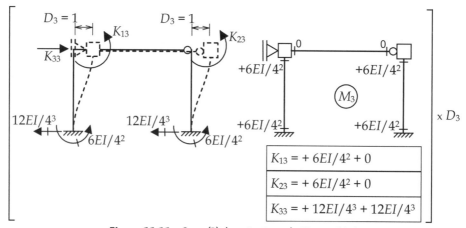

Figura 11.11 Caso (3) da estrutura da Figura 11.4.

O último caso básico desse exemplo é mostrado na Figura 11.11. O caso (3) mostra que a análise para barras inextensíveis pode ser bastante diferente da análise para barras extensíveis. Com barras inextensíveis, quando é imposto um deslocamento $D_3 = 1$ no caso (3), os dois nós superiores sofrem o mesmo movimento horizontal, pois a viga nunca pode ter seu comprimento alterado. Isso significa que um deslocamento imposto em um nó pode acarretar um deslocamento de outro nó, o que nunca acontece no caso de barras extensíveis.

Dessa forma, as duas colunas são mobilizadas (se deformam) quando o deslocamento $D_3 = 1$ é imposto. Por outro lado, a viga não se deforma, pois as rotações nas extremidades estão fixas, tendo apenas um movimento de corpo rígido.

A Figura 11.12 explica a determinação dos coeficientes de rigidez globais desse caso. Como se vê na figura, os coeficientes de rigidez K_{13} e K_{23} correspondem aos momentos fletores que devem atuar no topo das colunas quando é imposto um deslocamento horizontal unitário no topo, mantendo a rotação fixa. O coeficiente de rigidez K_{33} corresponde aos esforços cortantes no topo das colunas, e o esforço cortante da coluna da direita é transmitido ao apoio fictício 3 do SH via esforço normal na viga.

Alternativamente, o coeficiente de rigidez K_{33} pode ser determinado pelo equilíbrio global do SH. Para tanto, as reações horizontais na base do pórtico ficam determinadas *a priori* pela configuração deformada das colunas (iguais a $12EI/4^3$, da direita para a esquerda). A imposição de somatório nulo das forças horizontais resulta em $K_{33} = +24EI/4^3$.

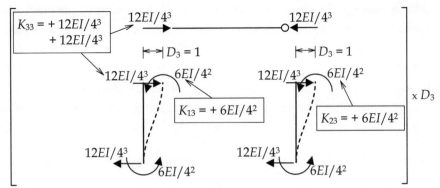

Figura 11.12 Isolamento das barras no caso (3) da estrutura da Figura 11.4.

Equações de equilíbrio e determinação do diagrama de momentos fletores finais

O sistema de equações de equilíbrio do método dos deslocamentos para esse exemplo é mostrado a seguir com a correspondente solução para as deslocabilidades (em função de $1/EI$):

$$\begin{Bmatrix} \beta_{10} \\ \beta_{20} \\ \beta_{30} \end{Bmatrix} + \begin{bmatrix} K_{11} & K_{12} & K_{13} \\ K_{21} & K_{22} & K_{23} \\ K_{31} & K_{32} & K_{33} \end{bmatrix} \begin{Bmatrix} D_1 \\ D_2 \\ D_3 \end{Bmatrix} = \begin{Bmatrix} 0 \\ 0 \\ 0 \end{Bmatrix} \Rightarrow \begin{Bmatrix} +45 \\ 0 \\ -10 \end{Bmatrix} + EI \begin{bmatrix} 3/2 & 0 & 3/8 \\ 0 & 1 & 3/8 \\ 3/8 & 3/8 & 3/8 \end{bmatrix} \begin{Bmatrix} D_1 \\ D_2 \\ D_3 \end{Bmatrix} = \begin{Bmatrix} 0 \\ 0 \\ 0 \end{Bmatrix}$$

$$\Rightarrow \begin{cases} D_1 = -67.78/EI \\ D_2 = -56.66/EI \\ D_3 = +151.06/EI \end{cases}$$

Observa-se que os valores das deslocabilidades para a solução com barras inextensíveis são ligeiramente diferentes dos valores das deslocabilidades correspondentes na solução com barras extensíveis da Seção 10.6.2 do Capítulo 10. A rotação D_1 da presente solução corresponde à rotação $D_3 = -68.75/EI$ do exemplo da Seção 10.6.2. A rotação D_2 anterior corresponde à rotação $D_6 = -51.45/EI$ para barras extensíveis. Finalmente, o deslocamento horizontal D_3 da solução com barras inextensíveis tem um valor intermediário entre os valores das deslocabilidades horizontais ($D_1 = +156.55/EI$ e $D_4 = +137.25/EI$) dos nós superiores do pórtico com barras extensíveis.

A configuração deformada final da estrutura e o diagrama de momentos fletores, obtido pela superposição dos diagramas dos casos básicos dada pela Equação 10.4, estão indicados na Figura 11.13. Comparando essa figura com a Figura 10.37 da solução com barras extensíveis, observa-se que os momentos fletores finais das duas soluções são próximos.

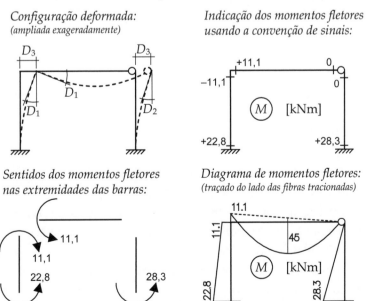

Figura 11.13 Configuração deformada e diagrama de momentos fletores da estrutura da Figura 11.4.

Na comparação entre as soluções do pórtico analisado com e sem a consideração da hipótese de barras inextensíveis, deve-se levar em conta que, na Seção 10.6.2, foi adotada uma relação entre a área e o momento de inércia da seção transversal dada por $A/I = 2$ m^{-2}, que é um valor pequeno em relação a valores utilizados em estruturas usuais. Quanto maior for essa relação para uma barra, mais próxima ela estará do comportamento inextensível, pois essa hipótese corresponde a uma relação A/I com valor infinito. Apesar disso, as diferenças entre as duas soluções analisadas não são muito grandes. Isso demonstra que a hipótese de barras inextensíveis fornece uma boa aproximação para a solução de pórticos feita manualmente.

11.3.2. Regras para determinação de deslocabilidades externas de pórticos planos com barras inextensíveis

No exemplo resolvido na seção anterior, foi visto que a determinação das deslocabilidades externas quando se adota a hipótese de barras inextensíveis requer análise adicional para identificar as possíveis translações que os nós de um pórtico podem sofrer. O exemplo estudado é relativamente simples, pois só tem uma barra horizontal e duas verticais.

O objetivo desta seção é estabelecer regras para a identificação de deslocabilidades externas (translações) de um pórtico plano qualquer com barras inextensíveis, incluindo barras inclinadas.

Na verdade, como será visto, a maneira mais simples de se determinarem as deslocabilidades externas de um pórtico com barras inextensíveis é introduzindo os apoios fictícios para a criação do SH: *a cada apoio necessário para fixar uma translação nodal é identificada uma deslocabilidade externa.*

As regras apresentadas a seguir são chamadas de *regras de triangulação*. Para entender essas regras, é preciso considerar o conceito de *contraventamento*, que foi apresentado na Seção 5.12. Pode-se resumir esse conceito da seguinte maneira: *um nó que estiver ligado a dois nós fixos à translação por duas barras inextensíveis não alinhadas (formando um triângulo) também fica fixo à translação.*

Com base no conceito de contraventamento de pórticos planos com barras inextensíveis, são definidas duas regras para a adição de apoios fictícios do 1º gênero no sistema hipergeométrico com o objetivo de impedir deslocabilidades externas:

1. Um nó que estiver ligado a dois nós fixos à translação por duas barras inextensíveis não alinhadas (formando um triângulo) também fica fixo à translação. Portanto, não é necessário adicionar um apoio fictício a esse nó. Caso o nó só esteja ligado a um nó fixo por uma barra ou a dois nós fixos por duas barras alinhadas, deve-se adicionar um apoio para impedir o deslocamento na direção transversal ao eixo dessa(s) barra(s).

2. Um conjunto de barras inextensíveis agrupadas em uma triangulação se comporta como um corpo rígido. Portanto, deve-se procurar adicionar apoios para impedir o movimento de corpo rígido do conjunto.

Alguns exemplos da aplicação dessas regras são apresentados a seguir para a determinação do SH de pórticos com barras inextensíveis. As deslocabilidades não são indicadas: cada uma é identificada por um apoio fictício necessário para fixar os nós da estrutura.

Esses exemplos são analisados apenas com respeito às deslocabilidades externas. Entretanto, as chapas fictícias que são adicionadas para impedir deslocabilidades internas também são indicadas. Uma chapa fictícia é adicionada para cada nó que tem sua rotação livre. Os apoios fictícios são numerados da seguinte maneira: primeiro, numeram-se as chapas que impedem as deslocabilidades internas; em seguida, os apoios que impedem as deslocabilidades externas são numerados.

O primeiro exemplo corresponde a um pórtico com dois pavimentos, analisado na Seção 5.12 (Figura 5.38). Existem três situações: pavimentos sem barras de contraventamento (Figura 11.14), primeiro pavimento com barra diagonal de contraventamento e segundo pavimento sem barra diagonal (Figura 11.15), e os dois pavimentos com barras de contraventamento (Figura 11.16) No pórtico da Figura 11.14, pela regra 1, é necessário adicionar o apoio 5 para impedir o movimento horizontal do nó da esquerda do primeiro pavimento (o nó que tem a chapa 3). Isso faz com que, também pela regra 1, o nó da direita desse pavimento não tenha deslocamento, isto é, o nó com a chapa 4 tem seus movimentos impedidos, pois está ligado por duas barras inextensíveis e não alinhadas a dois nós fixos à translação (o nó com o apoio 5 e o nó da base na direita), formando um triângulo. Portanto, não é necessário inserir mais apoios fictícios nesse pavimento. Observe que o apoio 5 pode ser colocado tanto no nó da esquerda quanto no da direita para impedir o deslocamento horizontal desse pavimento (os nós do pavimento não têm deslocamentos verticais porque as colunas são inextensíveis).

Por raciocínio análogo, no segundo pavimento do pórtico da Figura 11.14, é necessário adicionar apenas o apoio 6 para fixar os nós desse pavimento. Parte-se da condição de que os nós do primeiro pavimento já estão fixos.

Para essa estrutura, contabilizando o número de chapas e apoios fictícios que foram inseridos para criar o SH, o número de deslocabilidades internas é $di = 4$ e o número de deslocabilidades externas é $de = 2$.

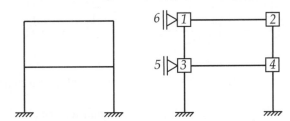

Figura 11.14 SH de um pórtico com dois pavimentos sem barras diagonais.

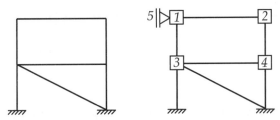

Figura 11.15 SH de um pórtico com dois pavimentos e uma diagonal no primeiro pavimento.

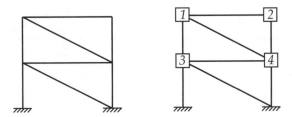

Figura 11.16 SH de um pórtico com dois pavimentos e uma diagonal em cada pavimento.

No pórtico com uma barra diagonal de contraventamento no primeiro pavimento, mostrado na Figura 11.15, já existe um triângulo formado pelos dois nós da base com o nó que tem a chapa 3. Portanto, pela regra 1, esse nó já está fixo e não é necessário adicionar um apoio para impedir a translação horizontal do primeiro pavimento. Para o segundo pavimento, o comportamento é igual ao da estrutura anterior, e é necessário adicionar o apoio 5 para fixar os nós do pavimento. Nesse caso, $di = 4$ e $de = 1$.

No último pórtico dessa série, o pórtico com duas barras de contraventamento mostrado na Figura 11.16, observa-se que, pela regra 1 de triangulação, não é necessário inserir nenhum apoio para impedir deslocabilidades externas ($di = 4$ e $de = 0$). Esse pórtico, por não ter deslocabilidades do tipo translação, é chamado de *pórtico indeslocável* (Süssekind, 1977-3).

É importante entender que deslocamentos horizontais em um pórtico sempre estão presentes, mesmo com barras de contraventamento, pois estas também se deformam axialmente. Entretanto, como a deformação axial de uma barra usual provoca deslocamentos axiais muito menores do que os deslocamentos provocados por flexão, a utilização de barras de contraventamento reduz substancialmente os deslocamentos horizontais do pórtico.

Outro exemplo de SH para pórtico com barras inextensíveis é mostrado na Figura 11.17. Esse é um pórtico contraventado que também foi analisado na Seção 5.12 (Figura 5.40). Foi observado que uma única barra diagonal por pavimento é suficiente para contraventar o pórtico. Observa-se, na Figura 11.17, que por triangulação o nó com a chapa 7 está fixo. Também por triangulação, todos os outros nós do pavimento ficam fixos. Para o pavimento superior, o mesmo raciocínio se aplica. Partindo do fato de que os nós do primeiro pavimento estão fixos, observa-se que a única diagonal do segundo pavimento é suficiente para contraventar esse pavimento. Nesse exemplo, *di* = 10 e *de* = 0.

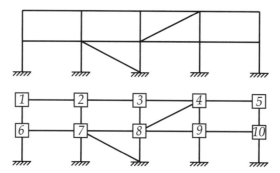

Figura 11.17 SH de um pórtico com dois pavimentos e contraventado em uma baia por pavimento.

A sequência de pórticos mostrados nas Figuras 11.18 a 11.21 analisa a criação do SH para uma estrutura com três painéis no segundo pavimento, mas sem as colunas centrais no primeiro pavimento.

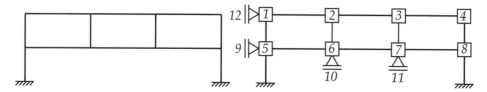

Figura 11.18 SH de um pórtico com três painéis sem diagonais.

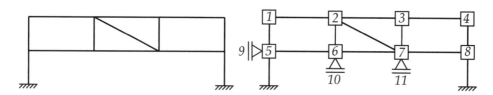

Figura 11.19 SH de um pórtico com três painéis e uma diagonal no painel central.

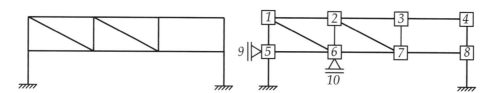

Figura 11.20 SH de um pórtico com três painéis e duas diagonais.

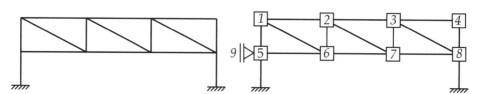

Figura 11.21 SH de um pórtico com três painéis e três diagonais.

O primeiro pórtico, mostrado na Figura 11.18, não tem barras inclinadas nos painéis. Nesse caso, o apoio 9 adicionado no nó da esquerda do primeiro pavimento é suficiente para impedir o movimento horizontal de todos os nós desse pavimento. Entretanto, somente os nós que têm as chapas 5 e 8 têm os deslocamentos verticais fixos, pois não existem colunas no pavimento inferior para restringir os deslocamentos verticais dos outros nós. Portanto, os apoios 10 e 11 são inseridos para impedir esses deslocamentos verticais. Para o segundo pavimento, como não existem barras inclinadas, é necessário inserir o apoio *12* para impedir o deslocamento horizontal do pavimento. Os deslocamentos verticais de todos os nós do segundo pavimento são nulos, pois eles estão ligados por colunas (inextensíveis) aos nós do primeiro pavimento, que estão todos fixos. Portanto, nenhum outro apoio é necessário para criar o SH. O resultado em termos do número de deslocabilidades é $di = 8$ e $de = 4$.

O segundo pórtico dessa série (Figura 11.19) tem uma diagonal no painel central do segundo pavimento. Após a inserção dos apoios *10* e *11*, essa barra inclinada é suficiente para impedir as translações dos nós do segundo pavimento. Isso ocorre porque, por triangulação, o nó que tem a chapa *2* fica fixo à translação, pois está ligado aos nós (fixos) que têm as chapas *6* e *7* por duas barras não alinhadas. Os demais nós do segundo pavimento também ficam fixos por triangulação, resultando em $di = 8$ e $de = 3$.

É interessante observar que, após a adição do apoio *10*, o apoio *11* do SH da Figura 11.19 poderia ter sido colocado alternativamente fixando o movimento horizontal do nó que tem a chapa *1*. Nesse caso, por triangulação, os nós que têm as chapas *2*, *7*, *3* e *4* (nesta ordem) também ficariam fixos. Isso mostra que, quando se adota a hipótese de barras inextensíveis, não existe só um SH possível, embora as alternativas sejam semelhantes.

Conforme observado anteriormente, essa hipótese elimina em parte a vantagem que o método dos deslocamentos apresenta na facilidade de automatização de seus procedimentos. A própria análise que se faz nesta seção, explorando as regras de triangulação, mostra que não é simples criar um algoritmo para identificar deslocabilidades externas em um pórtico com barras inextensíveis.

A Figura 11.20 mostra o terceiro pórtico da sequência, com diagonal nos dois painéis da esquerda. Nesse caso, após a adição do apoio *10*, o nó que tem a chapa *1* fica fixo por causa da barra inclinada no painel da esquerda. Depois disso, assim como para o SH da Figura 11.19, os demais nós também ficam fixos, resultando em $di = 8$ e $de = 2$.

Finalmente, na Figura 11.21, vê-se o SH do pórtico com diagonal nos três painéis. Intuitivamente (pela sequência de pórticos estudada), é de se imaginar que o número de deslocabilidades externas desse pórtico seja $de = 1$. Entretanto, mesmo depois de adicionar o apoio *9* para prender o movimento horizontal do primeiro pavimento, não é possível encontrar outro nó que se ligue a dois nós fixos por duas barras não alinhadas. A única maneira de demonstrar que $de = 1$ é lançando mão da regra 2, que até agora não foi utilizada. Observe que o conjunto de barras dos três painéis forma uma triangulação completa. Esse conjunto, pela regra 2, apresenta comportamento de corpo rígido. Para prender os movimentos de corpo rígido desse conjunto, considerando que os deslocamentos verticais dos nós do topo das colunas inextensíveis do primeiro pavimento são nulos, vê-se que só é necessário fixar o movimento horizontal em um ponto, o que é feito pelo apoio *9*. Aliás, esse apoio poderia ser colocado em qualquer nó da triangulação.

Dois exemplos adicionais são considerados para exemplificar a criação de SH para pórticos planos com barras inextensíveis. Eles são mostrados nas Figuras 11.22 e 11.23.

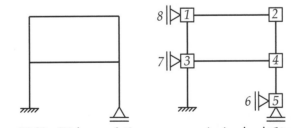

Figura 11.22 SH de um pórtico com um apoio simples do 1º gênero.

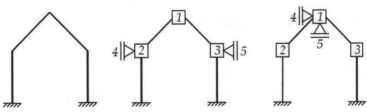

Figura 11.23 Duas opções para SH de um pórtico com vigas inclinadas.

O pórtico da Figura 11.22 é semelhante ao pórtico da Figura 11.14, com exceção de que o suporte da direita é um apoio simples que só restringe o deslocamento vertical do nó (apoio do 1º gênero). Nesse caso, na criação do SH, tanto a deslocabilidade interna quanto o deslocamento horizontal desse nó têm de ser fixados (chapa 5 e apoio 6).

Por último, a Figura 11.23 mostra um pórtico com duas vigas inclinadas, mas sem uma barra horizontal que una os nós no topo das colunas. Pela regra 1 de triangulação, é preciso inserir os apoios *4* e *5* para impedir os deslocamentos horizontais desses nós, como indicado no centro da figura. O nó que tem a chapa *1* fica fixo após a inserção desses apoios. Alternativamente, conforme indicado à direita da figura, pode-se fixar os movimentos do nó com a chapa *1* com os apoios *4* (horizontal) e *5* (vertical). Isso fixa, por triangulação, os dois outros nós.

11.4. SIMPLIFICAÇÃO PARA ARTICULAÇÕES COMPLETAS

Na Seção 11.3.1, foi analisado um pórtico simples com barras inextensíveis e uma articulação (rótula) interna. Essa articulação, embora tenha sido considerada na extremidade direita da viga (Figura 11.4), também articulou a seção transversal no topo da coluna da direita. De fato, o momento fletor final no topo da coluna também é nulo (Figura 11.13). O resultado é óbvio: uma rótula, na qual convergem duas barras, articula as seções transversais adjacentes de ambas as barras.

Mas fica a pergunta: e se a seção transversal no topo da coluna também tivesse sido modelada com uma rótula? Pela observação anterior, isso seria uma redundância, visto que uma única rótula já é suficiente para articular a seção transversal da extremidade direita da viga e a seção transversal no topo da coluna.

Entretanto, conforme será mostrado nesta seção, essa redundância pode resultar na diminuição de uma deslocabilidade interna na solução do problema: a rotação do nó completamente articulado. Isso configura um macete de cálculo que não modifica os resultados.

Para justificar esse macete de cálculo, a rótula da estrutura da Seção 11.3.1 será modelada de duas formas adicionais: uma com a coluna articulada e outra com a viga e a coluna articuladas. Portanto, ao todo, serão mostradas três maneiras de se considerar a articulação da estrutura da Figura 11.4:

(a) viga articulada na extremidade direita e coluna direita não articulada (já mostrado na Seção 11.3.1);

(b) coluna direita articulada no topo e viga não articulada (Seção 11.4.1);

(c) viga e coluna articuladas no nó superior direito (Seção 11.4.2).

11.4.1. Pórtico com articulação no topo de uma coluna

Como dito, a mesma estrutura analisada na Seção 11.3.1 será analisada nesta seção de outra maneira. A diferença é que, nesta seção, a articulação interna é considerada no topo da coluna direita, como indicado na Figura 11.24, em vez de considerá-la na extremidade direita da viga. A solução *(b)* com a rótula no topo da coluna é semelhante à solução *(a)* comentada na Seção 11.3.1. Portanto, apenas alguns pontos em que as duas soluções diferem entre si serão salientados.

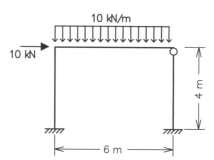

Figura 11.24 Exemplo de pórtico com barras inextensíveis e articulação em coluna.

As deslocabilidades da estrutura são basicamente as mesmas da solução *(a)* (Figura 11.5), excetuando-se o fato de que a rotação D_2 agora corresponde à rotação da seção transversal da extremidade direita da viga. Como consequência, a chapa *2* do SH da solução *(b)* fica acima da rótula no topo da coluna da direita. Isso pode ser visto nas figuras dos casos básicos dessa solução, mostrados a seguir.

O caso (0) da solução *(b)*, mostrado na Figura 11.25, difere do caso (0) da solução *(a)* (Figura 11.6) nos momentos de engastamento da viga, que agora é considerada sem articulação. Por conseguinte, os termos de carga β_{10} e β_{20} mostrados na Figura 11.25 correspondem à solução de viga biengastada. O termo de carga β_{30} é igual ao da solução *(a)*.

O caso (1) da solução *(b)* com articulação na coluna (Figura 11.26) também difere do caso (1) da solução *(a)* (Figura 11.7) somente na viga, que agora se comporta como uma barra biengastada. Isso altera os coeficientes de rigidez K_{11} e K_{21}. Este último é nulo na solução *(a)* e diferente de zero na solução *(b)*.

Os casos (2) das soluções com articulação na viga (Figura 11.9) e com articulação na coluna (Figura 11.27) são bastante diferentes. Na primeira solução, a rotação $D_2 = 1$ é imposta no topo da coluna e, na segunda, a rotação $D_2 = 1$ é imposta na seção transversal da extremidade direita da viga. Com isso, o coeficiente de rigidez K_{12} não é mais nulo como é na solução *(a)*, e o coeficiente de rigidez global K_{22} agora corresponde ao coeficiente de rigidez à rotação da viga, e não da coluna, como é na solução *(a)*.

Outra diferença marcante é o fato de a coluna da direita não sofrer flexão na solução *(b)*, não aparecendo também esforço cortante nessa coluna. Dessa forma, o coeficiente de rigidez global K_{32}, que está associado ao esforço cortante no topo da coluna, é nulo na solução *(b)*.

Também se observa que não existem reações de apoio horizontais no caso (2) da Figura 11.27, mostrando de forma alternativa que, por equilíbrio global de forças na direção horizontal, o coeficiente K_{32} é igual a zero.

Finalmente, o caso (3) da solução *(b)*, mostrado na Figura 11.28, difere do caso (3) da solução *(a)* (Figura 11.11) apenas no comportamento da coluna da direita. Com isso, o coeficiente de rigidez global K_{23} é nulo na solução *(b)*, pois o topo da coluna é articulado. O coeficiente de rigidez K_{33} também é diferente, pois o esforço cortante na coluna da direita agora corresponde ao de uma barra com engaste na base e articulação no topo.

Caso (0) – Solicitação externa (carregamento) isolada no SH

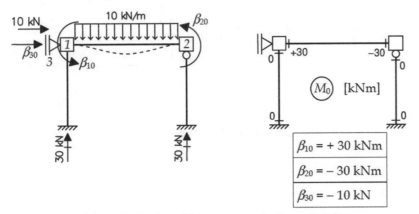

Figura 11.25 Caso (0) da estrutura da Figura 11.24.

Caso (1) – Deslocabilidade D_1 isolada no SH

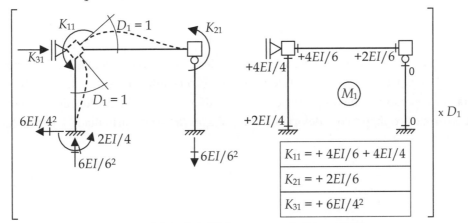

Figura 11.26 Caso (1) da estrutura da Figura 11.24.

Caso (2) – Deslocabilidade D_2 isolada no SH

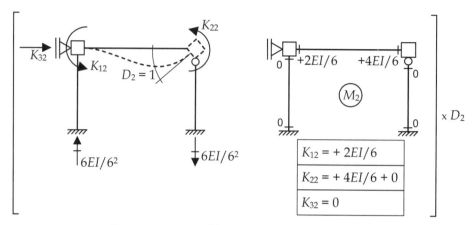

Figura 11.27 Caso (2) da estrutura da Figura 11.24.

Caso (3) – Deslocabilidade D_3 isolada no SH

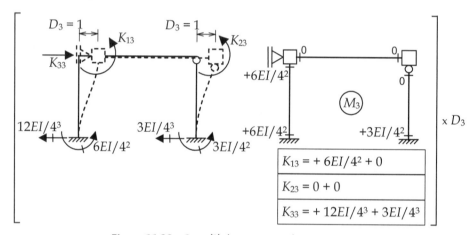

Figura 11.28 Caso (3) da estrutura da Figura 11.24.

Equações de equilíbrio

Com base nos casos básicos da solução *(b)* para o exemplo que está sendo analisado, monta-se o correspondente sistema de equações de equilíbrio. Isso está indicado a seguir, juntamente com os valores obtidos para as deslocabilidades (em função de $1/EI$):

$$\begin{Bmatrix} +30 \\ -30 \\ -10 \end{Bmatrix} + EI \begin{bmatrix} 5/3 & 1/3 & 3/8 \\ 1/3 & 2/3 & 0 \\ 3/8 & 0 & 15/64 \end{bmatrix} \begin{Bmatrix} D_1 \\ D_2 \\ D_3 \end{Bmatrix} = \begin{Bmatrix} 0 \\ 0 \\ 0 \end{Bmatrix} \Rightarrow \begin{cases} D_1 = -67.78/EI \\ D_2 = +78.88/EI \\ D_3 = +151.06/EI \end{cases}$$

Nota-se que os valores obtidos para a rotação D_1 e para o deslocamento horizontal D_3 são os mesmos obtidos na solução *(a)* (Seção 11.3.1). Entretanto, o valor obtido para a rotação D_2 difere do valor obtido anteriormente. Isso era esperado, haja vista que essa rotação tem interpretações físicas diferentes nas duas soluções, como indicado na Figura 11.29. Essa figura mostra as configurações deformadas da solução *(a)* – viga articulada – e da solução *(b)* – coluna articulada.

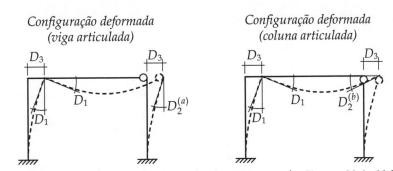

Figura 11.29 Configurações deformadas das estruturas das Figuras 11.4 e 11.24.

Observa-se, na Figura 11.29, que a rotação D_2 da solução (a) é no sentido horário, correspondendo ao valor negativo $D_2^{(a)} = -56.66/EI$, enquanto, na solução (b), o sentido é anti-horário, compatível com o valor positivo $D_2^{(b)} = +78.88/EI$. Fica claro na figura que $D_2^{(a)}$ corresponde à rotação da seção transversal do topo da coluna quando a articulação pertence à viga e que $D_2^{(b)}$ corresponde à rotação na extremidade direita da viga para o caso de a articulação pertencer à coluna. Portanto, os valores de D_2 tinham mesmo que ser diferentes nas duas soluções.

Apesar disso, como não podia deixar de ser, os resultados finais para os esforços internos (e reações de apoio) obtidos pela solução (b) são os mesmos da solução (a). Por exemplo, pode-se verificar que a superposição dos diagramas de momentos fletores ($M = M_0 + M_1 \cdot D_1 + M_2 \cdot D_2 + M_3 \cdot D_3$) da solução (b) resulta no mesmo diagrama da solução (a) mostrado na Figura 11.13.

11.4.2. Pórtico com articulação dupla na viga e na coluna

Finalmente, o pórtico analisado nas Seções 11.3.1 e 11.4.1 será analisado nesta seção considerando que tanto a viga quanto a coluna da direita contêm uma rótula no nó superior direito – solução (c). Conforme mencionado anteriormente, o objetivo desta análise é justificar um macete de cálculo que "elimina" a deslocabilidade interna de um nó com articulação completa (com todas as seções transversais adjacentes rotuladas). O modelo estrutural da solução (c) é mostrado na Figura 11.30, onde a articulação completa do nó superior direito está indicada. As Figuras 11.31, 11.32, 11.33 e 11.34 mostram os casos (0), (1), (2) e (3), respectivamente.

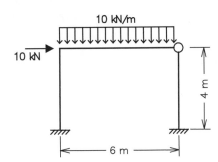

Figura 11.30 Exemplo de pórtico com barras inextensíveis e articulação dupla na viga e na coluna.

Quase todos os casos básicos da solução (c) têm aspectos semelhantes aos da solução (a) ou da solução (b). Por exemplo, o caso (0) mostrado na Figura 11.31 tem os mesmos resultados do caso (0) da solução (a) (Figura 11.6).

Salienta-se o fato de que tudo que se refere à deslocabilidade D_2 na solução (c) é nulo. Dessa forma, o termo de carga β_{20} é igual a zero. O coeficiente de rigidez K_{21} do caso (1) (Figura 11.32), que é semelhante ao caso (1) da solução (a) (Figura 11.7), também é nulo. Analogamente, no caso (3) (Figura 11.34), que é semelhante ao caso (3) da solução (b) (Figura 11.28), o coeficiente $K_{23} = 0$.

O único caso básico da solução (c) que não tem semelhante nas outras soluções é o caso (2), mostrado na Figura 11.33. Observa-se, nesse caso, que não existe resistência do SH para a rotação $D_2 = 1$ que é imposta. Portanto, os coeficientes de rigidez desse caso são nulos, assim como os momentos fletores (ou qualquer outro esforço interno), pois as barras não têm deformação.

Caso (0) – Solicitação externa (carregamento) isolada no SH

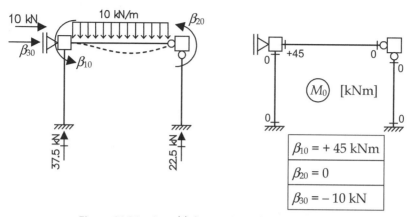

Figura 11.31 Caso (0) da estrutura da Figura 11.30.

Caso (1) – Deslocabilidade D_1 isolada no SH

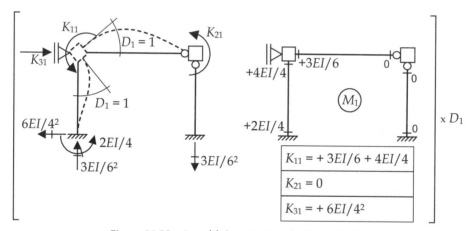

Figura 11.32 Caso (1) da estrutura da Figura 11.30.

Caso (2) – Deslocabilidade D_2 isolada no SH

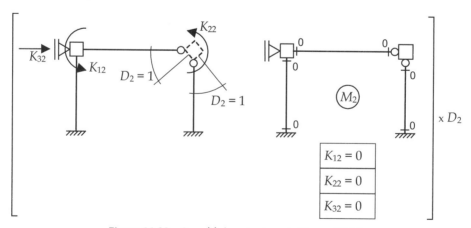

Figura 11.33 Caso (2) da estrutura da Figura 11.30.

Caso (3) – Deslocabilidade D_3 isolada no SH

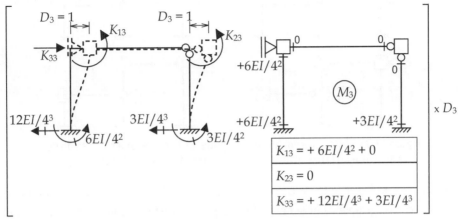

Figura 11.34 Caso (3) da estrutura da Figura 11.30.

Equações de equilíbrio

O sistema de equações de equilíbrio da solução *(c)* é indicado a seguir:

$$\begin{Bmatrix} +45 \\ 0 \\ -10 \end{Bmatrix} + EI \begin{bmatrix} 3/2 & 0 & 3/8 \\ 0 & 0 & 0 \\ 3/8 & 0 & 15/64 \end{bmatrix} \begin{Bmatrix} D_1 \\ D_2 \\ D_3 \end{Bmatrix} = \begin{Bmatrix} 0 \\ 0 \\ 0 \end{Bmatrix}$$

Observa-se que a matriz de rigidez global desse sistema de equações é singular, pois tem a segunda linha e a segunda coluna nulas. Isso quer dizer que esse sistema, pelo menos na forma como está apresentado, não tem solução. Na verdade, isso é consistente com o fato de a articulação estar sendo considerada de forma redundante.

Entretanto, se a segunda linha da equação for eliminada, bem como a influência da deslocabilidade D_2 (eliminando a segunda coluna da matriz), isso resulta em um sistema de equações que tem solução para D_1 e D_3:

$$\begin{Bmatrix} +45 \\ -10 \end{Bmatrix} + EI \begin{bmatrix} 3/2 & 3/8 \\ 3/8 & 15/64 \end{bmatrix} \begin{Bmatrix} D_1 \\ D_3 \end{Bmatrix} = \begin{Bmatrix} 0 \\ 0 \end{Bmatrix} \Rightarrow \begin{cases} D_1 = -67.78/EI \\ D_3 = +151.06/EI \end{cases}$$

Nota-se que os valores de D_1 e D_3 são os mesmos obtidos nas soluções *(a)* e *(b)*. Os momentos fletores (ou qualquer outro esforço interno ou reações de apoio) também resultam nos mesmos valores obtidos nas outras soluções. Também se observa que, na solução *(c)*, a superposição envolve apenas três casos: $M = M_0 + M_1 \cdot D_1 + M_3 \cdot D_3$.

Este é justamente o macete de cálculo: *simplesmente desconsidera-se a deslocabilidade interna de um nó completamente articulado*. Essa é a terceira simplificação adotada quando se resolve manualmente uma estrutura pelo método dos deslocamentos. Como visto na análise desta seção, essa simplificação não modifica os resultados; apenas deixa uma deslocabilidade interna indefinida.

Quando se adota essa simplificação, entretanto, deve-se tomar alguns cuidados. Por exemplo, só se pode utilizar a simplificação quando realmente todas as barras que chegam no nó têm as seções transversais adjacentes articuladas. Por exemplo, a Figura 11.35 mostra um exemplo em que somente uma barra é articulada em um nó (Figura 11.35-a) e um exemplo correspondente em que todas as barras são articuladas nesse nó (Figura 11.35-b). Os SHs dos dois casos também estão indicados na figura. No primeiro caso, a deslocabilidade interna do nó com articulação tem de ser considerada e, no segundo caso, essa deslocabilidade pode ser eliminada.

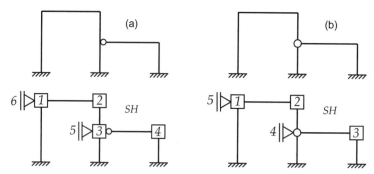

Figura 11.35 Estrutura em que não se pode desconsiderar a rotação do nó da articulação (a) e estrutura em que a simplificação pode ser feita (b).

Outro macete de cálculo pode ser feito no caso de um apoio simples do 2º gênero (apoio que fixa deslocamentos e libera a rotação) no qual converge apenas uma barra. O "truque" consiste em interpretar a liberação da rotação como uma articulação da barra, considerando o apoio como um engaste. Isso é exemplificado na Figura 11.36. Dessa forma, elimina-se a deslocabilidade interna do nó do apoio.

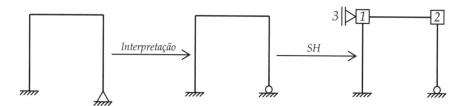

Figura 11.36 Simplificação para o caso de apoio do 2º gênero no qual só converge uma barra.

Nos exemplos mostrados neste e no próximo capítulo, essa interpretação será feita implicitamente, sem que se desenhe o apoio como um engaste e a barra articulada na extremidade do apoio. Entretanto, a barra será considerada dessa forma.

Essa simplificação também deve ser usada com cuidado. A Figura 11.37 mostra um exemplo em que duas barras convergem para um nó com um apoio do 2º gênero, sem que exista uma articulação. Nesse caso, o macete não é possível e a deslocabilidade interna do nó do apoio deve ser considerada.

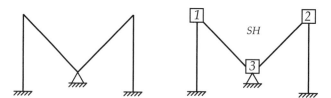

Figura 11.37 Situação em que não é possível adotar a simplificação para apoio do 2º gênero.

11.4.3. Regras para determinação de deslocabilidades internas

Com base na simplificação para articulação completa, pode-se resumir da seguinte maneira os procedimentos adotados em quadros planos para identificação de deslocabilidades internas (rotações nodais) e adição de chapas fictícias para prender rotações na criação do sistema hipergeométrico:

1. Um nó com engaste não tem deslocabilidade interna. Portanto, não é necessário adicionar uma chapa nesse nó na criação do SH.

2. A rotação de um nó com articulação completa (todas as barras adjacentes são articuladas no nó) não é considerada deslocabilidade interna. A rotação do nó fica indeterminada. Portanto, não é necessário inserir uma chapa nesse nó.

3. Um nó que tem um apoio do 2º gênero, no qual só converge uma barra, é considerado engastado, e a articulação é considerada na extremidade correspondente da barra. Portanto, o nó não tem rotação, isto é, não é necessário adicionar chapa no nó.

4. Em qualquer outra situação, exceto no caso de uma barra adjacente infinitamente rígida (Seção 11.5), o nó tem deslocabilidade interna e é necessário inserir uma chapa na criação do sistema hipergeométrico.

11.4.4. Exemplo de solução de pórtico com duas articulações

Esta seção mostra um exemplo de solução de uma estrutura com barras inextensíveis em que se adota a simplificação para nós completamente articulados. O modelo estrutural e sua solução são mostrados na Figura 11.38. Todas as barras têm a mesma inércia à flexão EI, em que E é o módulo de elasticidade do material e I é o momento de inércia da seção transversal das barras. Existe uma articulação interna e uma articulação externa (apoio do 2º gênero no qual converge apenas uma barra). De acordo com a simplificação que foi apresentada na seção anterior, nos dois nós correspondentes a essas articulações as deslocabilidades internas não serão consideradas.

Na solução mostrada na Figura 11.38, deve-se observar que o termo de carga β_{20} e os coeficientes de rigidez K_{21} e K_{22} têm duas alternativas para cálculo: podem ser determinados pela soma dos esforços cortantes que atuam nas colunas no nível do pavimento ou podem ser calculados impondo-se o equilíbrio global do SH na direção horizontal ($\Sigma F_x = 0$).

Por exemplo, no caso (0), pela soma dos cortantes nas colunas no nível do pavimento, $\beta_{20} = -10\cdot4\cdot(3/8) - 12\cdot4/2 = -39$ kN. Pelo equilíbrio global, deve-se considerar todas as forças horizontais atuantes, inclusive as resultantes das cargas distribuídas: $\Sigma F_x = \beta_{20} + 10\cdot4 + 12\cdot4 - 10\cdot4\cdot(5/8) - 12\cdot4/2 = 0$. Isso resulta no mesmo valor para β_{20}.

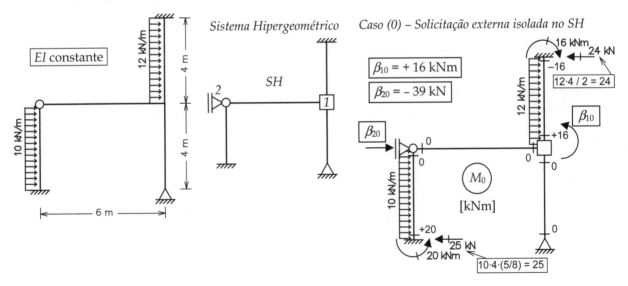

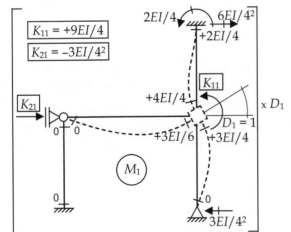

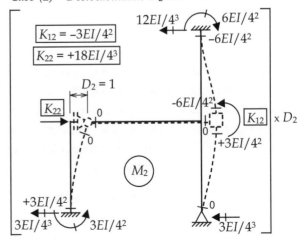

Equações de equilíbrio

$$\begin{cases} \beta_{10} + K_{11}D_1 + K_{12}D_2 = 0 \\ \beta_{20} + K_{21}D_1 + K_{22}D_2 = 0 \end{cases} \Rightarrow \begin{Bmatrix} +16 \\ -39 \end{Bmatrix} + \frac{EI}{32} \cdot \begin{bmatrix} +72 & -6 \\ -6 & 9 \end{bmatrix} \cdot \begin{Bmatrix} D_1 \\ D_2 \end{Bmatrix} = \begin{Bmatrix} 0 \\ 0 \end{Bmatrix} \Rightarrow \begin{cases} D_1 = +\dfrac{720}{153 \cdot EI} \\ D_2 = +\dfrac{21696}{153 \cdot EI} \end{cases}$$

Momentos Fletores Finais
$M = M_0 + M_1 \cdot D_1 + M_2 \cdot D_2$

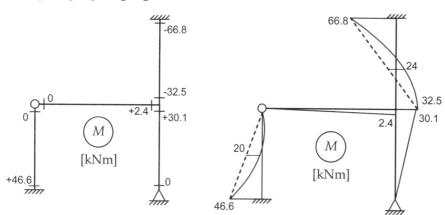

Figura 11.38 Solução de um pórtico com uma articulação interna e outra externa.

11.4.5. Exemplo de viga contínua com carregamento, variação de temperatura e recalque de apoio

Esta seção analisa, pelo método dos deslocamentos, uma viga contínua com dois vãos submetida a três tipos de solicitações externas: forças aplicadas, variação de temperatura e recalque de apoio. Essa viga foi analisada pela analogia da viga conjugada na Figura 6.24 e pelo método das forças na Seção 8.10. O objetivo deste exemplo é mostrar como diferentes tipos de solicitações externas podem ser considerados no caso básico (0) do método dos deslocamentos. A viga é considerada inextensível e é mostrada na Figura 11.39. As propriedades do material e da seção transversal também estão indicadas na figura.

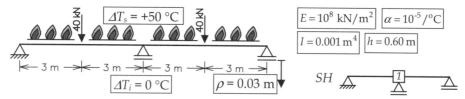

Figura 11.39 Viga contínua com forças aplicadas, variação de temperatura e recalque de apoio.

O sistema hipergeométrico do presente exemplo também é mostrado na Figura 11.39. Não são introduzidas chapas fictícias para prender as rotações dos dois nós nas extremidades da viga porque está sendo adotado o "macete" que interpreta a viga articulada nas extremidades, deixando as rotações dos nós extremos indeterminadas (essa rotações não são consideradas deslocabilidades). Observe que, como a viga é inextensível, não há distinção entre apoio simples do 1º ou do 2º gênero. Portanto, na análise da viga pelo método dos deslocamentos, apenas uma deslocabilidade está sendo considerada: a rotação da seção transversal no apoio interno. A chapa fictícia 1 do SH prende essa deslocabilidade.

Deve-se salientar que a variação de temperatura provoca uma deformação axial na viga. Mas, como essa deformação não está confinada (apenas um apoio prende o deslocamento na direção horizontal), a variação axial de temperatura não provoca esforços normais e é desprezada.

Caso (0) – Solicitações externas isoladas no SH

Os efeitos dos três tipos de solicitações externas são considerados no termo de carga β_{10}. O termo de carga e o diagrama de momentos fletores M_0 são calculados considerando a contribuição de cada solicitação externa em separado.

A Figura 11.40 indica a contribuição das duas forças concentradas aplicadas no meio de cada vão. Nesse caso, a parcela do termo de carga devida ao carregamento é nula.

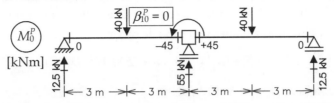

Figura 11.40 Caso (0) da viga contínua da Figura 11.39 para forças aplicadas.

A contribuição da variação de temperatura para o caso (0) é mostrada na Figura 11.41. Os momentos de engastamento provocados pela variação transversal de temperatura ($\Delta T_i - \Delta T_s$) para as barras engastadas no centro e articuladas nas extremidades são obtidos seguindo a metodologia indicada na Seção 9.3.5. A Figura 9.33 (reproduzida no Apêndice) fornece os momentos de engastamento para as barras biengastadas, e as Equações 9.69 e 9.71 são utilizadas para obter os momentos de engastamento considerando as barras com articulações nas extremidades (Figuras 9.21 e 9.22). As expressões para esses momentos de engastamento nas seções transversais à esquerda (M^{esq}) e à direita (M^{dir}) do nó central são mostradas na Figura 11.41. Observa-se que a parcela do termo de carga devida à variação de temperatura também é nula.

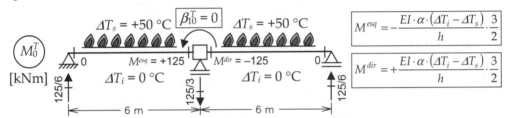

Figura 11.41 Caso (0) da viga contínua da Figura 11.39 para variação de temperatura.

O efeito do recalque de apoio no caso (0) é indicado na Figura 11.42. Essa solicitação externa provoca momentos e reações de engastamento no caso (0) como qualquer outra solicitação. Nesse caso, como a chapa fictícia 1 fixa a rotação do nó central da viga, o recalque no apoio da direita só afeta a barra da direita. Os momentos e forças cortantes que devem atuar nas extremidades da barra para mantê-la em equilíbrio quando é imposto o recalque de apoio são obtidos da Figura 9.15 (coeficientes de rigidez locais para barra com articulação na extremidade direita).

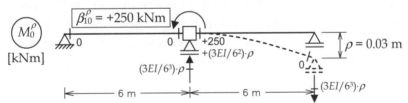

Figura 11.42 Caso (0) da viga contínua da Figura 11.39 para recalque de apoio.

Caso (1) – Deslocabilidade D_1 isolada no SH

O caso básico (1) da solução da viga contínua é mostrado na Figura 11.43. O coeficiente de rigidez global K_{11} e os momentos fletores são determinados com base nas Figuras 9.13 e 9.15, pois as barras são consideradas articuladas nas extremidades.

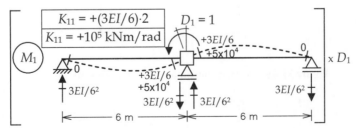

Figura 11.43 Caso (1) da viga contínua da Figura 11.39.

Equação de equilíbrio e determinação do diagrama de momentos fletores finais

De acordo com a metodologia do método dos deslocamentos, o efeito final da chapa fictícia do SH é anulado na superposição dos casos básicos (0) e (1). Isso resulta na equação de equilíbrio mostrada a seguir, em que é indicada a contribuição das três solicitações externas atuantes no termo de carga:

$$\beta_{10} + K_{11}D_1 = 0 \;\Rightarrow\; (\beta_{10}^P + \beta_{10}^T + \beta_{10}^\rho) + K_{11}D_1 = 0 \;\Rightarrow\; +250 + 10^5 \cdot D_1 = 0$$

A solução dessa equação fornece $D_1 = -2.5 \times 10^{-3}$ rad.

Finalmente, a Figura 11.44 indica a superposição dos diagramas de momentos fletores dos casos básicos e mostra o diagrama de momentos fletores finais.

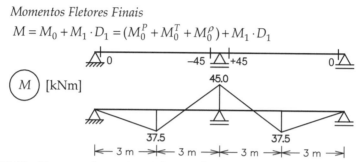

Figura 11.44 Diagrama de momentos fletores finais da viga contínua da Figura 11.39.

Observa-se que o diagrama de momentos fletores finais é igual à parcela do diagrama M_0 para as forças aplicadas. Conclui-se que, por coincidência, os efeitos da variação de temperatura e do recalque de apoio se cancelam. Isso também foi observado na análise dessa viga pelo método das forças (Seção 8.10).

11.5. CONSIDERAÇÃO DE BARRAS INFINITAMENTE RÍGIDAS

O último tipo de simplificação adotada para reduzir o número de deslocabilidades na solução de um pórtico pelo método dos deslocamentos é a consideração de barras com rigidez infinita, isto é, barras que não têm nenhuma deformação. Essa consideração não é feita para todas as barras de um pórtico e só faz sentido para casos especiais de análises em que o comportamento global do pórtico é representado de maneira simplificada.

Por exemplo, na análise de um prédio para cargas laterais (de vento, por exemplo), pode-se considerar que o conjunto de lajes e vigas de um pavimento do prédio forma um diafragma rígido quando o pórtico se desloca lateralmente. Em outras palavras, em situações especiais, o pavimento pode ser considerado um elemento infinitamente rígido em comparação com as colunas do prédio (elementos estruturais que têm deformações por flexão).

Para entender como a consideração de pavimentos ou barras rígidas influencia a determinação das deslocabilidades de um pórtico, o exemplo da Figura 11.45 é analisado. Nesse pórtico, as colunas são inextensíveis, com uma inércia à flexão EI constante. A viga é considerada uma barra infinitamente rígida. A solicitação externa é uma força horizontal P atuante no pavimento rígido.

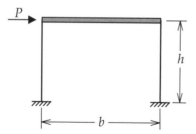

Figura 11.45 Pórtico com uma viga infinitamente rígida.

Considerando que as colunas do pórtico da Figura 11.45 são inextensíveis, os nós do pavimento do pórtico só podem se deslocar na direção horizontal. Isso impede a rotação da viga como um corpo rígido. Portanto, o único movimento que a viga infinitamente rígida pode ter é o deslocamento horizontal mostrado na Figura 11.46.

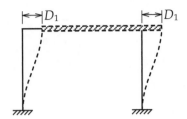

Figura 11.46 Configuração deformada da estrutura da Figura 11.45.

Vê-se, na configuração deformada mostrada na Figura 11.46, que os nós do pavimento não sofrem rotações, pois a viga se desloca horizontalmente mantendo-se reta (é uma barra que não pode se deformar). Dessa forma, a estrutura só tem uma deslocabilidade, que é o deslocamento horizontal D_1 do pavimento.

Por meio dessa análise, pode-se avaliar como a consideração de barras infinitamente rígidas influencia na redução do número de deslocabilidades de um pórtico. Se as barras do pórtico adotado como exemplo não tivessem nenhuma restrição quanto às suas deformações, o número total de deslocabilidades seria seis (três em cada nó do pavimento). Considerando as três barras sem deformação axial, o número de deslocabilidades se reduz para três (Figura 11.3). Finalmente, com a consideração da viga infinitamente rígida, o número de deslocabilidades se reduz a um.

É evidente que tanto a hipótese de barras inextensíveis quanto a consideração de barra com rigidez infinita modificam os resultados da solução de um pórtico quando comparadas com a solução sem essas simplificações. As restrições nas deformações de barras devem ser consideradas tendo como objetivo uma análise simplificada, em geral relacionada com a resolução manual de uma estrutura.

Outro ponto a ser considerado é que a identificação das deslocabilidades de pórticos com barras infinitamente rígidas só pode ser feita caso a caso. Muitas vezes, é necessário visualizar *a priori* (por meio de esboços, por exemplo) a configuração deformada de uma estrutura para identificar suas deslocabilidades. Seria muito difícil estabelecer regras gerais para a determinação de deslocabilidades de pórticos que têm pelo menos uma barra rígida, como foi feito na Seção 11.3.2 para pórticos apenas com barras inextensíveis. Apesar disso, para pórticos simples com poucas barras infinitamente rígidas, não é difícil identificar as deslocabilidades. Assim como para pórticos só com barras inextensíveis, a maneira mais simples de se determinarem as deslocabilidades de um pórtico com barras inextensíveis e rígidas é introduzindo os apoios fictícios para a criação do SH: *a cada apoio necessário para fixar os nós da estrutura é identificada uma deslocabilidade*. Isso é considerado nos exemplos que contêm barras infinitamente rígidas no restante deste capítulo. A Seção 11.5.3 resume algumas sugestões para criação do SH de pórticos com barras infinitamente rígidas.

Voltando ao pórtico da Figura 11.45, sua solução recai na superposição dos casos (0) e (1) mostrados nas Figuras 11.47 e 11.48. O SH desse exemplo é mostrado na Figura 11.47, onde só é necessário adicionar um apoio fictício (o apoio 1) para fixar a estrutura, podendo-se identificar, dessa forma, a deslocabilidade D_1. Como os nós superiores da estrutura não têm rotações, não é necessário inserir chapas fictícias (que fixam deslocabilidades internas) no SH.

Caso (0) – Solicitação externa (carregamento) isolada no SH

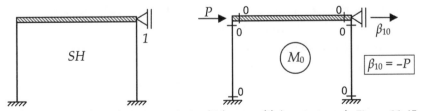

Figura 11.47 Sistema hipergeométrico (SH) e caso (0) da estrutura da Figura 11.45.

Caso (1) – Deslocabilidade D_1 isolada no SH

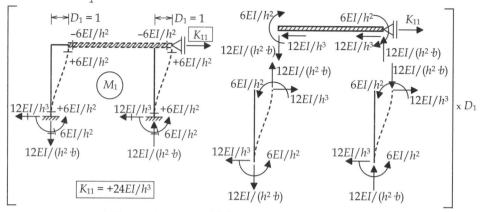

Figura 11.48 Caso (1) da estrutura da Figura 11.45.

O fato de não existirem chapas fictícias no SH faz com que a determinação dos esforços nas barras no caso (1) (Figura 11.48) exija uma análise mais detalhada. Como sempre, no método dos deslocamentos, o ponto de partida para a solução de cada caso básico é a configuração deformada imposta. Nesse caso, é imposto um deslocamento $D_1 = 1$. As colunas do pórtico são deformadas de tal maneira que há um deslocamento transversal nos nós superiores, sem que eles girem. A viga se desloca como um corpo rígido.

Com base na configuração deformada das colunas no caso (1), os esforços cortantes e momentos fletores nas suas extremidades são conhecidos (coeficientes de rigidez de barra — Figura 9.10). Por outro lado, o fato de a viga não ter deformação por flexão não acarreta a condição de momentos fletores nulos. Assim como para colunas inextensíveis os esforços normais não são conhecidos *a priori*, os momentos fletores na viga rígida também não podem ser determinados antecipadamente. De fato, a viga rígida pode ter qualquer distribuição para momentos fletores, já que ela sempre se mantém reta. Assim, os momentos fletores na viga rígida devem ser determinados para satisfazer o equilíbrio da estrutura.

Isso pode ser entendido com base no isolamento das barras no caso (1), como indicado na Figura 11.48. A viga rígida tem de ter momentos nas suas extremidades de forma a estabelecer o equilíbrio de momentos nos nós superiores. Assim, os sentidos dos momentos fletores que atuam na viga são sempre opostos aos sentidos dos momentos nas colunas. Utilizando a convenção de sinais do método dos deslocamentos, os momentos fletores do diagrama M_1 têm sinais positivos nas colunas e negativos na viga, resultando em um somatório de momentos nulos em cada nó.

Essa análise pode ser vista de outra maneira. A presença da viga rígida fez com que não fosse necessário inserir chapas fictícias no SH para impedir deslocabilidades internas. Então, a viga rígida tem de fazer o papel das chapas fictícias. Esse papel é feito equilibrando os momentos fletores que atuam nas colunas para a configuração deformada imposta.

O isolamento das barras na Figura 11.48 também mostra que devem aparecer esforços cortantes nas extremidades da viga rígida, que são transmitidos via esforço normal nas colunas para os apoios da base.

A determinação do coeficiente de rigidez K_{11} pode ser feita de duas maneiras. Ele pode ser obtido pela soma dos esforços cortantes no topo das colunas ou pelo equilíbrio global de forças horizontais. De ambas as maneiras, o valor resultante é $K_{11} = +24EI/h^3$.

Equação de equilíbrio e determinação do diagrama de momentos fletores finais

Com base na superposição dos casos básicos (0) e (1), é estabelecido o equilíbrio da estrutura original. Isso é feito obrigando-se o efeito final do apoio fictício na estrutura a ser igual a zero:

$$\beta_{10} + K_{11}D_1 = 0 \Rightarrow -P + (24EI/h^3) \cdot D_1 = 0$$

A solução dessa equação de equilíbrio resulta no valor da deslocabilidade da estrutura:

$$D_1 = +\frac{P \cdot h^3}{24EI}$$

Finalmente, o diagrama de momentos fletores mostrado na Figura 11.49 é obtido com base na relação $M = M_0 + M_1 \cdot D_1$, onde, nesse exemplo, $M_0 = 0$. É interessante observar que os valores dos momentos fletores independem da largura b do pórtico. Esse resultado foi adiantado na Figura 5.35.

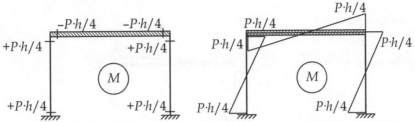

Figura 11.49 Diagrama de momentos fletores da estrutura da Figura 11.45.

11.5.1. Exemplo de solução de pórtico com dois pavimentos

Esta seção analisa uma estrutura com dois pavimentos rígidos, mostrada na Figura 11.50. As colunas são inextensíveis, com inércia à flexão EI constante.

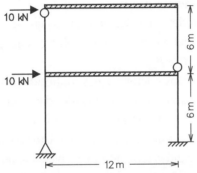

Figura 11.50 Pórtico com dois pavimentos rígidos.

Diferentes condições de articulação são consideradas para as colunas. A coluna do segundo pavimento à esquerda é articulada no topo. No mesmo pavimento, a coluna da direita é articulada na base. A coluna da esquerda no primeiro pavimento é considerada articulada na base (apoio do 2º gênero). A única coluna que não tem articulação é a do primeiro pavimento à direita. A solução dessa estrutura pelo método dos deslocamentos é mostrada na Figura 11.51.

As únicas deslocabilidades da estrutura da Figura 11.50 são os deslocamentos horizontais D_1 e D_2 dos dois pavimentos. Isso é identificado na Figura 11.51 pelos apoios fictícios 1 e 2 do SH, necessários para fixar os deslocamentos horizontais dos pavimentos. Como os nós da estrutura não têm deslocamentos verticais (colunas inextensíveis) e as vigas são infinitamente rígidas, não são necessários mais apoios para prender a estrutura. Portanto, só existem duas deslocabilidades.

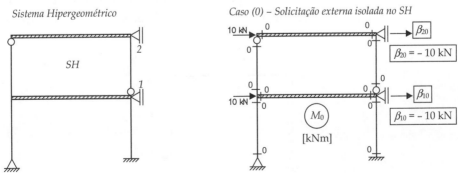

Figura 11.51 Solução da estrutura da Figura 11.50. (*Continua*)

Equações de equilíbrio

$$\begin{cases} \beta_{10} + K_{11}D_1 + K_{12}D_2 = 0 \\ \beta_{20} + K_{21}D_1 + K_{22}D_2 = 0 \end{cases} \Rightarrow \begin{Bmatrix} -10 \\ -10 \end{Bmatrix} + \frac{EI}{216} \cdot \begin{bmatrix} +21 & -6 \\ -6 & +6 \end{bmatrix} \cdot \begin{Bmatrix} D_1 \\ D_2 \end{Bmatrix} = \begin{Bmatrix} 0 \\ 0 \end{Bmatrix} \Rightarrow \begin{cases} D_1 = +\dfrac{288}{EI} \\ D_2 = +\dfrac{648}{EI} \end{cases}$$

Momentos Fletores Finais
$M = M_0 + M_1 \cdot D_1 + M_2 \cdot D_2$

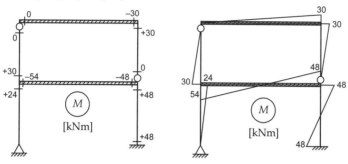

Figura 11.51 Solução da estrutura da Figura 11.50. *(Continuação)*

Na solução do pórtico com dois pavimentos mostrada na Figura 11.51, observa-se que, no caso (0), os momentos fletores são nulos, pois as colunas não têm deformações nem cargas em seu interior. Nesse caso, as forças horizontais aplicadas são transmitidas via esforço normal nas vigas rígidas diretamente para os apoios fictícios do SH. As reações nos apoios fictícios são os termos de carga β_{10} e β_{20}.

Nos casos (1) e (2), o ponto de partida são as deformações conhecidas impostas para as colunas. Essas deformações induzem momentos fletores e esforços cortantes nas extremidades das colunas (coeficientes de rigidez de barras com e sem articulação — Figuras 9.10, 9.13 e 9.15). Os momentos fletores que aparecem nas extremidades das vigas rígidas são tais que equilibram os momentos nas extremidades das colunas, isto é, os momentos fletores dos diagramas M_1 e M_2 que aparecem nas extremidades das vigas rígidas têm valores e sinais que fazem com que o somatório dos momentos em cada nó seja nulo.

Os coeficientes de rigidez dessa estrutura (K_{11}, K_{21}, K_{12} e K_{22}) correspondem aos esforços cortantes nas colunas em cada pavimento. Por exemplo, o coeficiente K_{11} é calculado, no caso (1), pela soma dos cortantes nas extremidades das colunas no primeiro pavimento: $K_{11} = +3EI/6^2 + 3EI/6^2 + 3EI/6^2 + 12EI/6^2 = +21EI/6^2$. No mesmo caso, o coeficiente K_{21} é obtido pela soma dos cortantes no topo das colunas do segundo pavimento: $K_{21} = -3EI/6^2 - 3EI/6^2 = -6EI/6^2$. Para essa estrutura, não é possível determinar os coeficientes de rigidez impondo-se o equilíbrio global da estrutura na direção horizontal, pois em cada caso existem duas incógnitas para uma equação de equilíbrio.

11.5.2. Exemplo de barra rígida com giro

Nos dois exemplos anteriores, as barras infinitamente rígidas sofrem um deslocamento horizontal sem rotação. Nesta seção, é considerado um pórtico, mostrado na Figura 11.52, com uma barra rígida que sofre um giro. Esse pórtico tem a coluna da esquerda considerada infinitamente rígida, e a viga e a outra coluna são flexíveis (com inércia à flexão igual a *EI*) e inextensíveis.

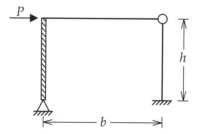

Figura 11.52 Pórtico com uma coluna infinitamente rígida que sofre um giro.

Como a coluna rígida da estrutura da Figura 11.52 está articulada na base (apoio do 2º gênero), existe a possibilidade de a barra girar, tendo como centro de rotação o ponto do apoio. Isso é indicado na Figura 11.53, que mostra a única configuração deformada possível para esse pórtico. Como o ângulo entre a coluna rígida e a viga não pode se alterar (ligação rígida sem articulação), o giro θ_1 da coluna induz uma rotação igual na extremidade esquerda da viga.

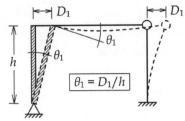

Figura 11.53 Configuração deformada da estrutura da Figura 11.52.

Considerando que os deslocamentos são pequenos, o ângulo θ_1 pode ser aproximado por sua tangente. Portanto, $\theta_1 = D_1/h$, e h é o comprimento da coluna rígida. Observa-se que um deslocamento D_1 da esquerda para a direita induz uma rotação θ_1 no sentido horário.

A hipótese de pequenos deslocamentos também permite que se considere que o movimento do nó no topo da coluna rígida não tenha uma componente vertical. Como a rotação θ_1 do nó está associada a seu deslocamento horizontal D_1, só existe um parâmetro que define o movimento do nó. Portanto, esse nó só tem uma deslocabilidade. Pode-se adotar, para esse parâmetro, tanto o deslocamento horizontal D_1 quanto a rotação θ_1.

A Figura 11.54 indica quatro opções para o sistema hipergeométrico desse pórtico, sendo todos equivalentes. Não é necessário inserir uma chapa no nó superior direito porque, sendo uma articulação completa, sua rotação é deixada indeterminada. Portanto, só existe uma deslocabilidade, que pode ser D_1 ou θ_1, dependendo do apoio fictício que é inserido na criação do SH.

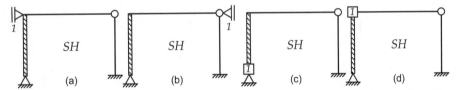

Figura 11.54 Opções para sistema hipergeométrico (SH) da estrutura da Figura 11.52.

O apoio fictício do 1º gênero dos SHs das Figuras 11.54-a e 11.54-b prende o deslocamento horizontal D_1 dos dois nós superiores (a viga é inextensível). A chapa fictícia das opções das Figuras 11.54-c e 11.54-d prende a rotação θ_1 da barra infinitamente rígida. Como o deslocamento horizontal D_1 e a rotação θ_1 estão associados, tanto faz inserir um apoio do 1º gênero ou uma chapa (ambos fixam tanto D_1 quanto θ_1). Em geral, prefere-se a inserção de um apoio do 1º gênero, pois é mais intuitiva. Na solução mostrada a seguir, o deslocamento horizontal D_1 é adotado como deslocabilidade, e o SH selecionado é o da Figura 11.54-b.

Caso (0) – Solicitação externa (carregamento) isolada no SH

O caso (0) desse exemplo é mostrado na Figura 11.55. Como as barras flexíveis não estão deformadas, pois não têm carga em seu interior, não aparecem momentos fletores nessas barras. Portanto, também não aparece momento fletor na coluna rígida. A força horizontal P aplicada é transmitida via esforço normal na viga para o apoio 1 do SH, resultando no termo de carga $\beta_{10} = -P$.

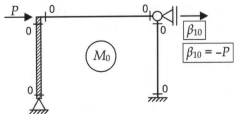

Figura 11.55 Caso (0) da estrutura da Figura 11.52.

Caso (1) – Deslocabilidade D_1 isolada no SH

O caso (1) dessa solução, mostrado na Figura 11.56, merece atenção especial. É imposta uma configuração deformada tal que $D_1 = 1$. Isso provoca uma rotação $\theta_1 = 1/h$, no sentido horário, na extremidade esquerda da viga. Com base nessa rotação imposta à viga, todos os esforços atuantes nas barras do SH ficam determinados no caso (1).

Isso pode ser entendido analisando o equilíbrio das barras isoladas, conforme mostrado na Figura 11.56. A rotação θ_1 imposta na extremidade esquerda da viga provoca um momento nessa extremidade igual a $(3EI/b) \cdot \theta_1$ no sentido horário. No diagrama M_1, isso corresponde ao valor negativo $-3EI/(b \cdot h)$ na seção transversal esquerda da viga. Para que haja equilíbrio de momentos no nó superior esquerdo, aparece um momento fletor no topo da coluna rígida igual a $+3EI/(b \cdot h)$. Os esforços cortantes nas extremidades da viga e da coluna rígida são calculados de forma a equilibrar essas barras. Portanto, esses esforços são sempre iguais em valores e com sentidos opostos, formando conjugados que equilibram os momentos nas barras.

Por outro lado, o momento fletor e os esforços cortantes nas extremidades da coluna flexível da direita ficam determinados pela condição de deslocamento horizontal unitário imposto no topo (veja os coeficientes de rigidez de barra com articulação mostrados na Figura 9.13).

Para completar o equilíbrio das barras isoladas no caso (1) desse exemplo, é necessário determinar os esforços normais em todas as barras. Como indica a Figura 11.56, os esforços normais são determinados por último, de forma a equilibrar os esforços cortantes nas barras.

A Figura 11.56 também indica o valor do coeficiente de rigidez K_{11}, que corresponde à soma dos esforços cortantes no topo das colunas.

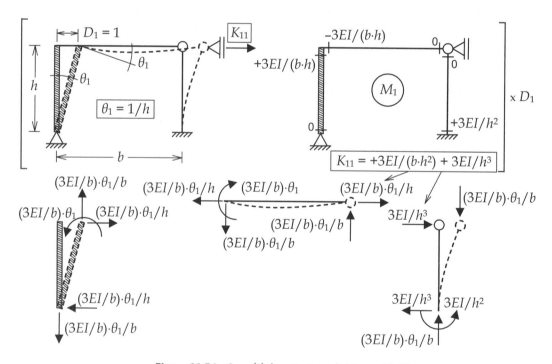

Figura 11.56 Caso (1) da estrutura da Figura 11.52.

Equação de equilíbrio e determinação do diagrama de momentos fletores finais

Com base no termo de carga β_{10} e no coeficiente de rigidez K_{11}, pode-se determinar o valor da deslocabilidade D_1, o que é feito a partir da equação de equilíbrio mostrada a seguir:

$$\beta_{10} + K_{11}D_1 = 0 \Rightarrow -P + \left[\frac{3EI}{h^3} \cdot \left(\frac{b+h}{b}\right)\right] \cdot D_1 = 0 \quad \Rightarrow D_1 = +\frac{P \cdot h^3}{3EI} \cdot \left(\frac{b}{b+h}\right).$$

Finalmente, os momentos fletores finais na estrutura podem ser determinados utilizando a superposição de efeitos $M = M_0 + M_1 \cdot D_1$, em que $M_0 = 0$. O diagrama de momentos fletores finais é mostrado na Figura 11.57.

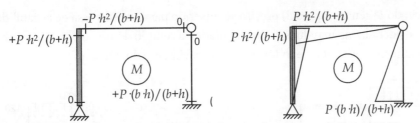

Figura 11.57 Diagrama de momentos fletores da estrutura da Figura 11.52.

11.5.3. Sugestões para criação do SH de pórticos com barras infinitamente rígidas

Conforme observado anteriormente, é difícil estabelecer regras gerais para identificar deslocabilidades de pórticos com barras infinitamente rígidas. Entretanto, com base em observações feitas nas análises dos exemplos anteriores, pode-se sugerir alguns procedimentos que auxiliam nessa identificação:

1. A identificação de deslocabilidades deve ser feita de forma indireta por meio da inserção dos apoios para a criação do SH: a cada apoio necessário para fixar os nós da estrutura é identificada uma deslocabilidade.
2. É importante entender que o giro de uma barra infinitamente rígida está associado aos deslocamentos transversais em suas extremidades, pois a barra sempre permanece reta, isto é, existe uma dependência entre a rotação da barra infinitamente rígida e os deslocamentos transversais de seus nós.
3. Quando uma barra infinitamente rígida não tem rotação, os seus dois nós não giram e não têm deslocamentos na direção transversal ao eixo da barra. Nesse caso, na criação do SH, deve-se impedir a translação da barra infinitamente rígida em sua direção axial. Isso é feito pela inserção de um apoio do 1º gênero. Como os nós da barra infinitamente rígida não têm rotação, não é necessário inserir chapas fictícias neles.
4. Na criação do SH, quando ocorre um giro de uma barra infinitamente rígida tendo como centro de rotação um de seus nós, é mais simples e intuitivo inserir um apoio do 1º gênero para impedir o deslocamento do outro nó na direção transversal ao eixo da barra. Nesse caso, não é necessário inserir chapas fictícias nos nós da barra infinitamente rígida porque, com a inserção do apoio do 1º gênero, o giro da barra também é impedido.

11.6. EXEMPLOS DE SOLUÇÃO DE PÓRTICOS PLANOS

Esta seção mostra a solução, pelo método dos deslocamentos, de uma série de exemplos de quadros planos com barras inextensíveis e barras infinitamente rígidas (Figuras 11.58 a 11.65). O objetivo de todas as soluções é determinar o diagrama de momentos fletores dos pórticos. A solução de cada exemplo é comentada sucintamente, salientando aspectos que caracterizam sua análise.

Nos exemplos, o parâmetro de rigidez à flexão EI é constante para todas as barras, com exceção das barras infinitamente rígidas, que são as barras indicadas com espessura mais grossa.

Em todas as soluções, os termos de carga e os coeficientes de rigidez globais estão indicados nas figuras com seus sentidos positivos. Dessa forma, caso o sinal de um termo de carga ou coeficiente de rigidez global seja negativo, significa que seu sentido é contrário ao que é mostrado na figura correspondente.

O pórtico da Figura 11.58 tem uma barra em balanço na esquerda e uma barra horizontal infinitamente rígida na direita. O deslocamento vertical e a rotação do nó na extremidade livre do balanço não são considerados deslocabilidades, pois se adota a simplificação para balanços isostáticos descrita na Seção 11.2. A barra em balanço continua sendo desenhada no SH da Figura 11.58, mas não existe rigidez associada a ela. A única função dessa barra – que é tratada no caso (0) – é transferir as forças que atuam na extremidade livre do balanço para o nó da base do balanço, ligado ao restante da estrutura.

A rotação desse nó é a única deslocabilidade interna considerada na análise. Essa rotação está associada à chapa fictícia *1* do SH. Os outros dois nós superiores não têm rotação, pois a barra infinitamente rígida não sofre giro. Dessa forma, não é necessário inserir chapas fictícias nesses nós. As rotações dos nós dos apoios do 2º gênero não são consideradas deslocabilidades, pois se adota a simplificação resumida na Seção 11.4.3, que considera esses nós articulações completas. Todos os nós do pavimento do pórtico têm o mesmo deslocamento horizontal. Portanto, na criação do SH, apenas um apoio fictício do 1º gênero (apoio 2) precisa ser inserido para impedir essa deslocabilidade. Ou seja, na análise desse pórtico, são consideradas apenas duas deslocabilidades: a rotação do nó no encontro do balanço com o restante da estrutura e o deslocamento horizontal de todos os nós do pavimento do pórtico.

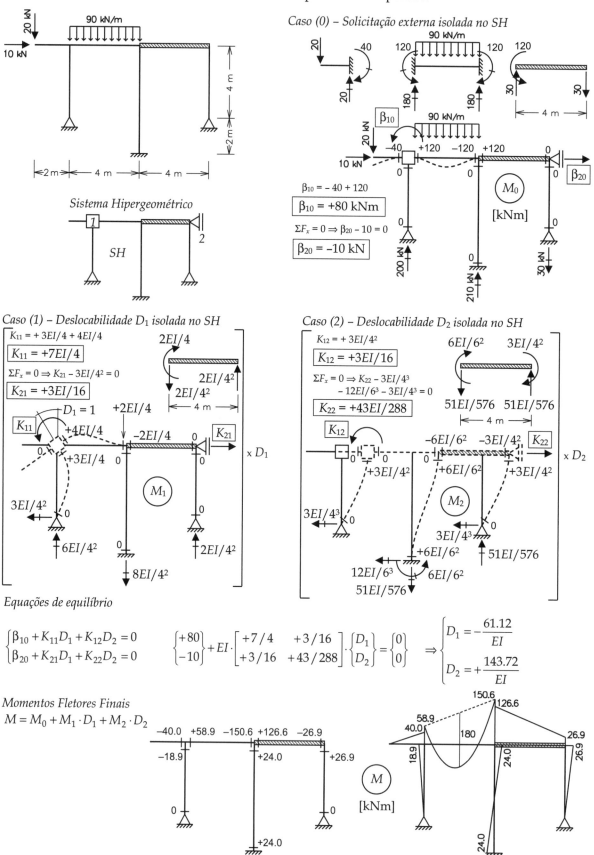

Figura 11.58 Exemplo 1 de solução de pórtico plano pelo método dos deslocamentos.

De especial na análise do pórtico da Figura 11.58 tem-se, no caso (0), o isolamento das três barras do pavimento. A barra do balanço é isolada, e sua solução isostática é indicada. Como a reação momento de 40 kNm da barra isolada tem sentido horário, o valor do momento fletor na seção transversal da extremidade direita dessa barra é negativo (–40 kNm) no diagrama M_0. O termo de carga β_{10} é determinado por esse momento de engastamento na barra em balanço e pelo momento de engastamento na extremidade esquerda da barra central com força uniformemente distribuída aplicada. O engastamento na extremidade direita dessa barra é "fornecido" pela barra infinitamente rígida.

O momento fletor na extremidade esquerda da barra infinitamente rígida é definido para que haja equilíbrio de momentos no nó do encontro com a barra central com carregamento. O isolamento das duas barras mostra o efeito de ação e reação dos momentos fletores atuantes na extremidade comum dessas barras. Vê-se que o sentido do momento fletor atuante na barra infinitamente rígida é contrário ao sentido do momento fletor na barra central com carregamento. No diagrama M_0, os momentos fletores nas seções transversais correspondentes das duas barras aparecem com sinais contrários.

Observa-se que as colunas do pórtico no caso (0) não se deformam. Como essas barras são flexíveis e não têm deformação, elas também não apresentam momentos fletores. Por conseguinte, as colunas não apresentam esforços cortantes. Dessa forma, as reações horizontais e a reação momento nos apoios inferiores só podem ser nulas (se fossem diferentes de zero, as colunas apresentariam esforços cortantes e momentos fletores). Assim, impondo somatório nulo de forças na direção horizontal, chega-se ao valor do termo de carga β_{20}, que equilibra a única força horizontal aplicada no caso (0).

As reações de apoio verticais no caso (0) também são indicadas. A determinação dessas reações não é necessária para a solução do diagrama de momentos fletores do pórtico. As reações são determinadas para salientar o fato de que os esforços cortantes nas barras horizontais, impostos pela configuração cinemática de engastamento do caso (0), têm de vir de algum lugar. No caso, esses esforços são "fornecidos" pelas reações de apoio verticais e são transmitidos via esforços normais nas colunas. É interessante observar que os esforços cortantes nas extremidades da barra infinitamente rígida ficam determinados pelo equilíbrio da barra isolada, em função do momento fletor que deve atuar em sua extremidade esquerda.

Procedimentos análogos são adotados nas soluções dos casos (1) e (2) do pórtico da Figura 11.58. Nesses casos, a barra em balanço não influencia em nada (é como se não existisse). As configurações deformadas impostas em cada caso induzem momentos fletores nas barras flexíveis ligadas à barra infinitamente rígida. O momento fletor atuante nessa barra é sempre contrário aos momentos fletores nas barras flexíveis. Os coeficientes de rigidez globais K_{21} e K_{22} são determinados pelo equilíbrio global na direção horizontal. Nesse equilíbrio, consideram-se as reações horizontais nos apoios inferiores, que são determinadas de acordo com a configuração deformada imposta para as barras verticais em cada caso.

O segundo exemplo de solução de pórtico plano desta seção é mostrado na Figura 11.59. Esse pórtico é o único exemplo analisado que não tem barra infinitamente rígida.

Na solução da Figura 11.59, estão indicadas três opções para o sistema hipergeométrico, que são equivalentes. A chapa fictícia 1 é inserida no único nó com deslocabilidade interna. Os outros nós são engastados ou têm articulação completa. A diferença entre as opções para o SH está no nó que é escolhido para inserir o apoio fictício 2. Entretanto, o efeito é o mesmo, pois nas três opções o apoio fictício prende o deslocamento vertical do triângulo formado pelas três barras internas. As regras para impedimento de deslocabilidades externas mostradas na Seção 11.3.2 podem ser utilizadas para definir qualquer uma das posições do apoio fictício 2. É interessante observar que o triângulo interno é uma forma rígida, a menos das deformações por flexão de suas barras. Como as barras horizontais laterais (na esquerda e na direita) são inextensíveis, não existe movimento horizontal nem giro do triângulo. Conclui-se que o apoio 2 é necessário para impedir o único movimento livre do triângulo, que é uma translação vertical. Por isso, o apoio pode ser inserido em qualquer um de seus nós.

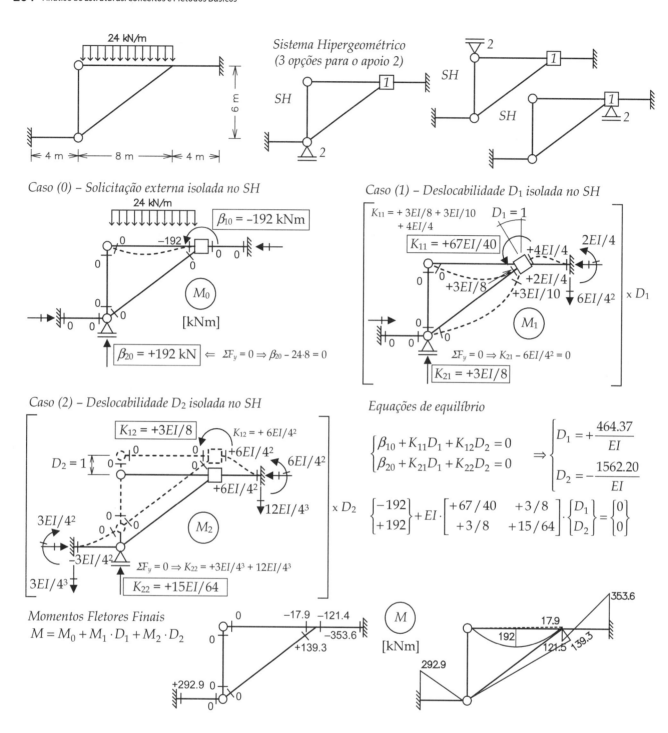

Figura 11.59 Exemplo 2 de solução de pórtico plano pelo método dos deslocamentos.

Na análise do pórtico da Figura 11.59, deve-se salientar a determinação do termo de carga e dos coeficientes de rigidez globais associados ao apoio fictício 2 do SH. Considere, como exemplo, a determinação do termo de carga β_{20} no caso (0). A tendência inicial seria calcular esse termo de carga em função apenas do esforço cortante na extremidade esquerda da barra com força uniformemente distribuída atuante. Entretanto, uma análise mais detalhada indica que o esforço cortante na outra extremidade dessa barra não pode ser transmitido para a barra horizontal na direita, pois essa barra tem de ter esforço cortante nulo. A barra na direita não tem deformação, nesse caso. Como consequência, essa barra não tem momento fletor ou esforço cortante. Portanto, o esforço cortante na extremidade direita da barra carregada é totalmente transmitido, por meio de esforço normal na barra inclinada, para o apoio 2.

Essa análise, que envolve determinação de esforço normal em barra inclinada, é muito trabalhosa e, em geral, desnecessária. Considerando que as reações de apoio verticais nos apoios externos (reais) são sempre conhecidas em função da condição cinemática imposta (ponto de partida de cada caso básico), a força vertical no apoio fictício 2 (β_{20}, K_{21} ou K_{22}) pode ser determinada pelo equilíbrio global de forças na direção vertical. Em geral, quando se têm barras inclinadas, esse procedimento de equilíbrio global é adotado. Exemplos subsequentes nesta seção ilustram isso.

Em particular, no caso (0) do exemplo da Figura 11.59, as reações verticais nos apoios externos são nulas, pois os esforços cortantes nas duas barras horizontais laterais são nulos. Nos casos (1) e (2), os esforços cortantes nessas barras (e as reações verticais) são determinados com base na configuração deformada imposta em cada caso.

Finalmente, observa-se que a configuração deformada do caso (2) é tal que os três nós do triângulo interno têm o mesmo deslocamento $D_2 = 1$. Não poderia ser de outra maneira, haja vista que o triângulo se comporta como um corpo rígido para translações (barras inextensíveis). Como as três barras do triângulo são flexíveis e não apresentam deformação, elas não têm momento fletor no caso (2). Somente as duas barras horizontais laterais têm deformação e momentos fletores, nesse caso.

O terceiro exemplo (Figura 11.60) também apresenta um triângulo interno, e uma das barras do triângulo é infinitamente rígida. A concepção do SH desse exemplo segue o mesmo raciocínio descrito para o exemplo anterior. Apenas uma opção é indicada para o SH desse modelo, embora o apoio fictício que impede o movimento vertical pudesse ser inserido em qualquer um dos nós do triângulo.

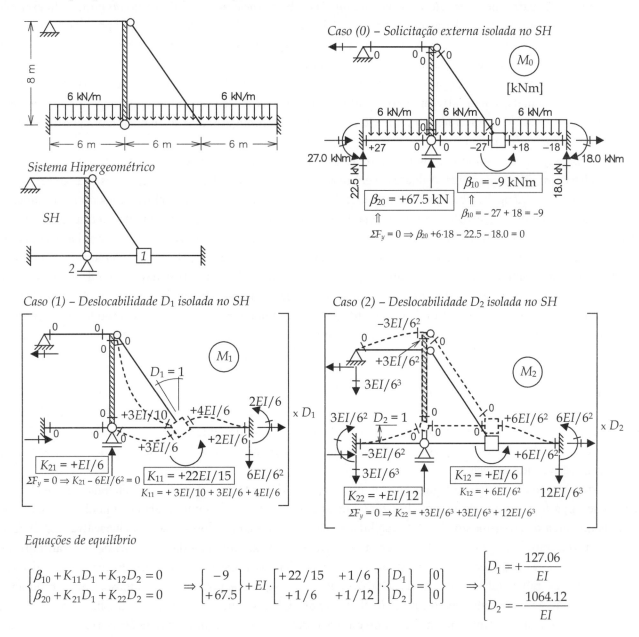

Figura 11.60 Exemplo 3 de solução de pórtico plano pelo método dos deslocamentos. (*Continua*)

Momentos Fletores Finais
$$M = M_0 + M_1 \cdot D_1 + M_2 \cdot D_2$$

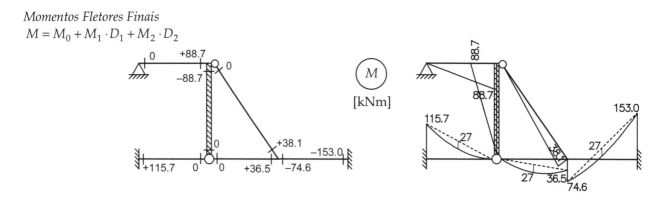

Figura 11.60 Exemplo 3 de solução de pórtico plano pelo método dos deslocamentos. (*Continuação*)

A barra infinitamente rígida do pórtico da Figura 11.60 não tem rotação, pois as duas barras horizontais na esquerda são inextensíveis. Por esse motivo, o único nó do pórtico que tem deslocabilidade interna é o nó interno, no qual convergem três barras flexíveis (duas barras horizontais e a barra inclinada). Assim como no pórtico do exemplo anterior, as forças verticais associadas ao apoio fictício 2 (β_{20}, K_{21} ou K_{22}) são determinadas, em cada caso básico, pelo equilíbrio global na direção vertical. Para tanto, utilizam-se as reações verticais nos apoios reais da estrutura, que são determinadas com base nos esforços cortantes nas barras horizontais externas ao triângulo. No caso (0), as reações de apoio correspondem a soluções de engastamento perfeito (com ou sem articulação) das barras carregadas. Nesse caso, a barra superior horizontal não tem carregamento e, portanto, não aparece reação vertical no apoio superior do 2º gênero. Nos demais casos, os esforços cortantes são conhecidos em função da configuração deformada imposta, resultando nas reações de apoio indicadas na figura.

O exemplo seguinte, mostrado na Figura 11.61, apresenta uma barra em balanço, três barras formando um triângulo e uma barra infinitamente rígida. A diferença em relação aos exemplos anteriores é que, no caso básico (2), com a translação vertical do triângulo, a barra infinitamente rígida sofre um giro tendo como centro de rotação o nó superior na direita (com apoio do 2º gênero). A consequência disso é a existência, no nó superior direito do triângulo, de uma rotação (θ_2) no sentido horário associada ao giro da barra infinitamente rígida. Como a ligação entre as barras nesse nó é rígida, as duas barras flexíveis que convergem no nó sofrem uma rotação induzida pelo deslocamento vertical imposto. Portanto, aparecem momentos fletores, com sinal negativo (rotação no sentido horário), nas extremidades dessas duas barras. Esses momentos fletores são obtidos pelos coeficientes de rigidez locais das duas barras em função da rotação θ_2. O momento fletor que aparece na extremidade esquerda da barra infinitamente rígida é tal que o equilíbrio de momentos no nó seja satisfeito. Isso resulta em um momento fletor com sinal positivo e igual à soma, em módulo, dos valores dos momentos nas duas barras flexíveis. A reação vertical no apoio do 2º gênero é compatível com o momento fletor na barra infinitamente rígida.

O quinto exemplo (Figura 11.62) é bastante semelhante ao exemplo anterior. Observe que uma rotação global de 90º no sentido horário, seguida de um espelhamento em relação ao eixo vertical e da retirada da barra em balanço, transforma o pórtico do exemplo anterior no pórtico da Figura 11.62. O presente exemplo tem por objetivo salientar a maneira como se determinam reações de apoio na solução de um caso básico do método dos deslocamentos para pórticos com barras inextensíveis.

O carregamento do pórtico da Figura 11.62 é uma força uniformemente distribuída que atua na barra inclinada. O termo de carga β_{20} corresponde à reação horizontal no apoio fictício 2 para manter o SH em equilíbrio no caso (0), isto é, quando atua o carregamento e as deslocabilidades são mantidas com valores nulos. A alternativa mais natural para calcular o termo de carga seria partir dos esforços cortantes nas extremidades da barra inclinada e transmiti-los, via esforço normal nas outras barras, até chegar ao apoio fictício 2. Isso é possível de ser realizado, mas exigiria decomposições das forças transmitidas em função das direções das barras, o que é relativamente trabalhoso. Um procedimento mais simples pode ser feito analisando o equilíbrio global do SH. Observe que, no caso (0), as duas barras verticais que chegam nos apoios reais não têm momento fletor ou esforço cortante. Por conseguinte, as reações horizontais e a reação momento nos apoios inferiores são nulas. Dessa forma, pode-se determinar β_{20} simplesmente impondo o equilíbrio global na direção horizontal. Para tanto, considera-se a componente horizontal, com 48 kN de intensidade, da resultante da força uniformemente distribuída aplicada.

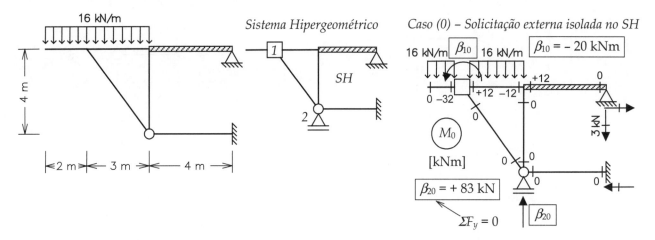

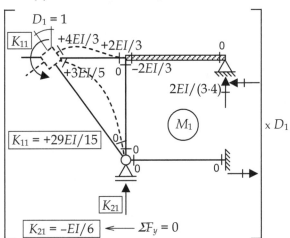

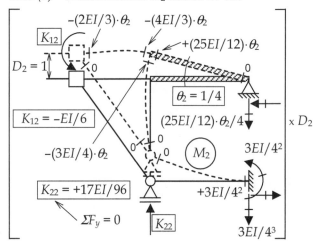

Equações de equilíbrio

$$\begin{cases} \beta_{10} + K_{11}D_1 + K_{12}D_2 = 0 \\ \beta_{20} + K_{21}D_1 + K_{22}D_2 = 0 \end{cases} \Rightarrow \begin{Bmatrix} -20 \\ +83 \end{Bmatrix} + EI \cdot \begin{bmatrix} +29/15 & -1/6 \\ -1/6 & +17/96 \end{bmatrix} \cdot \begin{Bmatrix} D_1 \\ D_2 \end{Bmatrix} = \begin{Bmatrix} 0 \\ 0 \end{Bmatrix} \Rightarrow \begin{cases} D_1 = -\dfrac{32.712}{EI} \\ D_2 = -\dfrac{499.44}{EI} \end{cases}$$

Momentos Fletores Finais
$M = M_0 + M_1 \cdot D_1 + M_2 \cdot D_2$

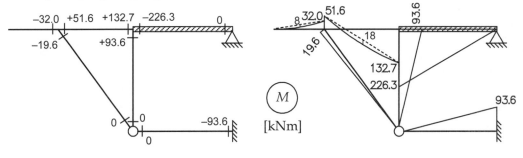

Figura 11.61 Exemplo 4 de solução de pórtico plano pelo método dos deslocamentos.

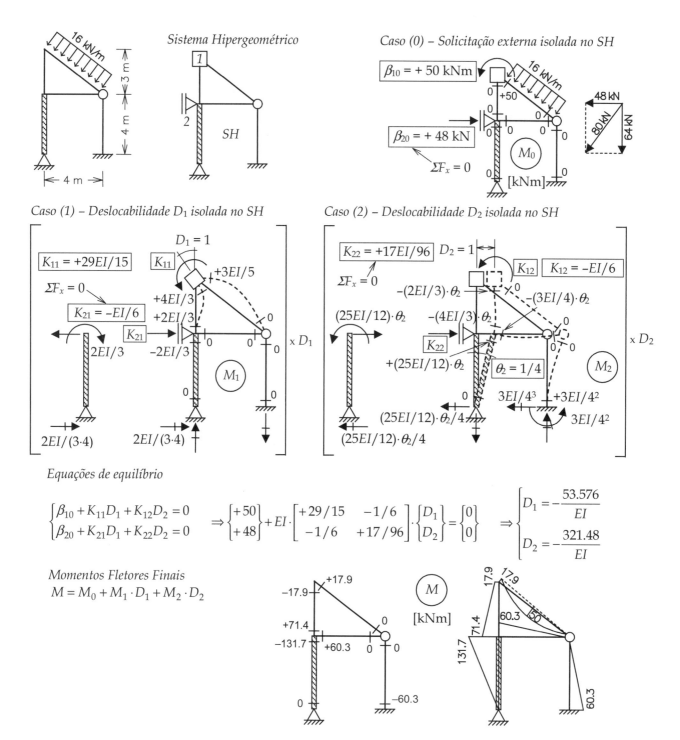

Figura 11.62 Exemplo 5 de solução de pórtico plano pelo método dos deslocamentos.

O sexto exemplo desta seção, ilustrado na Figura 11.63, também tem uma barra infinitamente rígida que sofre um giro, mas não tem barras formando um triângulo.

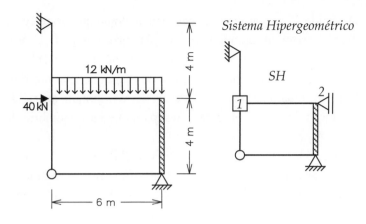
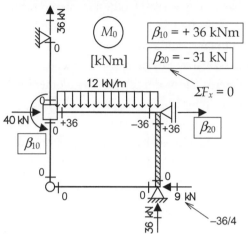

Sistema Hipergeométrico

Caso (0) – Solicitação externa isolada no SH

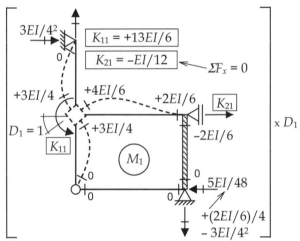
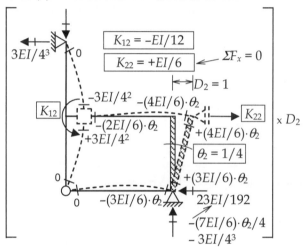

Caso (1) – Deslocabilidade D_1 isolada no SH

Caso (2) – Deslocabilidade D_2 isolada no SH

Equações de equilíbrio

$$\begin{cases} \beta_{10} + K_{11}D_1 + K_{12}D_2 = 0 \\ \beta_{20} + K_{21}D_1 + K_{22}D_2 = 0 \end{cases} \Rightarrow \begin{Bmatrix} +36 \\ -31 \end{Bmatrix} + EI \cdot \begin{bmatrix} +13/6 & -1/12 \\ -1/12 & +1/6 \end{bmatrix} \cdot \begin{Bmatrix} D_1 \\ D_2 \end{Bmatrix} = \begin{Bmatrix} 0 \\ 0 \end{Bmatrix} \Rightarrow \begin{cases} D_1 = -\dfrac{9.648}{EI} \\ D_2 = +\dfrac{181.17}{EI} \end{cases}$$

Momentos Fletores Finais
$M = M_0 + M_1 \cdot D_1 + M_2 \cdot D_2$

Figura 11.63 Exemplo 6 de solução de pórtico plano pelo método dos deslocamentos.

O pórtico da Figura 11.63 tem duas deslocabilidades, sendo D_1 a rotação do nó não articulado no qual convergem três barras flexíveis e D_2 o deslocamento horizontal da barra horizontal intermediária. No SH correspondente, é inserida a chapa fictícia *1* e o apoio fictício *2*. Esse apoio não só impede o deslocamento horizontal do nó superior da barra infinitamente rígida como também fixa sua rotação. Por esse motivo, não é necessário inserir chapas fictícias nos dois nós dessa barra. Em cada caso básico, os momentos fletores que atuam nas extremidades da barra infinitamente rígida são determinados em função dos momentos fletores nas duas barras flexíveis adjacentes, para que haja equilíbrio de momentos nos nós.

É interessante observar, no caso básico (2) da Figura 11.63, que a imposição da deslocabilidade $D_2 = 1$, com o consequente giro da barra infinitamente rígida no sentido horário, induz uma rotação de igual intensidade e sentido à extremidade direita das duas barras horizontais. Isso ocorre porque o ângulo entre essas barras e a barra infinitamente rígida permanece reto na configuração deformada. As rotações induzidas no sentido horário nas barras horizontais provocam momentos fletores negativos em suas extremidades. Dessa forma, aparecem momentos fletores positivos nas extremidades da barra infinitamente rígida.

A determinação do termo de carga (β_{20}) e dos coeficientes de rigidez globais (K_{21} e K_{22}) da solução mostrada na Figura 11.63 pode ser feita de duas maneiras. Em geral, isso ocorre para pórticos que não têm barra inclinada. Uma possibilidade é determinar a força horizontal no apoio fictício *2* pela soma dos esforços cortantes das barras verticais no nível do apoio *2*. Alternativamente, pode-se determinar as reações horizontais nos apoios reais da estrutura e calcular a força no apoio *2* com base no equilíbrio global de forças na direção horizontal. Isso é o que está indicado na figura. De qualquer maneira, os esforços cortantes nas barras verticais têm de ser determinados. Para a barra infinitamente rígida, isso é feito isolando a barra e utilizando os valores dos momentos fletores atuantes nas extremidades.

O exemplo seguinte, mostrado na Figura 11.64, é bastante semelhante ao exemplo anterior. Os dois pórticos têm uma barra vertical infinitamente rígida que sofre rotação e não têm barra inclinada. Entretanto, um detalhe no caso básico (2) da solução da Figura 11.64 ainda não tinha aparecido. Observe que a barra vertical inferior na esquerda tem uma configuração deformada tal que duas deslocabilidades locais da barra são mobilizadas com a imposição da deslocabilidade global $D_2 = 1$. Essa barra, que é considerada articulada na extremidade inferior, tem na extremidade superior um deslocamento horizontal unitário imposto para a direita e uma rotação ($\theta_2 = 1/4$) imposta no sentido anti-horário. A configuração deformada da barra é resultado da superposição de duas configurações deformadas elementares, uma para o deslocamento horizontal imposto e outra para a rotação imposta. Os esforços cortantes e o momento fletor nas extremidades da barra são obtidos por superposição dos esforços cortantes e dos momentos fletores associados às configurações deformadas elementares.

O último exemplo desta seção é mostrado na Figura 11.65. A análise desse pórtico apresenta algumas dificuldades. Uma dificuldade inicial que aparece na análise desse pórtico está na criação do SH. Com respeito à deslocabilidade interna, não há dúvida: apenas o nó no nível intermediário na esquerda precisa de uma chapa fictícia. O nó superior tem uma articulação completa, e os outros nós pertencem à barra infinitamente rígida. A dificuldade está no posicionamento do apoio fictício para prender a deslocabilidade externa do pórtico. No SH adotado, o apoio fictício *2*, posicionado no nó indicado pela letra *B*, impede a translação da barra horizontal, prendendo também a rotação da barra infinitamente rígida. Uma vez fixado o deslocamento horizontal do nó *B*, o triângulo *BCD*, formado pelas barras flexíveis, tem todos os movimentos de corpo rígido impedidos, pois os deslocamentos horizontais dos nós *B* e *D* estão fixos, e o deslocamento vertical do nó *C* também está impedido pela barra infinitamente rígida. Portanto, o apoio fictício *2*, posicionado horizontalmente, é suficiente para prender a deslocabilidade externa do pórtico. Uma alternativa, que está indicada na figura, é posicionar verticalmente o apoio *2* no mesmo nó. Com esse posicionamento do apoio, o triângulo também tem os movimentos de corpo rígido impedidos.

Capítulo 11 Método dos deslocamentos com redução de deslocabilidades 271

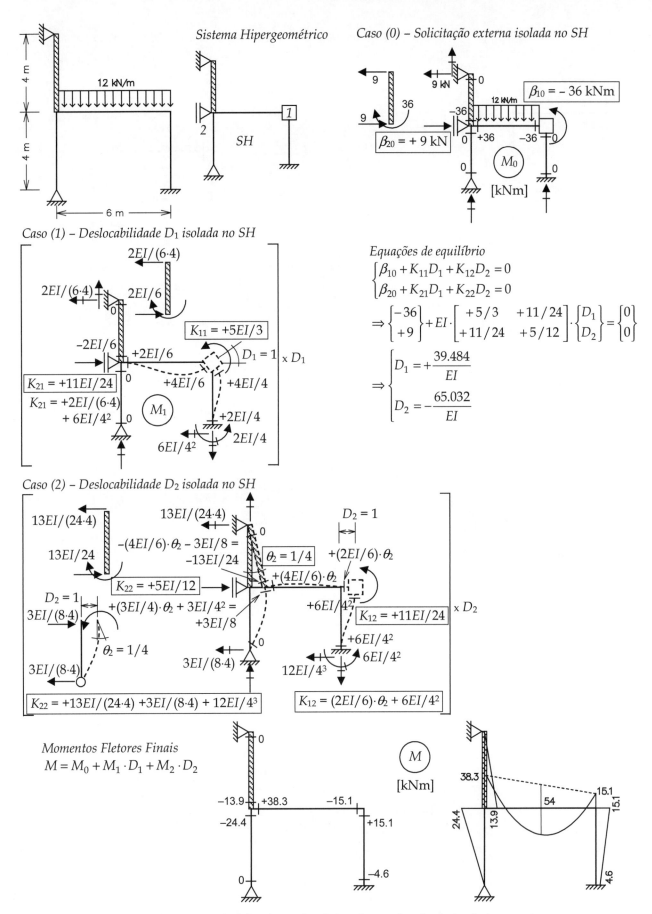

Figura 11.64 Exemplo 7 de solução de pórtico plano pelo método dos deslocamentos.

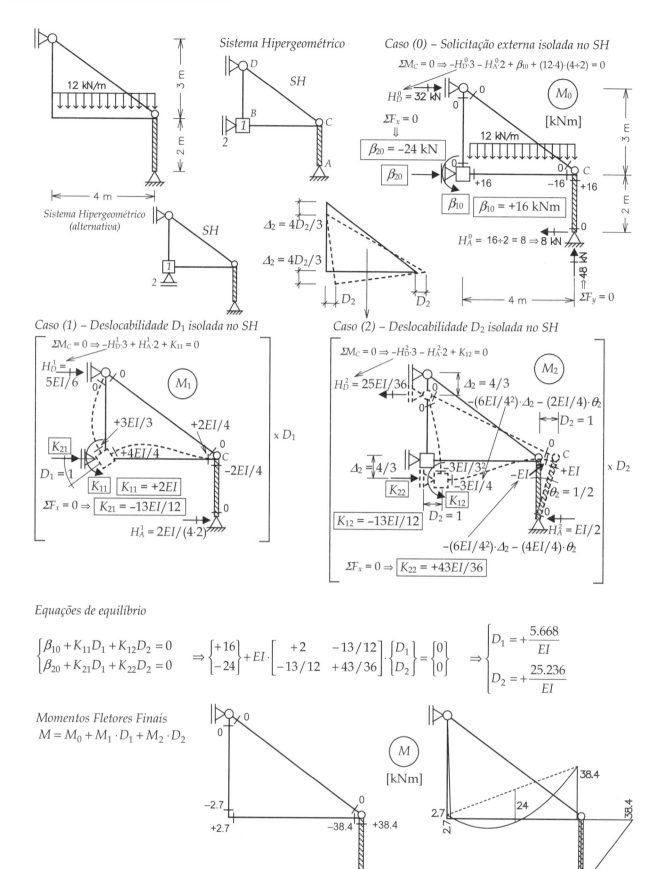

Figura 11.65 Exemplo 8 de solução de pórtico plano pelo método dos deslocamentos.

Outra dificuldade na solução do pórtico da Figura 11.65 reside na determinação da força vertical no apoio fictício 2 (β_{20}, K_{21} ou K_{22}). Essa força, em cada caso básico, pode ser determinada pelo equilíbrio global do SH na direção horizontal. Para tanto, é necessário calcular a reação horizontal no apoio inferior (H_A) e a reação horizontal no apoio superior (H_D). A reação horizontal H_A é determinada utilizando o momento fletor na extremidade superior da barra infinitamente rígida. Entretanto, o cálculo da reação horizontal H_D requer alguma imaginação. A alternativa mais simples é impor o equilíbrio global de momentos em relação ao nó C, pois tanto a força no apoio fictício 2 quanto a reação vertical no apoio inferior (V_A) não provocam momento em relação a esse nó.

A última dificuldade do exemplo da Figura 11.65 aparece no caso básico (2). Observe que a imposição de $D_2 = 1$ provoca um giro de corpo rígido do triângulo BCD, como indicado na figura. A rotação do triângulo ocorre porque o nó D só pode se deslocar na direção vertical, e o nó C só pode se deslocar na direção horizontal. Com a imposição do deslocamento horizontal unitário ao nó B, como o triângulo tem uma forma rígida, obrigatoriamente ocorre seu giro, e os nós B e D também apresentam um deslocamento vertical para baixo. Levando em conta que o ângulo de rotação é pequeno, pode-se considerar que os deslocamentos dos nós B e C na direção horizontal são iguais e que os deslocamentos dos nós B e D na direção vertical também são iguais. Com a hipótese de pequenos deslocamentos, pode-se aproximar os ângulos de rotação às suas tangentes. Isso resulta em um deslocamento horizontal $D_2 = 1$ para os nós B e C e em um deslocamento vertical $\Delta_2 = 4/3$ para os nós B e D. Observe que, nesse caso, a barra horizontal BC sofre, além do deslocamento horizontal de corpo rígido, um deslocamento vertical $\Delta_2 = 4/3$ imposto para baixo na extremidade esquerda e uma rotação $\theta_2 = 1/4$ imposta no sentido horário na extremidade direita. Os momentos fletores que aparecem nas extremidades dessa barra são obtidos por superposição de efeitos, considerando os coeficientes de rigidez locais associados ao deslocamento Δ_2 e à rotação θ_2 impostos isoladamente.

A análise dos exemplos desta seção ilustra o tipo de raciocínio que se deve ter em mente na solução de cada caso básico do método dos deslocamentos. Considere, como exemplo, a solução para determinação dos termos de carga – caso básico (0) – do pórtico da Figura 11.62 com carregamento na barra inclinada. Observa-se que *é sempre possível determinar as forças e momentos que devem atuar nas direções das deslocabilidades globais para equilibrar o modelo estrutural na situação de engastamento perfeito (deslocabilidades com valores nulos) quando atua uma solicitação externa.*

Outro raciocínio típico do método é exemplificado nas superposições de efeitos utilizadas nas soluções do caso básico (2) dos exemplos das Figuras 11.64 e 11.65. Conforme observado na Seção 11.1.3, *é sempre possível determinar as forças e momentos que devem atuar nas extremidades de uma barra para equilibrá-la quando se conhecem os valores de suas deslocabilidades locais, isto é, quando sua configuração deformada é conhecida.*

O procedimento mais elaborado para a determinação dos termos de carga e coeficientes de rigidez globais do exemplo da Figura 11.65 ilustra outro raciocínio a ser incorporado quando se trabalha com o método dos deslocamentos. Conforme observado na Seção 11.1.4, *é sempre possível determinar as forças e momentos que, atuando nas direções das deslocabilidades globais, equilibram um modelo estrutural cinematicamente determinado, isto é, com todas as deslocabilidades com valores conhecidos.*

Essas observações podem ser resumidas da seguinte maneira: *uma estrutura (ou uma barra isolada) cinematicamente determinada obrigatoriamente tem seu comportamento mecânico determinado.* Em outras palavras, *é sempre possível determinar os esforços externos e internos em uma estrutura (ou em uma barra isolada) quando se conhecem a solicitação externa atuante e a configuração deformada.*

11.7. APOIOS ELÁSTICOS

A consideração de que a restrição de um apoio ao deslocamento ou à rotação é completa nem sempre é uma aproximação razoável. Em algumas situações, um apoio pode impedir parcialmente o movimento ou o giro da seção transversal do ponto de contato do apoio com a estrutura. Apoios que têm esse comportamento são denominados *apoios elásticos* e se caracterizam por apresentar reações de apoio, mesmo sofrendo deslocamento ou rotação.

A Seção 2.1.3 discute o comportamento de apoios elásticos e mostra alguns dos tipos mais comuns. Um apoio elástico é dito *translacional* quando impede parcialmente o deslocamento. Nesse caso, existe uma reação força na direção do deslocamento, mas com sentido contrário. Por outro lado, quando a rotação é restringida parcialmente, o apoio elástico é *rotacional*. A reação momento no apoio elástico rotacional é contrária à rotação sofrida pela seção transversal de contato.

Este livro considera apenas os apoios elásticos *lineares*. Nesse tipo de apoio, a relação constitutiva entre a reação força e o deslocamento do apoio, ou entre a reação momento e a rotação, é linear e é dada pelo *coeficiente de rigidez do apoio*. A Tabela 2.2 indica a notação adotada para os coeficientes de rigidez translacionais e rotacionais e mostra as relações constitutivas para alguns tipos de apoio.

A consideração de apoios elásticos lineares em uma análise pelo método dos deslocamentos é muito simples. Essencialmente, o deslocamento ou rotação com impedimento parcial é uma deslocabilidade do modelo estrutural. O coeficiente de rigidez do apoio só é mobilizado no caso básico que impõe uma configuração deformada tal que o deslocamento ou rotação restringido parcialmente assume um valor unitário.

Para exemplificar uma análise desse tipo, a viga inextensível da Figura 11.66 é considerada. Essa viga tem um apoio elástico rotacional e um apoio elástico translacional. Os valores e as unidades do coeficiente de rigidez rotacional K^θ e do coeficiente de rigidez translacional K^y estão indicados na figura, assim como o valor e a unidade do parâmetro de rigidez à flexão EI da viga.

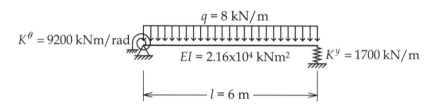

Figura 11.66 Viga com apoio elástico rotacional e apoio elástico translacional.

O sistema hipergeométrico da viga da Figura 11.66 está indicado na Figura 11.67. O deslocamento horizontal no nó da direita não é considerado deslocabilidade externa porque a viga é inextensível. A rotação na extremidade direita não é considerada deslocabilidade interna porque a viga é considerada articulada nesse nó, e a rotação da seção transversal no nó é deixada indeterminada. Portanto, duas deslocabilidades são consideradas: rotação da seção transversal na extremidade esquerda da viga e deslocamento vertical da extremidade direita. O SH tem uma chapa fictícia que prende a rotação na esquerda e um apoio fictício que prende o deslocamento na direita. Observe que os apoios fictícios do SH prendem a rotação do apoio elástico rotacional e o deslocamento do apoio elástico translacional.

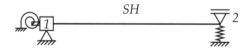

Figura 11.67 Sistema hipergeométrico da viga da Figura 11.66.

Caso (0) – Solicitação externa (carregamento) isolada no SH

O caso (0) da presente solução é mostrado na Figura 11.68. Nesse caso, os apoios elásticos não causam nenhum efeito, pois estão isolados pelos apoios fictícios do SH. Os termos de carga correspondem às reações de engastamento da viga, que é considerada articulada no nó da direita. O diagrama M_0 está indicado pelos valores dos momentos fletores nas extremidades da viga.

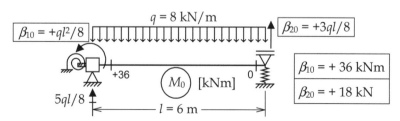

Figura 11.68 Caso (0) da viga da Figura 11.66.

Caso (1) – Deslocabilidade D_1 isolada no SH

A Figura 11.69 indica o caso (1) da solução da viga com apoios elásticos. A rotação unitária $D_1 = 1$ imposta ao SH provoca uma rotação no apoio elástico e na seção transversal na extremidade esquerda da viga. O momento necessário para dar um giro unitário no apoio elástico rotacional é igual ao coeficiente de rigidez $K\theta$. Dessa forma, o coeficiente de rigidez global K_{11} é obtido pela soma de $K\theta$ com o coeficiente de rigidez à rotação da viga ($3EI/l$). O coeficiente de rigidez global K_{21} é a força que deve atuar no apoio fictício 2 para equilibrar o SH na configuração deformada imposta no caso (1). Essa força tem seu sentido para baixo, resultando em um sinal negativo para K_{21}. Como o apoio 2 impede o deslocamento vertical do nó na direita, o apoio elástico translacional não é mobilizado nesse caso. Na figura, os valores dos momentos fletores do diagrama M_1 estão indicados nas extremidades da viga.

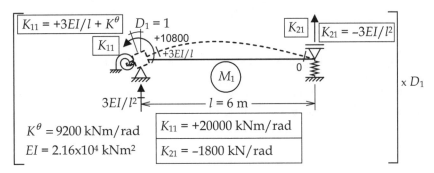

Figura 11.69 Caso (1) da viga da Figura 11.66.

Caso (2) – Deslocabilidade D_2 isolada no SH

O caso (2), mostrado na Figura 11.70, impõe um deslocamento vertical unitário $D_2 = 1$, que mobiliza o apoio elástico translacional. A força necessária para impor esse deslocamento no apoio elástico é igual a seu coeficiente de rigidez K^y. Dessa maneira, o coeficiente de rigidez global K_{22} é obtido pela soma de K^y com a força necessária para deformar a viga ($3EI/l^3$). A chapa fictícia 1, que prende a rotação D_1 nesse caso, isola o apoio elástico rotacional na esquerda do efeito da configuração deformada imposta. Portanto, somente o coeficiente de rigidez local da viga ($-3EI/l^2$) influencia o coeficiente de rigidez global K_{12}. Os momentos fletores do diagrama M_2 são mostrados na figura.

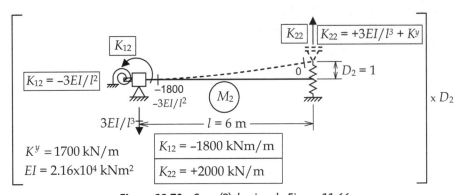

Figura 11.70 Caso (2) da viga da Figura 11.66.

Equação de equilíbrio e determinação do diagrama de momentos fletores finais

A finalização da análise da viga com apoios elásticos segue o procedimento-padrão do método dos deslocamentos. O sistema de equações de equilíbrio e a solução para D_1 e D_2 são mostrados a seguir:

$$\begin{cases} \beta_{10} + K_{11}D_1 + K_{12}D_2 = 0 \\ \beta_{20} + K_{21}D_1 + K_{22}D_2 = 0 \end{cases} \Rightarrow \begin{Bmatrix} +36 \\ +18 \end{Bmatrix} + \begin{bmatrix} +20000 & -1800 \\ -1800 & +2000 \end{bmatrix} \cdot \begin{Bmatrix} D_1 \\ D_2 \end{Bmatrix} = \begin{Bmatrix} 0 \\ 0 \end{Bmatrix}$$

$$\Rightarrow \begin{cases} D_1 = -2.840 \times 10^{-3} \text{ rad} \\ D_2 = -11.556 \times 10^{-3} \text{ m} \end{cases}$$

A configuração deformada e o diagrama de momentos fletores finais são mostrados na Figura 11.71.

Esse exemplo, embora simples, ilustra todos os procedimentos para consideração de apoios elásticos lineares na análise de vigas e pórticos planos pelo método dos deslocamentos.

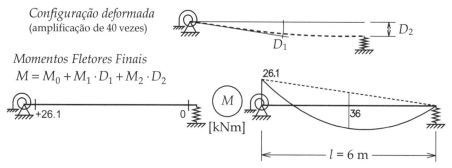

Figura 11.71 Diagrama de momentos fletores da viga da Figura 11.66.

Com base no exemplo apresentado nesta seção, pode-se resumir da seguinte maneira a influência de um apoio elástico linear no sistema de equações de equilíbrio final do método dos deslocamentos: um apoio elástico linear translacional ou rotacional, que restringe parcialmente a deslocabilidade D_i, é considerado adicionando-se seu coeficiente de rigidez ao coeficiente de rigidez global K_{ii}.

11.8. SOLUÇÃO DE GRELHA PELO MÉTODO DOS DESLOCAMENTOS

A aplicação do método dos deslocamentos a grelhas segue a mesma metodologia descrita para pórticos planos neste capítulo e no capítulo anterior. Com relação às simplificações adotadas para reduzir o número de deslocabilidades, a consideração de barras inextensíveis não tem efeito algum, uma vez que, por hipótese, as barras de grelha não têm comportamento axial. As outras simplificações podem ser adotadas.

Cada nó de grelha tem, em potencial (se não tiver restrições de apoio), três deslocabilidades: um deslocamento vertical (transversal ao plano da grelha) e duas componentes de rotação (em torno dos dois eixos no plano da grelha). Vê-se que cada nó tem duas deslocabilidades internas. Portanto, na criação do sistema hipergeométrico para uma grelha, é preciso inserir duas chapas fictícias e um apoio simples fictício por nó sem restrição de apoio.

Esta seção mostra a análise de uma grelha (Figura 11.72) que explora a simplificação de eliminação de deslocabilidades internas de nós com apoios simples em extremidade solta de barra (sem barra adjacente). Nesse caso, as duas rotações do nó ficam indeterminadas (não são consideradas deslocabilidades). No exemplo, existem dois nós nessa situação e dois nós engastados. Portanto, somente os dois nós internos da estrutura têm deslocabilidades internas. Como todos os nós têm apoios que restringem o deslocamento vertical, a grelha tem, ao todo, quatro deslocabilidades internas. A Figura 11.72 também indica os valores da rigidez à flexão EI e da rigidez à torção GJ_t, que são as mesmas para todas as barras da grelha.

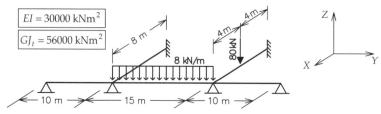

Figura 11.72 Grelha com quatro deslocabilidades internas.

O sistema hipergeométrico e as deslocabilidades da grelha da Figura 11.72 estão indicados na Figura 11.73. As deslocabilidades D_1 e D_2 são rotações em torno do eixo global X, e as deslocabilidades D_3 e D_4 são rotações em torno do eixo global Y. As deslocabilidades são indicadas por setas duplas, com traços na base, na direção do eixo em torno do qual se dá a rotação. Os sentidos das setas mostrados na figura definem os sentidos positivos das deslocabilidades. As setas são perpendiculares às correspondentes chapas fictícias (1, 2, 3 ou 4) do SH.

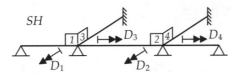

Figura 11.73 Sistema hipergeométrico e deslocabilidades da grelha da Figura 11.72.

Os cinco casos básicos da solução da grelha pelo método dos deslocamentos são descritos a seguir (Figuras 11.74 a 11.78). Em cada caso, os momentos fletores e torçores são indicados nas extremidades de cada barra. Um momento fletor em uma barra tem a direção de rotação em torno de um eixo do plano perpendicular à barra. Um momento torçor tem a direção de rotação em torno do eixo da barra. A convenção de sinais adotada é tal que um momento é positivo quando, atuando sobre uma extremidade de barra, tem o mesmo sentido da correspondente deslocabilidade imposta com valor unitário. O sinal é negativo quando o sentido do momento é contrário ao sentido da deslocabilidade.

Os momentos fletores e torçores são determinados em função da condição cinemática (configuração deformada) imposta em cada caso básico. No caso (0), as chapas fictícias mantêm as deslocabilidades fixas e aparecem momentos fletores de engastamento perfeito nas barras com carregamento. Como todas as cargas são aplicadas nos eixos das barras, no caso (0), os momentos torçores são nulos. Os termos de carga da solução, que estão indicados na Figura 11.74, correspondem aos momentos de engastamento nas chapas fictícias do SH.

Caso (0) – Solicitação externa (carregamento) isolada no SH

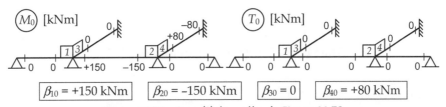

Figura 11.74 Caso (0) da grelha da Figura 11.72.

Nos demais casos básicos, são impostas configurações deformadas em que somente uma deslocabilidade é diferente de zero e unitária. Os momentos fletores e torçores em cada barra dependem da direção da deslocabilidade imposta em cada caso básico. Por exemplo, no caso (1), as duas barras da frente na esquerda sofrem uma flexão, e a barra que vai para trás na esquerda sofre uma torção. Os momentos fletores em cada barra são determinados com base nos coeficientes de rigidez locais mostrados nas Figuras 9.10, 9.13 e 9.15, dependendo da condição de articulação nas extremidades da barra. Os momentos torçores em cada barra são obtidos pelo parâmetro fundamental de rigidez à torção, dado pela Equação 9.54. As barras da frente na esquerda e na direita, por serem articuladas nas extremidades, não apresentam rigidez à torção.

Os coeficientes de rigidez globais de cada caso básico estão indicados nas Figuras 11.75 a 11.78. Cada coeficiente de rigidez global é obtido pela soma dos correspondentes coeficientes de rigidez locais (de flexão ou de torção) das barras mobilizadas pela deslocabilidade imposta no caso básico.

Caso (1) – Deslocabilidade D_1 isolada no SH

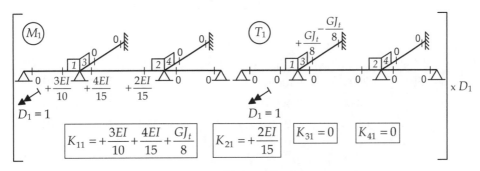

Figura 11.75 Caso (1) da grelha da Figura 11.72.

Caso (2) – Deslocabilidade D_2 isolada no SH

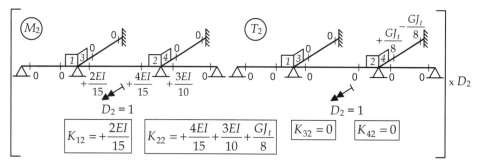

Figura 11.76 Caso (2) da grelha da Figura 11.72.

Caso (3) – Deslocabilidade D_3 isolada no SH

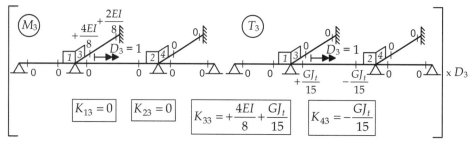

Figura 11.77 Caso (3) da grelha da Figura 11.72.

Caso (4) – Deslocabilidade D_4 isolada no SH

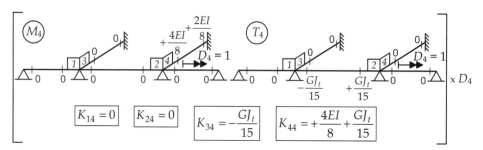

Figura 11.78 Caso (4) da grelha da Figura 11.72.

Equação de equilíbrio e diagramas de momentos fletores e momentos torçores finais

Para finalizar a análise da grelha, é necessário resolver o sistema de equações de equilíbrio mostrado a seguir, que resulta da imposição de efeitos finais nulos nas chapas fictícias do SH:

$$\begin{cases} \beta_{10} + K_{11}D_1 + K_{12}D_2 + K_{13}D_3 + K_{14}D_4 = 0 \\ \beta_{20} + K_{21}D_1 + K_{22}D_2 + K_{23}D_3 + K_{24}D_4 = 0 \\ \beta_{30} + K_{31}D_1 + K_{32}D_2 + K_{33}D_3 + K_{34}D_4 = 0 \\ \beta_{40} + K_{41}D_1 + K_{42}D_2 + K_{43}D_3 + K_{44}D_4 = 0 \end{cases}$$

$$\Rightarrow \begin{Bmatrix} +150 \\ -150 \\ 0 \\ +80 \end{Bmatrix} + \begin{bmatrix} +24000 & +4000 & 0 & 0 \\ +4000 & +24000 & 0 & 0 \\ 0 & 0 & +56200/3 & -11200/3 \\ 0 & 0 & -11200/3 & +56200/3 \end{bmatrix} \cdot \begin{Bmatrix} D_1 \\ D_2 \\ D_3 \\ D_4 \end{Bmatrix} = \begin{Bmatrix} 0 \\ 0 \\ 0 \\ 0 \end{Bmatrix}$$

A solução desse sistema de equações fornece os valores das rotações das deslocabilidades da estrutura:

$$\begin{cases} D_1 = -7{,}500\times 10^{-3} \text{ rad} \\ D_2 = +7{,}500\times 10^{-3} \text{ rad} \\ D_3 = -0{,}886\times 10^{-3} \text{ rad} \\ D_4 = -4{,}450\times 10^{-3} \text{ rad} \end{cases}$$

Finalmente, os diagramas de momentos fletores e momentos torçores da grelha são mostrados na Figura 11.79. Esses diagramas são obtidos utilizando as superposições dos diagramas dos casos básicos indicadas na figura.

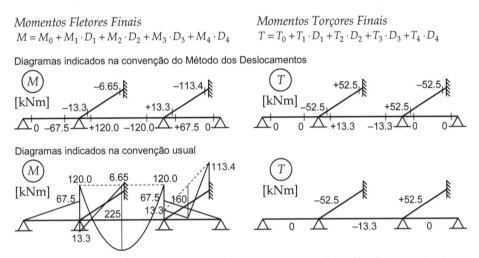

Figura 11.79 Diagramas de momentos fletores e torçores da grelha da Figura 11.72.

É interessante notar que a análise da grelha desta seção é facilitada pelo fato de os ângulos entre suas barras serem retos. Isso faz com que as configurações deformadas impostas em cada caso básico provoquem apenas flexão ou apenas torção em uma dada barra. Observe que esse fato faz com que o comportamento da grelha com respeito às direções das rotações seja desacoplado: as deslocabilidades D_1 e D_2 não se relacionam com as deslocabilidades D_3 e D_4. Isso é identificado pelos coeficientes de rigidez globais nulos do sistema de equações de equilíbrio. Na verdade, esse sistema é constituído de dois sistemas de duas equações a duas incógnitas completamente independentes.

Se uma barra não forma um ângulo reto com uma chapa fictícia (que é sempre perpendicular a um dos eixos globais X ou Y), a rotação imposta pela chapa tem de ser decomposta na barra em uma componente de flexão e outra de torção. Além disso, para calcular os coeficientes de rigidez globais, os coeficientes de rigidez locais, que têm as direções dos eixos locais das barras, têm de ser projetados para as direções das deslocabilidades globais.

A complexidade associada a barras inclinadas em grelhas é análoga à complexidade de análise de quadros planos com barras extensíveis e inclinadas, conforme foi observado na Seção 10.6.3. Nesses casos, não faz sentido analisar manualmente a estrutura pelo método dos deslocamentos. A alternativa é realizar a análise utilizando um programa de computador. O Capítulo 13 apresentará uma formalização do método que é direcionada para uma implementação computacional.

11.9. EXERCÍCIOS PROPOSTOS

Este capítulo finaliza nesta seção, com uma série de exercícios propostos para a análise de pórticos planos pelo método dos deslocamentos. A solução desses exercícios deve explorar ao máximo as técnicas para redução do número de deslocabilidades das estruturas que foram apresentadas neste capítulo. Todas as barras das estruturas dos exercícios são inextensíveis. Algumas barras, indicadas pela espessura mais grossa, são infinitamente rígidas. As barras que são flexíveis têm o mesmo valor para a rigidez à flexão EI.

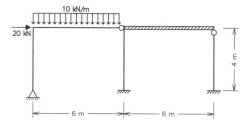

Figura 11.80 Exercício proposto 1.

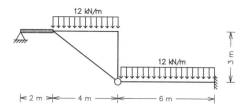

Figura 11.81 Exercício proposto 2.

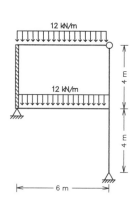

Figura 11.82 Exercício proposto 3.

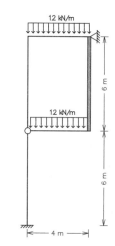

Figura 11.83 Exercício proposto 4.

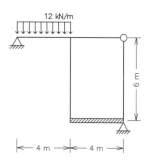

Figura 11.84 Exercício proposto 5.

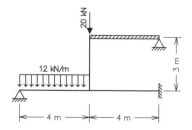

Figura 11.85 Exercício proposto 6.

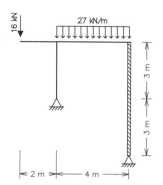

Figura 11.86 Exercício proposto 7.

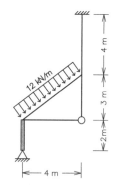

Figura 11.87 Exercício proposto 8.

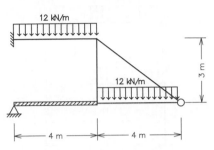

Figura 11.88 Exercício proposto 9.

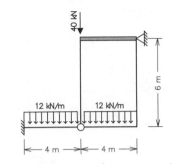

Figura 11.89 Exercício proposto 10.

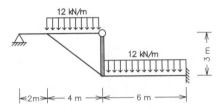

Figura 11.90 Exercício proposto 11.

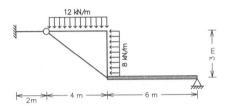

Figura 11.91 Exercício proposto 12.

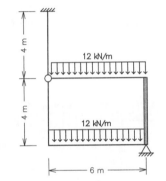

Figura 11.92 Exercício proposto 13.

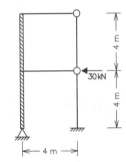

Figura 11.93 Exercício proposto 14.

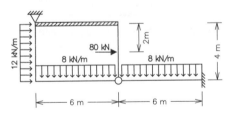

Figura 11.94 Exercício proposto 15.

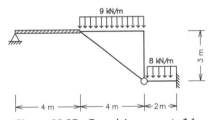

Figura 11.95 Exercício proposto 16.

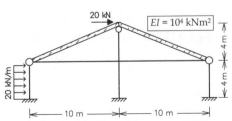

Figura 11.96 Exercício proposto 17.

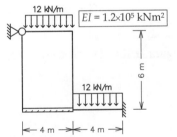

Figura 11.97 Exercício proposto 18.

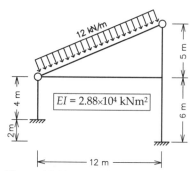
Figura 11.98 Exercício proposto 19.

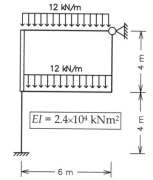
Figura 11.99 Exercício proposto 20.

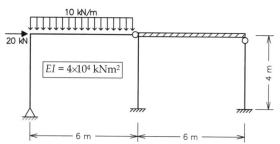
Figura 11.100 Exercício proposto 21.

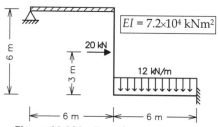
Figura 11.101 Exercício proposto 22.

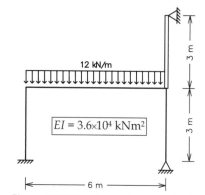
Figura 11.102 Exercício proposto 23.

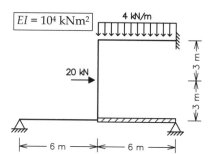
Figura 11.103 Exercício proposto 24.

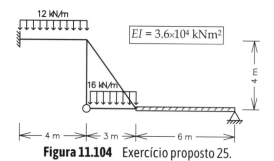
Figura 11.104 Exercício proposto 25.

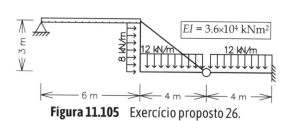
Figura 11.105 Exercício proposto 26.

Capítulo 11 Método dos deslocamentos com redução de deslocabilidades **283**

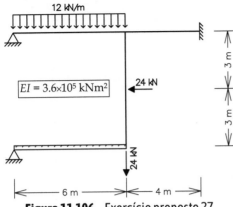

Figura 11.106 Exercício proposto 27.

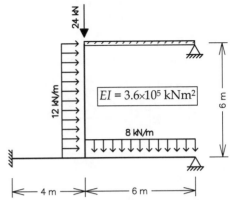

Figura 11.107 Exercício proposto 28.

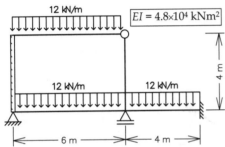

Figura 11.108 Exercício proposto 29.

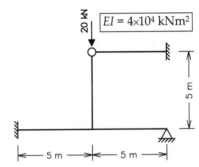

Figura 11.109 Exercício proposto 30.

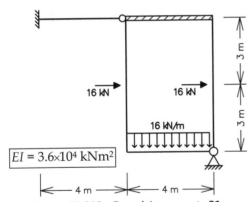

Figura 11.110 Exercício proposto 31.

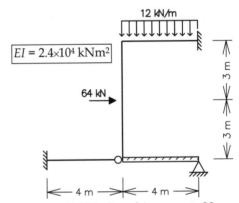

Figura 11.111 Exercício proposto 32.

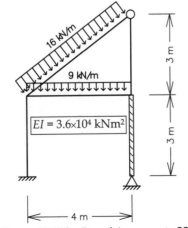

Figura 11.112 Exercício proposto 33.

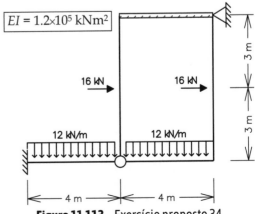

Figura 11.113 Exercício proposto 34.

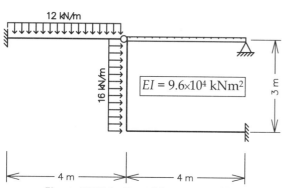

Figura 11.114 Exercício proposto 35.

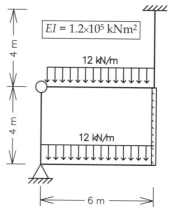

Figura 11.115 Exercício proposto 36.

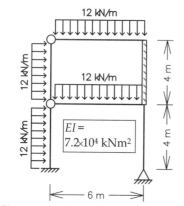

Figura 11.116 Exercício proposto 37.

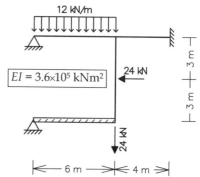

Figura 11.117 Exercício proposto 38.

Processo de Cross | 12

Este capítulo (páginas e-85 a e-102) encontra-se integralmente *online*, disponível no *site* **www.grupogen.com.br**. Consulte a página de Materiais Suplementares após o Prefácio para detalhes sobre acesso e *download*.

Método da rigidez direta | 13

A essência dos métodos básicos da análise de estruturas está na representação discreta do comportamento contínuo, analítico e matemático de um modelo estrutural em termos de um número finito de parâmetros. Dessa maneira, a solução do problema estrutural, que essencialmente busca a determinação do campo de deslocamentos e do campo de tensões no domínio geométrico da estrutura, é alcançada pela determinação dos parâmetros que representam o comportamento do modelo estrutural de forma discreta. Essa essência pode ser entendida dentro de um escopo mais amplo, como está resumido na Figura 1.1, que define os níveis de abstrações concebidos pela análise estrutural. Os métodos básicos possibilitam a transformação do modelo estrutural contínuo em um modelo discreto, que pode ser resolvido manualmente ou implementado computacionalmente.

O problema estrutural na situação estática (sem efeitos dinâmicos de vibrações, por exemplo) é um problema de valor de contorno, com um conjunto de equações diferenciais que devem ser satisfeitas em todos os pontos do meio contínuo sólido, atendendo condições de contorno em termos de deslocamentos e forças de superfície. No caso de estruturas reticuladas (formadas por elementos estruturais unifilares denominados barras), o comportamento do meio sólido contínuo é condensado nos eixos das barras, isto é, o meio sólido é representado por um modelo aramado, indicado apenas pelas linhas dos eixos das barras. Para tanto, a mecânica dos sólidos idealiza o comportamento das barras por meio de um conjunto de hipóteses sobre o seu comportamento cinemático e mecânico. Por exemplo, admite-se que as seções transversais de uma barra que se deforma permanecem planas. Essa idealização do comportamento das barras é o que permite a criação do modelo estrutural para estruturas reticuladas. Para estruturas em que não é possível identificar elementos estruturais unifilares, outras teorias matemáticas idealizam analiticamente o comportamento estrutural do modelo, como a teoria da elasticidade, a teoria das placas, a teoria das cascas, a teoria da plasticidade etc.

O nível de simplificação envolvido na concepção de um modelo estrutural analítico pode ser muito variável, mesmo no caso de modelos de barras. Por exemplo, nos modelos de primeira ordem é considerado que os deslocamentos dos pontos da estrutura são muito pequenos quando comparados às dimensões geométricas de suas seções transversais. Adotando essa hipótese, é possível estabelecer condições de equilíbrio na geometria original, indeformada, da estrutura. Isso facilita muito o problema, pois não é necessário determinar os deslocamentos dos pontos da estrutura para escrever as equações de equilíbrio. Por outro lado, em uma análise de segunda ordem, deve-se levar em consideração os deslocamentos na imposição das condições de equilíbrio, o que faz com que o problema tenha um comportamento não linear; é a chamada não linearidade de ordem geométrica.

O comportamento não linear de uma estrutura também pode ser atribuído ao comportamento não linear dos materiais que a compõem, mesmo em uma aproximação de primeira ordem. Por exemplo, pode-se admitir que o material tem um limite de resistência com relação a tensões em que, a partir de uma determinada condição para o estado de tensões, um ponto da estrutura se plastifica, ou seja, o material perde a capacidade de resistência nesse ponto.

Em resumo, os modelos estruturais podem ser simples ou sofisticados, dependendo do tipo de problema estrutural que se deseja resolver.

Entretanto, esse não é o foco deste livro dentro do contexto de análise de estruturas. A principal questão tratada neste volume é a concepção do modelo discreto de estruturas reticuladas. Para tanto, questões como análise de primeira ou segunda ordem e comportamento linear ou não linear dos materiais são deixadas de lado.

A problemática associada à concepção de modelos discretos é comum tanto à análise linear quanto à análise não linear. Além disso, a ideia deste livro é atender a um público que está se iniciando em análise de estruturas. Isso justifica a adoção do nível mais simples para as hipóteses sobre o comportamento de modelos estruturais. Em todos os métodos tratados neste livro, só são levados em conta efeitos de primeira ordem, e o material considerado para a estrutura é idealizado (não existe na realidade), com um comportamento elástico-linear e sem limite de resistência.

Este capítulo foca essa discussão em outro ponto essencial da análise estrutural moderna: não se concebe mais realizar tal atividade sem o uso de programas de computador. Em outras palavras, de nada adianta conceber os modelos discretos se, no caso prático de estruturas reais, não é possível resolvê-los manualmente, ou seja, na realidade dos tempos atuais o quarto nível da abstração preconizado na Figura 1.1 (o modelo computacional) é fundamental para o problema que se deseja resolver.

Com isso em mente, e com base no que foi apresentado nos capítulos anteriores, o método dos deslocamentos é o que está mais direcionado a uma implementação computacional. Portanto, este capítulo apresenta uma formalização matricial desse método, que tem por objetivo aproximar a sua metodologia aos procedimentos adotados usualmente nos programas de computador. Essa nova roupagem do método dos deslocamentos é conhecida como *método da rigidez direta* (White, Gergely e Sexsmith, 1976), mas essencialmente segue a metodologia do método de origem. Essa formalização matricial também é conhecida como análise matricial das estruturas ou cálculo matricial das estruturas. Seria difícil citar todas as referências sobre esse assunto, pois muitas ficariam esquecidas. Mas não se pode deixar de mencionar o livro clássico de Weaver e Gere (1990), cuja primeira edição foi publicada em 1967. Outros autores consagrados nessa área são Przemieniecki (1985), com publicação original em 1968, Wang (1970) e Meek (1971). No Brasil, os livros do professores Fernando Venâncio Filho (1975) e Domício Falcão Moreira (1977) foram pioneiros nesse assunto.

Uma excelente referência é o livro de McGuire e Gallagher (1979), que ganhou uma segunda edição com a colaboração de Ziemian mais recentemente (2000). Muito do conteúdo deste capítulo é baseado na primeira edição desse livro. Em particular, as comparações entre o método da rigidez direta e o método dos elementos finitos (para estruturas contínuas) foram delineadas no último capítulo da primeira edição do livro de McGuire e Gallagher.

Deve ser salientado que o capítulo não apresenta nenhum aspecto de implementação computacional propriamente dita. Acrescenta-se apenas um formalismo matricial para o método dos deslocamentos, na sua formulação geral para barras extensíveis e flexíveis, isto é, sem simplificação alguma para reduzir o número de deslocabilidades. Dada a importância da implementação computacional do método da rigidez direta, o autor deste livro escreveu outro livro especificamente sobre este assunto (Martha, 2019). Esse livro é uma extensão deste capítulo e aborda a análise matricial de estruturas reticuladas associada a uma implementação computacional utilizando o paradigma de programação orientada a objetos.

Além disso, a implementação computacional de um programa para análise de estruturas reticuladas ou contínuas (pelo método dos elementos finitos) necessita de muitos outros métodos e procedimentos, que vão bem além do que é exposto neste capítulo ou mesmo no livro que o estende (Martha, 2019). Reproduzindo o que foi mencionado na Seção 1.2.3, diversos outros aspectos estão envolvidos no desenvolvimento de um programa de computador para executar uma análise estrutural. Questões como estruturas de dados e procedimentos para a criação do modelo geométrico, geração do modelo discretizado, aplicação de atributos de análise (propriedades de materiais, carregamentos, condições de suporte etc.) e visualização dos resultados são fundamentais nesse contexto.

13.1. DISCRETIZAÇÃO NO MÉTODO DA RIGIDEZ DIRETA

A metodologia de discretização no contexto do método dos deslocamentos foi apresentada no Capítulo 10 (Figura 10.1). Os parâmetros de discretização são as componentes de deslocamentos e rotações livres (não restritas por apoios) dos nós do modelo estrutural. Os nós são os pontos de encontros de barras ou as extremidades soltas de barras (não conectadas a outras barras). As componentes de deslocamentos e rotações nodais livres são denominadas deslocabilidades. Essencialmente, as deslocabilidades são os parâmetros que definem o comportamento cinemático de um modelo estrutural, isto é, elas determinam a sua configuração deformada. As deslocabilidades são as incógnitas do método dos deslocamentos.

O Capítulo 11 desassocia o conceito de deslocabilidade de parâmetro nodal, uma vez que introduz restrições nas deformações das barras que criam dependências entre deslocabilidades nodais. Com essas restrições, algumas componentes de deslocamentos e rotações nodais ficam acopladas. Assim, prevalece a definição original de "parâmetro que define o comportamento cinemático" para uma deslocabilidade.

No contexto do método da rigidez direta, muitas vezes uma deslocabilidade é denominada *grau de liberdade*. Nesse método, em geral, não se consideram restrições nas deformações das barras. Dessa maneira, os graus de liberdade do modelo são os deslocamentos e rotações nodais. Como na formulação matricial do método, em geral, as restrições de apoio são consideradas em um estágio posterior da solução, é comum se referir a uma componente de deslocamento ou rotação nodal restrita por apoio também como grau de liberdade, isto é, dentro da formulação do método, pode-se referir a um "grau de liberdade restrito por apoio", o que seria uma inconsistência de acordo com a definição de deslocabilidade. Por uma questão de consistência, este capítulo adota a designação "grau de liberdade" para qualquer componente de deslocamento ou rotação nodal, incluindo as livres e as restritas por apoios. No caso de barras isoladas, a designação "deslocabilidades" ainda é preservada.

Além disso, estende-se o conceito de nó. No presente contexto, um nó deve ser entendido como *ponto de discretização*. Esse conceito generaliza a ideia de barra para *elemento de barra*, preparando para uma generalização do método da rigidez direta para sua forma generalizada: o método dos elementos finitos.

A ideia que se deseja passar é a possibilidade de inserir um nó (ponto de discretização) no interior de uma barra, que fica subdivida em duas barras, ou melhor, em dois elementos de barra. Essa subdivisão pode ser ilimitada, ou seja, pode-se recursivamente dividir elementos de barra em mais elementos. Mas a questão que se coloca é: por que discretizar uma barra em vários elementos de barra?

No contexto do método da rigidez direta para estruturas reticuladas, a resposta para essa pergunta é simplesmente: por conveniência. A subdivisão de barras em diversos elementos de barra, ou melhor, a discretização de uma barra com a inserção de vários nós no seu interior não modifica os resultados da estrutura, pelo menos quando se trabalha com barras com seção transversal que não varia ao longo do comprimento. A discretização pode ser conveniente para simplificar a aplicação de uma força concentrada no interior da barra ou de uma força distribuída que abrange parcialmente o vão da barra.

Existem casos, entretanto, em que a discretização pode ser um artifício de modelagem que melhora a qualidade dos resultados. O exemplo mais clássico é o da modelagem discretizada de uma barra com seção transversal variável. Esse artifício discretiza uma barra em diversos elementos de barra, cada um com uma seção transversal constante, e varia as suas propriedades tentando capturar o efeito global da barra original. Esse exemplo é frequente porque a maioria dos programas de computador para análise de estruturas reticuladas não implementa barras com seção transversal variável. Obviamente, o resultado dessa solução discretizada é uma aproximação para o comportamento analítico da barra com seção transversal variável. A qualidade do resultado com discretização melhora à medida que mais elementos de barra são utilizados.

Essa discussão leva a outra indagação: por que os resultados de uma solução da estrutura com barras prismáticas independem do nível de discretização adotado? Na verdade, esse questionamento não deveria ficar restrito a barras prismáticas, uma vez que é possível formular soluções fundamentais consistentes para barras com seção transversal variável (Capítulos 6 e 9) utilizando integração numérica.

A resposta a essa indagação está na própria essência da formulação do método da rigidez direta, conforme será descrito ao longo deste capítulo. Entretanto, é possível sintetizar uma resposta:
- A discretização de barras no método da rigidez direta não modifica os resultados de uma análise estrutural, pois o comportamento contínuo de um elemento de barra pode ser representado por parâmetros nodais sem

que se introduza nenhuma aproximação adicional além das simplificações já contidas na idealização analítica do comportamento de barras.[1]

13.2. REPRESENTAÇÃO DOS CARREGAMENTOS COMO CARGAS NODAIS

O ponto-chave para a discretização de um modelo estrutural dentro do contexto do método da rigidez direta está nas soluções fundamentais para barras isoladas que foram apresentadas no Capítulo 9. Isso é o que permite utilizar um número finito de graus de liberdade para representar adequadamente o comportamento da estrutura contínua. A concepção da discretização pelo método pode ser explicada com o auxílio do exemplo da Figura 13.1.

A Figura 13.1 mostra uma viga contínua com três vãos submetida a uma força uniformemente distribuída que abrange parcialmente o vão central — caso I + II. Considerou-se deliberadamente que a barra do vão central é subdividida (discretizada) em três elementos de barra, que correspondem aos dois trechos descarregados e ao trecho com a força uniformemente distribuída. Dessa forma, o caso geral de barra discretizada está sendo considerado. A solicitação da viga contínua é decomposta em dois casos de carregamento, que são definidos da seguinte maneira:

Caso I: Estrutura submetida à força uniformemente distribuída em conjunto com as reações de engastamento perfeito do elemento de barra central isolado, atuando nas suas extremidades.

Caso II: Estrutura submetida a forças e momentos que correspondem às reações de engastamento perfeito do caso I, atuando com sentidos invertidos nos nós das extremidades do elemento de barra carregado.

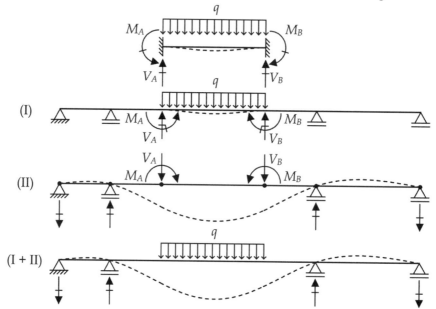

Figura 13.1 Superposição de efeitos para discretização do comportamento de uma viga contínua pelo método dos deslocamentos.

Observa-se que o carregamento do caso I indicado na Figura 13.1 é autoequilibrado. Além disso, as deformações e a elástica estão restritas ao elemento de barra carregado, e os deslocamentos e rotações de todos os nós do modelo são nulos. Isso é fácil de ser identificado, pois as forças e momentos que atuam nos nós extremos do elemento de barra carregado correspondem às reações de engastamento perfeito para o carregamento desse elemento. Com isso, o efeito do carregamento não é sentido nos outros elementos de barra da estrutura. Ademais, as componentes de reações em todos os apoios no caso I são nulas.

Outro aspecto a se destacar é que, no caso II, estão sendo considerados como nós os pontos entre os trechos descarregados e o trecho carregado do vão central, assim como os pontos dos apoios da estrutura. Os nós estão identificados na Figura 13.1 por um pequeno círculo preto.

---

[1] Essa é a principal diferença entre o método da rigidez direta e o método dos elementos finitos com formulação em deslocamentos para o problema estrutural. Inerente à própria concepção do segundo método, são introduzidas aproximações adicionais na substituição do comportamento contínuo do meio pelo comportamento discreto dos nós do modelo em elementos finitos. Por isso, esse método tem um caráter aproximado.

Com a superposição dos efeitos dos casos I e II mostrados nessa figura, tem-se:

1. A soma dos carregamentos resulta no carregamento original do caso I + II.
2. Os deslocamentos e rotações nodais do caso II são iguais aos provocados pelo carregamento original, haja vista que são nulos no caso I.
3. A elástica final nos elementos de barra descarregados corresponde à elástica do caso II, uma vez que esses elementos não têm deformação no caso I.
4. A elástica final no elemento de barra carregado é obtida pela soma dos deslocamentos do caso I, que são deslocamentos para o elemento engastado perfeitamente em suas extremidades, com os deslocamentos do caso II.
5. Os esforços internos finais nos elementos de barra descarregados correspondem aos esforços internos obtidos pela análise do caso II, pois esses elementos não têm esforços internos no caso I.
6. Os esforços internos finais no elemento de barra carregado são obtidos pela soma dos esforços de engastamento perfeito do caso I com os esforços provenientes da análise do caso II.
7. As reações de apoio finais são iguais às reações de apoio obtidas na análise do caso II, pois o caso I não tem reações de apoio.

O objetivo da decomposição nos casos de carregamento I e II é claro. A ideia é isolar, no caso I, o *efeito local* das solicitações que atuam no interior das barras (ou dos elementos de barra). O efeito local corresponde a uma situação de engastamento perfeito dos elementos de barra carregados. O caso II considera o *efeito global* da solicitação, que foi transformada em forças e momentos nodais iguais às reações de engastamento do caso I, mas com sentidos invertidos. Observa-se que o comportamento final da estrutura é praticamente igual ao comportamento global do caso II, a menos dos efeitos locais de engastamento do trecho carregado.

Em essência, o caso II corresponde ao comportamento global discretizado da estrutura. Isso se dá por dois motivos. O primeiro é que a solicitação, nesse caso, ocorre somente nos nós (pontos de discretização) do modelo. O segundo motivo é que, pelo menos em termos de deslocamentos e rotações nodais, os resultados do caso II são os da estrutura para o carregamento original.

Observa-se que a decomposição nos casos de carregamento I e II só faz sentido porque o caso I corresponde à situação local de engastamento perfeito restrita ao trecho carregado, que resulta em deslocamentos e rotações nodais nulos. Esse é um dos fatos que garante que os resultados do modelo discretizado não se modificam se diferentes níveis de discretização forem utilizados.[2]

Para generalizar a metodologia de decomposição nos casos I e II, algumas definições são necessárias:

- *cargas nodais* propriamente ditas são forças e momentos que, no carregamento original da estrutura, atuam diretamente sobre os nós da discretização;
- *cargas equivalentes nodais* são as cargas nodais que atuam no caso II provenientes das reações de engastamento perfeito dos elementos de barra carregados no caso I, com sentidos invertidos;[3]
- *cargas nodais combinadas* são resultado da combinação das cargas nodais propriamente ditas com as cargas equivalentes nodais. As cargas nodais combinadas são as solicitações do caso II e representam o efeito discretizado das solicitações externas atuando sobre os nós.

---

[2] Essa é outra diferença básica entre o método da rigidez direta para modelos reticulados e o método dos elementos finitos para meios estruturais contínuos. No segundo método existe a decomposição em dois casos de carregamento, mas o caso I não é associado a uma situação de engastamento perfeito do elemento finito.

[3] No método dos elementos finitos, também existe o conceito de cargas equivalentes nodais. Entretanto, a essas cargas não é dada a conotação de reações de engastamento nos trechos carregados, com os sentidos invertidos. Nesse método, cargas equivalentes nodais são denominadas consistentes ou compatíveis porque produzem o mesmo trabalho virtual que o carregamento no interior do elemento finito produz, para um campo de deslocamentos virtuais consistente com a formulação aproximada do elemento. Essa conotação para cargas equivalentes nodais é compartilhada pelo método da rigidez direta, pelo menos para barras prismáticas, na medida em que as reações de engastamento perfeito de uma barra podem ser determinadas por equivalência de trabalho virtual utilizando funções de forma de barra como campo de deslocamentos virtuais (Seção 9.3.3). Isso caracteriza o método da rigidez direta como um caso particular do método dos elementos finitos.

O modelo de pórtico plano da Figura 13.2 é utilizado para ilustrar essas definições. O carregamento original do pórtico é constituído de forças verticais uniformemente distribuídas que atuam nas vigas inclinadas e por duas forças laterais horizontais. Para a análise do pórtico desse modelo, a Figura 13.3 mostra o caso I, e a Figura 13.4 ilustra o caso II.

Observa-se, na Figura 13.3, que a configuração deformada da estrutura para o caso I é restrita às barras carregadas. As reações de engastamento perfeito, atuando em conjunto com as forças verticais uniformemente distribuídas, isolam o efeito dessas cargas para o resto da estrutura. As outras barras não têm deformações, tampouco esforços internos. As reações nos apoios da base da estrutura são nulas. Em resumo, esse caso de carregamento apresenta apenas efeitos locais do carregamento no interior das barras.

Por outro lado, o caso II (Figura 13.4) é solicitado pelas cargas nodais combinadas e captura a resposta global da estrutura. Os deslocamentos e rotações nodais desse caso de carregamento correspondem aos deslocamentos e rotações nodais da estrutura com o carregamento original. O mesmo se dá para as reações nos apoios da base.

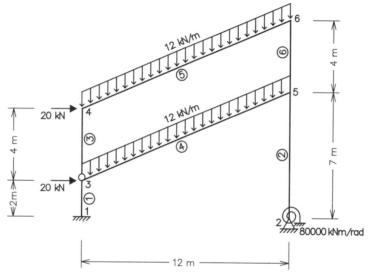

Figura 13.2 Pórtico plano com cargas nodais e cargas em barras.

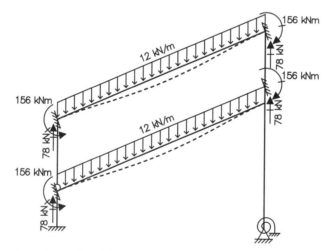

Figura 13.3 Caso I de carregamento do pórtico da Figura 13.2.

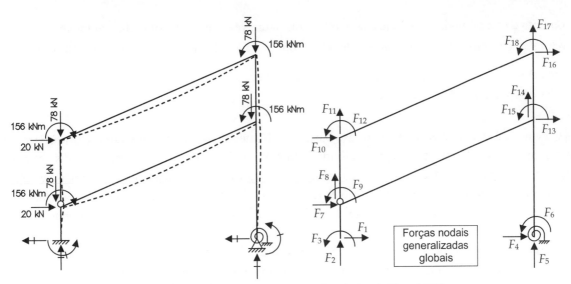

Figura 13.4 Caso II de carregamento do pórtico da Figura 13.2.

Deve-se salientar que os efeitos locais de engastamento perfeito dos elementos de barra carregados no seu interior são conhecidos *a priori*, pois são soluções fundamentais conhecidas e disponíveis (Seção 9.3).

Pode-se observar que, para o cálculo da elástica e dos esforços internos finais, existe uma distinção entre elementos de barra carregados no seu interior e elementos de barra descarregados. A elástica e os esforços internos finais dos elementos de barra descarregados ficam determinados completamente pela análise global do caso de carregamento II. Por outro lado, para se obter a elástica e os esforços internos nos elementos de barra carregados, é preciso superpor os resultados dos casos I e II.[4]

Observa-se também que existe uma semelhança entre o caso de carregamento I do método da rigidez direta e o caso básico (0) do método dos deslocamentos. No que se refere à elástica e aos esforços internos dos elementos de barra, o caso I e o caso (0) fornecem absolutamente os mesmos resultados. Entretanto, existe uma diferença sutil: os termos de carga do caso básico (0) não são formados apenas pelas reações de engastamento perfeito das barras carregadas nos apoios fictícios do sistema hipergeométrico. Os termos de carga também consideram reações nos apoios fictícios para as cargas nodais propriamente ditas.

Percebe-se, então, que as cargas nodais combinadas correspondem aos termos de carga com sentidos invertidos. Na verdade, não é exatamente assim, pois os termos de carga se referem às reações apenas nos apoios fictícios do sistema hipergeométrico. Por outro lado, as cargas nodais combinadas podem atuar nas direções dos graus de liberdade restritos por apoio.

No caso II, o resultado da superposição das cargas nodais combinadas com as reações de apoio é um conjunto de forças e momentos denominado *forças nodais generalizadas globais*. Para o pórtico de estudo, as forças nodais generalizadas globais são mostradas na Figura 13.4, com sentidos positivos. Faz-se a seguinte definição:

$F_i \rightarrow$ *força nodal generalizada global*: componente de força ou momento que atua na direção do grau de liberdade global D_i, resultante da superposição de cargas nodais combinadas e componentes de reação de apoio.

Nessa definição, a noção de grau de liberdade global estende o conceito de deslocabilidade global para incluir os deslocamentos e rotações (conhecidos) associados às restrições de apoio.

Vê-se que as forças nodais generalizadas globais seguem a numeração dos graus de liberdade globais, que podem ser numerados de maneira arbitrária. No exemplo mostrado na Figura 13.4, o critério adotado foi numerar os três graus de liberdade de cada nó seguindo a ordenação da numeração nodal. Os números dos nós estão indicados na Figura 13.2, assim como os números das barras (identificados com um círculo). Em cada nó, o primeiro grau de liberdade a ser numerado é o deslocamento horizontal, e o último é a rotação.

---

[4] Aqui reside mais uma diferença entre o método da rigidez direta e o método dos elementos finitos. Neste último, depois que o carregamento no interior dos elementos finitos é convertido em cargas equivalentes nodais, não se faz mais referência ao carregamento original. A configuração deformada e as tensões nos elementos finitos são determinadas sem distinção entre elementos carregados e descarregados: apenas o efeito global é considerado.

O conjunto de forças nodais generalizadas globais forma um vetor que é definido da seguinte maneira:

$\{F\} \rightarrow$ *vetor das forças nodais generalizadas globais*: é o conjunto de todas as forças nodais generalizadas globais.

Não fosse pelo fato de os graus de liberdade (e as forças nodais generalizadas) incluírem componentes nas direções das restrições de apoio, poder-se-ia escrever:

$$\{F\} = -\{\beta_0\}$$

em que $\{\beta_0\}$ é o vetor dos termos de carga do caso básico (0) do método dos deslocamentos (Seção 10.3).

Em resumo, o modelo estrutural a ser analisado pelo método da rigidez direta é o modelo discretizado do caso de carregamento II, que é solicitado pelas cargas nodais combinadas. Um dos objetivos dessa análise é determinar os valores dos graus de liberdade desconhecidos, isto é, das componentes de deslocamentos e rotações nodais livres. Outro objetivo é determinar as componentes de reação de apoio. Dessa forma, o vetor das forças nodais generalizadas globais fica completamente determinado.

Além disso, a análise do caso II resulta na determinação das elásticas e esforços internos em todos os elementos de barra do modelo estrutural. Para complementar os resultados, é preciso superpor as elásticas e esforços internos da situação de engastamento perfeito do caso I, mas somente para os elementos de barra carregados.

As seções seguintes deste capítulo detalham os passos dessa metodologia. Por questão de conveniência, as duas próximas seções descrevem, de maneira genérica e simplificada, como são fornecidos os dados de entrada para um programa de computador e de que forma os resultados textuais (não gráficos) da análise saem do programa.

13.3. DADOS DE ENTRADA TÍPICOS DE UM PROGRAMA DE COMPUTADOR

Esta seção ilustra de forma muito simplificada o tipo de informação que é fornecida para um programa de computador que analisa estruturas reticuladas planas. O objetivo é caracterizar os grupos de dados necessários para o programa realizar as seguintes tarefas:

1. Montar o sistema de equações de equilíbrio do método da rigidez direta.
2. Resolver esse sistema (determinando os valores dos deslocamentos e rotações dos graus de liberdade livres).
3. Calcular as reações de apoio.
4. Determinar esforços internos nas extremidades das barras nas direções dos seus eixos locais.

Todos esses passos serão detalhados nas próximas seções.

Obviamente, cada programa de computador define um formato próprio para os dados de entrada. Os tipos de dados, entretanto, são comuns à maioria dos programas e podem ser classificados basicamente nos seguintes grupos:

- coordenadas nodais e restrições de apoio;
- incidência nodal das barras e propriedades dos seus materiais e de suas seções transversais — grupo que também fornece informações sobre liberações de continuidade, por exemplo, provenientes de rótulas;
- recalques de apoio;
- cargas nodais propriamente ditas;
- carregamentos no interior das barras.

Os três últimos grupos de dados são fornecidos para cada caso de carregamento.

Para ilustrar os dados de entrada, adota-se o pórtico da Figura 13.2 como exemplo. A seguir é reproduzida a listagem de um arquivo textual com os dados de entrada desse exemplo para um programa genérico:

```
Coordenadas Nodais e Condições de Suporte
    Nó      X        Y      Desloc.X  Desloc.Y  RotaçãoZ   Mola X    Mola Y     Mola Z
           (m)      (m)      (tipo)    (tipo)    (tipo)    (kN/m)    (kN/m)    (kNm/rad)
     1     0.0      0.0      Fixo      Fixo      Fixo       0.0       0.0        0.0
     2    12.0      0.0      Fixo      Fixo      Mola       0.0       0.0     80000.0
     3     0.0      2.0      Livre     Livre     Livre      0.0       0.0        0.0
     4     0.0      6.0      Livre     Livre     Livre      0.0       0.0        0.0
     5    12.0      7.0      Livre     Livre     Livre      0.0       0.0        0.0
     6    12.0     11.0      Livre     Livre     Livre      0.0       0.0        0.0
```

```
Dados das Barras
Barra      Nó         Nó         Rótula    Rótula    Rótula    Mod.Elást.  Área Seção  Mom.Inércia
           inicial    inicial    final     inicial   final     (kN/m2)     (m2)        (m4)
  1        1          3          Não       Não       Não       2.0e+08     0.008       0.0004
  2        2          5          Não       Não       Não       2.0e+08     0.008       0.0004
  3        3          4          Sim       Não       Não       2.0e+08     0.008       0.0004
  4        3          5          Não       Não       Não       2.0e+08     0.008       0.0004
  5        4          6          Não       Não       Não       2.0e+08     0.008       0.0004
  6        5          6          Não       Não       Não       2.0e+08     0.008       0.0004

Dados de Cargas Concentradas em Nós
Nó         Fx (kN)    Fy (kN)    Mz (kNm)
  3        20.0       0.0        0.0
  4        20.0       0.0        0.0

Dados de Carregamentos Uniformemente Distribuídos em Barras
Barra      Direção    Qx (kN/m)  Qy (kN/m)
  4        Global     0.0        -12.0
  5        Global     0.0        -12.0
```

A geometria global do modelo é fornecida por meio das coordenadas dos nós, definidas em algum sistema de eixos globais. Para cada nó, fornecem-se um número (ou índice) e suas coordenadas. No caso plano, são as coordenadas em relação aos eixos globais X e Y. No exemplo, o nó com índice 1 está localizado na origem do sistema de eixos globais.

As restrições de apoio são informadas para cada nó e indicam os graus de liberdade fixos, livres ou com um apoio elástico. No exemplo, o nó com índice 1 é um engaste e tem os três graus de liberdade fixos. O nó com índice 2 tem um apoio do 2º gênero (deslocamentos nas direções X e Y fixos) e um apoio elástico rotacional, cujo coeficiente de rigidez é fornecido. Os demais nós têm todos os graus de liberdade livres.

A topologia do modelo, isto é, a maneira como as barras se interconectam, é obtida pelo programa de computador com base em uma informação que se costuma denominar *incidência nodal dos elementos*. Essa informação é uma das mais importantes para o programa de computador, pois permite que a matriz de rigidez global do modelo (que contém os coeficientes do sistema de equações de equilíbrio) seja montada de maneira muito eficiente. Essencialmente, essa informação indica como as barras usam os nós do modelo. Para cada barra, que é identificada por um índice, informa-se o número de seu nó inicial e de seu nó final. O número de um nó é o índice utilizado para definir suas coordenadas.

Na informação sobre os dois nós de uma barra, é importante a ordem em que os índices dos nós são fornecidos. Isso define o sentido do eixo local x da barra. Tal eixo é orientado do nó inicial para o nó final. O sentido do eixo x define o sistema de eixos locais da barra. O eixo local z da barra sempre sai do plano, e o eixo local y é tal que o produto vetorial do eixo x pelo y resulta no eixo z. Várias informações estão associadas aos eixos locais de um elemento de barra. Um carregamento no seu interior pode ser definido com componentes nas direções dos eixos locais ou nas direções dos eixos globais. Na próxima seção, será visto que os resultados dos esforços internos atuantes nas extremidades das barras têm sinais associados às direções dos eixos locais das barras.

No exemplo, além da incidência nodal, para cada barra, são fornecidos o valor do módulo de elasticidade do seu material e os valores de área e momento de inércia da sua seção transversal. Os dados de propriedades de barra acusam a presença de uma rótula na extremidade inicial da barra com índice 3.

As cargas nodais são informadas nas direções dos eixos globais. Os sinais dos valores fornecidos são associados aos sentidos desses eixos.

No exemplo, as forças uniformemente distribuídas são aplicadas, nas barras com índices 4 e 5, na direção do eixo global Y. Portanto, o carregamento nessas barras é definido nas direções dos eixos globais (o sinal negativo indica que as forças distribuídas são contrárias ao sentido positivo do eixo Y, isto é, para baixo).

13.4. RESULTADOS TÍPICOS DE UM PROGRAMA DE COMPUTADOR

Os resultados da análise de uma estrutura reticulada fornecidos por um programa de computador dependem muito do tipo de análise. Em uma análise simples, como a do pórtico da Figura 13.2, que tem apenas um caso de carregamento original, os resultados típicos são:

- deslocamentos e rotações nodais;
- reações de apoio;
- esforços internos nas extremidades das barras.

A seguir estão listados os resultados textuais da análise do pórtico de estudo feita por um programa genérico:

Resultados de Deslocamentos e Rotações Nodais

Nó	Desloc. X (m)	Desloc. Y (m)	Rotação Z (rad)
1	0.000e+00	0.000e+00	0.000e+00
2	0.000e+00	0.000e+00	-4.929e-04
3	+3.212e-03	-1.975e-04	-3.015e-03
4	+1.482e-03	-4.507e-04	-1.842e-03
5	+3.789e-03	-6.739e-04	+1.087e-03
6	+1.114e-03	-8.107e-04	+2.054e-03

Reações de Apoio

Nó	Fx (kN)	Fy (kN)	Mz (kNm)
1	-23.6	+158.0	+144.2
2	-16.4	+154.0	+39.4

Resultados de Esforços Internos nas Barras (direções locais)

Barra	Normal Nó inic. (kN)	Normal Nó final (kN)	Cortante Nó inic. (kN)	Cortante Nó final (kN)	Momento Nó inic. (kNm)	Momento Nó final (kNm)
1	+158.0	-158.0	+23.6	-23.6	+144.2	-97.0
2	+154.0	-154.0	+16.4	-16.4	+39.4	+75.6
3	+101.3	-101.3	-34.1	+34.1	0.0	-136.5
4	-13.0	+73.0	+66.8	+77.2	+97.0	-164.5
5	+88.9	-28.9	+72.7	+71.3	+136.5	-127.6
6	+54.7	-54.7	+54.1	-54.1	+88.9	+127.6

Os deslocamentos e rotações nodais fornecidos pelo programa têm as direções dos eixos globais. O mesmo ocorre para as reações de apoio. A Figura 13.5 mostra esses resultados de forma gráfica. A elástica da estrutura é traçada com base nos valores dos deslocamentos e das rotações nodais. As funções de forma das barras (Seção 9.1) são usadas para isso. Para as barras inclinadas carregadas, a elástica proveniente da situação de engastamento perfeito da barra deve ser superposta ao efeito global dos resultados do programa de computador. Na figura, as reações de apoio estão desenhadas com seus sentidos físicos, após a interpretação de seus sinais.

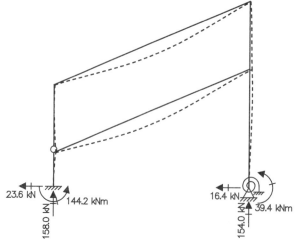

Figura 13.5 Configuração deformada (ampliada em 40 vezes em relação à escala da estrutura) e reações de apoio do pórtico da Figura 13.2.

Em geral, um programa de computador fornece, em resultados textuais, os esforços internos nas extremidades das barras, de acordo com as direções de seus eixos locais. Os valores seguem a convenção de sinais adotada no método dos deslocamentos, como definido na Seção 10.4 (Tabela 10.1). Conforme descrito anteriormente, as direções dos eixos locais de uma barra dependem da ordem de indicação dos nós da barra. Isso deve ser levado em conta para interpretar de forma correta os valores dos esforços internos fornecidos pelo programa.

Para realizar o traçado dos diagramas de esforços internos, é preciso converter os valores obtidos dos resultados textuais do programa para a convenção usual adotada (Seção 3.6). As Figuras 13.6, 13.7 e 13.8 mostram os diagramas de esforços normais, esforços cortantes e momentos fletores do exemplo.

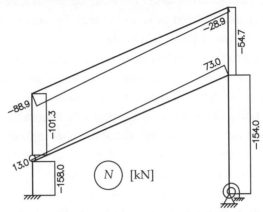

Figura 13.6 Diagrama de esforços normais do pórtico da Figura 13.2.

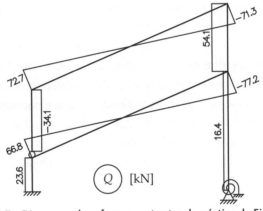

Figura 13.7 Diagrama de esforços cortantes do pórtico da Figura 13.2.

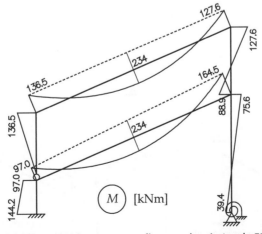

Figura 13.8 Diagrama de momentos fletores do pórtico da Figura 13.2.

13.5. SISTEMAS DE COORDENADAS GENERALIZADAS

Uma das características mais marcantes do método dos deslocamentos é a soma de contribuições de coeficientes de rigidez locais das barras para compor os coeficientes de rigidez globais da estrutura. Isso foi salientado algumas vezes nos três capítulos anteriores. No método da rigidez direta, essa característica fica mais marcante porque essa soma é feita de forma explícita e direta, conforme será visto na sequência deste capítulo. Aliás, o termo "direta" no nome do método vem justamente daí.

Entretanto, para poder efetuar a soma de coeficientes de rigidez locais de várias barras, é preciso que esses coeficientes estejam definidos no mesmo sistema de eixos. Ocorre que os coeficientes de rigidez locais se referem a direções dos eixos locais da barra (Seção 9.2). Para somar os coeficientes de rigidez locais deve-se projetá-los previamente para um sistema de eixos único (em geral, para o sistema de eixos globais). Essa questão foi abordada em um exemplo com barra inclinada na Seção 10.6.3, e essa necessidade foi salientada.

Para tratar de forma genérica e arbitrária a transformação dos coeficientes de rigidez locais do sistema local de uma barra para o sistema global da estrutura, é conveniente definir *sistemas de coordenadas generalizadas*, que são usados para indicar as direções dos coeficientes de rigidez da barra ou da estrutura.

Coordenadas generalizadas são direções associadas aos graus de liberdade (ou deslocabilidades) de uma barra ou de uma estrutura. As *coordenadas generalizadas globais* são as direções utilizadas para definir os graus de liberdade globais (da estrutura). As *coordenadas generalizadas locais* (do elemento de barra) são as direções utilizadas para definir as deslocabilidades locais. Para uma barra, as coordenadas generalizadas locais podem estar associadas tanto às direções dos eixos locais (ou do *sistema local*) quanto às direções dos eixos globais (ou do *sistema global*). A Figura 13.9 mostra um exemplo com os três tipos de sistemas de coordenadas para um pórtico simples. Os eixos locais das barras também estão indicados na figura.

Na verdade, as coordenadas generalizadas foram utilizadas em outras partes deste livro, mas sem explicitá-las. Por exemplo, as forças generalizadas globais, apresentadas na Seção 13.2, se referem às coordenadas generalizadas globais. Em outra situação, as soluções fundamentais (reações de engastamento e coeficientes de rigidez locais) para barras isoladas, apresentadas no Capítulo 9, foram definidas nas direções das coordenadas generalizadas locais, nos sistemas locais das barras.

A novidade é a definição de coordenadas generalizadas locais nas direções dos eixos globais. Essas coordenadas são utilizadas em etapas intermediárias do método da rigidez direta, em que é necessário somar contribuições vindas das diversas barras para compor um efeito global. O exemplo mais evidente dessa utilização é na montagem da matriz de rigidez global da estrutura com base nos coeficientes de rigidez da barras (Seção 13.7). Outro exemplo é a composição das forças generalizadas globais, que recebem contribuição das cargas equivalentes nodais das barras carregadas e das cargas nodais propriamente ditas (Seção 13.8).

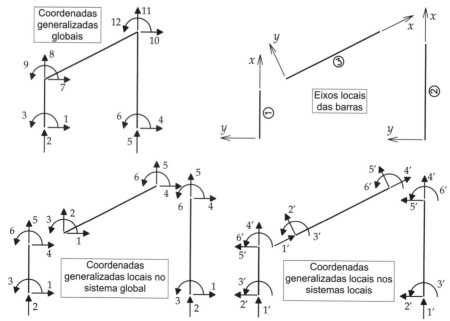

Figura 13.9 Sistemas de coordenadas generalizadas adotados no método da rigidez direta.

13.6. MATRIZ DE RIGIDEZ LOCAL NO SISTEMA GLOBAL

Conforme comentado na seção anterior, para considerar a influência de uma barra na matriz de rigidez global, é preciso transformar as propriedades mecânicas da barra, que são definidas naturalmente pelos coeficientes de rigidez no seu sistema de eixos locais, para o sistema de coordenadas generalizadas globais.

A Seção 9.2 definiu coeficientes de rigidez locais no sistema local da barra. O objetivo desta seção é definir outra versão da matriz de rigidez da barra. Essa versão relaciona forças e momentos que atuam nas extremidades da barra, nas direções das coordenadas generalizadas globais, com deslocamentos e rotações das extremidades nas mesmas direções. Isso é indicado na Figura 13.10 para uma barra com inclinação arbitrária dada pelo ângulo θ. Essa versão da matriz é denominada *matriz de rigidez local no sistema global*.

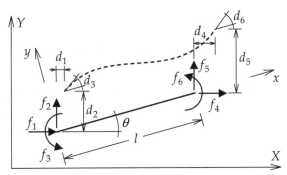

Figura 13.10 Forças generalizadas e deslocabilidades locais de uma barra definidas no sistema de eixos globais.

Uma deslocabilidade de uma barra isolada no sistema global é definida formalmente como:

$d_i \rightarrow$ *deslocabilidade local (de barra) no sistema global*: deslocamento, na direção de um dos eixos globais X ou Y, ou rotação em extremidade de uma barra isolada.

Os índices 1 e 4 estão relacionados com deslocabilidades horizontais, isto é, na direção do eixo global X. Os índices 2 e 5 são usados para as deslocabilidades na direção do eixo global vertical Y. E os índices 3 e 6 se referem às rotações nas extremidades.

Refere-se às forças e aos momentos que atuam nas extremidades da barra isolada como:

$f_i \rightarrow$ *força generalizada local (de barra) no sistema global*: força ou momento que atua na direção da deslocabilidade d_i de uma barra para equilibrá-la quando isolada.

Os coeficientes de rigidez relacionam forças generalizadas com deslocabilidades. No presente contexto, a seguinte notação é utilizada:

$k_{ij} \rightarrow$ *coeficiente de rigidez local (de barra) no sistema global*: força ou momento que deve atuar em uma extremidade de uma barra isolada, na direção da deslocabilidade d_i, para equilibrá-la quando a deslocabilidade unitária $d_j = 1$ é imposta, isoladamente, em uma das suas extremidades.

De maneira inteiramente análoga ao que foi feito na Seção 9.2, pode-se mostrar que a superposição dos efeitos de todas as deslocabilidades com valores arbitrários resulta na seguinte relação matricial:

$$\begin{Bmatrix} f_1 \\ f_2 \\ f_3 \\ f_4 \\ f_5 \\ f_6 \end{Bmatrix} = \begin{bmatrix} k_{11} & k_{12} & k_{13} & k_{14} & k_{15} & k_{16} \\ k_{21} & k_{22} & k_{23} & k_{24} & k_{25} & k_{26} \\ k_{31} & k_{32} & k_{33} & k_{34} & k_{35} & k_{36} \\ k_{41} & k_{42} & k_{43} & k_{44} & k_{45} & k_{46} \\ k_{51} & k_{52} & k_{53} & k_{54} & k_{55} & k_{56} \\ k_{61} & k_{62} & k_{63} & k_{64} & k_{65} & k_{66} \end{bmatrix} \cdot \begin{Bmatrix} d_1 \\ d_2 \\ d_3 \\ d_4 \\ d_5 \\ d_6 \end{Bmatrix} \quad (13.1)$$

A Equação 13.1 pode ser escrita de forma condensada:

$$\{f\} = [k] \cdot \{d\} \quad (13.2)$$

Em que:

$\{f\} \rightarrow$ *vetor das forças generalizadas de barra no sistema global*: conjunto de forças e momentos que atuam nas extremidades de uma barra (nas direções dos eixos globais) para equilibrá-la quando isolada;

$[k] \rightarrow$ *matriz de rigidez de uma barra no sistema global*: matriz dos coeficientes de rigidez locais k_{ij} nas direções dos eixos globais;

$\{d\} \rightarrow$ *vetor das deslocabilidades de barra no sistema global*: conjunto de deslocabilidades de uma barra nas direções dos eixos globais.

Assim como para a matriz de rigidez local no sistema local, a matriz no sistema global também é simétrica (ver teorema de Maxwell, versão para deslocamento generalizado unitário imposto, Equação 7.42), isto é:

$$k_{ji} = k_{ij} \tag{13.3}$$

Uma consequência da definição do coeficiente de rigidez local k_{ij} é:

- A *j*-ésima coluna da matriz de rigidez $[k]$ de uma barra corresponde ao conjunto de forças generalizadas que atuam nas extremidades da barra, paralelamente aos eixos globais, para equilibrá-la quando é imposta uma configuração deformada tal que $d_j = 1$ (deslocabilidade d_j com valor unitário e as demais deslocabilidades com valor nulo).

É possível formular uma transformação da matriz de rigidez no sistema local de uma barra genérica, com qualquer inclinação, para a matriz no sistema global. Para tanto, é preciso relacionar as deslocabilidades da barra no sistema local com as deslocabilidades no sistema global. A Figura 13.11 mostra representações das deslocabilidades nos dois sistemas.

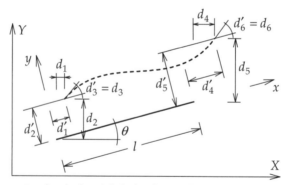

Figura 13.11 Representações das deslocabilidades de uma barra no sistema local e no sistema global.

Com base na Figura 13.11, pode-se obter as deslocabilidades locais em função das globais:

$d'_1 = +d_1 \cdot \cos\theta + d_2 \cdot \text{sen}\theta$ $\qquad d'_4 = +d_4 \cdot \cos\theta + d_5 \cdot \text{sen}\theta$

$d'_2 = -d_1 \cdot \text{sen}\theta + d_2 \cdot \cos\theta$ $\qquad d'_5 = -d_4 \cdot \text{sen}\theta + d_5 \cdot \cos\theta$

$d'_3 = d_3$ $\qquad d'_6 = d_6$

Essas relações podem ser representadas de forma condensada:

$$\{d'\} = [R] \cdot \{d\} \tag{13.4}$$

sendo $\{d'\}$ o vetor das deslocabilidades da barra no sistema local e $[R]$ uma matriz de transformação por rotação:

$$[R] = \begin{bmatrix} +\cos\theta & +\text{sen}\theta & 0 & 0 & 0 & 0 \\ -\text{sen}\theta & +\cos\theta & 0 & 0 & 0 & 0 \\ 0 & 0 & 1 & 0 & 0 & 0 \\ 0 & 0 & 0 & +\cos\theta & +\text{sen}\theta & 0 \\ 0 & 0 & 0 & -\text{sen}\theta & +\cos\theta & 0 \\ 0 & 0 & 0 & 0 & 0 & 1 \end{bmatrix} \tag{13.5}$$

A matriz de transformação por rotação é ortogonal, isto é, sua inversa é igual à sua transposta: $[R]^{-1} = [R]^T$. Por causa disso, pode-se obter as deslocabilidades no sistema global em função das deslocabilidades no sistema local a partir da transposta da matriz [R]:

$$\{d\} = [R]^T \cdot \{d'\} \tag{13.6}$$

De maneira semelhante, pode-se obter as forças generalizadas da barra no sistema global em função das forças generalizadas no sistema local (Figura 13.12):

$f_1 = +f'_1 \cdot \cos\theta - f'_2 \cdot \operatorname{sen}\theta$ $\qquad f_4 = +f'_4 \cdot \cos\theta - f'_5 \cdot \operatorname{sen}\theta$
$f_2 = +f'_1 \cdot \operatorname{sen}\theta + f'_2 \cdot \cos\theta$ $\qquad f_5 = +f'_4 \cdot \operatorname{sen}\theta + f'_5 \cdot \cos\theta$
$f_3 = f'_3$ $\qquad f_6 = f'_6$

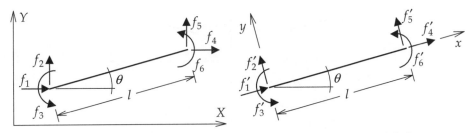

Figura 13.12 Representação das forças generalizadas de uma barra no sistema global e no sistema local.

Define-se, então, as seguintes relações matriciais entre as forças generalizadas da barra:

$$\{f\} = [R]^T \cdot \{f'\} \tag{13.7}$$

$$\{f'\} = [R] \cdot \{f\} \tag{13.8}$$

A relação que existe entre $\{d'\} = [R]\{d\}$ e $\{f\} = [R]^T\{f'\}$ é chamada de *relação de contragradiência* (Rubinstein, 1970), pois a última expressão pode ser obtida a partir da primeira utilizando o princípio dos deslocamentos virtuais (PDV), como mostrado a seguir.

Dado um campo de deslocamentos virtuais, o trabalho provocado pelas forças externas não depende do sistema de eixos utilizado para definir as forças. Assim, o trabalho das forças no sistema global é igual ao trabalho das forças no sistema local para um campo de deslocamentos virtuais $\{\overline{d'}\} = [R]\{\overline{d}\}$. Logo, $\{\overline{d}\}^T\{f\} = \{\overline{d'}\}^T\{f'\}$. Considerando que $\{\overline{d'}\}^T = \{\overline{d}\}^T[R]^T$, chega-se a $\{\overline{d}\}^T\{f\} = \{\overline{d}\}^T[R]^T\{f'\}$. Como o campo de deslocamentos virtuais é arbitrário, pode-se cancelar $\{\overline{d}\}^T$ dessa expressão. Com isso, chega-se de maneira alternativa à relação $\{f\} = [R]^T\{f'\}$.

Para determinar a matriz de rigidez da barra no sistema global, parte-se da Equação 9.12:

$$\{f'\} = [k'] \cdot \{d'\}$$

em que [k'] é a matriz de rigidez da barra no sistema local. Substituindo $\{d'\}$ por $[R]\{d\}$ e pré-multiplicando essa equação por $[R]^T$, resulta:

$$[R]^T \cdot \{f'\} = [R]^T \cdot [k'] \cdot [R] \cdot \{d\}$$

Ou seja,

$$\{f\} = [R]^T \cdot [k'] \cdot [R] \cdot \{d\}$$

Com base na Equação 13.2, chega-se a:

$$[k] = [R]^T \cdot [k'] \cdot [R] \tag{13.9}$$

É importante salientar que a Equação 13.9 é válida para qualquer tipo de barra, com ou sem articulação, inclusive para barra com seção transversal variável. Essa generalidade é muito importante para a implementação computacional, pois permite que o procedimento para montagem da matriz de rigidez global trate as matrizes de rigidez de todas as barras da mesma maneira, independentemente das suas características.

Em geral, um programa de computador tem uma função que calcula a matriz de rigidez [k'] da barra no sistema local. De acordo com a Seção 9.2.8, a determinação dessa matriz, para o caso de barra prismática, depende do comprimento da barra, do módulo de elasticidade do material, da área e do momento de inércia da seção transversal e da condição de articulação nas extremidades. As Equações 9.50 a 9.53 mostram a matriz para barra prismática sem articulação e com articulações.

A matriz de transformação por rotação [R] também pode ser obtida genericamente. Conforme visto na Seção 13.3, as coordenadas dos nós inicial e final de uma barra são fornecidas para um programa de computador. Esses dados são suficientes para calcular $\cos\theta$ e $\sin\theta$, presentes na Equação 13.5 da matriz de rotação. Considere que i é o índice do nó inicial, e j, o índice do nó final da barra, como mostrado na Figura 13.13. As coordenadas do nó inicial são (X_i, Y_i), e as do nó final são (X_j, Y_j).

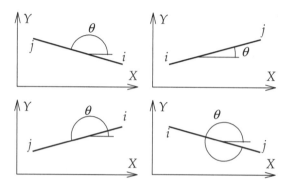

Figura 13.13 Quatro orientações típicas de uma barra.

O comprimento da barra é dado por:

$$l = \sqrt{(X_j - X_i)^2 + (Y_j - Y_i)^2}$$

Sendo θ o ângulo de inclinação da barra, pode-se determinar $\cos\theta$ e $\sin\theta$, da seguinte maneira:

$$\cos\theta = \frac{X_j - X_i}{l} \qquad \sin\theta = \frac{Y_j - Y_i}{l}$$

Essas expressões são válidas para qualquer inclinação da barra e para qualquer ordem que se considere o nó inicial e o nó final de uma barra. A Figura 13.13 mostra exemplos de duas inclinações da barra, com variações na ordem de indicação do nó inicial e do nó final da barra. Isso resulta em quatro situações típicas para o ângulo θ, uma em cada quadrante. Observe que os sinais de $\cos\theta$ e $\sin\theta$ obtidos pelas expressões anteriores são consistentes com as inclinações da barra.

13.7. MONTAGEM DA MATRIZ DE RIGIDEZ GLOBAL

O método dos deslocamentos determina a matriz de rigidez global de um modelo por superposição de casos básicos. Em cada caso básico, é imposta uma configuração deformada que isola o efeito de um grau de liberdade global.

Pode-se dizer que esse procedimento faz a *montagem da matriz de rigidez global por coluna*, pois a *j*-ésima coluna da matriz de rigidez global [K] corresponde ao conjunto de forças e momentos que atua nas direções das coordenadas generalizadas globais para equilibrar a estrutura quando se impõe uma configuração deformada com grau de liberdade $D_j = 1$. Por exemplo, a Figura 13.14 mostra os coeficientes da 9ª e da 10ª colunas da matriz de rigidez global de um pórtico genérico, que correspondem, respectivamente, à imposição de $D_9 = 1$ e $D_{10} = 1$.

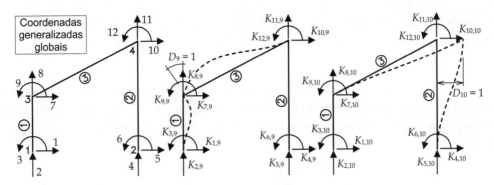

Figura 13.14 Coeficientes de rigidez da 9ª e da 10ª colunas de uma matriz de rigidez global.

Observe que o modelo da Figura 13.14 está solto no espaço, isto é, a matriz de rigidez global está sendo montada considerando todos os graus de liberdade, inclusive os que podem estar com restrições de apoio. Conforme comentando anteriormente, a consideração das condições de suporte é feita em uma fase posterior à montagem da matriz de rigidez global (Seção 13.10), que é, portanto, montada por completo.

O procedimento de montagem da matriz $[K]$ por coluna é adequado para uma resolução manual. Entretanto, esse algoritmo não é o mais adequado para uma implementação computacional. O procedimento característico do método da rigidez direta é o da *montagem da matriz de rigidez por barra*. Tal algoritmo monta a matriz $[K]$ de forma *direta*, somando as contribuições das matrizes de rigidez das barras, uma de cada vez, o que será explicado a seguir.

Na Figura 13.14, observe que, quando se impõe o grau de liberdade $D_9 = 1$, somente as barras com índices 1 e 3 são mobilizadas. Essas duas barras são adjacentes ao nó associado a D_9. Nessa situação, a barra com índice 2 não sofre deformação alguma e, portanto, não contribui para a 9ª coluna da matriz de rigidez global. De maneira análoga, somente as barras com índices 2 e 3 são mobilizadas pela configuração deformada imposta por $D_{10} = 1$, e a barra com índice 1 não contribui para a 10ª coluna de $[K]$.

Esse raciocínio pode ser generalizado da seguinte maneira:

- Os coeficientes da matriz de rigidez $[k]$ de uma barra contribuem apenas para os termos da matriz de rigidez global $[K]$ associados às coordenadas generalizadas globais dos nós inicial e final da barra.

Tal afirmação parte do princípio de que não se considera restrição alguma nas deformações das barras, por exemplo, a consideração de barras inextensíveis. Dessa forma, a cada nó de um pórtico plano, são associados exatamente três graus de liberdade.

Portanto, a informação principal para a montagem da matriz de rigidez global a partir das matrizes de rigidez das barras é o relacionamento entre as coordenadas generalizadas locais de cada barra com as coordenadas generalizadas globais. Note que só faz sentido estabelecer esse relacionamento se as coordenadas generalizadas locais e globais estiverem no mesmo sistema de eixos. Por isso, é preciso transformar as matrizes de rigidez das barras dos sistemas locais para o global.

Essencialmente, o relacionamento entre coordenadas generalizadas locais e globais é uma garantia de satisfação das condições de compatibilidade interna. Isso ocorre porque a associação de coordenadas generalizadas locais (que se correspondem em barras adjacentes) com uma única coordenada generalizada global é, na verdade, uma imposição de compatibilidade entre componentes de deslocamento ou rotação das barras que se conectam. Como no método dos deslocamentos, o método da rigidez direta trabalha intrinsecamente satisfazendo condições de compatibilidade em todas as etapas da metodologia.

A Figura 13.15 mostra um exemplo para explicar como é feito o relacionamento entre coordenadas generalizadas locais e globais. As matrizes de rigidez locais das barras no sistema global são ilustradas na figura em separado, com o índice da barra identificando cada matriz. Nos desenhos representativos das matrizes, somente os coeficientes de rigidez locais não nulos são mostrados.

Para cada barra do modelo da Figura 13.15, é criado um vetor de índices que associa cada coordenada generalizada local com a coordenada global correspondente:

{e} → *vetor de espalhamento*: vetor, com a dimensão do número de coordenadas generalizadas locais de um elemento de barra, em que cada termo e_i armazena o número da coordenada generalizada global associado à coordenada generalizada local i.

O exemplo da Figura 13.15 mostra os vetores de espalhamento das três barras do modelo. As barras estão indicadas com a numeração das coordenadas generalizadas locais (figura superior à esquerda) e com a numeração das coordenadas generalizadas globais (figura superior à direita). Observe que o vetor de espalhamento de cada barra armazena, seguindo a ordenação das coordenadas locais, os índices das coordenadas globais.

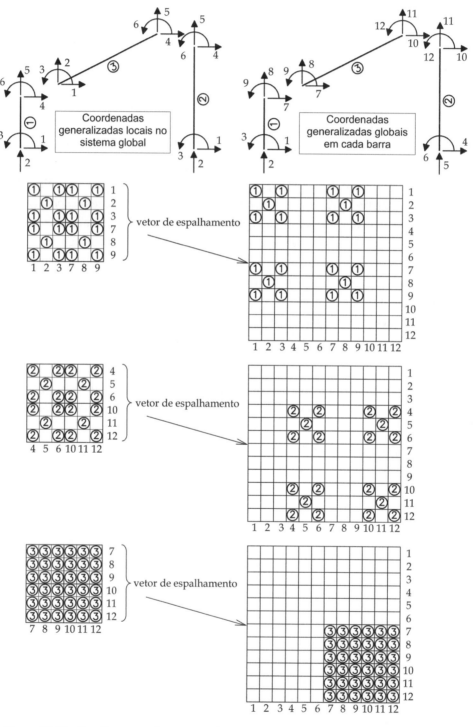

Figura 13.15 Espalhamento de matrizes de rigidez locais para a matriz de rigidez global.

Os vetores de espalhamento de todas as barras dependem da numeração das coordenadas generalizadas globais, que é arbitrária. Deve-se salientar que, como não poderia deixar de ser, os resultados de uma análise não dependem da estratégia utilizada para essa numeração. Existem diversas estratégias para numerar os graus de liberdade de um modelo estrutural, dependendo da técnica utilizada para resolver o sistema de equações globais, cujos coeficientes são os termos da matriz de rigidez global. No entanto, foge do escopo deste livro abordar esse problema. Pode-se dizer que a numeração dos graus de liberdade, de forma geral, procura diminuir ao máximo o número de coeficientes da matriz [K] armazenados na memória do computador. Em algumas situações, a técnica de numeração visa uma solução numérica mais eficiente do sistema de equações. Muitas vezes, as duas questões, minimização do uso de memória e eficiência numérica de solução do sistema, determinam em conjunto a escolha da estratégia de numeração dos graus de liberdade. Os artigos de Cuthill e Mckee (1969), Gibbs *et al.* (1976) e Sloan (1986) são referências clássicas sobre esse assunto.

Por simplicidade, no presente contexto, a numeração das coordenadas generalizadas globais segue a ordem dos índices fornecidos para os nós do modelo. Considere que os nós são numerados consecutivamente de 1 até o número total de nós (nn), e que i é o índice do nó inicial de uma barra, e j, o índice do nó final. Utilizando essa estratégia, para o caso de pórtico plano, o vetor de armazenamento da barra resulta com os seguintes valores:

$$\{e\}^T = \{3i-2, \quad 3i-1, \quad 3i, \quad 3j-2, \quad 3j-1, \quad 3j\}$$

Essa estratégia de numeração será modificada para permitir o particionamento do sistema de equações que é utilizado por uma das técnicas para considerar condições de apoio (Seção 13.10.1).

O algoritmo para montagem da matriz de rigidez global por barra independe da estratégia adotada para numerar as coordenadas generalizadas globais. Tal algoritmo segue um procedimento-padrão, que é descrito a seguir.

Em uma etapa de inicialização, a matriz de rigidez global [K] é criada com todos os coeficientes nulos. Em seguida, a contribuição de cada uma das barras, uma de cada vez, é somada na matriz [K]. Ao final, depois de todas as barras terem sido consideradas, a matriz de rigidez global está completa.

Note, na Figura 13.15, o posicionamento de cada um dos coeficientes de rigidez das barras na matriz de rigidez global. A linha e a coluna da matriz global que recebem a contribuição de um coeficiente de rigidez local de uma barra são determinadas com base no vetor de espalhamento $\{e\}$ da barra. Considere que i e j são os índices do coeficiente de rigidez local k_{ij}. A linha e a coluna na matriz [K] associadas a esse coeficiente são:

$$ii = e_i \qquad jj = e_j$$

Dessa forma, a contribuição de k_{ij} para $K_{ii,jj}$ é obtida da seguinte maneira:

$$K_{ii,jj} = K_{ii,jj} + k_{ij}$$

Observa-se que o algoritmo é muito simples. De maneira informal, pode-se condensar esse algoritmo da seguinte maneira:

$$[K] = \sum_{\text{barras}} [k]_{\text{barra}}$$

e esse somatório pressupõe um espalhamento prévio das matrizes de rigidez locais das barras para a dimensão da matriz de rigidez global.

O procedimento de montagem da matriz de rigidez global é exemplificado na Figura 13.16 para o pórtico plano da Figura 13.2.

Na Figura 13.16, cada matriz de rigidez local tem seus coeficientes não nulos identificados por um símbolo único. Note que a barra com índice 3 tem uma articulação na extremidade inicial (inferior). Portanto, a terceira linha e a terceira coluna da matriz de rigidez dessa barra são nulas, pois correspondem ao grau de liberdade associado à rotação liberada pela rótula.

Os diferentes símbolos utilizados para os coeficientes de rigidez locais servem para identificar em que posições da matriz de rigidez global sente-se a contribuição de cada coeficiente, ao mesmo tempo em que é possível visualizar a sobreposição de coeficientes de rigidez das diversas barras.

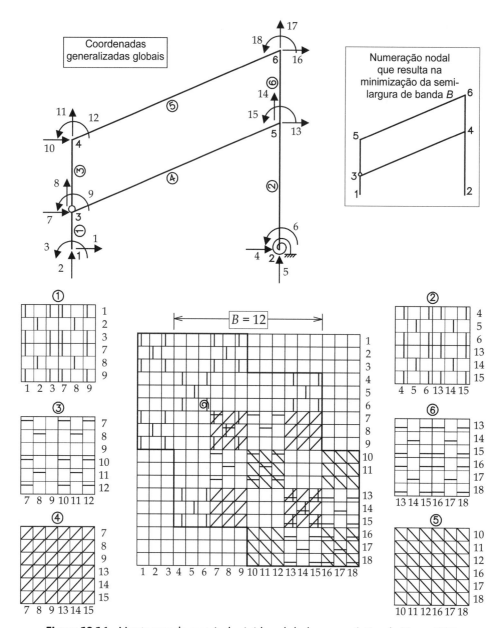

Figura 13.16 Montagem da matriz de rigidez global para o pórtico da Figura 13.2.

Existem diversos aspectos a serem salientados a respeito da matriz de rigidez global resultante. O primeiro é que, obviamente, se obtém a mesma matriz utilizando os procedimentos de montagem por coluna.

Talvez a característica mais marcante da matriz $[K]$ seja o que se denomina *esparsidade*, isto é, a forma como seus coeficientes são agrupados. Nota-se que a formação natural da matriz de rigidez global faz com que os termos diferentes de zero (os que têm algum símbolo na matriz da Figura 13.16) fiquem próximos da diagonal principal. Fora da faixa em torno dessa diagonal, só existem termos nulos. Diz-se, então, que a matriz tem a formação *em banda*.

Sabe-se também que a matriz $[K]$ é simétrica. Portanto, é possível explorar o formato em banda e a simetria da matriz para armazenar o número mínimo de coeficientes não nulos. Dessa forma, uma possibilidade é armazenar na memória do computador uma matriz retangular com número de linhas igual ao número de graus de liberdade e com o número de colunas igual ao parâmetro B (Figura 13.16), que é chamado de *semilargura de banda*. A semilargura de banda é a maior "largura" b de todas as linhas da matriz, considerando como "largura" de uma linha o número de coeficientes entre a diagonal principal, inclusive, e o último coeficiente não nulo naquela linha (para a direita).

As seguintes considerações podem ser feitas para a determinação da semilargura de banda B:

1. Considerando *ngl* o número de graus de liberdade por nó, no caso de pórtico plano ou grelha, *ngl* = 3; para treliças (como as rotações nodais não são levadas em conta), *ngl* = 2; e em um pórtico espacial (em que cada nó tem potencialmente três componentes de deslocamento e três componentes de rotação), *ngl* = 6.
2. Considerando uma barra genérica que conecta os nós com índices *i* e *j*, suponha que *i* < *j*.
3. As coordenadas generalizadas globais são numeradas seguindo a ordenação da numeração dos nós.
4. A matriz está sendo montada para a estrutura solta no espaço, isto é, nenhum nó tem restrição de apoio e todos os graus de liberdade do modelo estão sendo considerados. Dessa forma, a dimensão da matriz (quadrada), que é igual ao número total de graus de liberdade, é $n = nn \cdot ngl$, sendo *nn* o número total de nós.

O procedimento para determinação da semilargura de banda também é realizado por barra. Para cada barra, verifica-se qual é a maior "largura" *b* das linhas da matriz global que são afetadas pela inserção da matriz de rigidez da barra:

$$b = ngl \cdot j - [ngl \cdot (i - 1) + 1] + 1$$
$$b = ngl \cdot (j - i + 1)$$

A semilargura de banda depende da máxima diferença entre os índices dos dois nós extremos de barra, considerando todas a barras do modelo:

$$B = ngl \cdot [(j - i)_{máx} + 1]$$

A expressão $[(j - i)_{máx} + 1]$ é chamada de *banda nodal*.

Observa-se, com base no exemplo da Figura 13.16, que o formato em banda ainda considera em, seu interior, um número considerável de termos nulos da matriz. O que se busca é uma numeração que minimize a semilargura de banda, a fim de diminuir a quantidade de memória necessária para armazenar a matriz [K]. A numeração adotada no exemplo não é a que minimiza a semilargura de banda, pois a banda nodal é igual a 4 (proporcionada pela barra com índice 2), resultando em B = 12. O detalhe no canto superior direito da figura mostra uma renumeração dos nós que minimiza a banda nodal para 3.

Existem outros formatos para armazenar em memória a matriz [K], buscando sempre evitar o armazenamento de coeficientes nulos. O mais famoso é o *skyline* (Cook *et al.*, 1989) – de silhueta dos arranha-céus – que armazena em um vetor único, de forma consecutiva, os coeficientes de cada coluna da matriz, da diagonal principal até o último termo não nulo (para cima). Ainda pode restar o armazenamento de alguns termos nulos, mas bem menos do que no formato em banda.

Nota-se, também, na Figura 13.16 que as sobreposições de coeficientes de rigidez locais se dão em torno da diagonal principal da matriz de rigidez global. Essa é uma característica associada ao arranjo de barras em uma estrutura, que ficam conectadas pelos nós. A sobreposição próxima à diagonal principal se dá por submatrizes com dimensão $ngl \times ngl$ (3×3, no caso do pórtico plano). No exemplo, o maior número de submatrizes sobrepostas é 3. Isso está associado ao fato de os nós com índices 3 e 5 serem usados por três barras cada um.

Na verdade, a montagem de toda matriz se dá por submatrizes com dimensão 3x3, uma vez que a numeração das coordenadas generalizadas globais de cada nó é consecutiva nesse exemplo. Por causa disso, um grupo consecutivo de três linhas e um grupo consecutivo de três colunas da matriz global estão associados a um determinado nó. Pode-se pensar que as submatrizes são unidades para o preenchimento da matriz global. Dessa maneira, a identificação das posições de contribuição de uma matriz de rigidez local na matriz global baseia-se apenas nos números dos nós da barra.

Um último ponto a ser salientado na montagem da matriz de rigidez global da Figura 13.16 é a contribuição do coeficiente de rigidez rotacional do apoio elástico no nó com índice 2. Esse coeficiente de rigidez se soma ao termo $K_{6,6}$ da matriz de rigidez global, como explicado na Seção 11.7: um apoio elástico translacional ou rotacional, que restringe parcialmente o grau de liberdade D_i, é considerado adicionando-se seu coeficiente de rigidez ao coeficiente de rigidez global $K_{i,i}$.

13.8. MONTAGEM DAS CARGAS NODAIS COMBINADAS NO VETOR DAS FORÇAS GENERALIZADAS GLOBAIS

O problema discreto de análise estrutural que se quer resolver é o do caso de carregamento II descrito na Seção 13.2. Nesse problema, o comportamento do modelo estrutural é representado por parâmetros associados aos nós, que são os pontos de discretização. Todas as solicitações desse modelo discretizado são convertidas em cargas nodais combinadas, que consideram os efeitos dos carregamentos atuantes no interior das barras e as cargas nodais propriamente ditas. As cargas nodais combinadas e as reações de apoio formam o vetor das forças nodais generalizadas $\{F\}$ do modelo. A dimensão desse vetor é a dimensão da matriz de rigidez global completa, isto é, o número de termos de $\{F\}$ é igual a $n = nn \cdot ngl$, sendo nn o número de nós do modelo, e ngl, o número de graus de liberdade por nó ($ngl = 3$, no caso de pórtico plano). Esta seção descreve um procedimento para a montagem das cargas nodais combinadas no vetor das forças nodais generalizas globais. O procedimento se dá em duas etapas, que estão ilustradas nas Figuras 13.17 e 13.18, para o exemplo com três barras da Figura 13.9.

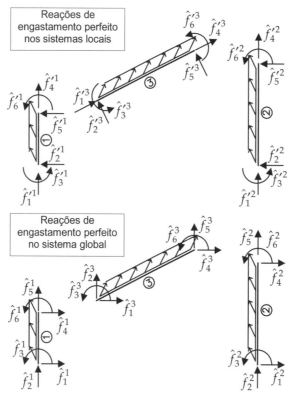

Figura 13.17 Transformação das reações de engastamento perfeito das barras dos sistemas locais para o sistema global.

Na primeira etapa, as reações de engastamento perfeito das barras carregadas, nos seus sistemas locais são transformadas para o sistema global (Figura 13.17). Isso é necessário porque as reações de engastamento das barras carregadas se transformam em cargas equivalentes nodais, que se somam às cargas nodais propriamente ditas para formar as cargas nodais combinadas.

As reações de engastamento no sistema local de uma barra (Seção 9.3) constituem uma das soluções fundamentais conhecidas e disponíveis para a aplicação do método da rigidez direta. Genericamente, as reações de engastamento de uma barra solicitada externamente são grupadas em um vetor:

$\{\hat{f}'\} \rightarrow$ *vetor das reações de engastamento de uma barra isolada no seu sistema local*: conjunto de forças e momentos que atua nas extremidades de uma barra (nas direções dos eixos locais) para equilibrá-la quando há uma solicitação externa e suas deslocabilidades são mantidas nulas.

De acordo com a Equação 13.7, as reações de engastamento no sistema local podem ser convertidas para o sistema global da seguinte maneira:

$$\{\hat{f}\} = [R]^T \cdot \{\hat{f}'\}$$

em que a matriz $[R]$ é fornecida pela Equação 13.5, para uma inclinação genérica da barra dada pelo ângulo θ. A Figura 13.17 mostra, para o exemplo das três barras, as reações de engastamento nos sistemas locais de cada barra e no sistema global.

As reações de engastamento de uma barra no sistema global são agrupadas em um vetor, definido da seguinte maneira:

$\{\hat{f}\} \to$ *vetor das reações de engastamento de uma barra isolada no sistema global*: conjunto de forças e momentos que atua nas extremidades de uma barra (nas direções dos eixos globais) para equilibrá-la quando há uma solicitação externa e suas deslocabilidades são mantidas nulas.

A segunda etapa do procedimento de montagem das cargas nodais combinadas no vetor {F} é mostrada na Figura 13.18. Primeiro, as reações de engastamento das barras carregadas, no sistema global, são convertidas para cargas equivalentes nodais (vindas das barras e atuantes nos nós). Na verdade, isso é trivial, pois o efeito da barra sobre o nó é igual ao efeito do nó sobre a barra (ação e reação), com sentido invertido. Observe que as reações de engastamento nas barras são o efeito dos nós sobre as barras, pois os nós são engastados no caso de carregamento I da metodologia do método da rigidez direta (Seção 13.2).

A seguinte definição é feita:

$\{fe\} = -\{\hat{f}\} \to$ *vetor das cargas equivalentes nodais de uma barra no sistema global*: conjunto de forças e momentos que atua nos nós adjacentes a uma barra (nas direções dos eixos globais), resultante do transporte do carregamento que atua no interior da barra. As cargas equivalentes nodais correspondem a reações de engastamento perfeito da barra carregada transportadas para os nós, com sentidos invertidos. Pelo menos para barras prismáticas, esse transporte é feito de forma consistente, isto é, levando em conta as funções de forma das barras (Seção 9.1). Isso ocorre porque as cargas equivalentes nodais, calculadas como reações de engastamento da barra e com sentidos invertidos, produzem o mesmo trabalho virtual que o carregamento no interior da barra, para um campo de deslocamentos virtuais baseado nas funções de forma da barra, como demonstrado na Seção 9.3.3.

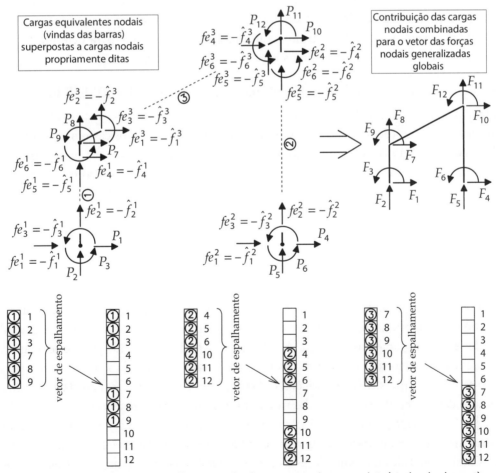

Figura 13.18 Transporte e espalhamento das forças equivalentes nodais (vindas das barras) e superposição com cargas nodais propriamente ditas para formar as cargas nodais combinadas.

No exemplo da Figura na 13.18, os nós do modelo são mostrados isolados com os efeitos vindos das barras (cargas equivalentes nodais) indicados em cada nó. Na figura, também estão indicadas em cada nó as correspondentes componentes das cargas nodais propriamente ditas, que formam um vetor definido da seguinte maneira:

$\{P\} \rightarrow$ *vetor das cargas nodais propriamente ditas no sistema global*: conjunto de forças e momentos externos que atua diretamente sobre os nós (nas direções dos eixos globais). Considerando todos os graus de liberdade do modelo, inclusive os que têm restrições de apoio, a dimensão desse vetor é igual à dimensão do vetor das forças nodais generalizadas.

O vetor $\{fe\}$ de cargas equivalentes nodais de cada barra tem como dimensão o número de graus de liberdade da barra. Para somar as cargas equivalentes nodais com as cargas nodais propriamente ditas, é preciso "espalhar" as cargas equivalentes nodais para a dimensão global do vetor $\{P\}$. Esse espalhamento é semelhante ao que ocorre na montagem da matriz de rigidez global. Na verdade, é mais simples, pois é um espalhamento para um vetor e não para uma matriz.

De maneira informal, pode-se escrever a seguinte expressão para a montagem das cargas nodais cambinadas no vetor das forças nodais generalizadas globais:

$$\{F\} = \sum_{\text{barras}} \{fe\}_{\text{barra}} + \{P\}$$

e esse somatório pressupõe um espalhamento prévio dos vetores das forças equivalentes nodais das barras para a dimensão do vetor $\{F\}$.

Finalmente, deve-se salientar que algumas componentes das cargas nodais combinadas atuam na direção de coordenadas generalizadas globais que correspondem a graus de liberdade restritos por apoios. Essas componentes poderiam ser negligenciadas, pois uma força aplicada em um apoio que restringe o movimento na direção da força não produz efeito em termos de esforços internos: a força "morre" no apoio. Na verdade, as componentes das cargas nodais combinadas correspondentes aos graus de liberdade restritos por apoio são superpostas, com sentidos invertidos, diretamente às reações de apoio. A Seção 13.10.1 mostra um procedimento formal para determinar reações de apoio. O procedimento mais usado, entretanto, é descrito na Seção 13.11.

13.9. INTERPRETAÇÃO DO SISTEMA DE EQUAÇÕES FINAIS COMO IMPOSIÇÃO DE EQUILÍBRIO AOS NÓS ISOLADOS

A estratégia adotada no método dos deslocamentos (Capítulos 10 e 11) para resolver uma estrutura é superpor uma série de configurações cinemáticas (deformadas) que satisfazem a compatibilidade (os casos básicos) para, no somatório, atender as condições de equilíbrio. As configurações cinemáticas de cada caso básico satisfazem o equilíbrio, mas à custa de forças e momentos fictícios que atuam nas direções das deslocabilidades. Essas forças e momentos fictícios são os termos de carga e os coeficientes de rigidez de cada coluna da matriz $[K]$ (Figura 13.14). O equilíbrio final da estrutura original é alcançado impondo-se que, na superposição dos casos básicos, as forças e os momentos fictícios sejam nulos.

O método da rigidez direta é apenas uma roupagem diferente para o método dos deslocamentos. A principal diferença está na estratégia da montagem da matriz de rigidez global, conforme visto na Seção 13.7. Na verdade, é tudo a mesma coisa, até porque o sistema de equações de equilíbrio do método dos deslocamentos é o mesmo do método da rigidez. E é isso que se pretende demonstrar nesta seção.

O conceito de equilíbrio global do modelo discretizado no método da rigidez direta é o de equilíbrio dos nós isolados. Considerando que as barras isoladas estão em equilíbrio (garantido pelos coeficientes de rigidez da barra) e que existe compatibilidade de deslocamentos e rotações nas ligações da barras (garantida pelo relacionamento entre coordenadas generalizadas locais e globais), o equilíbrio global da estrutura é alcançado se todos os nós isolados estiverem em equilíbrio. Isso resulta em um sistema de equações, cada uma associada a uma coordenada generalizada global. Para auxiliar na explicação desse conceito, o exemplo das três barras é utilizado novamente, como ilustra a Figura 13.19.

A relação $\{f\} = [k] \cdot \{d\}$, dada pela Equação 13.2, fornece o conjunto de forças generalizadas locais que atua nas extremidades da barra (nas direções dos eixos globais) para equilibrá-la em uma dada configuração deformada com valores arbitrários para as deslocabilidades no vetor $\{d\}$. Essas forças generalizadas representam o *efeito dos nós sobre a barra*. O efeito da barra sobre seus dois nós é igual, mas com sentido invertido (ação e reação). Pode-se, então, definir o seguinte:

$\{fi\} = -\{f\} \rightarrow$ *vetor dos efeitos das deformações de uma barra sobre seus nós no sistema global*: conjunto de forças e momentos que atua nos nós adjacentes a uma barra (nas direções dos eixos globais) resultante das deformações sofridas pela barra.

A Figura 13.19 ilustra os efeitos dos vetores $\{fi\}$ nos nós do exemplo com três barras. O somatório das contribuições dos vetores $\{fi\}$ de todas as barras, precedido de um espalhamento para a dimensão global da estrutura, resulta em:

$$\{Fi\} = \sum_{\text{barras}} \{fi\}_{\text{barra}}$$

A definição do vetor resultante desse somatório é:

$\{Fi\} \rightarrow$ *vetor dos efeitos das deformações de todas as barras de um modelo sobre os nós no sistema global*: conjunto de forças e momentos que atua em todos os nós do modelo (nas direções dos eixos globais) resultante das deformações sofridas pelas barras.

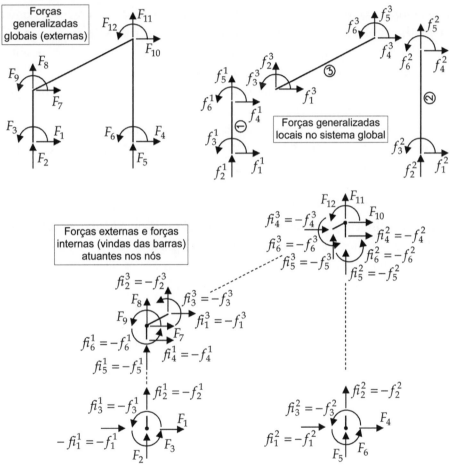

Figura 13.19 Equilíbrio nodal das forças generalizadas internas (vindas das barras) com as forças externas generalizadas.

Pode-se mostrar que:

$$\{Fi\} = -\sum_{\text{barras}} ([k] \cdot \{d\})_{\text{barra}} = -[K] \cdot \{D\}$$

em que

$\{D\} \rightarrow$ *vetor dos graus de liberdade globais do problema discreto*, incluindo graus de liberdade restritos por apoio.

Novamente, esse somatório pressupõe um espalhamento das matrizes e vetores das dimensões locais das barras para as dimensões globais da estrutura.

O vetor {Fi} representa o efeito interno (da estrutura) sobre os nós. O vetor {F}, das forças generalizadas globais, representa o efeito externo.

Por fim, impondo o equilíbrio de forças e momentos atuantes, internos e externos, nas direções de todas as coordenadas generalizadas globais, chega-se a:

$$\{Fi\}+\{F\}=0$$

Ou seja,

$$[K] \cdot \{D\} = \{F\} \tag{13.10}$$

Esse sistema representa o equilíbrio de todos os nós da estrutura, inclusive os restritos por apoio, nas direções de todos os graus de liberdade. Alguns termos do vetor {D} dos graus de liberdade são conhecidos (restrições de apoio). Os termos correspondentes do vetor {F} são desconhecidos (reações de apoio).

13.10. CONSIDERAÇÃO DAS CONDIÇÕES DE APOIO

Até o presente ponto da formulação do método da rigidez direta não foram consideradas as condições de suporte na solução do problema. Matematicamente, isso se reflete no fato de que a matriz de coeficientes do sistema de equações indicado na Equação 13.10 é singular e, por enquanto, não é possível resolver o sistema. Isso mesmo: a matriz de rigidez global resultante do processo de montagem definido na Seção 13.7 tem o determinante nulo. Para identificar isso, basta pensar que é possível um movimento de corpo rígido para o modelo, associado a um vetor dos graus de liberdade {D} com valores não nulos, mas com vetor de forças {F} nulos.

É evidente que, sem considerar as condições de apoio, o problema não tem solução. Esta seção apresenta três procedimentos usualmente adotados para modificar o sistema de equações de equilíbrio, considerando condições de suporte e, dessa forma, chegar a um sistema de equações que tem solução.

13.10.1. Particionamento do sistema de equações

A maneira mais formal para considerar as condições de apoio é pelo particionamento do sistema de equações, o que é conseguido por meio de uma renumeração das coordenadas generalizadas globais, de tal maneira que as coordenadas correspondentes aos graus de liberdade restritos por apoio sejam numeradas por último. Um exemplo desse tipo de renumeração é mostrado na Figura 13.20 para o pórtico da Figura 13.2.

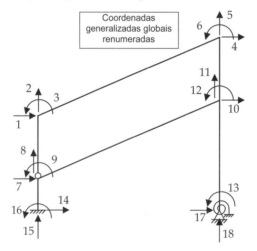

Figura 13.20 Renumeração das coordenadas generalizadas globais do pórtico da Figura 13.2 para particionamento do sistema de equações de equilíbrio.

O algoritmo para fazer a renumeração é muito simples: basta percorrer os nós do modelo e numerar inicialmente apenas as coordenadas com direções livres de restrição de apoio; em um segundo passo, numeram-se as coordenadas restantes. Com a renumeração das coordenadas generalizadas globais, a única modificação em relação ao procedimento descrito na Seção 13.7 para a montagem da matriz de rigidez global reside nos vetores de espalhamento {e} das barras: os índices de coordenadas generalizadas globais armazenados nesses vetores refletem a renumeração.

Após a renumeração, o sistema da Equação 13.10 pode ser subdivido em dois sistemas:

$$[K_{ll}] \cdot \{D_l\} + [K_{lf}] \cdot \{D_f\} = \{F_l\} \tag{13.11}$$

$$[K_{fl}] \cdot \{D_l\} + [K_{ff}] \cdot \{D_f\} = \{F_f\} \tag{13.12}$$

Nessas equações, o subscrito "l" se refere a livre, e o "f" se refere a fixo. O particionamento do sistema permite a identificação dos seguintes vetores:

$\{D_l\} \to$ *vetor dos graus de liberdade globais livres*: são as incógnitas do problema (desconhecidas);

$\{F_l\} \to$ *vetor das cargas nodais combinadas nas direções dos graus de liberdade livres* (conhecidas);

$\{D_f\} \to$ *vetor dos graus de liberdade globais fixos*: são os valores impostos pelas restrições de apoio (conhecidos); em geral, são nulos, a não ser para recalques de apoio (conhecidos);

$\{F_f\} \to$ *vetor das forças nodais generalizadas nas direções dos graus de liberdade fixos*: são as componentes de reações de apoio (desconhecidas).

A Equação 13.11 pode ser manipulada, resultando em:

$$[K_{ll}] \cdot \{D_l\} = \{F_l\} - [K_{lf}] \cdot \{D_f\} \tag{13.13}$$

O lado direito do sinal de igual dessa equação é totalmente conhecido, pois o vetor $\{F_l\}$ corresponde às cargas nodais combinadas nas direções livres, e o vetor $\{D_f\}$ corresponde aos valores impostos nas restrições de apoio.

O sistema da Equação 13.13 corresponde exatamente ao sistema obtido pelo método dos deslocamentos, que só considera deslocabilidades globais livres $\{D_l\}$. A solução desse sistema resulta na determinação dessas deslocabilidades.

A Equação 13.12, na verdade, não é um sistema a ser resolvido, pois o vetor $\{D_l\}$ é conhecido após a solução da Equação 13.13. A Equação 13.12 fornece diretamente os valores das reações de apoio:

$$\{F_f\} = [K_{fl}] \cdot \{D_l\} + [K_{ff}] \cdot \{D_f\} \tag{13.14}$$

Para complementar, deve-se superpor, às componentes de reações de apoio obtidas com base na Equação 13.14, eventuais cargas nodais combinadas aplicadas nos graus de liberdade restritos por apoio, com sentidos invertidos.

13.10.2. Diagonalização da linha e coluna da matriz de rigidez global correspondente ao grau de liberdade restrito

Neste procedimento, inicialmente, a matriz global $[K]$ e o vetor das forças nodais generalizadas $\{F\}$ são montados sem levar em conta nenhuma condição de apoio. Para considerar o caso de uma restrição de apoio com valor de deslocamento ou rotação imposto (recalque de apoio), é necessário modificar a matriz e o vetor. A seguir, mostra-se uma expansão do sistema de equações $[K]\{D\} = \{F\}$, sem levar em conta o fato de que muitos termos da matriz $[K]$ são nulos. Considere que o grau de liberdade D_i tem deslocamento prescrito ou rotação prescrita com valor ρ_i:

$$\begin{bmatrix} K_{1,1} & K_{1,2} & K_{1,3} & \ldots & K_{1,i} & & & & \\ K_{2,1} & K_{2,2} & K_{2,3} & \ldots & K_{2,i} & & & & \\ & & & \ldots & & & & & \\ & & & & K_{i-1,i} & & & & \\ K_{i,1} & K_{i,2} & \ldots & K_{i,i-1} & K_{i,i} & K_{i,i+1} & \ldots & K_{i,n} \\ & & & & K_{i+1,i} & & & & \\ & & & & \ldots & & \ldots & & \\ & & & & K_{n,i} & & \ldots & K_{n,n} \end{bmatrix} \cdot \begin{Bmatrix} D_1 \\ D_2 \\ \ldots \\ D_{i-1} \\ \rho_i \\ D_{i+1} \\ \ldots \\ D_n \end{Bmatrix} = \begin{Bmatrix} F_1 \\ F_2 \\ \ldots \\ F_{i-1} \\ F_i \\ F_{i+1} \\ \ldots \\ F_n \end{Bmatrix}$$

A i-ésima linha e a i-ésima coluna da matriz $[K]$ e o vetor $\{F\}$ são modificadas da seguinte maneira:

$$\begin{bmatrix} K_{1,1} & K_{1,2} & K_{1,3} & \ldots & & & & 0 \\ K_{2,1} & K_{2,2} & K_{2,3} & \ldots & & & & 0 \\ & & \ldots & & & & & \\ & & & & 0 & & & \\ 0 & 0 & \ldots & 0 & 1 & 0 & \ldots & 0 \\ & & & & 0 & & & \\ & & & & \ldots & & \ldots & \\ & & & & 0 & & \ldots & K_{n,n} \end{bmatrix} \cdot \begin{Bmatrix} D_1 \\ D_2 \\ \ldots \\ D_{i-1} \\ D_i \\ D_{i+1} \\ \ldots \\ D_n \end{Bmatrix} = \begin{Bmatrix} F_1 - K_{1,i} \cdot \rho_i \\ F_2 - K_{2,i} \cdot \rho_i \\ \ldots \\ F_{i-1} - K_{i-1,i} \cdot \rho_i \\ \rho_i \\ F_{i+1} - K_{i+1,i} \cdot \rho_i \\ \ldots \\ F_n - K_{n,i} \cdot \rho_i \end{Bmatrix}$$

A *i*-ésima linha da matriz fica com um "1" na diagonal principal e "0" nos outros termos. Nessa linha, a força nodal generalizada F_i no vetor $\{F\}$ é substituída pelo valor do recalque imposto ρ_i. Para manter a simetria da matriz de rigidez global, os outros termos da *i*-ésima coluna da matriz são anulados, contudo os outros termos do vetor $\{F\}$ são alterados como indicado, levando em conta que os termos anulados da matriz são os que multiplicam o valor conhecido do recalque de apoio. Dessa forma, o número de equações do sistema não se altera em relação ao número total de graus de liberdade (a dimensão da matriz $[K]$ é mantida), D_i continua sendo uma incógnita, e a solução da *i*-ésima linha do sistema resulta para D_i um valor igual ao recalque imposto.

O procedimento deve ser aplicado para cada restrição de apoio. Considerando que um recalque de apoio não é o tipo de solicitação mais frequente, na maioria das vezes $\rho_i = 0$. Nesse caso, o único termo alterado do vetor $\{F\}$ é o *i*-ésimo.

13.10.3. Inserção de um apoio elástico fictício com valor muito alto do coeficiente de rigidez

Este procedimento usa um artifício que soma ao termo da diagonal da matriz $[K]$, correspondente ao grau de liberdade com recalque de apoio prescrito, um coeficiente de rigidez fictício K_g com valor muito grande (por exemplo, 10^4 vezes o maior valor entre os termos da diagonal principal de $[K]$), como se fosse um apoio elástico. O termo correspondente do vetor $\{F\}$ é substituído por um valor igual a K_g vezes o valor do recalque de apoio:

$$\begin{bmatrix} K_{1,1} & K_{1,2} & K_{1,3} & \ldots & K_{1,i} & & & \\ K_{2,1} & K_{2,2} & K_{2,3} & \ldots & K_{2,i} & & & \\ & & \ldots & & & & & \\ & & & & K_{i-1,i} & & & \\ K_{i,1} & K_{i,2} & \ldots & K_{i,i-1} & (K_{i,i} + K_g) & K_{i,i+1} & \ldots & K_{i,n} \\ & & & & K_{i+1,i} & & & \\ & & & & \ldots & & & \\ & & & & K_{n,i} & & \ldots & K_{n,n} \end{bmatrix} \cdot \begin{Bmatrix} D_1 \\ D_2 \\ \ldots \\ D_{i-1} \\ D_i \\ D_{i+1} \\ \ldots \\ D_n \end{Bmatrix} = \begin{Bmatrix} F_1 \\ F_2 \\ \ldots \\ F_{i-1} \\ K_g \cdot \rho_i \\ F_{i+1} \\ \ldots \\ F_n \end{Bmatrix}$$

Esse procedimento é um macete numérico conhecido. Como K_g tem um valor muito grande em relação aos outros coeficientes da matriz $[K]$, na solução da *i*-ésima linha do sistema de equações, o valor de K_g ofusca os valores dos outros coeficientes, resultando em:

$$D_i \approx \frac{K_g \cdot \rho_i}{K_g} = \rho_i$$

Dessa forma, as modificações na matriz $[K]$ e no vetor $\{F\}$ são mínimas, as suas dimensões são mantidas, e não se afetam as outras linhas do sistema de equações que não estão relacionadas com a restrição de apoio.

13.11. DETERMINAÇÃO DE REAÇÕES DE APOIO

A Seção 13.10.1 apresentou uma metodologia para a consideração de condições de apoio, a partir do particionamento do sistema de equações de equilíbrio. Tal metodologia possibilita uma determinação formal das reações de apoio da estrutura, como indica a Equação 13.14.

Entretanto, muitas vezes, para minimizar o uso de memória do computador ou para evitar cálculos desnecessários, a segunda partição do sistema de equações de equilíbrio, dada pela Equação 13.12, não é implementada. Quando isso ocorre, a segunda parcela do vetor do lado direito do sinal de igual da Equação 13.13 é determinada junto com a montagem da matriz de rigidez global. Dessa forma, o vetor $-[K_{if}] \cdot \{D_f\}$ não é montado explicitamente. A alternativa é montar um vetor local $-[k_{if}] \cdot \{d_f\}$ para cada barra adjacente a um grau de liberdade com recalque imposto e superpor esse vetor, precedido de um espalhamento, no vetor global no lado direito do sinal de igual da Equação 13.13. Observe que isso só é necessário se o valor imposto ao grau de liberdade for não nulo, isto é, quando existe um recalque de apoio.

Quando essa estratégia de solução é adotada ou quando se consideram as condições de apoio das maneiras mostradas nas Seções 13.10.2 e 13.10.3, é necessário algum procedimento para determinar as reações de apoio.

Um procedimento simples usado com frequência baseia-se nas forças generalizadas finais que atuam nas barras da estrutura. A Figura 13.21 é utilizada para explicar esse conceito. Considere, a título de exemplo, duas barras com carregamento arbitrário convergindo em um nó com um engaste. As forças generalizadas finais que atuam na barra são provenientes da solução local do caso I e da solução global do caso II, como apresentado na Seção 13.2.

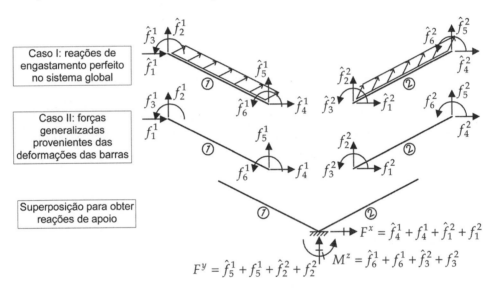

Figura 13.21 Determinação de componentes de reação de apoio por superposição de forças generalizadas locais que atuam nas barras isoladas (nas direções dos eixos globais).

No caso I, as forças que atuam nas extremidades de cada barra são dadas pelo vetor $\{\hat{f}\}$, que é o vetor das reações de engastamento de uma barra isolada no sistema global (Seção 13.8). Esse vetor é obtido com base nas reações de engastamento $\{\hat{f}'\}$ da barra no sistema local (que é uma solução fundamental conhecida), utilizando a transformação da Equação 13.7.

No caso II, as forças que atuam nas extremidades de cada barra são obtidas pelo vetor $\{f\}$, que é o vetor das forças generalizadas de barra, no sistema global, provenientes das deformações sofridas pela barra. Resolvido o sistema de equações de equilíbrio global e determinados os valores dos graus de liberdade livres, chega-se aos valores do vetor das deslocabilidades locais $\{d\}$ da barra. Pela Equação 13.2, chega-se a $\{f\} = [k]\{d\}$.

Conforme ilustrado na Figura 13.21, as componentes das reações de apoio são obtidas superpondo os termos dos vetores $\{\hat{f}\}$ e $\{f\}$ correspondentes aos graus de liberdade com restrição de apoio, considerando todas as barras que convergem no nó que tem a restrição de apoio. Observe que o sentido das componentes de reação de apoio é o mesmo dos termos dos vetores $\{\hat{f}\}$ e $\{f\}$ que atuam sobre as barras. Na figura, todos os termos dos dois vetores são mostrados com seus sentidos positivos.

Para complementar, deve-se superpor, às componentes de reações de apoio obtidas, eventuais cargas nodais propriamente ditas aplicadas diretamente nos graus de liberdade restritos por apoio, com sentidos invertidos.

13.12. DETERMINAÇÃO DE ESFORÇOS INTERNOS NAS BARRAS

Além dos deslocamentos e rotações nodais, e das reações de apoio, qualquer programa de computador que analisa estruturas reticuladas fornece como resultados os esforços internos (esforços normais, esforços cortantes e momentos fletores) nas extremidades de todas as barras. Conforme mencionado na Seção 13.4, esses resultados se referem a direções dos eixos locais, isto é, os esforços internos são fornecidos nas direções das coordenadas generalizadas locais no sistema local de cada barra. Os sinais dos esforços estão associados com os sentidos das coordenadas. Portanto, a convenção de sinais utilizada é a do método dos deslocamentos (Tabela 10.1).

De acordo com a Seção 13.2, os esforços internos finais em uma barra descarregada são obtidos utilizando somente os resultados da análise discreta do caso II. Nessa situação, os esforços internos dependem apenas das deformações que a barra sofre, que são definidas pelas deslocabilidades locais $\{d\}$. Nesse ponto da execução do programa de computador, essas deslocabilidades têm valores conhecidos, pois o sistema global de equações de equilíbrio já deve ter sido resolvido. Assim, os esforços internos nas extremidades de uma barra são obtidos em dois passos. No primeiro, calcula-se o vetor das forças generalizadas de barra no sistema global:

$$\{f\} = [k]\{d\}$$

No segundo passo, transforma-se esse vetor para o sistema local:

$$\{f'\} = [R] \cdot \{f\}$$

Para uma barra descarregada, as componentes desse vetor já são os esforços internos nas extremidades da barra.

Para uma barra com carregamento no seu interior, também conforme a Seção 13.2, além dos esforços internos provenientes das deformações da barra, é necessário sobrepor as reações de engastamento $\{\hat{f}'\}$ do caso I no sistema local da barra. A Figura 13.22 ilustra essa superposição. Nessa figura, N_i e N_j são os esforços normais nas extremidades inicial e final da barra, respectivamente; Q_i e Q_j são os esforços cortantes; e M_i e M_j são os momentos fletores. Na figura, todos os esforços internos estão indicados com seus sentidos positivos.

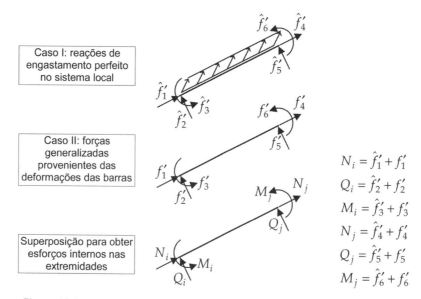

Figura 13.22 Determinação de esforços internos finais nas extremidades de uma barra por superposição de forças generalizadas locais (nas direções dos eixos locais).

Observa-se que, nas etapas finais da determinação de reações de apoio e esforços internos, utilizam-se a matriz de rigidez $[k]$ e a matriz de transformação por rotação $[R]$ de cada barra. As duas matrizes são calculadas na etapa anterior de montagem da matriz de rigidez global (Seções 13.6 e 13.7). A questão que surge é se essas matrizes são armazenadas na memória do computador ou se são recalculadas nas etapas finais. A escolha entre as duas alternativas depende de vários fatores. Esse balanço entre uso de memória de computador (matrizes armazenadas para serem utilizadas nas fases finais) e eficiência (não se repetem os cálculos) é constante em qualquer implementação computacional.

Deve-se salientar, também, que os procedimentos descritos para determinar reações de apoio e esforços internos são completamente genéricos, isto é, podem ser utilizados para qualquer tipo de barra, com e sem articulação, inclusive para barras com seção transversal variável.

13.13. CONSIDERAÇÕES FINAIS

Este capítulo apresentou um resumo dos principais conceitos do método da rigidez direta, aplicado a uma análise de pórticos planos, com comportamento estático, linear e elástico. Procurou-se dar um enfoque conceitual sobre o método, sem focar em sua implementação computacional. Apenas alguns detalhes de implementação foram comentados. O que se pretende é que, com os conceitos apresentados, uma pessoa entenda *o que* é realizado por um programa de computador para uma análise desse tipo, sem precisar entender *como* ele é implementado.

Além disso, a notação matricial utilizada facilita uma generalização dos conceitos para outros tipos de modelos estruturais. Dessa forma, por analogia, pode-se estender a aplicação do método.

No caso de treliças planas, por exemplo, a principal diferença em relação a pórticos planos é que as rotações dos nós da treliça não são consideradas graus de liberdade. Portanto, cada nó de treliça tem dois graus de liberdade: um deslocamento horizontal e outro vertical. A Figura 13.23 mostra os três sistemas de coordenadas generalizadas para um modelo de treliça plana.

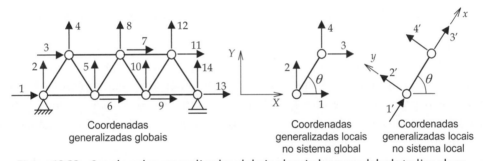

Figura 13.23 Coordenadas generalizadas globais e locais de um modelo de treliça plana.

A matriz de rigidez da barra (ou do elemento) de treliça plana no sistema local é semelhante à matriz de rigidez de uma barra de pórtico plano com as duas extremidades articuladas (Equação 9.53). Para obter a matriz de rigidez do elemento de treliça, basta eliminar as linhas e colunas correspondentes aos graus de liberdade de rotação:

$$[k'] = \begin{bmatrix} +EA/l & 0 & -EA/l & 0 \\ 0 & 0 & 0 & 0 \\ -EA/l & 0 & +EA/l & 0 \\ 0 & 0 & 0 & 0 \end{bmatrix}$$

Observe, nessa matriz, que os coeficientes de rigidez associados aos graus de liberdade transversais (nas direções das coordenadas locais 2' e 4') são nulos, pois a barra de treliça só tem rigidez na direção axial.

Para obter a matriz de rigidez do elemento de treliça plana no sistema global, basta aplicar a Equação 13.9, considerando uma matriz de transformação por rotação com as linhas e colunas associadas às rotações nodais eliminadas:

$$[R] = \begin{bmatrix} +\cos\theta & +\mathrm{sen}\,\theta & 0 & 0 \\ -\mathrm{sen}\,\theta & +\cos\theta & 0 & 0 \\ 0 & 0 & +\cos\theta & +\mathrm{sen}\,\theta \\ 0 & 0 & -\mathrm{sen}\,\theta & +\cos\theta \end{bmatrix}$$

Os procedimentos subsequentes para a aplicação do método da rigidez direta para treliças planas são análogos aos procedimentos para pórticos planos.

A extensão do método para grelhas também é direta. Considerando que o plano da grelha é formado pelos eixos globais X e Y, são três os graus de liberdade por nó: uma rotação em torno do eixo X, uma rotação em torno do eixo Y e um deslocamento transversal ao plano da grelha, na direção do eixo global Z. A Figura 13.24 ilustra uma grelha e indica os sistemas de coordenadas generalizadas utilizados.

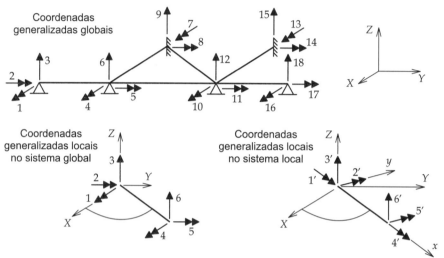

Figura 13.24 Coordenadas generalizadas globais e locais de um modelo de grelha.

As setas duplas na Figura 13.24 representam coordenadas generalizadas associadas a rotações. Cada seta dupla tem a direção do eixo em torno do qual se dá a rotação. Nesse exemplo, a numeração das coordenadas generalizadas é feita conforme se explica a seguir. As coordenadas são numeradas consecutivamente em cada nó. No sistema global, a numeração segue a ordem: primeiro, a direção associada à rotação em torno do eixo X; segundo, a direção associada à rotação em torno do eixo Y; e, terceiro, a direção associada ao deslocamento na direção Z. No sistema local, a numeração segue a mesma ordem, mas se refere aos eixos locais da barra (x, y e z).

A matriz de rigidez de uma barra de grelha no sistema local é fornecida pela Equação 9.56. A matriz de rigidez da barra de grelha no sistema global pode ser obtida com base na Equação 13.9. Adotando a estratégia descrita na Figura 13.24 para numeração das coordenadas generalizadas locais nos sistemas global e local, a matriz de rotação é igual à utilizada para uma barra de pórtico plano, indicada na Equação 13.5.

Todos os outros passos para a análise de uma grelha pelo método da rigidez direta são semelhantes aos descritos para pórticos planos. Pode-se observar que o método é relativamente simples e genérico. A extensão para pórticos espaciais também é direta.

Além disso, conforme comentado ao longo das Seções 13.1 e 13.2, o método da rigidez direta pode ser generalizado para modelos contínuos, resultando no método dos elementos finitos com formulação em deslocamentos para o problema estrutural. Isso é apenas uma interpretação (bastante simplista) para o método dos elementos finitos, pois este tem uma dedução bem mais geral, baseada em uma formulação variacional e integral. Entretanto, para um estudante ou profissional com formação em engenharia civil ou engenharia mecânica, a interpretação de que o método da rigidez direta é um caso particular do método dos elementos finitos pode facilitar muito o entendimento deste método.

13.14. EXERCÍCIOS PROPOSTOS

Os exercícios propostos nesta seção objetivam o entendimento dos dados de entrada típicos de um programa de computador para análise de pórticos e interpretação dos resultados fornecidos pelo programa. Em cada exercício é reproduzido o conteúdo de um arquivo texto formatado contendo os dados de entrada de um modelo de pórtico plano e os resultados da análise realizada pelo programa. Os dados de entrada e resultados de análise seguem algumas convenções que são explicadas nas seções seguintes.

13.14.1. Sistemas de eixos globais e locais

O sistema de eixos globais de um pórtico plano é definido de tal maneira que o eixo global X é horizontal, com sentido da esquerda para a direita, e o eixo global Y é vertical, com sentido para cima. O eixo global Z sai do plano.

O Capítulo 3 (Seção 3.6) define eixos locais para barras de um pórtico plano baseado em suas orientações. Entretanto, no método dos deslocamentos ou no método da rigidez direta, os eixos locais das barras são definidos de acordo com indicação do nó inicial e do nó final de cada barra. A Figura 13.25 mostra exemplos de uma barra com quatro orientações e os correspondentes eixos locais. O eixo local x sempre tem a direção do eixo da barra e sentido do nó inicial para o nó final, com origem no nó inicial. O critério para definição do eixo local y é tal que o produto vetorial do eixo x com o eixo y, nesta ordem e seguindo a regra da mão direita, resulta em um eixo local z (não desenhado) saindo do plano do modelo, isto é, coincidindo com o eixo global Z.

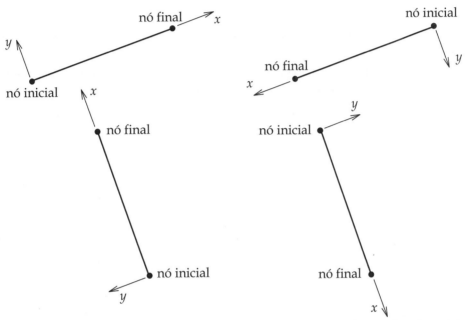

Figura 13.25 Definição dos eixos locais de uma barra de pórtico plano em função dos nós inicial e final.

13.14.2. Convenção de sinais para aplicação de cargas

Forças e momentos concentrados aplicados em nós do modelo são fornecidos no sistema de eixos globais e seguem uma convenção de sinais tal que um valor positivo indica que a força ou momento tem o mesmo sentido do eixo global correspondente e um valor negativo tem o sentido contrário. O momento externo aplicado em um nó é em torno do eixo global Z, sendo positivo no sentido anti-horário e negativo no sentido horário. O mesmo vale para reações de apoio força ou momento.

Forças uniformemente distribuídas aplicadas em barras podem ser fornecidas nas direções dos eixos globais do modelo ou nas direções dos eixos locais das barras. O sinal positivo de um valor de taxa de carregamento indica que a força distribuída tem o sentido do eixo global ou local correspondente, e o sinal negativo indica que tem o sentido contrário ao eixo. Nos exercícios propostos é considerado que as cargas distribuídas abrangem todo o comprimento da barra.

13.14.3. Convenção de sinais para resultados de análise

A convenção de sinais para resultados de análise pelo método da rigidez direta é a mesma do método dos deslocamentos, tal como descrito no Capítulo 10 (Seção 10.4). Os deslocamentos e rotações são fornecidos como resultado do programa de análise no sistema de eixos globais, seguindo as mesmas convenções de sinais para forças e momentos externos.

Os esforços internos resultantes da análise estrutural são fornecidos com valores nos nós inicial e final da barra, contudo o esforço normal (N) tem a direção do eixo local x, o esforço cortante (Q) tem a direção do eixo local y e o momento fletor (M) tem o sentido em torno do eixo local z. A convenção de sinais para esses esforços internos é tal que o sinal positivo significa que o esforço interno tem o mesmo sentido do eixo local correspondente, e o sinal negativo indica que o esforço interno tem sentido contrário ao eixo local. Momentos fletores atuando nas extremidades das barras têm sinal positivo quando o sentido é anti-horário e negativo quando o sentido é horário.

13.14.4. Convenção de sinais para traçado de diagramas de esforços internos

Por outro lado, o traçado dos diagramas de esforços internos não segue a convenção de sinais do método dos deslocamentos. A convenção de sinais e de traçado de diagramas de esforços internos é descrita no Capítulo 3 (Seção 3.6) e depende da definição da fibra (ou face) inferior de uma barra. A fibra inferior de uma barra de um pórtico plano não está relacionada à fibra do lado negativo do eixo local y da barra definido na Seção 13.14.1. A fibra inferior está associada com a orientação da barra em relação aos eixos globais, tal como indica a Figura 3.18. Essa figura mostra as fibras inferiores para barras com todas as possíveis orientações em um pórtico plano. De maneira geral, para barras horizontais e inclinadas, as fibras inferiores são as fibras de baixo em relação ao eixo global Y; e, para barras verticais, a fibra inferior é convencionada a da direita.

Os sentidos positivos para esforços normais são mostrados na Figura 3.19. Verifica-se que esforços normais de tração são positivos e de compressão são negativos. Para esforços cortantes, os sentidos positivos são mostrados na Figura 3.20. Esforços cortantes são positivos quando, entrando com as forças à esquerda de uma seção transversal (de quem olha da fibra da fibra inferior para a fibra superior da barra), a resultante das forças na direção transversal à barra for para cima; caso contrário esforços cortantes são negativos. A Figura 3.21 indica os sentidos positivos para momentos fletores. Quando o momento fletor traciona as fibras inferiores ele tem o sinal positivo e quando traciona fibras superiores ele é negativo.

Nos diagramas de esforços normais e de esforços cortantes, valores positivos são desenhados do lado das fibras superiores, e negativos, do lado das fibras inferiores. A convenção adotada para o traçado do diagrama de momentos fletores é tal que as ordenadas positivas do diagrama são desenhadas do lado das fibras inferiores, e as ordenadas negativas do lado das fibras superiores. A consequência dessa convenção é que o diagrama de momentos fletores é sempre desenhado do lado da fibra tracionada. Por esse motivo, é comum não se colocar sinal nos valores dos momentos fletores no diagrama, pois o traçado no lado da fibra inferior ou superior já indica o sinal.

13.14.5. Exercícios propostos

Exercício proposto 1

Reproduziu-se a seguir um arquivo de dados de entrada e saída de um modelo de pórtico plano para um programa de computador.

```
Dados de Entrada e Resultados do Modelo Computacional
Coordenadas Nodais e Condições de Suporte
Nó      X       Y       Desloc. X       Desloc. Y       Rotação Z
        (m)     (m)
1       0.0     0.0     Fixo            Fixo            Fixo
2       6.0     0.0     Livre           Fixo            Livre
3       0.0     4.0     Livre           Livre           Livre
4       6.0     6.0     Livre           Livre           Livre
5       0.0     8.0     Livre           Livre           Livre
6       6.0     10.0    Livre           Livre           Livre
```

```
Dados das Barras
Barra   Nó      Nó      Rótula   Rótula   Mod.Elast.   Área Seção   Mom.Inércia
        inicial final   inicial  final    (kN/m^2)     (m^2)        (m^4)
1       1       3       Não      Não      1.0e+08      0.01         0.001
2       2       4       Não      Não      1.0e+08      0.01         0.001
3       3       4       Não      Não      1.0e+08      0.01         0.001
4       3       5       Não      Não      1.0e+08      0.01         0.001
5       4       6       Não      Não      1.0e+08      0.01         0.001
6       5       6       Não      Não      1.0e+08      0.01         0.001
```

```
Dados de Cargas Nodais
Nó      Fx (kN)      Fy (kN)      Mz (kNm)
Nenhum
```

```
Dados de Carregamentos Uniformemente Distribuídos em Barras
Barra   Direção      Qx (kN/m)    Qy (kN/m)
3       Local        0.0          -8.0
6       Local        0.0          -8.0
```

```
Resultados de Deslocamentos e Rotações Nodais
Nó      Desloc. X       Desloc. Y       Rotação Z
        (m)             (m)             (rad)
1       0.000e+00       0.000e+00       0.000e+00
2       +3.367e-03      0.000e+00       -4.892e-05
3       +3.308e-03      -9.868e-05      -8.009e-04
4       +3.660e-03      -4.280e-04      -4.892e-05
5       +5.277e-03      -1.880e-04      -3.703e-04
6       +5.300e-03      -5.307e-04      -1.571e-04
```

```
Resultados de Esforços nas Barras (direções locais)
Barra   Normal      Normal      Cortante    Cortante    Momento     Momento
        Nó inicial  Nó final    Nó inicial  Nó final    Nó inicial  Nó final
        (kN)        (kN)        (kN)        (kN)        (kNm)       (kNm)
1       +24.7       -24.7       +32.0       -32.0       +84.0       +44.0
2       +71.3       -71.3       +16.0       -16.0       0.0         0.0
3       -36.3       +36.3       +14.6       +36.0       -19.2       -48.7
4       +22.3       -22.3       -7.0        +7.0        -24.8       -3.3
5       +25.7       -25.7       +23.0       -23.0       -48.7       +43.3
6       +13.7       -13.7       +19.0       +31.6       +3.3        -43.3
```

Com base nos resultados do modelo estrutural, pede-se:

(a) Desenhe o modelo estrutural e sua configuração deformada (exagerando a escala de valores dos deslocamentos e rotações).

(b) Desenhe os diagramas de esforços normais, cortantes e momentos fletores.

(c) Ao verificar os diagramas desenhados no item (b), pode-se constatar que existem dois erros nos resultados fornecidos pelo programa de computador. Indique esses erros.

Exercício proposto 2

Reproduziu-se a seguir um arquivo de dados de entrada e saída de um modelo de pórtico plano para um programa de computador.

```
Dados de Entrada e Resultados do Modelo Computacional
Coordenadas Nodais e Condições de Suporte
Nó      X       Y       Desl.X  Desl.Y  Rot.Z   Mola X      Mola Y      Mola Z
        (m)     (m)                             (kN/m)      (kN/m)      (kNm/rad)
1       0.0     0.0     Livre   Fixo    Livre   1.0e+03     0.0e+00     1.0e+05
2       10.0    0.0     Fixo    Fixo    Fixo    0.0e+00     0.0e+00     0.0e+00
3       0.0     3.0     Livre   Livre   Livre   0.0e+00     0.0e+00     0.0e+00
4       6.0     3.0     Livre   Livre   Livre   0.0e+00     0.0e+00     0.0e+00
5       -2.0    6.0     Livre   Livre   Livre   0.0e+00     0.0e+00     0.0e+00
6       0.0     6.0     Livre   Livre   Livre   0.0e+00     0.0e+00     0.0e+00
7       2.0     6.0     Livre   Livre   Livre   0.0e+00     0.0e+00     0.0e+00
```

```
Dados das Barras
  Barra     Nó       Nó      Rótula    Rótula    Mod.Elast.   Área Seção   Mom.Inércia
           inicial  final    inicial   final     (kN/m^2)     (m^2)        (m^4)
    1        1        3       Não       Não      1.0e+08      0.01         0.001
    2        3        4       Não       Sim      1.0e+08      0.01         0.001
    3        3        6       Não       Sim      1.0e+08      0.01         0.001
    4        4        2       Não       Não      1.0e+08      0.01         0.001
    5        5        6       Não       Não      1.0e+08      0.01         0.001
    6        6        7       Não       Não      1.0e+08      0.01         0.001
    7        7        4       Não       Não      1.0e+08      0.01         0.001
```

```
Dados de Cargas Nodais
Nó      Fx (kN)      Fy (kN)       Mz (kNm)
 5       0.0          -20.0         0.0
```

```
Dados de Carregamentos Uniformemente Distribuídos em Barras
Barra    Direção     Qx (kN/m)     Qy (kN/m)
  2      Local        0.0           -12.0
  6      Global       0.0           -12.0
```

```
Resultados de Deslocamentos e Rotações Nodais
Nó       Desloc. X      Desloc. Y      Rotação Z
           (m)            (m)            (rad)
 1       -2.459e-03     0.000e+00     -1.064e-04
 2        0.000e+00     0.000e+00      0.000e+00
 3       -1.550e-03    -2.760e-04     -5.361e-04
 4       -1.516e-03    -2.157e-03     +3.155e-04
 5       -6.879e-04    -7.671e-04     +3.056e-04
 6       -6.879e-04    -4.226e-04     -9.440e-05
 7       -7.045e-04    -1.107e-03     -4.773e-04
```

```
Resultados de Esforços nas Barras (direções locais)
Barra   Normal    Normal    Cortante   Cortante   Momento    Momento
        Nó inicial Nó final  Nó inicial Nó final   Nó inicial Nó final
        (kN)      (kN)      (kN)       (kN)       (kNm)      (kNm)
  1     +92.0     -92.0     -24.6      +24.6      +10.6      -18.0
  2      -5.8      +5.8     +43.1      +28.9      +42.9        0.0
  3     +48.9     -48.9      -8.3       +8.3      -24.9        0.0
  4     +16.4     -16.4     -17.7      +17.7      +38.0      -50.6
  5      +5.0      -5.0     -20.0      +20.0        0.0      -40.0
  6      +8.3      -8.3     +28.9       -4.9      +40.0       -6.3
  7      +3.7      -3.7      +8.9       -8.9       +6.3      +38.0
```

Com base nos resultados do modelo estrutural, pede-se:

(a) Desenhe o modelo estrutural e sua configuração deformada (exagerando a escala de valores dos deslocamentos e rotações).

(b) Desenhe os diagramas de esforços normais, cortantes e momentos fletores.

(c) Ao verificar os diagramas desenhados no item (b), pode-se constatar que existem três erros nos resultados fornecidos pelo programa de computador para os esforços internos. Indique esses erros.

Exercício proposto 3

Reproduziu-se a seguir um arquivo de dados de entrada e saída de um modelo de pórtico plano para um programa de computador. Observe que os valores dos esforços internos da barra 2 não puderam ser recuperados do arquivo.

```
Dados de Entrada e Resultados do Modelo Computacional
Coordenadas Nodais e Condições de Suporte
Nó      X       Y       Desloc. X    Desloc. Y    Rotação Z
        (m)     (m)
1       0.0     0.0     Fixo         Fixo         Fixo
2       8.0     0.0     Fixo         Fixo         Fixo
3       8.0     3.0     Livre        Livre        Livre
4       0.0     9.0     Livre        Livre        Livre
5       8.0     9.0     Livre        Livre        Livre
6       0.0    15.0     Livre        Livre        Livre
```

```
Dados das Barras
Barra   Nó       Nó      Rótula    Rótula   Mod.Elast.   Área Seção   Mom.Inércia
        inicial  final   inicial   final    (kN/m^2)     (m^2)        (m^4)
1       1        4       Não       Sim      2.0e+08      0.006        0.00027
2       2        3       Não       Não      2.0e+08      0.006        0.00027
3       3        5       Não       Não      2.0e+08      0.006        0.00027
4       4        3       Não       Não      2.0e+08      0.006        0.00027
5       4        6       Não       Não      2.0e+08      0.006        0.00027
6       6        5       Não       Sim      2.0e+08      0.006        0.00027
```

```
Dados de Cargas Nodais
Nó      Fx (kN)     Fy (kN)     Mz (kNm)
3       -10.0       0.0         0.0
5       -10.0       0.0         0.0
```

```
Dados de Carregamentos Uniformemente Distribuídos em Barras
Barra   Direção    Qx (kN/m)    Qy (kN/m)
4       Local      0.0          -8.0
6       Local      0.0          -8.0
```

```
Resultados de Deslocamentos e Rotações Nodais
Nó      Desloc. X (m)     Desloc. Y (m)     Rotação Z (rad)
1        0.000e+00         0.000e+00         0.000e+00
2        0.000e+00         0.000e+00         0.000e+00
3       -1.343e-02        +5.228e-05        +5.826e-03
4       -1.550e-02        -1.117e-03        +2.496e-03
5       -5.174e-02        -1.280e-04        +6.665e-03
6       -5.230e-02        -1.257e-03        +3.608e-03
```

```
Resultados de Esforços nas Barras (direções locais)
Barra   Normal      Normal      Cortante    Cortante    Momento     Momento
        Nó inicial  Nó final    Nó inicial  Nó final    Nó inicial  Nó final
        (kN)        (kN)        (kN)        (kN)        (kNm)       (kNm)
1       +148.9      -148.9      -3.4        +3.4        -31.0       0.0
2       xxxxx       xxxxx       xxxxx       xxxxx       xxxxx       xxxxx
3       +36.1       -36.1       -2.5        +2.5        -15.1       0.0
4       -114.2      +114.2      +65.6       +14.4       +176.5      +79.1
5       +27.9       -27.9       -55.5       +55.5       -176.5      -156.4
6       +27.6       -27.6       +55.6       +24.4       +156.4      0.0
```

Com base nos resultados do modelo estrutural, pede-se:

(a) Desenhe o modelo estrutural, indicando dimensões, apoios, cargas e rótulas.

(b) Desenhe (na forma de um esboço) a configuração deformada da estrutura, exagerando a escala de valores dos deslocamentos e rotações.

(c) Com base nos valores dos deslocamentos e rotações nodais fornecidos e nos coeficientes de rigidez locais da barra 2, determine os valores dos esforços internos que estão faltando para essa barra.

(d) Desenhe os diagramas de esforços normais, cortantes e momentos.

Exercício proposto 4

Reproduziu-se a seguir um arquivo de dados de entrada e saída de um modelo de pórtico plano para um programa de computador. Observe que os valores dos esforços internos da barra 2 não puderam ser recuperados do arquivo.

```
Dados de Entrada e Resultados do Modelo Computacional
Coordenadas Nodais e Condições de Suporte
Nó    X      Y      Desl.X   Desl.Y   Rot.Z    Mola X    Mola Y    Mola Z
     (m)    (m)                                (kN/m)    (kN/m)    (kNm/rad)
 1   5.0   -8.0    Fixo     Fixo     Fixo     0.0e+00   0.0e+00   0.0e+00
 2   2.0   -4.0    Livre    Livre    Livre    0.0e+00   0.0e+00   0.0e+00
 3   5.0   -4.0    Livre    Livre    Livre    0.0e+00   0.0e+00   0.0e+00
 4   2.0    0.0    Livre    Livre    Livre    0.0e+00   0.0e+00   0.0e+00
 5   0.0    0.0    Fixo     Livre    Livre    0.0e+00   1.0e+04   1.0e+03
```

```
Dados das Barras
Barra   Nó              Nó       Rótula    Rótula    Mod.Elast.   Área Seção   Mom.Inércia
       inicial  final   inicial  final     (kN/m²)      (m²)         (m⁴)
 1        2       3      Não      Não      2.0e+08     0.001        0.00024
 2        3       1      Não      Sim      2.0e+08     0.001        0.00024
 3        4       2      Não      Não      2.0e+08     0.001        0.00024
 4        4       3      Não      Não      2.0e+08     0.001        0.00024
 5        5       4      Não      Não      2.0e+08     0.001        0.00024
```

```
Dados de Carregamentos Uniformemente Distribuídos em Barras
Barra     Direção        Qx (kN/m)       Qy (kN/m)
  4       Local             0.0            -24.0
```

```
Resultados de Deslocamentos e Rotações Nodais
Nó     Desloc. X (m)     Desloc. Y (m)     Rotação Z (rad)
 1       0.000e+00         0.000e+00         0.000e+00
 2      -4.490e-03        -1.490e-03        -4.956e-04
 3      -4.437e-03        -1.649e-03        +6.822e-04
 4      -9.216e-04        -1.303e-03        -1.485e-03
 5       0.000e+00        +1.045e-03        -1.008e-03
```

```
Resultados de Esforços nas Barras (direções locais)
Barra   Normal      Normal      Cortante    Cortante    Momento     Momento
        Nó inicial  Nó final    Nó inicial  Nó final    Nó inicial  Nó final
        (kN)        (kN)        (kN)        (kN)        (kNm)       (kNm)
 1       -3.5        +3.5        +9.4        -9.4         -4.8        +32.9
 2       xxxxx       xxxxx       xxxxx       xxxxx        xxxxx       xxxxx
 3       -9.4        +9.4        -3.5        +3.5        +19.0         +4.8
 4      +73.3       -73.3       +64.7       -55.3        +40.9        -17.5
 5      +92.2       -92.2       +10.5       -10.5         +1.0        -21.9
```

Com base nos resultados do modelo estrutural, pede-se:

(a) Desenhe o modelo estrutural, indicando dimensões, apoios, cargas e rótulas.

(b) Com base nos valores dos deslocamentos e rotações nodais fornecidos e nos coeficientes de rigidez locais da barra 2, determine os valores dos esforços internos que estão faltando para essa barra.

(c) Desenhe os diagramas de esforços normais, cortantes e momentos fletores.

(d) Ao verificar os diagramas desenhados no item (c), pode-se constatar que existem três erros nos resultados fornecidos pelo programa de computador para os esforços internos. Indique esses erros.

Exercício proposto 5

Reproduziu-se a seguir um arquivo de dados de entrada e saída de um modelo de pórtico plano para um programa de computador.

```
Dados de Entrada e Resultados do Modelo Computacional
Coordenadas Nodais e Condições de Suporte
Nó      X       Y       Desl.X   Desl.Y   Rot.Z
        (m)     (m)
1       0.0     0.0     Fixo     Fixo     Fixo
2       2.0     0.0     Livre    Livre    Livre
3       6.0     0.0     Livre    Livre    Livre
4       0.0     8.0     Fixo     Fixo     Fixo
5       8.0     8.0     Livre    Livre    Livre
6       12.0    8.0     Livre    Livre    Livre
```

```
Dados das Barras
Barra   Nó       Nó      Rótula   Rótula  Mod.Elast.  Área Seção  Mom.Inércia
        inicial  final   inicial  final   (kN/m²)     (m²)        (m⁴)
1       1        2       Não      Não     1.2e+08     0.001       0.0006
2       2        3       Não      Não     1.2e+08     0.001       0.0006
3       3        6       Não      Não     1.2e+08     0.001       0.0006
4       4        5       Não      Não     1.2e+08     0.001       0.0006
5       5        2       Não      Sim     1.2e+08     0.001       0.0006
6       5        6       Não      Não     1.2e+08     0.001       0.0006
```

```
Dados de Cargas Nodais
Nó      Fx (kN)     Fy (kN)     Mz (kNm)
3       0.0         -30.0       0.0
```

```
Dados de Carregamentos Uniformemente Distribuídos em Barras
Barra   Direção    Qx (kN/m)    Qy (kN/m)
6       Global     0.0          -6.0
```

```
Resultados de Deslocamentos e Rotações Nodais
Nó      Desloc. X (m)      Desloc. Y (m)      Rotação Z (rad)
1       0.000e+00          0.000e+00          0.000e+00
2       -5.263e-04         -2.952e-03         -2.477e-03
3       -7.701e-04         -1.360e-02         -1.982e-03
4       0.000e+00          0.000e+00          0.000e+00
5       +2.105e-03         -8.768e-03         -1.793e-03
6       +2.349e-03         -1.585e-02         -1.059e-03
```

```
Resultados de Esforços nas Barras (direções locais)
Barra   Normal     Normal    Cortante   Cortante   Momento    Momento
        Nó inicial Nó final  Nó inicial Nó final   Nó inicial Nó final
        (kN)       (kN)      (kN)       (kN)       (kNm)      (kNm)
1       +31.6      -31.6     +51.3      -51.3      +140.5     -37.9
2       +7.3       -7.3      +23.4      -23.4      +37.9      +55.7
3       -0.9       +0.9      -9.8       +9.8       -55.7      -42.4
4       -31.6      +31.6     +2.7       -2.7       +26.9      -5.4
5       +36.9      -36.9     -2.7       +2.7       -26.6      0.0
6       -7.3       +7.3      +30.6      -6.6       +32.0      +42.4
```

Com base nos resultados do modelo estrutural, pede-se:

(a) Desenhe o modelo estrutural, indicando dimensões, apoios, cargas e rótulas.

(b) Desenhe os diagramas de esforços normais, cortantes e momentos fletores.

Exercício proposto 6

Reproduziu-se a seguir um arquivo de dados de entrada e saída de um modelo de pórtico plano para um programa de computador.

Dados de Entrada e Resultados do Modelo Computacional

Coordenadas Nodais e Condições de Suporte

Nó	X (m)	Y (m)	Desl.X	Desl.Y	Rot.Z
1	2.0	0.0	Fixo	Fixo	Livre
2	14.0	0.0	Fixo	Fixo	Fixo
3	0.0	6.0	Livre	Livre	Livre
4	2.0	6.0	Livre	Livre	Livre
5	14.0	6.0	Livre	Livre	Livre
6	0.0	12.0	Livre	Livre	Livre
7	2.0	12.0	Livre	Livre	Livre
8	14.0	12.0	Livre	Livre	Livre
9	22.0	12.0	Fixo	Fixo	Livre

Dados das Barras

Barra	Nó inicial	Nó final	Rótula inicial	Rótula final	Mod.Elast. (kN/m^2)	Área Seção (m^2)	Mom.Inércia (m^4)
1	1	4	Não	Não	1.2e+08	0.006	0.0006
2	2	5	Não	Sim	1.2e+08	0.006	0.0006
3	3	4	Não	Não	1.2e+08	0.006	0.0006
4	4	5	Não	Não	1.2e+08	0.006	0.0006
5	4	7	Não	Não	1.2e+08	0.006	0.0006
6	5	8	Sim	Não	1.2e+08	0.006	0.0006
7	5	9	Não	Não	1.2e+08	0.006	0.0006
8	6	7	Não	Não	1.2e+08	0.006	0.0006
9	7	8	Não	Não	1.2e+08	0.006	0.0006
10	8	9	Não	Não	1.2e+08	0.006	0.0006

Dados de Cargas Nodais

Nó	Fx (kN)	Fy (kN)	Mz (kNm)
3	0.0	-30.0	0.0
6	0.0	-30.0	0.0

Dados de Carregamentos Uniformemente Distribuídos em Barras

Barra	Direção	Qx (kN/m)	Qy (kN/m)
2	Local	0.0	-12.0
4	Global	0.0	-12.0
9	Global	0.0	-12.0
10	Global	0.0	-12.0

Resultados de Deslocamentos e Rotações Nodais

Nó	Desloc. X (m)	Desloc. Y (m)	Rotação Z (rad)
1	+0.000e+00	+0.000e+00	+1.069e-04
2	+0.000e+00	+0.000e+00	+0.000e+00
3	+1.366e-03	-1.076e-03	-6.346e-05
4	+1.366e-03	-1.759e-03	-8.968e-04
5	+1.716e-03	-1.786e-03	+3.006e-03
6	+6.356e-04	-1.832e-03	-1.136e-04
7	+6.356e-04	-2.615e-03	-9.469e-04
8	+2.182e-04	-2.831e-03	+1.152e-03
9	+0.000e+00	+0.000e+00	+4.586e-04

```
Resultados de Esforços nas Barras (direções locais)
Barra   Normal       Normal       Cortante     Cortante     Momento      Momento
        Nó inicial   Nó final     Nó inicial   Nó final     Nó inicial   Nó final
        (kN)         (kN)         (kN)         (kN)         (kNm)        (kNm)
1       +211.1       -211.1       -4.0         +4.0         0.0          -24.1
2       +214.3       -214.3       +46.7        +25.3        +64.3        0.0
3       0.0          0.0          -30.0        +30.0        0.0          -60.0
4       -21.0        +21.0        +78.3        +65.7        +158.6       -82.5
5       +102.7       -102.7       -25.0        +25.0        -74.5        -75.7
6       +125.4       -125.4       +5.4         -5.4         0.0          +32.5
7       +21.7        -21.7        +12.8        -12.8        +82.5        +45.9
8       0.0          0.0          -30.0        +30.0        0.0          -60.0
9       +25.0        -25.0        +72.7        +71.3        +135.7       -127.1
10      +19.6        -19.6        +54.1        +41.9        +94.6        -45.9
```

Com base nos resultados do modelo estrutural, pede-se:

(a) Desenhe o modelo estrutural, indicando dimensões, apoios, cargas e rótulas.

(b) Desenhe os diagramas de esforços normais, cortantes e momentos fletores.

Exercício proposto 7

Reproduziu-se a seguir um arquivo de dados de entrada e saída de um modelo de pórtico plano para um programa de computador. Observe que o valor da rotação do nó 1 não pode ser recuperado do arquivo.

```
Dados de Entrada e Resultados do Modelo Computacional
Coordenadas Nodais e Condições de Suporte
Nó   X       Y       Desl.X   Desl.Y   Rot.Z    Mola X    Mola Y    Mola Z
     (m)     (m)                                (kN/m)    (kN/m)    (kNm/rad)
1    18.0    0.0     Fixo     Fixo     Livre    0.0       0.0       16000.0
2    10.0    6.0     Livre    Livre    Livre    0.0       0.0       0.0
3    18.0    6.0     Fixo     Fixo     Livre    0.0       0.0       0.0
4    0.0     12.0    Livre    Livre    Livre    0.0       0.0       0.0
5    2.0     12.0    Livre    Livre    Livre    0.0       0.0       0.0
6    10.0    12.0    Livre    Livre    Livre    0.0       0.0       0.0
7    18.0    12.0    Fixo     Fixo     Livre    0.0       0.0       0.0
```

```
Dados das Barras
Barra  Nó        Nó      Rótula    Rótula   Mod.Elast.   Área Seção   Mom.Inércia
       inicial   final   inicial   final    (kN/m^2)     (m^2)        (m^4)
1      1         3       Não       Não      1.0e+08      0.01         0.001
2      2         1       Não       Não      1.0e+08      0.01         0.001
3      2         3       Não       Sim      1.0e+08      0.01         0.001
4      2         6       Não       Não      1.0e+08      0.01         0.001
5      3         7       Não       Não      1.0e+08      0.01         0.001
6      4         5       Não       Não      1.0e+08      0.01         0.001
7      5         2       Sim       Não      1.0e+08      0.01         0.001
8      5         6       Não       Não      1.0e+08      0.01         0.001
9      6         7       Não       Não      1.0e+08      0.01         0.001
```

```
Dados de Carregamentos Uniformemente Distribuídos em Barras
Barra   Direção   Qx (kN/m)   Qy (kN/m)
3       Global    0.0         -12.0
6       Local     0.0         -12.0
8       Global    0.0         -12.0
9       Local     0.0         -12.0
```

```
Resultados de Deslocamentos e Rotações Nodais
Nó     Desloc. X (m)      Desloc. Y (m)      Rotação Z (rad)
1        0.000e+00          0.000e+00          X.XXXe-XX
2       -1.489e-03         -7.887e-03         -2.861e-04
3        0.000e+00          0.000e+00         -4.447e-04
4       -1.430e-03         -8.222e-03         -6.553e-04
5       -1.430e-03         -9.613e-03         -8.153e-04
6       -7.428e-04         -8.476e-03         +4.568e-04
7        0.000e+00          0.000e+00         +1.259e-03
```

```
Resultados de Esforços nas Barras (direções locais)
Barra  Normal      Normal     Cortante   Cortante   Momento    Momento
       Nó inicial  Nó final   Nó inicial Nó final   Nó inicial Nó final
       (kN)        (kN)       (kN)       (kN)       (kNm)      (kNm)
1        0.0         0.0       +1.3       -1.3       +19.8      -12.3
2      +354.1      -354.1      -7.2       +7.2       -44.3      -28.1
3      -186.1      +186.1     +54.0      +42.0       +48.3        0.0
4       +98.2       -98.2      +7.0       -7.0        +8.6      +33.3
5        0.0         0.0      +13.6      -13.6       +12.3      +69.1
6        0.0         0.0       0.0       +24.0         0.0      -24.0
7      +108.3      -108.3      -1.3       +1.3         0.0      -12.6
8       -85.9       +85.9     +42.0      +54.0       +24.0      -72.2
9       -92.9       +92.9     +44.2      +51.8       +38.8      -69.1
```

Com base nos resultados do modelo estrutural, pede-se:

(a) Desenhe o modelo estrutural, indicando dimensões, apoios, cargas e rótulas.

(b) Desenhe os diagramas de esforços normais, cortantes e momentos fletores.

(c) Calcule o valor da rotação do nó 1. A rotação é positiva se tiver o sentido anti-horário e negativa se tiver o sentido horário.

Exercício proposto 8

Reproduziu-se a seguir um arquivo de dados de entrada e saída de um modelo de pórtico plano para um programa de computador. Observe que os valores dos deslocamentos do nó 3 e dos esforços cortantes e momentos fletores da barra 1 não puderam ser recuperados do arquivo.

```
Dados de Entrada e Resultados do Modelo Computacional
Coordenadas Nodais e Condições de Suporte
Nó    X      Y      Desloc. X   Desloc. Y   Rotação Z   Mola X     Mola Y     Mola Z
      (m)    (m)    (tipo)      (tipo)      (tipo)      (kN/m)     (kN/m)     (kNm/rad)
1     0.0    0.0    Fixo        Fixo        Fixo        0.0        0.0        0.0
2     6.0    0.0    Fixo        Fixo        Fixo        0.0        0.0        0.0
3    -3.0    3.0    Mola        Mola        Livre       1000.0     10000.0    0.0
4     0.0    3.0    Livre       Livre       Livre       0.0        0.0        0.0
5     6.0    3.0    Livre       Livre       Livre       0.0        0.0        0.0
```

```
Dados das Barras
Barra  Nó        Nó      Rótula     Rótula   Mod.Elast.  Área Seção  Mom.Inércia
       inicial   final   inicial    final    (kN/m2)     (m2)        (m4)
1      1         4       Sim        Não      1.0e+08     0.001       0.00036
2      2         5       Não        Não      1.0e+08     0.001       0.00036
3      4         3       Não        Não      1.0e+08     0.001       0.00036
4      4         5       Não        Não      1.0e+08     0.001       0.00036
```

```
Dados de Carregamentos Uniformemente Distribuídos em Barras
```

Barra	Direção	Qx (kN/m)	Qy (kN/m)
2	Local	0.0	8.0
3	Local	0.0	12.0
4	Global	0.0	-12.0

Resultados de Deslocamentos e Rotações Nodais

Nó	Desloc. X (m)	Desloc. Y (m)	Rotação Z (rad)
1	0.000e+00	0.000e+00	0.000e+00
2	0.000e+00	0.000e+00	0.000e+00
3	xxxxxxexxx	xxxxxxexxx	-3.614e-04
4	-1.349e-03	-1.882e-03	-2.263e-04
5	-1.915e-03	-9.653e-04	+1.169e-03

Resultados de Esforços nas Barras (direções locais)

Barra	Normal Nó inicial (kN)	Normal Nó final (kN)	Cortante Nó inicial (kN)	Cortante Nó final (kN)	Momento Nó inicial (kNm)	Momento Nó final (kNm)
1	+62.7	-62.7	xxx.x	xxx.x	xxx.x	xxx.x
2	+32.2	-32.2	-14.6	-9.4	-23.9	+16.2
3	+1.3	-1.3	-22.9	-13.1	-14.8	0.0
4	+9.4	-9.4	+39.8	+32.2	+39.1	-16.2

Com base nos resultados do modelo estrutural, pede-se:

(a) Desenhe o modelo estrutural, indicando dimensões, apoios, cargas e rótulas.

(b) Calcule os valores dos deslocamentos vertical e horizontal do nó 3, indicando o sinal.

(c) Com base nos valores dos deslocamentos e rotações nodais fornecidos e nos coeficientes de rigidez locais da barra 1, determine os valores dos esforços internos que estão faltando para essa barra.

(d) Desenhe os diagramas de esforços normais, cortantes e momentos fletores.

Exercício proposto 9

Reproduziu-se a seguir um arquivo de dados de entrada e saída de um modelo de pórtico plano para um programa de computador. Observe que os valores do momento fletor na extremidade final da barra 4 e dos esforços cortantes e momentos fletores da barra 3 não puderam ser recuperados do arquivo.

Dados de Entrada e Resultados do Modelo Computacional
Coordenadas Nodais e Condições de Suporte

Nó	X (m)	Y (m)	Desloc. X (tipo)	Desloc. Y (tipo)	Rotação Z (tipo)	Mola X (kN/m)	Mola Y (kN/m)	Mola Z (kNm/rad)
1	0.0	0.0	Fixo	Fixo	Fixo	0.0	0.0	0.0
2	6.0	0.0	Fixo	Fixo	Fixo	0.0	0.0	0.0
3	10.0	0.0	Fixo	Fixo	Mola	0.0	0.0	100000.0
4	0.0	3.0	Livre	Livre	Livre	0.0	0.0	0.0
5	6.0	3.0	Livre	Livre	Livre	0.0	0.0	0.0

Dados das Barras

Barra	Nó inicial	Nó final	Rótula inicial	Rótula final	Mod.Elast. (kN/m2)	Área Seção (m2)	Mom.Inércia (m4)
1	1	4	Não	Não	1.0e+08	0.003	0.00036
2	4	5	Não	Não	1.0e+08	0.003	0.00036
3	5	2	Não	Sim	1.0e+08	0.003	0.00036
4	5	3	Não	Não	1.0e+08	0.003	0.00036

Dados de Cargas Concentradas em Nós

Nó	Fx (kN)	Fy (kN)	Mz (kNm)
4	20.0	0.0	0.0

```
Dados de Carregamentos Uniformemente Distribuídos em Barras
Barra    Direção      Qx (kN/m)     Qy (kN/m)
4        Local        0.0           -8.0
```

```
Resultados de Deslocamentos e Rotações Nodais
Nó    Desloc. X (m)    Desloc. Y (m)    Rotação Z (rad)
1     0.000e+00        0.000e+00        0.000e+00
2     0.000e+00        0.000e+00        0.000e+00
3     0.000e+00        0.000e+00        +1.564e-04
4     +4.087e-04       +1.683e-05       -1.120e-04
5     +8.577e-05       -1.208e-04       -2.144e-04
```

```
Resultados de Esforços nas Barras (direções locais)
Barra  Normal      Normal     Cortante    Cortante    Momento     Momento
       Nó inicial  Nó final   Nó inicial  Nó final    Nó inicial  Nó final
       (kN)        (kN)       (kN)        (kN)        (kNm)       (kNm)
1      -1.7        +1.7       +3.9        -3.9        +7.1        +4.4
2      +16.1       -16.1      -1.7        +1.7        -4.4        -5.7
3      +12.1       -12.1      xxx.x       xxx.x       xxx.x       xxx.x
4      +8.5        -8.5       +19.3       +20.7       +12.4       xxx.x
```

Com base nos resultados do modelo estrutural, pede-se:

(a) Desenhe o modelo estrutural, indicando dimensões, apoios, cargas e rótulas.

(b) Calcule o valor do momento fletor na extremidade final da barra 4.

(c) Com base nos valores dos deslocamentos e rotações nodais fornecidos e nos coeficientes de rigidez locais da barra 3, determine os valores dos esforços internos que estão faltando para essa barra.

(d) Desenhe os diagramas de esforços normais, cortantes e momentos fletores.

Exercício proposto 10

Reproduziu-se a seguir um arquivo de dados de entrada e saída de um modelo de pórtico plano para um programa de computador. Observe que os valores dos esforços internos da barra 2 não puderam ser recuperados do arquivo.

```
Dados de Entrada e Resultados do Modelo Computacional
Coordenadas Nodais e Condições de Suporte
Nó    X       Y       Desloc. X    Desloc. Y    Rotação Z
      (m)     (m)
1     0.0     0.0     Fixo         Fixo         Fixo
2     8.0     0.0     Fixo         Fixo         Fixo
3     8.0     3.0     Livre        Livre        Livre
4     0.0     9.0     Livre        Livre        Livre
5     8.0     9.0     Livre        Livre        Livre
6     0.0     15.0    Livre        Livre        Livre
```

```
Dados das Barras
Barra  Nó       Nó      Rótula    Rótula   Mod.Elast.   Área Seção   Mom.Inércia
       inicial  final   inicial   final    (kN/m^2)     (m^2)        (m^4)
1      1        4       Não       Sim      2.0e+08      0.006        0.00027
2      2        3       Não       Não      2.0e+08      0.006        0.00027
3      3        5       Não       Não      2.0e+08      0.006        0.00027
4      4        3       Não       Não      2.0e+08      0.006        0.00027
5      4        6       Não       Não      2.0e+08      0.006        0.00027
6      6        5       Não       Sim      2.0e+08      0.006        0.00027
```

```
Dados de Cargas Nodais
Nó      Fx (kN)        Fy (kN)        Mz (kNm)
3       -10.0          0.0            0.0
5       -10.0          0.0            0.0
```

```
Dados de Carregamentos Uniformemente Distribuídos em Barras
Barra   Direção    Qx (kN/m)    Qy (kN/m)
4       Local      0.0          -8.0
6       Local      0.0          -8.0
```

```
Resultados de Deslocamentos e Rotações Nodais
Nó    Desloc. X (m)      Desloc. Y (m)      Rotação Z (rad)
1     0.000e+00          0.000e+00          0.000e+00
2     0.000e+00          0.000e+00          0.000e+00
3     -1.343e-02         +5.228e-05         +5.826e-03
4     -1.550e-02         -1.117e-03         +2.496e-03
5     -5.174e-02         -1.280e-04         +6.665e-03
6     -5.230e-02         -1.257e-03         +3.608e-03
```

```
Resultados de Esforços nas Barras (direções locais)
Barra  Normal     Normal     Cortante   Cortante   Momento    Momento
       Nó inicial Nó final   Nó inicial Nó final   Nó inicial Nó final
       (kN)       (kN)       (kN)       (kN)       (kNm)      (kNm)
1      +148.9     -148.9     -3.4       +3.4       -31.0      0.0
2      xxxxx      xxxxx      xxxxx      xxxxx      xxxxx      xxxxx
3      +36.1      -36.1      -2.5       +2.5       -15.1      0.0
4      -114.2     +114.2     +65.6      +14.4      +176.5     +79.1
5      +27.9      -27.9      -55.5      +55.5      -176.5     -156.4
6      +27.6      -27.6      +55.6      +24.4      +156.4     0.0
```

Com base nos resultados do modelo estrutural, pede-se:

(a) Desenhe o modelo estrutural, indicando dimensões, apoios, cargas e rótulas.

(b) Com base nos valores dos deslocamentos e rotações nodais fornecidos e nos coeficientes de rigidez locais da barra 2, determine os valores dos esforços internos que estão faltando para essa barra.

(c) Desenhe os diagramas de esforços normais, cortantes e momentos fletores.

Exercício proposto 11

Reproduziu-se a seguir um arquivo de dados de entrada e saída de um modelo de pórtico plano para um programa de computador. Observe que os valores da rotação no nó 3 e dos esforços cortantes e momentos fletores da barra 2 não puderam ser recuperados do arquivo.

```
Dados de Entrada e Resultados do Modelo Computacional
Coordenadas Nodais e Condições de Suporte
Nó   X      Y      Desloc. X  Desloc. Y  Rotação Z  Mola X    Mola Y    Mola Z
     (m)    (m)    (tipo)     (tipo)     (tipo)     (kN/m)    (kN/m)    (kNm/rad)
1    -16.0  0.0    Fixo       Fixo       Livre      0.0       0.0       0.0
2    0.0    0.0    Fixo       Fixo       Livre      0.0       0.0       0.0
3    16.0   0.0    Fixo       Fixo       Mola       0.0       0.0       5000.0
4    -8.0   6.0    Livre      Livre      Livre      0.0       0.0       0.0
5    0.0    6.0    Livre      Livre      Livre      0.0       0.0       0.0
6    8.0    6.0    Livre      Livre      Livre      0.0       0.0       0.0
7    0.0    12.0   Livre      Livre      Livre      0.0       0.0       0.0
```

```
Dados das Barras
Barra   Nó        Nó       Rótula    Rótula   Mod.Elast.   Área Seção   Mom.Inércia
        inicial   final    inicial   final    (kN/m^2)     (m^2)        (m^4)
  1       2         4       Sim       Não      2.4e+07      0.01         0.001
  2       2         5       Sim       Não      2.4e+07      0.01         0.001
  3       2         6       Sim       Não      2.4e+07      0.01         0.001
  4       4         1       Não       Não      2.4e+07      0.01         0.001
  5       5         4       Não       Sim      2.4e+07      0.01         0.001
  6       5         6       Não       Não      2.4e+07      0.01         0.001
  7       5         7       Não       Não      2.4e+07      0.01         0.001
  8       6         3       Não       Não      2.4e+07      0.01         0.001
  9       7         4       Não       Não      2.4e+07      0.01         0.001
 10       7         6       Não       Não      2.4e+07      0.01         0.001
```

```
Dados de Carregamentos Uniformemente Distribuídos em Barras
Barra   Direção   Qx (kN/m)   Qy (kN/m)
  4     Local       0.0         12.0
  5     Local       0.0         24.0
  6     Local       0.0        -24.0
  9     Local       0.0         12.0
```

```
Resultados de Deslocamentos e Rotações Nodais
Nó    Desloc. X (m)      Desloc. Y (m)      Rotação Z (rad)
 1      0.000e+00          0.000e+00         -1.275e-02
 2      0.000e+00          0.000e+00          0.000e+00
 3      0.000e+00          0.000e+00         xxxxxxxxxx
 4      2.366e-03         -1.046e-02         +1.720e-03
 5     +1.934e-03         -6.629e-03         +7.061e-04
 6     +1.221e-03         -5.381e-03         +3.208e-03
 7     +4.750e-04         -7.661e-03         +2.405e-03
```

```
Resultados de Esforços nas Barras (direções locais)
Barra  Normal     Normal     Cortante   Cortante   Momento    Momento
       Nó inicial Nó final   Nó inicial Nó final   Nó inicial Nó final
       (kN)       (kN)       (kN)       (kN)       (kNm)      (kNm)
  1    +196.1     -196.1     +0.7       -0.7        0.0       +7.4
  2    +265.1     -265.1     xxxxx      xxxxx      xxxxx      xxxxx
  3     +54.0      -54.0     +2.7       -2.7        0.0       +26.7
  4    +105.3     -105.3     -73.1      -46.9     -130.6       0.0
  5     +12.9      -12.9     -119.7     -72.3     -190.0       0.0
  6     +21.4      -21.4    +104.1      +87.9     +152.9      -88.1
  7     +41.3      -41.3    +10.5       -10.5     +24.7       +38.3
  8    +100.9     -100.9     +2.6       -2.6      +22.3        +3.5
  9      -4.1       +4.1     -55.0      -65.0      -73.5      +123.2
 10     +18.5      -18.5     +7.4       -7.4       +35.2      +39.1
```

Com base nos resultados do modelo estrutural, pede-se:

(a) Desenhe o modelo estrutural, indicando dimensões, apoios, cargas e rótulas.

(b) Calcule o valor da rotação do nó 3 em radianos, indicando seu sentido (horário ou anti-horário).

(c) Com base nos valores dos deslocamentos e rotações nodais fornecidos e nos coeficientes de rigidez locais da barra 2, determine os valores dos esforços internos que estão faltando para essa barra.

(d) Desenhe os diagramas de esforços normais, cortantes e momentos fletores.

Exercício proposto 12

Reproduziu-se a seguir um arquivo de dados de entrada e saída de um modelo de pórtico plano para um programa de computador. Observe que os valores do deslocamento horizontal e da rotação do nó 1 não puderam ser recuperados do arquivo.

Dados de Entrada e Resultados do Modelo Computacional

Coordenadas Nodais e Condições de Suporte

Nó	X (m)	Y (m)	Desloc. X (tipo)	Desloc. Y (tipo)	Rotação Z (tipo)	Mola X (kN/m)	Mola Y (kN/m)	Mola Z (kNm/rad)
1	0.0	0.0	Mola	Fixo	Mola	1000.0	0.0	100000.0
2	10.0	0.0	Fixo	Fixo	Fixo	0.0	0.0	0.0
3	0.0	3.0	Livre	Livre	Livre	0.0	0.0	0.0
4	6.0	3.0	Livre	Livre	Livre	0.0	0.0	0.0
5	-2.0	6.0	Livre	Livre	Livre	0.0	0.0	0.0
6	0.0	6.0	Livre	Livre	Livre	0.0	0.0	0.0
7	2.0	6.0	Livre	Livre	Livre	0.0	0.0	0.0

Dados das Barras

Barra	Nó inicial	Nó final	Rótula inicial	Rótula final	Mod.Elast. (kN/m^2)	Área Seção (m^2)	Mom.Inércia (m^4)
1	1	3	Não	Não	1.0e+08	0.01	0.001
2	3	6	Não	Sim	1.0e+08	0.01	0.001
3	4	2	Não	Não	1.0e+08	0.01	0.001
4	4	3	Sim	Não	1.0e+08	0.01	0.001
5	5	6	Não	Não	1.0e+08	0.01	0.001
6	6	7	Não	Não	1.0e+08	0.01	0.001
7	7	4	Não	Não	1.0e+08	0.01	0.001

Dados de Cargas Concentradas em Nós

Nó	Fx (kN)	Fy (kN)	Mz (kNm)
5	0.0	-20.0	0.0

Dados de Carregamentos Uniformemente Distribuídos em Barras

Barra	Direção	Qx (kN/m)	Qy (kN/m)
4	Local	0.0	12.0
6	Local	0.0	-12.0

Resultados de Deslocamentos e Rotações Nodais

Nó	Desloc. X (m)	Desloc. Y (m)	Rotação Z (rad)
1	xxxxxxxxxx	+0.000e+00	xxxxxxxxxx
2	+0.000e+00	+0.000e+00	+0.000e+00
3	-1.550e-03	-2.760e-04	-5.361e-04
4	-1.516e-03	-2.157e-03	+3.155e-04
5	-6.879e-04	-7.671e-04	+3.056e-04
6	-6.879e-04	-4.226e-04	-9.440e-05
7	-7.045e-04	-1.107e-03	-4.773e-04

Resultados de Esforços nas Barras (direções locais)

Barra	Normal Nó inicial (kN)	Normal Nó final (kN)	Cortante Nó inicial (kN)	Cortante Nó final (kN)	Momento Nó inicial (kNm)	Momento Nó final (kNm)
1	+92.00	-92.00	-2.46	+2.46	+10.64	-18.01
2	+48.86	-48.86	-8.29	+8.29	-24.86	+0.00
3	+16.37	-16.37	-17.72	+17.72	-38.00	-50.62
4	-5.83	+5.83	+28.85	-43.15	+0.00	+42.87
5	+0.00	+0.00	-20.00	+20.00	+0.00	-40.00
6	+8.29	-8.29	+28.86	-4.86	+40.00	-6.29
7	+3.71	-3.71	+8.86	-8.86	+6.29	-38.00

Com base nos resultados do modelo estrutural, pede-se:

(a) Desenhe o modelo estrutural, indicando dimensões, apoios, cargas e rótulas.

(b) Calcule o valor do deslocamento horizontal do nó 1 em metros, indicando seu sentido (para a esquerda ou para a direita) e calcule o valor da rotação do nó 1 em radianos, indicando seu sentido (horário ou anti-horário).

(c) Desenhe os diagramas de esforços normais, cortantes e momentos fletores.

(d) Ao verificar os diagramas desenhados no item (c), pode-se constatar que existem dois erros nos resultados fornecidos pelo programa de computador. Indique esses erros.

Exercício proposto 13

Reproduziu-se a seguir um arquivo de dados de entrada e saída de um modelo de pórtico plano para um programa de computador.

```
Dados de Entrada e Resultados do Modelo Computacional
Coordenadas Nodais e Condições de Suporte
Nó      X         Y         Desloc. X    Desloc. Y    Rotação Z
        (m)       (m)
1       0.0       0.0       Fixo         Fixo         Fixo
2       4.0       0.0       Fixo         Fixo         Fixo
3       7.0       0.0       Fixo         Fixo         Livre
4       4.0       3.0       Livre        Livre        Livre
5       7.0       3.0       Livre        Livre        Livre
6       9.0       3.0       Livre        Livre        Livre
```

```
Dados das Barras
Barra   Nó        Nó        Rótula     Rótula    Mod.Elast.   Área Seção   Mom.Inércia
        inicial   final     inicial    final     (kN/m^2)     (m^2)        (m^4)
1       1         4         Não        Não       2.0e+08      0.0046       0.000072
2       2         4         Sim        Não       2.0e+08      0.0046       0.000072
3       3         5         Não        Não       2.0e+08      0.0046       0.000072
4       5         4         Não        Não       2.0e+08      0.0046       0.000072
5       5         6         Não        Não       2.0e+08      0.0046       0.000072
```

```
Dados de Carregamentos Uniformemente Distribuídos em Barras
Barra   Direção   Qx (kN/m)    Qy (kN/m)
1       Local     0.0          -16.0
4       Local     0.0           16.0
5       Global    0.0          -16.0
```

```
Resultados de Deslocamentos e Rotações Nodais
Nó      Desloc. X (m)      Desloc. Y (m)      Rotação Z (rad)
1       0.000e+00          0.000e+00          0.000e+00
2       0.000e+00          0.000e+00          0.000e+00
3       0.000e+00          0.000e+00          +2.185e-04
4       +3.572e-04         -2.230e-04         +5.830e-04
5       +3.679e-04         -1.902e-04         -8.050e-04
6       +3.679e-04         -4.022e-03         -2.286e-03
```

```
Resultados de Esforços nas Barras (direções locais)
Barra   Normal      Normal      Cortante    Cortante    Momento     Momento
        Nó inicial  Nó final    Nó inicial  Nó final    Nó inicial  Nó final
        (kN)        (kN)        (kN)        (kN)        (kNm)       (kNm)
1       -28.0       +28.0       +42.6       -37.4       +38.0       -25.3
2       +68.4       -68.4       +3.4        -3.4         0.0        -10.1
3       +58.3       -58.3       -3.3        +3.3         0.0         -9.8
4       -3.3        +3.3        -26.3       -21.7       -22.2       +15.2
5        0.0         0.0        -32.0        0.0        -32.0         0.0
```

Com base nos resultados do modelo estrutural, pede-se:

(a) Desenhe o modelo estrutural, indicando dimensões, apoios, cargas e rótulas.

(b) Desenhe os diagramas de esforços normais, cortantes e momentos fletores.

(c) Ao verificar os diagramas desenhados no item (b), pode-se constatar que existem quatro erros nos resultados fornecidos pelo programa de computador. Indique esses erros.

Exercício proposto 14

Reproduziu-se a seguir um arquivo de dados de entrada e saída de um modelo de pórtico plano para um programa de computador.

```
Dados de Entrada e Resultados do Modelo Computacional
Coordenadas Nodais e Condições de Suporte
Nó    X      Y      Desloc. X    Desloc. Y    Rotação Z
      (m)    (m)
1     2.0    0.0    Fixo         Fixo         Fixo
2     6.0    0.0    Fixo         Fixo         Fixo
3    10.0    0.0    Fixo         Fixo         Livre
4     0.0    3.0    Livre        Livre        Livre
5     2.0    3.0    Livre        Livre        Livre
6     6.0    3.0    Livre        Livre        Livre
7     0.0    6.0    Livre        Livre        Livre
8     2.0    6.0    Livre        Livre        Livre
```

```
Dados das Barras
Barra  Nó       Nó      Rótula    Rótula   Mod.Elast.   Área Seção   Mom.Inércia
       inicial  final   inicial   final    (kN/m^2)     (m^2)        (m^4)
1      1        5       Não       Não      2.0e+08      0.0012       0.00012
2      2        6       Não       Não      2.0e+08      0.0012       0.00012
3      3        6       Não       Não      2.0e+08      0.0012       0.00012
4      5        4       Não       Não      2.0e+08      0.0012       0.00012
5      5        6       Não       Sim      2.0e+08      0.0012       0.00012
6      5        8       Não       Não      2.0e+08      0.0012       0.00012
7      7        8       Não       Não      2.0e+08      0.0012       0.00012
8      8        6       Não       Sim      2.0e+08      0.0012       0.00012
```

```
Dados de Carregamentos Uniformemente Distribuídos em Barras
Barra   Direção   Qx (kN/m)   Qy (kN/m)
3       Local     0.0          16.0
4       Local     0.0           8.0
5       Global    0.0          -8.0
7       Global    0.0          -8.0
8       Local     0.0         -16.0
```

```
Resultados de Esforços nas Barras (direções locais)
Barra   Normal     Normal     Cortante   Cortante   Momento    Momento
        Nó inicial Nó final   Nó inicial Nó final   Nó inicial Nó final
        (kN)       (kN)       (kN)       (kN)       (kNm)      (kNm)
1       +108.20    -108.20    -10.11     +10.11     -21.53     -8.81
2        +88.80     -88.80    -26.17     +26.17     -37.66    -40.85
3        -50.77     +50.77    +31.83     -48.17      -5.43    +40.85
4          0.00       0.00    +16.00       0.00     -16.00      0.00
5         +0.87      -0.87    +23.30      +8.70     +29.21      0.00
6        +68.90     -68.90     -9.25      +9.25      -4.40    +23.34
7          0.00       0.00      0.00     +16.00       0.00    -16.00
8        -24.34     +24.34    +47.87     +32.13     +39.34      0.00
```

Com base nos resultados do modelo estrutural, pede-se:

(a) Desenhe o modelo estrutural, indicando dimensões, apoios, cargas e rótulas.

(b) Desenhe os diagramas de esforços normais, cortantes e momentos fletores.

(c) Ao verificar os diagramas desenhados no item (b), pode-se constatar que existem quatro erros nos resultados fornecidos pelo programa de computador. Indique esses erros.

Exercício proposto 15

Reproduziu-se a seguir um arquivo de dados de entrada e saída de um modelo de pórtico plano para um programa de computador. Observe que os valores da rotação do nó 2 e dos esforços cortantes e momentos fletores da barra 1 não puderam ser recuperados do arquivo.

```
Dados de Entrada e Resultados do Modelo Computacional
Coordenadas Nodais e Condições de Suporte
Nó    X      Y     Desl.X   Desl.Y   Rot.Z   Mola X   Mola Y   Mola Z
      (m)    (m)                             (kN/m)   (kN/m)   (kNm/rad)
1     3.0    0.0   Fixo     Fixo     Fixo    0.0      0.0      0.0
2     11.0   4.0   Fixo     Fixo     Livre   0.0      0.0      80000.0
3     0.0    8.0   Livre    Livre    Livre   0.0      0.0      0.0
4     3.0    8.0   Livre    Livre    Livre   0.0      0.0      0.0
5     11.0   8.0   Livre    Livre    Livre   0.0      0.0      0.0
```

```
Dados das Barras
Barra   Nó       Nó      Rótula    Rótula   Mod.Elast.   Área Seção   Mom.Inércia
        inicial  final   inicial   final    (kN/m^2)     (m^2)        (m^4)
1       1        4       Sim       Não      2.0e+08      0.012        0.00012
2       2        5       Não       Não      2.0e+08      0.012        0.00012
3       3        4       Não       Não      2.0e+08      0.012        0.00012
4       5        4       Não       Não      2.0e+08      0.012        0.00012
```

```
Dados de Cargas Concentradas em Nós
Nó     Fx (kN)      Fy (kN)      Mz(kNm)
3      0.0          -20.0        0.0
```

```
Dados de Carregamentos Uniformemente Distribuídos em Barras
Barra   Direção    Qx (kN/m)    Qy (kN/m)
2       Local      0.0          -30.0
4       Local      0.0          30.0
```

```
Resultados de Deslocamentos e Rotações Nodais
Nó    Desloc. X (m)       Desloc. Y (m)       Rotação Z (rad)
1     0.000e+00           0.000e+00           0.000e+00
2     0.000e+00           0.000e+00           x.xxxe-xx
3     +7.194e-03          +1.206e-02          -2.923e-03
4     +7.194e-03          -4.569e-04          -6.673e-03
5     +7.173e-03          -2.049e-04          +5.434e-03
```

```
Resultados de Esforços nas Barras (direções locais)
Barra  Normal       Normal      Cortante    Cortante    Momento     Momento
       Nó inicial   Nó final    Nó inicial  Nó final    Nó inicial  Nó final
       (kN)         (kN)        (kN)        (kN)        (kNm)       (kNm)
1      +137.1       -137.1      xxx.x       xxx.x       xxx.x       xxx.x
2      +122.9       -122.9      +126.5      -6.5        +130.6      +135.4
3      0.0          0.0         -20.0       +20.0       0.0         -60.0
4      +6.5         -6.5        -122.9      -117.1      -135.4      +112.0
```

Com base nos resultados do modelo estrutural, pede-se:

(a) Desenhe o modelo estrutural, indicando dimensões, apoios, cargas e rótulas.

(b) Calcule o valor da rotação do nó 2 em radianos, indicando seu sentido (horário ou anti-horário).

(c) Com base nos valores dos deslocamentos e rotações nodais fornecidos e nos coeficientes de rigidez locais da barra 1, determine os valores dos esforços internos que estão faltando para essa barra. Os valores desses esforços internos podem ser verificados com base em equilíbrio nodal.

(d) Desenhe os diagramas de esforços normais, cortantes e momentos fletores.

Cargas acidentais e móveis | 14

Os capítulos anteriores deste livro consideram apenas um tipo de solicitação externa no que se refere à forma de atuação: as solicitações permanentes. Cargas permanentes têm posição fixa na estrutura e atuam durante toda sua vida útil. O exemplo mais óbvio de cargas permanentes é o peso próprio da estrutura e dos acessórios fixos. Este capítulo considera, no contexto da análise de estruturas reticuladas, cargas acidentais e móveis.

Diversas estruturas são solicitadas por cargas móveis. Exemplos são pontes rodoviárias e ferroviárias ou pórticos industriais que suportam pontes rolantes para transporte de cargas. Os esforços internos nesses tipos de estrutura não variam apenas com a magnitude das cargas aplicadas, mas também com sua posição de atuação. Portanto, o projeto de um elemento estrutural, como uma viga de ponte, envolve a determinação das posições das cargas móveis que produzem valores extremos ou limites (máximos e mínimos) dos esforços internos nas seções transversais do elemento.

No projeto de estruturas submetidas a cargas fixas, a posição de atuação de cargas acidentais de ocupação também influencia a determinação dos esforços internos dimensionantes.[1] Por exemplo, o momento fletor máximo em uma determinada seção transversal de uma viga contínua com vários vãos não é determinado pelo posicionamento da carga acidental de ocupação em todos os vãos. Posições selecionadas de atuação da carga acidental determinam os valores limites de momento fletor na seção. Assim, o projetista estrutural tem de determinar, para cada seção transversal a ser dimensionada e para cada esforço interno dimensionante, as posições de atuação das cargas acidentais que provocam os valores limites.

Uma alternativa para esse problema seria analisar a estrutura para várias posições das cargas móveis ou acidentais e selecionar os valores extremos. Esse procedimento não é prático nem eficiente de maneira geral, exceto para estruturas e carregamentos simples. O procedimento geral e objetivo para determinar as posições de cargas móveis e acidentais que provocam valores limites de determinado esforço interno em uma seção transversal de uma estrutura é feito com o auxílio de *linhas de influência*.

Com base no traçado de linhas de influência, é possível obter as chamadas *envoltórias limites* de esforços internos que são necessárias para o dimensionamento de estruturas submetidas a cargas móveis ou acidentais. As envoltórias limites de momento fletor em uma estrutura descrevem, para um conjunto de cargas permanentes e cargas móveis ou acidentais, os valores máximos e mínimos de momento fletor nas seções transversais da estrutura, de forma análoga ao que descreve o diagrama de momentos fletores para um carregamento permanente. Assim, o objetivo da análise estrutural para o caso de cargas móveis ou acidentais é a determinação de envoltórias de máximos e mínimos de momentos fletores, esforços cortantes etc., o que possibilita o dimensionamento da estrutura submetida a esses tipos de solicitação. As envoltórias são, em geral, obtidas por interpolação de valores máximos e mínimos, respectivamente, de esforços internos calculados em um determinado número de seções transversais ao longo da estrutura.

---

[1] Denominam-se *esforços internos dimensionantes* de uma seção transversal os esforços internos críticos que definem as dimensões da seção e, no caso de concreto armado ou protendido, que definem as armaduras.

14.1. LINHAS DE INFLUÊNCIA

Uma linha de influência (LI) descreve a variação de um determinado efeito (por exemplo, uma reação de apoio, um esforço cortante ou um momento fletor em uma seção transversal) em função da posição de uma força vertical (orientada para baixo) e unitária que percorre a estrutura. Assim, a LI de momento fletor em uma seção transversal é a representação gráfica ou analítica do momento fletor, na seção de estudo, produzida por uma força concentrada unitária que passeia sobre a estrutura. Isso é exemplificado na Figura 14.1, que mostra a LI de momento fletor em uma seção S indicada. Nessa figura, a posição da força unitária P = 1 é dada pelo parâmetro x, e uma ordenada genérica da LI representa o valor do momento fletor em S em função de x, isto é, $LIM_S = M_S(x)$. Neste livro, os valores positivos das linhas de influência são desenhados para baixo e os valores negativos para cima. Isso é praxe no Brasil, embora também seja comum seguir a convenção adotada para o traçado de diagramas de esforços internos: LI para momentos fletores traçada com valores positivos do lado das fibras inferiores da barra e LI para os demais esforços internos traçada com valores positivos do lado das fibras superiores.

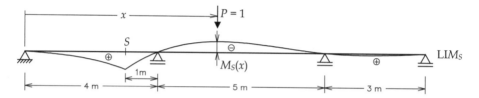

Figura 14.1 Linha de influência de momento fletor em uma seção transversal de uma viga contínua.

A determinação do valor máximo e do valor mínimo de um esforço interno em uma seção transversal é exemplificada para o caso do momento fletor na seção S da Figura 14.1. O carregamento permanente, constituído do peso próprio da estrutura, é representado por uma força uniformemente distribuída g, como indica a Figura 14.2.

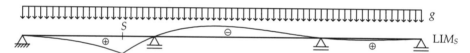

Figura 14.2 Carga permanente uniformemente distribuída atuando em uma viga contínua.

Considerando que a ordenada de $LIM_S = M_S(x)$ é função de uma força concentrada unitária, o valor do momento fletor em S devido ao carregamento permanente pode ser obtido por integração do produto da força infinitesimal gdx por $M_S(x)$ ao longo da estrutura:

$$M_S^g = \int_0^{12} M_S(x) \cdot gdx = \int_0^{12} LIM_S \cdot gdx$$

Considere que existe um carregamento acidental de ocupação que é representado por uma força uniformemente distribuída q. Por ser acidental, a carga q pode atuar parcialmente ao longo da estrutura. O que se busca são as posições de atuação da carga q que maximizam ou minimizam o momento fletor em S. O valor máximo de M_S é obtido quando a carga q está posicionada sobre ordenadas positivas da LIM_S, e o valor mínimo é obtido quando a carga q está posicionada sobre ordenadas negativas da LIM_S. Isso é mostrado nas Figuras 14.3 e 14.4.

Figura 14.3 Posicionamento de carga acidental uniformemente distribuída para provocar máximo momento fletor em uma seção transversal.

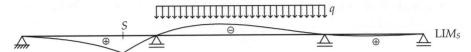

Figura 14.4 Posicionamento de carga acidental uniformemente distribuída para provocar mínimo momento fletor em uma seção transversal.

Os valores máximo e mínimo de M_S devidos somente ao carregamento acidental podem ser obtidos por integração do produto $\text{LIM}_S \cdot qdx$ nos trechos positivos e negativos, respectivamente, da linha de influência:

$$\left(M_S^q\right)_{máx} = \int_0^4 \text{LIM}_S \cdot qdx + \int_9^{12} \text{LIM}_S \cdot qdx$$

$$\left(M_S^q\right)_{mín} = \int_4^9 \text{LIM}_S \cdot qdx$$

Assim, os valores máximos e mínimos finais de M_S provocados pelo carregamento permanente e pelo carregamento acidental são:

$$\left(M_S\right)_{máx} = M_S^g + \left(M_S^q\right)_{máx}$$

$$\left(M_S\right)_{mín} = M_S^g + \left(M_S^q\right)_{mín}$$

Observe que, no caso geral, o valor máximo final de um determinado esforço interno em uma seção transversal não é necessariamente positivo, nem o valor mínimo final é necessariamente negativo. Isso depende da magnitude dos valores provocados pelos carregamentos permanente e acidental. Quando os valores máximo e mínimo têm o mesmo sinal, o esforço interno dimensionante é aquele com a maior magnitude. Quando os valores máximo e mínimo têm sentidos opostos, principalmente no caso de momento fletor, ambos podem ser dimensionantes.

14.2. LINHAS DE INFLUÊNCIA PARA VIGA BIAPOIADA COM BALANÇOS

A determinação das expressões analíticas de linhas de influência é relativamente simples para o caso de estruturas isostáticas. Nesse caso, um enfoque baseado no equilíbrio explícito da estrutura submetida a uma força concentrada unitária pode ser utilizado para determinar as linhas de influência. Considere como exemplo a viga biapoiada com balanços mostrada na Figura 14.5. O equilíbrio de forças verticais e de momentos em relação ao ponto A, por exemplo, determina os valores das reações de apoio $V_A = (l - x)/l$ e $V_B = x/l$. Essas relações nada mais são do que as próprias expressões analíticas das linhas de influência das reações de apoio, pois expressam a variação de V_A e V_B em função da posição x da força concentrada unitária. Observe que essas expressões também são válidas para posições da força unitária sobre os balanços da viga.

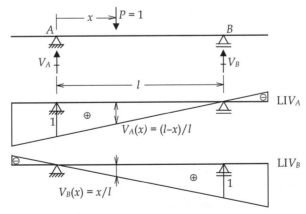

Figura 14.5 Linhas de influência de reações de apoio em uma viga biapoiada com balanços.

A imposição direta do equilíbrio também pode ser utilizada para determinar as linhas de influência do esforço cortante e do momento fletor em uma seção genérica S do vão da viga biapoiada, como mostrado na Figura 14.6. Para isso, duas situações são consideradas: uma quando a força concentrada unitária está à esquerda da seção S e outra quando a força está à direita, como indicado a seguir.

Esforço cortante:
$P = 1$ à esquerda de S ($x < a$) $\Rightarrow Q_S = -V_B \therefore \text{LIQ}_S = -\text{LIV}_B = -x/l$.
$P = 1$ à direita de S ($x > a$) $\Rightarrow Q_S = +V_A \therefore \text{LIQ}_S = +\text{LIV}_A = (l-x)/l$.

Momento fletor:
$P = 1$ à esquerda de S ($x \leq a$) $\Rightarrow M_S = +b \cdot V_B \therefore \text{LIM}_S = +b \cdot \text{LIV}_B = b \cdot x/l$.
$P = 1$ à direita de S ($x \geq a$) $\Rightarrow M_S = +a \cdot V_A \therefore \text{LIM}_S = +a \cdot \text{LIV}_A = a \cdot (l-x)/l$.

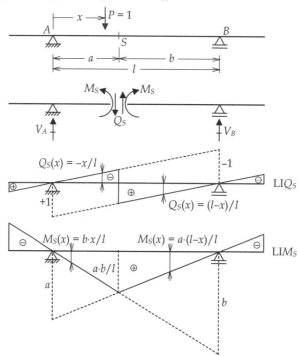

Figura 14.6 Linhas de influência de esforço cortante e momento fletor em uma seção transversal no vão de uma viga biapoiada com balanços.

A Figura 14.6 ilustra os procedimentos gráficos para traçar as LIQ_S e LIM_S para uma seção transversal S típica de vão de viga biapoiada. O traçado da LIQ_S inicia com o desenho de duas retas paralelas que se prolongam até as extremidades dos balanços, uma passando pelo primeiro apoio e por um ponto no segundo apoio deslocado para cima de -1, e outra passando por um ponto no primeiro apoio deslocado para baixo de $+1$ e pelo segundo apoio. A LIQ_S é obtida utilizando trechos das duas retas, com uma descontinuidade unitária na seção de referência. A LIM_S é traçada com base em duas retas ligando os apoios a pontos deslocados para baixo de a, no primeiro apoio, e de b, no segundo apoio. As duas retas se interceptam exatamente na posição da seção de referência, e a LIM_S usa trechos de cada reta, conforme indicado na figura.

As linhas de influência para seções transversais dos balanços da viga biapoiada também podem ser determinadas por imposição direta do equilíbrio. A Figura 14.7 mostra algumas LIs para esforços cortantes e momentos fletores em seções transversais características dos balanços. A seção transversal A_{esq} está localizada imediatamente à esquerda do apoio A e a seção transversal B_{dir} fica imediatamente à direita do apoio B. Observa-se que os valores de uma LI em uma seção transversal de um balanço são nulos para qualquer posição da força unitária fora do trecho de viga entre a extremidade livre do balanço e a seção transversal. As linhas de influência de esforços cortantes são constantes da extremidade livre do balanço até a correspondente seção transversal. No balanço à esquerda, como a força unitária com sentido para baixo está à esquerda da seção transversal, o esforço cortante é negativo na seção. No balanço à direita, o sentido para baixo provoca um esforço cortante positivo. As linhas de influência de esforços cortantes sempre têm uma descontinuidade com intensidade unitária na seção transversal de referência. A linha de influência para momento fletor em uma seção transversal no balanço é sempre negativa (momento fletor provocado pela força unitária traciona as fibras superiores) e tem variação linear. Isso ocorre porque o momento fletor na seção transversal de referência varia linearmente com a distância da força unitária à seção (para posições da força unitária entre a seção e a extremidade livre do balanço).

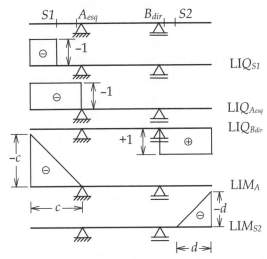

Figura 14.7 Linhas de influência de esforço cortante e momento fletor em seções transversais nos balanços de uma viga biapoiada.

14.3. ENVOLTÓRIAS DE ESFORÇOS INTERNOS EM VIGA BIAPOIADA COM BALANÇOS

Conforme mencionado anteriormente, um dos principais objetivos da análise estrutural para cargas acidentais e móveis é determinar as chamadas envoltórias de mínimos e máximos para esforços internos ao longo de uma estrutura. As envoltórias são gráficos que expressam como variam os valores mínimos e máximos de um determinado esforço interno nas seções transversais da estrutura; entretanto, não existem expressões analíticas para as envoltórias. O principal motivo para isso está na maneira como se determinam os valores mínimo e máximo do esforço interno em uma dada seção transversal. Esses valores são obtidos buscando posições críticas para as cargas, muitas vezes interrompendo a atuação de cargas acidentais em trechos da estrutura, de maneira a minorar ou majorar um determinado efeito, como ilustrado na Seção 14.1. Dessa forma, as envoltórias são traçadas por interpolação de valores calculados em seções transversais selecionadas (por exemplo, a cada metro).

Surgem, então, duas questões. A primeira é como determinar o posicionamento das cargas acidentais e móveis para obter os valores mínimo e máximo de um determinado esforço interno em uma dada seção transversal. A segunda questão é como calcular os valores mínimo e máximo.

A solução para essas questões está na utilização de linhas de influência. A melhor maneira para explicar isso é com um exemplo. Considere a viga biapoiada de uma ponte com balanços mostrada na Figura 14.8. Esse exemplo foi inspirado em um exercício resolvido por Süssekind (1977-1), todavia, naquele caso, a viga não tinha balanços. O objetivo do exemplo é determinar as envoltórias de mínimos e máximos de esforço cortante e momento fletor, considerando o efeito conjunto de carga permanente e carga móvel. As envoltórias serão traçadas por interpolação de valores calculados nas seções transversais indicadas na figura.

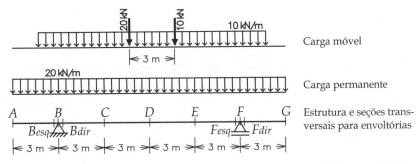

Figura 14.8 Viga biapoiada com balanços, carga permanente e carga móvel.

A viga da Figura 14.8 está solicitada por uma força permanente uniformemente distribuída de 20 kN/m e por um carregamento móvel, que é o veículo de projeto (também chamado de *trem-tipo*) indicado na figura. Um veículo de projeto é um carregamento idealizado para representar em projeto os efeitos dos veículos principais de uma estrada rodoviária ou ferroviária. No exemplo, o veículo de projeto tem dois eixos, representados pelas duas forças concentradas de 10 kN e de 20 kN. Como o veículo pode trafegar nos dois sentidos, as forças concentradas podem inverter de posição.

Existem normas que especificam os veículos de projeto de acordo com a classe da rodovia ou ferrovia. As normas condensam informações sobre estudos estatísticos que resultam na especificação de cargas móveis para projeto. Na verdade, os veículos de projeto de pontes rodoviárias têm uma distribuição por área, e não por linha. É necessário, portanto, obter o efeito de um veículo de projeto sobre uma viga longitudinal de uma ponte rodoviária. Isso é feito considerando o posicionamento do veículo de projeto transversalmente sobre a ponte. O resultado é um trem-tipo distribuído ao longo do eixo da viga, como o da viga em estudo. A força uniformemente distribuída dessa carga móvel é chamada de *carga de multidão* e representa os veículos secundários que trafegam sobre a ponte. A carga de multidão tem um comportamento de carga acidental, isto é, ela pode ser interrompida em trechos da viga para minimizar ou maximizar um determinado efeito. Foge do escopo deste livro aprofundar a descrição de cargas móveis contida nas normas. A presente apresentação, apesar de ser bastante superficial, é suficiente para entender os procedimentos de análise para esse tipo de carregamento.

O efeito da carga permanente na viga em estudo é mostrado na Figura 14.9. Essa figura indica os diagramas de esforços cortantes e momentos fletores provocados pela força permanente uniformemente distribuída. Também estão indicados nesses diagramas os valores dos esforços internos permanentes nas seções transversais selecionadas para o traçado das envoltórias. Mostram-se os sinais dos momentos fletores porque mínimos e máximos têm significado algébrico, isto é, não é só o módulo do momento fletor que interessa.

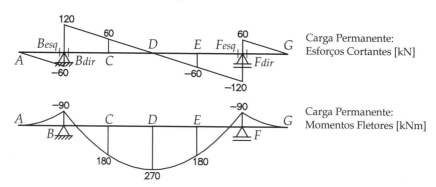

Figura 14.9 Diagramas de esforços cortantes e momentos fletores para a carga permanente da viga da Figura 14.8.

Em seguida, nas Figuras 14.10 a 14.18, são mostrados os cálculos dos valores mínimos e máximos para esforço cortante nas seções transversais selecionadas provocados pela carga móvel. Nos apoios, duas seções transversais são utilizadas: uma imediatamente à esquerda e outra imediatamente à direita do apoio.

Para cada uma das seções transversais, são traçadas as linhas de influência de esforço cortante com base nos procedimentos descritos na Seção 14.2. Observa-se que as LIs de esforço cortante para as seções A e G, nas extremidades dos balanços, ficam degeneradas para um valor pontual unitário localizado na própria seção transversal.

Cada LI das Figuras 14.10 a 14.18 é utilizada para encontrar as posições críticas da carga móvel que provocam o mínimo e o máximo de esforço cortante na seção correspondente. A pesquisa da posição crítica que provoca o valor mínimo baseia-se no conceito descrito na Seção 14.1, que procura posicionar a carga móvel sobre as ordenadas negativas da LI. De maneira análoga, para se obter o valor máximo, a carga móvel é posicionada sobre as ordenadas positivas da LI. Os valores extremos (maiores valores em módulo) são obtidos quando a força concentrada do veículo de projeto com maior intensidade está posicionada sobre a maior ordenada (em módulo) da LI. No exemplo, não é difícil encontrar essa posição, pois só existem duas forças concentradas no trem-tipo e as LIs são relativamente simples. A pesquisa da posição crítica para um trem-tipo mais complexo (por exemplo, de pontes ferroviárias) e para LIs com mais variações de sinais, inclusive com trechos curvos, é uma tarefa relativamente trabalhosa. Felizmente, hoje em dia existem programas de computador que resolvem esse problema.

Os resultados mostrados nas Figuras 14.10 a 14.18 dos cálculos dos valores mínimos e máximos de esforço cortante provocados pela carga móvel são reproduzidos na Tabela 14.1, que também mostra os resultados para a carga permanente. As envoltórias finais são obtidas somando-se o efeito da carga permanente com os efeitos de mínimo e de máximo da carga móvel. Dessa maneira, as envoltórias ficam descritas pelos valores mínimos e máximos de esforço cortante nas seções transversais selecionadas.

A Figura 14.19 mostra os gráficos dessas envoltórias. Utiliza-se a convenção usual para traçado de diagramas de esforços cortantes: valores positivos são desenhados do lado das fibras superiores das barras. Os valores no vão principal e nos balanços são interpolados independentemente. A linha tracejada corresponde ao diagrama de esforços cortantes para a carga permanente. No balanço à esquerda, o efeito da carga permanente coincide com a envoltória de valores máximos. No outro balanço, coincide com a envoltória de mínimos. A região entre as envoltórias de mínimos e máximos é denominada *faixa de trabalho*, pois não existem, fora dessa faixa, valores de esforços cortantes, para as cargas permanente e móvel consideradas.

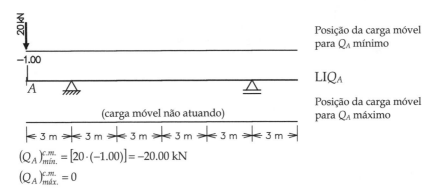

Figura 14.10 Mínimo e máximo de esforço cortante na seção A da viga da Figura 14.8 para a carga móvel.

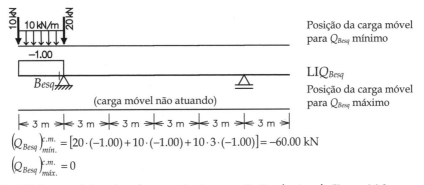

Figura 14.11 Mínimo e máximo de esforço cortante na seção B_{esq} da viga da Figura 14.8 para a carga móvel.

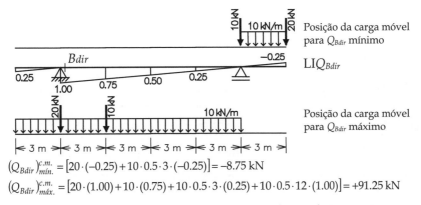

Figura 14.12 Mínimo e máximo de esforço cortante na seção B_{dir} da viga da Figura 14.8 para a carga móvel.

344 Análise de Estruturas: Conceitos e Métodos Básicos

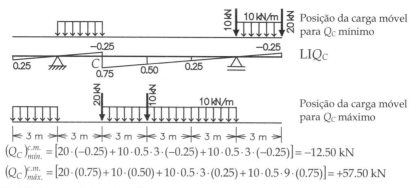

$(Q_C)_{mín.}^{c.m.} = [20 \cdot (-0.25) + 10 \cdot 0.5 \cdot 3 \cdot (-0.25) + 10 \cdot 0.5 \cdot 3 \cdot (-0.25)] = -12.50 \text{ kN}$

$(Q_C)_{máx.}^{c.m.} = [20 \cdot (0.75) + 10 \cdot (0.50) + 10 \cdot 0.5 \cdot 3 \cdot (0.25) + 10 \cdot 0.5 \cdot 9 \cdot (0.75)] = +57.50 \text{ kN}$

Figura 14.13 Mínimo e máximo de esforço cortante na seção C da viga da Figura 14.8 para a carga móvel.

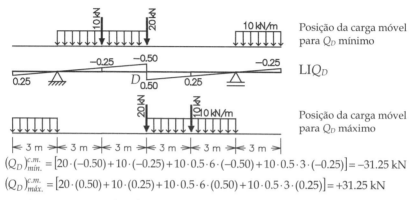

$(Q_D)_{mín.}^{c.m.} = [20 \cdot (-0.50) + 10 \cdot (-0.25) + 10 \cdot 0.5 \cdot 6 \cdot (-0.50) + 10 \cdot 0.5 \cdot 3 \cdot (-0.25)] = -31.25 \text{ kN}$

$(Q_D)_{máx.}^{c.m.} = [20 \cdot (0.50) + 10 \cdot (0.25) + 10 \cdot 0.5 \cdot 6 \cdot (0.50) + 10 \cdot 0.5 \cdot 3 \cdot (0.25)] = +31.25 \text{ kN}$

Figura 14.14 Mínimo e máximo de esforço cortante na seção D da viga da Figura 14.8 para a carga móvel.

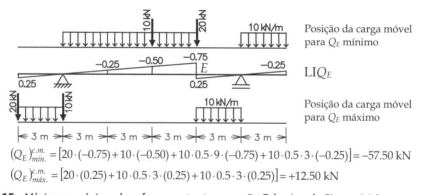

$(Q_E)_{mín.}^{c.m.} = [20 \cdot (-0.75) + 10 \cdot (-0.50) + 10 \cdot 0.5 \cdot 9 \cdot (-0.75) + 10 \cdot 0.5 \cdot 3 \cdot (-0.25)] = -57.50 \text{ kN}$

$(Q_E)_{máx.}^{c.m.} = [20 \cdot (0.25) + 10 \cdot 0.5 \cdot 3 \cdot (0.25) + 10 \cdot 0.5 \cdot 3 \cdot (0.25)] = +12.50 \text{ kN}$

Figura 14.15 Mínimo e máximo de esforço cortante na seção E da viga da Figura 14.8 para a carga móvel.

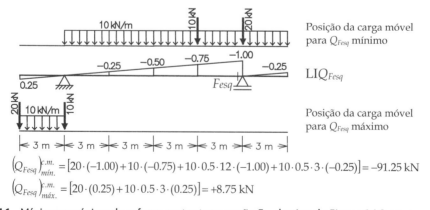

$(Q_{Fesq})_{mín.}^{c.m.} = [20 \cdot (-1.00) + 10 \cdot (-0.75) + 10 \cdot 0.5 \cdot 12 \cdot (-1.00) + 10 \cdot 0.5 \cdot 3 \cdot (-0.25)] = -91.25 \text{ kN}$

$(Q_{Fesq})_{máx.}^{c.m.} = [20 \cdot (0.25) + 10 \cdot 0.5 \cdot 3 \cdot (0.25)] = +8.75 \text{ kN}$

Figura 14.16 Mínimo e máximo de esforço cortante na seção F_{esq} da viga da Figura 14.8 para a carga móvel.

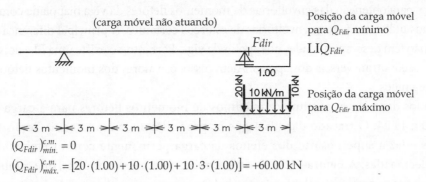

$(Q_{Fdir})^{c.m.}_{mín.} = 0$

$(Q_{Fdir})^{c.m.}_{máx.} = [20 \cdot (1.00) + 10 \cdot (1.00) + 10 \cdot 3 \cdot (1.00)] = +60.00 \text{ kN}$

Figura 14.17 Mínimo e máximo de esforço cortante na seção F_{dir} da viga da Figura 14.8 para a carga móvel.

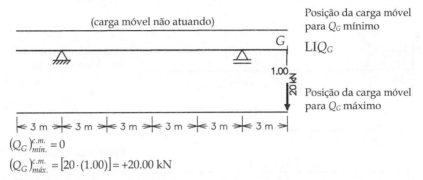

$(Q_G)^{c.m.}_{mín.} = 0$

$(Q_G)^{c.m.}_{máx.} = [20 \cdot (1.00)] = +20.00 \text{ kN}$

Figura 14.18 Mínimo e máximo de esforço cortante na seção G da viga da Figura 14.8 para a carga móvel.

Tabela 14.1 Envoltórias de esforços cortantes [kN] para a viga da Figura 14.8

Seção	Carga Permanente	Carga Móvel mínimo	Carga Móvel máximo	Envoltórias mínimo	Envoltórias máximo
A	0	−20.00	0	−20.00	0
B_{esq}	−60	−60.00	0	−120.00	−60.00
B_{dir}	+120	−8.75	+91.25	+111.25	+211.25
C	+60	−12.50	+57.50	+47.50	+117.50
D	0	−31.25	+31.25	−31.25	+31.25
E	−60	−57.50	+12.50	−117.50	−47.50
F_{esq}	−120	−91.25	+8.75	−211.25	−111.25
F_{dir}	+60	0	+60.00	+60.00	+120.00
G	0	0	+20.00	0	+20.00

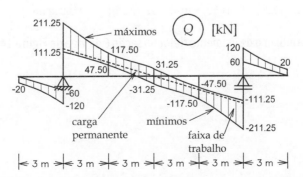

Figura 14.19 Envoltórias de esforços cortantes para a viga da Figura 14.8.

Os procedimentos para obtenção das envoltórias de momentos fletores da viga biapoiada com balanços da Figura 14.8 são semelhantes aos utilizados para as envoltórias de esforços cortantes. A principal diferença é que as envoltórias de momentos fletores não têm descontinuidades nos apoios da viga. Portanto, só existe uma LI e dois valores limites para momentos fletores nas seções transversais dos apoios. Além disso, os valores dos momentos fletores nas extremidades dos balanços são sempre nulos.

As LIs e os cálculos dos valores mínimos e máximos de momentos fletores para a carga móvel são mostrados nas Figuras 14.20 a 14.24. O traçado das LIs segue os procedimentos descritos na Seção 14.2. A Tabela 14.2 resume esses cálculos e faz a superposição dos efeitos da carga permanente com os efeitos da carga móvel nas seções transversais selecionadas. A Figura 14.25 mostra o traçado dessas envoltórias, que também são obtidas por interpolação independente dos valores calculados nos balanços e no vão principal. Consistente com a convenção utilizada usualmente, os valores positivos das envoltórias de momentos fletores são desenhados do lado da fibra inferior das barras.

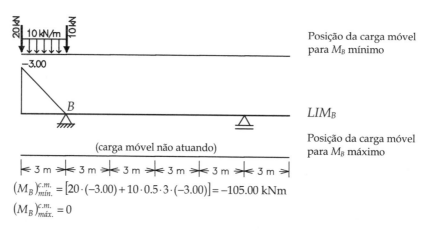

Figura 14.20 Mínimo e máximo de momento fletor na seção B da viga da Figura 14.8 para a carga móvel.

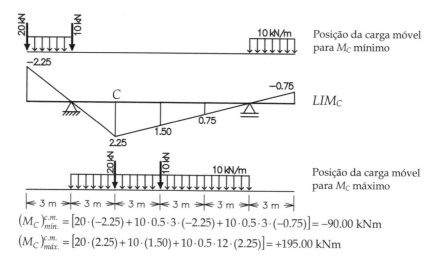

Figura 14.21 Mínimo e máximo de momento fletor na seção C da viga da Figura 14.8 para a carga móvel.

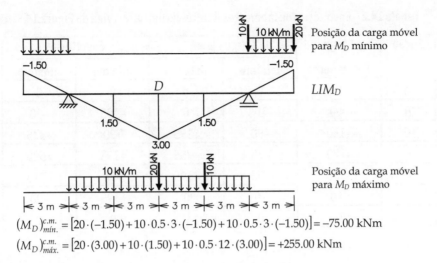

$(M_D)_{mín.}^{c.m.} = [20 \cdot (-1.50) + 10 \cdot 0.5 \cdot 3 \cdot (-1.50) + 10 \cdot 0.5 \cdot 3 \cdot (-1.50)] = -75.00 \text{ kNm}$

$(M_D)_{máx.}^{c.m.} = [20 \cdot (3.00) + 10 \cdot (1.50) + 10 \cdot 0.5 \cdot 12 \cdot (3.00)] = +255.00 \text{ kNm}$

Figura 14.22 Mínimo e máximo de momento fletor na seção D da viga da Figura 14.8 para a carga móvel.

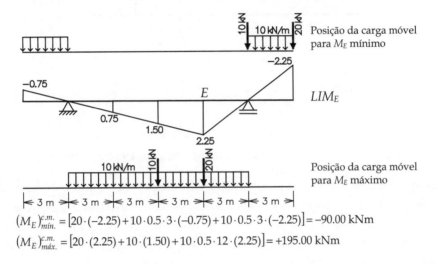

$(M_E)_{mín.}^{c.m.} = [20 \cdot (-2.25) + 10 \cdot 0.5 \cdot 3 \cdot (-0.75) + 10 \cdot 0.5 \cdot 3 \cdot (-2.25)] = -90.00 \text{ kNm}$

$(M_E)_{máx.}^{c.m.} = [20 \cdot (2.25) + 10 \cdot (1.50) + 10 \cdot 0.5 \cdot 12 \cdot (2.25)] = +195.00 \text{ kNm}$

Figura 14.23 Mínimo e máximo de momento fletor na seção E da viga da Figura 14.8 para a carga móvel.

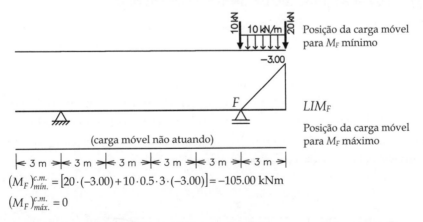

$(M_F)_{mín.}^{c.m.} = [20 \cdot (-3.00) + 10 \cdot 0.5 \cdot 3 \cdot (-3.00)] = -105.00 \text{ kNm}$

$(M_F)_{máx.}^{c.m.} = 0$

Figura 14.24 Mínimo e máximo de momento fletor na seção F da viga da Figura 14.8 para a carga móvel.

Tabela 14.2 Envoltórias de momentos fletores [kNm] para a viga da Figura 14.8

Seção	Carga Permanente	Carga Móvel mínimo	Carga Móvel máximo	Envoltórias mínimo	Envoltórias máximo
A	0	0	0	0	0
B	–90	–105	0	–195	–90
C	+180	–90	+195	+90	+375
D	+270	–75	+255	+195	+525
E	+180	–90	+195	+90	+375
F	–90	–105	0	–195	–90
G	0	0	0	0	0

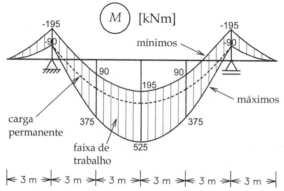

Figura 14.25 Envoltórias de momentos fletores para a viga da Figura 14.8.

Deve-se salientar que o número de seções transversais selecionadas para o traçado das envoltórias no exemplo da viga biapoiada com balanços foi muito pequeno. Resultados mais precisos teriam sido obtidos se um número maior de seções transversais tivesse sido utilizado. Isso se justifica, no presente contexto, porque o intuito do exemplo é explicar os procedimentos adotados para obter envoltórias da forma mais simples possível, para uma estrutura e uma carga móvel também muito simples.

14.4. MÉTODO CINEMÁTICO PARA O TRAÇADO DE LINHAS DE INFLUÊNCIA

O princípio dos deslocamentos virtuais (PDV) – Seção 7.4 – oferece um método alternativo para o traçado de linhas de influência em estruturas isotáticas. Considere que a viga biapoiada mostrada na Figura 14.26 sofreu um campo de deslocamentos virtuais $v(x)$, conforme indicado, onde o apoio da esquerda é deslocado virtualmente para baixo de uma unidade de distância. O objetivo é determinar a linha de influência da reação de apoio vertical no apoio A ($\text{LI}V_A$). Como a viga biapoiada é isotática, o movimento do apoio impõe um deslocamento de corpo rígido para a viga, isto é, a viga permanece reta e não existem deformações internas. Deve-se observar que o campo de deslocamentos virtuais imposto é tal que o deslocamento unitário de apoio A é contrário ao sentido positivo (para cima) da reação de apoio V_A. Com isso, a parcela de trabalho virtual associada a essa reação é negativa.

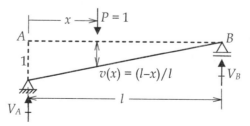

Figura 14.26 Campo de deslocamentos virtuais para determinar LI de reação de apoio de uma viga biapoiada.

O PDV diz que o trabalho virtual produzido pelas forças externas (reais) da estrutura pelos correspondentes deslocamentos externos virtuais é igual à energia de deformação interna virtual, que, no caso, é nula (não existem deformações internas virtuais), pois o campo de deslocamentos virtuais é de corpo rígido. Portanto, o trabalho virtual das forças externas é nulo, isto é:

$$-V_A \cdot 1 + P \cdot v(x) = 0 \Rightarrow V_A(x) = (l - x)/l$$

Vê-se que a aplicação do PDV resulta na expressão analítica encontrada anteriormente na Seção 14.2 para a LIV_A. Não podia deixar de ser dessa maneira, pois o PDV nada mais é do que uma forma alternativa para se imporem condições de equilíbrio (Seção 7.4). Além disso, a elástica resultante do deslocamento unitário imposto (campo de deslocamentos virtuais) é consistente com a convenção adotada para o traçado de LIs: valores positivos da LI para baixo, e, negativos, para cima.

As linhas de influência do esforço cortante e do momento fletor em uma seção S da viga biapoiada também podem ser determinadas pelo PDV. O campo de deslocamentos virtuais para a obtenção de LIQ_S é mostrado na Figura 14.27.

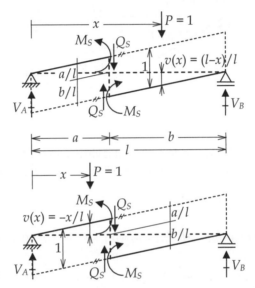

Figura 14.27 Campo de deslocamentos virtuais para determinar LI de esforço cortante em uma seção transversal de uma viga biapoiada.

O campo de deslocamentos virtuais da Figura 14.27 é tal que a viga é cortada na seção S e é imposto um deslocamento transversal relativo nessa seção igual a uma unidade de distância (tratado como pequeno deslocamento). Com a seção transversal cortada, a viga, por ser isostática, se transforma em um mecanismo (uma cadeia cinemática) que não oferece resistência ao movimento imposto. Portanto, os movimentos virtuais dos dois segmentos de viga após o corte são de corpo rígido (sem deformação virtual interna). Além disso, as inclinações dos dois segmentos de viga à esquerda e à direita de S devem permanecer iguais para que não haja rotação relativa nessa seção, evitando, dessa forma, que o momento fletor M_S produza trabalho virtual. Nota-se também, na Figura 14.27, que o deslocamento transversal relativo na seção S é contrário às direções positivas do esforço cortante Q_S, isto é, o segmento à esquerda de S sobe de a/l, enquanto o segmento à direita desce de b/l.

A aplicação do PDV à estrutura da Figura 14.27 resulta em:

$P = 1$ à esquerda de S ($x < a$):

$$-Q_S \cdot a/l - Q_S \cdot b/l + M_S \cdot 1/l - M_S \cdot 1/l - P \cdot x/l = 0 \Rightarrow Q_S(x) = -x/l$$

$P = 1$ à direita de S ($x > a$):

$$-Q_S \cdot a/l - Q_S \cdot b/l + M_S \cdot 1/l - M_S \cdot 1/l + P \cdot (l - x)/l = 0 \Rightarrow Q_S(x) = (l - x)/l$$

Como se pode notar, essas expressões são as mesmas obtidas na Seção 14.2 para a LIQ_S.

O campo de deslocamentos virtuais para determinar a linha de influência de momento fletor em uma seção S da viga biapoiada é mostrado na Figura 14.28. Esse campo de deslocamentos é tal que a continuidade de rotação da viga é liberada na seção S e é imposta uma rotação relativa unitária ($\theta = 1$ rad) nessa seção transversal (consideram-se pequenos deslocamentos, isto é, um arco de círculo é aproximado por sua corda). Nota-se, na Figura 14.28, que o segmento de viga à esquerda da seção S sofre um giro com ângulo igual a b/l (considerando pequenos deslocamentos) no sentido horário, que é contrário à direção positiva de M_S na extremidade do segmento. Observa-se, também, que o segmento à direita de S gira de a/l no sentido anti-horário, que é contrário à direção positiva de M_S na porção da direita.

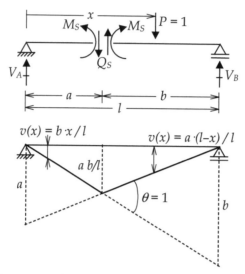

Figura 14.28 Campo de deslocamentos virtuais para determinar LI de momento fletor em uma seção transversal de uma viga biapoiada.

Aplicando o PDV à estrutura da Figura 14.28, obtém-se:
$P = 1$ à esquerda de S ($x \leq a$):
$$+Q_S \cdot a \cdot b/l - Q_S \cdot a \cdot b/l - M_S \cdot b/l - M_S \cdot a/l + P \cdot b \cdot x/l = 0 \Rightarrow M_S(x) = b \cdot x/l$$
$P = 1$ à direita de S ($x \geq a$):
$$+Q_S \cdot a \cdot b/l - Q_S \cdot a \cdot b/l - M_S \cdot b/l - M_S \cdot a/l + P \cdot a \cdot (l-x)/l = 0 \Rightarrow M_S(x) = a \cdot (l-x)/l$$

Isso resulta nas mesmas expressões para LIM_S obtidas anteriormente (Seção 14.2).

Observa-se que, para uma barra inclinada, como $P = 1$ é sempre vertical, somente a componente vertical de $v(x)$ seria utilizada no trabalho virtual. Portanto, a LI é a componente vertical da elástica virtual imposta.

Pode-se resumir a obtenção de linhas de influência de um efeito (reação de apoio ou esforço interno) por aplicação do PDV da maneira explicada a seguir (Süssekind, 1977-2).

Para se traçar a linha de influência de um efeito E (esforço interno ou reação), procede-se da seguinte forma:
- Rompe-se o vínculo capaz de transmitir o efeito E cuja linha de influência se deseja determinar.
- Na seção onde atua o efeito E, atribui-se à estrutura, no sentido oposto ao de E positivo, um deslocamento generalizado unitário, que será tratado como muito pequeno.
- A configuração deformada (elástica) obtida é a linha de influência. Se o trecho da estrutura percorrido pela força vertical unitária for inclinado, a linha de influência nesse trecho é a componente vertical da elástica.

O deslocamento generalizado a que se faz referência depende do efeito em consideração, como indicado na Figura 14.29. No caso de uma reação de apoio, o deslocamento generalizado é um deslocamento absoluto do apoio. Para um esforço normal, o deslocamento generalizado é um deslocamento axial relativo na seção transversal do esforço normal. Para um esforço cortante, é um deslocamento transversal relativo na seção transversal do esforço cortante. E para um momento fletor, é uma rotação relativa entre as tangentes à elástica adjacentes à seção transversal do momento fletor.

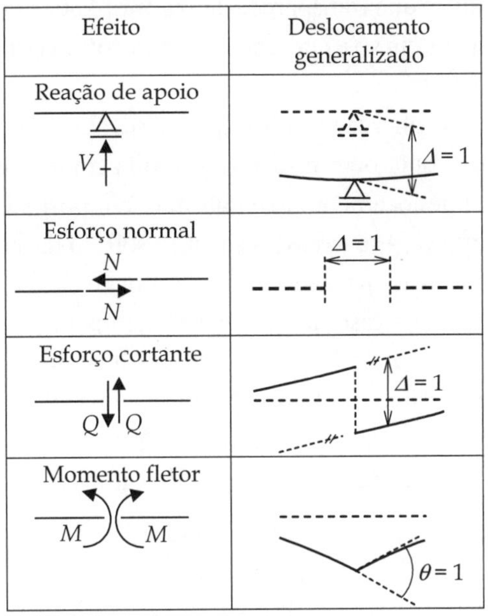

Efeito	Deslocamento generalizado
Reação de apoio	$\Delta = 1$
Esforço normal	$\Delta = 1$
Esforço cortante	$\Delta = 1$
Momento fletor	$\theta = 1$

Figura 14.29 Deslocamentos generalizados utilizados no método cinemático para traçado de LI.

Essa maneira de determinar linhas de influência, embora só tenha sido mostrada para uma viga biapoiada, se aplica a qualquer tipo de estrutura, inclusive estrutura hiperestática. Esse método foi formulado por Müller-Breslau no final do século XIX e por isso é chamado de princípio de Müller-Breslau (White, Gergely & Sexsmith, 1976; Süssekind, 1977-2), também conhecido como *método cinemático para o traçado de LI*.

A demonstração do princípio de Müller-Breslau para estruturas hiperestáticas é feita utilizando o teorema de Betti (Seção 7.5), que é uma consequência do PDV. Considere as duas vigas contínuas hiperestáticas com mesmo comprimento mostradas na Figura 14.30. A viga (1) tem uma força concentrada unitária $P_1 = 1$, aplicada a uma distância x do início da viga. A viga (2) difere da primeira pela inexistência do primeiro apoio, e nessa posição, é aplicada uma carga concentrada P_2 que provoca, em seu ponto de aplicação, um deslocamento para baixo de uma unidade de distância.

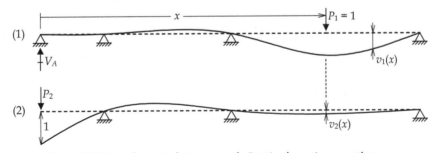

Figura 14.30 Aplicação do teorema de Betti a duas vigas contínuas.

O teorema de Betti é aplicado às vigas (1) e (2) da Figura 14.30, e os campos de deslocamentos virtuais utilizados são os deslocamentos da outra viga, isto é, o campo de deslocamentos virtuais imposto à viga (1) é a elástica $v_2(x)$ da viga (2) e, para a viga (2), é imposta a elástica $v_1(x)$ como campo de deslocamentos virtuais. Considerando um comportamento elástico-linear, com base no teorema de Betti pode-se escrever (Equação 7.40):

$$\sum F_1 v_2 = \sum F_2 v_1$$

isto é, o trabalho da forças externas da viga (1) com os correspondentes deslocamentos externos da viga (2) é igual ao trabalho das forças externas da viga (2) com os correspondentes deslocamentos da viga (1). Com base nisso, tem-se:

$$-V_A \cdot 1 + P_1 \cdot v_2(x) = P_2 \cdot 0 \Rightarrow V_A(x) = v_2(x) \therefore \text{LIV}_A = v_2(x)$$

Como a elástica $v_2(x)$ da viga (2) corresponde justamente à imposição de um deslocamento unitário na direção oposta à reação de apoio V_A (com a liberação do vínculo associado), fica demonstrado que o princípio de Müller-Breslau também é válido para vigas hiperestáticas. Demonstrações análogas poderiam ser feitas para linhas de influência de esforço cortante e momento fletor ou mesmo para outros tipos de estruturas, como pórticos hiperestáticos.

Um fato importante a ser destacado, e que transparece da Figura 14.30, é que as linhas de influência para estruturas hiperestáticas são formadas por trechos curvos, enquanto, para estruturas isostáticas, elas são formadas por trechos retos, conforme mencionado anteriormente.

O método cinemático fornece uma explicação intuitiva para isso. No caso de estruturas isostáticas, a liberação do vínculo associado ao efeito para o qual se quer determinar a LI resulta em uma estrutura hipostática, que se comporta como uma cadeia cinemática quando o deslocamento generalizado é imposto. Como a cadeia cinemática não oferece resistência alguma ao deslocamento imposto, as barras da estrutura sofrem movimentos de corpo rígido, isto é, permanecem retas. Assim, as LIs para estruturas isostáticas são formadas por trechos retos.

Por outro lado, a liberação do vínculo no caso de uma estrutura hiperestática resulta em uma estrutura que ainda oferece resistência ao deslocamento generalizado imposto. Isso significa que a estrutura sofre deformações internas para se ajustar ao deslocamento imposto, isto é, as barras ficam flexionadas. Se forem desprezadas deformações por cisalhamento e considerando barras prismáticas (seções transversais constantes), a equação diferencial que governa o comportamento de barras à flexão é a equação de Navier (Equação 5.40):

$$\frac{d^4v(x)}{dx^4} = \frac{q(x)}{EI}$$

Nessa expressão, $v(x)$ é o deslocamento transversal da barra, $q(x)$ é a taxa de carregamento transversal distribuído, E é o módulo de elasticidade do material e I é o momento de inércia da seção transversal. Como, no caso do método cinemático para o traçado de LI, a taxa de carregamento distribuído é nula, a elástica resultante (que é a própria LI) é regida pela seguinte equação diferencial:

$$\frac{d^4v(x)}{dx^4} = \frac{d^4LI}{dx^4} = 0$$

Portanto, as LIs para estruturas hiperestáticas com barras prismáticas são formadas por trechos curvos descritos matematicamente por polinômios do 3º grau.

O método cinemático é bastante útil para a determinação do aspecto de uma LI, isto é, quando se deseja obter apenas a forma da LI. Isso é frequentemente utilizado no projeto de estruturas submetidas a cargas acidentais uniformemente distribuídas, conforme foi exemplificado na Seção 14.1. No exemplo mostrado, a forma da LI de momento fletor na seção transversal de estudo é suficiente para determinar os posicionamentos da carga acidental que maximizam ou minimizam o momento fletor na seção. Os valores máximo e mínimo do momento fletor na seção não precisam ser calculados necessariamente com base na LI; qualquer outro método pode ser utilizado. Assim, somente os aspectos das LIs possibilitam a determinação de valores máximos e mínimos de esforços ao longo da estrutura. A Seção 14.5 aplica essa metodologia a uma viga contínua com três vãos, e os valores mínimos e máximos nas seções transversais selecionadas para o traçado das envoltórias de momentos fletores são calculados pelo processo de Cross.

Para exemplificar formas típicas de LIs, as Figuras 14.31 a 14.36 mostram LIs para uma viga Gerber isostática e para uma viga contínua hiperestática. As Figuras 14.31 e 14.32 mostram LIs de reações de apoio.

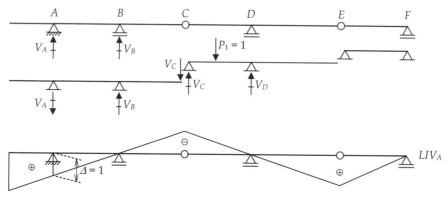

Figura 14.31 Linhas de influência de reações de apoio para uma viga Gerber isostática. (*Continua*)

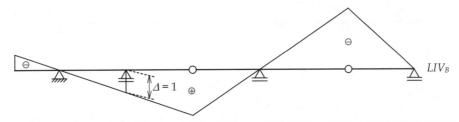

Figura 14.31 Linhas de influência de reações de apoio para uma viga Gerber isostática. (*Continuação*)

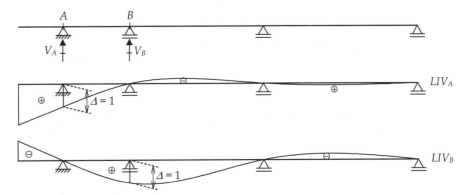

Figura 14.32 Linhas de influência de reações de apoio para uma viga contínua hiperestática.

Observa-se, nas Figuras 14.31 e 14.32, que uma LI de reação de apoio tem valor unitário no apoio de referência e valores nulos nos outros apoios. Isso faz todo sentido porque, quando a força unitária passa exatamente sobre o apoio de referência, toda a sua carga é transferida diretamente para esse apoio. Por outro lado, quando a força unitária passa por outro apoio, nenhuma parcela de carga vai para o apoio de referência.

No caso da viga Gerber isostática da Figura 14.31, nota-se que as LIs das reações de apoio têm pontos de inflexão ("bicos" correspondentes à mudança de inclinação da LI) nos pontos das rótulas. Isso pode ser entendido com base na decomposição da viga Gerber em vigas isostáticas simples (Seção 3.1). Quando a força unitária, por exemplo, percorre o vão da viga secundária na decomposição (veja na figura), a reação de apoio de referência (V_A ou V_B) varia de acordo com o esforço interno V_C transferido da viga secundária para a viga principal (que dá suporte às demais). O esforço de transferência V_C tem valor unitário quando a força unitária está exatamente sobre a rótula C e tem caimento linear à medida que a força unitária se aproxima do apoio D. Nessa posição da força unitária, o esforço V_C tem valor nulo. Isso explica por que a LIV$_A$ (ou a LIV$_B$) tem uma inclinação no trecho da viga principal e outra no trecho da viga secundária.

O método cinemático para o traçado da LI captura bem esse comportamento da viga Gerber isostática. Quando o apoio A é movido para baixo (deslocamento generalizado unitário imposto para obter LIV$_A$), a viga principal gira tendo como ponto fixo o apoio B, e o ponto da rótula C é movido para cima. Isso levanta a viga secundária pelo ponto C, girando-a e tendo o apoio D como ponto fixo. O ponto da rótula E, por sua vez, abaixa girando a viga EF em torno do apoio F. Todos os trechos isostáticos simples giram mantendo-se retos, pois, ao se mover o apoio A, a estrutura se transforma em um mecanismo cinemático que não oferece resistência ao deslocamento imposto. O método cinemático tem uma aplicação semelhante para obter a LIV$_B$.

As Figuras 14.33 e 14.34 mostram LIs de esforços cortantes. Nos apoios, como existe uma descontinuidade da LI, sempre são consideradas seções transversais imediatamente à esquerda e à direita. Observa-se, nessas figuras, que as linhas de influência de esforços cortantes para seções transversais de um determinado vão entre apoios têm um comportamento típico. Assim, a seção A_{dir} do primeiro vão após o balanço tem LI de esforço cortante com descontinuidade localizada próxima ao apoio A, todavia fora do vão a LI é igual às LIs das seções S_1 e B_{esq} ou de qualquer outra seção do mesmo vão. Em outras palavras, duas seções de um mesmo vão têm LIs de esforço cortante diferindo apenas pela localização da descontinuidade, que fica na seção transversal de referência.

E, finalmente, as Figuras 14.35 e 14.36 mostram LIs de momentos fletores.

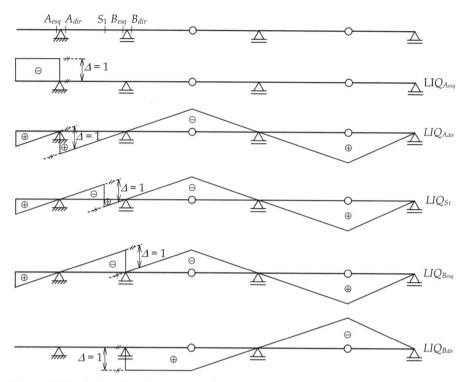

Figura 14.33 Linhas de influência de esforços cortantes para uma viga Gerber isostática.

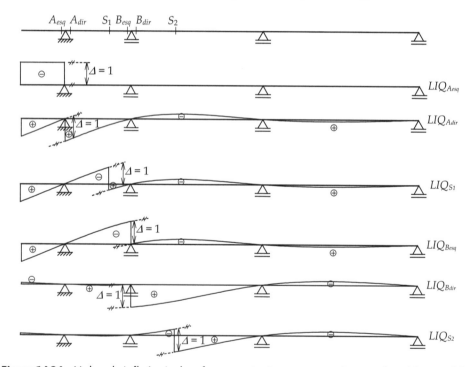

Figura 14.34 Linhas de influência de esforços cortantes para uma viga contínua hiperestática.

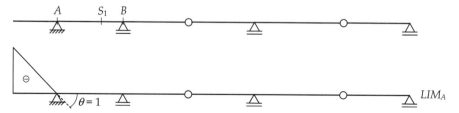

Figura 14.35 Linhas de influência de momentos fletores para uma viga Gerber isostática. (*Continua*)

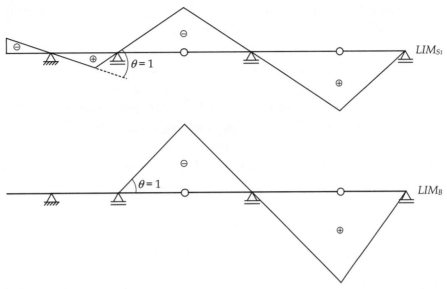

Figura 14.35 Linhas de influência de momentos fletores para uma viga Gerber isostática. (*Continuação*)

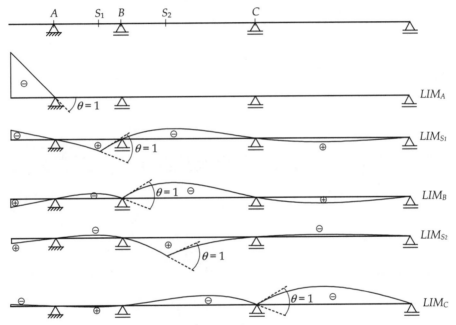

Figura 14.36 Linhas de influência de momentos fletores para uma viga contínua hiperestática.

14.5. EXEMPLO DE DETERMINAÇÃO DE ENVOLTÓRIAS DE MOMENTO FLETOR BASEADO NOS ASPECTOS DAS LINHAS DE INFLUÊNCIA

Esta seção exemplifica a utilização do método cinemático apenas para identificar o aspecto da LI. O exemplo adotado é a viga contínua com três vãos mostrada na Figura 14.37. O objetivo é determinar as envoltórias de momentos fletores. A viga tem inércia à flexão EI constante ao longo de toda sua extensão. A carga permanente, constituída do peso próprio da estrutura, é uma força uniformemente distribuída, tendo sido avaliada em $g = 6$ kN/m. A carga acidental de projeto também é uma força uniformemente distribuída e está estipulada em $q = 12$ kN/m. A carga acidental não tem extensão definida, isto é, seus trechos de atuação devem ser obtidos de forma a majorar ou minorar o momento fletor em uma determinada seção transversal.

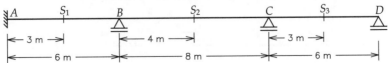

Figura 14.37 Viga contínua com três vãos submetida a cargas permanente e acidental.

As envoltórias de momentos fletores são traçadas por interpolação de valores mínimos e máximos calculados nas seções A, S_1, B, S_2, C e S_3 indicadas na Figura 14.37. Para encontrar os valores limites nas seções transversais selecionadas, a Figura 14.38 mostra os aspectos das linhas de influência, identificando trechos positivos e negativos. Com base nos aspectos das LIs, são definidos os vãos da viga onde a carga acidental deve atuar de forma a minorar e majorar os momentos fletores nas seções indicadas. Isso identifica seis casos de carregamentos distintos, que estão numerados de (I) a (VI). Cada caso de carregamento é obtido pela superposição da força uniformemente distribuída g, da carga permanente, com a força uniformemente distribuída q, da carga acidental, nos vãos indicados.

Para os casos de carregamento identificados na Figura 14.38, os diagramas de momentos fletores são traçados utilizando o processo de Cross (Capítulo 12), como mostram as Figuras 14.39 a 14.44. Nessas soluções, é adotada uma precisão de 0.1 kNm para os valores dos momentos fletores, isto é, as aproximações para os valores são feitas com uma casa decimal. Adotam-se, para os coeficientes de distribuição de momentos, duas casas decimais.

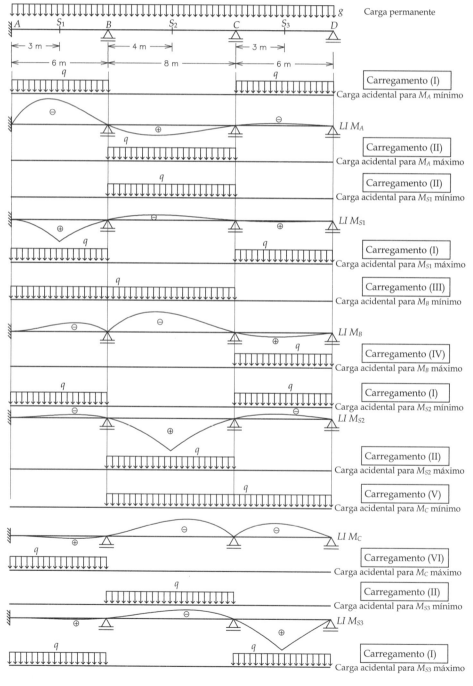

Figura 14.38 LIs de momentos fletores nas seções selecionadas da viga da Figura 14.37 e casos de carregamento com posições críticas da carga acidental.

A Tabela 14.3 resume os valores mínimos e máximos de momentos fletores calculados nas seções A, S_1, B, S_2, C e S_3. A Figura 14.45 mostra o traçado das envoltórias de momentos fletores mínimos e máximos. Esses gráficos são obtidos interpolando os valores resumidos na Tabela 14.3 para cada vão da viga de forma independente.

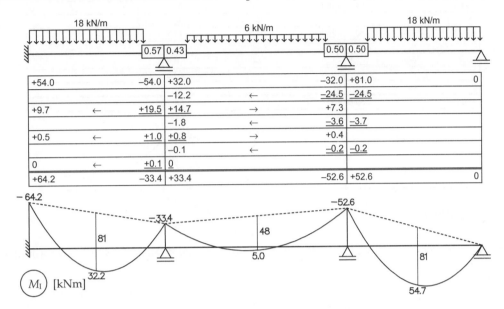

Figura 14.39 Solução pelo processo de Cross do caso de carregamento (I) da viga da Figura 14.37 e diagrama de momentos fletores.

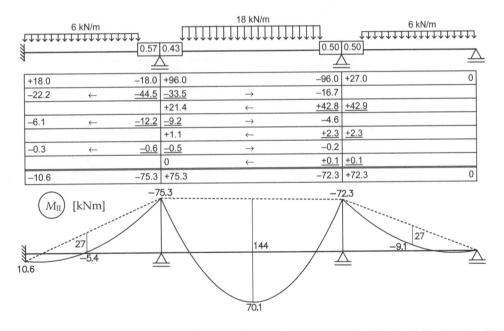

Figura 14.40 Solução pelo processo de Cross do caso de carregamento (II) da viga da Figura 14.37 e diagrama de momentos fletores.

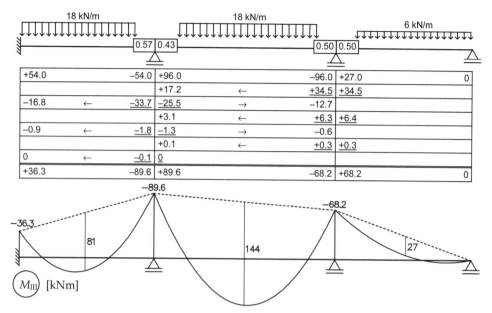

Figura 14.41 Solução pelo processo de Cross do caso de carregamento (III) da viga da Figura 14.37 e diagrama de momentos fletores.

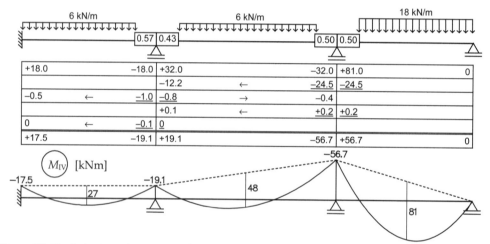

Figura 14.42 Solução pelo processo de Cross do caso de carregamento (IV) da viga da Figura 14.37 e diagrama de momentos fletores.

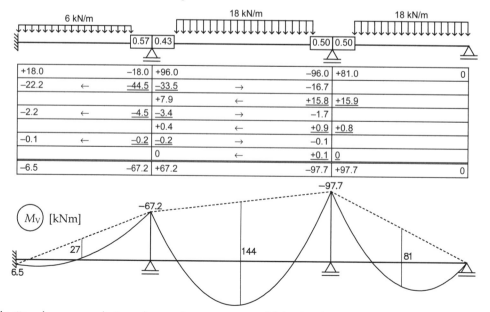

Figura 14.43 Solução pelo processo de Cross do caso de carregamento (V) da viga da Figura 14.37 e diagrama de momentos fletores.

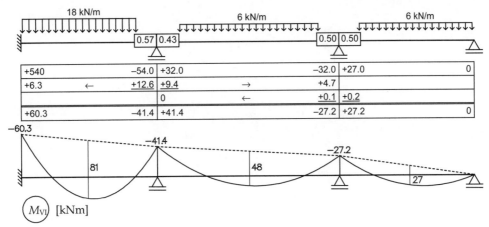

Figura 14.44 Solução pelo processo de Cross do caso de carregamento (VI) da viga da Figura 14.37 e diagrama de momentos fletores.

Tabela 14.3 Envoltórias de momentos fletores [kNm] para a viga da Figura 14.37

Seção	A	S_1	B	S_2	C	S_3
Mín.	−64.2	−5.4	−89.6	+5.0	−97.7	−9.1
Máx.	+10.6	+32.2	−19.1	+70.1	−27.2	+54.7

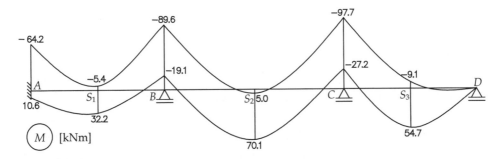

Figura 14.45 Envoltórias de momentos fletores [kNm] para a viga da Figura 14.37.

Dois aspectos devem ser salientados a respeito das envoltórias de momentos fletores mostradas na Figura 14.45. O primeiro é que deveriam ter sido utilizados valores limites calculados em outras seções transversais. As envoltórias foram traçadas em cada vão interpolando apenas os valores nas extremidades e no ponto central. O outro ponto a ser destacado é que o valor máximo de momento fletor em cada vão não corresponde à seção transversal central. Para determinar os valores máximos e suas posições, seria necessário utilizar mais pontos para o traçado das envoltórias.

Apesar dessas deficiências, o exemplo ilustra a utilidade do princípio de Müller-Breslau para obter o aspecto das linhas de influência. O procedimento descrito nesta seção é bastante utilizado em projetos de estruturas de edifícios.

14.6. METODOLOGIA PARA CÁLCULO DE LINHAS DE INFLUÊNCIA PELO MÉTODO CINEMÁTICO

A seção anterior mostrou que o princípio de Müller-Breslau é útil para a determinação qualitativa dos aspectos de linhas de influência. Entretanto, esse método cinemático também pode ser utilizado para determinar equações e valores de LIs de maneira geral. A metodologia descrita a seguir foi apresentada pelo professor B. Ernani Diaz (1984), que demonstrou que o método cinemático pode ser implementado computacionalmente, com poucas modificações, em qualquer programa de computador para análise de estruturas reticuladas que utilize o método da rigidez direta (Capítulo 13).

A determinação de uma LI baseada no método cinemático é feita pela superposição de duas configurações deformadas (elásticas) para uma mesma estrutura. Isso é exemplificado para o caso da LI de esforço cortante em uma seção genérica de uma viga contínua, que é indicada na Figura 14.46.

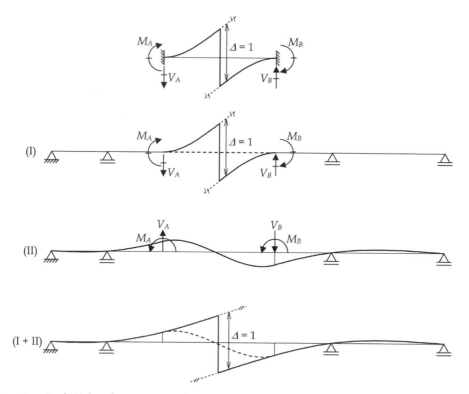

Figura 14.46 Determinação de LI de esforço cortante de uma seção transversal de uma viga contínua por superposição de efeitos.

Na Figura 14.46, a viga contínua é submetida a dois tipos de solicitações, mostradas nos casos I e II. O caso I corresponde a um deslocamento generalizado (para o traçado da LI) imposto localmente na barra que contém a seção transversal de estudo. No exemplo da figura, considerou-se deliberadamente que a barra em questão não abrange todo o vão central entre apoios. Dessa forma, se está considerando uma situação mais geral. O campo de deslocamentos imposto no caso I fica restrito à barra da seção de estudo, pois ele corresponde a uma situação de engastamento perfeito da barra, isto é, como se ela fosse biengastada. Pode-se notar que essa situação corresponde ao caso I da metodologia do método da rigidez direta descrita no capítulo anterior (Seção 13.2).

Observa-se, também, que o caso I é uma *solução fundamental* para considerar o efeito da descontinuidade de deslocamento imposta, análoga à solução fundamental de uma barra biengastada com carregamento externo (Seção 9.3.2).

O caso II da superposição considera o efeito global do deslocamento generalizado imposto. Esse efeito global é determinado pelo cálculo da elástica global da estrutura devida a uma solicitação em que as reações de engastamento do caso I são aplicadas aos nós extremos da barra em questão com seus sentidos opostos, como indica a Figura 14.46. Essas forças e momentos com sentidos opostos são, conforme definido no Capítulo 13, as *cargas equivalentes nodais* para a solicitação do caso I. Nota-se que, na superposição dos dois casos, as forças e momentos aplicados aos nós da barra se cancelam, resultando somente no deslocamento generalizado imposto à viga como um todo.

Dessa forma, pode-se observar que a metodologia adotada para o cálculo da LI pelo método cinemático segue o formalismo do método da rigidez direta: no caso I, é considerado o efeito local da solicitação externa e, no caso II, a estrutura é resolvida globalmente solicitada por cargas equivalentes nodais. A única novidade é que a solicitação externa é um deslocamento generalizado imposto à barra que contém a seção transversal de estudo com as extremidades engastadas. Por esse motivo, qualquer programa de computador que implemente o método da rigidez direta e determine valores da elástica pode ser facilmente modificado para calcular LIs pelo método cinemático. Como exemplo, pode-se citar o programa Ftool (www.tecgraf.puc-rio.br/ftool), que utiliza essa metodologia para o traçado de LIs. Esse desenvolvimento foi resultado de um trabalho de iniciação científica em 2001 do então aluno de graduação em Engenharia Civil da PUC-Rio André Cahn Nunes.

Portanto, para implementar computacionalmente esse método, é necessário fornecer soluções fundamentais de engastamento perfeito para linhas de influência típicas em uma barra. Essas soluções devem conter as reações de engastamento perfeito e a equação da elástica devida a um deslocamento generalizado imposto. Isso será feito a seguir para LIs de esforço cortante e momento fletor em seção transversal genérica de uma viga biengastada.

14.7. SOLUÇÃO FUNDAMENTAL PARA LINHA DE INFLUÊNCIA DE ESFORÇO CORTANTE EM BARRA PRISMÁTICA

A Figura 14.47 mostra a solução fundamental de uma barra biengastada à qual é imposto um deslocamento generalizado para o traçado de LI de esforço cortante em uma seção transversal genérica. A barra é considerada prismática (seção transversal não varia ao longo de seu comprimento), com módulo de elasticidade E e momento de inércia da seção transversal I.

A convenção de sinais adotada para reações de apoio é tal que reações forças verticais são positivas quando orientadas para cima e negativas para baixo. Reações momentos são positivas quando têm sentido anti-horário, e negativas quando têm sentido horário. As reações estão indicadas na Figura 14.47 com seus sentidos positivos. Dessa forma, se o sinal da reação em sua expressão final for negativo, isso significa que ela tem o sentido contrário ao que está indicado na figura. A convenção de sinais para a elástica é tal que deslocamentos transversais $v(x)$ são positivos quando têm sentido para baixo e negativos com sentido para cima. Como dito anteriormente, a inversão da convenção para deslocamentos transversais se deve a um costume de indicar ordenadas positivas de linhas de influência para baixo.

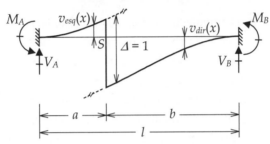

Figura 14.47 Solução fundamental de uma barra biengastada para determinação de LI de esforço cortante em uma seção transversal.

A solução para a elástica da barra da Figura 14.47 é obtida considerando a seguinte equação diferencial (equação de Navier com taxa nula de carregamento transversal distribuído) e as seguintes condições de contorno e continuidade:

Equação diferencial:

$$\frac{d^4 v(x)}{dx^4} = 0$$

Condições de contorno:

$$v(0) = 0 \qquad v(l) = 0$$

$$\frac{dv(0)}{dx} = 0 \qquad \frac{dv(l)}{dx} = 0$$

Condições de continuidade (à esquerda e à direita da seção considerada):

$$v_{dir}(a) - v_{esq}(a) = 1$$

$$\frac{dv_{dir}(a)}{dx} = \frac{dv_{esq}(a)}{dx}$$

Isso resulta na seguinte solução para a elástica da viga, isto é, para a linha de influência do esforço cortante em uma seção genérica:

$$LIQ_S = v_{esq}(x) = -3 \cdot \left(\frac{x}{l}\right)^2 + 2 \cdot \left(\frac{x}{l}\right)^3 \qquad \text{para } 0 \leq x < a$$

$$LIQ_S = v_{dir}(x) = 1 - 3 \cdot \left(\frac{x}{l}\right)^2 + 2 \cdot \left(\frac{x}{l}\right)^3 \qquad \text{para } a < x \leq l$$

As reações de engastamento perfeito podem ser determinadas de diversas maneiras. Uma delas é utilizando as equações diferenciais da teoria de vigas de Navier, que relacionam a elástica $v(x)$ com o momento fletor e com o esforço cortante (Equações 5.38 e 5.41). Outra possibilidade é pela analogia da viga conjugada. Isso será mostrado na Seção 14.9. Considerando a convenção de sinais adotada, as reações de engastamento têm as seguintes expressões fornecidas por Diaz (1984):

$$V_A = -12 \cdot \frac{EI}{l^3} \qquad V_B = +12 \cdot \frac{EI}{l^3}$$

$$M_A = -6 \cdot \frac{EI}{l^2} \qquad M_B = -6 \cdot \frac{EI}{l^2}$$

Para o caso de barras com articulação (rótula) em uma das extremidades, os procedimentos indicados na Seção 9.3.2 podem ser utilizados para transformar as reações da barra biengastada para reações da barra com articulação (Figuras 9.21 e 9.22, considerando que não há carregamento distribuído). As expressões para as LIs, isto é, para as elásticas, devem ser obtidas considerando condições de contorno apropriadas para a articulação na extremidade inicial ou final da barra.

Entretanto, em uma implementação computacional, não é necessário fazer tratamento especial algum para considerar a descontinuidade de deslocamento imposta em uma barra com articulação, pois a liberação de continuidade de rotação provocada por uma rótula em uma extremidade da barra é tratada como um efeito global. Isso ocorre porque existe um procedimento-padrão para transformar cargas equivalentes nodais e a elástica da barra sem articulação para a barra com articulação. Esse procedimento independe do tipo de solicitação imposta. Portanto, a consideração de articulação na barra é tratada de forma mais geral e conveniente no caso II da superposição utilizada pelo método da rigidez direta (Figura 14.46). Dessa forma, as expressões para as reações de engastamento da barra e a equação da elástica (por trechos) mostradas nesta seção, para a barra sem articulação, são suficientes para implementar linhas de influência de esforços cortantes em um programa de computador (considerando barras com seção transversal constante).

14.8. SOLUÇÃO FUNDAMENTAL PARA LINHA DE INFLUÊNCIA DE MOMENTO FLETOR EM BARRA PRISMÁTICA

A determinação da solução fundamental para LI de momento fletor em uma seção transversal qualquer de uma barra biengastada é análoga ao que é feito na Seção 14.7 para a LI de esforço cortante. A descontinuidade de rotação imposta é mostrada na Figura 14.48. As reações de engastamento estão indicadas com seus sentidos positivos.

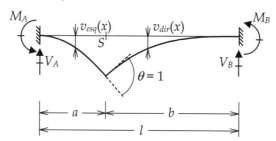

Figura 14.48 Solução fundamental de uma barra biengastada para determinação de LI de momento fletor em uma seção transversal.

A equação diferencial e as condições de contorno são as mesmas da LI de esforço cortante. Apenas as condições de continuidade são diferentes.

Condições de continuidade (à esquerda e à direita da seção considerada):

$$v_{esq}(a) = v_{dir}(a)$$

$$\frac{dv_{esq}(a)}{dx} - \frac{dv_{dir}(a)}{dx} = 1$$

A solução para a linha de influência de momento fletor é mostrada a seguir:

$$LIM_S = v_{esq}(x) = x \cdot \left[\left(2 - \frac{3a}{l}\right)\left(\frac{x}{l}\right) - \left(1 - \frac{2a}{l}\right)\left(\frac{x}{l}\right)^2\right] \quad \text{para } 0 \leq x \leq a$$

$$LIM_S = v_{dir}(x) = x \cdot \left[-1 + \left(2 - \frac{3a}{l}\right)\left(\frac{x}{l}\right) - \left(1 - \frac{2a}{l}\right)\left(\frac{x}{l}\right)^2\right] + a \quad \text{para } a \leq x \leq l$$

E as reações de engastamento perfeito têm as seguintes expressões (consistentes com a convenção de sinais adotada), de acordo com Diaz (1984):

$$V_A = \left(6 - \frac{12a}{l}\right) \cdot \frac{EI}{l^2} \qquad V_B = -\left(6 - \frac{12a}{l}\right) \cdot \frac{EI}{l^2}$$

$$M_A = \left(4 - \frac{6a}{l}\right) \cdot \frac{E}{l} \qquad M_B = \left(2 - \frac{6a}{l}\right) \cdot \frac{E}{l}$$

A Seção 14.10 deduz essas expressões pela analogia da viga conjugada.

As mesmas observações feitas na seção anterior com respeito à presença de articulação em uma das extremidades da barra podem ser adotadas para o caso da linha de influência de momento fletor.

14.9. SOLUÇÃO FUNDAMENTAL PARA LINHA DE INFLUÊNCIA DE ESFORÇO CORTANTE EM BARRA COM SEÇÃO TRANSVERSAL VARIÁVEL

A analogia da viga conjugada, apresentada no Capítulo 6, fornece uma alternativa para a solução de vigas hiperestáticas. Nessa metodologia, as condições de compatibilidade na viga a ser analisada são substituídas por condições de equilíbrio em uma viga conjugada. A analogia exige a conversão de condições de contorno cinemáticas (em termos de deslocamentos transversais e rotações) na viga real para condições de contorno mecânicas (em termos de momentos fletores e esforços cortantes) na viga conjugada. Além disso, o diagrama de momentos fletores na viga real é convertido em um carregamento distribuído na viga conjugada por meio de sua divisão pelo parâmetro de rigidez à flexão EI. Nessa conversão, uma seção transversal variável é considerada na função de variação de seu momento de inércia $I(x)$.

No contexto da solução fundamental para a LI de esforço cortante, a analogia da viga conjugada apresenta uma solução muito simples e elegante. Isso é mostrado na Figura 14.49 para o caso de uma barra com seção transversal constante.

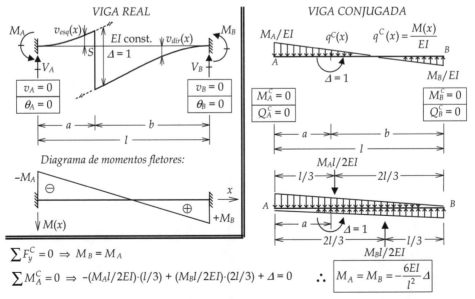

Figura 14.49 Solução fundamental de uma barra biengastada com seção transversal constante para determinação de LI de esforço cortante pela analogia da viga conjugada.

Observa-se, na Figura 14.49, que a descontinuidade de deslocamento transversal imposta na viga real é convertida para um momento concentrado aplicado na posição da seção transversal de referência na viga conjugada (Tabela 6.3). Os engastes da viga real são convertidos para extremidades livres na viga conjugada, resultando em uma viga sem nenhum vínculo de apoio.

O diagrama de momentos fletores da viga real tem uma variação linear (Figura 14.49). Considerando os sentidos positivos para as reações de engastamento M_A e M_B, na extremidade inicial, o momento fletor é negativo (traciona fibras superiores) e, na extremidade final, é positivo (traciona fibras inferiores). O carregamento distribuído na viga conjugada $q^C(x) = M(x)/EI$ também tem uma variação linear, pois EI é constante (barra prismática).

A solução do equilíbrio da viga conjugada, que é equivalente a impor condições de compatibilidade na viga real, requer um carregamento autoequilibrado. Isso é satisfeito impondo-se duas condições de equilíbrio na viga conjugada, como indicado na Figura 14.49: somatório nulo de forças na direção vertical e somatório de momentos nulos em relação a qualquer ponto (no caso, foi escolhido o ponto A). A solução obtida para M_A e M_B (veja a figura) é a mesma indicada na Seção 14.7, considerando $\Delta = 1$. As reações verticais da barra biengastada podem ser obtidas por equilíbrio da viga real: $V_A = +(M_A + M_B)/l$ e $V_B = -(M_A + M_B)/l$.

Resta o cálculo da equação da elástica, que é a LI do esforço cortante na barra biengastada. A analogia da viga conjugada também fornece uma solução elegante para isso: a elástica da viga real é o diagrama de momentos fletores da viga conjugada. Ou seja, uma vez determinados os valores de M_A e M_B, é possível obter a expressão do momento fletor na viga conjugada. Essa expressão tem dois trechos, pois existe um momento concentrado $\Delta = 1$ aplicado na viga conjugada. Deve-se considerar que, no caso da linha de influência, o deslocamento transversal $v(x)$ é positivo para baixo. Pode-se verificar que esses procedimentos resultam na mesma expressão com dois trechos mostrada na Seção 14.7 para LIQ_S.

Essa metodologia também pode ser aplicada para a barra com seção transversal variável. A solução pela analogia da viga conjugada para a barra com $I(x)$ variável é mostrada na Figura 14.50. A figura também mostra a expressão da variação linear de $M(x)$ em função de M_A e M_B. O carregamento distribuído na viga conjugada $q^C(x) = M(x)/EI(x)$ tem uma variação que não é linear, pois depende da função de variação de $I(x)$. A Figura 14.50 também indica as equações de equilíbrio que devem ser impostas na viga conjugada. Substituindo a expressão de $M(x)$ em função de M_A e M_B nessas equações, tem-se:

$$\int_0^l \frac{M(x)}{EI(x)}dx = 0 \Rightarrow \left(\int_0^l \frac{(x/l)-1}{EI(x)}dx\right)\cdot M_A + \left(\int_0^l \frac{x/l}{EI(x)}dx\right)\cdot M_B = 0$$

$$\int_0^l \frac{M(x)\cdot x}{EI(x)}dx + \Delta = 0 \Rightarrow \left(\int_0^l \frac{(x^2/l)-x}{EI(x)}dx\right)\cdot M_A + \left(\int_0^l \frac{x^2/l}{EI(x)}dx\right)\cdot M_B + \Delta = 0$$

Considerando que $\Delta = 1$, essas duas equações formam um sistema que, resolvido, fornece os valores para M_A e M_B.

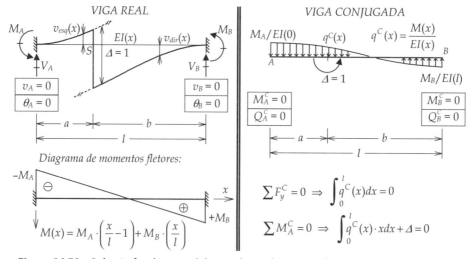

Figura 14.50 Solução fundamental de uma barra biengastada com seção transversal variável para determinação de LI de esforço cortante pela analogia da viga conjugada.

No caso geral de barra com seção transversal variável, o cálculo das integrais que aparecem no sistema de equações de equilíbrio pode ser complicado, pois o integrando envolve divisão de polinômios, que não é outro polinômio necessariamente. A alternativa é resolver as integrais numericamente. Vilela e Martha (2008) propõem uma metodologia simples e eficiente para isso.

De maneira análoga, para $EI(x)$ variável, a elástica da viga real (ou o momento fletor da viga conjugada) pode ser avaliada numericamente. Uma implementação computacional dessa metodologia, para o caso de barra com mísula parabólica, pode ser obtida no endereço www.tecgraf.puc-rio.br/etools/misulatool.

14.10. SOLUÇÃO FUNDAMENTAL PARA LINHA DE INFLUÊNCIA DE MOMENTO FLETOR EM BARRA COM SEÇÃO TRANSVERSAL VARIÁVEL

A solução fundamental para LI de momento fletor em barra biengastada pela analogia da viga conjugada segue os mesmos passos descritos na Seção 14.9 para a LI de esforço cortante. A principal diferença está na conversão da descontinuidade de rotação da tangente da elástica. Conforme definido na Tabela 6.3, essa descontinuidade é convertida para uma força concentrada na viga conjugada.

A Figura 14.51 mostra a solução para o caso da barra com seção transversal constante. Observa-se que as expressões obtidas para M_A e M_B, considerando $\theta = 1$, são as mesmas mostradas na Seção 14.8. Chega-se também aos mesmos resultados encontrados anteriormente para as reações verticais utilizando $V_A = +(M_A + M_B)/l$ e $V_B = -(M_A + M_B)/l$. Pode-se verificar que o cálculo do diagrama de momentos fletores na viga conjugada resulta, invertendo-se o sinal, na expressão em dois trechos da elástica $v(x) = LIM_S$ da Seção 14.8.

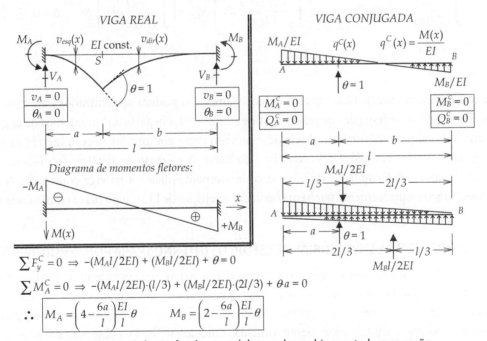

Figura 14.51 Solução fundamental de uma barra biengastada com seção transversal constante para determinação de LI de momento fletor pela analogia da viga conjugada.

A Figura 14.52 mostra a solução da barra com seção transversal variável pela analogia da viga conjugada.

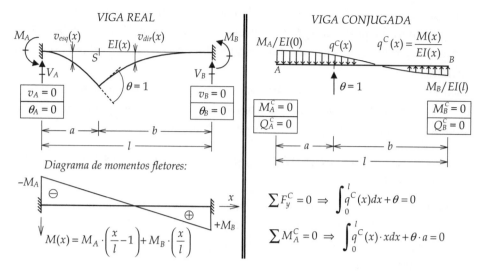

Figura 14.52 Solução fundamental de uma barra biengastada com seção transversal variável para determinação de LI de momento fletor pela analogia da viga conjugada.

A imposição das condições de equilíbrio na viga conjugada, indicadas na Figura 14.52, resulta nas duas equações a seguir:

$$\int_0^l \frac{M(x)}{EI(x)}dx + \theta = 0 \Rightarrow \left(\int_0^l \frac{(x/l)-1}{EI(x)}dx\right)\cdot M_A + \left(\int_0^l \frac{x/l}{EI(x)}dx\right)\cdot M_B + \theta = 0$$

$$\int_0^l \frac{M(x)\cdot x}{EI(x)}dx + \theta \cdot a = 0 \Rightarrow \left(\int_0^l \frac{(x^2/l)-x}{EI(x)}dx\right)\cdot M_A + \left(\int_0^l \frac{x^2/l}{EI(x)}dx\right)\cdot M_B + \theta \cdot a = 0$$

Conforme comentado na Seção 14.9, procedimentos numéricos podem ser utilizados para calcular as integrais dessas equações. Resolvendo o sistema de equações, considerando $\theta = 1$, chega-se aos momentos de engastamento M_A e M_B da solução fundamental para linha de influência de momento fletor em uma barra com inércia variável. As reações verticais V_A e V_B podem ser determinadas pelo equilíbrio da barra. A equação da elástica $v(x)$, isto é, a expressão para LIM_S, pode ser obtida após a determinação do diagrama de momentos fletores na viga conjugada. A implementação computacional mencionada anteriormente também considera a solução de LIM_S para barra com inércia variável (mísula parabólica).

14.11. EXEMPLO DE TRAÇADO DE ENVOLTÓRIAS DE ESFORÇOS INTERNOS PARA PONTE RODOVIÁRIA

As seções anteriores deste capítulo deixam transparecer que a análise estrutural considerando cargas acidentais e móveis é relativamente mais complexa do que a análise para cargas permanentes, principalmente se a resolução for manual. Na verdade, atualmente não se concebe mais analisar estruturas sem o uso de programas de computador. No caso de cargas acidentais e móveis, isso é ainda mais evidente. Uma das dificuldades está na obtenção das equações das linhas de influência, principalmente para estruturas hiperestáticas. Se as barras não forem prismáticas, fica mais complexo ainda. Outra dificuldade está na identificação das posições da carga móvel que provocam os valores limites para cada esforço interno em cada seção transversal. Deve ser considerado que, para uma determinação precisa das envoltórias, é necessário selecionar várias seções transversais para o traçado de linhas de influência e cálculo dos valores mínimos e máximos.

Esta seção mostra um exemplo de determinação de envoltórias de esforços internos para uma das vigas longitudinais de uma ponte rodoviária cujo modelo estrutural, em conjunto com os correspondentes pilares, é idealizado pelo pórtico hiperestático mostrado na Figura 14.53. O módulo de elasticidade adotado na análise é $E = 2.5 \times 10^7$ kN/m². As seções transversais da viga e dos pilares estão indicadas na figura. A ponte está solicitada por uma força permanente uniformemente distribuída avaliada em 80 kN/m e por um carregamento móvel, que é o veículo de projeto também indicado na figura. O objetivo desta apresentação é apenas ilustrar os resultados de uma análise para cargas móveis utilizando um programa de computador. O programa Ftool foi utilizado nesta análise (www.tecgraf.puc-rio.br/ftool).

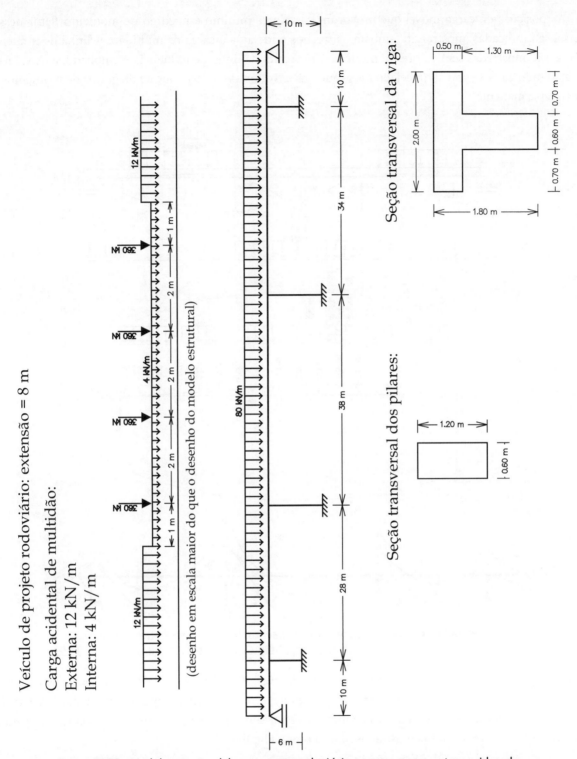

Figura 14.53 Modelo estrutural de uma ponte rodoviária e carga permanente considerada.

O veículo de projeto tem dois valores para carga acidental (chamada de *carga de multidão*): a carga acidental interna, que abrange a extensão do veículo, e a carga acidental externa, que tem extensão ilimitada. Esse tipo de configuração é comum e aparece porque o veículo de projeto tem uma distribuição por área no tabuleiro da ponte. Os dois valores de carga acidental que atuam sobre a viga longitudinal da ponte resultam dos procedimentos de distribuição transversal do veículo de projeto sobre o tabuleiro.

Alguns resultados da análise desse modelo estrutural serão mostrados a seguir. A Figura 14.54 apresenta a linha de influência de momentos fletores na seção transversal média do vão central da viga e as envoltórias de momentos fletores. As posições da carga móvel que provocam os valores mínimo e máximo de momento fletor nessa seção transversal são indicadas, mostrando também os trechos onde atua a carga de multidão. A linha de influência e as envoltórias são mostradas sem valores numéricos. Um trecho da linha de influência é ampliado, e os valores nesse trecho estão indicados. O gráfico tracejado mostrado nas envoltórias corresponde ao diagrama de momentos fletores para a carga permanente.

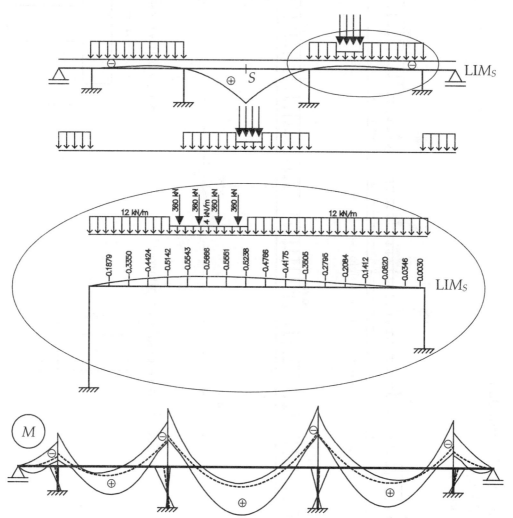

Figura 14.54 Linha de influência de momentos fletores na seção transversal média do vão central e envoltórias de momentos fletores do modelo estrutural da Figura 14.53.

A linha de influência de esforços cortantes na seção transversal média do vão central da viga é ilustrada na Figura 14.55, indicando as posições críticas da carga móvel para essa seção. O vão central aparece ampliado, com os valores da linha de influência indicados. As envoltórias de mínimos e máximos e o diagrama de esforços cortantes para a carga permanente (tracejado) também são mostrados sem valores na figura.

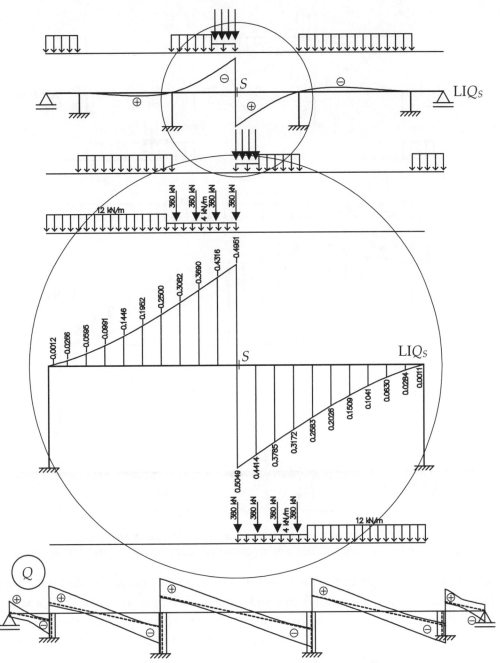

Figura 14.55 Linha de influência de esforços cortantes na seção transversal média do vão central e envoltórias de esforços cortantes do modelo estrutural da Figura 14.53.

A Figura 14.56 ilustra a linha de influência de esforços normais na seção transversal média do segundo pilar da ponte e as posições da carga móvel que provocam os valores mínimo e máximo de esforço normal nessa seção. O trecho com as maiores ordenadas negativas da linha de influência está ampliado, com valores numéricos indicados. A figura também mostra os aspectos das envoltórias de mínimos e máximos de esforços normais. O gráfico tracejado corresponde aos esforços normais da carga permanente.

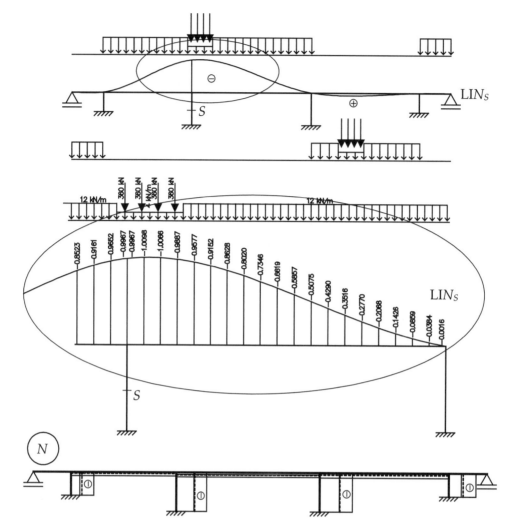

Figura 14.56 Linha de influência de esforços normais na seção transversal média do segundo pilar e envoltórias de esforços normais do modelo estrutural da Figura 14.53.

Os resultados mostrados na Figura 14.56 são os únicos relacionados a esforços normais deste capítulo. O aspecto da linha de influência indicada na figura pode ser entendido com base no método cinemático. De acordo com a Figura 14.29, o deslocamento generalizado para obtenção da linha de influência é um deslocamento axial relativo unitário imposto na seção transversal média do segundo pilar. A linha de influência de esforços normais é a elástica resultante de um corte na seção seguido de um afastamento axial das partes separadas.

Observa-se que as maiores ordenadas em módulo dessa linha de influência são negativas. Isso faz sentido, pois corresponde ao trecho da viga percorrido pela força unitária próximo do segundo pilar, provocando os maiores valores do esforço normal de compressão (negativo) na seção transversal de referência. Observe que essa linha de influência tem um trecho positivo entre o terceiro e o quarto pilares. Nesse trecho, a carga móvel é posicionada para obter o máximo (no sentido algébrico) do esforço normal na seção do segundo pilar. Nessa posição, a carga móvel provoca um esforço normal de tração no segundo pilar. Entretanto, o efeito da carga permanente, sempre atuante, faz com que o esforço normal no pilar seja de compressão em qualquer situação. O mesmo ocorre nos outros pilares, de acordo com as envoltórias da Figura 14.56.

Essa figura mostra que também aparecem esforços normais nas seções transversais da viga da ponte, com exceção dos vãos nas extremidades. Isso ocorre porque aparecem reações de apoio horizontais nas bases dos pilares do pórtico adotado como modelo estrutural. Esse efeito não aparece em modelos de vigas isoladas.

É interessante notar as envoltórias de mínimos e máximos de momentos fletores e esforços cortantes nos pilares da ponte (Figuras 14.54 e 14.55). Existe uma inversão de sinais dos momentos fletores em todos os pilares. No caso dos esforços cortantes, apenas os pilares centrais apresentam inversão de sinais.

Deve-se salientar, também, a dificuldade que é encontrar as posições críticas da carga móvel sobre uma dada LI. Essa dificuldade fica mais acentuada para trechos da LI sem ponto anguloso. Formalmente, esse é um problema de otimização cujo objetivo é minimizar ou maximizar os valores dos esforços em relação à posição do trem-tipo que percorre a estrutura. A metodologia utilizada pelo programa Ftool para resolver esse problema é descrita em um artigo de Holtz, Martha e Vaz (2005), que resultou da dissetação de mestrado de Gisele Cristina da Cunha Holtz na Pontifícia Universidade Católica do Rio de Janeiro em 2005.

Esses aspectos ilustram a complexidade de uma análise de pórticos para cargas móveis. Na verdade, a análise estrutural para estruturas e solicitações reais é uma tarefa relativamente difícil, quando comparada com outras atividades do projeto estrutural. Felizmente, existem programas de computador que facilitam essa tarefa.

Entretanto, o uso de programas de computador sem o conhecimento adequado de análise estrutural pode ser muito perigoso, pois resultados errados de análise são a causa de graves acidentes com obras civis. Nesse contexto, o uso adequado de um programa de computador está associado a um forte embasamento em conceitos e métodos da análise de estruturas. Este livro foi escrito com a expectativa de contribuir nesse sentido.

14.12. EXERCÍCIOS PROPOSTOS

Exercício proposto 1

Na Figura 14.57, são mostradas as linhas de influência de momentos fletores na seção F e de esforços cortantes na seção A. Com base na LIM_F, calcule a ordenada da LIQ_A na seção I indicada.

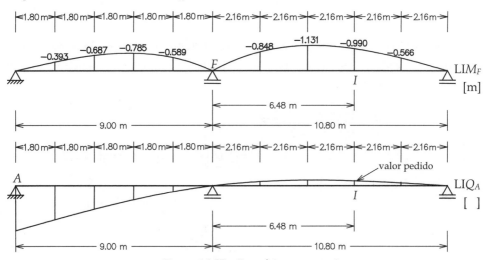

Figura 14.57 Exercício proposto 1.

Exercício proposto 2

Na Figura 14.58, são mostradas as linhas de influência de momentos fletores nas seções S_4 e S_{10} de uma ponte. Calcule a ordenada da LIM_{S4} na seção indicada.

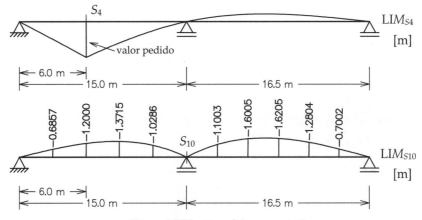

Figura 14.58 Exercício proposto 2.

Exercício proposto 3

Na Figura 14.59, são mostradas as linhas de influência de momentos fletores na seção S_7 e de esforços cortantes na seção S_1 de uma ponte. Calcule a ordenada da LIM_{S7} na seção indicada. Sugestão: explore a simetria da estrutura.

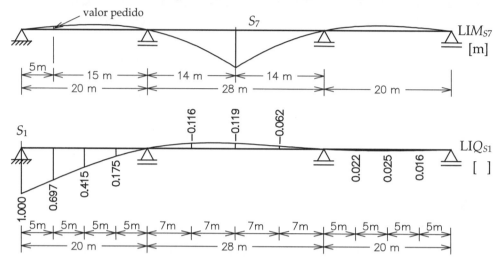

Figura 14.59 Exercício proposto 3.

Exercício proposto 4

Na Figura 14.60, são mostradas as linhas de influência de esforços cortantes nas seções A e D de uma ponte. Os valores das ordenadas estão indicados a cada dois metros. Também está indicada a linha de influência de momentos fletores na seção S_2. Calcule a ordenada indicada na LIM_{S2}.

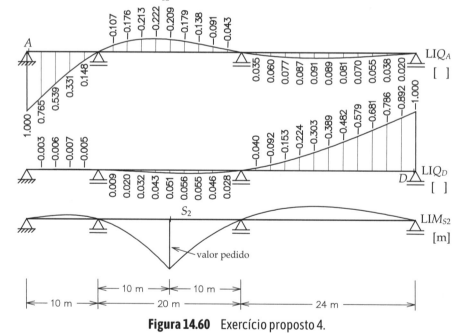

Figura 14.60 Exercício proposto 4.

Exercício proposto 5

Na Figura 14.61, são mostradas as linhas de influência de momentos fletores e de esforços cortantes na seção S_6 de uma ponte. Calcule a ordenada da LIM_{S6} na seção indicada.

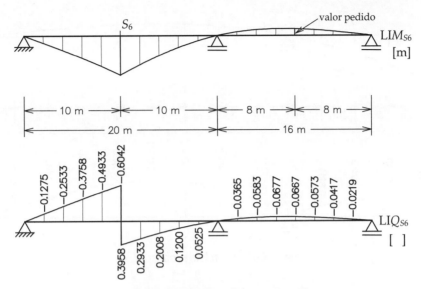

Figura 14.61 Exercício proposto 5.

Exercício proposto 6

Na Figura 14.62, são mostradas as linhas de influência de esforços cortantes na seção S_5 e de momentos fletores na seção S_{13} de uma ponte. Calcule as ordenadas indicadas (valores pedidos) da LIQ_{S5}.

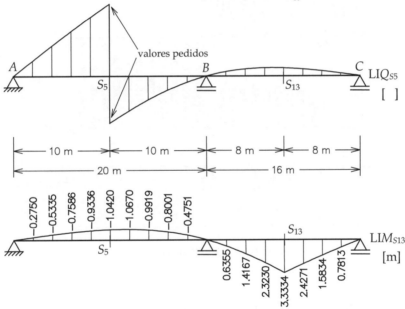

Figura 14.62 Exercício proposto 6.

Exercício proposto 7

Na Figura 14.63, são mostradas as linhas de influência de momentos fletores nas seções S_3 e S_7 de uma ponte. Calcule a ordenada da LIM_{S3} na seção indicada.

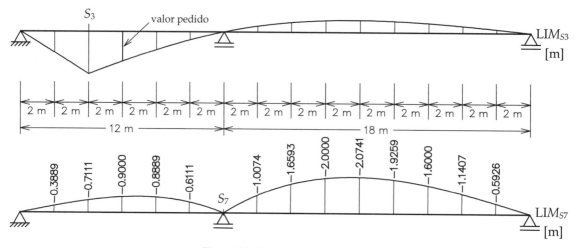

Figura 14.63 Exercício proposto 7.

Exercício proposto 8

Na Figura 14.64, são mostradas as linhas de influência de momentos fletores nas seções B e C de uma ponte. Os valores das ordenadas estão indicados a cada dois metros. Também está indicada a linha de influência de momentos fletores na seção S_2. Calcule a ordenada indicada na LIM_{S2}.

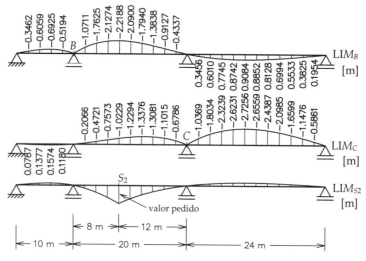

Figura 14.64 Exercício proposto 8.

Exercício proposto 9

Para uma viga de ponte, cujo modelo estrutural é apresentado na Figura 14.65, calcule os valores mínimo e máximo de momento fletor na seção S_3 devidos às cargas permanente e móvel indicadas. Utilize o processo de Cross para determinar os momentos fletores dos casos de carregamento identificados. Sabe-se que o valor mínimo da linha de influência de momentos fletores na seção S_3 está localizado na extremidade esquerda da viga. Todas as barras têm a mesma inércia à flexão EI.

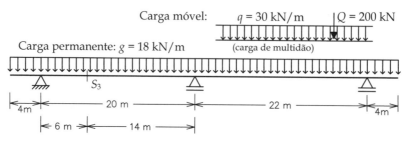

Figura 14.65 Exercício proposto 9.

Exercício proposto 10

Para a estrutura cujo modelo é apresentado na Figura 14.66, calcule os valores mínimo e máximo de momento fletor na seção S_8 devidos às cargas permanente e acidental indicadas. Utilize o processo de Cross para analisar a estrutura. Todas as barras são inextensíveis e têm a mesma inércia à flexão EI. Utilize duas casas decimais para os coeficientes de distribuição de momentos e uma casa decimal para momentos fletores.

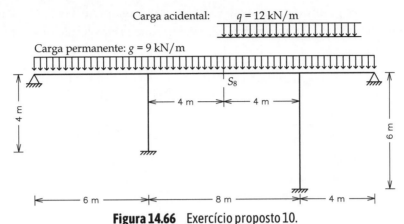

Figura 14.66 Exercício proposto 10.

Exercício proposto 11

Considere o modelo estrutural de uma ponte rodoviária mostrado na Figura 14.67. A carga permanente, constituída do peso próprio da estrutura, é uniformemente distribuída, tendo sido avaliada em $g = 16$ kN/m. A carga móvel está indicada na figura, e q representa a carga de multidão e as cargas P_1 e P_2 representam as cargas dos eixos do veículo de projeto. Trace as linhas de influência de momentos fletores nas seções A, S_1, B e S_2, indicando valores das ordenadas e das áreas positivas e negativas. Com base na carga permanente e na carga móvel, monte uma tabela de momentos fletores mínimos e máximos nas seções A, S_1, B e S_2. Desenhe as envoltórias de momentos fletores máximos e mínimos baseadas nos valores obtidos.

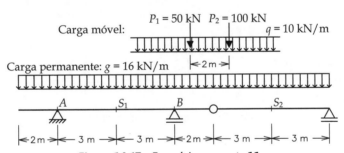

Figura 14.67 Exercício proposto 11.

Exercício proposto 12

Para uma viga de ponte, cujo modelo estrutural é apresentado na Figura 14.68, calcule os valores mínimo e máximo de momento fletor na seção S_3 devidos às cargas permanente e móvel indicadas. Sabe-se que o valor mínimo da linha de influência de momentos fletores na seção S_3 está localizado na seção S_2 indicada. Todas as barras têm a mesma inércia à flexão EI. Utilize o processo de Cross para determinar os momentos fletores, com precisão de uma casa decimal para momentos fletores e de duas casas decimais para coeficientes de distribuição de momentos.

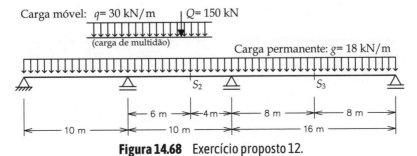

Figura 14.68 Exercício proposto 12.

Exercício proposto 13

Considere o modelo estrutural de uma ponte rodoviária mostrado na Figura 14.69. A carga permanente, constituída do peso próprio da estrutura, é uniformemente distribuída, tendo sido avaliada em $g = 10$ kN/m. O carregamento móvel está indicado na figura, e q representa a carga de multidão e as cargas P_1 e P_2 representam as cargas dos eixos do veículo de projeto. Trace as linhas de influência de esforços cortantes nas seções A, B_{esq}, B_{dir}, C, D_{esq}, D_{dir}, E, F e G, indicando valores das ordenadas e das áreas positivas e negativas. Com base na carga permanente e na carga móvel, monte uma tabela de esforços cortantes mínimos e máximos nessas seções. Desenhe as envoltórias de esforços cortantes máximos e mínimos baseadas nos valores obtidos.

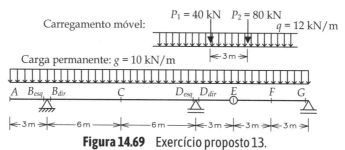

Figura 14.69 Exercício proposto 13.

Exercício proposto 14

A Figura 14.70 mostra as linhas de influência de esforços cortantes na seção S_2 e de momentos fletores na seção B de uma ponte. Calcule as ordenadas indicadas (valores pedidos) da LI Q_{S2}.

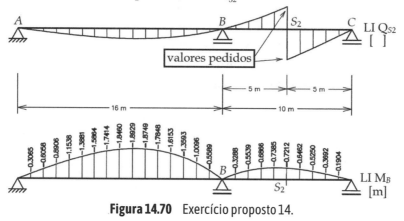

Figura 14.70 Exercício proposto 14.

Exercício proposto 15

A Figura 14.71 mostra as linhas de influência de momentos fletores na seção S_7 e de esforços cortantes na seção S_1 de uma ponte. Calcule a ordenada da LI M_{S7} na seção indicada. Sugestão: explore a simetria da estrutura.

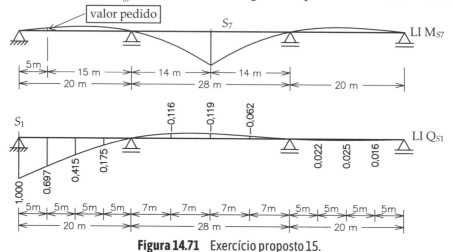

Figura 14.71 Exercício proposto 15.

Exercício proposto 16

A Figura 14.72 mostra as linhas de influência de esforços cortantes na seção S_1 e de momentos fletores na seção B de uma ponte. Calcule as ordenadas indicadas (valores pedidos) da LI Q_{S1}.

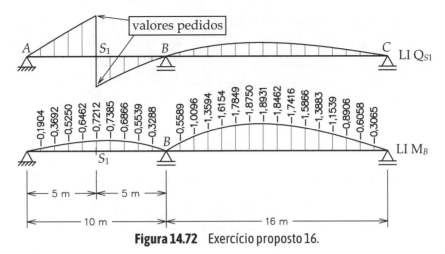

Figura 14.72 Exercício proposto 16.

Exercício proposto 17

Você está envolvido no projeto de um edifício e sua tarefa é determinar as envoltórias de momentos fletores de uma viga cujo sistema estrutural é mostrado na Figura 14.73. A viga tem inércia à flexão EI constante ao longo de toda sua extensão. A carga permanente, constituída do peso próprio da estrutura, é uniformemente distribuída, tendo sido avaliada em $g = 4$ kN/m. A carga acidental de projeto também é uniformemente distribuída e está estipulada em $q = 8$ kN/m. A carga acidental não tem extensão definida, isto é, sua atuação deve ser obtida de forma a majorar ou minorar o momento fletor em uma determinada seção.

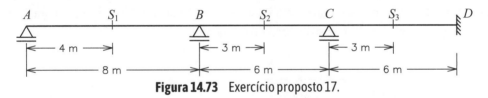

Figura 14.73 Exercício proposto 17.

As envoltórias de valores mínimos e máximos de momentos fletores devem ser traçadas com base em valores calculados nas seções S_1, B, S_2, C, S_3 e D. Momentos fletores são considerados positivos quando tracionam as fibras inferiores e negativos quando tracionam as fibras superiores.

Pede-se:

(a) Desenhe os aspectos das linhas de influência (LI) de momentos fletores nas seções S_1, B, S_2, C, S_3 e D.

(b) Com base nas linhas de influência traçadas, defina os carregamentos que devem atuar na viga de forma a minorar e majorar os momentos fletores nas seções indicadas. Indique, para cada carregamento, os vãos onde atuam somente a carga permanente e os vãos onde atuam a carga permanente e a carga acidental.

(c) Identifique e numere todos os diferentes casos de carregamento que aparecem no item (b). Com base na carga permanente e na carga acidental, para cada caso de carregamento identificado, determine o diagrama de momentos fletores utilizando o processo de Cross. Adote precisão de 1 kNm, isto é, faça as aproximações para os valores de momentos fletores sem nenhuma casa decimal. Para os coeficientes de distribuição de momentos utilize duas casas decimais.

(d) Monte uma tabela com os valores mínimos e máximos de momentos fletores calculados nas seções S_1, B, S_2, C, S_3 e D.

(e) Desenhe as envoltórias de momentos fletores mínimos e máximos baseadas nos valores obtidos no item (d).

Exercício proposto 18

A Figura 14.74 mostra as linhas de influência de momentos fletores na seção F e de esforços cortantes na seção K de uma ponte. Com base na LI M_F, calcule a ordenada da LI Q_K na seção C.

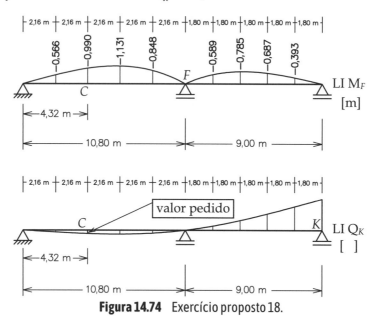

Figura 14.74 Exercício proposto 18.

Exercício proposto 19

Para uma viga de ponte cujo modelo estrutural é apresentado na Figura 14.75, calcule os valores mínimo e máximo de momento fletor na seção S_3 devidos às cargas permanente e móvel. Sabe-se que o valor mínimo da linha de influência de momentos fletores na seção S_3 está localizado na seção S_2. Todas as barras têm a mesma inércia à flexão EI. Utilize o processo de Cross para determinar os momentos fletores, com precisão de uma casa decimal para momentos fletores e de duas casas decimais para coeficientes de distribuição de momentos.

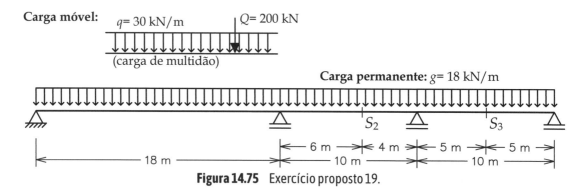

Figura 14.75 Exercício proposto 19.

Exercício proposto 20

Para a viga Gerber mostrada na Figura 14.76, trace as linhas de influência de esforços cortantes nas seções A, B_{esq}, B_{dir}, C, D_{esq}, D_{dir}, E, F e G, indicando valores das ordenadas positivas e negativas.

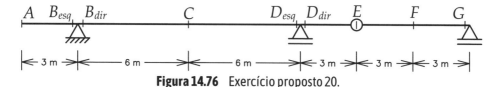

Figura 14.76 Exercício proposto 20.

Exercício proposto 21

Para uma viga de ponte cujo modelo estrutural é apresentado na Figura 14.77, calcule os valores mínimo e máximo de momento fletor na seção S_3 devidos à carga permanente e à carga móvel, indicadas na figura. Todas as barras têm a mesma inércia à flexão EI. Utilize o processo de Cross para determinar os momentos fletores, com precisão de 1 kNm para momentos fletores (nenhuma casa decimal) e de duas casas decimais para coeficientes de distribuição de momentos. Considere que o valor mínimo da LI S_3 está localizado na extremidade do balanço da direita da viga.

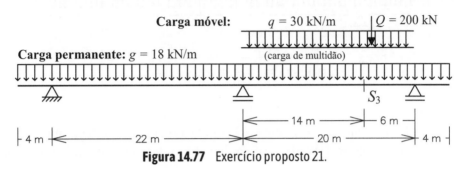

Figura 14.77 Exercício proposto 21.

Exercício proposto 22

Figura 14.78 mostra a linha de influência de esforços cortantes na seção A e a linha de influência de momentos fletores na seção C de uma ponte. Os valores das ordenadas das linhas de influência são indicados a cada 2 metros. Também é indicada a linha de influência de momentos fletores na seção S_2. Calcule a ordenada indicada na LI M_{S2}.

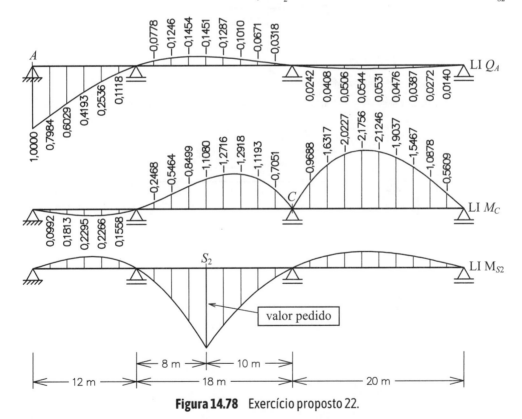

Figura 14.78 Exercício proposto 22.

Exercício proposto 23

Para a viga mostrada na Figura 14.79, calcule os valores mínimo e máximo do esforço cortante na seção C_{dir} (seção transversal localizada imediatamente à direita do apoio C) devidos à carga permanente e à carga acidental indicadas na figura.

Todas as barras têm a mesma inércia à flexão EI. Utilize o processo de Cross para determinar os momentos fletores na viga, com precisão de 1 kNm para momentos fletores (nenhuma casa decimal) e de uma casa decimal para coeficientes de distribuição de momentos.

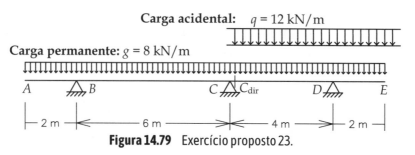

Figura 14.79 Exercício proposto 23.

Exercício proposto 24

A Figura 14.80 mostra a linha de influência de momentos fletores na seção S_1 e a linha de influência de momentos fletores na seção C de uma viga. Os valores das ordenadas das linhas de influência são indicados a cada metro. Calcule a ordenada indicada na LI M_{S1}.

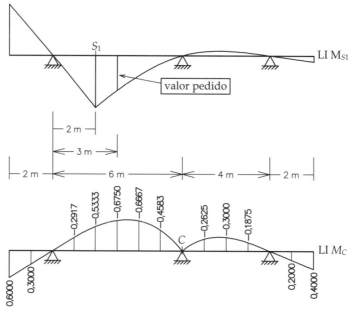

Figura 14.80 Exercício proposto 24.

Exercício proposto 25

A Figura 14.81 mostra as linhas de influência de esforços cortantes nas seções S_1 e S_3 de uma ponte. Os valores das ordenadas são indicados a cada 2 metros. Também é indicada a linha de influência de momentos fletores na seção S_2. Calcule a ordenada indicada na LI M_{S2}.

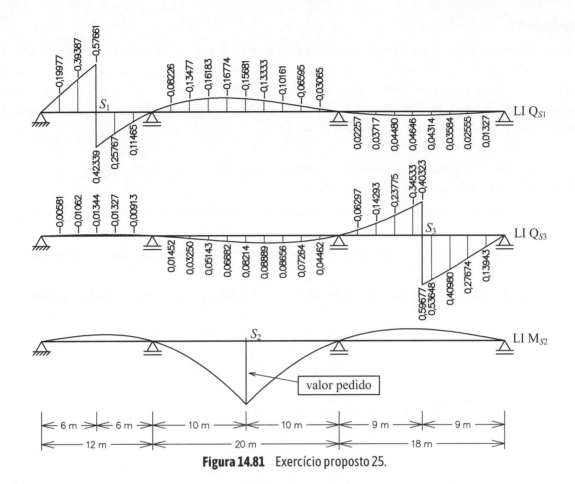

Figura 14.81 Exercício proposto 25.

Exercício proposto 26

Considere o modelo estrutural de uma ponte. A Figura 14.82 mostra as linhas de influência de momentos fletores nas seções S_7 e S_9 e a linha de influência de esforço cortante na seção S_1. Calcule a ordenada da LI M_{S_7} na seção indicada.

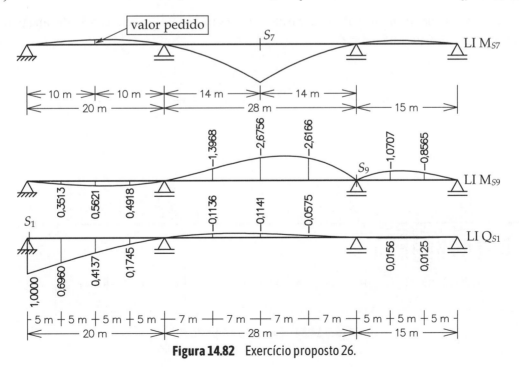

Figura 14.82 Exercício proposto 26.

Exercício proposto 27

Você está envolvido no projeto de uma ponte rodoviária cujo sistema estrutural é mostrado na Figura 14.83. A carga permanente, constituída do peso próprio da estrutura, é uniformemente distribuída (g), com valor indicado na figura. O carregamento móvel está indicado na figura, e q representa a carga acidental de multidão e as cargas P_1 e P_2 representam as cargas dos eixos do veículo de projeto. A carga de multidão não tem extensão definida, isto é, sua área de atuação deve ser obtida de forma a majorar ou minorar um determinado efeito.

Pede-se:

(a) Trace as Linhas de Influência (LI) de esforços cortantes nas seções A, B_{esq}, B_{dir}, C, D_{esq}, D_{dir}, E_{esq}, E_{dir} e F, indicando valores das ordenadas e das áreas positivas e negativas.

(b) Indique as posições do carregamento móvel que provocam os valores mínimo e máximo do esforço cortante para cada uma dessas seções.

(c) Com base na carga permanente e na carga móvel, monte uma tabela de esforços cortantes mínimos e máximos nessas seções.

(d) Desenhe as envoltórias de esforços cortantes máximos e mínimos baseadas nos valores obtidos no item (c).

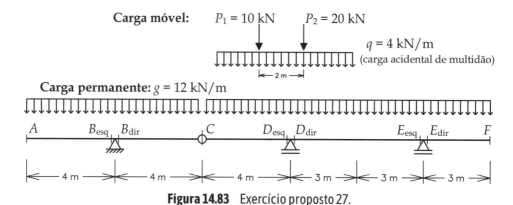

Figura 14.83 Exercício proposto 27.

Exercício proposto 28

A Figura 14.84 mostra as linhas de influência de momentos fletores na seção S_{33} e na seção S_{27} de uma ponte. Calcule a ordenada da LI M_{S33} na seção que está indicada.

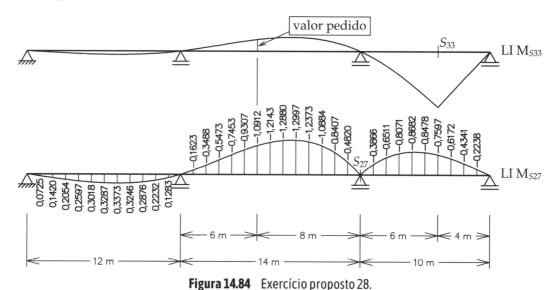

Figura 14.84 Exercício proposto 28.

Exercício proposto 29

Considere a viga contínua com dois vãos mostrada na Figura 14.85. A carga permanente é uniformemente distribuída, tendo sido avaliada em $g = 20$ kN/m. A carga móvel É indicada na figura, e q representa a carga acidental de multidão e a carga P_1 representa o veículo de projeto. A carga de multidão não tem extensão definida, isto é, sua área de atuação deve ser obtida de forma a majorar ou minorar um determinado efeito. Também são indicadas os pontos mínimos e máximos das linhas de influência (LIs) de momentos fletores nas seções C, F e I da viga contínua. Com base na carga permanente e na carga móvel, monte uma tabela de momentos fletores mínimos e máximos nas seções C, F e I e desenhe as envoltórias de momentos fletores mínimos e máximos, baseadas nos valores obtidos. Utilize o processo de Cross para calcular os valores do momentos fletores da tabela. Utilize uma casa decimal para representar momentos fletores com unidade kNm e duas casas decimais para coeficientes de distribuição de momentos.

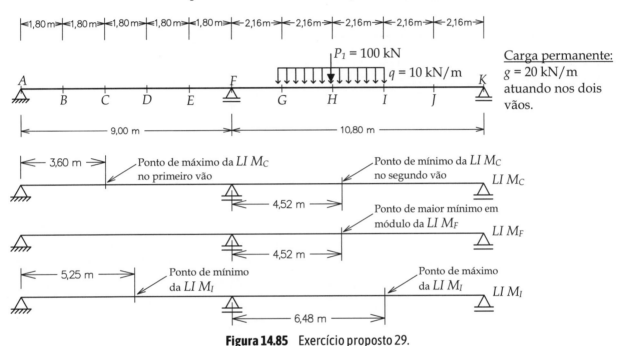

Figura 14.85 Exercício proposto 29.

Exercício proposto 30

Considere a viga da Figura 14.86, com a indicação de carga permanente e carga acidental uniformemente distribuídas. A linha de influência de momentos fletores na seção E (LI M_E) é conhecida, conforme indicado na Figura 14.87.

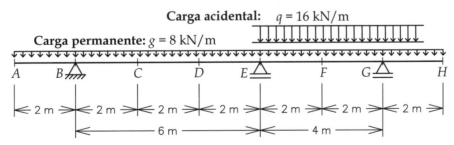

Figura 14.86 Exercício proposto 30.

Pede-se:

(a) Com base na LI M_E, determine os diagramas de momentos fletores para uma carga vertical unitária aplicada, conforme indica a Figura 14.87. Os valores dos diagramas devem ser calculados nas seções indicadas (a cada 2 metros).

(b) Mostre os aspectos das linhas de influência de momentos fletores para as seções B, C, D, E, F e G. Com base no item (a), calcule as ordenadas dessas linhas de influência nas seções indicadas (a cada 2 metros).

(c) Com base nas linhas de influência traçadas no item (b), defina os carregamentos que devem atuar na viga de forma a minorar e majorar os momentos fletores nas seções indicadas. Indique, para cada carregamento, os vãos onde atuam somente a carga permanente e os vãos onde atuam a carga permanente e a carga acidental.

(d) Utilize a regra dos trapézios para calcular as áreas dos trechos negativos e positivos das linhas de influência. Isto é, calcule aproximadamente as áreas considerando que as linhas de influência são linhas poligonais com valores conhecidos nas seções indicadas. Com base nas áreas das linhas de influência, calcule os valores mínimos e máximos de momentos fletores nas seções indicadas para a carga permanente e carga acidental.

(e) Crie uma tabela com os valores mínimos e máximos de momentos fletores calculados no item (d) nas seções indicadas. Adote precisão de 0,1 kNm para momentos fletores (uma casa decimal). Desenhe as envoltórias de momentos fletores mínimos e máximos.

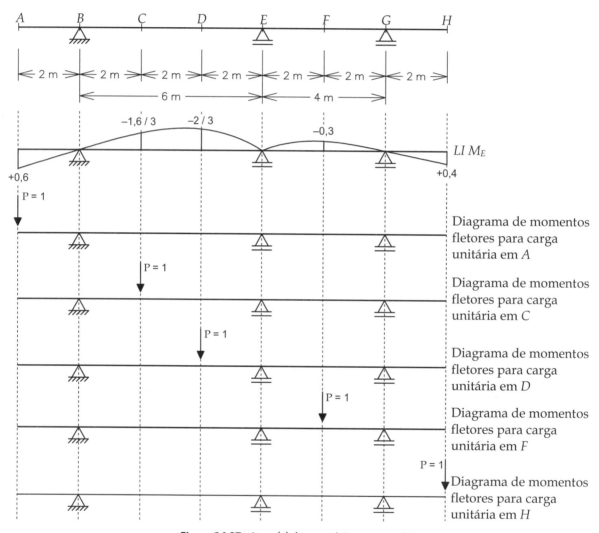

Figura 14.87   Item (a) do exercício proposto 30.

Apêndice: soluções práticas

Combinação de diagramas de momentos fletores em barra

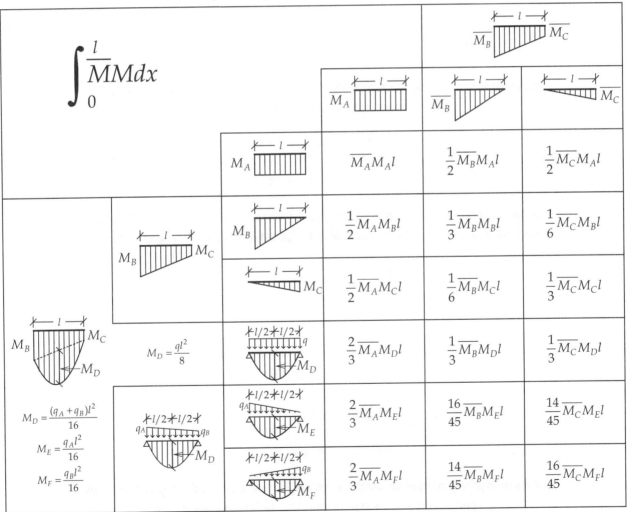

(reprodução da Tabela 7.1)

Expressão do princípio das forças virtuais (PFV) para cálculo de deslocamentos e rotações em pórticos planos e vigas provocados por carregamento externo

$$\Delta = \frac{1}{\overline{\overline{P}}}\left[\int_{estrutura} \frac{\overline{N}\cdot N}{EA}dx + \int_{estrutura} \frac{\overline{M}\cdot M}{EI}dx + \int_{estrutura} \chi\frac{\overline{Q}\cdot Q}{GA}dx\right]$$

(reprodução da Equação 7.15)

Expressão do princípio das forças virtuais (PFV) para cálculo de deslocamentos e rotações em grelhas provocados por carregamento externo

$$\Delta = \frac{1}{\overline{\overline{P}}}\left[\int_{estrutura} \frac{\overline{M}\cdot M}{EI}dx + \int_{estrutura} \frac{\overline{T}\cdot T}{GJ_t}dx + \int_{estrutura} \chi\frac{\overline{Q}\cdot Q}{GA}dx\right]$$

(reprodução da Equação 7.16)

Expressão do princípio das forças virtuais (PFV) para cálculo de deslocamentos e rotações em pórticos planos e vigas provocados por variação de temperatura

$$\Delta = \frac{1}{\overline{\overline{P}}}\left[\int_{estrutura} \overline{N}\cdot\alpha\cdot\Delta T_{CG}\cdot dx + \int_{estrutura} \frac{\overline{M}\cdot\alpha\cdot(\Delta T_i - \Delta T_s)}{h}dx\right]$$

(reprodução da Equação 7.21)

Expressão do princípio das forças virtuais (PFV) para cálculo de deslocamentos e rotações provocados por recalques de apoio

$$\Delta = -\frac{1}{\overline{\overline{P}}}\sum_{recalques}\left[\overline{R}\cdot\rho\right]$$

(reprodução da Equação 7.25)

Expressão do princípio dos deslocamentos virtuais (PDV) para cálculo de forças e momentos em pórticos planos e vigas provocados por carregamento externo e recalques de apoio

$$P = \frac{1}{\overline{\Delta}}\left[\int_{estrutura} EA\cdot\frac{du}{dx}\cdot\frac{d\overline{u}}{dx}dx + \int_{estrutura} EI\cdot\frac{d^2v}{dx^2}\cdot\frac{d^2\overline{v}}{dx^2}dx\right]$$

(reprodução da Equação 7.31)

Expressão do princípio dos deslocamentos virtuais (PDV) para cálculo de forças e momentos em grelhas provocados por carregamento externo e recalques de apoio

$$P = \frac{1}{\overline{\Delta}}\left[\int_{estrutura} EI\cdot\frac{d^2v}{dx^2}\cdot\frac{d^2\overline{v}}{dx^2}dx + \int_{estrutura} GJ_t\cdot\frac{d\phi}{dx}\cdot\frac{d\overline{\phi}}{dx}dx\right]$$

(reprodução da Equação 7.32)

Expressão do princípio dos deslocamentos virtuais (PDV) para cálculo de forças e momentos em pórticos planos e vigas provocados por variação de temperatura

$$P = \frac{1}{\overline{\Delta}}\left[\int_{estrutura}\left[EA\cdot\left(\frac{du}{dx}-\frac{du^T}{dx}\right)\right]\cdot\frac{d\overline{u}}{dx}dx + \int_{estrutura}\left[EI\cdot\left(\frac{d^2v}{dx^2}-\frac{d\theta^T}{dx}\right)\right]\cdot\frac{d^2\overline{v}}{dx^2}dx\right]$$

(reprodução da Equação 7.37)

TEORIA DE VIGAS DE NAVIER

Hipóteses básicas:
(a) Deslocamentos são pequenos em relação às dimensões da seção transversal.
(b) Desprezam-se deformações por cisalhamento (barras longas, isto é, comprimento é bem maior do que a altura da seção).
(c) Seções transversais permanecem planas e normais ao eixo da barra quando esta se deforma (hipótese de Bernoulli).
(d) Material tem comportamento elástico-linear (lei de Hooke).

Parâmetros envolvidos:
$E \rightarrow$ módulo de elasticidade do material
$A \rightarrow$ área da seção transversal
$dA \rightarrow$ área infinitesimal de uma fibra da seção transversal
$I = \int y^2 dA \rightarrow$ momento de inércia da seção transversal em relação ao eixo z
$q \rightarrow$ taxa de carregamento distribuído transversal ao eixo da barra (positiva na direção de y)
$Q \rightarrow$ esforço cortante (positivo quando entrando pela esquerda for na direção de y, ou quando entrando pela direita for contrário a y)
$M \rightarrow$ momento fletor (positivo quando traciona as fibras inferiores da seção transversal)
$v \rightarrow$ deslocamento transversal (positivo na direção de y)
$\theta \rightarrow$ rotação da seção transversal por flexão (positiva no sentido anti-horário)
$d\theta \rightarrow$ rotação relativa interna por flexão de um elemento infinitesimal de barra
$\delta \rightarrow$ variação de comprimento de uma fibra genérica dada por y
$\varepsilon_x^f \rightarrow$ deformação normal na direção longitudinal de uma fibra devida ao efeito de flexão
$\sigma_x^f \rightarrow$ tensão normal na direção longitudinal da barra devida ao efeito de flexão

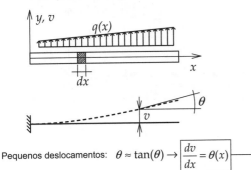

Pequenos deslocamentos: $\theta \approx \tan(\theta) \rightarrow \boxed{\dfrac{dv}{dx} = \theta(x)}$

Deformação do elemento:

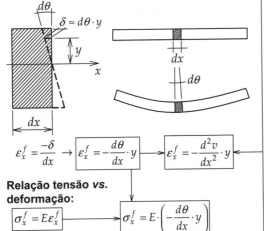

$\varepsilon_x^f = \dfrac{-\delta}{dx} \rightarrow \boxed{\varepsilon_x^f = -\dfrac{d\theta}{dx} \cdot y} \rightarrow \boxed{\varepsilon_x^f = -\dfrac{d^2 v}{dx^2} \cdot y}$

Relação tensão vs. deformação:

$\boxed{\sigma_x^f = E \varepsilon_x^f} \rightarrow \boxed{\sigma_x^f = E \cdot \left(-\dfrac{d\theta}{dx} \cdot y\right)}$

$\boxed{M = \int_A (-y) \cdot E \cdot \left(-\dfrac{d\theta}{dx} \cdot y\right) dA}$

$\boxed{M = E \cdot \left(\int_A y^2 dA\right) \cdot \dfrac{d\theta}{dx}} \rightarrow \boxed{M = EI \cdot \dfrac{d\theta}{dx}} \rightarrow \boxed{\dfrac{d^2 v}{dx^2} = \dfrac{M(x)}{EI(x)}}$

$\boxed{d\theta = \dfrac{M}{EI} dx}$

Equilíbrio do elemento:

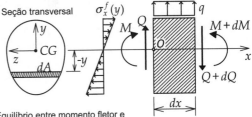

Equilíbrio entre momento fletor e tensões normais:

$\boxed{M = \int_A (-y) \cdot \sigma_x^f dA}$

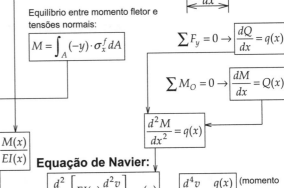

$\sum F_y = 0 \rightarrow \boxed{\dfrac{dQ}{dx} = q(x)}$

$\sum M_O = 0 \rightarrow \boxed{\dfrac{dM}{dx} = Q(x)}$

$\boxed{\dfrac{d^2 M}{dx^2} = q(x)}$

Equação de Navier:

$\boxed{\dfrac{d^2}{dx^2}\left[EI(x) \dfrac{d^2 v}{dx^2}\right] = q(x)} \rightarrow \boxed{\dfrac{d^4 v}{dx^4} = \dfrac{q(x)}{EI}}$ (momento de inércia constante)

(reprodução da Figura 5.19)

Diagramas de momentos fletores para vigas biapoiadas

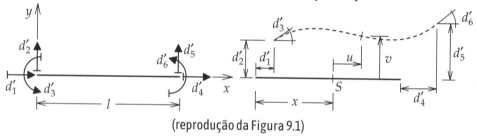

(Pisarenko *et al.*, 1979)

$$M_q(x) = \frac{q_A - q_B}{6l} \cdot x^3 - \frac{q_A}{2} \cdot x^2 + \frac{2q_A + q_B}{6} \cdot l \cdot x$$

$$x_m = \frac{1-R}{1-k} \cdot l \qquad k = \frac{q_B}{q_A} \qquad R = \sqrt{\frac{1+k+k^2}{3}}$$

(reprodução da Figura 3.34)

Eixos locais e deslocabilidades de barra de pórtico plano

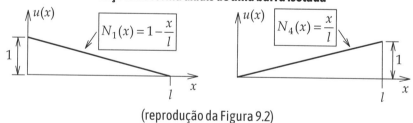

(reprodução da Figura 9.1)

Funções de forma axiais de uma barra isolada

$$N_1(x) = 1 - \frac{x}{l} \qquad N_4(x) = \frac{x}{l}$$

(reprodução da Figura 9.2)

Funções de forma transversais de flexão de uma barra isolada

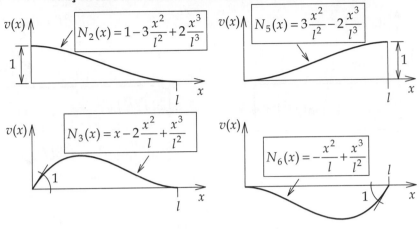

(reprodução da Figura 9.3)

Deslocamento axial em uma barra isolada em função dos deslocamentos axiais nodais

$$u(x) = N_1(x) \cdot d'_1 + N_4(x) \cdot d'_4$$

(reprodução da Equação 9.3)

Deslocamento transversal em uma barra isolada em função dos deslocamentos e rotações nodais

$$v(x) = N_2(x) \cdot d'_2 + N_3(x) \cdot d'_3 + N_5(x) \cdot d'_5 + N_6(x) \cdot d'_6$$

(reprodução da Equação 9.4)

Coeficientes de rigidez axial de barra prismática.

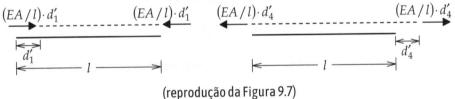

(reprodução da Figura 9.7)

Coeficientes de rigidez à flexão de barra prismática sem articulação

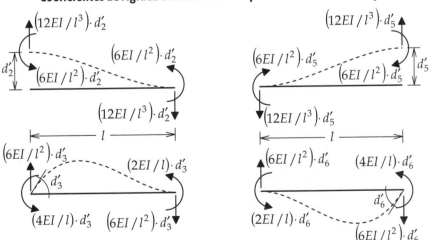

(reprodução da Figura 9.10)

Coeficientes de rigidez à flexão de barra prismática com articulação na extremidade inicial

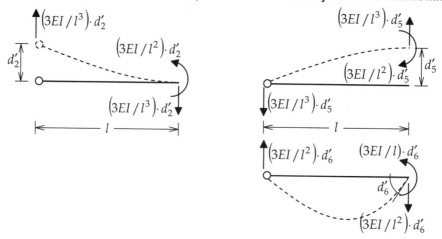

(reprodução da Figura 9.13)

Coeficientes de rigidez à flexão de barra prismática com articulação na extremidade final

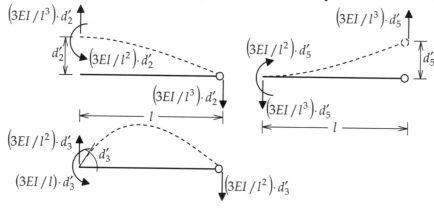

(reprodução da Figura 9.15)

Notação e sentidos positivos de reações de engastamento de barra de pórtico plano

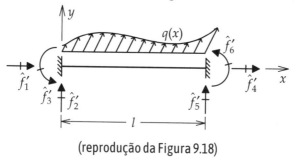

(reprodução da Figura 9.18)

Reações de engastamento perfeito axiais de barra prismática

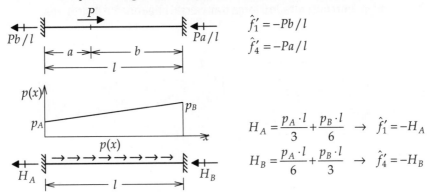

$\hat{f}'_1 = -Pb/l$
$\hat{f}'_4 = -Pa/l$

$H_A = \dfrac{p_A \cdot l}{3} + \dfrac{p_B \cdot l}{6} \rightarrow \hat{f}'_1 = -H_A$

$H_B = \dfrac{p_A \cdot l}{6} + \dfrac{p_B \cdot l}{3} \rightarrow \hat{f}'_4 = -H_B$

(reprodução da Figura 9.26)

Reações de engastamento de barra prismática com força transversal uniformemente distribuída

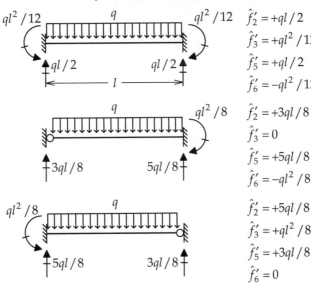

$\hat{f}'_2 = +ql/2$
$\hat{f}'_3 = +ql^2/12$
$\hat{f}'_5 = +ql/2$
$\hat{f}'_6 = -ql^2/12$

$\hat{f}'_2 = +3ql/8$
$\hat{f}'_3 = 0$
$\hat{f}'_5 = +5ql/8$
$\hat{f}'_6 = -ql^2/8$

$\hat{f}'_2 = +5ql/8$
$\hat{f}'_3 = +ql^2/8$
$\hat{f}'_5 = +3ql/8$
$\hat{f}'_6 = 0$

(reprodução da Figura 9.27)

Reações de engastamento de barra prismática com força concentrada no meio do vão

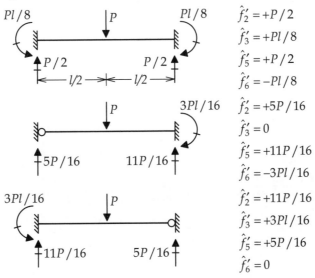

$\hat{f}'_2 = +P/2$
$\hat{f}'_3 = +Pl/8$
$\hat{f}'_5 = +P/2$
$\hat{f}'_6 = -Pl/8$

$\hat{f}'_2 = +5P/16$
$\hat{f}'_3 = 0$
$\hat{f}'_5 = +11P/16$
$\hat{f}'_6 = -3Pl/16$

$\hat{f}'_2 = +11P/16$
$\hat{f}'_3 = +3Pl/16$
$\hat{f}'_5 = +5P/16$
$\hat{f}'_6 = 0$

(reprodução da Figura 9.28)

Reações de engastamento de barra prismática com força concentrada, momento concentrado e força transversal linearmente distribuída

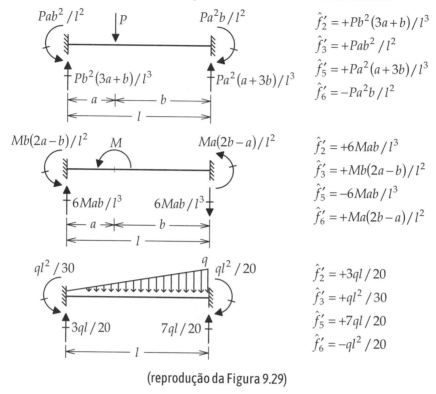

(reprodução da Figura 9.29)

Reações de engastamento de barra prismática para variação de temperatura

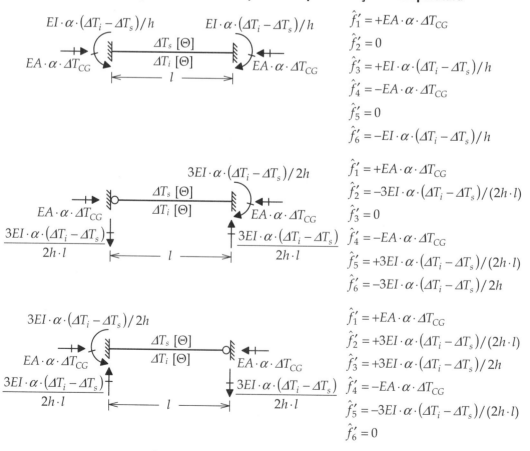

(reprodução da Figura 9.33 com acréscimo)

Referências bibliográficas

ABNT NBR 8800. *Projeto e Execução de Estruturas de Aço em Edifícios*, Norma ABNT, 2008.

Almeida, M.C.F. *Estruturas Isostáticas*. Rio de Janeiro: Oficina de Textos, 2009.

Arici, M. Analogy for Beam-Foundation Elastic Systems. *Journal of Structural Engineering*, v. 111, n. 8, p. 1691-1702, 1985.

Assan, A.E. *Método dos Elementos Finitos — Primeiros Passos*. Campinas: Unicamp, 1999.

Bathe, K.J. *Finite Element Procedures in Engineering Analysis*. Nova Jersey: Prentice-Hall, Englewood Cliffs, 1982.

Bazant, Z.P.; Cedolin, L. *Stability of Structures: Elastic, Inelastic, Fracture, and Damage Theories*. Nova York: Oxford University Press, 1991.

Beaufait, F.W. *Basic Concepts of Structural Analysis*. Nova Jersey: Prentice-Hall, Englewood Cliffs, 1977.

Beer, F.P; Johnston Jr., E.R.; Dewolf, J.T. *Resistência dos Materiais*. 4. ed. São Paulo: McGraw-Hill Interamericana, 2006.

Boresi, A.P.; Chong, K.P. *Elasticity in Engineering Mechanics*. Elsevier Science, 1987.

Boyce, W.E.; DiPrima, R.C. *Elementary Differential Equations and Boundary Value Problems*. 8. ed. Nova Jersey: John Wiley & Sons, Hoboken, 2005.

Campanari, F.A. *Teoria das Estruturas*. vs. 1, 2, 3 e 4. Rio de Janeiro: Guanabara Dois, 1985.

Candreva, P. *Considerações sobre Equilíbrio e Compatibilidade Estrutural*. São Paulo: Grêmio Politécnico, 1981.

Cook, R.D.; Malkus, D.S.; Plesha, M.E. *Concepts and Applications of Finite Element Analysis*. Nova York: John Wiley & Sons, 1989.

Cuthill, E.; Mckee, J. Reducing the bandwidth of sparse symmetric matrices. *ACM Proc. 24th National Conference*, p. 157-172, 1969.

Diaz, B.E. Comentários sobre a determinação de linhas de influência pelo método da rigidez. *Revista Estrutura*, n. 107, p. 34-38, 1984.

Felippa, C.A. *Introduction to Finite Element Methods*. Notas de aula da disciplina Introduction to Finite Elements Methods (ASEN 5007), Aerospace Engineering Sciences Department, University of Colorado at Boulder, http://www.colorado.edu/engineering/CAS/coursers.d/IFEM.d/Home.html, 2009.

Felton, L.P.; Nelson, R.B. *Matrix Structural Analysis*. Nova York: John Wiley & Sons, 1996.

Féodosiev, V. *Resistência dos Materiais*. Porto: Lopes da Silva, 1977.

Fish, J.; Belytschko, T. *A First Course in Finite Elementes*. Nova Jersey: John Wiley & Sons, Hoboken, 2007.

Fleming, J.F. *Analysis of Structural Systems*. Nova Jersey: Prentice-Hall, Englewood Cliffs, 1997.

Fonseca, A.; Moreira, D.F. *Problemas e Exercícios de Estática das Construções — Estruturas Isostáticas*. 2. ed. Rio de Janeiro: Ao Livro Técnico, 1966.

Gibbs, N.E.; Poole Jr., W.G.; Stockmeyer, P.K. An algorithm for reducing the bandwidth and profile of a sparse matrix. *SIAM Journal on Numerical Analysis*, v. 13, p. 236-250, 1976.

Gomes, J.; Velho, L. *Computação Gráfica*. v. 1. Série de Computação e Matemática. Instituto de Matemática Pura e Aplicada — IMPA. Rio de Janeiro, 1998.

Gorfin, B.; Oliveira, M.M. *Estruturas Isostáticas*. Rio de Janeiro: Livros Técnicos e Científicos, 1975.

Hibbeler, R.C. *Estática — Mecânica para Engenharia*. 10. ed. São Paulo: Prentice Hall Brasil 2004-1.

_____. *Resistência dos Materiais*. 5. ed. São Paulo: Prentice Hall Brasil, 2004-2.

_____. *Structural Analysis*. 7. ed. Nova Jersey: Prentice-Hall, Upper Saddle River, 2009.

Holtz, G.C.C.; Martha, L.F.; Vaz, L.E. Envoltória de esforços internos devidos à ação de trens-tipo em pontes usando estratégia evolutiva. *Congresso de Pontes e Estruturas da ABPE*, 2005, ABPE/UFRJ. Rio de Janeiro, p. 13.

Ierusalimschy, R. *Programming in Lua*. 2.ed. Lua.org, 2006.

Leet, K.M.; Uang, C.M.; Gilbert, A.M. *Fundamentos da Análise Estrutural*. 3. ed. São Paulo: McGraw-Hill Interamericana, 2009.

Little, R.W. *Elasticity*. Nova Jersey: Prentice-Hall, Englewood Cliffs, 1973.

Malvern, L.E. *Introduction to the Mechanics of a Continous Medium*. Nova Jersey: Prentice-Hall, Englewood Cliffs, 1969.

Martha, L.F. *Análise matricial de estruturas com orientação a objetos*. 1. ed. Rio de Janeiro: Elsevier: PUC-Rio, 2019.

McGuire, W. *Steel Structures*. Nova Jersey: Prentice-Hall, Englewood Cliffs, 1968.

_____. Gallaguer, R.H. *Matrix Structural Analysis*. Nova York: John Wiley & Sons, 1979.

_____. Gallaguer, R.H.; Ziemian, R.D. *Matrix Structural Analysis*. 2. ed. Nova York: John Wiley & Sons, 2000.

Meek, J.L. *Matrix Structural Analysis*. Nova York: McGraw-Hill, 1971.

Meriam, J.L.; Kraige, L.G. *Mecânica — Estática*. 5. ed. Rio de Janeiro: Livros Técnicos e Científicos, 2004.

Moreira, D.F. *Análise Matricial das Estruturas*. São Paulo: LTC/EDUSP, 1977.

Munkres, J.R. *Elements of Algebraic Topology*. Nova York: Perseus Books Publishing, 1984.

Oñate, E. *Structural Analysis with the Finite Element Method — Linear Statics: Volume 1: Basis and Solids*. Lecture Notes on Numerical Methods in Engineering and Sciences, 2009.

Pisarenko, G.S.; Yákovlev, A.P.; Matvéev, V.V. *Manual de Resistencia de Materiales*. Moscou: Mir, 1979.

Popov, E.G. *Engineering Mechanics of Solids*. 2. ed. Nova Jersey: Prentice-Hall, Englewood Cliffs, 1998.

Przemieniecki, J.S. *Theory of Matrix Structural Analysis*. Nova York: Dover Publications, 1985.

Rubinstein, M.F. *Structural Systems — Statics, Dynamics and Stability*. Nova Jersey: Prentice-Hall, Englewood Cliffs, 1970.

Silva Jr., J.F. *Método de Cross*. Rio de Janeiro: Ao Livro Técnico, 1967.

Sloan, S.W. An algorithm for profile and wavefront reduction of sparse matrices. *International Journal for Numerical Methods in Engineering*, v. 23, p. 239-251, 1986.

Soriano, H.L. *Método de Elementos Finitos em Análise de Estruturas*. São Paulo: Universidade de São Paulo, 2003.

_____. *Estática das Estruturas*. Rio de Janeiro: Ciência Moderna, 2007.

Süssekind, J.C. *Curso de Análise Estrutural — v. 1: Estruturas Isostáticas*. Porto Alegre: Globo, 1977-1.

_____. *Curso de Análise Estrutural — v. 2: Deformações em Estruturas e Método das Forças*. Porto Alegre: Globo, 1977-2.

_____. *Curso de Análise Estrutural — v. 3: Método das Deformações e Processo de Cross*. Porto Alegre: Globo, 1977-3.

Tauchert, T.R. *Energy Principles in Structural Mechanics*. Nova York: McGraw-Hill, 1974.

Telles, P.C.S. *História da Engenharia no Brasil: Séculos XVI a XIX*. 2. ed. Rio de Janeiro: Clavero, 1994.

_____. *História da Engenharia no Brasil: Século XX*. Rio de Janeiro: Clavero, 1984.

Timoshenko, S.P. *History of Strength of Materials*. Nova York: Dover Publications, 1983.

_____. Gere, J.M. *Mecânica dos Sólidos*. v. 1. Rio de Janeiro: Livros Técnicos e Científicos, 1994.

_____. Goodier, J.N. *Teoria da Elasticidade*. 3. ed. Rio de Janeiro: Guanabara Dois, 1980.

_____. Young, D.H. *Theory of Structures*. 2. ed. Nova York: McGraw-Hill, 1965.

Venâncio Filho, F. *Análise Matricial de Estruturas (Estática, Estabilidade, Dinâmica)*. Rio de Janeiro: Almeida Neves, 1975.

Vilela, P.C.S.; Martha, L.F. Soluções fundamentais para barras em mísula pela analogia da viga conjugada. *XXIX CILAMCE — 29th Iberian Latin-American Congress on Computational Methods in Engineering*, ABMEC/UFAL. Maceió, http://www.acquacon.com.br/cilamce2008, p. 20, 2008.

Vieira Junior, L.C. *Princípio dos trabalhos virtuais, cinemática e aplicações*. 1. ed. Campinas, SP: Ed. do Autor, 2020. ePub.

Villaça, S.F.; Taborda Garcia, L.F. *Introdução à Teoria da Elasticidade*. 3. ed. COPPE/UFRJ, 1998.
Wang, C.K. *Matrix Methods of Structural Analysis*. 2. ed. Pennsylvania: International Textbook, Scranton, 1970.
Weaver Jr., W.; Gere, J.M. *Matrix Analysis of Framed Structures*. 3. ed. Nova York: Van Nostrand Reinhold, 1990.
West, H.H. *Analysis of Structures: An Integration of Classical and Modern Methods*. 2. ed. Nova York: John Wiley & Sons, 1989.
_____. Geschwindner L.F. *Fundamentals of Structural Analysis*. 2. ed. Nova York: John Wiley & Sons, 2002.
White, R.N.; Gergely, P.; Sexsmith, R.G. *Structural Engineering — Combined Edition, v. 1: Introduction to Design Concepts and Analysis*; *v. 2: Indeterminate Structures*. Nova York: John Wiley & Sons, 1976.
Zienkiewicz, O.C.; Taylor, R.L. *The Finite Element Method — v. 1: The Basis*. 5. ed. Oxford, Massachusetts: Butterworth-Heinemann, 2000.

Índice alfabético

A

Análise(s)
  de estruturas, 1
    reticuladas, 115
  de grelhas hiperestáticas, 186
  de primeira ordem, 11, 32, 79, 88
  de segunda ordem, 32, 88
  de treliças planas hiperestáticas, 182
  de uma viga contínua, 150
  de viga(s)
    e pórticos planos hiperestáticos submetidos
      a recalque de apoio, 176
      à variação de temperatura, 173
    hiperestáticas, e-7
    submetida ao efeito combinado de carregamento, variação de temperatura e recalque de apoio, 179
    submetidas a efeitos de variação transversal de temperatura, e-24
  estrutural, 2
  qualitativa de diagramas de esforços internos e configurações deformadas em vigas, 118
Analogia da viga conjugada, e-1
Anéis, 38
Apoio(s), 17
  elásticos, 19, 273
    rotacional, 19
      linear, 19
    translacional, 20
  simples
    do 1º gênero, 17
    do 2º gênero, 17
Arcos, 30
Área efetiva para cisalhamento, 104

B

Balanço, 26
Barra(s), 15

inextensíveis, 97, 125, 230, 233
infinitamente rígidas, 254
rígida com giro, 258
Bifurcação da posição de equilíbrio, 133

C

Cabos, 30
Cadeia cinemática, 96
Cálculo de deslocamentos em vigas isostáticas, e-4
Carga(s), 16
  acidentais, 16, 337
  crítica, 135
  de multidão, 342
  equivalentes nodais, 291
  móveis, 16, 337
  nodais, 291
    combinadas, 291
  permanentes, 16
  virtuais, e-40
Carregamento, 7, 16
Catenária, 31
Classificação das simplificações adotadas, 232
Coeficiente(s)
  de distribuição de momento, e-88
  de flexibilidade, 144, 145, 148
  de rigidez
    à flexão de barra
      com articulação na extremidade
        final, e-69
        inicial, e-67
      prismática sem articulação, e-64
    à rotação, 19, e-57
      na extremidade
        final, e-66
        inicial, e-65
    à torção, e-57
      de barra, e-71

axial, e-57, e-62
  de barra prismática, e-63
  de barra, e-60
    no sistema local, e-60
  de uma barra isolada, e-19
  global, 207
  locais, e-57, e-60
  de transmissão de momento da extremidade
    final para a extremidade inicial, e-66
    inicial para a extremidade final, e-66
Colunas, 15
Compatibilidade, 77
Complexo simplicial de ordem 2, 27
Comportamento linear, 86
Condições
  básicas da análise estrutural, 77
  de apoio, 312
  de compatibilidade
    entre deslocamentos e deformações, 78, 79
    externa, 79
    interna, 79
  de equilíbrio, 78
  de suporte, 17
  sobre o comportamento dos materiais que compõem a estrutura, 78
Configuração(ões) deformada(s), 17
  do pórtico, denominada elástica, 7
  dos casos básicos, 231
  elementares cinematicamente determinadas, 8
Contraventamento, 11, 97, 230
  de pórticos, 130
Convenção de sinais
  do método dos deslocamentos, 211
  para aplicação de cargas, 319
  para esforços internos, 47
  para resultados de análise, 319

para traçado de diagramas de esforços
   internos, 320
Conversão de condições de apoio, **e-3**
Coordenadas generalizadas
   globais, 298
   locais, 298
Curva
   elástica, 17
   funicular, 31

D

Dados de entrada típicos de um
   programa de computador, 294
Dedução de coeficientes de rigidez à
   flexão de barras, **e-19**
Deformações
   axiais, 99
   em barras, 98
   internas generalizadas, 116
   normais por flexão, 99
Deslocabilidade(s), 8, 204, **e-58**
   de barra no sistema local, **e-58**
   de uma estrutura, 204
   e sistema hipergeométrico, 203
   global, 204
   para definição de configuração
      deformada, 230
Deslocamento(s), 98
   axial relativo interno provocado por
      esforço normal, 105
   provocados por
      carregamento externo, **e-41**
      recalques de apoio, **e-46**
      variação de temperatura, **e-45**
   relativos internos, 105
      provocados por variação de
         temperatura, 108
   transversal relativo interno provocado
      por esforço cortante, 107
Determinação
   de envoltórias de momento fletor
      baseado nos aspectos das linhas de
      influência, 355
   de esforços internos, 209
      finais, 146
      nas barras, 316
   de g para
      grelhas, 72
      pórticos planos
         com separação nas rótulas, 70
         sem separação nas rótulas, 69
      treliças planas, 72
   de reações
      de apoio, 315
      de engastamento de barras
         isoladas, **e-13**
   do grau de hiperestaticidade, 68
   dos coeficientes de flexibilidade, 150
   dos termos de carga, 148
Diagonalização da linha e coluna da
   matriz de rigidez global correspondente
   ao grau de liberdade restrito, 313

Diagrama(s)
   de esforços
      cortantes, 50, 53
      internos, 24
         em grelha triapoiada, 67
         em quadro
            biapoiado, 60
            composto, 63
         em viga biapoiada com
            balanços, 53
            força concentrada, 49
            força uniformemente
               distribuída, 51
            várias cargas, 58
         normais, 53
      de momentos fletores, 54
         em quadro triarticulado, 62
         finais, 158, 216
Discretização, 7, **e-57**
   no método da rigidez direta, 288
Distorções
   por efeito cortante, 101
   por torção, 101
Distribuição de momentos fletores em
   um nó, **e-87**

E

Efeito
   de torção, 105
   dos nós sobre a barra, 310
   global da solicitação, 291
   local das solicitações, 291
Elástica, 17
Elemento(s)
   de barra, 289
   finitos, 9
Energia de deformação, **e-33**
Engaste deslizante, 17
Engenharia estrutural, breve
   histórico da, 2
Engenheiros estruturais, 1
Envoltórias
   de esforços internos em viga
      biapoiada com balanços, 341
   limites, 337
Equação(ões)
   de equilíbrio, 215, 220
      e determinação do diagrama de
      momentos fletores finais, 256
   de Navier, 113
      para o comportamento à flexão, 112
   diferencial para o comportamento
      axial, 111
Equilíbrio, 77
   entre tensões e esforços internos, 103
   global, 21
Escolha do sistema principal, 161
   para quadros compostos, 166
   para um quadro fechado, 162
Esforços
   hiperestáticos, 143
   internos, 22
   normais em treliça biapoiada, 65

Esparsidade, 306
Essência do método dos deslocamentos,
   230
Estruturas
   estaticamente
      determinadas, 7, 35, 85, 91, 204
      indeterminadas, 35, 91
   hiperestáticas, 1, 35, 91
   instáveis, 39
   isostáticas, 2, 35, 91
   reticuladas, 1

F

Faixa de trabalho, 343
Flambagem, 31
   de barras, 132
   global, 91
Forças
   nocionais, 91
   nodais generalizadas globais, 293
Formação em banda, 306
Formalização do processo de
   Cross, **e-91**
Funções de forma, **e-59**
   para configurações deformadas
      elementares de barras prismáticas
      de pórticos planos, **e-58**

G

Grau
   de hiperestaticidade, 68
   de liberdade, 289
Grelhas, 5, 28
   isostáticas, 46

H

Hiperestaticidade associada a ciclo
   fechado de barras, 41
Hiperestáticos e sistema principal, 142
Hipostático, 35
Hipótese(s)
   de barras inextensíveis, 11, 125,
      126, 233
   de manutenção das seções
      transversais planas, 99
   de pequenos deslocamentos, 79
   simplificadoras, 3

I

Idealização do comportamento
   da estrutura real, 3
   de barras, 97
Incidência nodal dos elementos, 295
Inserção
   de barras diagonais em painéis da
      estrutura, 131
   de um apoio elástico fictício com
      valor muito alto do coeficiente de
      rigidez, 314

Interpretação
  do sistema de equações finais como imposição de equilíbrio aos nós isolados, 310
  física do método da distribuição de momentos, **e-86**

L

Leis constitutivas dos materiais, 80
Liberações de continuidade, 24
Ligações
  internas, 24
  rígidas, 24
  semirrígidas, 25
Linhas de influência, 337, 338
  para viga biapoiada com balanços, 339
Lugares geométricos, 125

M

Malha de elementos finitos, 9
Matriz(es)
  de flexibilidade, 147
  de rigidez
    de barra prismática de pórtico plano, **e-70**
    global, 210
    local no sistema global, 299
Método(s)
  básicos da análise de estruturas, 78, 81
  cinemático para o traçado de linhas de influência, 348, 351
  da compatibilidade, 83, 117
  da distribuição de momentos, **e-85**
  da rigidez direta, 10, 287, 288
  das forças, 1, 82, 85, 86, 117, 141
  do equilíbrio, 85, 117
  dos deslocamentos, 1, 84-86, 117, 203
    com redução de deslocabilidades, 229
  dos elementos finitos, 9
Metodologia
  de análise pelo método
    das forças, 141
    dos deslocamentos, 205
  para cálculo de linhas de influência pelo método cinemático, 359
Modelagem, 4
Modelo(s)
  computacional, 10
  de estruturas reticuladas, 15
  discreto, 7
  estrutural, 3
    instável, 38
  matemático, 3
Modo de deformação na flambagem, 135
Momento(s)
  de engastamento
    na extremidade
      final, **e-74**
      inicial, **e-74**
    perfeito, **e-57**
  de inércia à torção, 107
  fletor, 25

Montagem
  da matriz de rigidez
    global, 302
    por barra, 303
  das cargas nodais combinadas no vetor das forças generalizadas globais, 307

N

Não linearidade geométrica, 88
Nó
  articulado, 25
  rígido, 25

O

Obtenção
  do máximo de momento fletor em uma barra, 57
  dos esforços cortantes em uma barra a partir dos momentos fletores, 57

P

Parâmetro(s)
  de rigidez axial de barra com seção transversal variável, **e-64**
  fundamentais, **e-57**
    de reações de engastamento para barra isolada com inércia variável, **e-15**
    de rigidez
      à flexão para barra isolada com inércia variável, **e-21**
      axial de barra, **e-62**
    para os coeficientes de rigidez à flexão de barra, **e-65**
    para reações de engastamento provocadas por efeitos
      axiais, **e-73**
      transversais, **e-74**
  hiperestáticos, 7
Particionamento do sistema de equações, 312
PDV para solicitações
  de carregamentos externos e recalques de apoio, **e-53**
  de variação de temperatura, **e-54**
Perda de estabilidade pelo efeito de compressão, 132
Pilares, 15
Ponte em arco ilustrada, 32
Ponto(s)
  de discretização, 289
  de inflexão, 93, 120
Pórtico(s)
  com articulação
    dupla na viga e na coluna, 247
    interna, 220
    no topo de uma coluna, 244
  com barra inclinada, 225
  com três deslocabilidades, 217

espaciais, 4, 30
planos, 5, 15
Princípio(s)
  da conservação de energia, **e-33**
  da superposição de efeitos, 86
  das forças virtuais, **e-38**
  dos deslocamentos virtuais, **e-49**
  dos trabalhos virtuais, **e-2**, **e-33**, **e-36**, **e-37**
Processo
  de Cross, **e-85**
    a estruturas com deslocabilidades externas, **e-99**
    a quadros
      com apoio elástico rotacional, **e-97**
      planos, **e-95**
    para pórtico com uma deslocabilidade, **e-91**
    para viga com duas deslocabilidades, **e-93**
  de Mohr, **e-1**
Projeto estrutural, 1

Q

Quadros, 15, 30
  planos isostáticos
    compostos, 42
    simples, 38

R

Reação(ões)
  axial
    de engastamento na extremidade
      final, **e-73**
      inicial, **e-73**
    na extremidade inicial da barra engastada e em balanço para a solicitação externa, **e-73**
  de apoio, 16-18
  de engastamento
    de barra com seção transversal variável
      para carregamentos axiais, **e-80**
      para variação uniforme de temperatura, **e-83**
    de barra isolada para solicitações externas, **e-73**
    de barra prismática
      para carregamentos axiais e transversais, **e-76**
      para variação de temperatura, **e-81**
  de barras isoladas, **e-13**
  perfeito, **e-57**
  provocadas por efeitos térmicos transversais para barra isolada com inércia variável, **e-28**
  força transversal na extremidade final da barra biapoiada para a solicitação externa, **e-74**

inicial da barra biapoiada para a solicitação externa, **e-74**
transversal de engastamento na extremidade
final, **e-74**
inicial, **e-74**
Recalques de apoio, 95, 252
Regime elástico linear, 80
Regras
para determinação de deslocabilidades
externas de pórticos planos com barras inextensíveis, 240
internas, 250
Relações diferenciais de equilíbrio em barras, 102
Representação dos carregamentos como cargas nodais, 290
Restabelecimento das condições de compatibilidade, 145, 153, 160
Resultados típicos de um programa de computador, 296
Rotação relativa interna provocada por momento
fletor, 105
torçor, 107
Roteiro do processo de Mohr, **e-4**
Rótula, 25

S

Semilargura de banda, 306
Sequência
acíclica de carregamento, 168
cíclica de carregamento de quadros isostáticos simples, 168
de carregamento
dos quadros isostáticos simples, 43
dos trechos isostáticos simples, 37
Setas com um traço perpendicular no meio, 17
Simplex
de ordem 2, 27
de ordem 3, 28
Simplificação para articulações completas, 244
Sistema(s)
de coordenadas generalizadas, 298
de eixos
globais e locais, 319
locais de uma barra, 98
hipergeométrico, 85, 203, 205

principal, 83
obtido por
corte de uma seção transversal, 162
eliminação de apoios, 151
introdução de rótulas, 165
internas, 158
real, 174, **e-38**
virtual, 174, **e-38**
Solicitações externas, 16
Solução(ões)
de grelha pelo método dos deslocamentos, 276
de pórtico(s)
com barras inextensíveis, 234
com dois pavimentos, 257
com duas articulações, 251
pelo método das forças, 168
planos, 261
simples, 217
de uma viga contínua, 213
fundamental(is)
de barras isoladas, **e-57**
de coeficientes de rigidez de barras isoladas, 231
de engastamento perfeito de barras isoladas, 230
para barra isolada, **e-57**
para linha de influência
de esforço cortante em barra com seção transversal
variável, 363
prismática, 361
de momento fletor em barra com seção transversal
variável, 365
prismática, 362
iterativa do sistema de equações de equilíbrio, **e-89**
Superposição
de casos básicos para restabelecer condições de compatibilidade, 143
de efeitos, 86

T

Tensões normais provocadas por efeitos axial e de flexão, 110
Teorema(s)
de Betti, 351
de Maxwell, **e-56**
de reciprocidade, **e-55**
Teoria de vigas de Navier, 97, 112

Terceira lei de Newton, 18
Traçado
de diagramas de esforços internos, 49
de envoltórias de esforços internos para ponte rodoviária, 366
Travejamento, 130
de pórticos, 230
Treliças, 27
compostas, 45
espaciais, 28
planas isostáticas, 44
Trem tipo, 342
Triangulação, 27
Triarticulado, 38

V

Variações de temperatura, 173, 252, **e-24**
Verificação de atendimento à condição de compatibilidade, **e-48**
Vetor(es)
das cargas
equivalentes nodais de uma barra no sistema global, 309
nodais propriamente ditas no sistema global, 310
das forças nodais generalizadas globais, 294
das reações de engastamento de uma barra isolada no sistema
local, 308
global, 309
de espalhamento, 304
dos efeitos das deformações
de todas as barras de um modelo sobre os nós no sistema global, 311
de uma barra sobre seus nós no sistema global, 311
dos termos de carga, 147, 210
Viga(s), 15, 26
ABC, 37
conjugada, **e-2**, **e-8**
hipostática, **e-8**
contínua, 26
com carregamento, 252
Gerber, 27, 37
hiperestáticas, 114, **e-7**
isostáticas, 35, 114
simples, 36
real hiperestática, **e-8**
Virtual, **e-37**